イラストで時代考証2

日本軍装図鑑 上

文・画 笹間良彦

雄山閣

軍装を纏う

大鎧／当世具足／上腹巻／足軽

大鎧・兜・袖・片籠手・臑当・貫《つらぬき》・小袖・直垂・脚絆（脛巾）・足袋・烏帽子・腰刀・太刀・箙・弓・母衣

大鎧

大鎧

②

まず手綱を（褌）を用い小袖を着、直垂・袴をつける。烏帽子は揉烏帽子。古くは鉢巻を用いないが、鎌倉時代頃から乱髪にして烏帽子をかむり鉢巻をする。

③

革足袋をはき、脚絆（脛巾）をつける。これらはすべて左足から用いる。鰈（かれい）をはめる。鰈に限って右手から用いる。次に射向（左）の籠手をつける。籠手の緒は右前脇で結ぶ。

④

臑当を左足かつけ、貫をはき、脇楯をつける。

⑤

鎧をつける。高紐を結び合せ、引合せの緒を結び、胴先の緒を巡らせて結ぶ。鎌倉時代の末頃より布でこの上を結んで上帯とした。

⑥ 腰刀をさし、太刀を佩き、右腰に箙をつける。

⑦ 兜をかむり、弓を持つ。これで武装は完了したわけである。

⑧ 武者によっては背に母衣をつける。母衣は薄絹のマント状のものである。（背面）

⑨ 軍扇右手に弓を左にとり、鎧櫃に腰をかけたところ。腰は浅く掛けぬと、引敷（後）の草摺が引っかかることがある。

当世具足

① まず褌帯を締め、襯衣を着、下袴をはいて足袋をはく。

② 脚絆をつける。脚絆は左足よりつける。

③ 臑当をつけ、甲懸をはく。

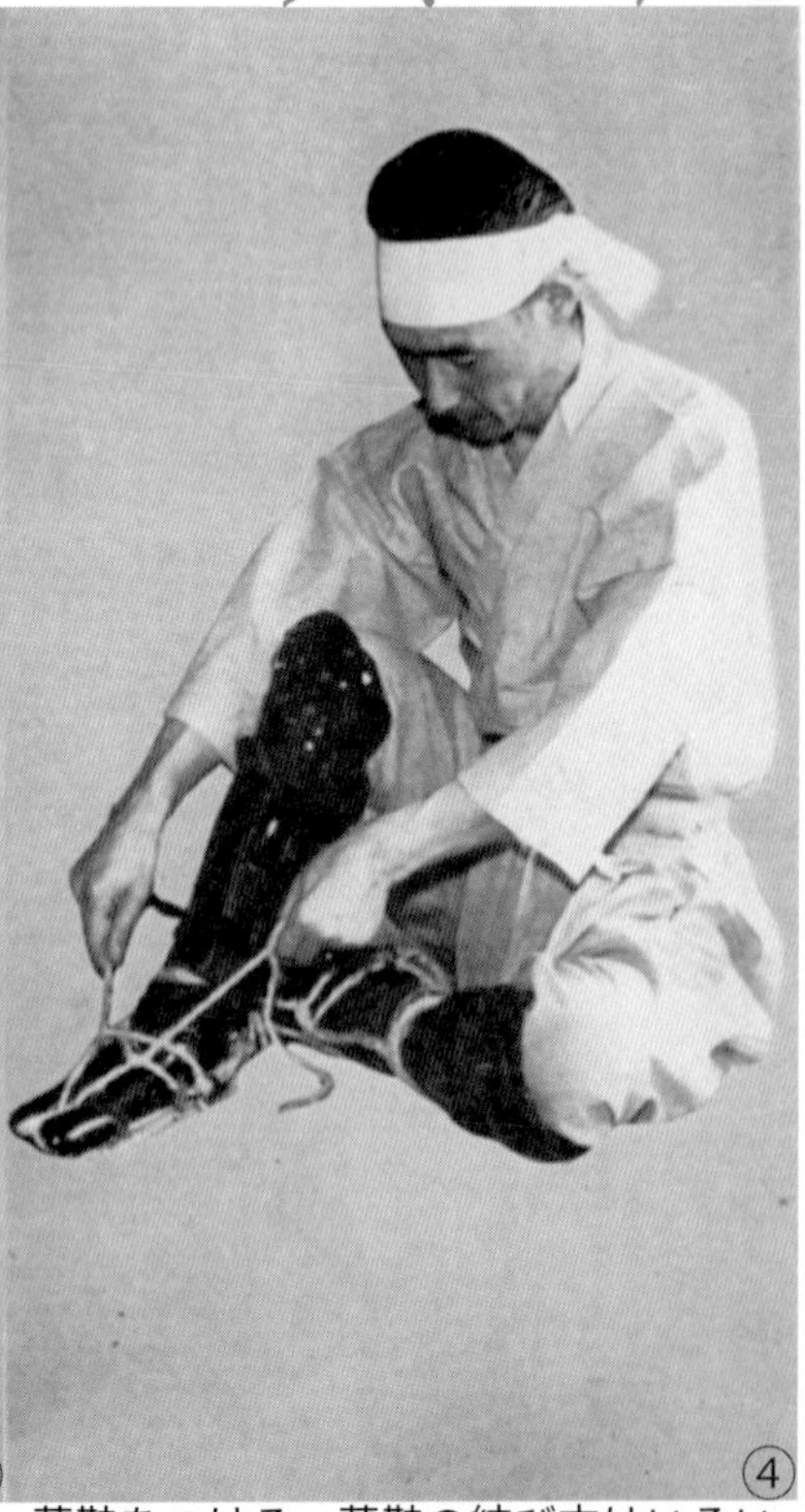

④ 草鞋をつける。草鞋の結び方はいろいろとある。

⑤ 佩楯をつける。

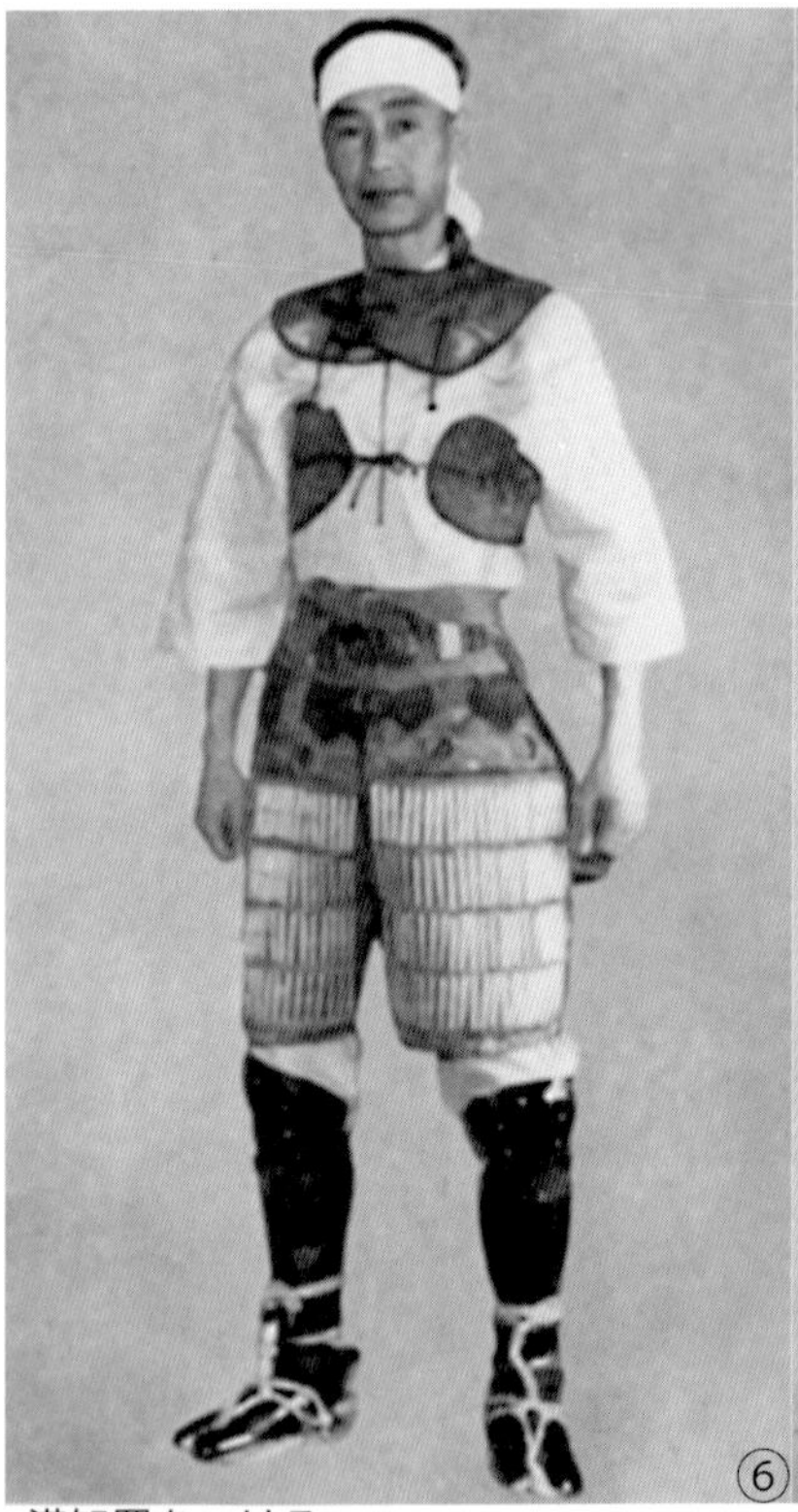

⑥ 満知羅をつける。

⑦
胴甲をつける。籠手が指貫籠手または紐で結ぶ籠手の場合は胴甲を着る前につける。胴甲は具足櫃の上に置き、引合せを開いて左の手から籠手を通して着物をきるようにつける。

⑧
高紐を合し、引合せの紐を結び、胴先の緒をしめる。

⑨
上帯は布を四つ折りにして二重廻りまたは三重廻りにして右脇前に結び、あまりを挟みこむ。

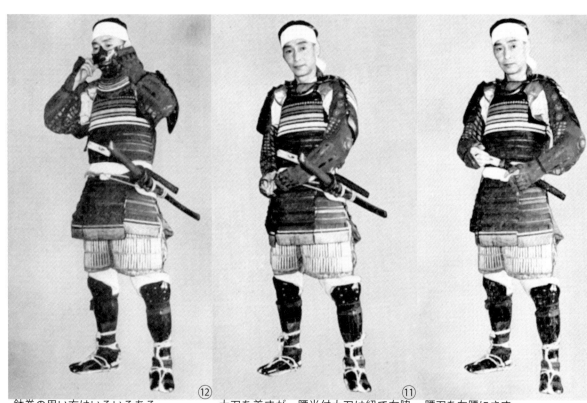

⑩
腰刀を左腰にさす。

⑪
大刀を差すが、腰当付大刀は紐で右脇前に結ぶ。

⑫
鉢巻の用い方はいろいろある。
頬当をつける。

当世具足

⑬ 兜をつける。兜の緒の用い方はいろいろにあり、本文参照のこと。

⑭ 背の受筒に指物をつけ、槍を持つ。

⑯ 陣羽織後姿。

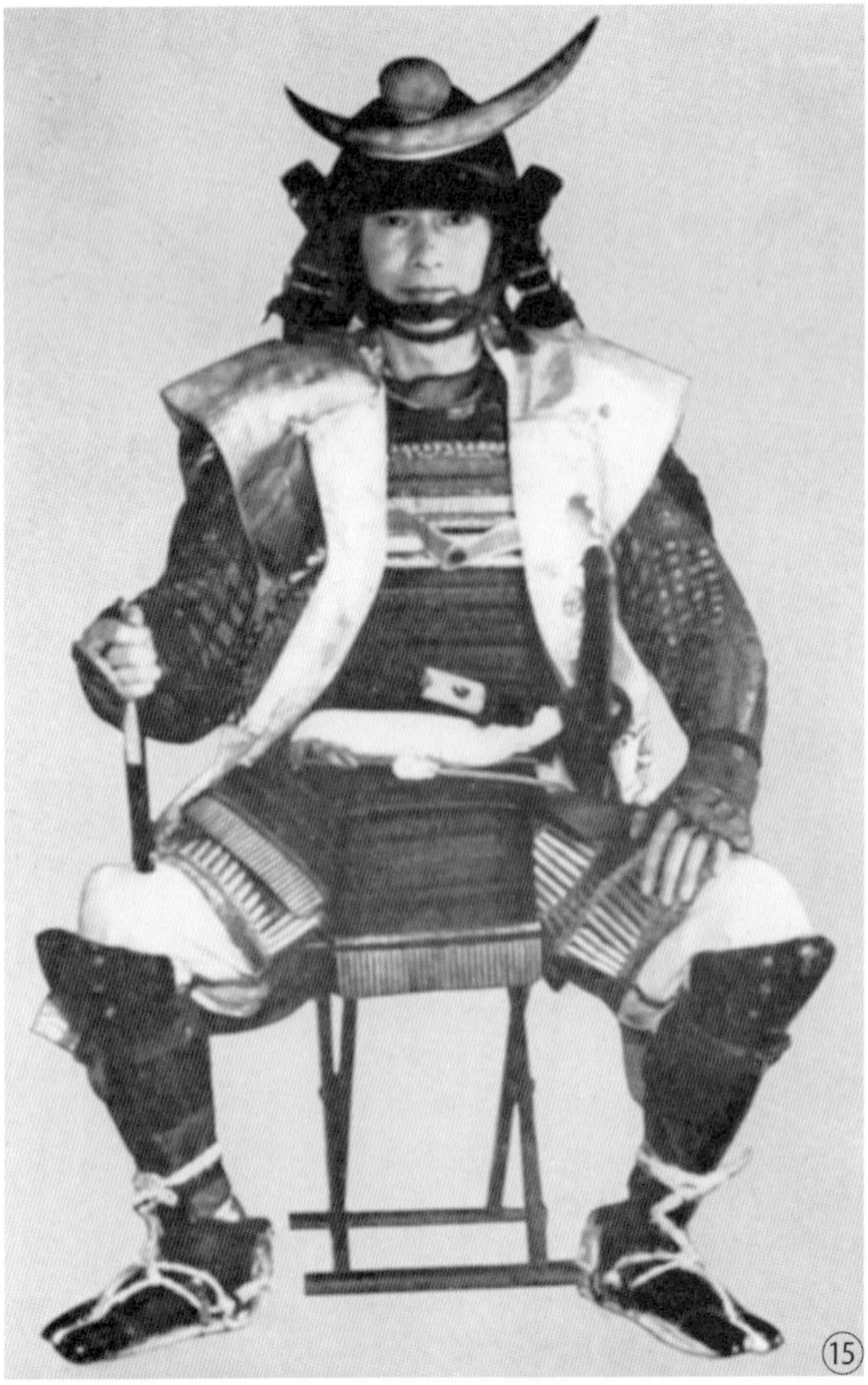

⑮ 陣羽織を着るときは指物を用いない。

胴丸

①

胴丸の着用は大鎧の場合と全く同じであるが、軽武装であるから、袖を具さず兜もかむらない。杏葉は肩につく。

直垂袴に片籠手・臑当をつけるまでは大鎧着用順序とまったく同じである。
胴丸は右側に引合せがあるので引合せの緒を結び、胴先の緒をしめて、太刀を佩く。
袖を具さない場合には杏葉は肩に置いて肩の防ぎとする。
時には半首をつけ、または兜をかむり、また双籠手とすることもある。

②

胴丸着用の武者は時として、兜をかむり袖を用いることもある。袖を用いる時は杏葉は高紐の上を覆うように前に垂れる。

上腹巻

緊急の場合や、軽装の武装を必要としたときは
胴丸を直垂の上に着て太刀・腰刀をつける。
必要とあれば、兜・袖・籠手・臑当がつけられる。
この服装を上腹巻といい、衣服の下につけるのを下腹巻という。

足軽武装

普通の小袖か襯衣《したぎ》に股引をはく。
それより籠手をさし帯をして刀をさす。
次に具足をつけ、上帯をし陣笠をつける。
軽快に走り廻るために佩楯、臑当はつけない。
得物は組によって槍・鉄砲・弓を持つ。
時にはこの上に布子を着て羽織の代わりとする。

はじめに

武器・武具の変遷の歴史を図録しようと想い立ったのは十年以上前からである。

武器・武具そのもの自体はただ見ただけではその利用価値はわからない。

なぜ武器・武具が変遷していったのか、なぜこうした形にならねばならなかったのかということは人智とともに進歩していく戦闘法の進歩、戦術の向上によって、着用や扱いが必然的に変わっていったのである。

故に着用したところや、武器を扱ったところ、つまり人間が使用している武器・武具の状態を描くことによって、武器・武具の変化していく状態がわかるのではなかろうかと考えて、そうした方法を用いてみた。

鎧を着用したときの身体のバランスと合理的活動可能の形態、戦闘の進歩による武器の発達と扱い方。

こうしたものは実際にその時代に没入して体験しなければならないことであるが、それは不可能であるので、描くことによってある程度表現できると思ったから、図録としての本を発表するつもりでコツコツと描きためておいた。

甲冑が専攻であるので、まず古代から幕末までをひとまとめにすることとした。

やってみると武器の種類ははなはだ多く、また甲冑着用上の効果を出そうとするとイラストのようになってしまうし、なかなか苦心するところが多かった。

でき上がった図はじょうずではないが、意とするところは汲んでいただけると思う。

一九七〇年九月

笹間良彦

【本書につきまして】

本書は、一九七〇年刊行『図鑑 日本の軍装 上巻』を底本に、判型、レイアウトを一新したものになります。

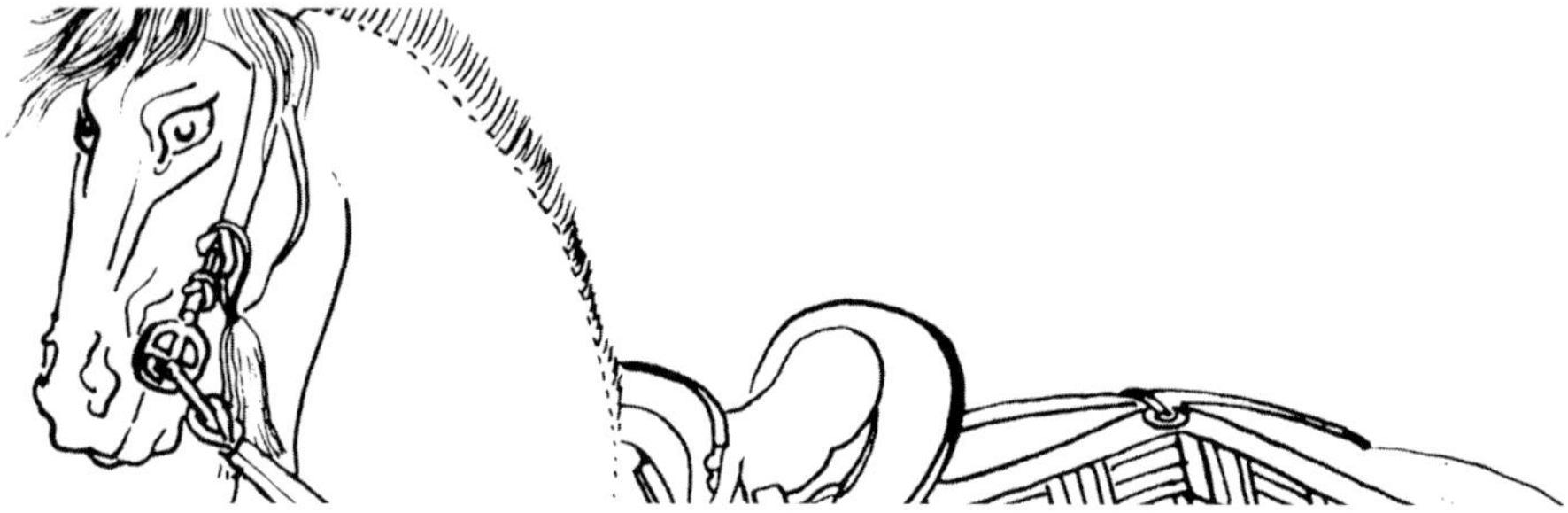

伝統を顧みるにふさわしい名著

元防衛庁長官・農林大臣・衆議院議員
（財）日本武道館副館長
（社）日本甲冑武具研究保存会々長
赤城宗徳

戦後二十五年の歴史は、日本を急速に新しい形に変えた。

しかし新生日本の確立を計るあまり、また反動的に多くのよき文化遺産を埋没させてしまった。そのひずみに気がつきその歴史の亀裂を埋めようとする機運が、近頃ようやく高まってきたとき、われら甲冑界の権威の一人笹間氏が、その蘊蓄を傾けて、『図鑑日本の軍装』上・下巻を刊行することになったことは、まことに喜ばしい。手にとってみれば、その内容の豊富なること、精確なること、まことに伝統の重みを感じないわけにはいかない。

おびただしい図版の一つ一つに著者の細かい配慮がみれ、おそらく本書を手にする者は、古代から現代までの歴史の変化を、その軍装の変化の中に辿ることができるであろう。まことに整然とした名著である。

一九七〇年九月

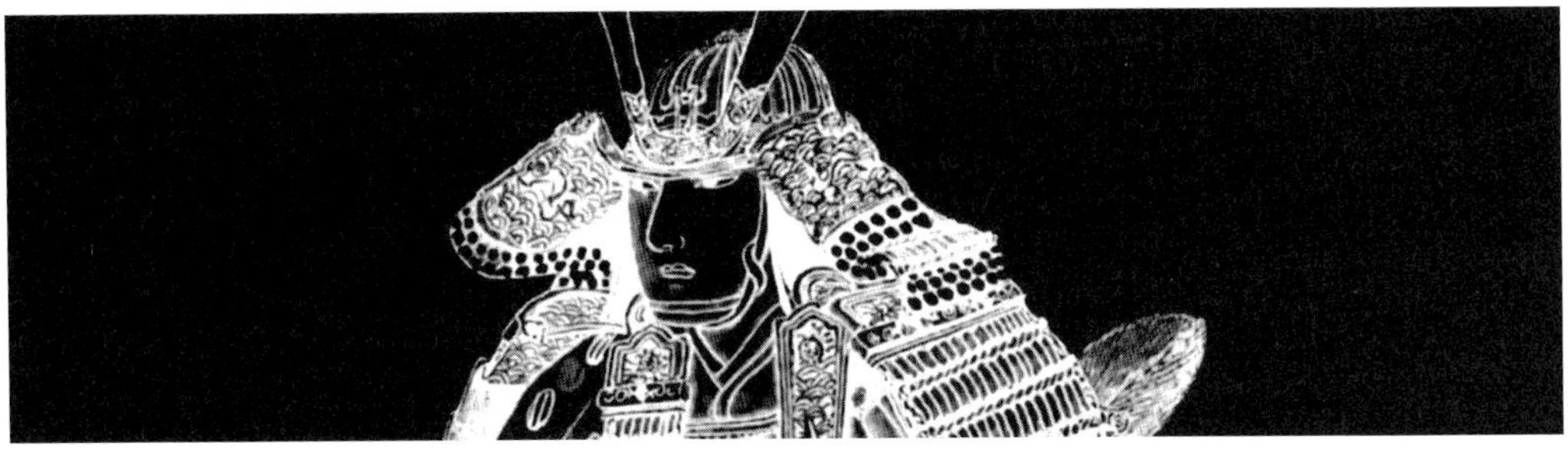

驚異の念を禁じえない大著

江崎真澄
元防衛庁長官・衆議院議員

笹間良彦氏が多年、日本甲冑を中心とする武士の制度や風俗について研鑽ぎれ、学界および研究会などにおいてまれにみる高い評価をえておられることは、改めて申すまでもなく、すでに周知のことであります。

その氏がこのたび、武士風俗の分野のうち軍装についての長年に渉る研究集成を図録として発表されることになりました。たまたまその原稿を拝見するにおよんで私は全く驚異と深い感銘に打たれました。つまり史的変遷にそって綿密な時代考証を行ないそれを美事に図によって再現してみせているのです。

笹間氏の場合、もともと画家であるということが、深い研究と相まって氏でなくしてはなしえない強烈な個性の開花となったものです。その内容は学問的であり、美術的であり、そしてまた懐旧的です。しかも、今後長く貴重な文献として年の経過とともに一層価値を高めてゆく大著であり、名著であるとご推薦してはばかりません。

一九七〇年九月

イラストで時代考証２日本軍装図鑑　上

鎌倉時代の軍装……93

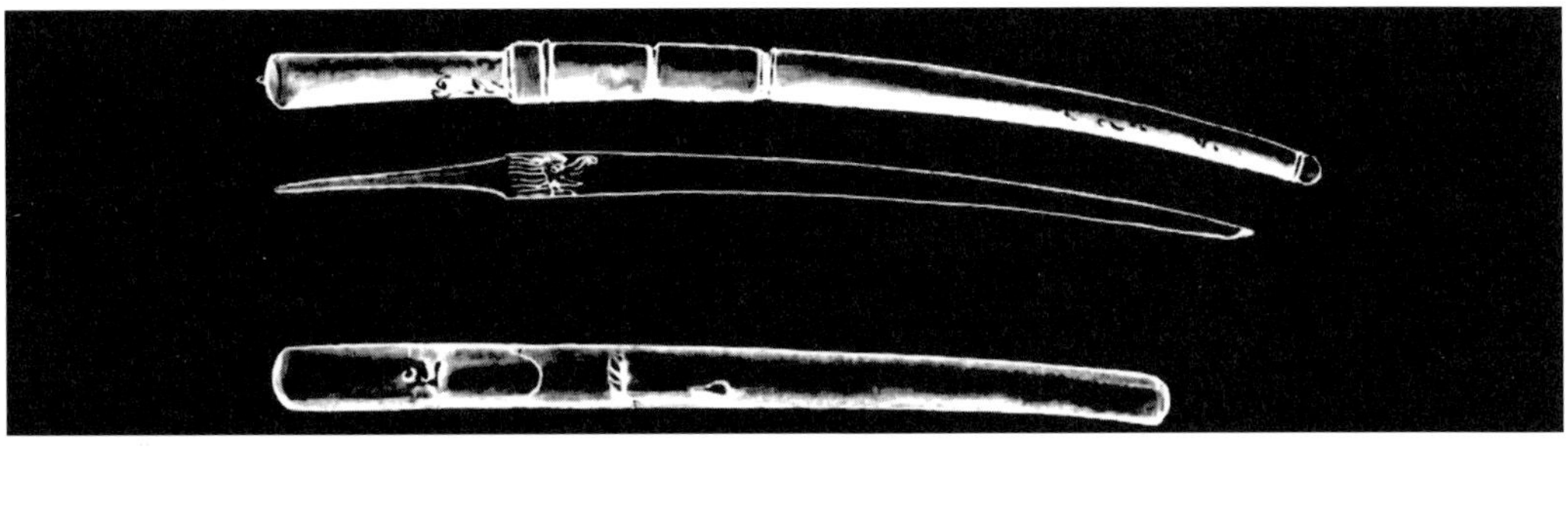

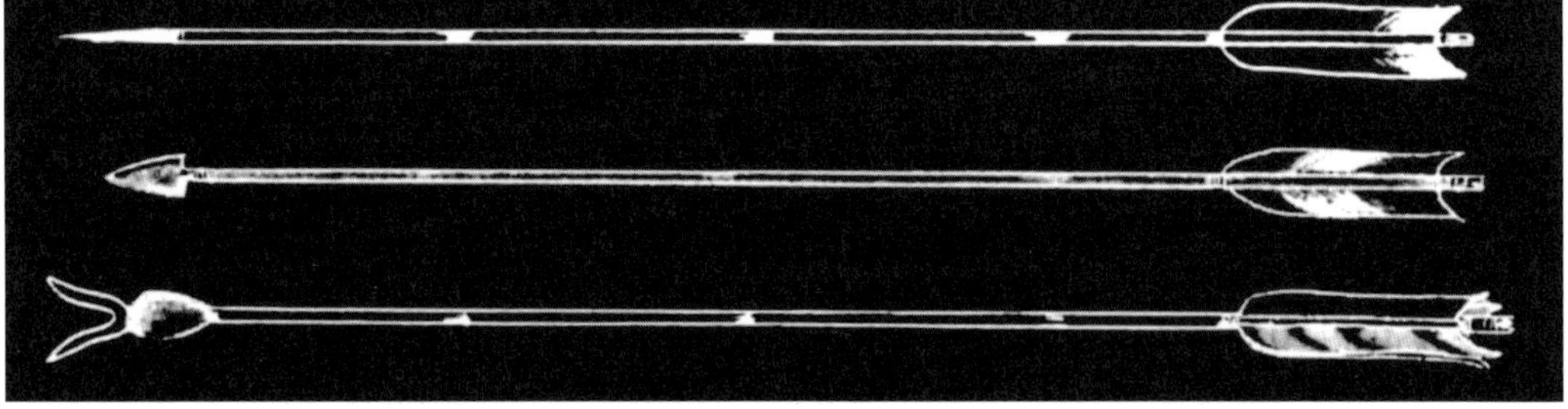

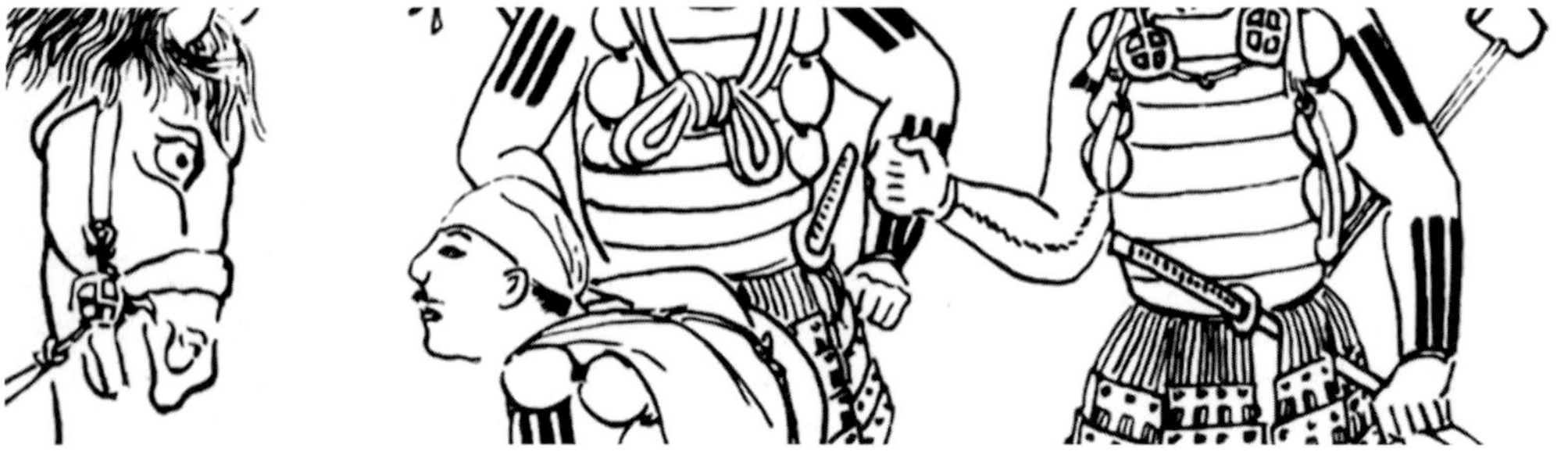

安土・桃山時代の軍装……251

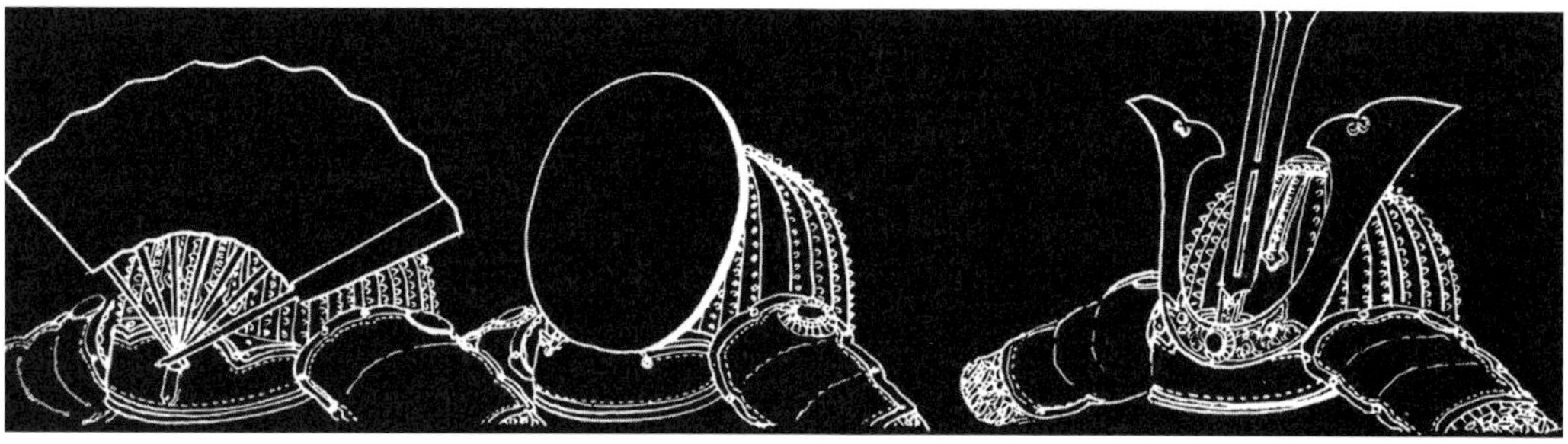

江戸時代の軍装 315

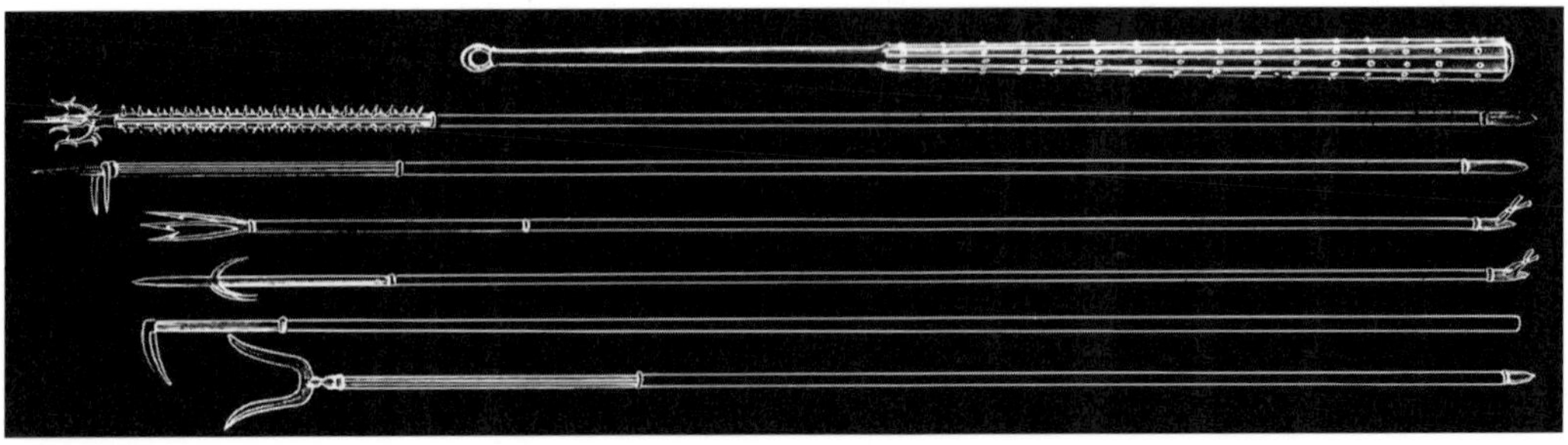

古墳時代の軍装

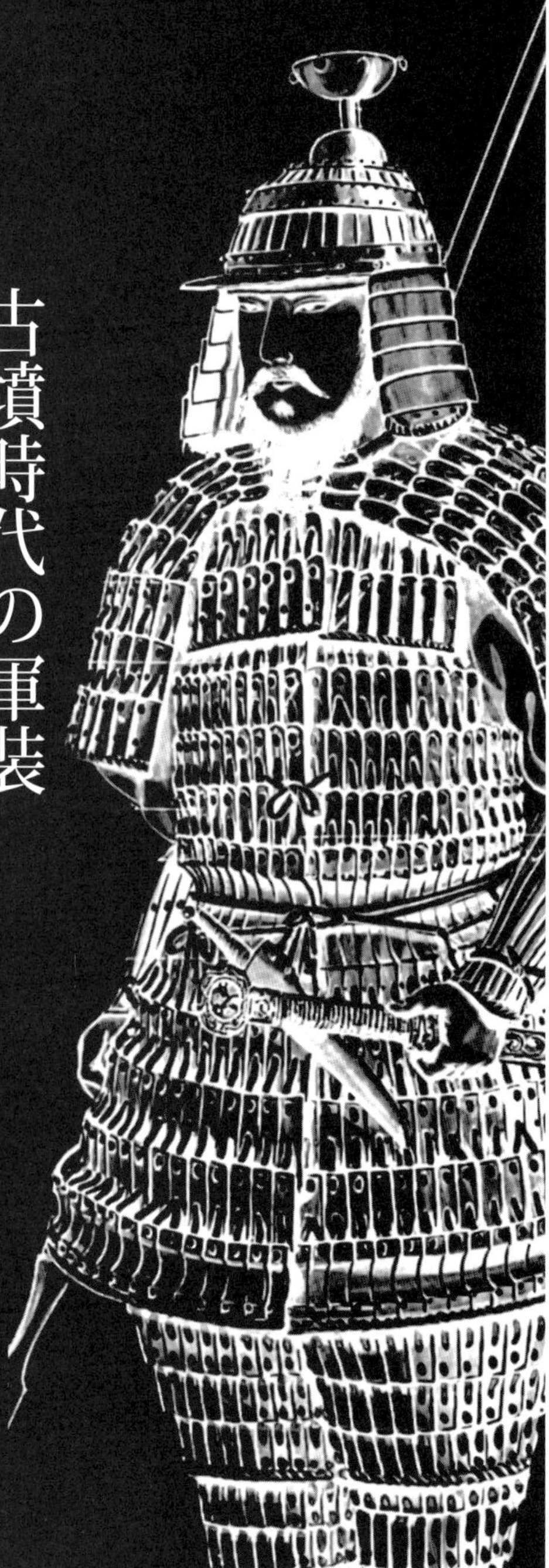

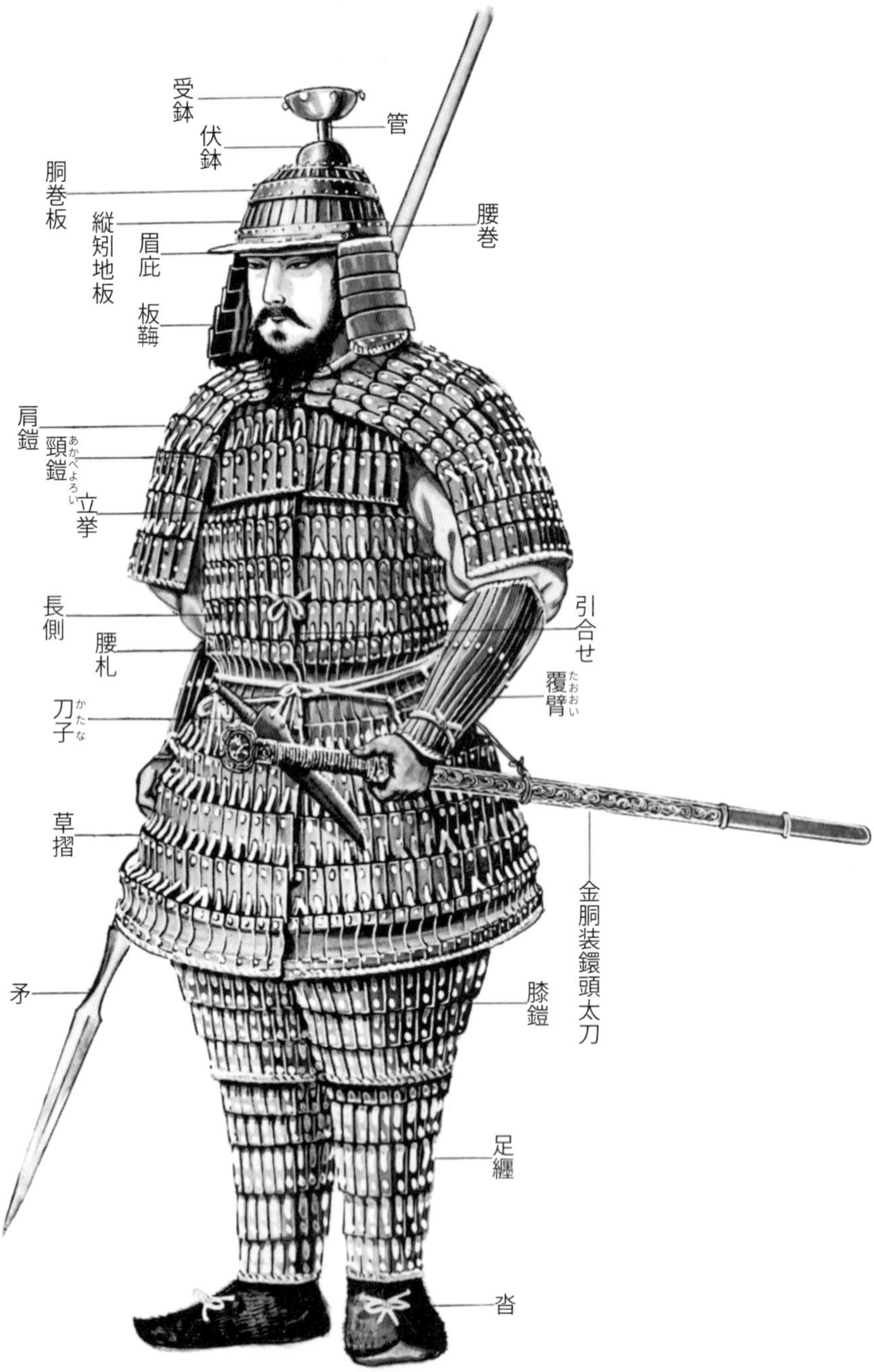

挂甲姿

大陸から伝わった、
紐または革で綴り合わせて伸縮できるように
くふうして作られた鎧—挂甲。

右の図は古墳時代に用いられた挂甲を着用した武装人物の推定復原である。挂甲とは、鉄または皮の小片を数多く、紐または革で綴り合わせて伸縮できるようにくふうして作られた鎧である。この系統は広く大陸に行なわれているから、大陸から伝わったものであろう。綴る方法には数種類あったらしいが、古墳発掘の挂甲からは腐朽していて全貌はうかがい知れない。しかし、武装埴輪や、鏽着状態から推定することはできるし、西蔵甲冑等から近似したものが想定される。この綴る方法が、後の鎧の威しという形式に進展し、日本独特のものとなったのである。挂甲というのは胴と腰膝を守る部分の鎧をいうのであるが、武装の場合にはたいてい頸のまわりを守る頸鎧、肩から上膊部を守る肩鎧（後の袖に発展していく）、そして『日本書紀』巻十一仁徳の項に記されている手纒《たまき》や東大寺献物帳に記されている覆臂の名称に当たると推定される後世の名称の籠手、平安朝ごろの足纒の文字に当たると推定される臑当等が用いられた。このほかに頭には冑、頸のまわりには冑につけられた鞆が用いられたことは、これらを皆具した挂甲が発掘されているし、武装埴輪からもうかがい知ることができる。

挂甲姿

大陸の甲冑に近似性ある様式。

冑は眉庇付冑が挂甲に適合しているように思われる。それは同時代に用いられた短甲と衝角付冑が、かなり日本独特の様式を表わしているのに反して、眉庇付冑も挂甲も、様式が大陸の甲冑にすこぶる近似性があるからである。しかし、古墳時代後期になるとあながちこの組み合わせは守られていない。挂甲に衝角付冑が伴ってしばしば発掘されているし、威儀用に適したと思われる貴族的な眉庇付冑より、衝角付冑がより実戦的効果があったからであろう。

遺物はいまだ発掘されていないが、群馬県太田市出土の挂甲武装埴輪を見ると、小札製のもので、膝から腰まで防具が作られているから、こうした後世の膝鎧形式のものも行なわれたものであろう。この膝鎧は小袴式か、左右別々のものか、埴輪では明確に知ることは困難であるが、背後をそれぞれ上下二か所で結びとめているさまが表現されている。古墳時代にはすでに沓が用いられていたことは、埴輪や、金銅装で儀礼用につかわれたらしい沓が発見されているから、知ることができる。当時、毛沓が用いられたであろう。

大刀は鉄製片刃の直刀が用いられ、その外装は、大陸にも見られる鐶頭形式である。このほか、刀子を帯び、鉾が刺突兵器として用いられた。

眉庇付冑

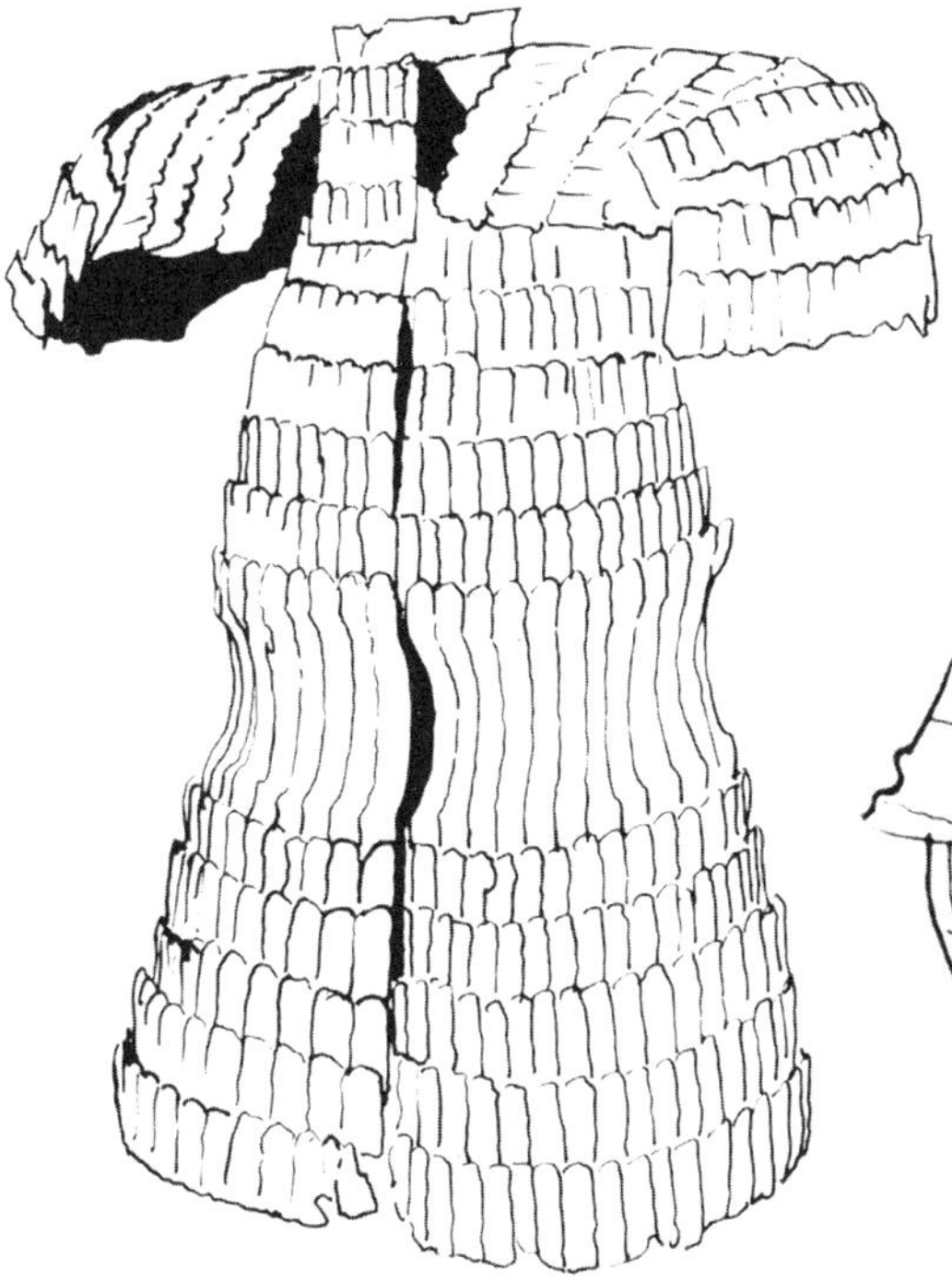

大阪府南河内郡美陵町宇沢田
長持山古墳出土の胴丸式挂甲

群馬県太田市出土の埴輪
（膝鎧・足纏を付して完全軍装である）

武器武具①

日本刀へと発展する祖型を有する「鐶頭大刀」。

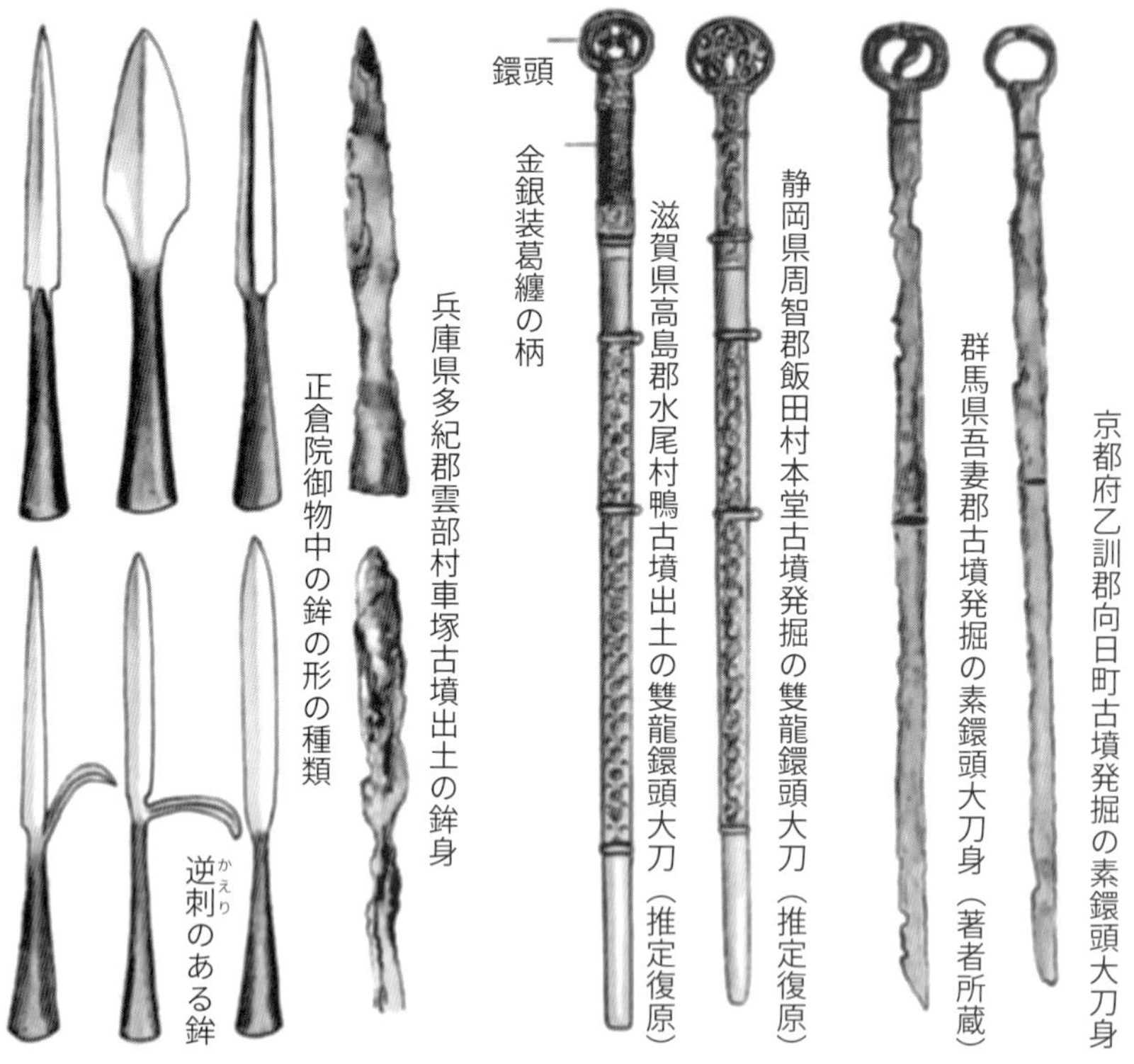

徳島県板野郡板西町
吹田古墳出土の鹿角装剣

群馬県多野郡八幡村出土の石製品
（鹿角装剣を象ったもの）

鹿角を柄や鍔の部分に用いた刀があったことは遺物に見られ、その形を摸したらしい石製品が群馬県多野郡八幡村から出土している。また後世の短刀のような小刀子も遺物に見られ、埴輪からもうかがわれる。これは鹿の毛皮等で包んで、帯の所に下げたものらしい。この形は後世のアイヌの刀子にその形式が伝えられている。

鐶頭大刀は大陸で流行したことは、中国の古画や、後の青竜刀等からその一貫した形式によって知られるが、日本の場合は細身の直刀であるところに特異性があり、後に戦法の変化のために次第に曲刀となって、日本独特の日本刀へと発展する祖型を有している。古墳初期ころの鐶頭大刀は、中国と同じく、刀身、茎《なかご》、鐶頭は共に同一の鉄で続いていたが、後期には鐶頭部が別となり、金銅装としたり、環内に三葉、竜雀、雙竜等を透かし彫りにして、次第に装飾的となっている。鐶だけのを素鐶頭といっている。

刺突武器は石器時代に石槍が用いられているが、金属文化流入時代には、銅・鉄の鉾が行なわれた。細身の銅鉾は実用品であったろう

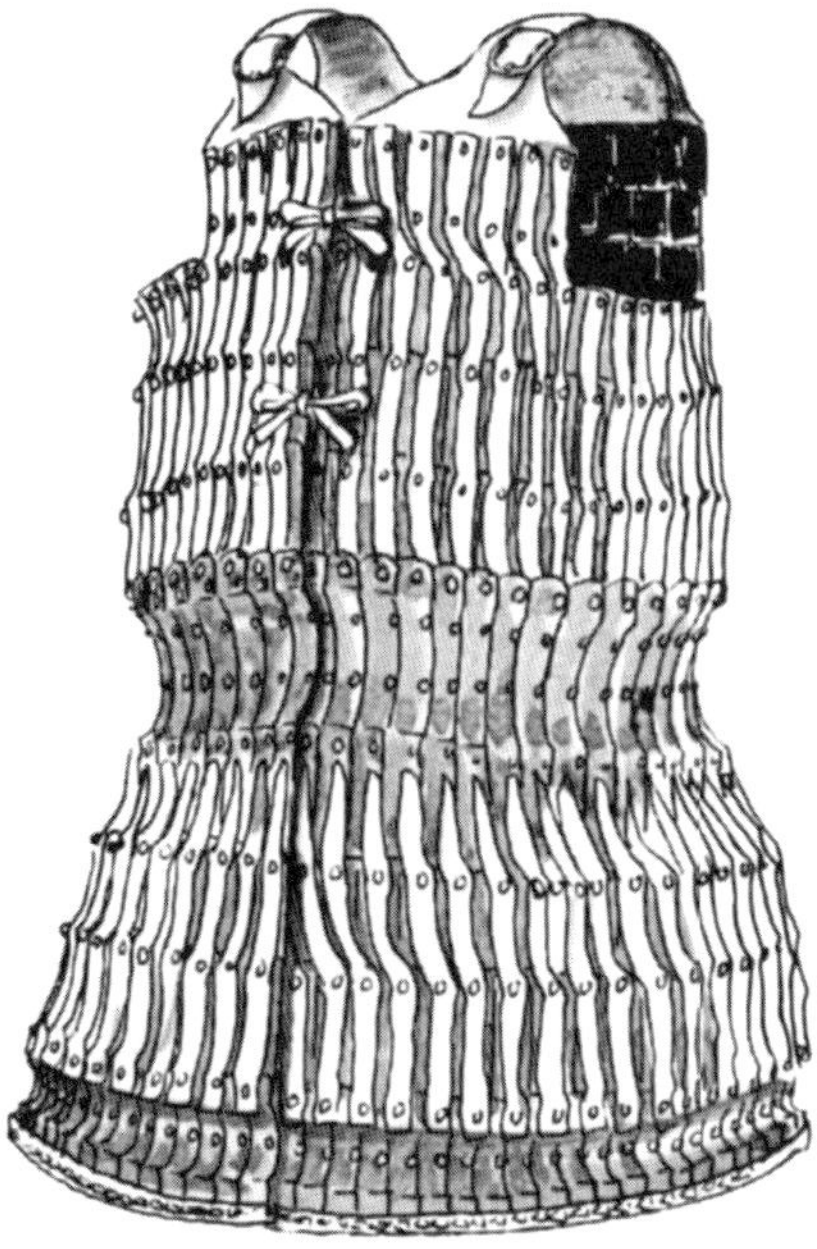
胴丸式挂甲

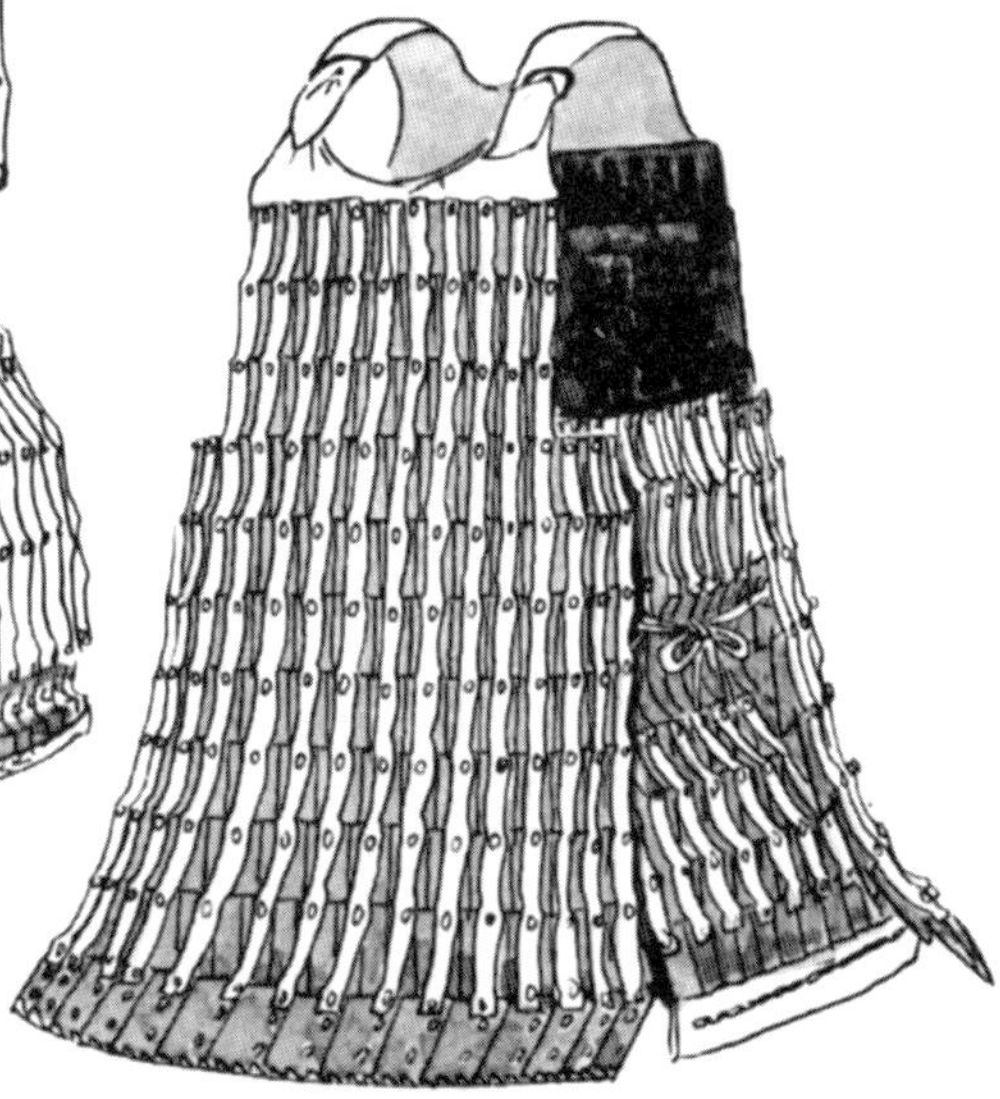
裲襠式挂甲

武器武具①

鉄製武器は鍛造で、
古くは焼入れはしなかったが、
次第に焼入れが行なわれ強度を増した。

が、鉄鉾が広く使われたころにも広鋒銅鉾が用いられている。これは非実用的であるから、虚飾的儀礼用のものである。鉄鉾はしばしば発掘され、正倉院御物にも数種類あるが、鎌倉時代に槍が生まれるまで使われていた。身が袋穂になって、柄をはめ込むのを鉾といい、茎《なかご》を柄に挿入するのを槍といっている。鉄製武器は鍛造で、古くは焼入れはしなかったが、次第に焼入れが行なわれるようになった。

挂甲は現在のところ、胴丸式挂甲といって胸の前が引合せになっているのと、裲襠式挂甲といって前後を守るように着るのとの二系統が判明している。前者は後世のアイヌ鎧にその手法が表現されており、また右脇引合せの胴丸（古記録の腹巻）、背中引合せの腹巻等に引合わせの位置の移動が見られる。後者は両脇にも小札製のものを当てがい、四方から身体を包む形となり、脇の部分は後の大鎧の脇楯発生と繋りがあるようである。これらの挂甲は草摺が胴に続いており、防禦と着用には良いが、重量があるため、徒歩戦には困難のようである。そのために馬にのる豪族とか、騎士用と見られ馬上戦に適している。眉庇付冑は金銅装や、点線文模様を用い、垂飾をほどこして多分に装飾的である。

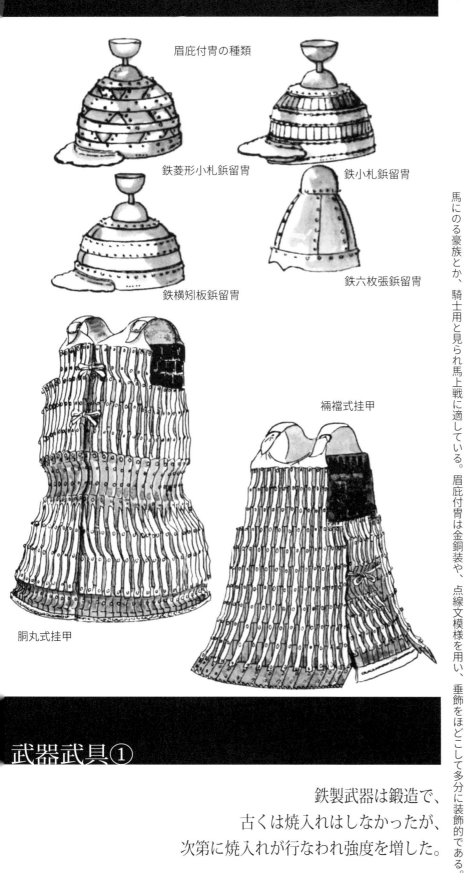

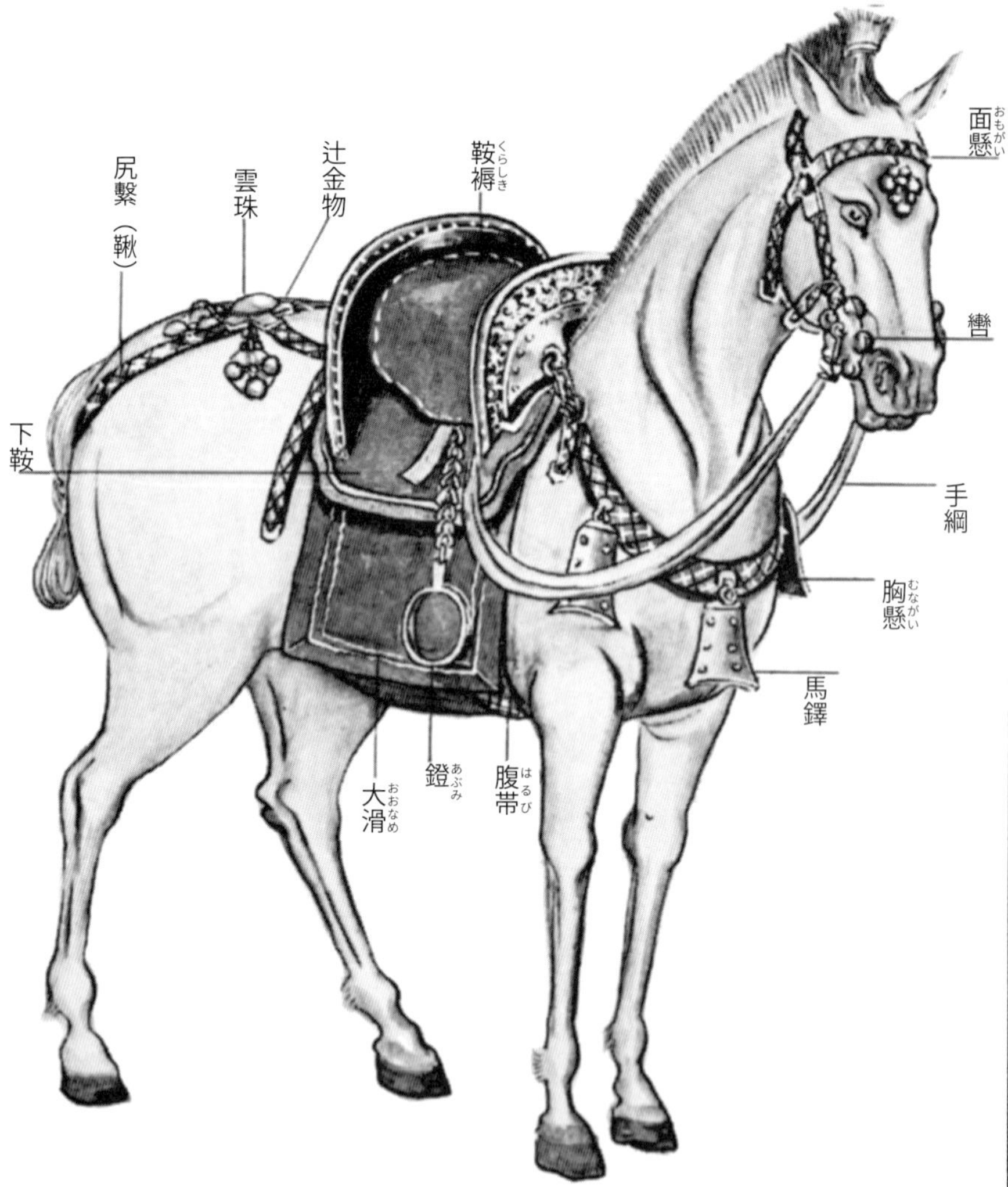

馬装

乗馬に使用したことが、
明確に証拠づけられるのは古墳時代から。

石器時代に馬がいたことは、貝塚から発掘される馬骨で知られるが、乗馬に使用したことが、明確に証拠づけられるのは古墳時代からである。古墳からは、かなり高度の馬具が発見されており、埴輪にも装備した馬が表現されている。では戦闘者はすべて馬を用いたかというと、そうではなかったらしい。『魏志倭人伝』に「其地無二牛馬虎豹羊鵲一」とあるように一部では馬は全く用いなかったであろうし、限られた王侯豪族がわずかに用いていたものと推定される。

だから当時の馬は貴重品であったことは副葬品として収めたことによっても知られる。日本が次第に統合され、朝鮮半島にまで軍を進めたころにも、馬はまだ大量には使用していなかったと見える。高句麗に破れたいきさつは好太王の碑（この戦争は西暦四〇〇年ころ）によってもうかがわれるが、この苦しい経験によって、急速に馬匹利用をはかるようになり、軍隊も歩兵だけでなく、騎兵も用いるようになったらしい。『日本書紀』の仁徳帝の項に「時新羅空レ左備レ右。於レ是。田道連二精騎《うまいくさ》一撃二其左一。新羅軍潰之」とあり、雄略帝の八年には「乃縦二奇兵一。歩騎来攻大破レ之」と日本軍の兵種は歩騎二種となり、精兵であったことがうかがわれるから、馬の飼育は盛んとなり、騎兵もかなり進歩していたものと思われる。それでこそ後期古墳より発掘される馬具が、精巧であり高度のものであったのである。

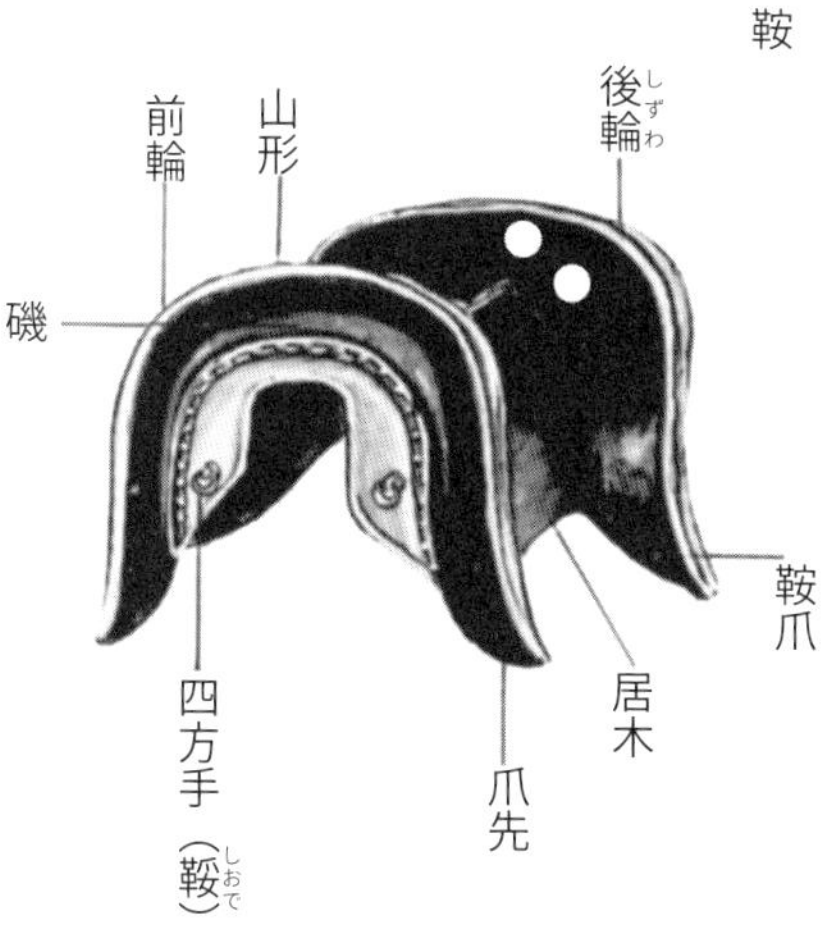

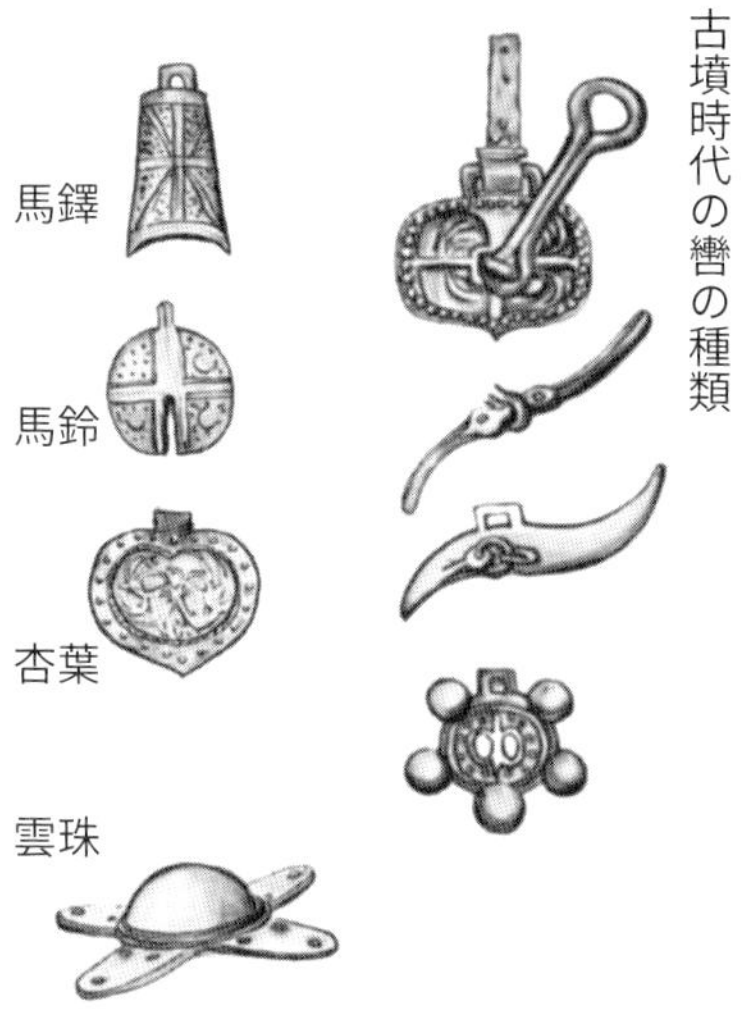

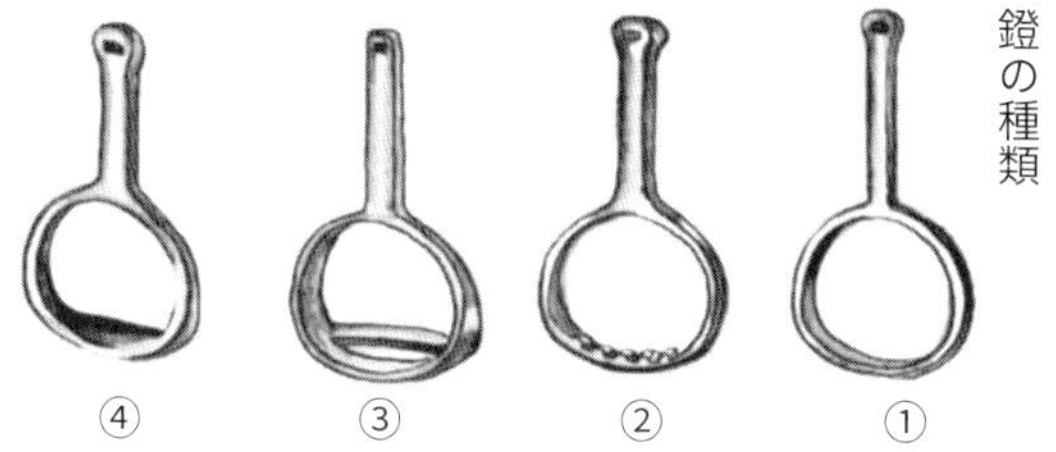

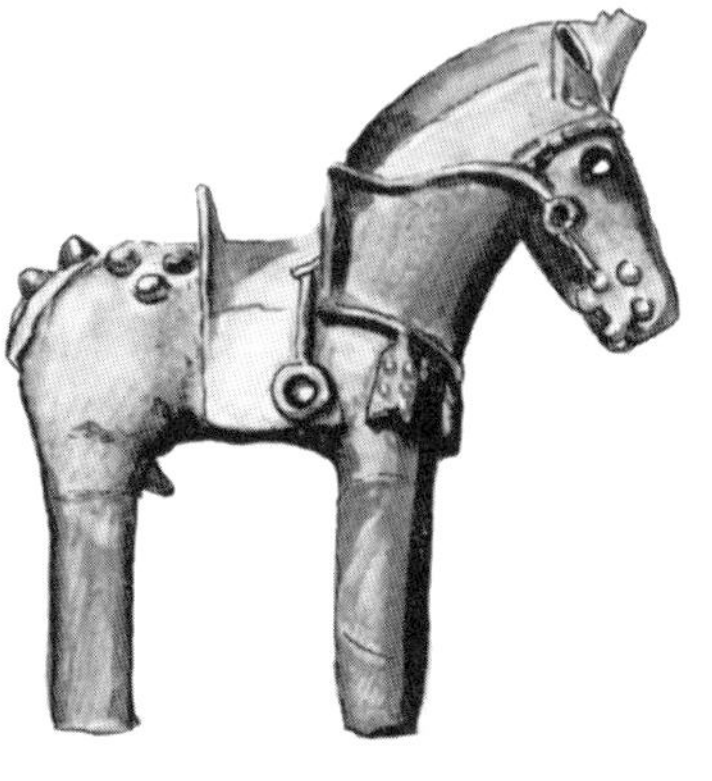
埼玉県北埼玉郡上中条村出土の埴輪馬

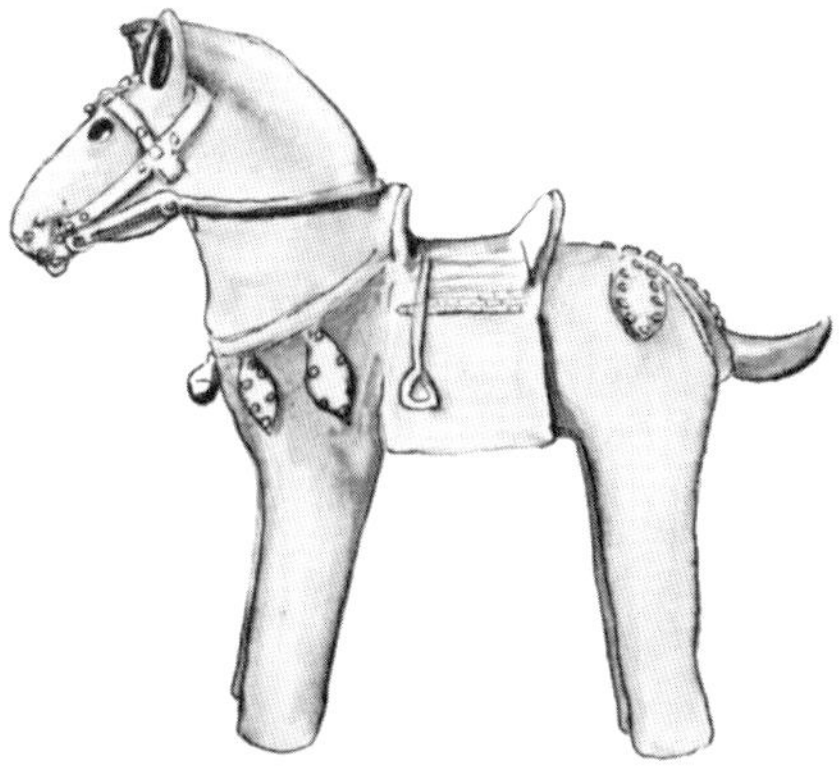
群馬県出土の埴輪馬

馬装

古墳から発見される、高度な馬具や埴輪馬から見る
王侯豪族に限られた貴重な兵器の姿。

馬具馬装については基本的にはなんら変わったことはない。乗馬につごうの良いように鞍と鐙があり、鞍は胸懸《むながい》、尻繋《しりがい》、腹帯によって装着され、鞍から鐙が下げられる。操縦には轡をかませて手綱を用い、轡の装着には面懸がある。面懸《おもがい》は埴輪馬からうかがうと皮革製のようであるが、後世のように厚い平組も用いられただろうし、王侯豪族以外は額に飾金物はつけなかったであろう。これは胸懸の馬鐸や、尻繋の雲珠、馬鈴、杏葉も同様である。

轡は鏡轡、S字状轡等かなり意匠に富んだ多種類が発見され、鉄製、金銅装のものなどがあるが、一般兵士は簡素な鉄製であったことと思われる。鞍は木製であることは当然であるが、腐朽して伝わっていないが、その表面を覆った鉄装・金銅装から形式を知ることができる。前輪・後輪は後世の大和鞍よりも大きく、大陸的であり、いまだ日本的にはなっていない。しかし、基本は同じで、前輪・後輪と二つの居木からなっている。『日本書紀』の欽明記には「鞍橋君　鞍橋、此云矩羅膩《クラニ》」とあるから当時の名称はこれであったろう。鐙は輪鐙で現在の洋式の鐙に似ている。発掘例からいうと左図①②③④の順に時代が降っていき、足裏を受ける下端が次第に広くなり、やがて壷鐙になり、舌長鐙に発展していくのである。

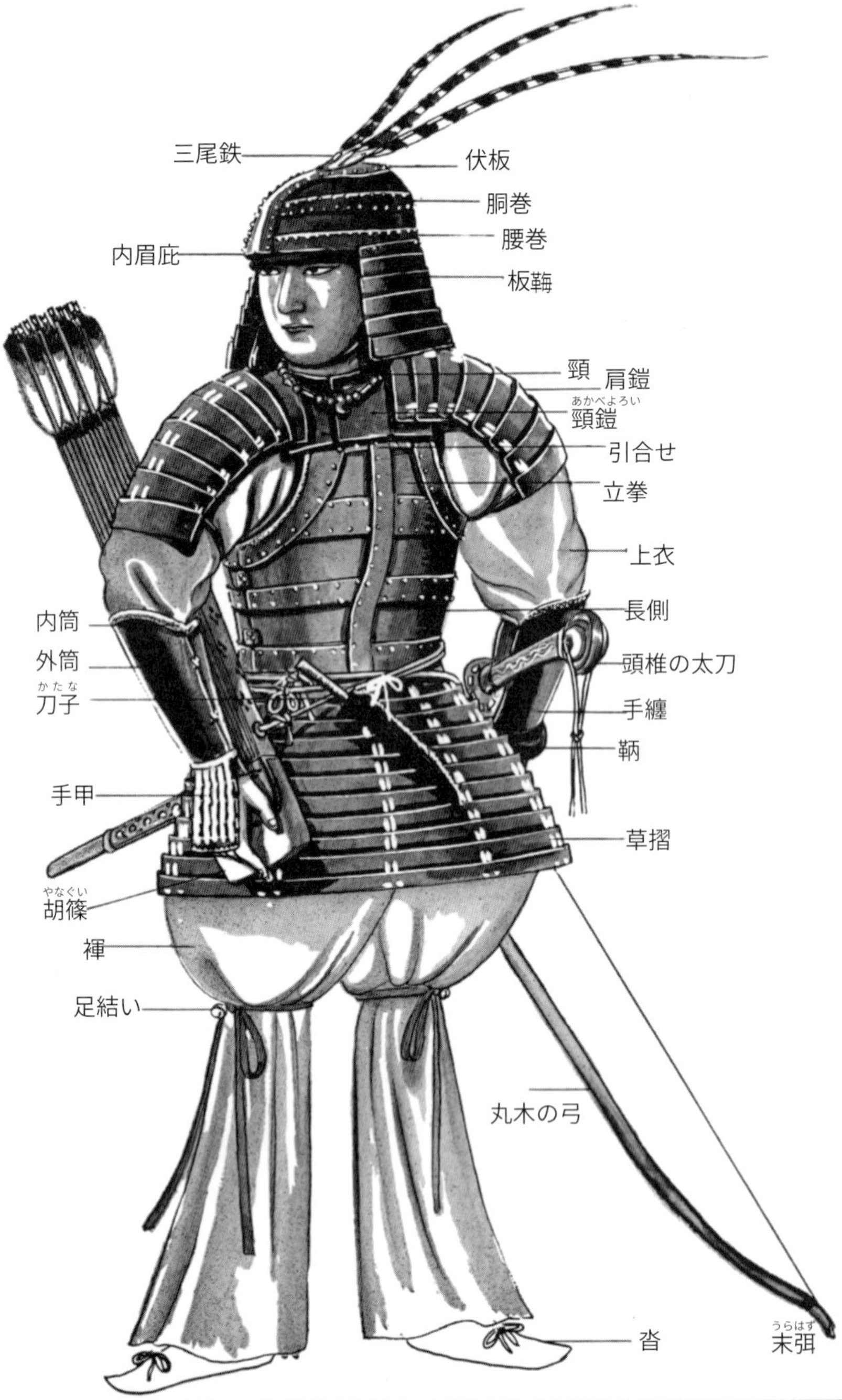

短甲姿

金属以前に胴を守る防具があったとすれば、
やっぱり樹皮革の短甲が使われたと考えられる。
やがて金属文化流入とともに、
それが金属製へ置きかえられていく。

古墳時代に挂甲と短甲とどちらが先に行なわれた形式かということは確定的なことはいえない。しかし、短甲の形式の共通点は、広くヨーロッパから、南方方面の防具に見られる。そして樹皮革等を乾燥させて截ち、曲げて作った原始的防具がかなり短甲に似ているので、日本の場合でも金属以前に胴を守る防具があったとすれば、やっぱり樹皮革の短甲が使われたと考えられる。そして、金属文化流入とともに、それが金属製に置きかえられたものであろう。

『東大寺献物帳』に短甲の名称があり、現在区分名称で用いられている短甲が、これに当たるものであろうとされているが、字義から推しても、胴だけ守る防具に短甲の名称はふさわしい。しかし、古墳時代も降ってくると、挂甲にならって短甲にも草摺をなして用いられている。そして完全武装のために冑・頸鎧・肩鎧・手纏を用いたことは、挫甲と同様で、挂甲と併用されていたらしく、しばしば短甲と挂甲が一緒に発掘される。また短甲と適合する衝角付冑も、挂甲に用いられたりして、両者の手法の接近混合が見られる。

大刀も鐶頭大刀の他に頭椎の大刀というのが用いられている。柄の先端に大きい球状のものがつけられたもので、この形式は、他国に例を見ない。たいへん豪壮な感じのする形であるが、使用上果たして有効であったか疑問点があるので、威儀用の大刀ではないかとの説もある。金銅装の場合は、威儀用に適しているが、球状もあまり大きくなく、鉄装のものもあるから、やっぱり実用のものであったろう。『記紀』に出てくる頭椎（頭槌）の名がこの形の大刀に当たるものとされているが、この大刀の形も日本独特で、衝角付冑や、短甲にふさわしい。この頭椎の形は、鐶頭がふくらんだ形、円頭のふくらんだ形等の変化から誇張されてきて、このような形に変化したとも見られる。また、倒卵形の鍔が用いられ、これも後世の鍔へ影響を与えている。衝角付冑も他国に見られぬ手法で、衝角部の板の形は天冠を後へなびかせた形に似ているのも、当時の天冠の影響を思わせる。

弓は朱漆樺桜皮巻弓、黒漆弓等の精巧なものから白木弓等があり、五尺（約一五〇センチ）から四尺（約一二一センチ）くらいのものが遺物に見られる。また三尺（約九〇センチ）くらいの塗小弓（糸巻弓）も発見されているから、後世のように大弓ではない。弓材は樺・アララキ・桑・棑・黄櫨・檀・槻等で、いまだ竹の合わせ弓は用いられていなかった。矢は石器時代から石鏃が用いられ、古墳時代初期ごろには銅鏃が見られ、ついで鉄鏃がこれに代わる。平根形は古くよりあり、細根が続いて用いられた。箆は木、竹のほかに篠、蘆が用いられた。長さは約二尺三、四寸（約七〇センチ）で、羽は二枚羽の三寸（一〇センチ）くらいを木の葉型に截って用いている。

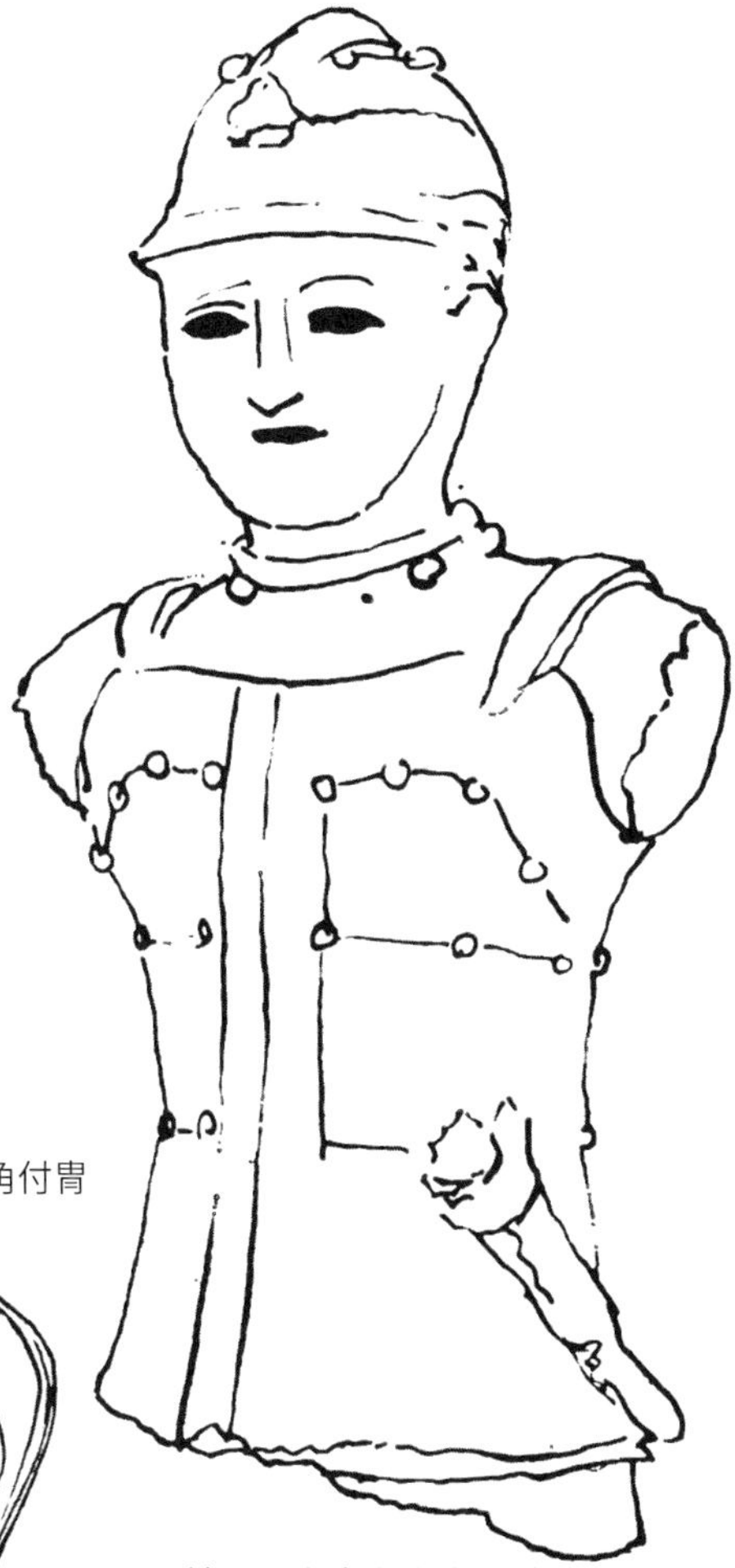

埼玉県上中条出土の埴輪
（革綴短甲の様式がよく表現されている）

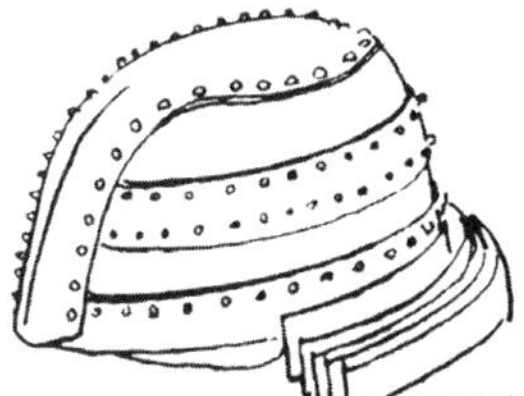

代表的衝角付冑

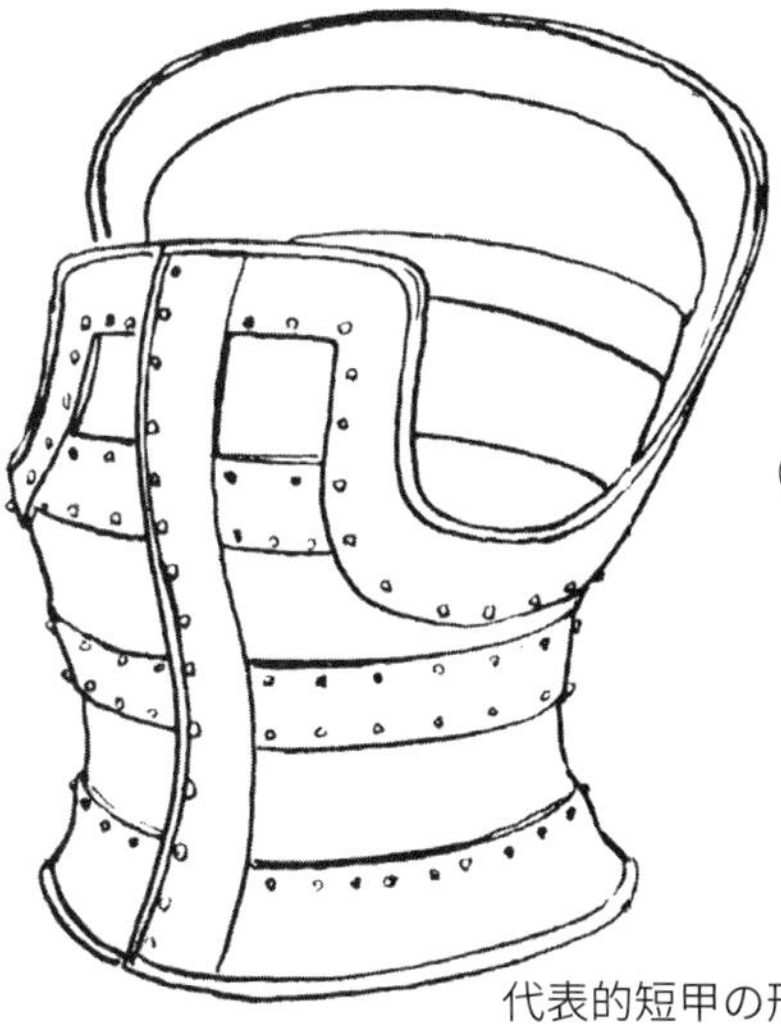

代表的短甲の形

短甲姿

矢は石器時代から石鏃が用いられ、
古墳時代初期ごろには銅鏃が見られ、
ついで鉄鏃がこれに代わる。

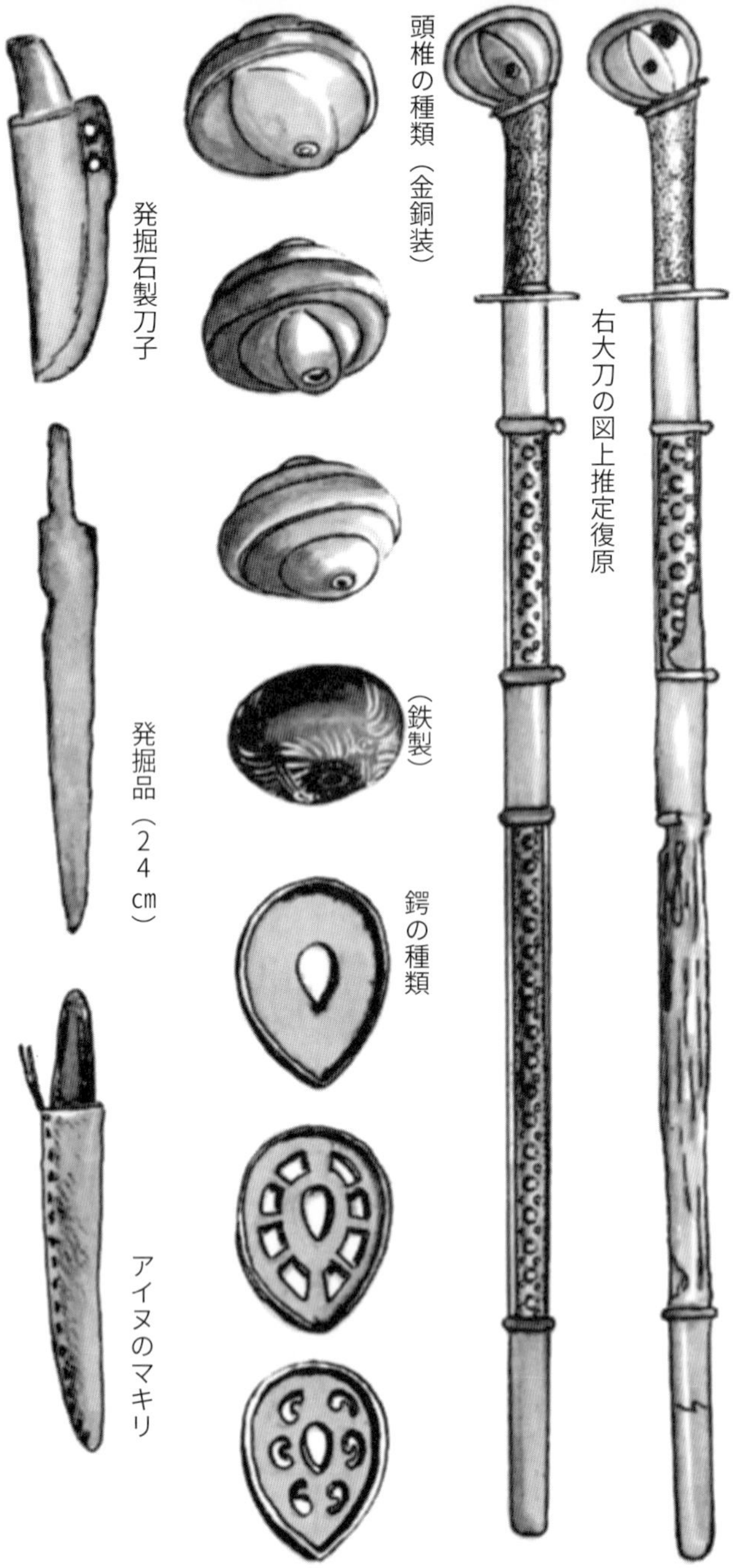

武器武具②

金属文化流入時代にみる鏃の変遷。

頭椎の大刀の発掘例からいうと、金銅装のものが圧倒的に多いから、高級者が多く佩用したことがわかる。富山県西砺波郡四五位村大字馬場発掘の頭椎は鉄製で、亀甲繋ぎに、銀で施毛文を象嵌している。これは鞘尻や責金具、帯取金具も同じく鉄製であったことと思われる。

弓は、石器時代にすでに用いられているが、古い時代の弓の形は明瞭でない。わずかに銅鐸に線刻された人物と、発掘品の数点からうかがうより他に方法はないが、後世のような大弓ではなかった。そして竹の合わせ弓ではなく、自然木を用いた丸木弓で、上等なのは黒漆塗、樺皮巻等を行ない、内側に樋を彫ったり弭金物を彫ったりした。しかしたいていは上下を削って弭を切っただけのものであったと思われる。こうした弓であるから、鳥獣に対しては威力があったであろうが、武装した人に対しては後世のような威力はなかったであろう。矢は後世の三枚羽のようでなく、原始的な二枚羽で、羽根を楕円に截ったことは、埴輪等の表現で知られる。威力が弱いから、軽い篦が好まれ、長さも二尺三、四寸（約七〇センチ）くらいのもので、鏃は平根、細根に、雁又等が用いられている。石器時代には骨鏃・

石鏃が用いられているが、金属文化流入時代には銅鏃・鉄鏃となり、鉄鏃が主体となった。銅鏃は一つの型を作れば大量に鋳流して作られるので、奈良時代ころまで行なわれたが、鋭利で固い鉄鍬の方が効果があるので、だんだん鉄鏃に移行していった。矢の中で変わっているのは鏑矢で、木製・鹿角製の孔のある鏑状のものを、鏃の根に装置したもので、刺突用よりも、飛来のおりに空気を切って発する音響の効果をねらったものである。大陸でも広く行なわれていたし、後世にも永く用いられた。音響を発するので鳴鏑ともいっている。鍬には茎《なかご》のあるのと、ないのとある。茎のないのは原始的手法に見えるが、刺突した場合鏃だけ残るという効果があるので、銅鏃・鉄鏃にも行なわれた（ただし、時代が降ると用いられていない）。このほかに竹鏃も用いられたことは、正倉院御物中に見られることによっても知られる。

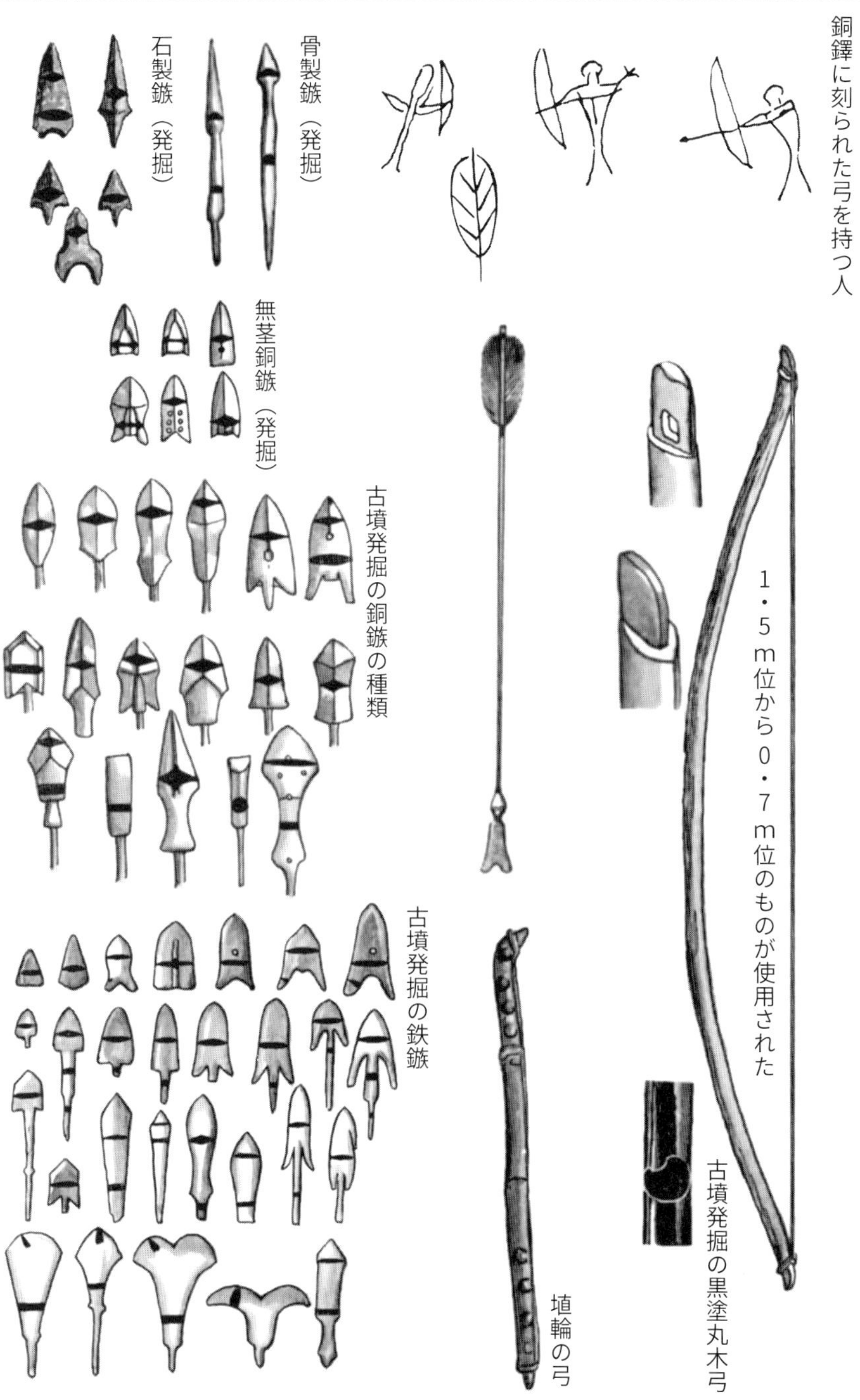

銅鐸に刻られた弓を持つ人
骨製鏃（発掘）
石製鏃（発掘）
無茎銅鏃（発掘）
古墳発掘の銅鏃の種類
1・5m位から0・7m位のものが使用された
古墳発掘の黒塗丸木弓
埴輪の弓
古墳発掘の鉄鏃

武器武具②

飛来のおりに空気を切って音を発する鏑矢は、
木製・鹿角製の孔のある鏑状のものだった。
大陸でも広く行なわれていたし、
後世にも永く用いられた。

武器武具③

短甲は、徒歩戦に適した兵装。
革綴と鋲留の二系統に分類され、
革綴は、初期的な手法ではあったが、分解可能だった。

矢を盛るものは靫と胡籙があったことは古記録に徴しても明らかであるが、その様式は埴輪や、発掘品の一部からうかがうだけで、明確ではない。埴輪に表現された靫は後世のアイヌの矢筒にその形式が伝世されたように思われる。『日本紀』に記されている「天盤靫を負い」とか歩靫の語はどんな形式であるか不明であるが、埴輪に表現されたものは、背に負っている。このほか『延喜式』神宝の中に、姫靫・蒲靫・革靫の名があるが、これらは材質から生じた名称であろう。

胡籙は大陸においては半弓とともに矢を収めているが、日本古代のものは、靫と後世の箙の中間様式の形をなしており、埴輪に表現されたものからうかがっても、矢をよりかからせる背面の板状のものと、鏃を受ける底辺からなっていて、他国に類型のない日本的なものである。奈良朝時代ごろと推定される葛胡籙の遺物から類推しても、右の図のようなものであったろう。

そしてこれは埴輪に見られるように馬手（右側）脇腰に結びつけられたものであろう。

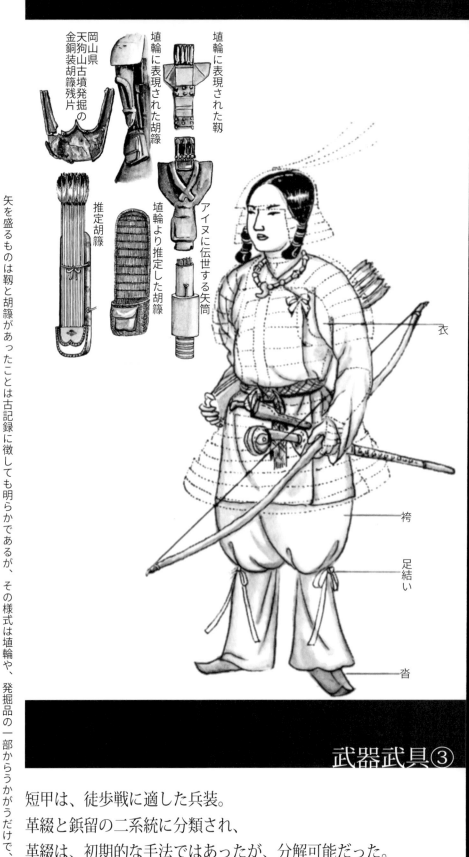

武器武具③

古墳時代後期になると、
挂甲に倣って草摺を付属し、
頸鎧・肩鎧・手纏を用いて完全軍装化。

短甲はその名称が示すように元来胴だけを守るものであるから、徒歩戦に適しており、その製作様式も現在のところ左の図の五種類が見られる（短甲については雄山閣版　拙著『日本甲冑図鑑』上巻参照）。これらは革綴と鋲留の二系統があり、革綴は初期的手法を残しているが、分解可能のために、後期と推定されるものにまで行なわれている。また後期には挂甲に倣って草摺を付属し、頸鎧・肩鎧・手纏を用いて、完全軍装化した。

衝角付冑は左図のようにいくたの種類があり、なお埴輪からうかがうとこのほかの形式も見られ、革を加工して用いられたらしい形跡もある。冑は次第に縦矧鋲留形式に統一され、やがて平安時代には厳星冑として一形式を生じるのであるが、挂甲・短甲も同様に両者の利点が採り入れられて、大鎧・胴丸の形式につながる中間様式が生じたのであろうが、これを説明するにたる遺物および記録はいまのところ発見されていない。

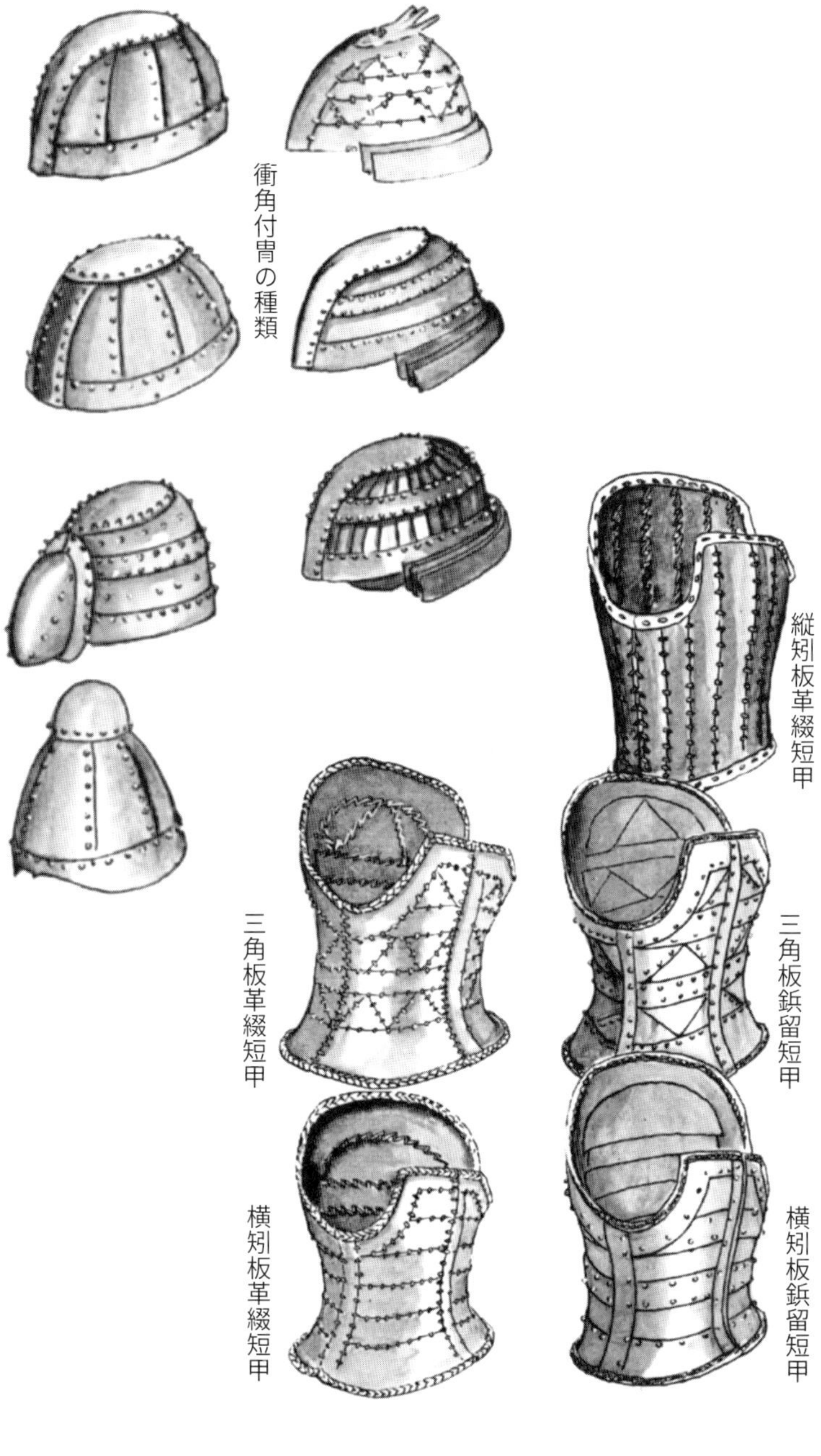

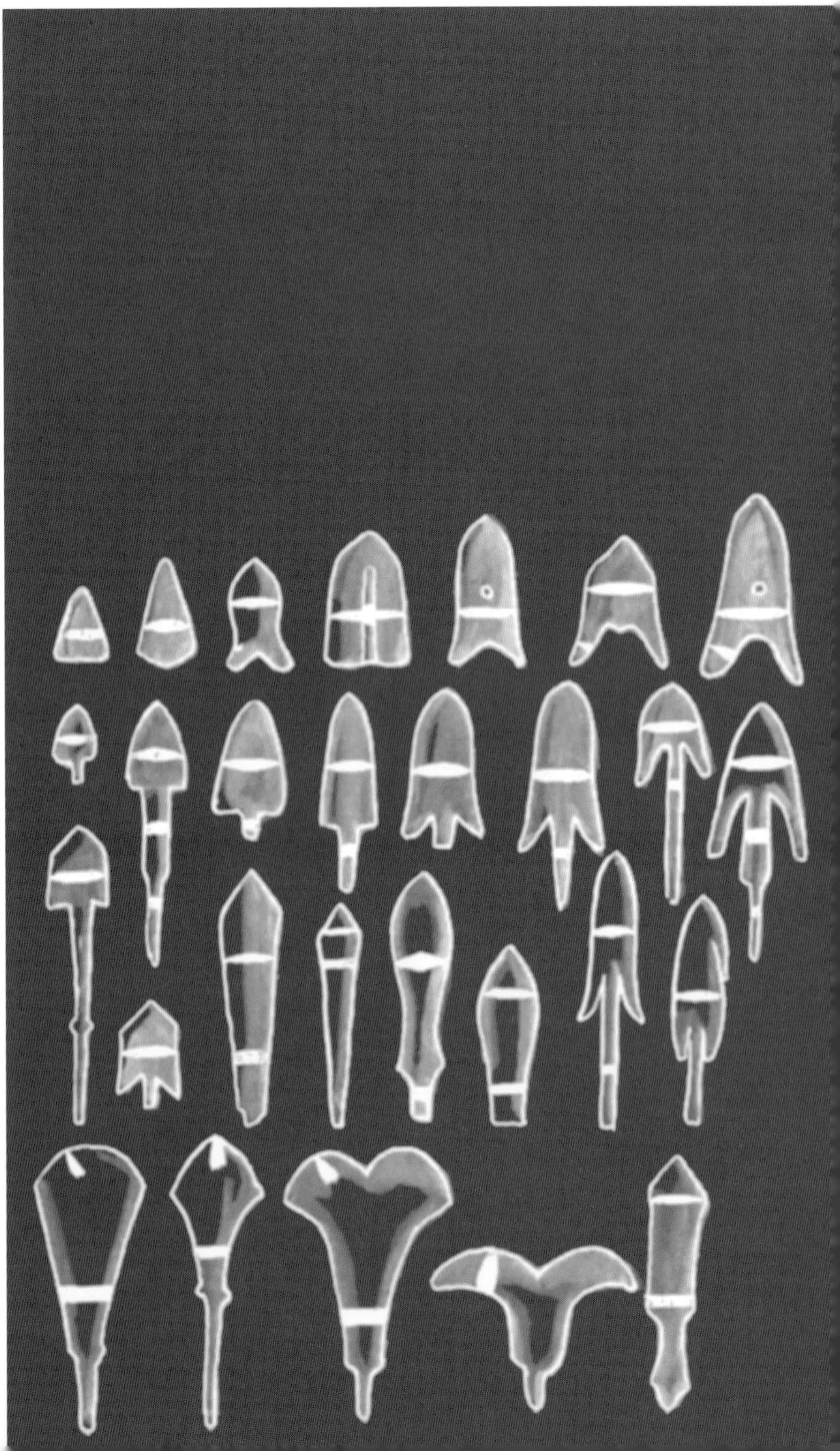

奈良時代の軍装

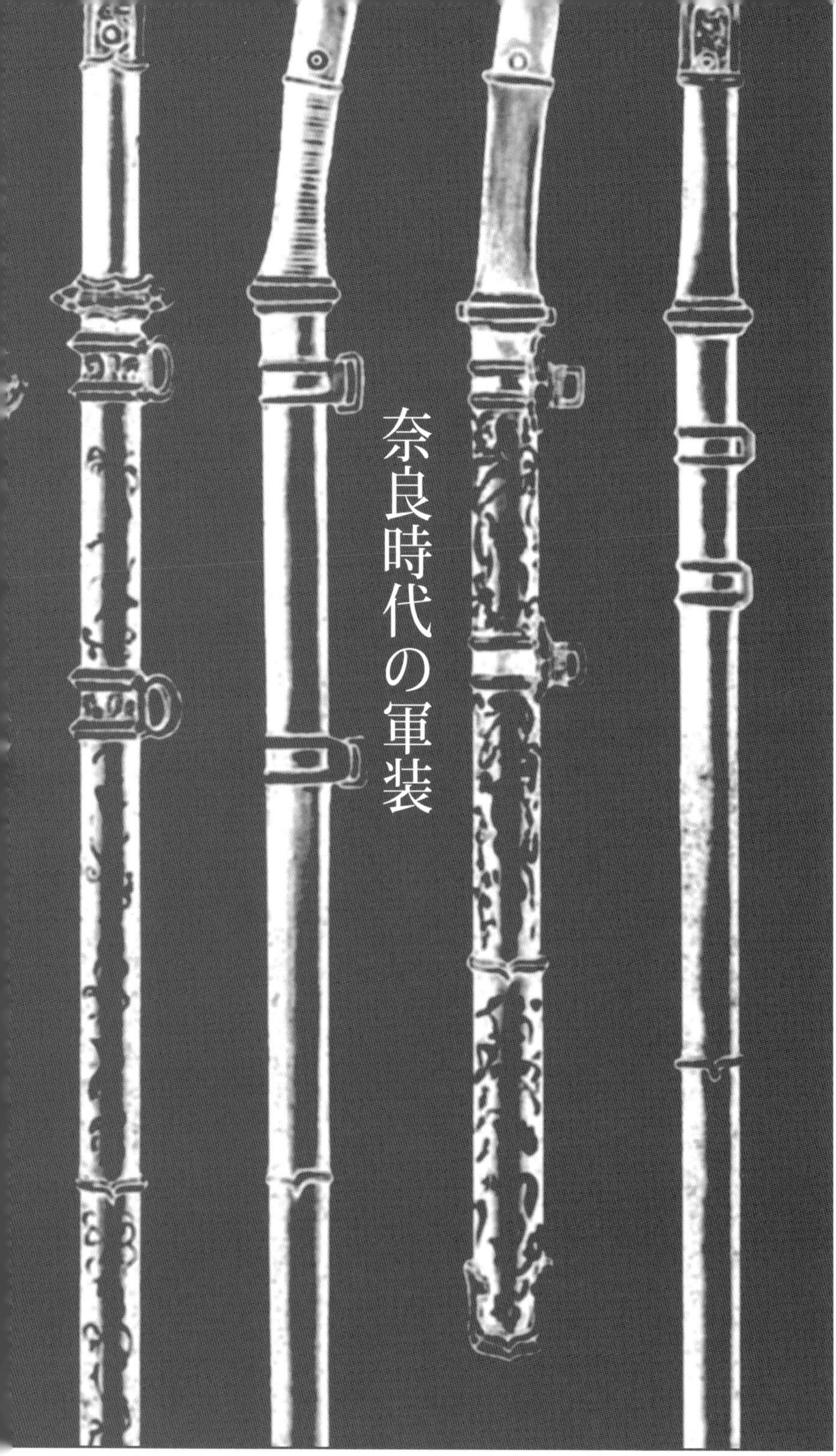

「初めて天下の百姓をして襟を右にせしむ」の令。
これによって公務の服装が定められた。
やがて、位階によって様ざまの織物と模様が用いられ、
礼服、朝服および制服が区分された。

奈良朝時代の軍装を説くに当たって、平常の服装をまず述べねばならぬ。

一般の服装は、まだ古墳時代の上衣と袴を用いていたであろうが、次第に唐様式が摂取され、養老三（七一九）年三月には「初めて天下の百姓をして襟を右にせしむ」の令が下され、男子が公務に応じるときは冠や幞頭《ぼくとう》をかむらなければならなくなった。

このために結髪も、中央から分けて両耳の前に束ねた美豆良も、冠をつけるために、髪を上頭部に束ねて髻《もとどり》とするようになった。

服は下層階級の労働服は別として、一般は唐様の袍と表袴が用いられ、賦役のおりの良民には唐様の盤領《あげくび》の服が官給された。

これは短い欠腋《けってき》の袍のような形である。防人等の兵役に服した良民百姓は、こうした服の上に綿襖甲等をつけたものであろう。

大宝一（七〇一）年の新令で官名位号が改制され、公服は位階によって様ざまの織物と模様が用いられ、礼服、朝服および制服が区分された。

この服の基本となるものは表袴《うえのはかま》と半臂と袍である。

養老の衣服令によると、文官・武官の区別がなされている。

武官が武装した場合には、この上に挂甲をつけるのであるが、礼服のおりは、裲襠式挂甲を儀容化した裲襠をつける。

１８頁の中央は宮延出仕の武官の朝服で、頭には有紋の羅の幞頭、無襴の袍《うえのきぬ》（位襖）・半臂・表袴・烏皮の履・金装腰帯《こがねづくりのおび》に、銀装横刀《しろがねづくりのたち》・笏を手にしている。

会集に武装した場合にはこれに挂甲を着用する。

持統天皇の七（六九三）年の詔に、浄冠から直冠までの二四階の官人は、一人につき甲《よろい》一領、大刀一口、弓一張、矢一具、鞆一枚、鞍置

武装（挂甲）

甲冑はすべて官給品であった。
しかし、生産日数は夏でも一九二日、
冬では二六五日もかかり非生産的だった。
したがって、上級の官人の料にしか当てられなかった。

馬一匹、勤冠以下進冠までの三二階の官人は一人につき、大刀一振、弓一帳、矢一具、鞆一枚と規定されたが、文武天皇三年（六九九）には無位以上の者はすべて、弓、矢、甲、鉾、兵馬を備えしめ、兵士も弓一張、弓弦袋一口、副弦二条、征矢五十隻、胡簶一具、大刀一振、刀子一枚、礪石一枚、藺帽《いがさ》一枚、飯袋一口、水桶一口、塩桶一口、脛巾一具、靴一両を用意することになっていた。

甲冑は、古墳時代からの挂甲、短甲の形式が引続いて行なわれていたが、これらは生産に大量を期することができないので、防人や兵士には綿襖や綿甲が当てられていた。

中央の造兵司の他に諸国に令して挂甲も作らしめ、甲冑はすべて官給品であったが、挂甲は夏でも一九二日、冬では二六五日もかかるので、はなはだ非生産的であり、上級の官人の料にしか当てられなかった。

天平一〇（七三八）年の『駿河国正税帳』によると挂甲一領に「鉄四十斤、組糸三両三分四銖、頸牒《くびかみ》の錦絁《あしぎぬ》四尺二寸、その織糸一尺五寸四分の三、端裏《はしづつみ》の緋絁四尺二寸、その織糸一尺五寸四分の三、綿五両一分二銖、粉二升」を要し、鉄札八百枚であった。

この時代の挂甲の様式はだいたい古墳時代と同じで、小札の形式は正倉院御物や、東大寺大仏殿須弥壇下から出土した残欠によってうかがわれるが、小札の表面を白磨きとしたり、金漆《こしあぶら》塗りにし、威は組糸を用い、領《くびかみ》には錦を使ってはなはだ唐様に装飾化している。

騎射戦が流行したせいか、この時代には冑があまり用いられなかったと見え、冑の遺品はない。

正倉院御物の残欠挂甲は湾曲した腰札を用いているから胴丸式挂甲であるが、武官の礼服、朝服に用いる儀容化した裲襠が、身体の前後に当てる形式であるから裲襠式挂甲も行なわれたと見て二九頁の図は推定した。

そして左右にも脇当式のもので覆い、和歌山県海草郡椒村椒浜古墳発掘の裲襠式挂甲の系統として見た。

この弓手側の脇当形式のものが前後と連接して作られたのが、次代に現われる大鎧の形式の祖型になるものと思われる。

正倉院の経巻に描かれた幞頭
燕尾を垂れた漆紗冠
興福寺所蔵 野見宿禰参朝図の冠
画像から推定した結髪
無襴《むらん》の袍《うえのきぬ》
漆紗冠
無襴《むらん》の袍《ほう》
革帯
半臂
銀《しろがね》作大刀
半臂《はんぴ》
上袴
烏皮《くろかわ》の履《くつ》
表袴《うえのはかま》
法隆寺所蔵 聖徳太子画像

武装（挂甲）

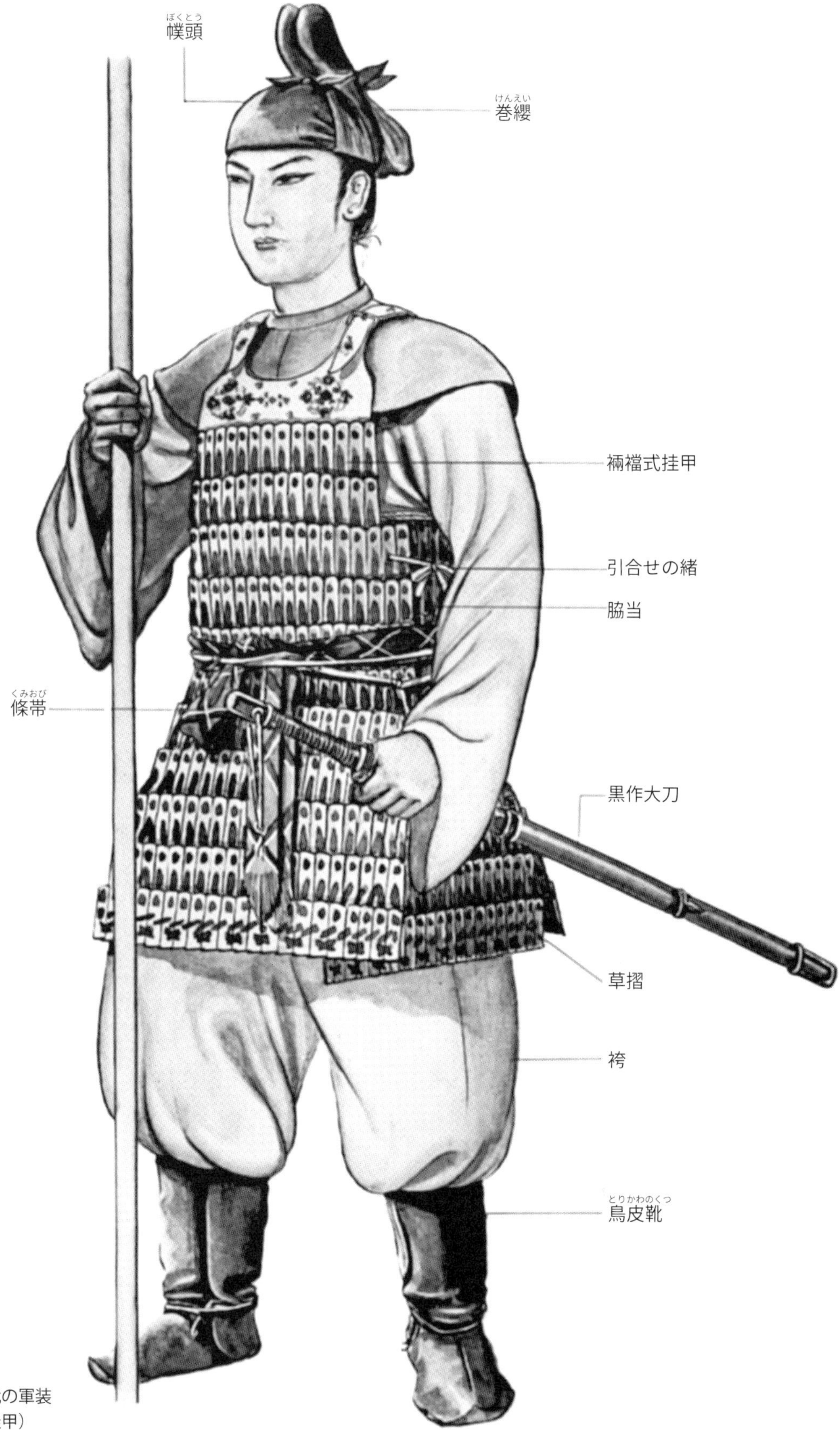

大刀と鉾

他国に比類のない日本刀の素地を作りつつあった時代。

①埼玉県北埼玉郡荒木村小見古墳発掘の圭頭大刀の型
②三重県勢田郡荒砥村二の宮古発掘の方頭大刀の型
③群馬県多野郡藤岡町古墳発掘の銀装方頭大刀の型
④正倉院御物　金装横刀の型
⑤正倉院御物　黒作大方の型
⑥京都市山科区西野山古墳発掘の金装大刀の型
⑦正倉院御物　金銀鈿装大刀の型

奈良時代の刀身は前代と同じく直刀であるが、切刃造りとなり、健淬操作が行なわれ、正倉院御物の杖刀には細い丁子乱れを思わせる焼刃がほどこされている。

大刀ならば呉のまさびといわれた漢・韓鍛冶以外に倭鍛冶が優れた技術を発揮し、後世他国に比類のない日本刀の素地を作りつつあった。

一方唐風摂取の風潮は大刀の外装にまでおよんで、唐大刀の流行を見るのであるが、古墳時代に行なわれた圭頭、円頭、方頭の大刀の形式も残されて、唐様と混交され、様ざまの優美な形式を生んだ（左図の⑦）。

鍔は倒卵形のものが影をひそめ、鐶頭、圭頭、方頭等に行なわれた喰出鍔がみられたが、これらはすべて大陸のもので、奈良時代の横刀、刀子に多く用いられていた。

しかし唐大刀の流行は、方頭大刀にまでおよんで、鍔も分銅型の唐鍔で、これは次の時代には儀礼用剣の鍔に用いられている（現代ではシトギ鍔といっている）。

鍛錬技術の進歩によって大刀に限らず、当時の長柄武器である鉾も、はなはだ鋭利のものとなり、後世の槍と全く同じ形式になった。正倉院御物の鉾はだいたい三六センチ以下の身でそれに四メートルくらいの柄をつけてある。

槍と同じく石突がつけられているが、槍のように両手で握ってしごいて用いるのではなく素手で柄の中央を握って刺突するのである。

このほかに短い片刃または両刃の鉾も行なわれたらしく正倉院御物に見られる⑱。手鉾というもので刃の長さ約三八センチから四六センチくらいで、柄は長さ五六センチから一メートルくらいのものである。

後世の小薙刀に似ているが、起源をこれに求めることは疑問である。

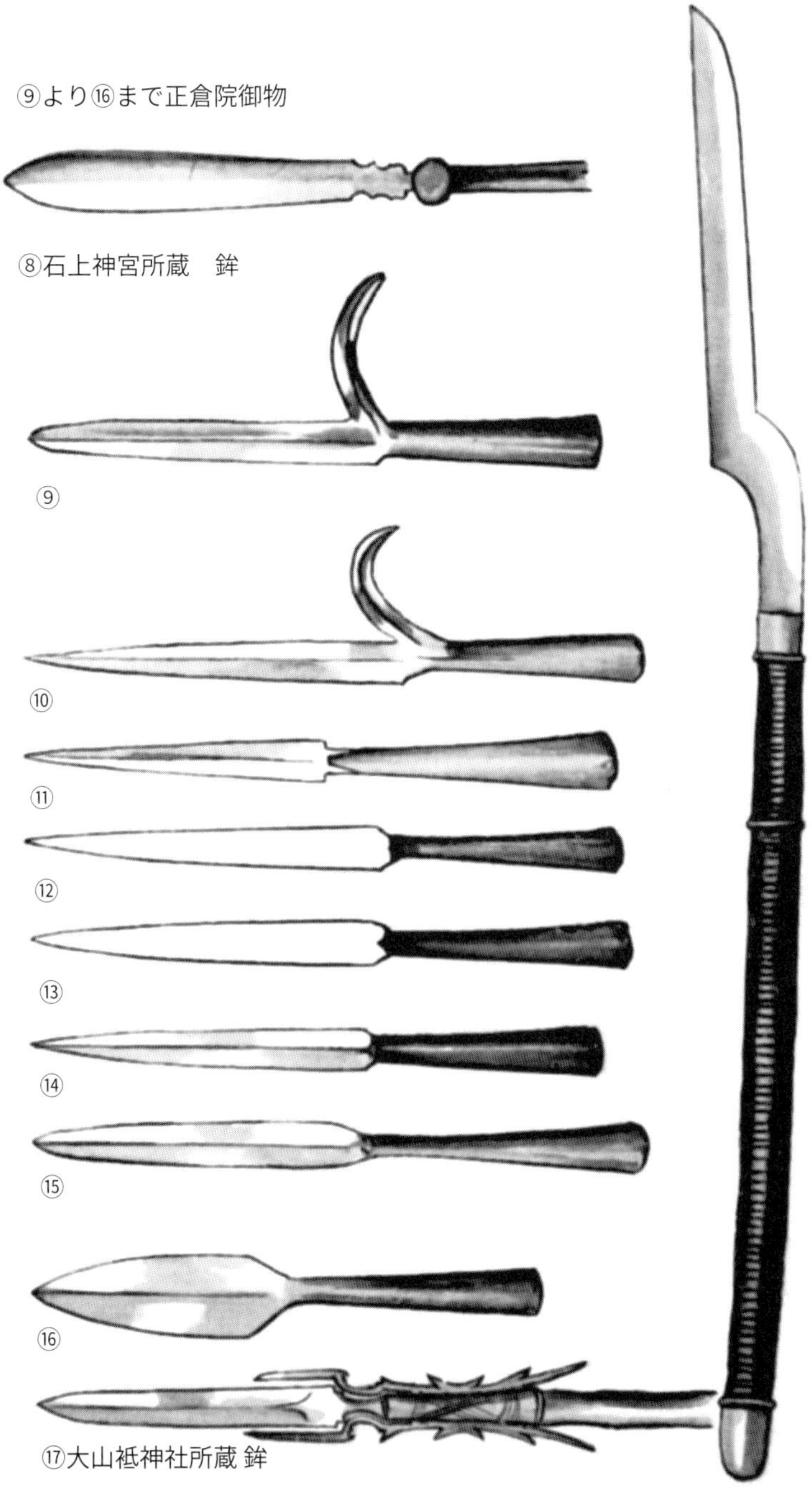

⑨より⑯まで正倉院御物

⑧石上神宮所蔵　鉾

⑨

⑩

⑪

⑫

⑬

⑭

⑮

⑯

⑰大山祇神社所蔵 鉾

⑱正倉院所蔵　手鉾

大刀と鉾

鍛錬技術の進歩によって
大刀に限らず、長柄武器である鉾も、
はなはだ鋭利のものとなった。

弩

『日本紀』推古天皇二六（六一八）年に高麗から弩・抛石を貢し、天武天皇の一四（六八三）年に詔して「弩抛之類不応存私家、威収于郡家」とある。奈良朝になって、弩・鋤石等の武器が使用されたことがうかがわれる。しかし弩および抛石に関してはくわしい内容は不明である。弩はオオユミと読まれ『延喜式』四十九左右兵庫によると「造弩一具単功六百淵卅人」とあり、弓を作るよりたいへんな人数を要した機械であったらしい。『令義解』には「凡衛士者……毎下日、即令於当府、教習弓馬……及発弩抛石」とあり、下番衛士の練武の科目にはいっていたから、武器としてかなり用いられていたものと見える。

ではその形式はいかなるものかというと、西洋で使われた弩や、漢の楽浪遺跡から発掘された弩等とその性質を一にするものであろう。携帯および射撃に便利な小型の弓であったのであろう。抛石は石弓のことを想像されるが、その製は全くわからない。『倭名抄』にはイシバジキと読ませ「建大木、置石其上、発機以投敵也」と記してあるが、石をはじき飛ばす、バネ仕掛けのものであったらしい。中世西欧のカタパルトのようなものであったろう。

漢の楽浪遺跡北朝鮮大同郡大同江面貞里
第 127 号古墳出土の弩

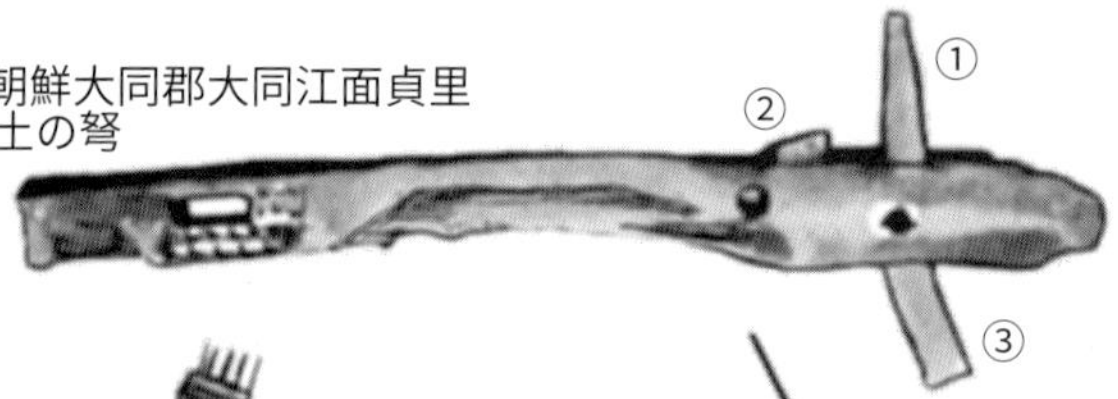

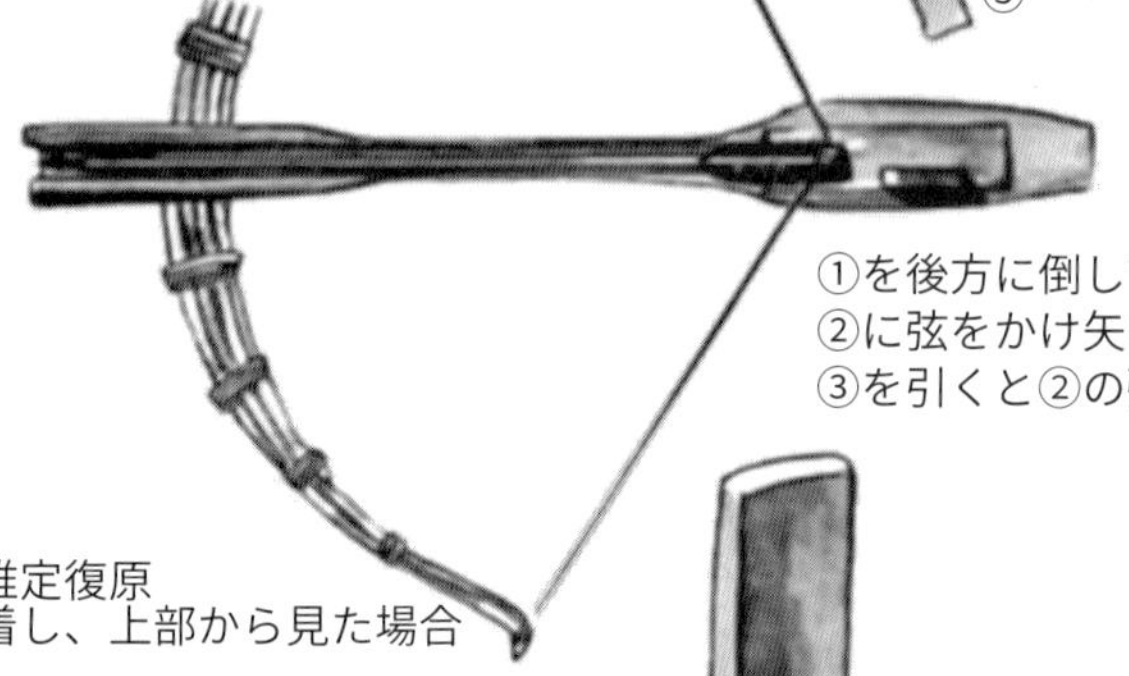

①を後方に倒して
②に弦をかけ矢を交へる
③を引くと②の弦が外れる

上図の推定復原
弓を装着し、上部から見た場合

漢時代の弩

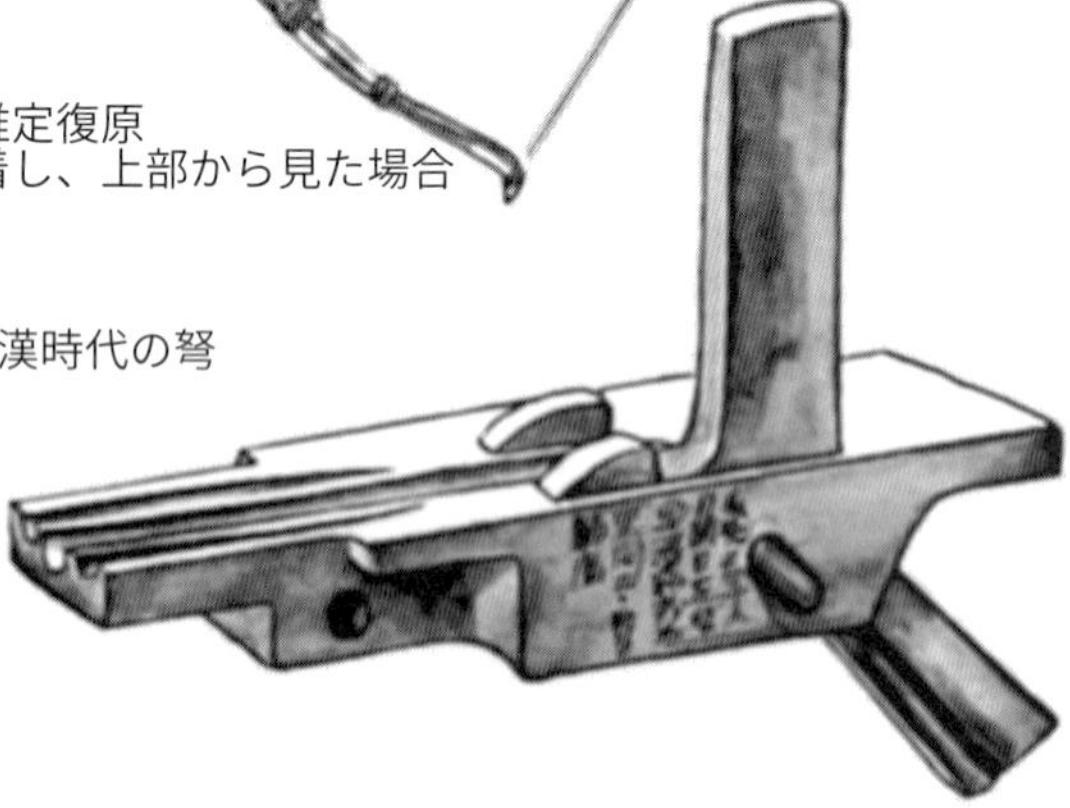

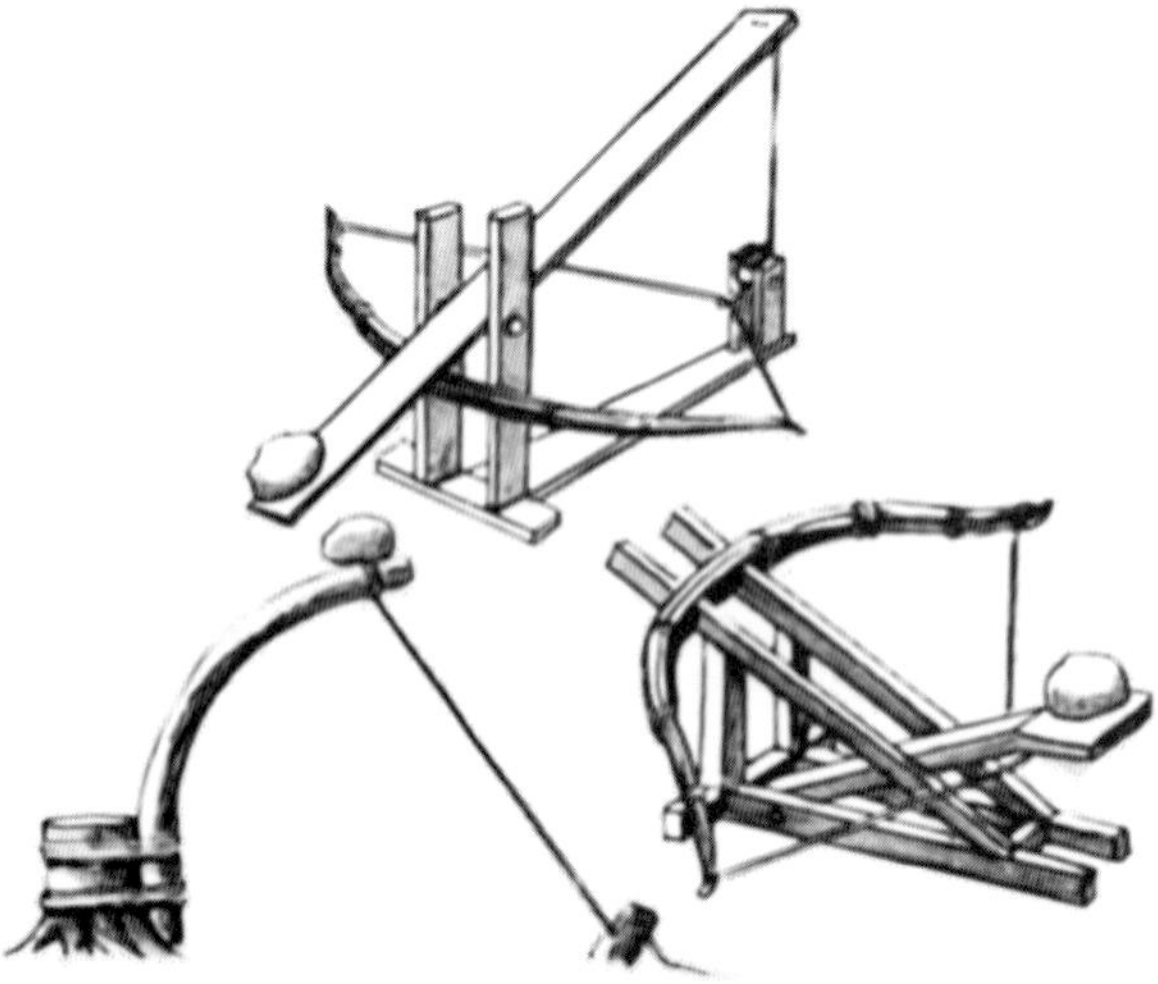

石弓という語源から推定した石弓器

倭名抄の牆から推定した石弓

『令義解』に
「凡衛士者〜毎下日、即令於当府、教習弓馬〜及発弩抛石」と
下番衛士の練武の科目として記載されていた。

馬装

馬の飼育、馬術に改良が加えられてくると、次第に馬具にも、日本的な改良面を生じてきた。

馬装はだいたい前時代に似ているが、馬の飼育、馬術に改良が加えられてくると、次第に馬具にも、日本的な改良面を生じてきた。前代の飾りの多い馬装（もちろん上級者用であるが）は、飾馬的になり、後代へ引続いて神儀用に変遷しながら残されていったが、実用的な一般の馬装はどうかというと様ざまの変改と実用化が行なわれたようである。現在正倉院に十具の鞍と残欠四具があるが、これらは榛地桑・牟久木・黒柿等の木鞍で、前代と異なる点は居木先が、前後輪から突き出すようになったことと、鞍が金属製鐶でなくなったことである。そして爪先および鞍爪が外行に開いてきたことで、これは後世に永く用いられた。

鐙は輪の形から左図のように壷をとりつけたような壷鐙式となり、これが後に半舌鐙、舌長鐙へと移っていくのである。

古墳時代末期には中鏡式の轡（静岡県初倉古墳出土）が見られるが、正倉院御物の中にも中鏡式轡があるから、飛鳥朝へかけてはこの形式が行なわれたものと思われる。そして中鏡式は、その形にいろいろのものがあり、出雲轡（十字轡）等が生じたのであろう。

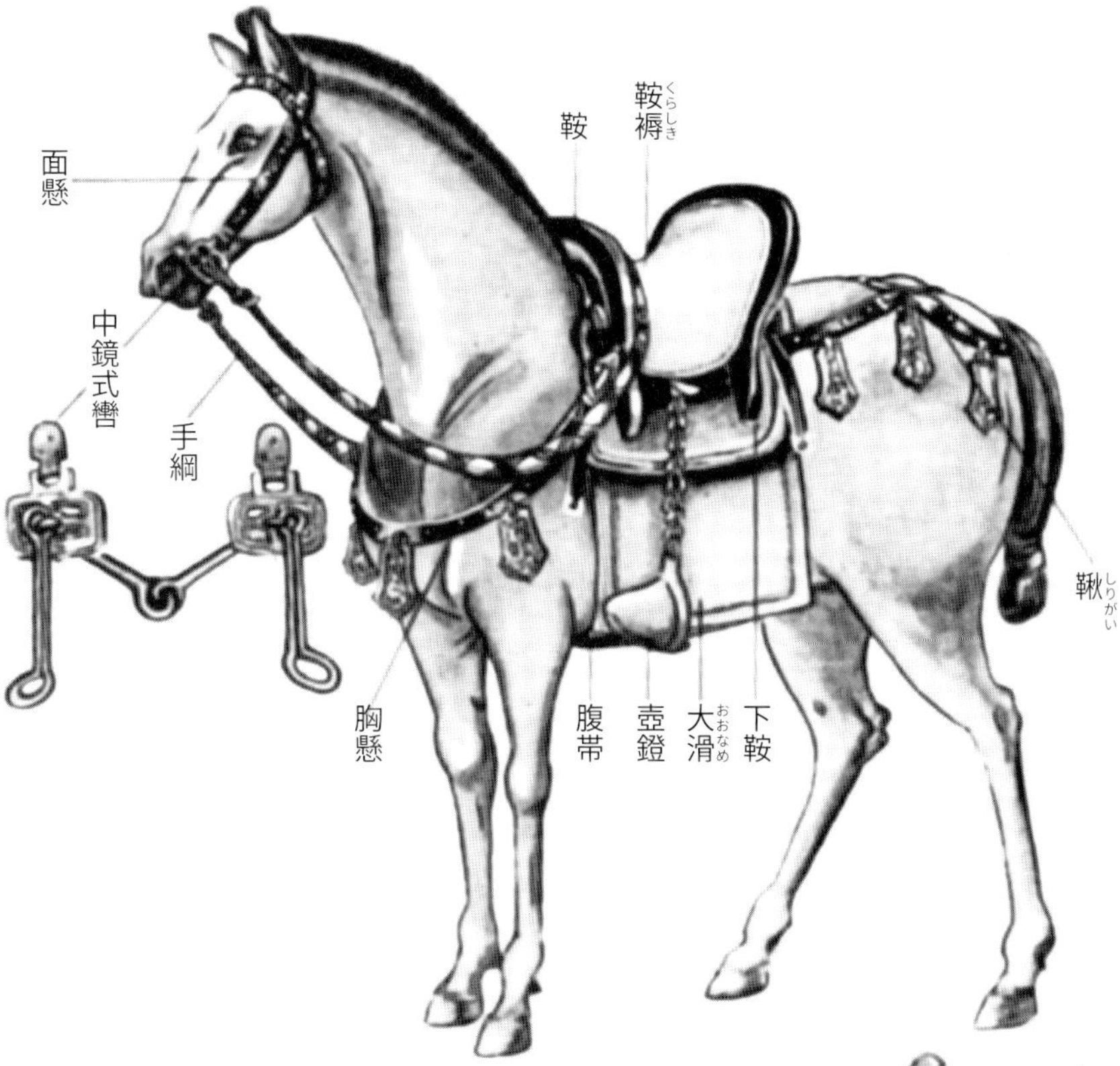

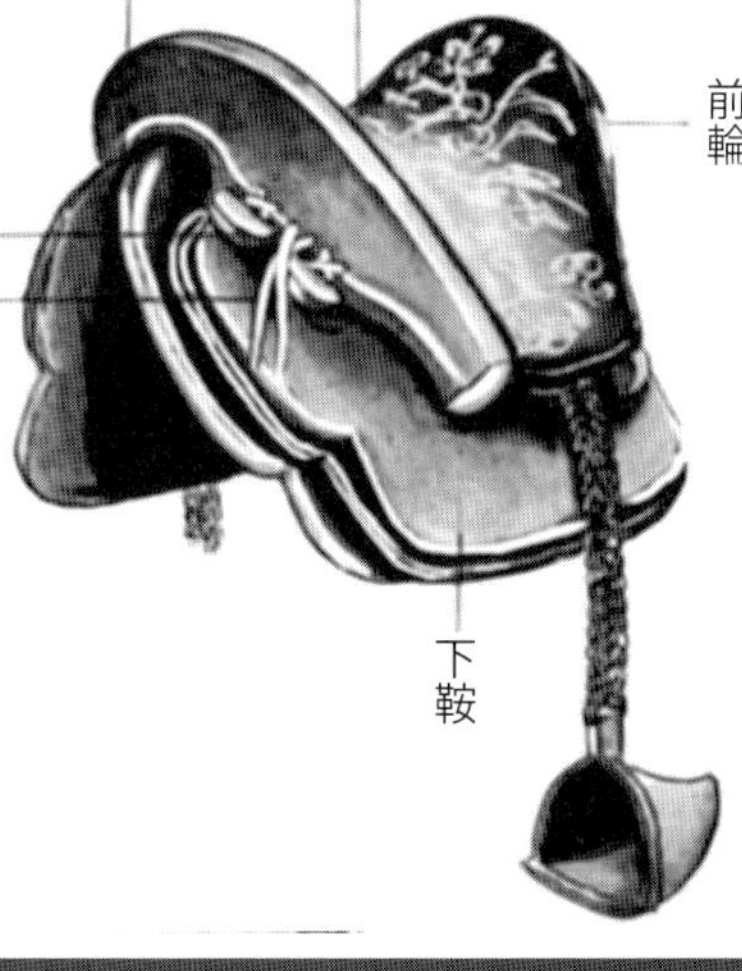

正倉院御物木製の鞍

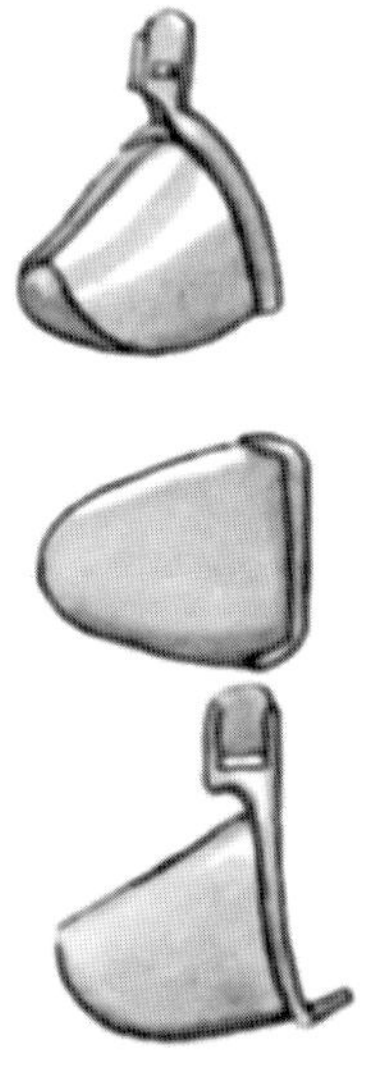
壺鐙

綿襖甲

挂甲は、製作上からは大量生産は不可能であったため、
一般兵士には唐国の新様に倣って綿襖冑を用いさせた。

挂甲は堅固であり、威儀上からは大変立派であるが、製作上からは大量生産は不可能であったので、一般兵士には唐国の新様に倣って綿襖冑を用いさせることになった。

天平宝字六（七六二）年には東海、南海、西海の節度使の料としておのおの二〇二五〇具におよぶ大量を大宰府で製作せしめた。

綿襖甲の様式は、『続日本紀考証』八淳仁の条に「按綿襖甲・綿甲冑・綿甲・蓋名異物同、宝亀六年五月紀云、以京庫綿一万屯、甲斐相模両国綿五千屯、造襖於陸奥国……」とあり、綿が主体であったことがわかる。

そして同書には、「天寒衆人多著襖子」「蓋襖謂衣有絮者可以防寒又禦矢石」と書かれ防寒にも適し、矢や石を禦《ふせ》ぐのに良いとしているから、綿入れの衣服のような形であったことが想像される。

そして表面に甲板（鉄か革）を綴じつけて防禦力を強くしたり、また甲板を綴じつけたように描いたことは「其製一如唐国新様、仍象五行之色、皆画甲板之形、碧地者以朱。赤地者以黄、黄地者以朱、白地者以黒、黒地者以白……」と記されているから、後世の中国、朝鮮に見られる綿甲とはなはだよく似ている。

唐様とあるから、当時の中国に目を転じると、左の図にあるように、新疆省出土の武人俑が甲板を綴じつけた綿甲冑を表現している。奈良時代採用の綿襖冑もちょうどこんな形のものであったろうと推定して左の図に復原して見た。

防人や、蝦夷に対抗する一般兵士の武具としては、大量に生産できる官給品であったが一方損耗もはなはだしかったことと思われる。

兵士の用意する武器は、弓一張にその付属具、胡簶一具に矢・大刀・刀子《かたな》等であるが、おそらく横刀《たち》まではいき渡らなかったであろうし、また生産も伴はなかったことと思われる。

そこで、短い刀子か、蕨手刀等が実用的なので用いられたであろう。

『蒙古襲来絵詞』に描かれた元軍の綿襖甲

新疆出土の綿襖甲をつけた俑《よう》

綿襖甲

兵士の用意する武器は、
弓一張に付属具、胡籐一具に矢・大刀・刀子等。
しかし生産数は少ないものだった。

蕨手刀と綿襖甲

刀子よりは長く、幅広の実用的で、
柄が蕨の芽のような形から、蕨手刀と名付けられている。

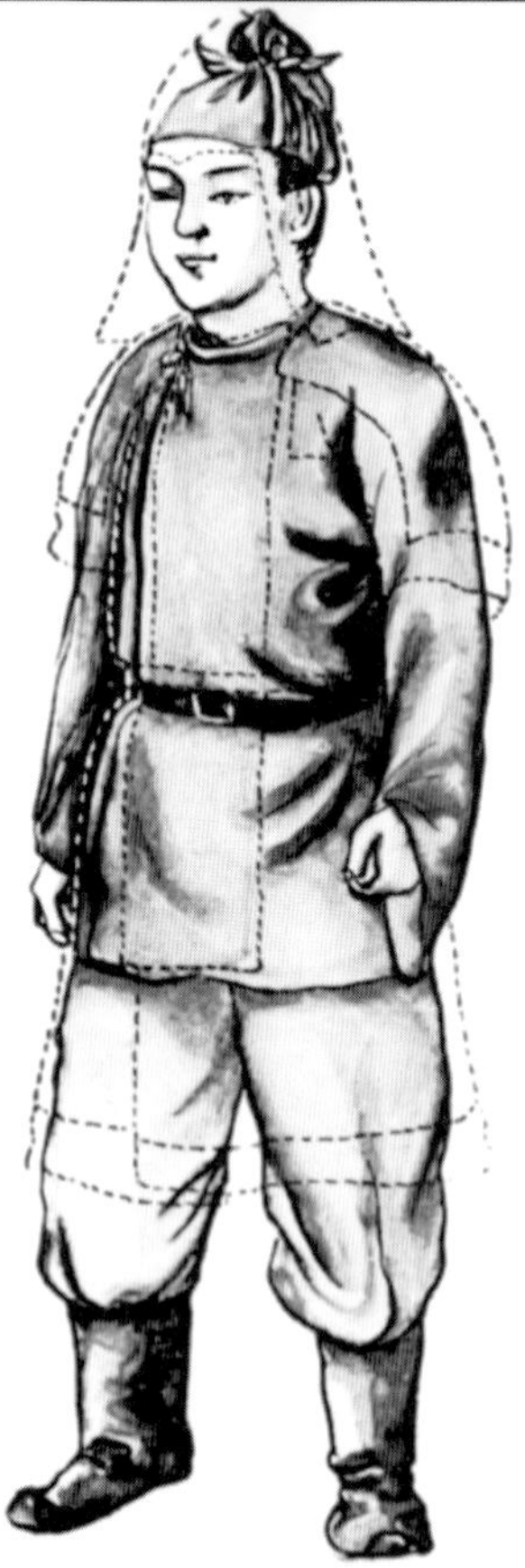

左図をもとにして、当時の一般人の服装を表現した。（点線は絹襖甲をつけたところ）

京都教王護国寺所蔵『唐櫃』に描かれた弄丸している男の服装。（延喜頃と推定されるが唐風として採用した）

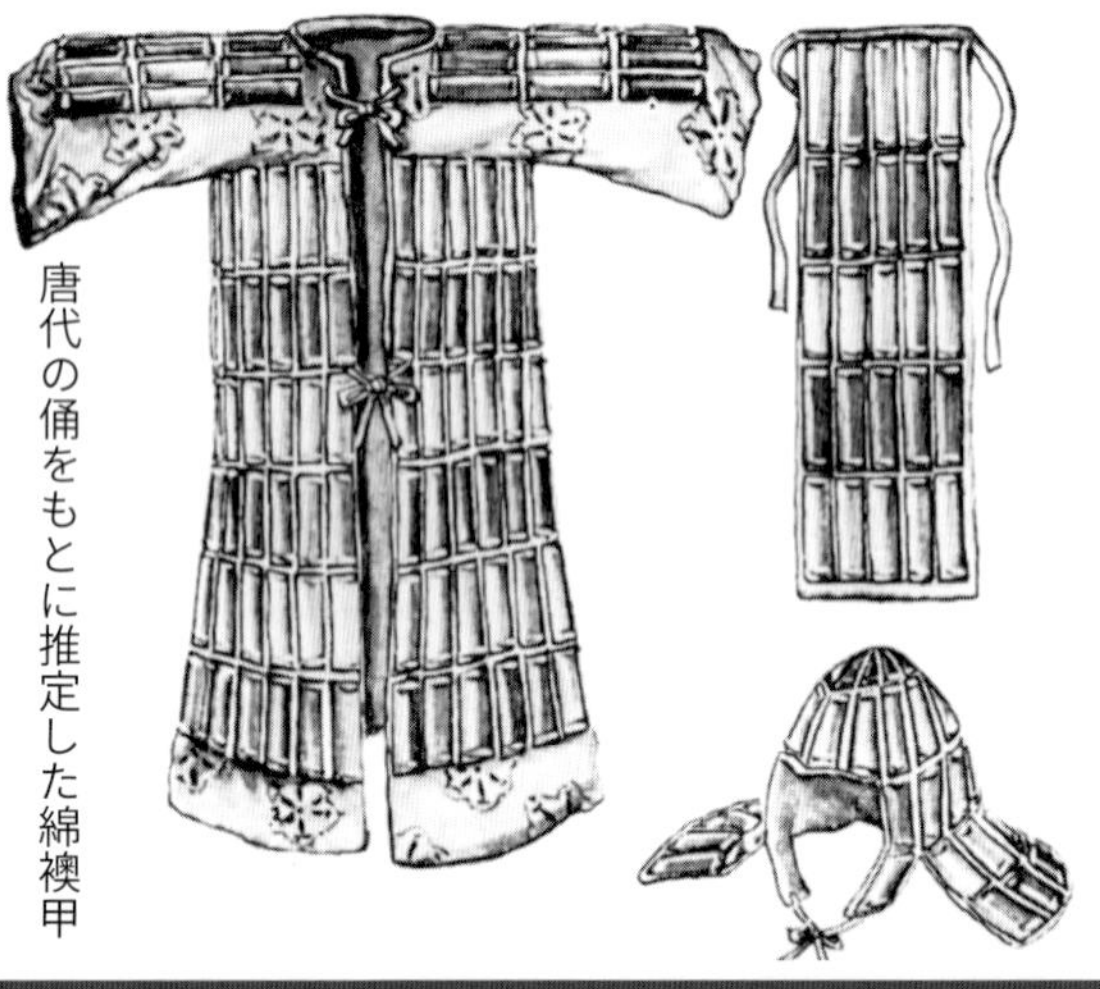

唐代の俑をもとに推定した綿襖甲

刀子よりは長く、幅広の実用的で、柄《え》が蕨の芽のような形から、蕨手刀と名付けられているが、この形の出現は古墳時代後期からと推定される。しかも関東、東北に集中されたかのような発掘状態である。

この刀は唐太刀や、古墳時代の圭頭・方頭・円頭大刀から唐様に装飾化された奈良時代の太刀に比べて、余りにも土俗的であり、その頑丈な形式は、奈良時代においては特異な存在である。古墳からも発見され、正倉院御物にも見られるから、高級品にもあった形式だが、だいたいは太刀まで購い得なかった一般武人が、刀子よりは大きく、実用的手刀として広く愛用していた（地域的にもよる）のではなかろうか。長さは五〇センチ前後で、刀子の倍はある。

この形を長くしたものに平安初期ごろと思われる平泉中尊寺所蔵蕨手大刀がある。

綿襖甲は有様質で損亡しやすく、伝世し難いから、奈良時代としての遺物はないし、古画にも表現されていないから、本来の姿を目にすることはできない。

しかし前頁に述べたように記録には残っているので類推はできる。後世の中国、朝鮮の綿甲は正面引合せの外套式であるが、当時の中国の綿甲の形式に比定できる新疆出土の俑から見ると、外套式の上にさらに胸前に別個の腹当式のものを前頸からつけているように見える。腹当然のものを仮定すると、どこから着用したかという点と、前引合せが不明の点が、始めて氷解する。

左図では、そのように推定表現してみた。これが唐様とすると『続日本紀』の「其製一如唐様」とある日本の綿襖冑の形式が定まってくる。また五行に象った色で甲板のように描くとあるのは、甲板を綴じつけたのではなく、甲板に見せるための大量生産の粗製なのであろう。

次に庶民の服装は麻布・栲布《たふ》・葛布等の右衽《うじん》の衣袴であったが、公務のときは幞頭《ぼくとう》をつけ、賦役には盤領《あげくび》の服が官給されたから、左図右端の服装を想定し、これに綿襖冑をつける点線を付加してみた。

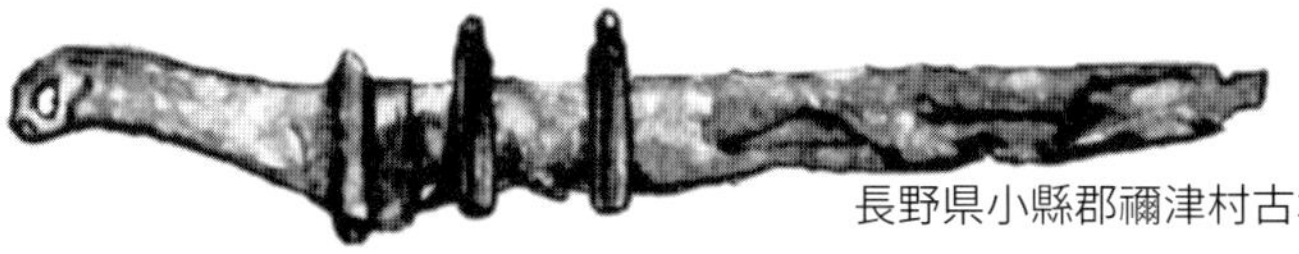

長野県小縣郡禰津村古墳出土の蕨手刀

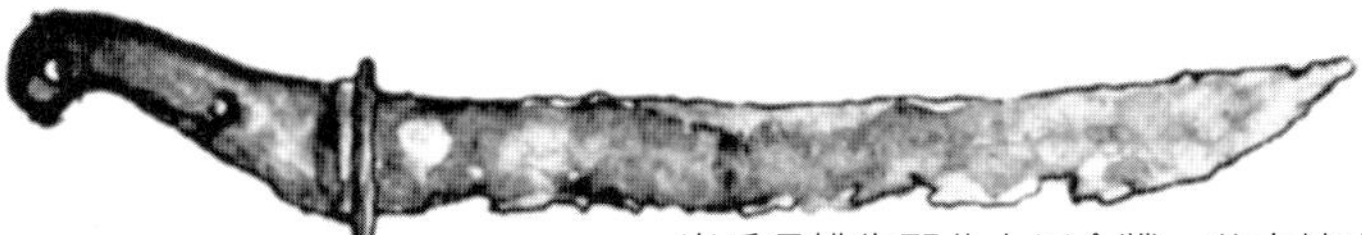

岩手県桃生郡北上川合戦ヶ谷古墳出土の蕨手刀

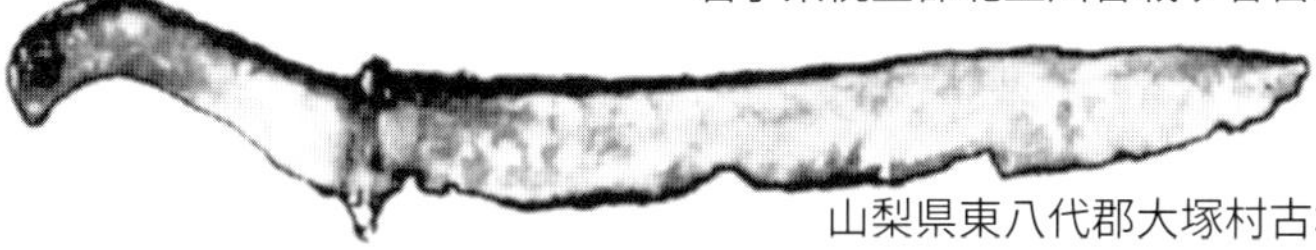

山梨県東八代郡大塚村古墳出土の蕨手刀

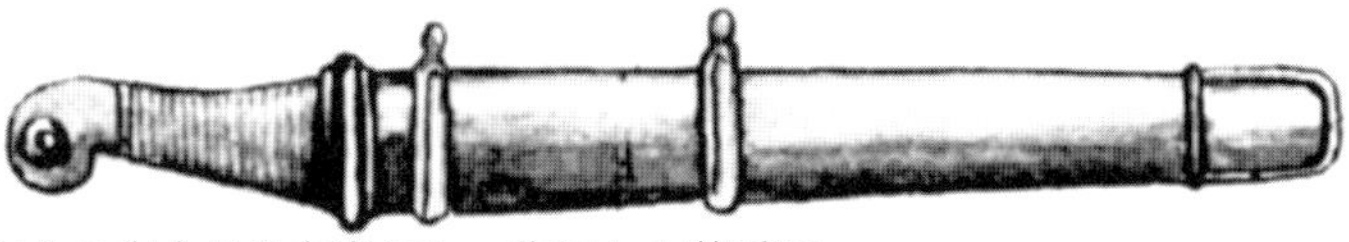

以上の出土品を参考にし、復元した蕨手刀

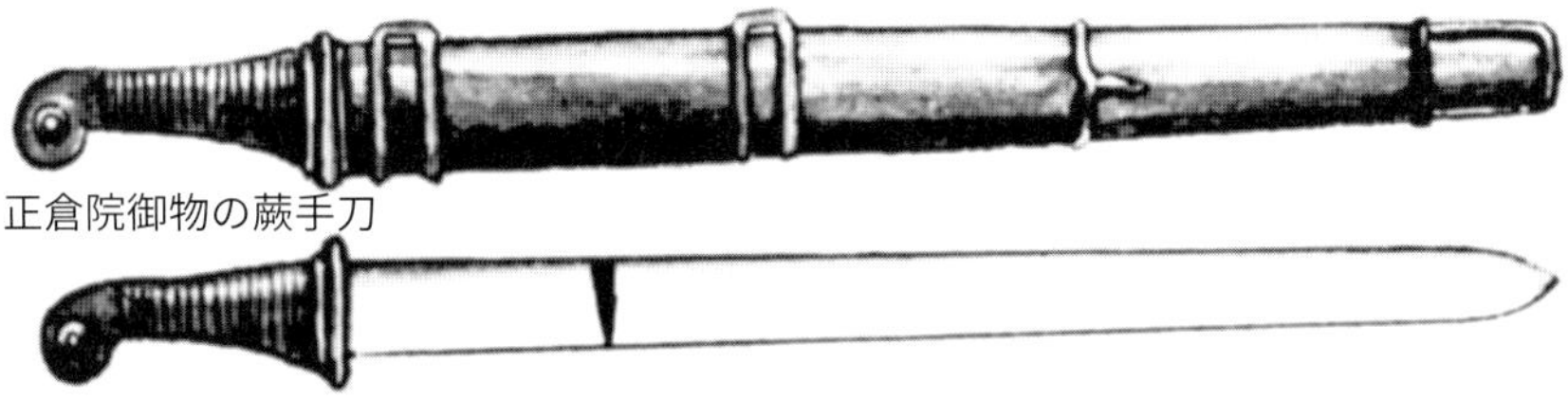

正倉院御物の蕨手刀

福島県安達郡大平真弓山観音寺所蔵の蕨手刀

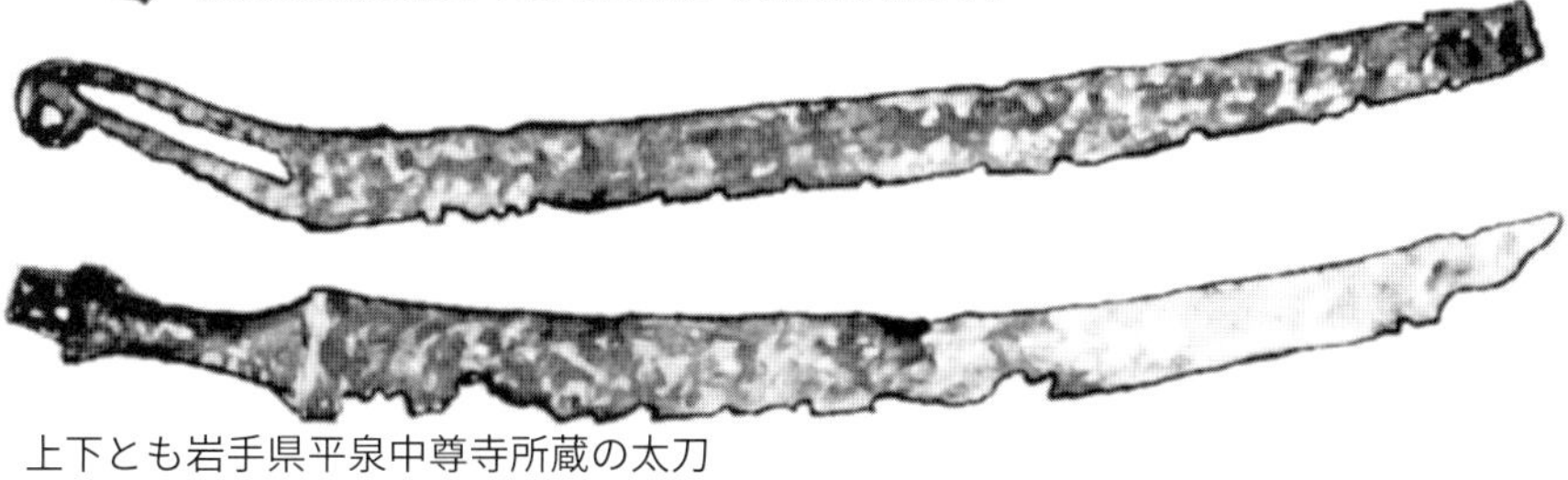

上下とも岩手県平泉中尊寺所蔵の太刀

蕨手刀と綿襖甲

庶民の服装は麻布・栲布・葛布等の右衽の衣袴だったが、
公務のときは幞頭をつけ、
賦役には盤領の服が官給されていた。

弓矢と胡簶

弓材は梓が多く、
他には檀・槻・櫨等で、丸木のまま用いた。

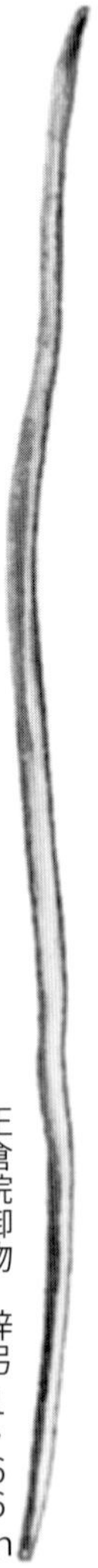

正倉院御物　梓弓1・66m

正倉院御物　槻弓2・66m

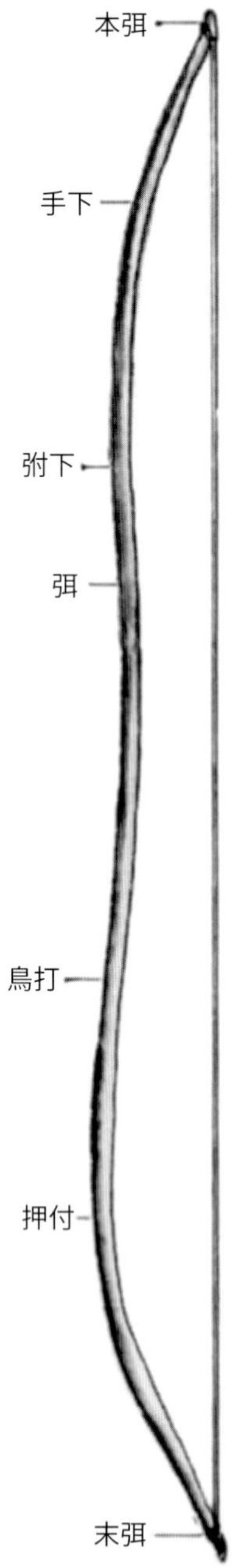

銅弭（春日神社所蔵御弓部分）

弣《にぎり》

弦

正倉院御物所蔵二十七張を見ると、短い弓で六尺六分（約一八三・七センチ）、長いもので、八尺五寸五分（約二五九・二センチ）あり、平均すると七尺九寸五分（約二四一センチ）である。これは、当時の献物帳一〇三張の長さから見てもだいたい二四〇センチ前後となり、前代に比べて奈良朝時代の弓は長弓となったことが知られる。

弓材は前代と同じく梓が多く、これは信濃方面から貢献されたミネバリという木である。

このほかに檀《まゆみ》・槻・櫨《はじ》等で、丸木のまま用い、本を削って上下均衡の太さとし、内側に浅い樋を彫った。弦につける両端には銅製の弭をつけた。素地《きじ》のままのを白木弓といい、漆を塗って外装を行なったものは塗り方によって、黒漆《くろぬり》・赤漆・背黒漆腹赤・鹿毛漆・赤漆鮎皮斑・黒漆既纏絲・鹿毛漆鮎皮斑・黒漆鮎皮斑・背黒腹鹿毛・黒斑・鮎皮斑・赤漆斑・赤漆微彫如纏弦腹斑・腹小白等があったらしく、献物帳に以上の名が記載されている。弣《にぎり》は黒紫組、皮等を巻いたが、春日神社所蔵御弓のように精巧な弣もある。

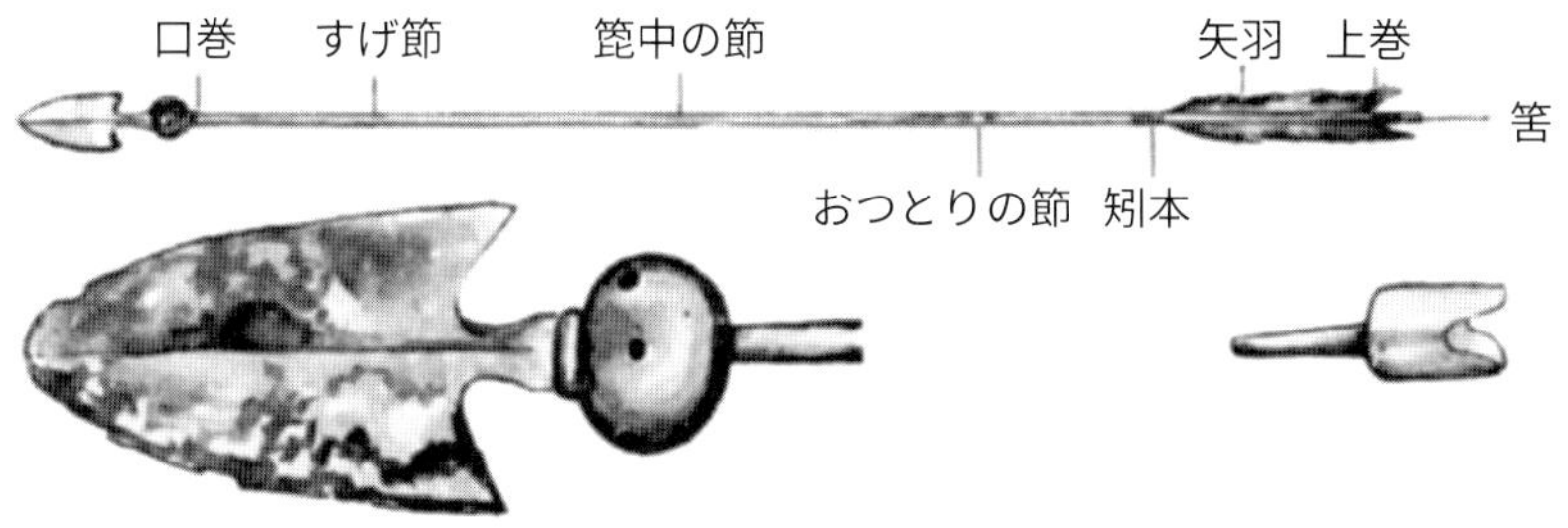

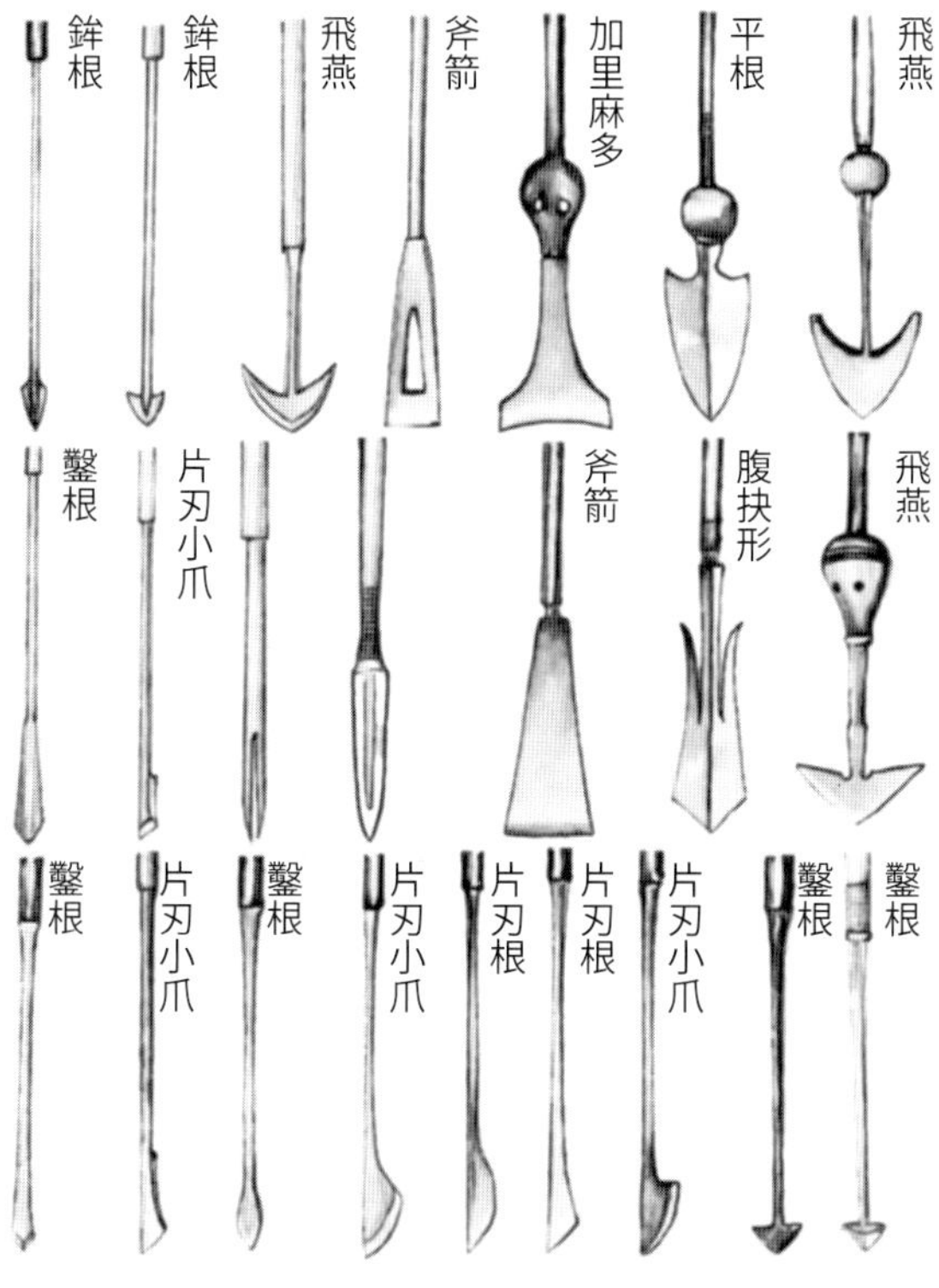

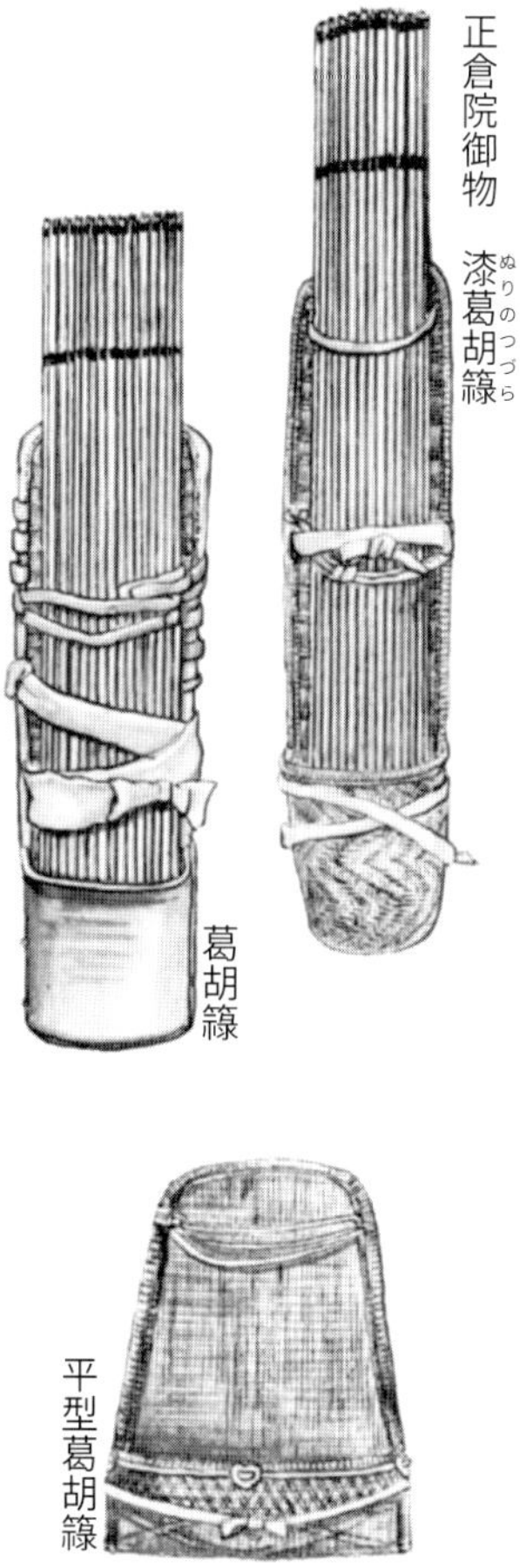

弦は『延喜式』廿六主税の項に弦枲の文字があり、枲はカラムシのことである。この繊維を精製して片捻りにして用いた。

矢は簳《やがら》・筈・鏃で成立っているが、長弓となったので、前代より長くなり、『延喜式』に記載されている伊勢神宝征矢の長さ二尺三寸（六九・七センチ）鏃の長さ二寸五分（七・五センチ）くらいで、正倉院御物の矢の長さもだいたいこれに近い。

羽は前代の二枚羽の他四枚羽・三枚羽が用いられ、献物帳によると雉・鵰《わし》・鷹・山鳥の羽根、鵠《くぐい》・鷹・紅鶴《とき》・雁・鶴・隼の翼等が用いられたことがわかる。この中で鵰が最高で真鳥羽《まとりば》と呼ばれた。鏃は前代からの竹や骨製も用いられたが、鉄製が多く、蟇口《ひきぐち》・偏鋭《かたするど》・小瓜懸《こづまかけ》・三稜《みかど》小瓜懸・麻利矢・腋深矢・狩股・斧箭・鑿矢等が用いられた。

儀仗用に靫も用いたが、戦陣には胡籙が多く使用され、防己《つづらふじ》を編んだ葛胡籙が、正倉院、法隆寺等に遺されている。後期になると平型胡籙も使用され、壷胡籙も見られる。これは靫の系統である。

弓矢と胡籙

矢に用いられる羽は、
雉、鵰、鷹、山鳥、鵠、鷹、紅鶴、雁、鶴、隼の翼。

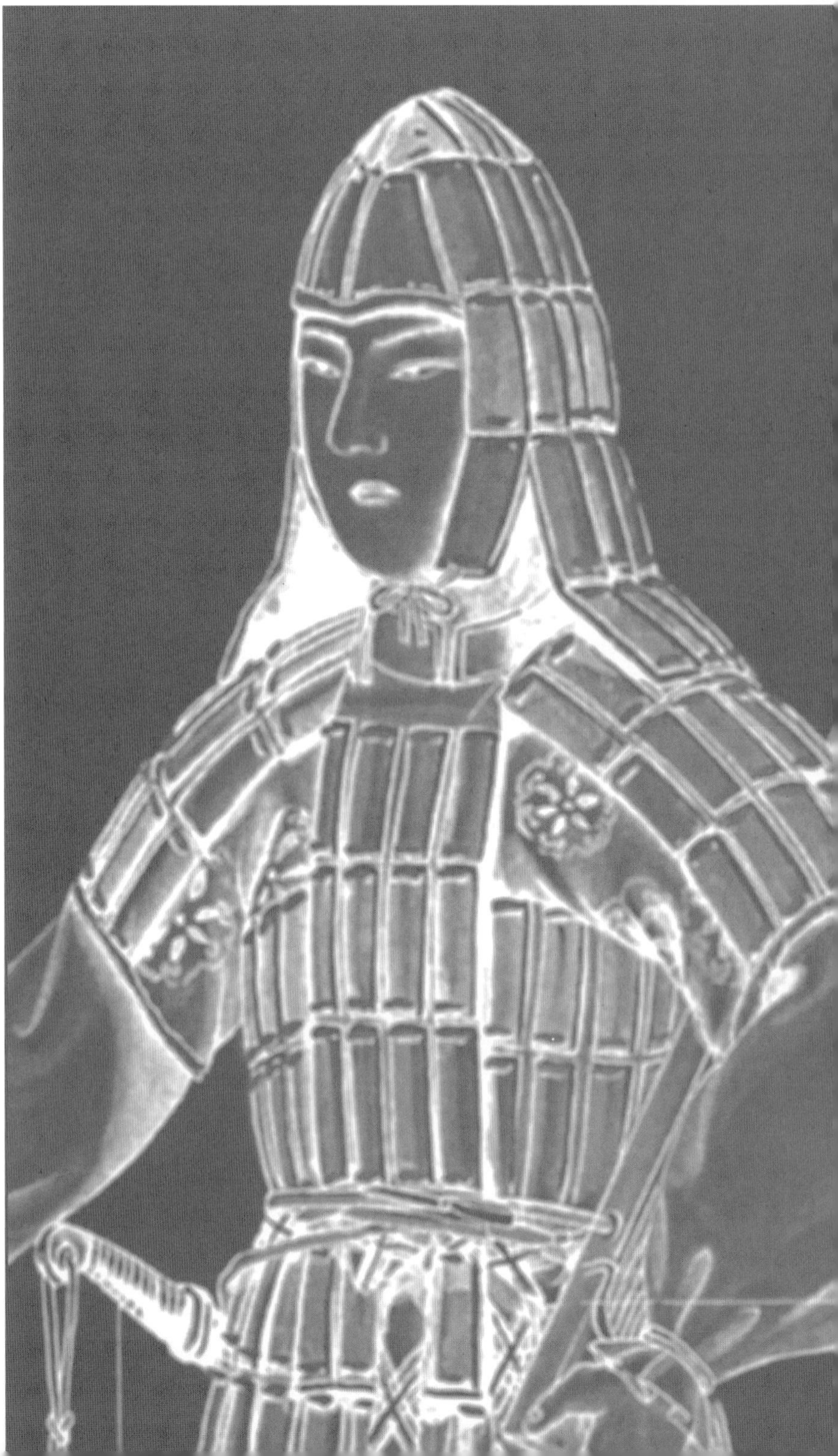

平安時代の軍装

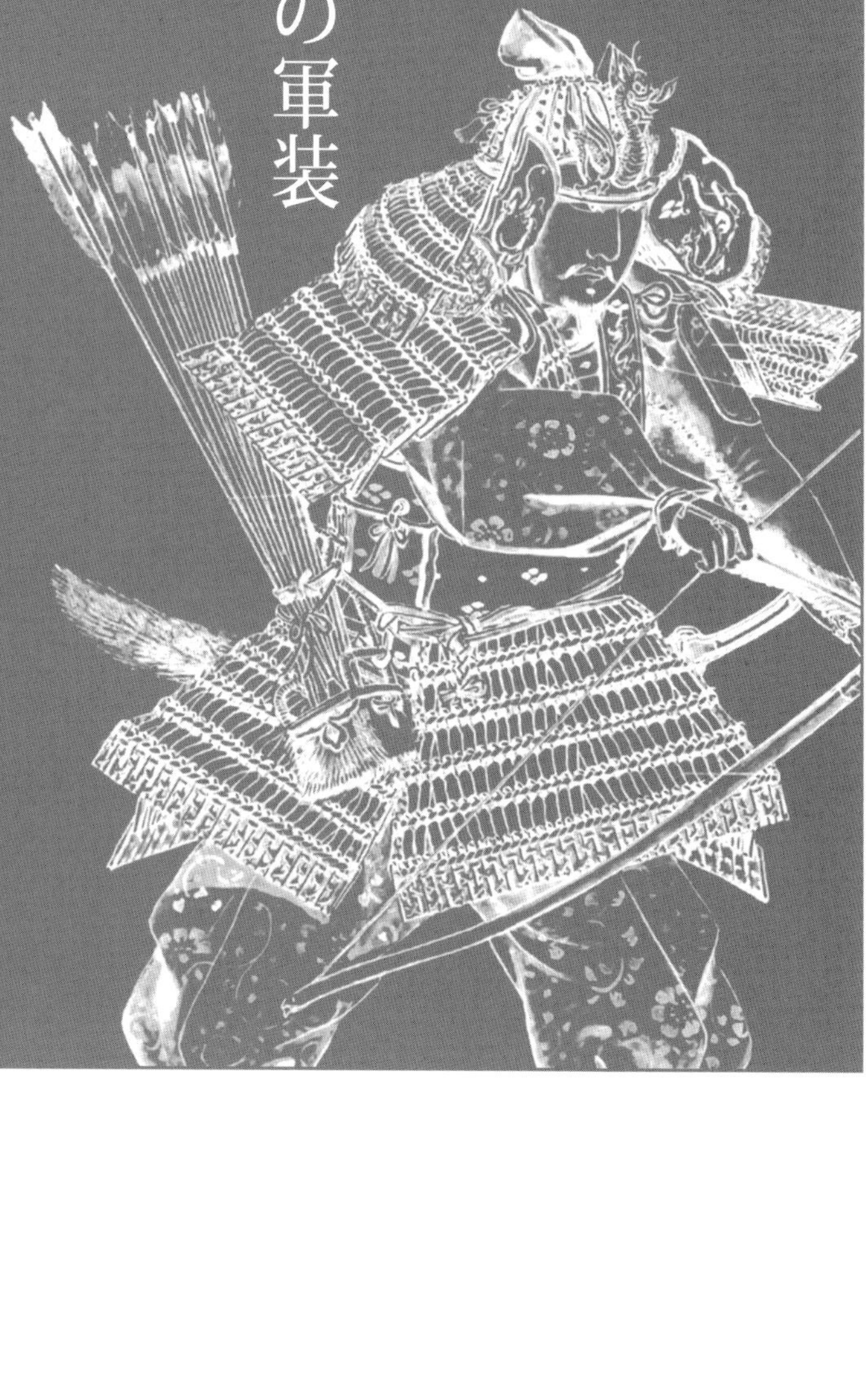

京都教王護国寺所蔵『唐櫃』の絵に
描かれた平安時代前期の服装

『伴大納言絵詞』による狩衣と束帯（中期頃に比定）

京都府葛野郡衣笠村福井家所蔵伝小野道風画像
（平安時代前期の袍として参考）

服装の概説

桓武天皇が京都に都を定め、頼朝が鎌倉で幕府を定める
四百年の間、風俗の変遷もはなはだしいものがある。
前・中・後期に分けて男の服装の変化を見てみる。

平安時代というと直ちに国風全盛の時代としての概念が浮びやすいが、桓武天皇が京都に都を定めてから、頼朝が鎌倉に幕府を定めるまで約四百年もある政治区分の名称であるから、その長期間には風俗の変遷もはなはだしいものがあった。右の図は大まかに前期・中期・後期としての男の服装を二例ずつ挙げたに過ぎないが、これだけでもいかに変化が大きかったかが知られる。

初期はいまだ唐風摂取時代であるから、奈良朝の服装と同じであるが、中期ごろの藤原文化は、唐制を日本的に咀嚼しつつ、デフォルメされ、誇張的となって独特の形となっていった。袍を例にとれば、布地を多く用いてゆったりとした形となり、袖は大きく誇張されていき、後世の衣冠束帯の形式が生まれた。働きやすい民間服も袖細の直垂、小袴となり、また一般の私服として狩衣等も行なわれている。

このように平安時代はたいへん種類と変化のあった時代であるから、服装以外のことについても同様である。

故に平安時代と一口に区分されているが、軍装史上から見ても数多くの変改があったのは当然で、その変改が多ければ多いほど、文化伝播の遅い遠隔の地には、地方差があり、その地方差の中から、地域的独特の発達を見、それが逆に中央にもたらされて、採取の上、また新しい変革を起こすということもあったことと思われる。

こうした傾向は絶えず反乱と武備に直面した地方に目を転ずると気のつくことである。

古墳時代後期から奈良朝時代へかけての古墳の多い関東地方から発掘される冑は、平安後期の厳星の冑とはなはだ酷似しているばかりでなく、古墳時代後期の衝角付冑と厳星冑への変遷をつなぐにたる良い資料である。また蕨手刀の変化と見られる大刀が、関東以北におりおり見られ、これは平安時代前期ごろから反りがついたと推定される毛抜形大刀の形に共通している。羅列して変遷を示すにたる資料に乏しいが、思想文化服装に限らず、武装の変革もおびただしかったに違いないが、現在の遺物から見ると、武具武器は日本独特の姿で飛躍して現われたかのように見える。

『源氏物語絵巻』による直衣

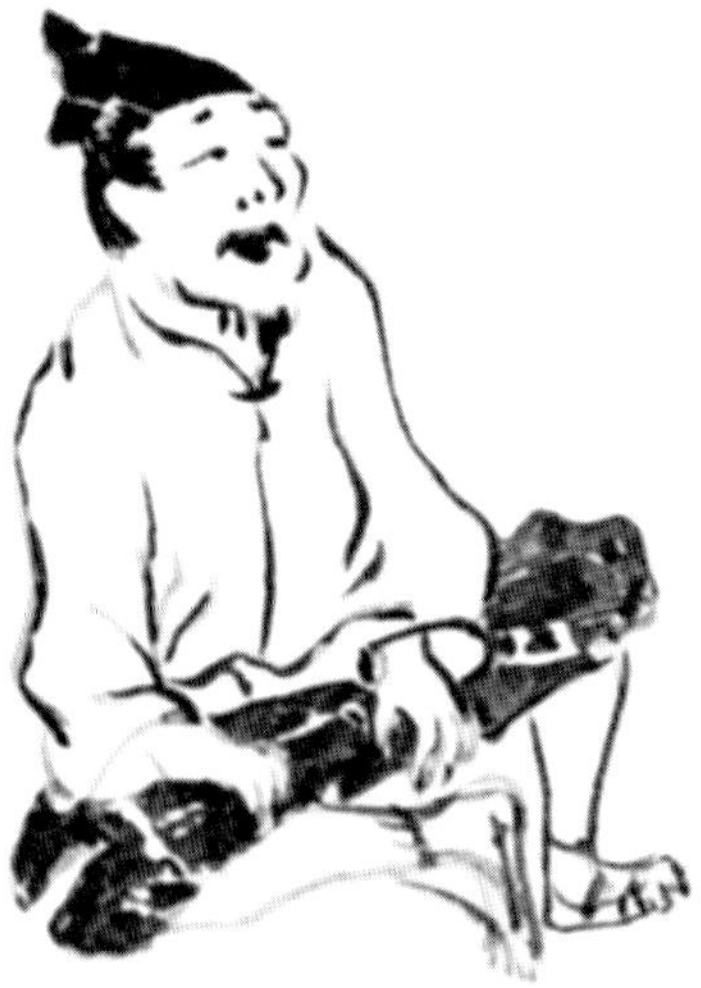
『粉河寺縁起絵巻』による下級者の服装

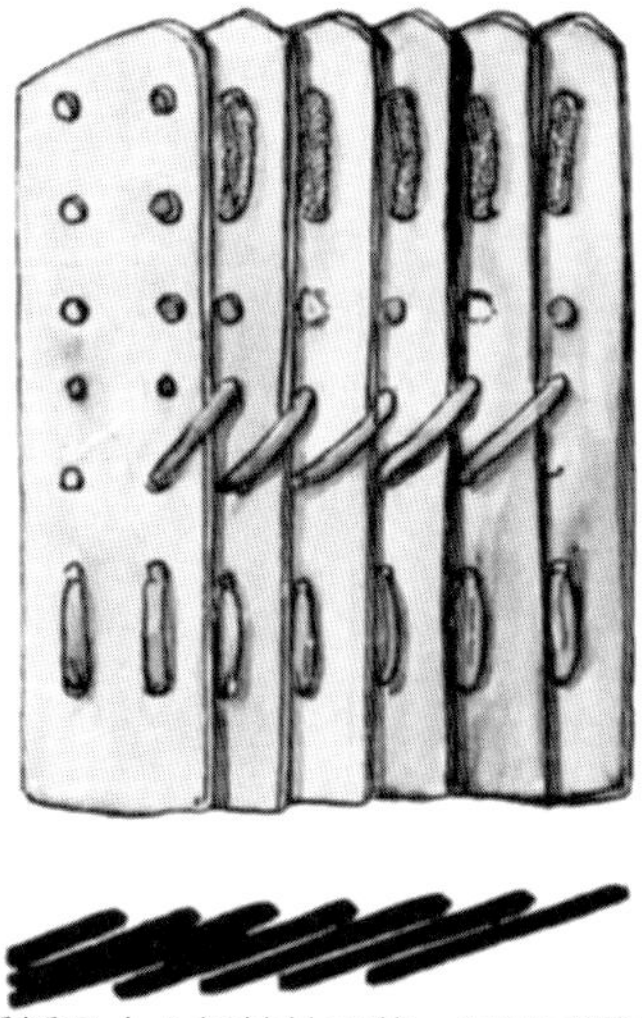
愛媛県大山祗神社所蔵　沢泻威残欠
鎧の小札と威し方

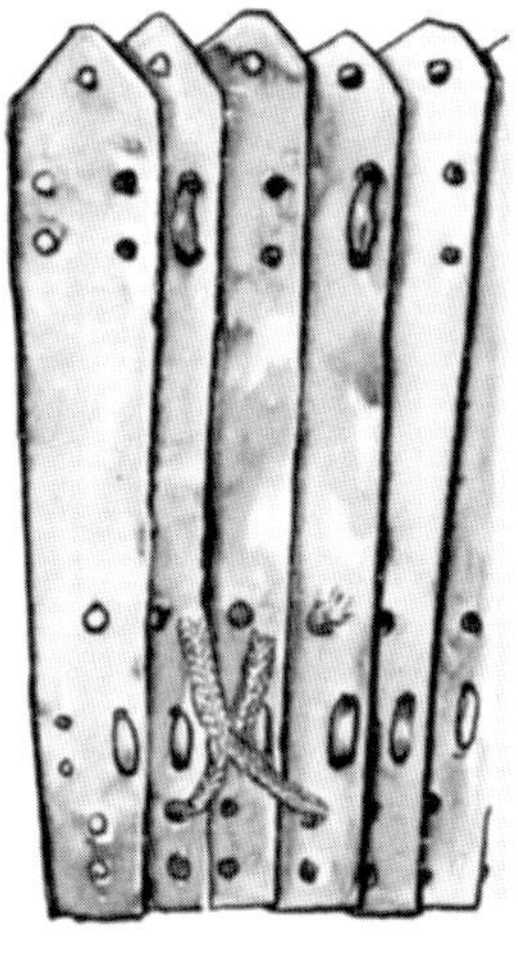
正倉院御物の挂甲残欠の小札と威し方

服装の概説

軍装史上でも多くの変化があった。
中央から地方へ伝播が遅く、地方で独自独特の発達があった。
やがて地方から中央にもたらされる逆の流れもあった。

『将軍塚絵巻』に描かれた古い形式の大鎧の様子

初期の武装

古墳時代から引続いて用いられた挂甲・短甲は、奈良時代を最終として忽然と消え、平安時代の大鎧・腹巻として、全く新しい外装の甲冑が出現。挂甲・短甲から大鎧に至る物語。

平安時代後期に当たる甲冑の遺物には接しられるが、中期は延喜ごろと推定される愛媛県大山祇神社所蔵沢瀉威残欠鎧があるのみで、初期の遺物は現在のところ皆無である。

古墳時代から引続いて用いられた挂甲・短甲が奈良時代を最終として忽然と消えて、平安時代には大鎧・腹巻（後世いうところの胴丸）の名称とともに、全く新しい外装の甲冑が出現している。

しかし手法、様式を仔細に見ると、全く異法の出現ではなく、いくたの共通点と、同一な基本的のものが見出される。こうした点は挂甲・短甲が次第に混交し、変化していった結果、平安時代に見られる大鎧に至ったことを物語るものである。しかしながらその中間を繋ぐ変化していった時代の遺物がない。

しかし、この不明の点は、奈良朝における挂甲の手法構成と、平安時代に見られる大鎧の手法構成の中間を、素直な変化進路で考えて見ると、漠然とした中にも、その中間様式が浮んでくる。もちろん地域差もあり、美術工芸、政治と戦術の進化から生まれた、武人階級のあり方と他の武器武具の変化も考慮に入れねばならぬが、こうした諸要素を加味して左の図に推定、図上復原して見た。

すなわち裲襠式挂甲が他の形式を摂りつつ、右脇を別の脇楯とした大鎧の基本を作り、頸鎧・肩鎧から、胸板・押付・袖が変化し、頸鎧の部分が栴檀・鳩尾の板を生じたとも見られる。弓は奈良朝以来大弓が流行したが、それでも短弓は全く廃れてしまったわけではない。平泉中尊寺所蔵紺紙金銀泥一切経見返し絵（四七頁参照）の武者は短弓を持っている。

大刀も、中尊寺所蔵蕨手大刀や、方頭大刀のようなものが行なわれたであろうことは、奈良時代の黒作の大刀から推しても当然の進化形式であり、馬上よりの斬撃に適するように、柄が反り、直刀に少し反りがついてくることも、当時の馬上戦からいっても必要な変化といえる。矢を入れる道具も始めのころはいまだ箙形式ではなく胡籙であったろう。

初期の武装

奈良朝における挂甲と平安時代に見られる大鎧の
手法構成の中間は不明であるが、
素直な変化進路と美術工芸と政治、戦略の観点から、
推定し復原をしてみた。

『伴大納言絵詞』に描かれた随兵の武装姿

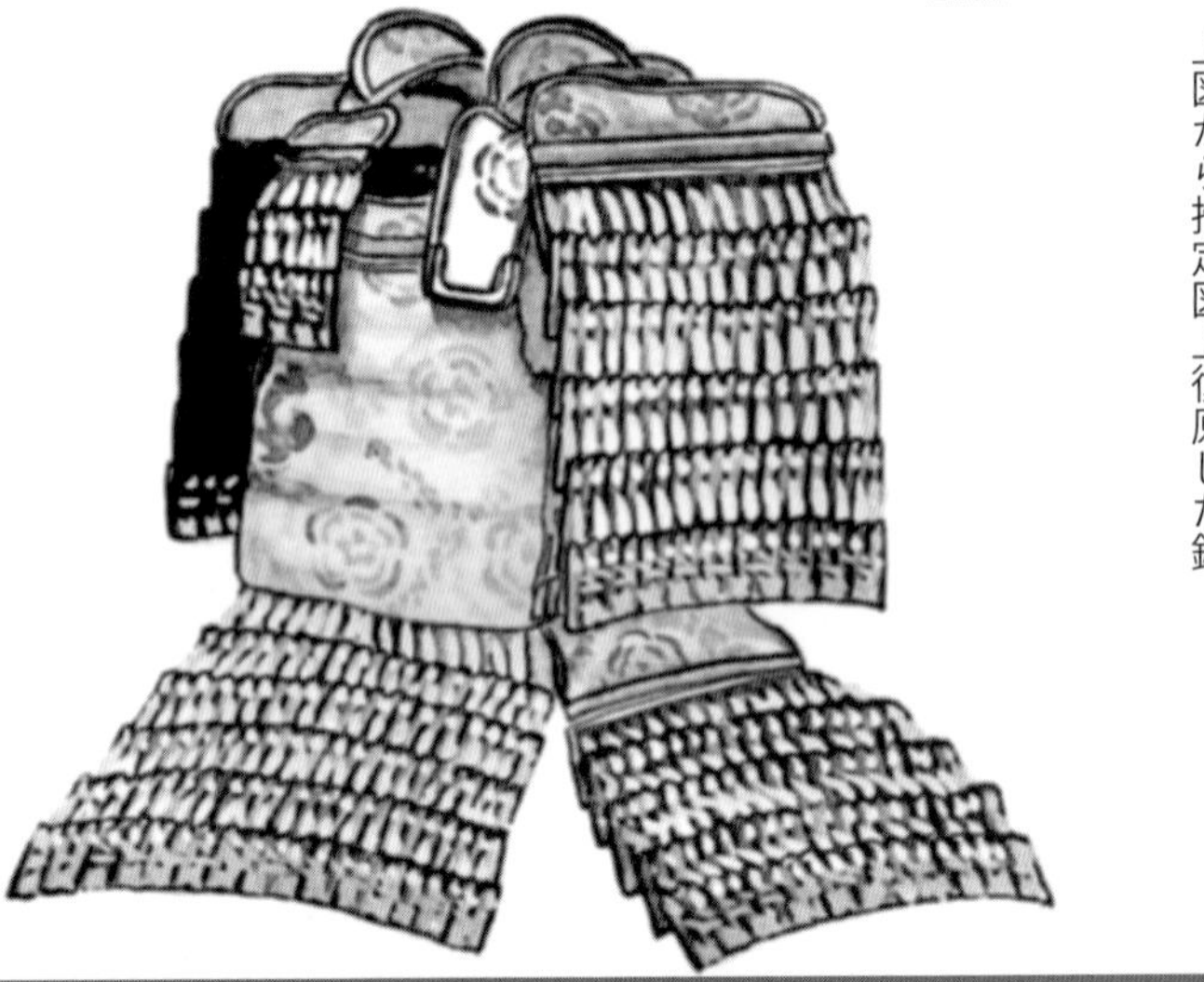

上図から推定図上復原した鎧

中期頃の甲冑

挂甲から、大鎧に変化した中間遺物がないことから、推定復原によって大略を想像するのみである。

前頁で述べたように挂甲・短甲から、大鎧に変化した中間遺物がないので推定復原によって大略を想像するのみである。

小札は鉄よりも軽い革が利用され、挂甲を綴じる手法が引続いて行なわれたとすると、後世いうところの縦取威である。この例は大山祇神社所蔵沢潟威残欠鎧に見られる。また挂甲と同じく小札が横縫いで連接されていたら、後世甲冑の塗り固め式のようなものでなく、揺ぎ札であったろう。

この態は十二世紀ころの作といわれる『伴大納言絵詞』中の随兵の鎧に、それらしい表現がなされている。このほか細部に至っては、平安後期の甲冑のところどころに古い手法と見られるものが残り、後代定式化されてしまった甲冑には全く見られないものがあるので想像される。法隆寺旧蔵伝聖徳太子玩具鎧雛型や、大山祇神社所蔵赤糸威胴丸鎧は、平造りの金具廻りに、花緘みまたは威し下げにする点、愛知県猿投神社所蔵樫鳥糸威鎧の鳩尾板の二枚や、草摺の蝙蝠付に化粧革を用いた点は、『伴大納言絵詞』中の鎧にも見られる。これらは、源平時代以後には使用されなくなった古い手法で、大山祇神社所蔵沢潟威残欠鎧等は、これらと一連の古い手法によって縦取威が行なわれていたのであろうし、初期にはもっと祖型的様式であったことと思われる。

また、沢潟威残欠鎧以外の変わった様式もあったろうし、より挂甲的なのもあったであろうが、現在沢潟威残欠鎧から推定すると、この鎧の作られたと思われる時代の中期には、ほぼこの型が大勢を占めていたのであろう。この点、冑の方は古墳時代の形式から、源平が覇を争った平安後期までの形式の変遷が、遺物によってわりあいわかり良く順を経ている。

冑の天辺に大きい孔があけられるようになったのは、髻《もとどり》が後頭部に立ち、烏帽子をかむっている当時の風俗からである。すなわち、烏帽子で髻を巻きつつみ、それを冑の上部から出したからである。

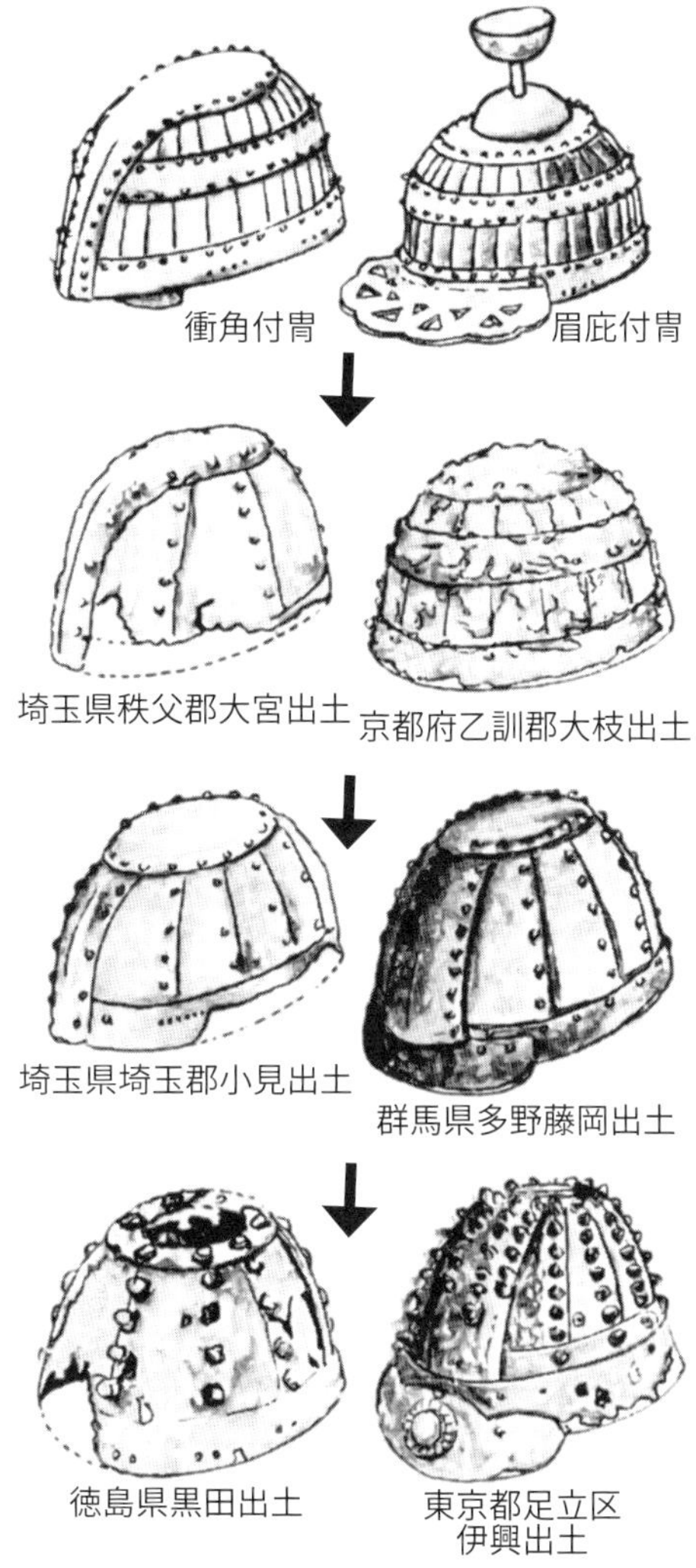

平泉中尊寺所蔵
紺紙金銀泥一切経見返しの武者姿

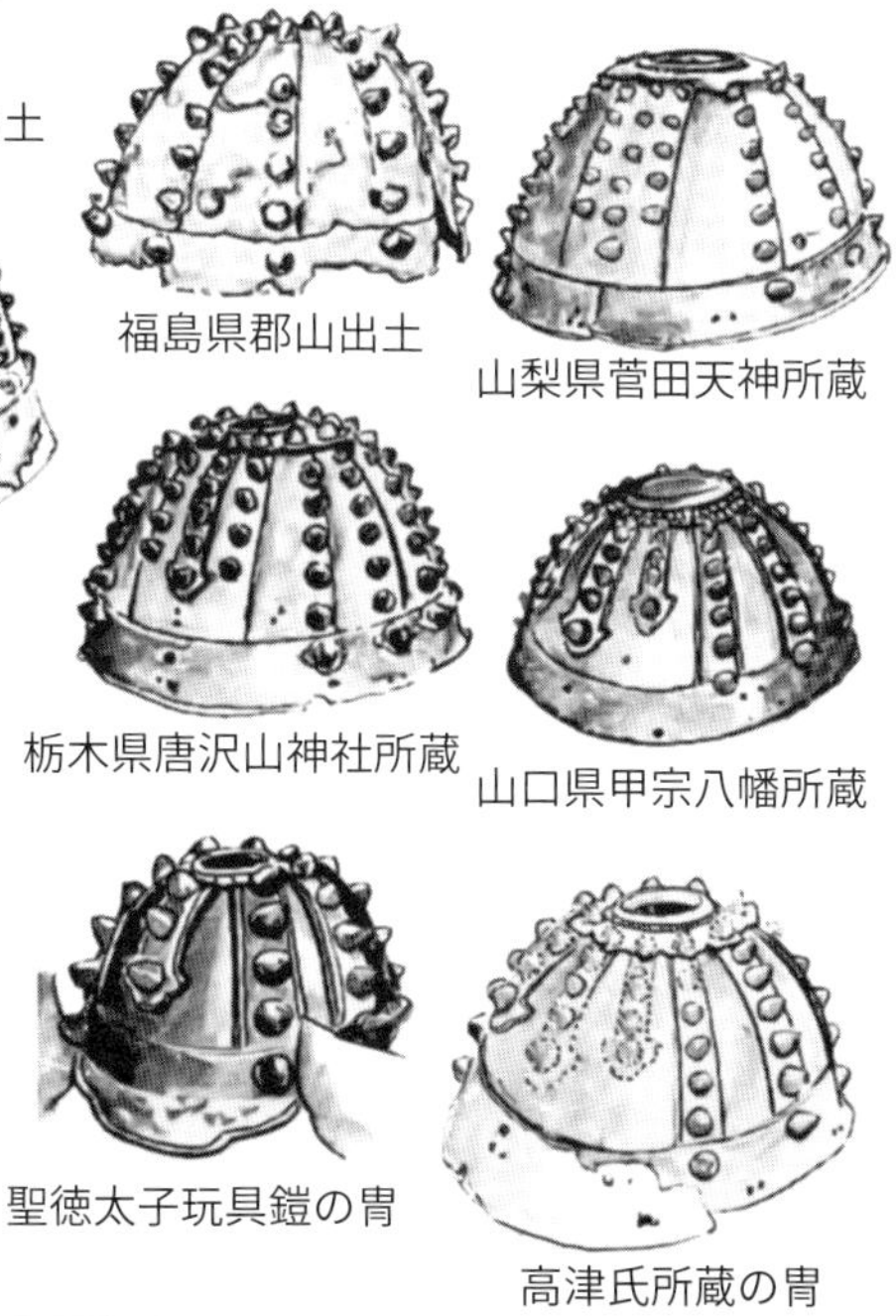

中期頃の甲冑

小札は鉄よりも軽い革が利用され、
挂甲を綴じる手法が引続いて行なわれたとすると…。

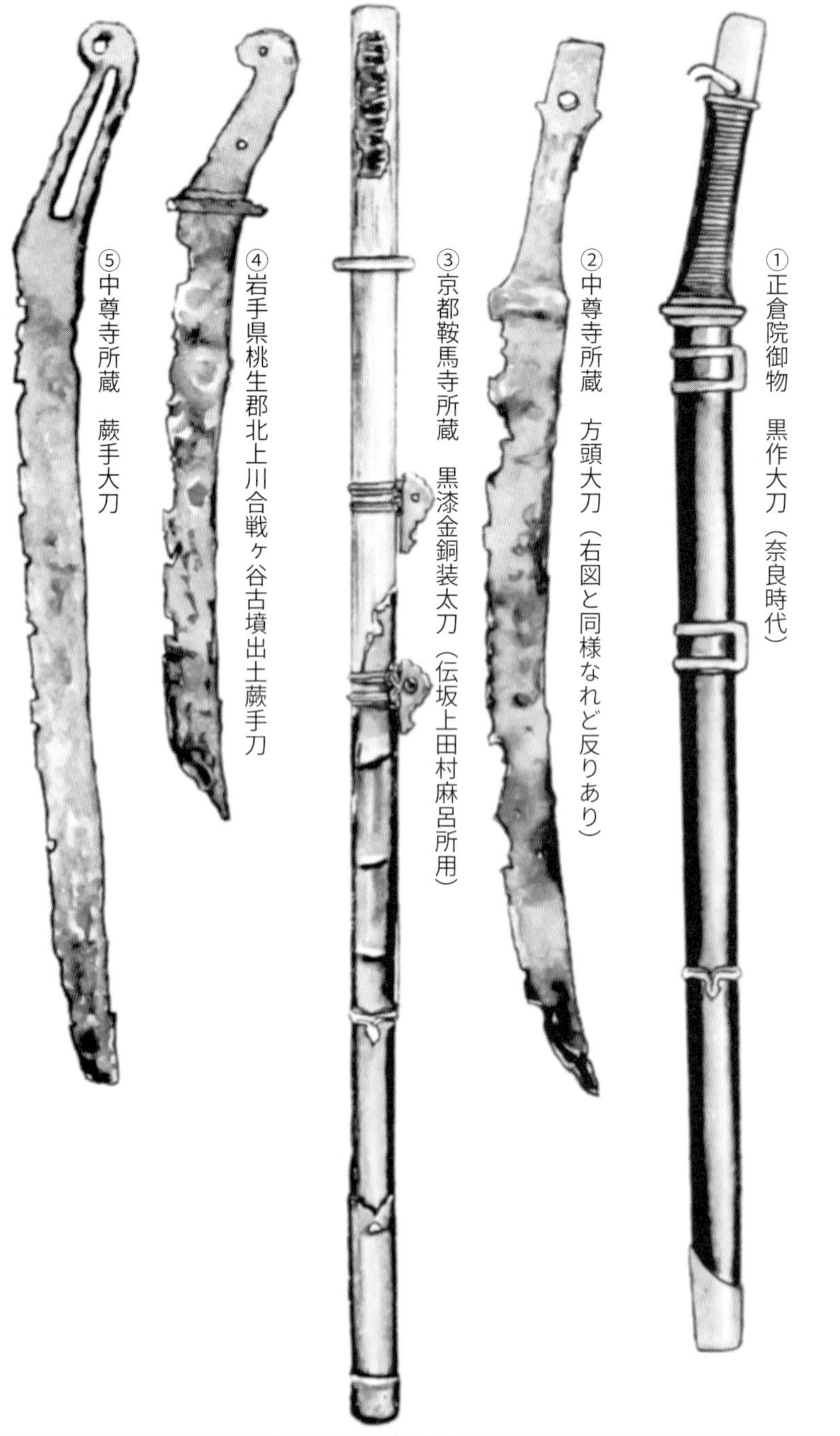

①正倉院御物　黒作大刀（奈良時代）

②中尊寺所蔵　方頭大刀（右図と同様なれど反りあり）

③京都鞍馬寺所蔵　黒漆金銅装太刀（伝坂上田村麻呂所用）

④岩手県桃生郡北上川合戦ヶ谷古墳出土蕨手刀

⑤中尊寺所蔵　蕨手大刀

刀剣

奈良朝時代の大刀は、直刀の唐様大刀の高級品。
平安朝時代前期は、いまだ唐様時代であったから、
当然これらの踏襲であった。

奈良朝時代に用いられた大刀は直刀の唐様大刀であるが、それは高級品であって、一般は蕨手刀とか、黒作りの大刀であったらしい。平安朝時代前期は、いまだ唐様時代であったから、当然これらの踏襲であったろうことは③の例でもわかる。これは切刃造りで、直刃の焼刃となり、拵は当時唐様金具流行の中に、比較的簡素な外装である。木地鞘に薄い鞣皮で包み、柄は麻布で包んで、いかにも実戦用的である。②は柄頭が角の方頭大刀で、この形式は奈良朝時代の形式①に見られるが、長さ二尺四分（六二センチ）の曲刀で、蕨手刀から進化したかの感がある。前頁で述べたように蕨手刀は、唐様大刀全盛の奈良朝時代にあって、最も実用的であり、土俗臭のあるものであるが、一尺四寸（四二センチ）前後で短いものである。それが次第に長くなり、④のように一尺六寸八分（約五〇センチ）にもなり、さらに⑤例のように二尺一寸五分（約六五センチ）にもおよぶようになった。蕨手刀の高級品は正倉院に見られるが、他はほとんど中部以東北から発掘される実用刀であり、それが次第に反りがつき、長くなり、柄に透しがつけられるようになったという変化を仮定すると、毛抜形大刀⑥⑦⑧⑪例にはなはだ近寄ってくる。

刀剣

馬上戦から柄が反り始める。
日本刀としての独特の優秀さが現われ始めてきた。

毛抜形大刀は、前代の大刀と同じく、細身で長く、⑥で三尺一寸余（約九四・五センチ）、⑦で三尺一寸（約九四センチ）、⑧で二尺七寸八分（約八四・五センチ）あり、だいたい当時は八〇センチ前後の大刀が使用されたことがわかる。そしてこれらは馬上戦の結果斬撃につごうよいように柄が反り始め、刀身も引き斬るに便なようにわずかの反りを生じてくる。

そして日本刀としての独特の優秀さが現われ始めてきた。「大宝令」では兵器製作者は鐫刻することを命じているが、これはなかなか行なわれなかった。しかし、平安時代中期頃から鐫銘をする者が現われ始め、⑨の宗近、⑩の友成等の在銘品が伝世するようになった。⑨は二尺六寸四分（約八〇センチ）、⑩は二尺六寸（約七九センチ）でともに板目小乱れ刃である。

このほか伯耆の安綱（大同年間といわれているが中期ごろであろう）、舞草安房、大原直守、豊前長円、備前の高平、包平等の名工が現われている。

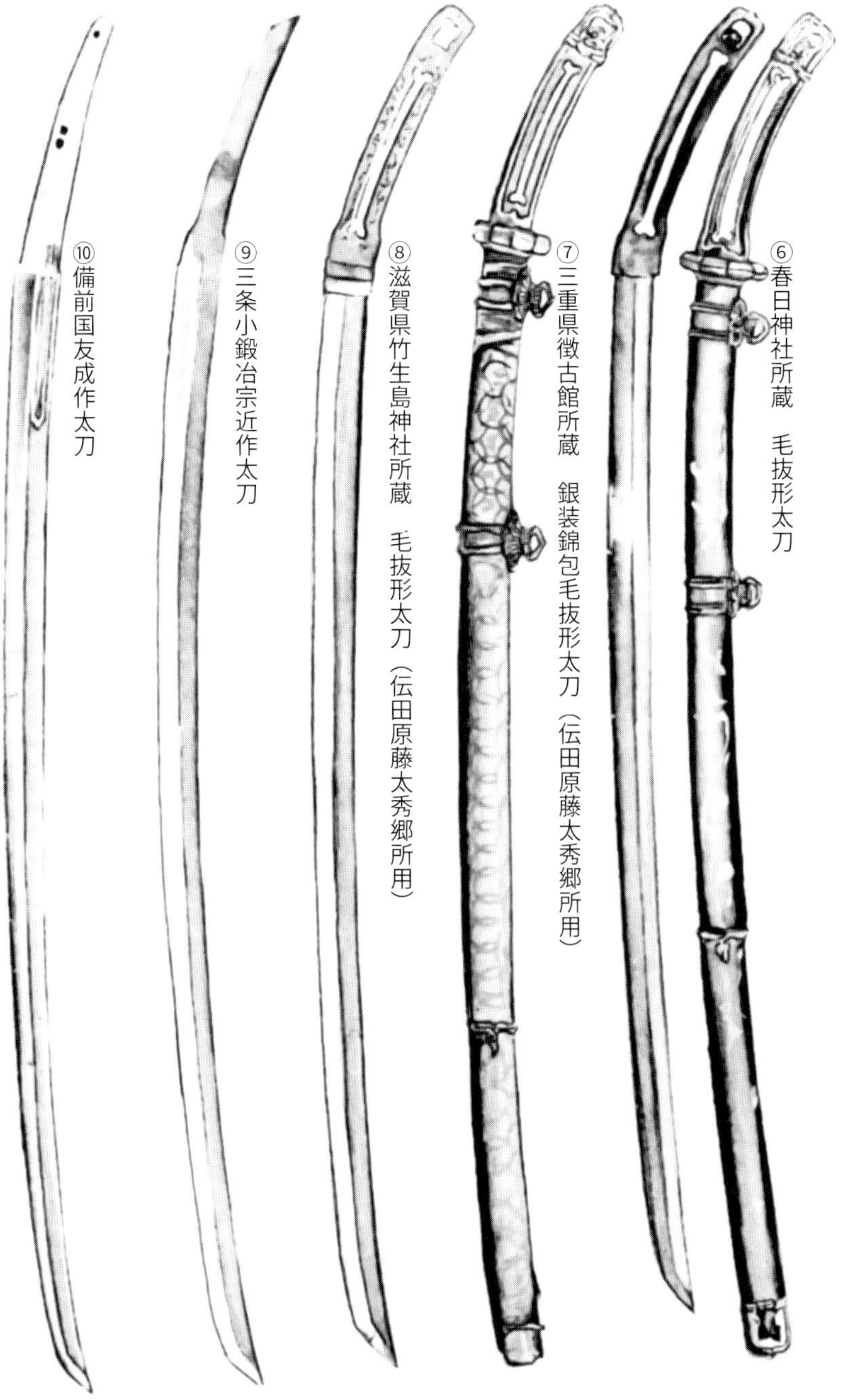

⑥春日神社所蔵　毛抜形太刀

⑦三重県徴古館所蔵　銀装錦包毛抜形太刀（伝田原藤太秀郷所用）

⑧滋賀県竹生島神社所蔵　毛抜形太刀（伝田原藤太秀郷所用）

⑨三条小鍛冶宗近作太刀

⑩備前国友成作太刀

刀子・毛沓・胡籙

古墳時代から用いられていた刀子は、
短く主要武器になり得なかったが、
奈良時代になると下級者の主要武器となった。

刀子はすでに古墳時代から用いられていたが、短いので、主要武器というほどでなく、長い刀身を持たないおりに利用されるものであった。しかし奈良時代にはいると、下級者には主要武器として用いられ、この形式から蕨手刀が発達したのではないかと思われるような短い蕨手刀がある。蕨手形は次第に長大になって、大刀の域に進んだが、短い刀子はその主要目的が明瞭となり、奈良時代にも用いられ後世まで使用された。ただし、後世は腰刀、短刀としての名称が用いられている。奈良朝ごろの刀子は柄が鞘にはいる古墳時代からの形式①のほかに、柄の両面が半円ずつ鞘に食い込んでいる②形が行なわれた。これらを呑口式といって、平安朝ごろまで行なわれ、後はアイヌの刀に伝世しただけで用いられなくなった。『伴大納言絵詞』に描かれている刀子を見ると、後世の脇差のように長く、腰刀というべきであろうが、呑口式であり、ところどころ銀装している点は室町時代ごろのアイヌの刀に見られるのと同じである。『絵詞』中これをつけているのは検非違使の随兵に使われている下部たちで、大刀を帯びるまでにいっていない地位だからであろう。

①奈良県生駒郡龍田神社所蔵　銀錯鉄装刀子（奈良時代）

②法隆寺所蔵　鮫鞘呑口式腰刀

『伴大納言絵詞』に描かれた呑口式腰刀

『伴大納言絵詞』の馬上沓

『粉河寺縁起』の馬上沓

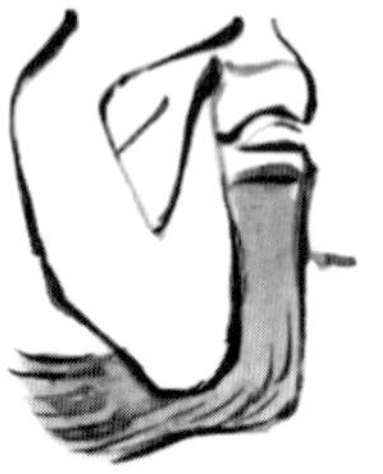

『前九年合戦絵』の馬上沓

上図からの推定復原の馬上沓

正倉院御物鳥皮靴

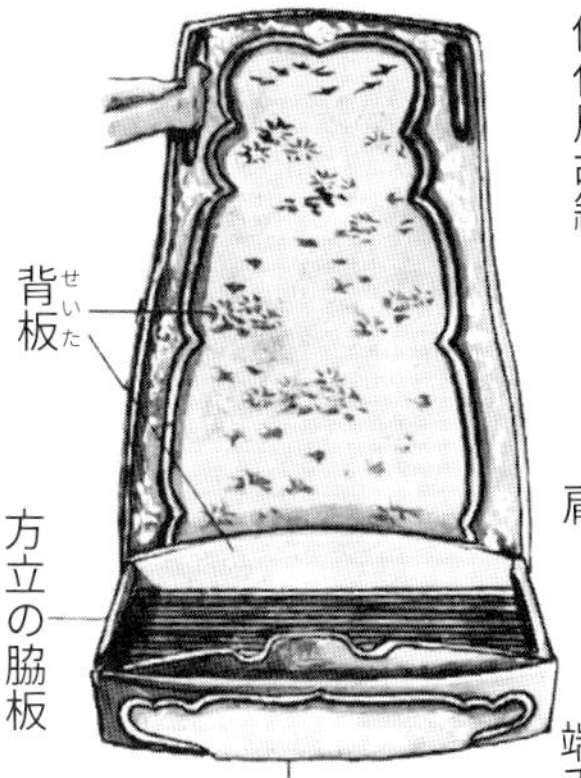

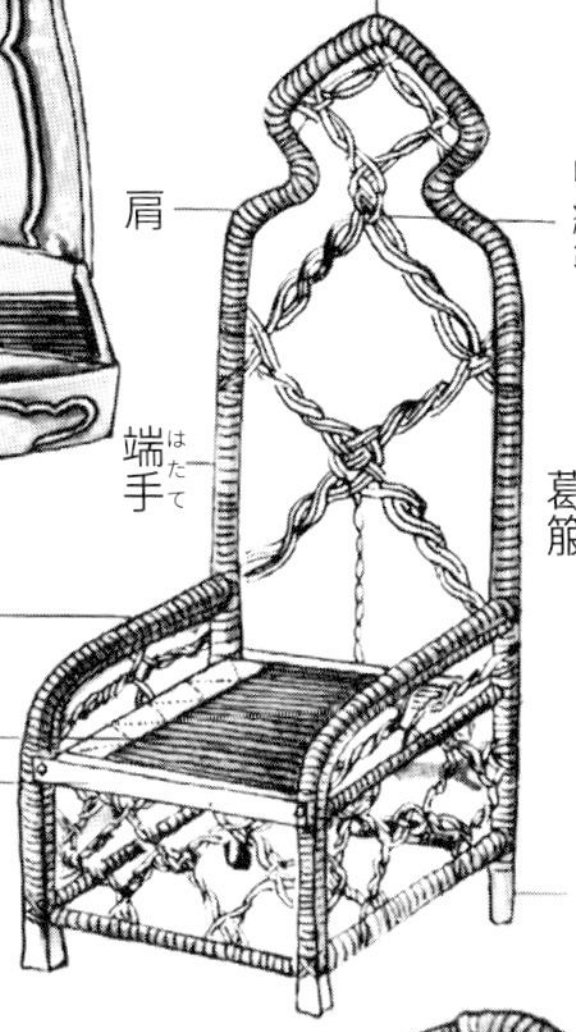

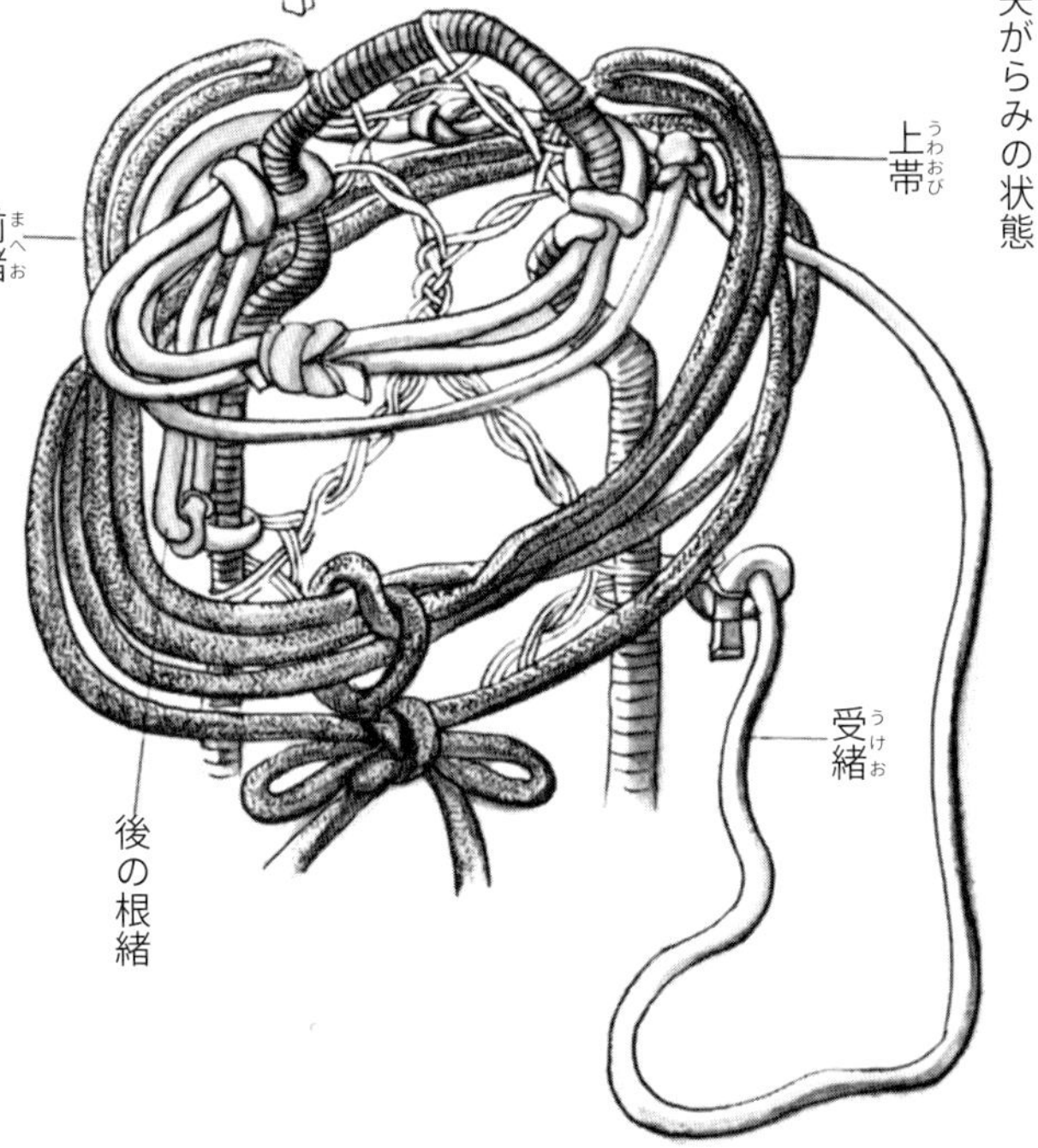

それにしても平安朝初期の蕨手刀の変型が大きくなったように、この刀子も長くなっている。『衛府官装束抄』に「検非違使の随兵はよろいきて胡簶をひて大刀はかぬなり」とあるように、随兵も大刀の代わりに刀子をさしている。馬上戦が当時の主体であるから馬上沓という長靴状のものを履いたことは、『伴大納言絵詞』その他から散見されるが、だいたい武官は奈良朝時代から烏皮靴を履いていた。毛の生えた靴は、『西宮記』臨時八に「検非違使佐以下随便用之」とあるが、検非違使に限らず、乗馬のおりに用いたことは、『粉河寺縁起絵巻』や、『前九年合戦絵』を見てもわかる。これが後の貫という短靴に変化するのであるが、皮は鹿・熊等を用いた。

矢を盛る道具は胡簶が引きつづいて行なわれたが、これには平胡簶と壷胡簶が使用され、平胡簶は葛編みもあったが、儀杖用には、鏡地や螺鈿を埋めた華美なものや、漆塗の壷胡簶が行なわれた。一方実質的な葛胡簶は、後世の簶形式となり、狩や戦陣に用いられたので狩胡簶と呼ばれた。この形が簶と呼ばれるようになったのは平安朝ごろからで、『今昔物語』にも「簶は塗簶なるべし」とあり、塗簶も行なわれた。

刀子・毛沓・胡簶

実質的な葛胡簶は、後世の簶形式となり、
狩や戦陣に用いられたので狩胡簶と呼ばれた。
平安朝ごろから、この形が簶と呼ばれるようになった。

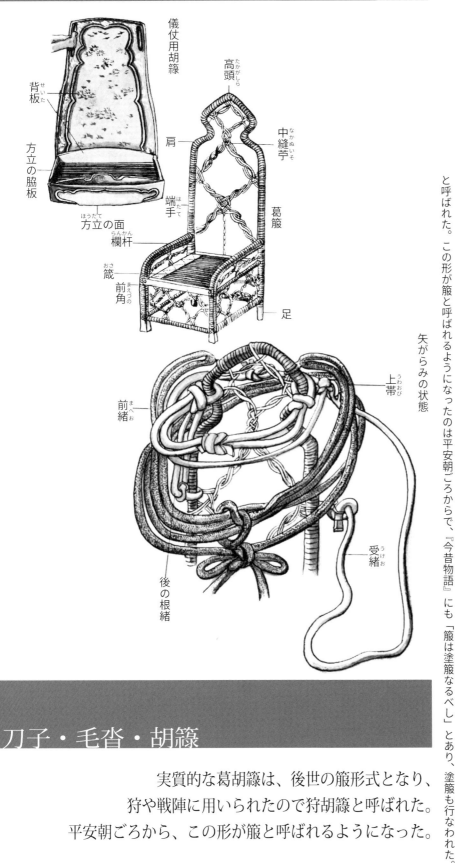

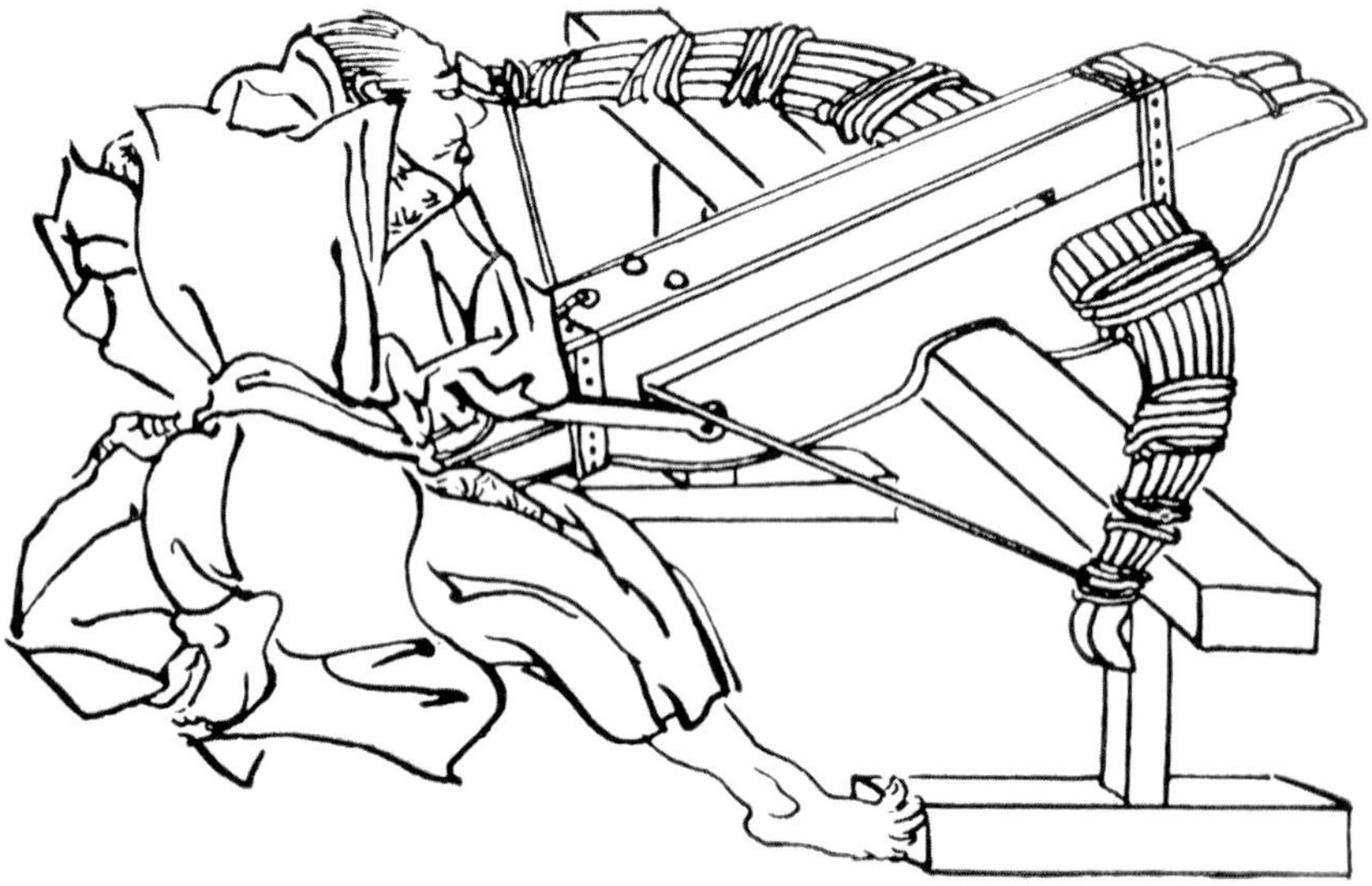

『前賢故実』巻三所載
島木忠真発明の弩を想像して描いたもの

弩・弓矢

弩は、戦闘が機動的になってスピードが増してくると
扱い難い武器から次第に使われなくなっている。

三善清行が醍醐天皇に奉った意見十二ヶ条に「臣伏見本朝戒器、強弩為神、其為用也、（中略）故大唐雖有弩名、曽不如此器之勁利也」と記してある（『本朝文粋』）。このように後代用いられなくなった弩も平安朝初期ごろは現代の重砲のように威力のあるものとされていた。『続日本後記』に仁明天皇の承和二（八三五）年外従五位下嶋木史真が新弩を発明して朱雀門で試射したが、諸衛府の官人たちはただただ歎声を発したという強力なものであった。そして五年には美濃国備えつけの弩二十脚を廃して史真発明の新弩四脚を設けた。
三代実録によると貞観一二（八七〇）年には出雲の国の史生一員を廃して弩師一員を置くこととし、降っては奥羽一二年の役を書いた『陸奥話記』に、厨川、嫗戸の柵で、「達者発弩射之近者投石打之」て激戦したことが記されている。この強力な弩はどんな形のものであったかは、遺物と古画がないので不明であるが、幕末の菊池容斎が『前賢故実』の中で想像して描いたのがあるが、一脚二脚という名称で呼んだことからして、この想像図に近いものであったろう。この他三代実録陽成天皇の元慶元（八七七）年四月二十五日の条に「手弩一百具」の文字があるから、これは携帯用の弩で、大陸式のものであったろう。これらは戦闘が機動的になってスピードが増してくると扱い難い武器なので次第に使われなくなってしまい、ついにその全貌をうかがうことすら不可能になってしまった。

これに反して弓は弩のような威力はなくとも取扱いに便であるので、平安時代には急速に発達してきた。弾力を増すために伏竹の弓が作られ、長さも七尺から八尺（約二二〇、三〇センチ）となったために、以前の丸木弓よりは格段の威力を増すようになった。『延喜式』には伏竹弓のことが見えていないから、奥羽十二年合戦ころの経験から発明されたものであろう。こうした新威力が、丸木弓ばかり使っていた蝦夷には脅威的で、義家が一矢で鎧数領を射通したという伝説になったものと思われる。また鏃も、鋭く効果的な形のものが次つぎと作られ、刀剣の鍛鉄技術がこの面にも発揮されて、小さい槍の穂的鋭利なものとなった。そしてこれらの形式は永く後代にまで受けつがれていった。

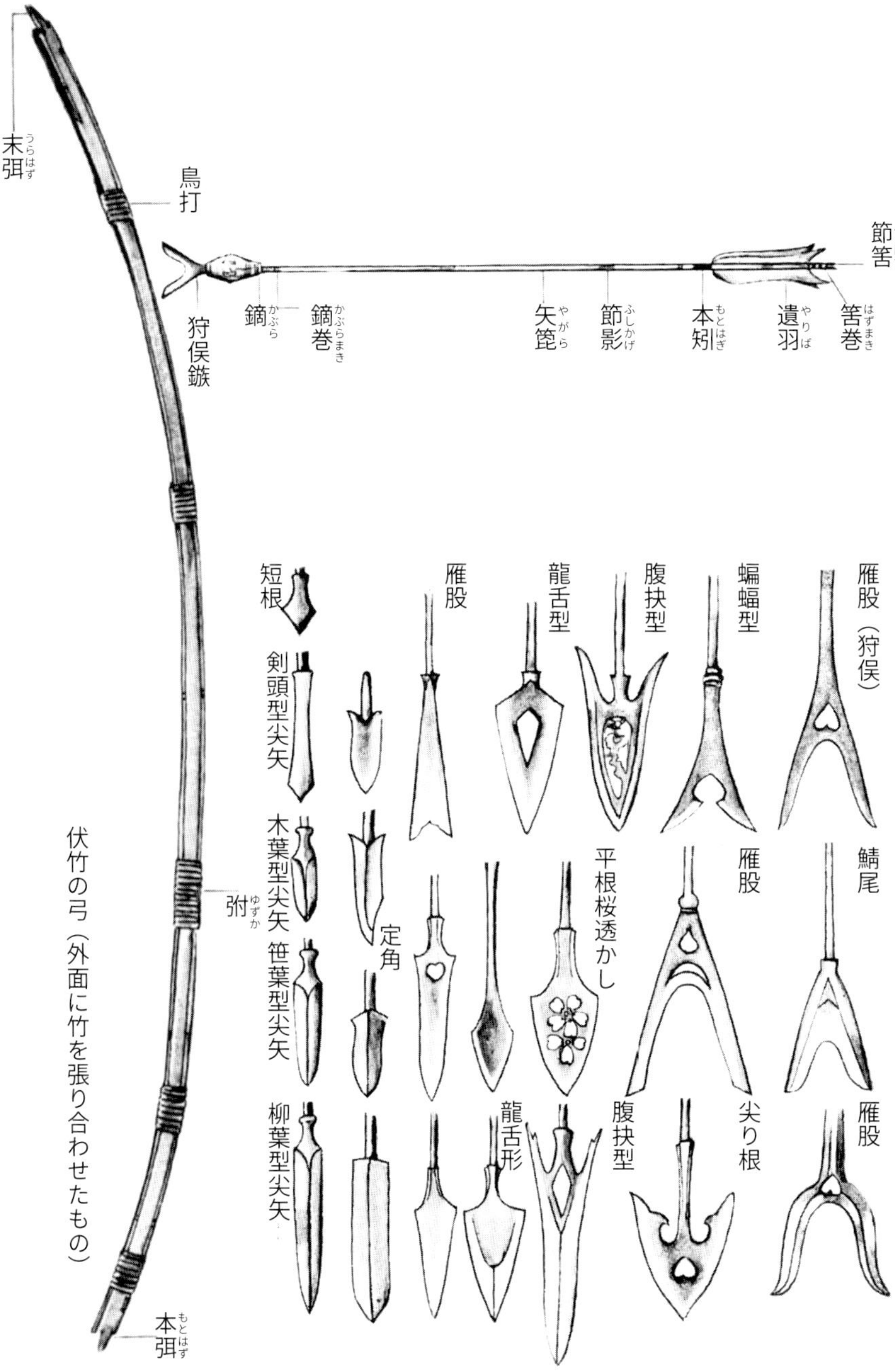

弩・弓矢

弓は弩のような威力はなくとも
取扱いに便であることから
平安時代には急速に発達。

中期頃の胴丸（古記録にいう腹巻）

騎射戦に適するようになって大鎧形式が生まれたように、
軽武装・徒歩者用にも、胴丸形式の甲が作られた。

挂甲・短甲の利点が折衷され、騎射戦に適するようになって大鎧形式が生まれたように、軽武装・徒歩者用にも、胴丸形式の甲が作られた。胴丸（古記録がいう腹巻）で、その祖型と思われる遺物はないが、平安後期と推定されるものは愛媛県大山祇神社所蔵紫革威胴丸に見られる。これは初期的手法が多分に残っているので、胴丸祖型を類推するにたりるが、『伴大納言絵詞』に描かれている胴丸よりは遥かに進歩したように見える。

『絵詞』の表現は、大鎧と同じく揺ぎ札らしく、かつ挂甲的縦取威である。胴丸は大鎧よりもより挂甲的で、大鎧形式の生まれる以前の姿が胴丸ではなかったかとさえ思わせる。草摺は八間に分れているが、大鎧が四間であり、裲襠式挂甲の草摺が四間であったように、草摺一の板だけは四間となり、二の板からそれぞれが二分されて八間となっている点は、四間の伝統が残っていて、それが徒歩に適するように八間に分割されたという進歩変化を示しているようである。

中期頃の胴丸（古記録にいう腹巻）

後世の胴丸が草摺短に颯爽と着こなしているのに反し、『絵詞』の胴丸は大鎧と同じく草摺長に着ているのも挂甲的。

これは『年中行事絵巻』に描かれた胴丸姿によっても、四間を八間に分割したさまがよくわかる。そして、袖・冑（随兵の冑を持参する代わりにかむっている）・籠手・臑当等を用いないで、胴丸だけ着用していることは、下部階級が用いたことと軽武装用であったからであろう。また後世の胴丸が草摺短に颯爽と着こなしているのに反し、『絵詞』の胴丸は大鎧と同じく草摺長に着ているのも挂甲的である。こうした点から見て、大鎧と前後して生まれたであろう胴丸の初期的形式は、この『絵詞』に描かれている胴丸のようなものであって、その誕生期はやっぱり平安時代中期ごろと推定される。随兵にしたがっている下部は武器らしいものを持っておらず、主人の弓を持ったり、冑をかむったりしているが、実際に追捕に当たるときは腰刀か大刀、あるいは鉾くらいは持ったことであろうし、戦争ともなれば同様の得物を持ったであろう。こうした点から右の図に軽武装の下級者として、太刀・鉾を持たして表現してみた。

『伴大納言絵詞』に描かれた胴丸姿の下部

『年中行事絵巻』に描かれた胴丸姿

結髪と冑と胴丸

冠や幞頭をつけるようになってから
男子結髪にも変革が現れた。

『伴大納言絵詞』に描かれた烏帽子と結髪

法隆寺金堂落書の幞頭と髻結髪（奈良時代）

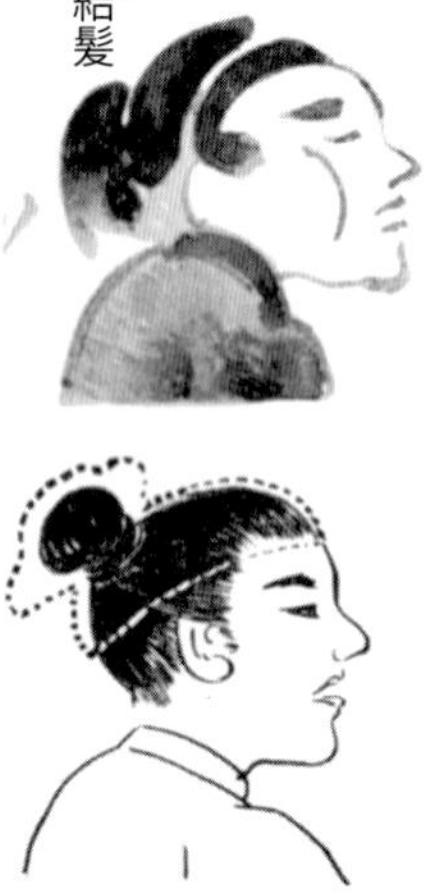
京都教王護国寺所蔵『唐櫃』の絵の帽子と結髪の推定図（平安時代初期）

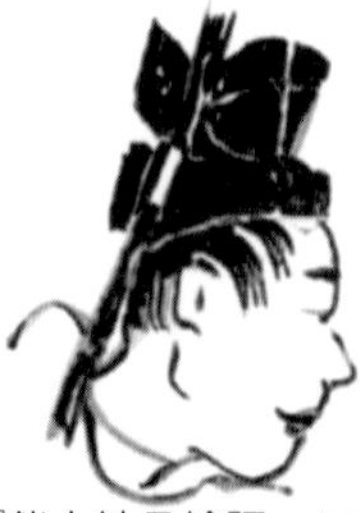
『伴大納言絵詞』に描かれた烏帽子の図

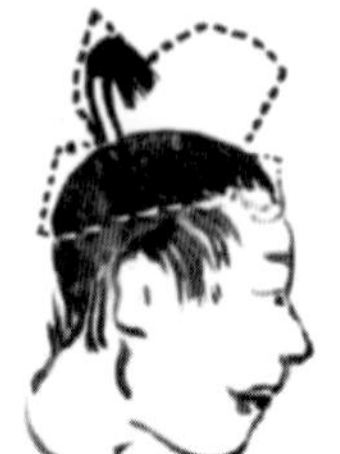
右図の烏帽子内の結髪を想定したもの

右図の烏帽子で髻を包んだ時

右図で冑を用いたところ

冠や幞頭をつけるようになってから男子結髪にも変革をきたし、髪をまとめて後頭部に髻《もとどり》を立てるようになったことと、政府の奨励もあってほとんど冠か帽子をつける風習となってしまった。こうしたことから生まれたのが烏帽子である。

このように奈良・平安時代は帽子をつける習俗が一般化したが、帽子は布製であるのでやわらかく、漆で塗り固めた以外は曲ったり、先端が垂れたりした。垂れたのを俗に平礼《ひれ》烏帽子等というが、髪を包んだようにしたのが後の侍烏帽子である。平安時代は別に武士的階級の者のみつけたのではないが、冑をかむるのにつごうが良いので武人が多くかむり、また烏帽子のたたみ方にも一定の方式ができて、侍がかむるようになってしまった。始めはやわらかい揉烏帽子なので、冑をかむる場合烏帽子で髻を包んで細長くし、髻ごと冑の天辺の孔からだすようにしてかむったのである。

こうした理由から、平安時代の冑の天辺の孔は大きいのである。

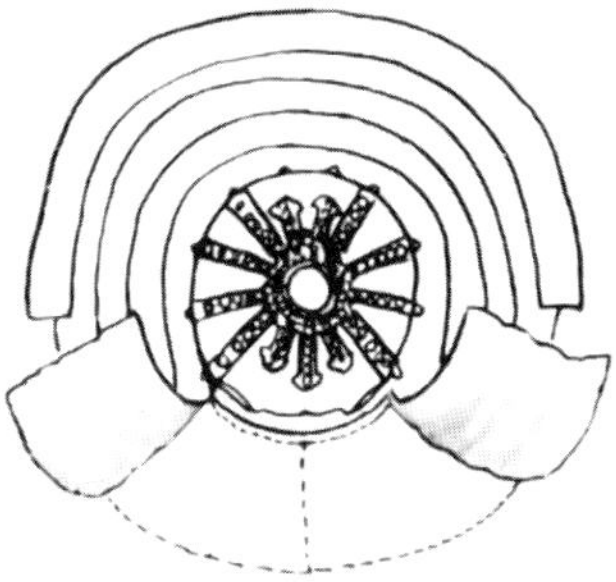

吹返しは
冑の中央で合致する。

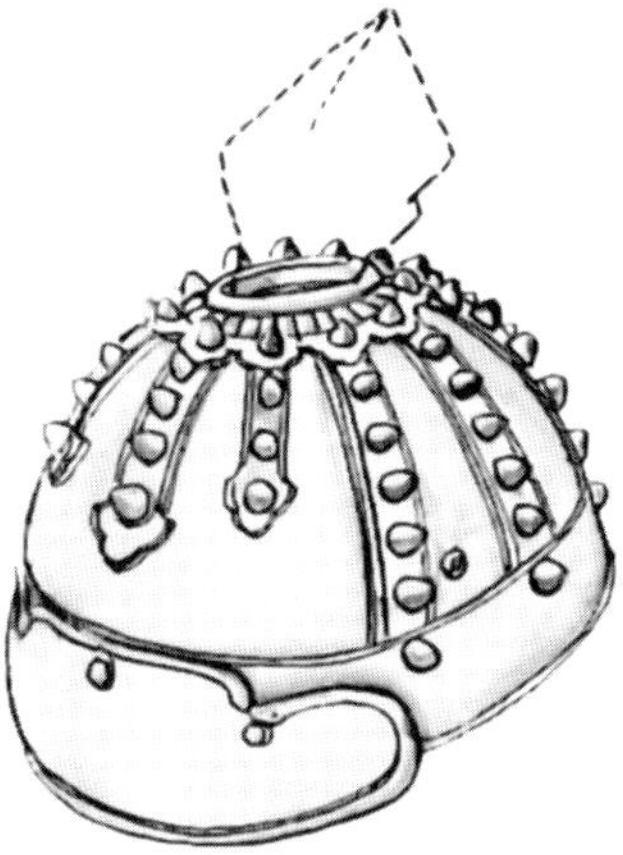

天辺の孔からは
髻を包んだ烏帽子が
このように出る。

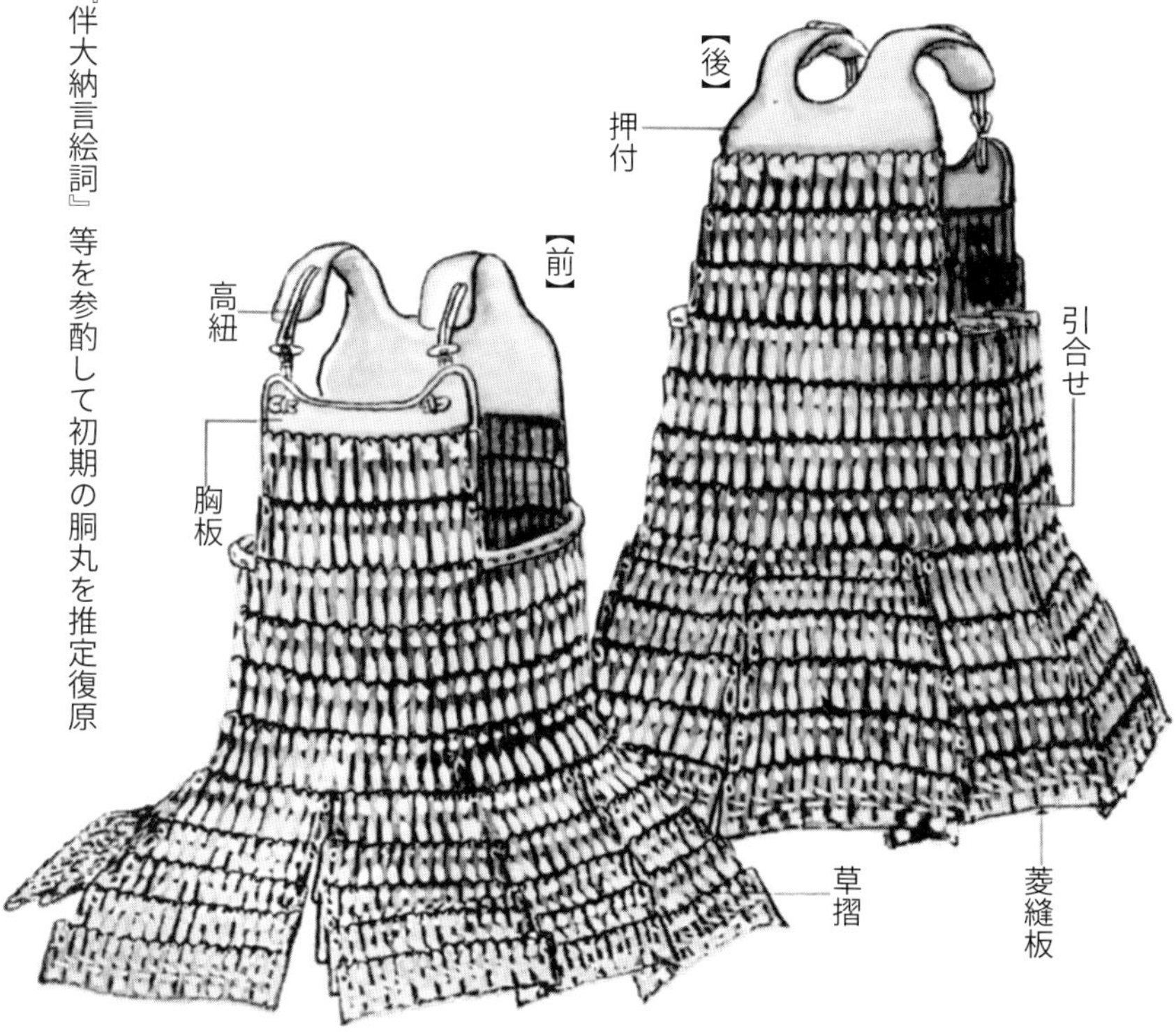

『伴大納言絵詞』等を参酌して初期の胴丸を推定復原

またこのころの冑には受張がなく、直接冑の鉢を密着して冠ったので、頭部の換気の意味もあった。

この時代の冑の𩊱が大きいのは、綿襖冑が頭巾のように頸の廻りを覆っていた形式の影響と、騎射戦であるので活発に頸を動かさないですみ、その上、敵から充分守れるようにするためにこのような形となったのであろう。

吹返しも同様の意味で大きいのであって、鉢を廻って作られた𩊱を前中央で合わせたのが、左右へ開いた形である。

胴丸は前頁で述べたように挂甲的であり、そして大鎧の要素も持っている。

後世の胴丸は背に押付の板があるが『伴大納言絵詞』によると、大鎧と同じく押付と肩上が一続きの形式であり、これは大山祇神社所蔵伝木曽義仲奉納紫革威胴丸にも見られる。

肩上には後世のように杏葉・袖をつけなかったらしく、その態は描かれていない。

結髪と冑と胴丸

胴丸は前頁で述べたように挂甲的でありながらも、
大鎧の要素を見ることができる。
『伴大納言絵詞』によれば、
大鎧と同じく、押付と肩上が一続きの形式がある。

野大刀と鋒

柄も鞘も黒漆で塗られ、
柄の中央には筒金がはめられているだけの
いたって簡素なもの。―野大刀

奈良朝時代の黒作大刀と外装を同じくするものに、身分の低い者の用いた野大刀がある。

柄も鞘も黒漆で塗られ、柄の中央には筒金がはめられているだけのいたって簡素なもので、衛府の大刀や毛抜形大刀の華やかさはない。まったく蕨手刀が細長くなったようなものである。

この大刀の遺物は現在発見されていないが、『伴大納言絵詞』を見ると、随兵の下部や、身分の低いものと思われる者が佩用している。

実戦的な大刀らしく、鎌倉時代まで一般武人に愛用されたらしく『平治物語絵巻』や『後三年合戦絵詞』等に随所に描かれ、特に『平治物語絵巻』には柄が極端に反り、全体が太くがっしりと描かれている。『伴大納言絵詞』では、外装の金物も質素に黒熏しか、煮黒目銅を用いたように黒くなっているが、『平治物語絵巻』では、金銀装のようである。

普段の着用以外に戦陣や雨露にも佩用するためか、尻鞘といって毛革で鞘を覆ったりしている。

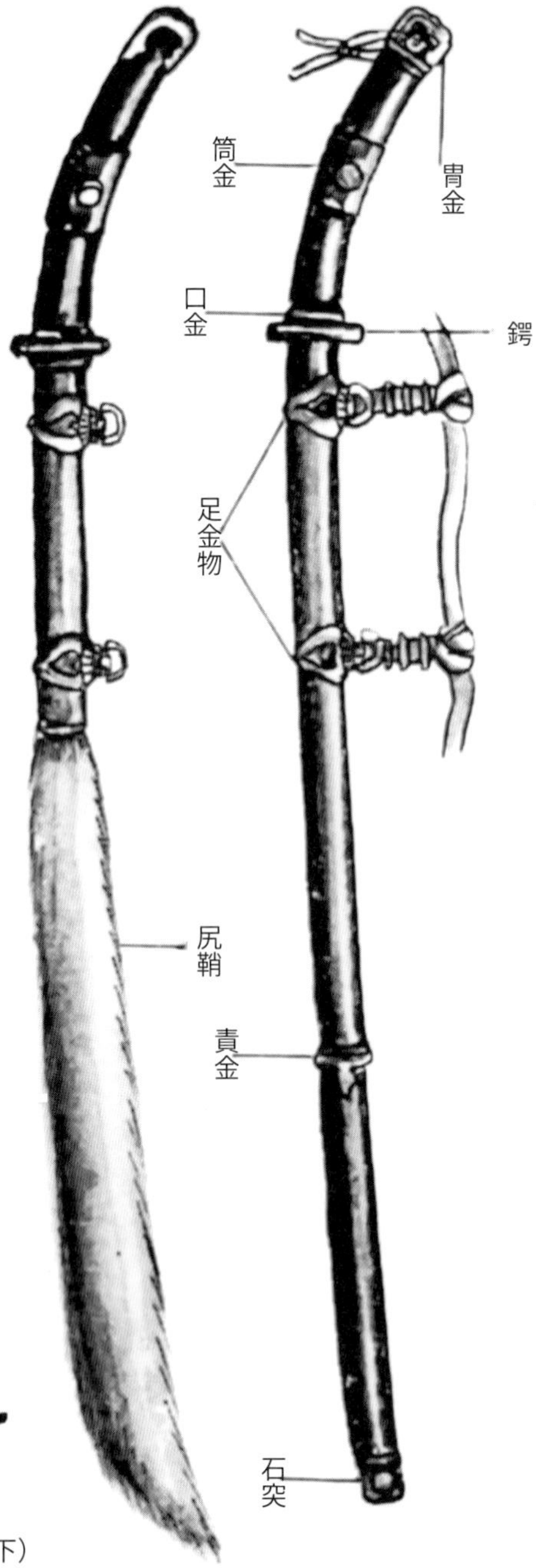

『伴大納言絵詞』(上)『平治物語絵巻』(下)
に描かれた野太刀

野大刀と鉾

薙刀が至るところに描かれているが、
たった二ヶ所しか描かれてなかった鉾。
鉾が薙刀の流行に押されたことを、
垣間見ることができる『平治物語絵巻』から。

尻鞘は熊・鹿・猪・虎等があるがこれは身分によって区別されていたらしいが、後世はあまりかまわなくなった。

薙刀は源平争覇時代には盛んに行なわれていたが、平安時代中期ごろはいまだ鉾が長柄武器であったらしく、『伴大納言絵詞』には、鉾身の長そうな鞘が猪の毛鞘付で描かれている。これは奈良朝時代の手鉾式に柄の短いものであるが、鉾身の方は現在遺物もないし、この絵からもわからない。

ただし『平治物語絵巻』に描かれた鉾身は反りのない薙刀式で、鵜首造りとなっている。

この『絵巻』は薙刀が至るところに描かれている中に二ヶ所ばかり鉾があるのは、鉾が薙刀の流行に押されたことを示すものである。『春日験記』にも描かれているが、次第に行なわれなくなってしまったものらしい。

『伴大納言絵詞』(上)『平治物語絵巻』(下)に描かれた鉾

『伴大納言絵詞』に見る鉄蛭巻鉾と毛鞘

『平治物語絵巻』に見る鉾身

後期の大鎧①

大鎧は、後世の形式の基本となるが挂甲の名残りを持ち。
大刀も優れたものができ、刀工も地方に分布。
弓は騎射戦盛行の結果発達し、合せ弓が作られ強力となった。

藤原氏が中央政権を握ってわが世の春を謳歌しているとき、地方では争乱が絶えず起こり、その鎮圧を命ぜられた豪族武人は着々と地盤固めにかかっていた。

藤原氏の荘園守護に任じながら、自らの支配権を得るようになった武人たちの中で、最たるものに清和源氏と桓武平氏がある。

自出は皇胤でありながら、数代を経るうちに身分は低くなっていったが、藤原氏によって地方へ追いやられたが故に、その地方に植えつけられた勢力は大きく、やがて平氏が政権を握り、源氏が幕府を作った実力としての武力を養成させる因《もと》であったのである。

中央政権は武備薄く、豪族の武力を利用したために、兵庫寮によって賄われた武器武具とその製造人は、政府から民間に移り、私物の武器武具が多くなり、進歩改良も行なわれた。

源氏の名甲というのは八領といわれている。

日数・月数・源太産衣・八竜・沢潟・薄金・楯無・膝丸等で、このうち源太産衣は義家が二歳のおり院の御覧を給わったときにこの鎧の袖に据えたものといわれ、八竜は冑および方ぼうの金具廻りに竜の彫物を、八ッ打ちつけたもとして伝えられている。

同名異物には頼政の産衣・義仲・義貞の薄金等があり、伝来の信疑は別として、山梨県菅田天神社所蔵小桜威大鎧は楯無、愛知県猿投神社所蔵樫鳥練威大鎧は薄金とされている。

また平氏にも薄雲という名甲があったことは『異制庭訓往来』六月七日条に記され、唐皮の鎧は『平家物語』『平治物語』等に記されている。

このほか藤原秀郷所用避来矢《ひらいし》の鎧というのも伝説的に有名であるが、実物は江戸時代焼亡し、残欠と冑の鉢が残って現在栃木県唐沢山神社に御神体としてまつられている例を見ても、ようやく実力を持って拾頭してきた豪族武人が、どしどし甲冑武具を作ってたくわえ、小競合の経験によって改良していったことがわかる。

この時代の大鎧は、後世の形式の基本となっているが、なお挂甲の名残りを持ち、胴が据拡りであった。

また大刀も優れたものができ、刀工も地方に分布している。弓は騎射戦盛行の結果いよいよ発達し、合せ弓が作られ強力となった。

後期の大鎧①

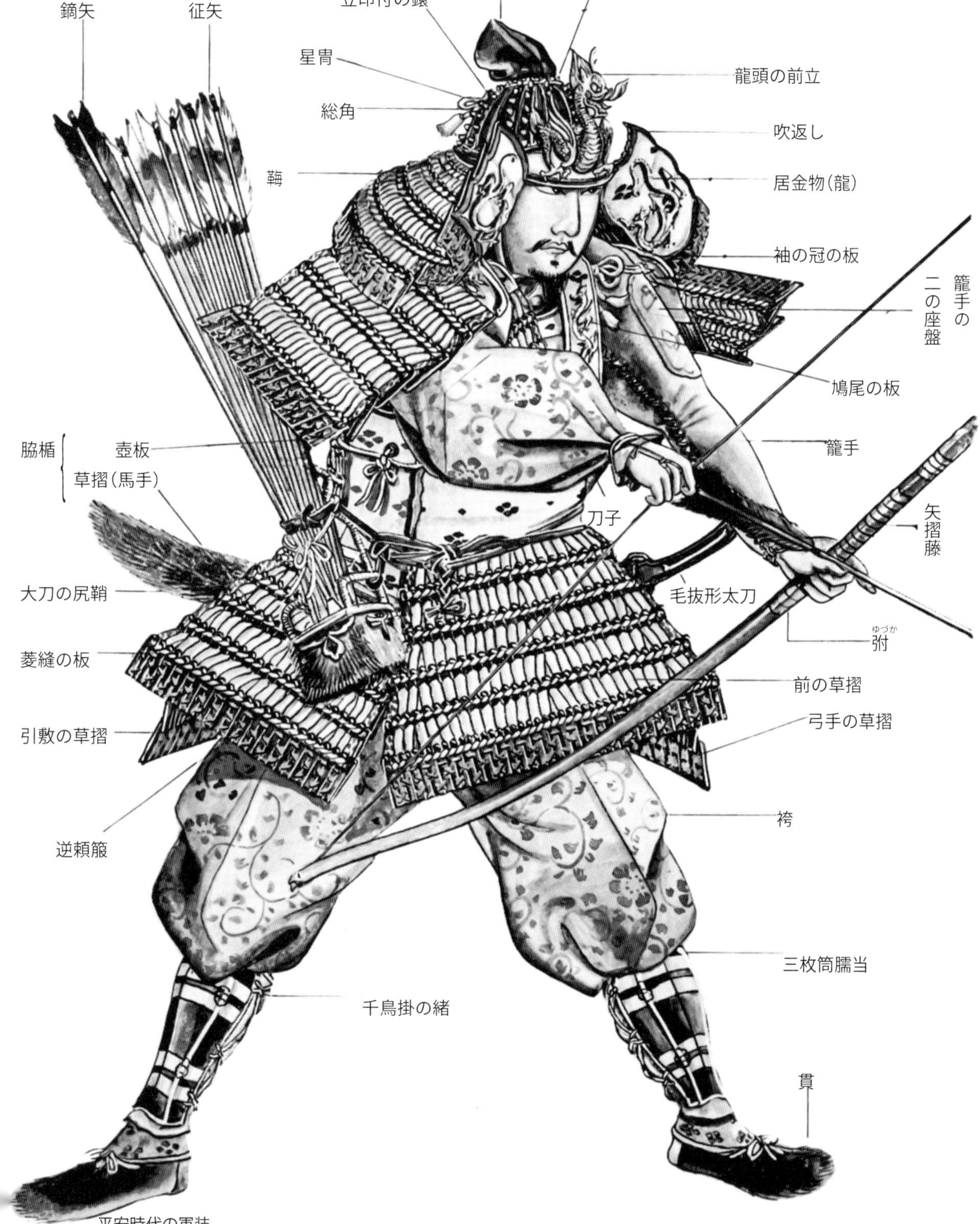
源家重代の鎧八龍の推定
揉烏帽子
天辺の座
笠印付の鐶
鏑矢
征矢
星冑
龍頭の前立
総角
吹返し
鞠
居金物(龍)
袖の冠の板
籠手の二の座盤
鳩尾の板
脇楯
壺板
草摺(馬手)
籠手
刀子
矢摺藤
大刀の尻鞘
毛抜形太刀
弣《ゆづか》
菱縫の板
前の草摺
弓手の草摺
引敷の草摺
逆頬箙
袴
三枚筒臑当
千鳥掛の緒
貫

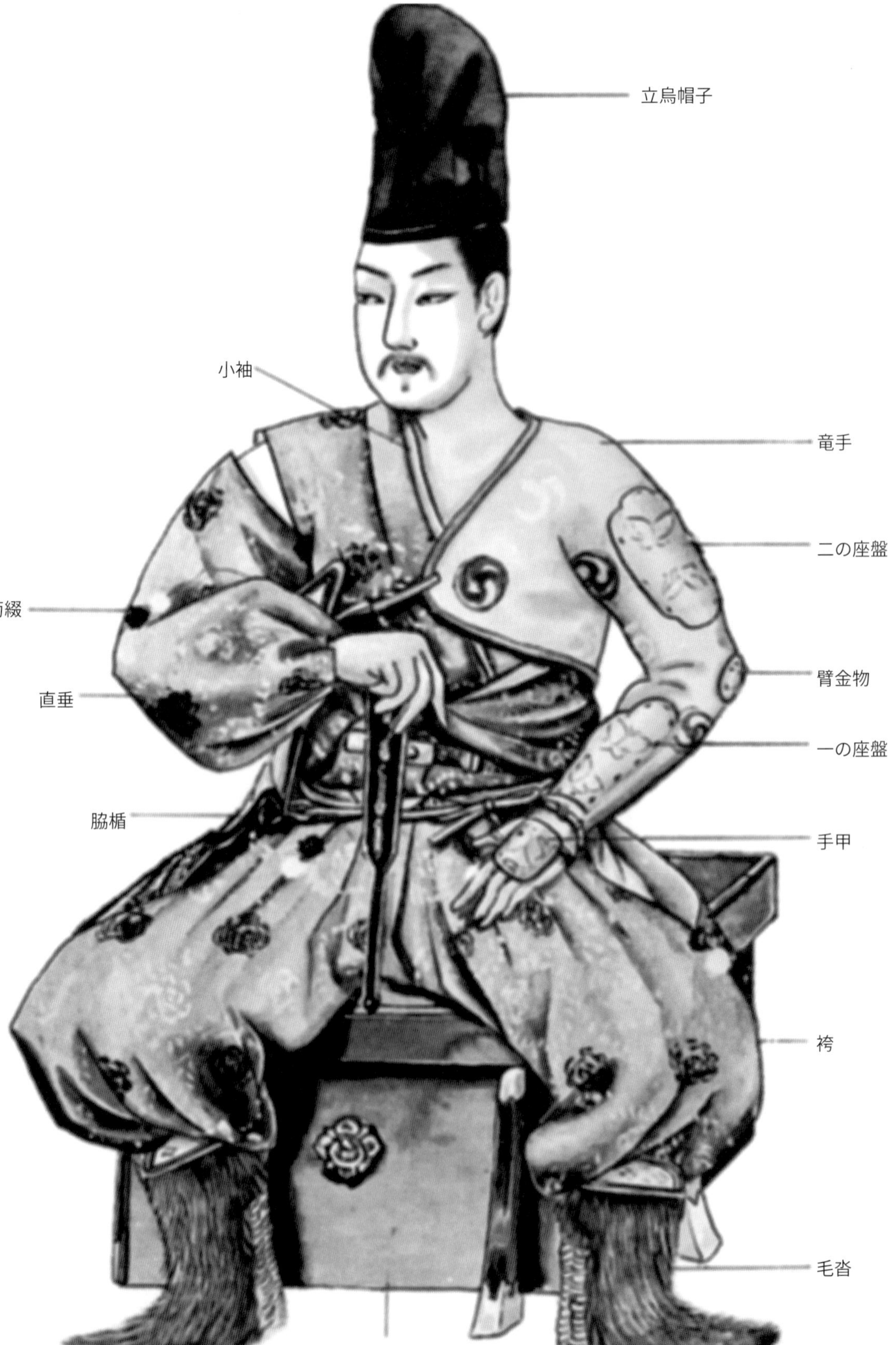
立烏帽子
小袖
竜手
二の座盤
菊綴
臂金物
直垂
一の座盤
脇楯
手甲
袴
毛沓
櫃

直垂と軽武装

武人階級が甲冑を着用するときに、
下にどんな服装をしていたかというと、
始めのころは別に定まったものはなかった。

武人階級が甲冑を着用するときに、下にどんな服装をしていたかというと、始めのころは別に定まったものはなかったようである。だいたい藤原政権に使嗾された職業武人は身分は高くないから、狩衣か水干の上に着用したものと思われる。しかし、袖広であるので、当時の庶民労働服として用いていた袖細の直垂が用いられ始めた。

直垂は右の図のように、無位無官の者や一般人の常服で、垂領に着るところは袍の下着の半臂や小袖と同じである。この服は中古の夜着類から生じたという説と、一般人の労働服から生まれたとの二説があるが、ようやく袖口の広くなった袍・狩衣・水干に対して、袖細で、活動に便であり、実用的である。それだけに身分の低い武人の常服であり、この上に直ぐ鎧を着用しても活動をさまたげない服であった。

こうした便利さから、やや身分のある武人も次第に鎧用の直垂を用いるようになったものと思われる。古画を見ても袖細で、袖付のところが裂けていなかったらしいが、社会の第一線に活躍し始めた武人階級が愛用し始めると、狩衣・水平に近い袖広となり袖付が裂け始めた。

そして袖広が活動に不便なときは手首のところで括れるよう、袖括をするための紐を縫い込んだ。

このため地下の武人には常服であるが、やや主だった武人は、水干・狩衣を常用していたので、鎧武装用として鎧直垂が生まれた。これは庶民の直垂よりは袖が広く、袖括りあり、袖付・背・両袖の縫目等に、ほころび止めの菊綴が飾りとなってつけられ、胸紐がつけられた。生地は精巧・紗・綾等が用いられ、後期には錦を用いたことが軍記物には盛んに記されている。この鎧直垂は弓手（左）に片籠手をはめるので、左手の片肌を脱ぎ、脇に帯んではさみ込み、そして左手に籠手をはめ、籠手の緒を右脇前で結んだ。

大鎧には脇楯という別個の防具があるので、脇楯はいつも先につけて置くのである。こうすると、大鎧を着るときに直ちに完備するからである。主人の鎧を持参する代わりに着て扈従する場合には、脇楯を鎧着用の最後につけて置く。

こうすると主人が鎧を着るときに脇楯からつけることができるからで、佐々木高綱がこれが故実だといったことが『吾妻鏡』に記されているから、高綱以前から行なわれたことと思われる。

①聖徳太子玩具鎧雛型の冑

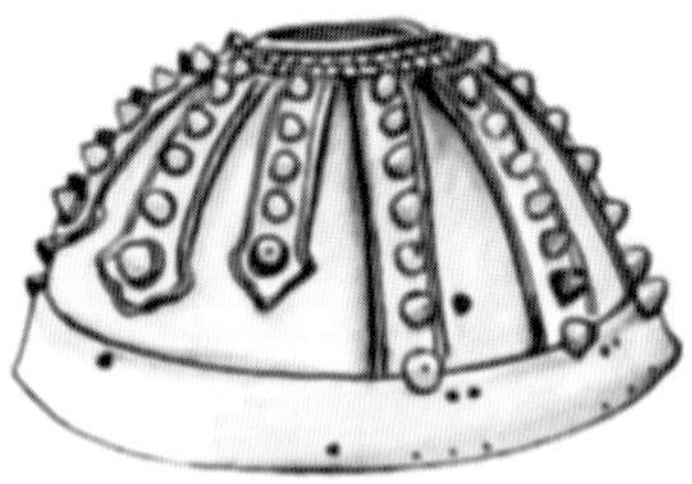

②山口県甲宗八幡社所蔵 冑

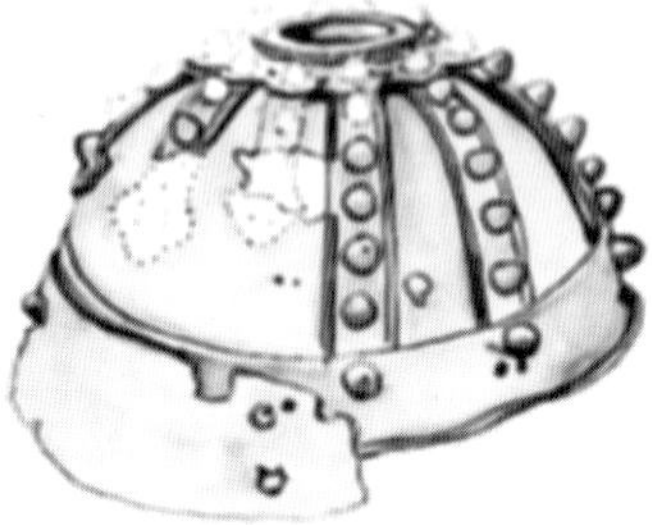

③旧石清水八幡社所蔵　冑

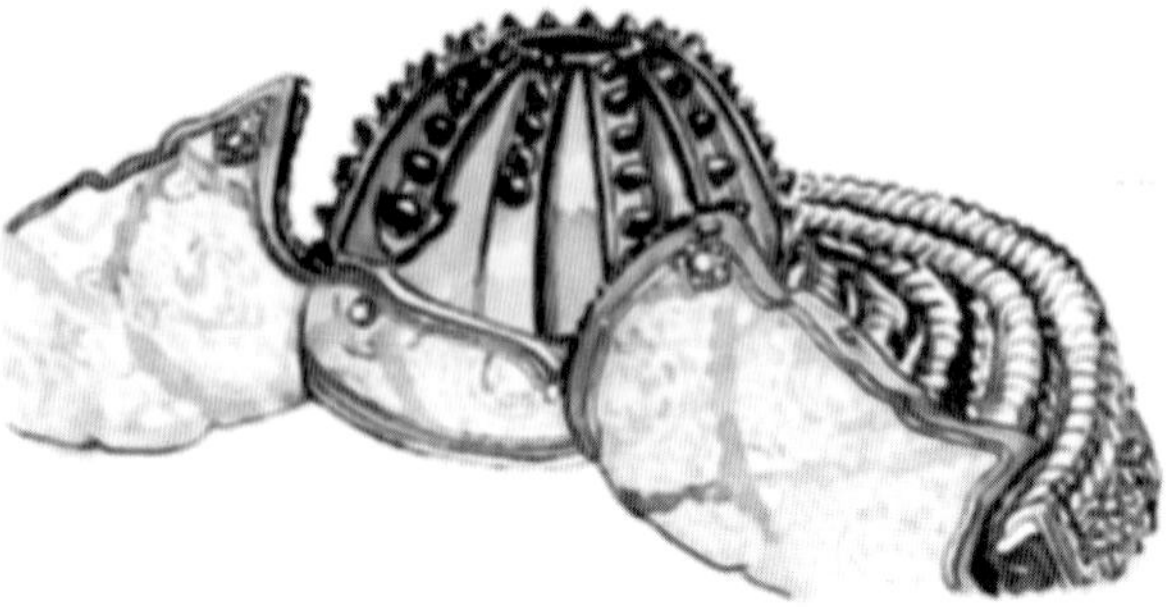

④厳島神社所蔵　冑

冑と臑当

藤原氏一門の華美が、芸術に技術にそしてあらゆるところに日本的特徴をもって発揮された時代。
日本的特徴は国風文化の特徴は、優美な意匠、その装飾として実用的甲冑まで独特の改革が行なわれた。

平安朝時代は中央部以外の人びとが搾取と不安と塗炭の苦しみにあえぐ一方、藤原氏一門の華美が、芸術に技術にそしてあらゆるところに日本的特徴をもって発揮された時代であった。日本的特徴は国風発達として、地方の隅ずみを浸湿し、実用的甲冑まで独特の改革が行なわれ、優美な意匠は、その装飾として用いられた。中央兵庫寮の掌った武器武具は、いたずらに旧弊墨守の形式で廃れてしまったので、地方で実際に実戦的経験から生まれた甲冑が進出し、独特の日本甲冑を生んだが、それにも当時の芸術技術の末端はおよんでいる。

鎧については別に述べるとして、冑について見ると、この時代の冑の特色は一枚の鉄を半球状に打ち出した点にある。鍛鉄技術は、仏教用具に刀剣に遺憾なく発揮されているが、防禦力の良い鍛鉄技術を誇ったからこそ、一枚鉄打出しの冑が流行したのである。

一枚鉄半球打出し冑の遺物について見るならば左の図の②③④があり、さらに最古と見られる（これには異論もあるが）①の形式に比較的類例が多いのは当時流行し、代表的なものが、条件の良い状態で現在の遺物になったという事実を物語るものである。すなわち、この形式がかなり盛行したということである。しかも在来の縦矧の形式の外観を踏襲する影響と、補強の意味で別の条鉄を重ねて、縦矧鋲留のように星を打ったということは優れた技法といえる。

冑と臑当

籠手・臑当については、
当時の流行のデザインが遺憾なく発揮され、
金銅装の装飾や文様を表現。

一方縦矧鋲留の在来の形式は鋲を独特の大きいものとし、いわゆる厳星冑を生み、その鉄板の重ね方も前後から張合わせて、左右が最下の板となる最も科学的方法であることは、実戦的経験から割り出された手法で、過去の眉庇付冑や衝角付冑の重ね方に見られなかった点である⑤⑥⑦⑧。そして鋲頭の拡大は敵からの刺突斬撃に対して、かなりの抵抗を生じ、一方武人的感覚を保つものとして、拾頭し始めた武人所用および考案としてはふさわしい。

また、胴袖の意匠についてはもちろんであるが、籠手・臑当については、当時の流行のデザインが遺憾なく発揮され、金銅装の装飾や、文様が表現されている。

臑当について変わった点は、千鳥掛という様式で編上げるように結ぶことである。残念ながらこの時代のこれを証明する遺物は現在のところ見当たらないが、⑨⑩の古画から推察され、降っては鎌倉時代と目される遺物、岐阜県可成寺所蔵三枚筒臑当からその様式がうかがわれる。しかし千鳥掛の臑当は着脱に時間的手間を要したらしく、次第に上の緒、下の緒式に移行し、後代には全く見られなくなり、古画でもわずかに『蒙古襲来絵詞』や『後三年合戦絵詞』に散見するのみである。

⑤東京都足立区伊興町経塚出土　冑

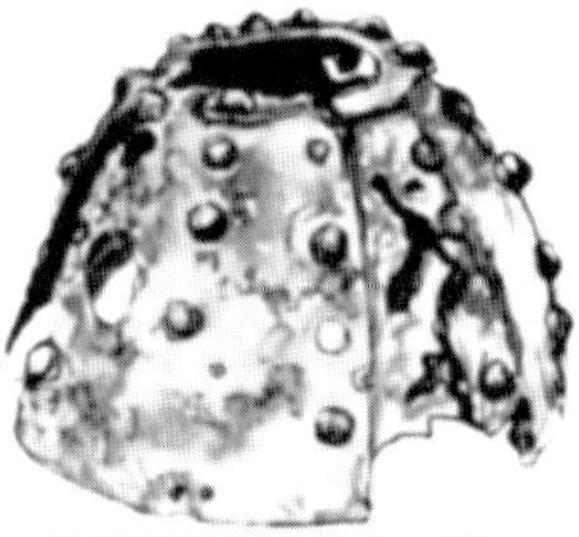

⑥徳島県黒田出土　冑

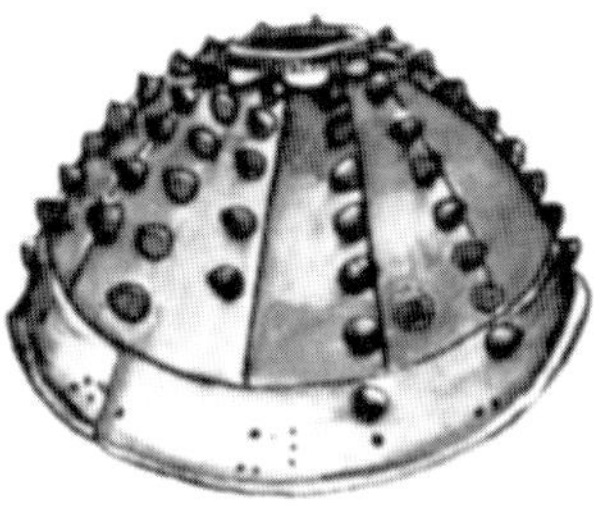

⑦山梨県菅田天神社所蔵　冑

⑧栃木県唐沢山神社所蔵　冑

『平治物語絵巻』に描かれていた臑当から推定復原

後期の大鎧②

塗り固め札・縄目威の整然とした形が
完成された時代で、豪快なものとわかる。
美感と堅牢さを増す時期だった。

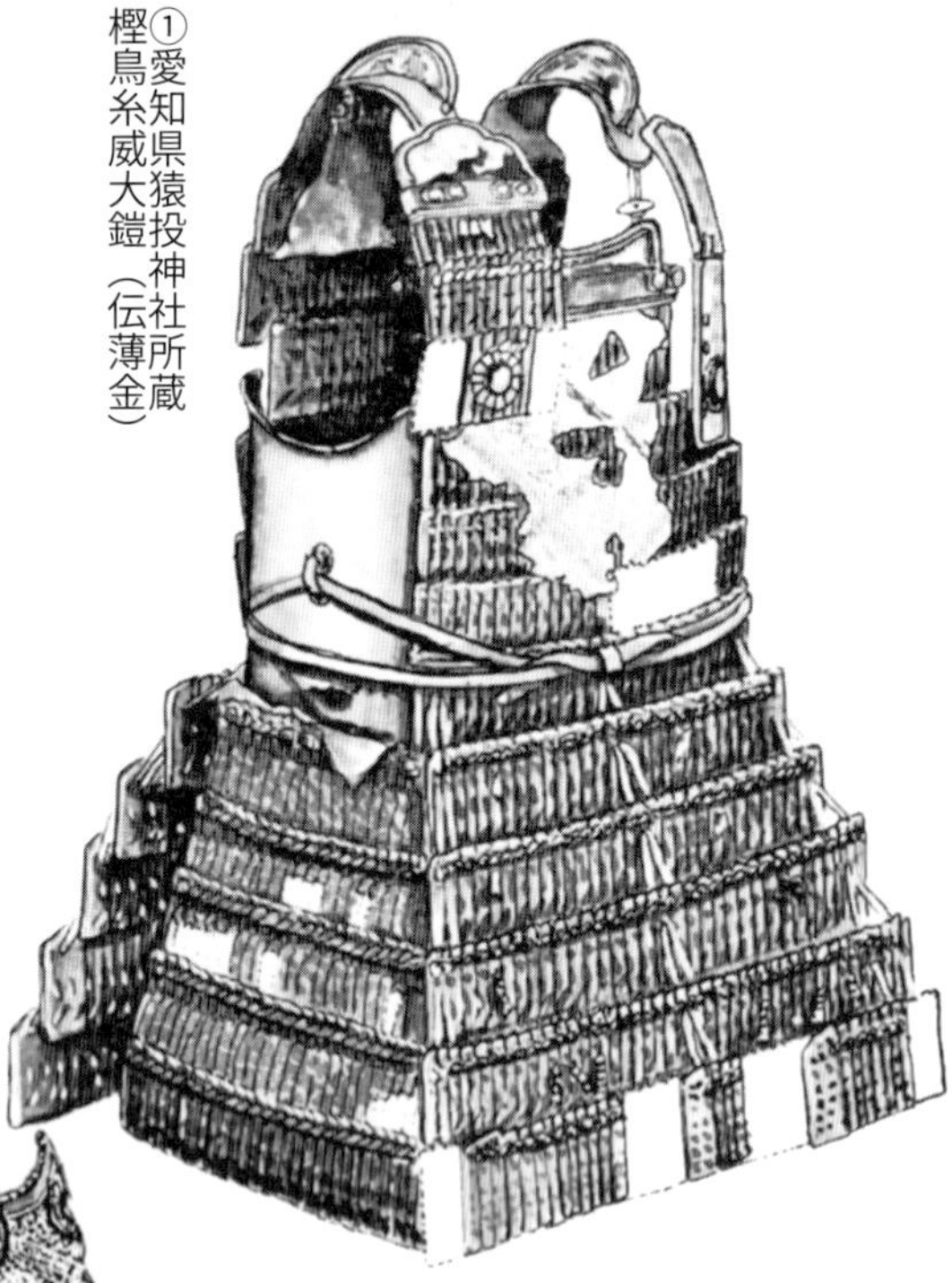

①愛知県猿投神社所蔵
樫鳥糸威大鎧（伝薄金）

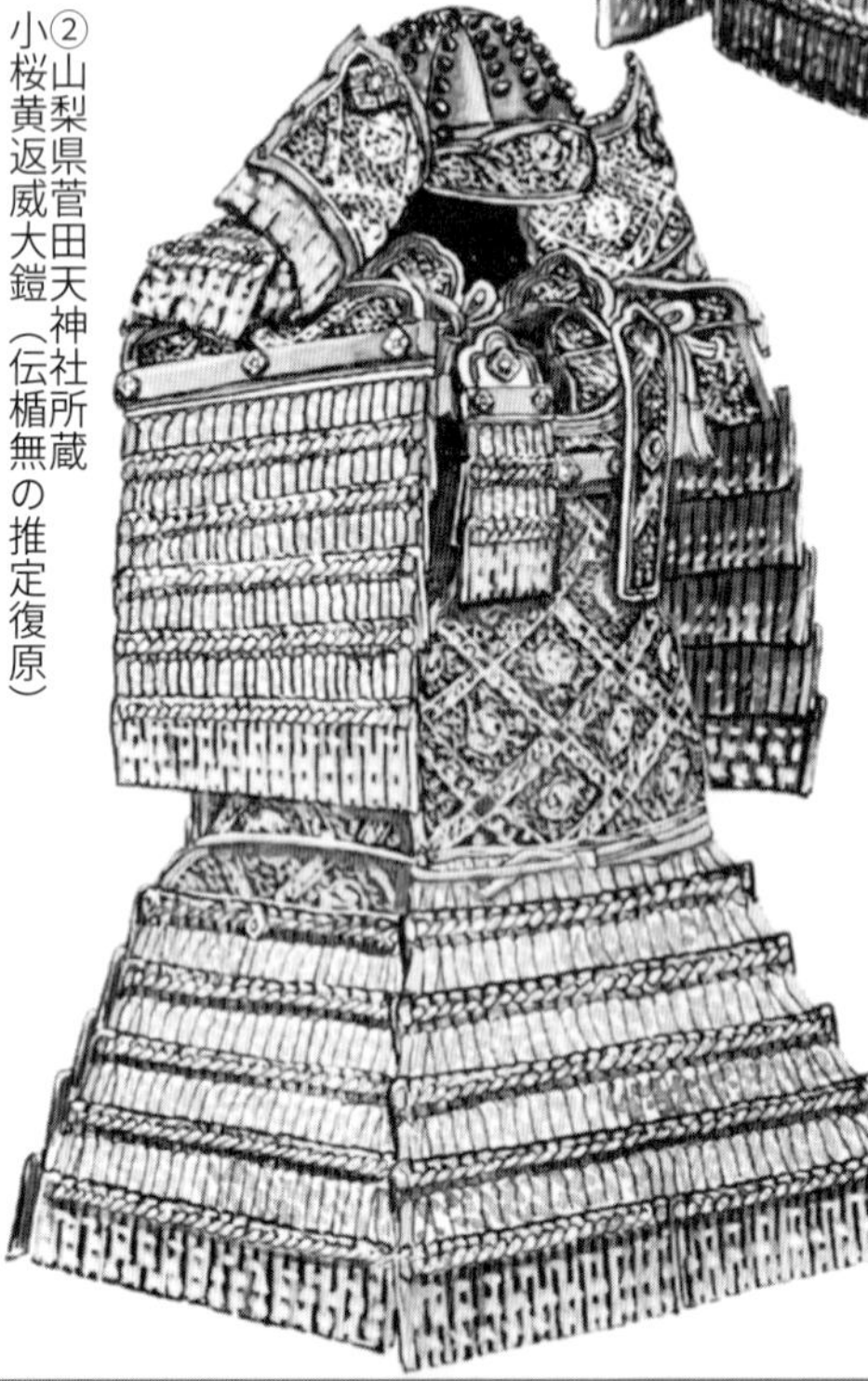

②山梨県菅田天神社所蔵
小桜黄返威大鎧（伝楯無の推定復原）

この時代にはいると甲冑の製作様式は、揺ぎ札でなく、横縫いした小札の板を漆で塗り固めた塗り固めの手法が行なわれ、小札が一連にそろった整然としたものとなった。その上威し方も隙間の見える縦取り威しから、縄を伏せたようにそろえた縄目威しとなり、美感と堅牢さを増すようになった。

なお、小札は鉄と革を一枚交ぜに重ねたり、部分的に鉄札を入れたりして敵の攻撃に堪え得るようにし、中には小札が三枚も重なる三ッ目札（敷目）も行なわれた。そのために大鎧はたいへん重量のあるものとなり、とても徒歩兵の長時間使用には不向で、乗馬者に限られていた。この時代の遺物はだいたい左の図の二領①②で、③④は江戸時代に焼失、現在では冑と金具廻りなどの残欠から推定するしかない。

①は革鉄一枚交ぜであり、こうした点からも薄金の伝承が行なわれたのであろうが、社伝では伴次郎が奥州合戦のおり義家より賜わったといわれている。三目札で細目の啄木平組で威され縄目威しの初期的感じがする。

②は新羅三郎義光所用といわれ、その後裔の武田家に伝来されたもので、革鉄一枚交ぜである。堅固なところから楯無と名付けられたも

後期の大鎧②

修補されて、製作当時の
ふさわしい形式になっていない現存する大鎧。
製作年代の様式を想像して推定復原してみた。

のであろう。鎌倉時代以来数度の修補が行なわれて、現在は製作年代にふさわしい形式になっていない。図は製作年代の様式を想像して推定復原してみたものである。小桜黄返しの革威しで、耳系は紫革である。

③は藤原秀郷が竜宮より持ち帰ったという伝説のもので、金具廻り・壷板・鉢等は『伴大納言絵詞』に見るような古様を残している。

④は源義家所用といわれているもので『本朝軍器考集古図説』に図示されているのを参酌して推定復原してみた。これらの一例からみても、当時は塗り固め札・縄目威の整然とした形が完成された時代であることがわかる。ただしいまだ胴は裾拡りで、大らかな感じとともに平小札も大きく豪快である。

これらの大鎧は後世のより長く、二尺四寸（七二センチ）に近いので、草摺長に着るという記録の形容にふさわしく、かつ、挂甲が草摺長であった点に共通している。

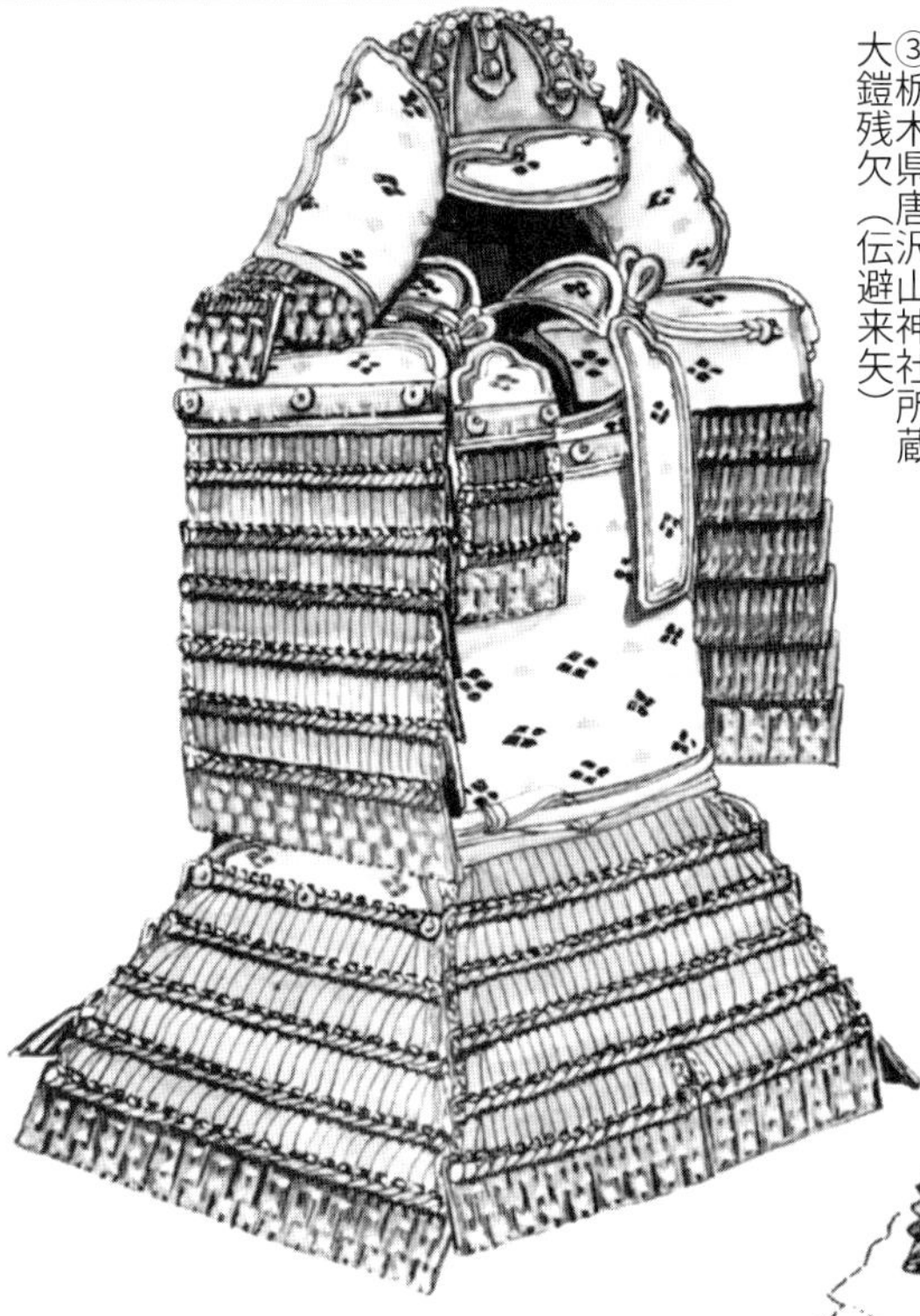

③栃木県唐沢山神社所蔵
大鎧残欠（伝避来矢）

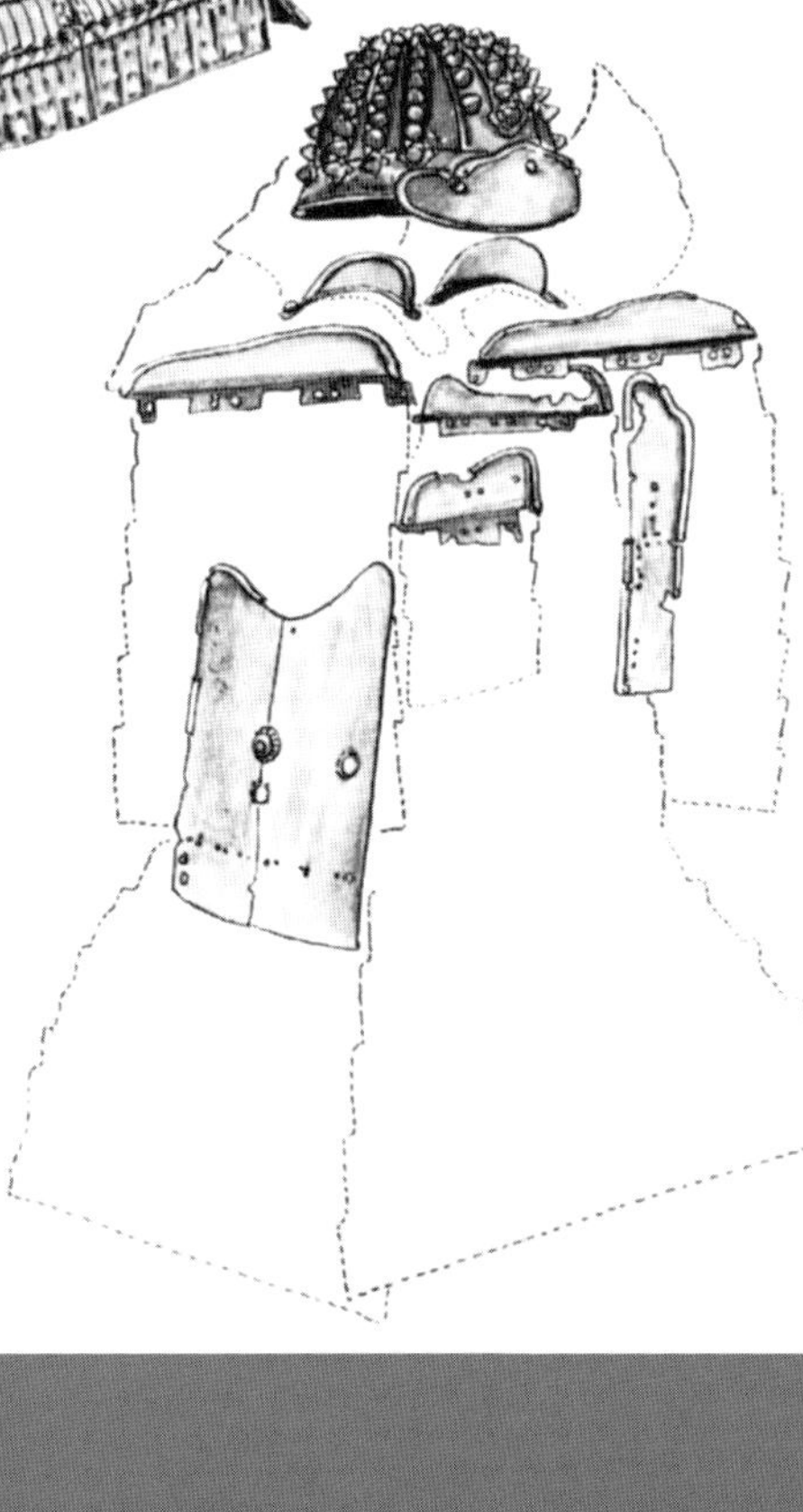

④高津嘉之氏所蔵　紺糸威大鎧残欠の
推定復原（伝義家所用）

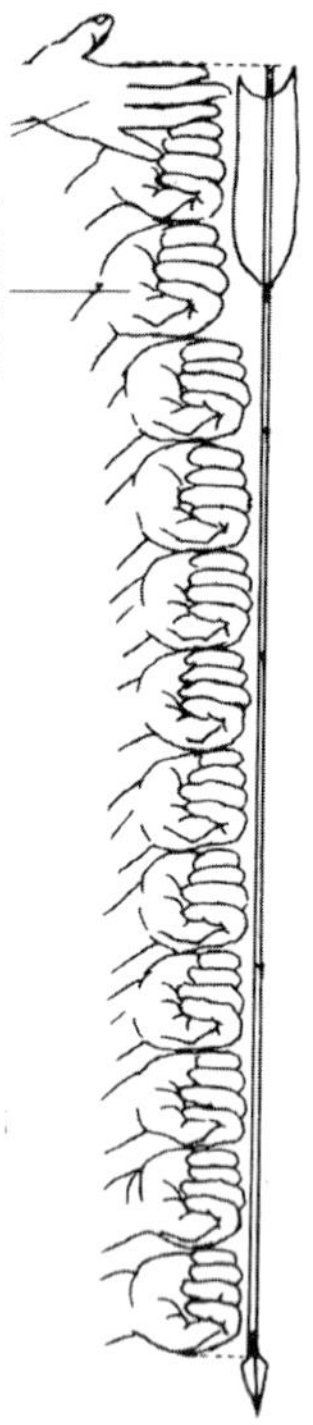

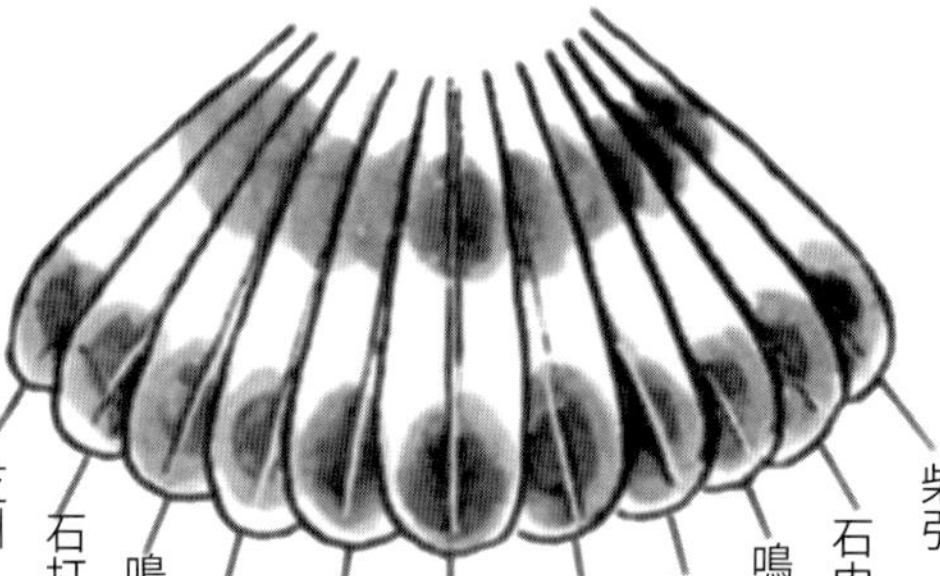

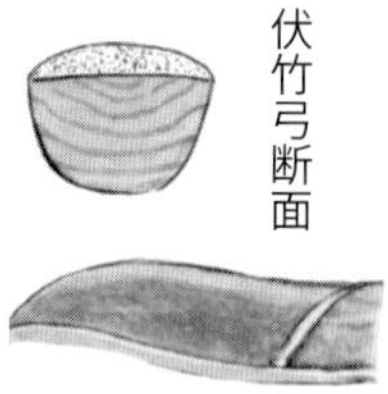

伏竹弓断面

『粉河寺縁起絵巻』に描かれた弓と箙

『伴大納言絵詞』に描かれた弓

弓矢と箙

暑湿な気候から木と竹とが離れるおそれがある。
ところどころ藤をまいたり、
その上から漆をかけたりして
装飾と防護を兼ねる設計がはじまった。

『伴大納言絵詞』を見ると、応天門の火災に馳けつける検非違使の随兵の弓は、あまり長くなく、藤巻黒漆塗りの態に描かれている。また追捕《ついぶ》の検非違使は黒漆塗り、火長は丹塗りの弓を持っているが、これらもあまり長くはない。『粉河寺縁起絵巻』に描かれている弓も黒漆塗りでさほど長くないから、六尺前後（約一八〇センチ）の弓もいまだ相当用いられていたのであろう。しかし、地方で実際に戦闘や狩猟に明け暮れした武人の間では長弓も用いられ、その強力な威力が伝説化されるほどになっていた。伏竹弓が生まれると、ついで三枚打の弓も考えられるようになったが、伏竹弓は在来の弓に対しては大改革であった。

しかし暑湿には木と竹とが離れるおそれがあるので、ところどころ藤をまいたり、その上から漆をかけたりして装飾と防護を兼ねたのである。この伏竹弓が『延喜式』に見えるまき弓らしく、だいたい奥羽十二年合戦のころから始まったものであろうといわれている。

矢は、この時代の記録から見ると、野矢（鹿矢）・的矢・大鏑・鏑矢・滑目鏑等が散見し、強弓に伴って矢柄も長くなってきている。

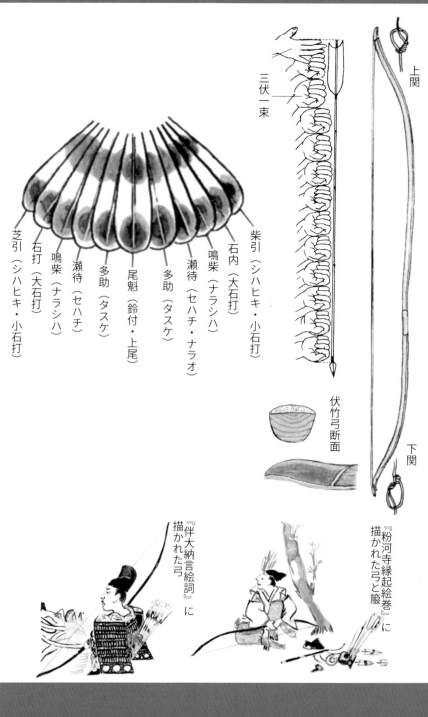

逆頬箙の図

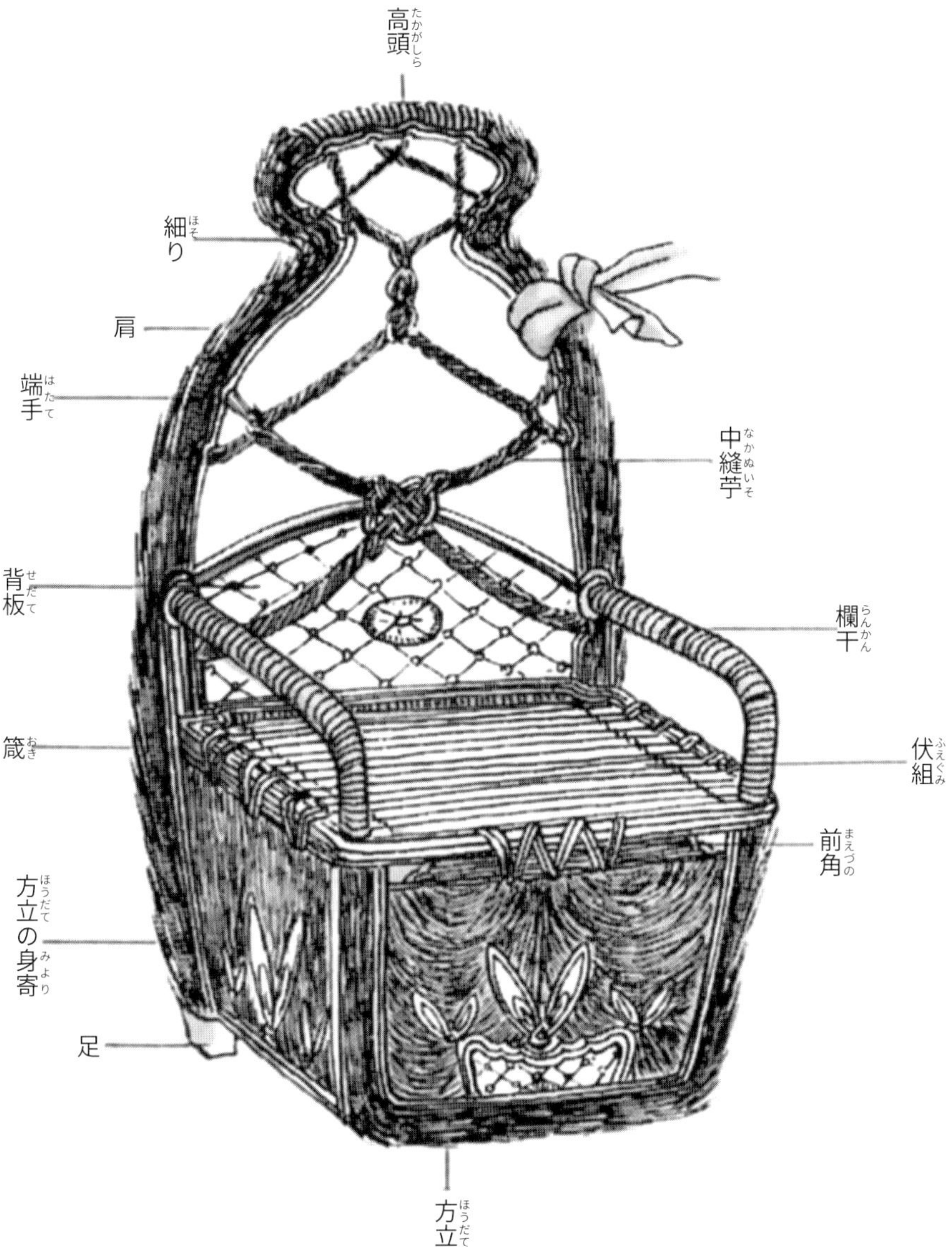

矢の長さをはかるのに一握りを一束として、だいたい三寸くらい（約一五センチ）の標準とし握りを重ねて何束の矢といったが、あまりは指を列べてはかった。古記録にいう十三束三伏等というのはこれである。

だいたい十二束から、十八束（『保元物語』に記されている為朝の矢）等があり、二尺七、八寸（八四センチくらい）から、三尺くらい（九一センチ）の間のものが多く用いられた。

羽は鷲・鷹・鶴・鴇・鷺・山鳥等が多く用いられ、鷹の羽は最も重用された。

鷹も鷲も左の図のような尾羽を好んで用い、羽の位置によって名称が異なる。

次に箙は葛胡簶の系統の葛箙から発達したものであろうが『今昔物語』には塗箙の語が現われている。

これは葛箙に漆をかけたものか、後世のように木製漆塗りのものか不明である。

弓矢と箙

「塗箙」の語が、『今昔物語』には現われている。
しかし、葛箙に漆をかけたものか、
後世のように木製漆塗りのものか、は不明。

馬装

平安朝後期になると馬具も日本的な特徴が明瞭になる。

『粉河寺縁起絵巻』に描かれた馬装

『伴大納言絵詞』に描かれた馬装

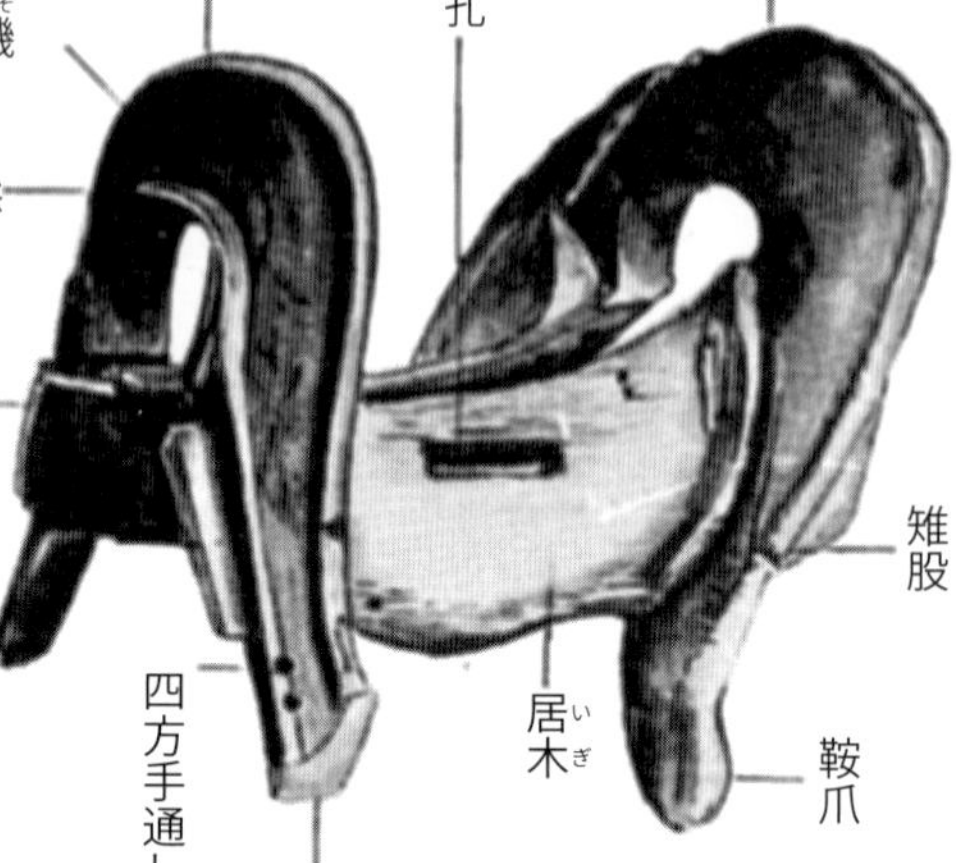

木地鞍（東京博物館所蔵）

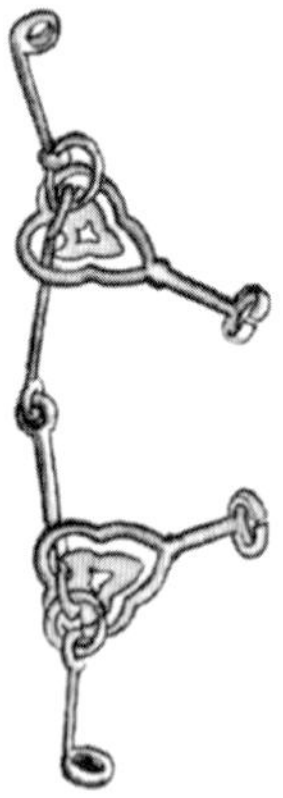

杏葉轡

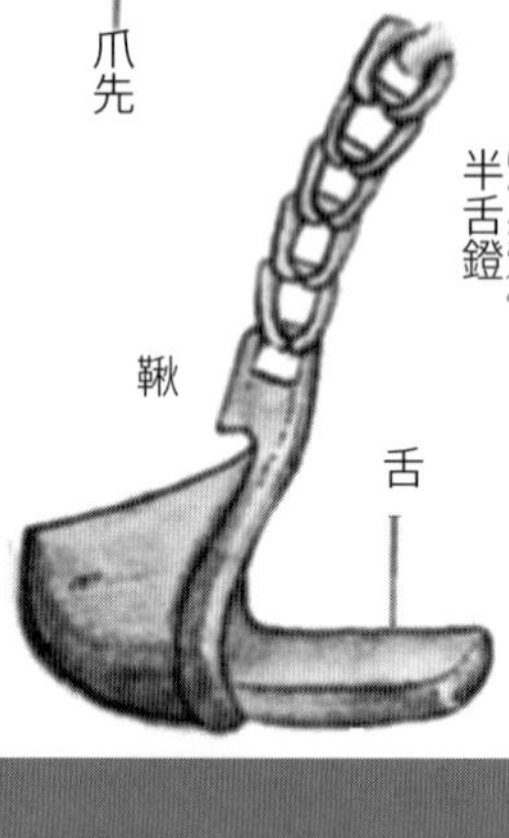

半舌鐙《はんしたあぶみ》

平安朝後期になると馬具も日本的な特徴が明瞭になってくる。鞍は木地鞍・黒漆鞍のほかに、蒔絵か螺鈿も行なわれたらしく、その態は左の図の古画でうかがわれるが、当代の遺物はない。『伴大納言絵詞』には廷尉が大和鞍に乗っているが、火災にかけつける随兵は移鞍に乗っているのは非常の際だからで、軍陣のおりは大和鞍の馬装であったろう。

鞍材は『延喜式』五に『棗鞍橋』、同四十一に『桑・棗木鞍橋』が記されているが、このほかに樫・柊・楓等も用いられたと思われる。この時代の鞍の形状の特徴は前輪の肩が、後代のものより角張って手形がない。そして鞍橋が高いことは、古画（『粉河寺縁起絵巻』『年中行事絵巻』）等からも知られる。居木は幅広で、ごく古いものは（奈良県手向山八幡宮所蔵地鞍）居木先を二つに分けてあり、居木の反りも深いので前が低く後が高い形となり、鞍上にまたがると、すっぽりはいるくらいの形となる。

鐙は前代の壷鐙から半舌鐙となり、半舌はやがて舌長となるのである。こうした移り変わりのようすは『平治物語絵巻』に描かれており、半舌は『伴大納言絵詞』『随身庭乗絵巻』『年中行事絵巻』等に描かれている。

下鞍はだいたい斧形のものが古画には多く描かれ、四方手も鏡に描かれたものが多い。

轡は出雲轡（十字轡）鏡轡が行なわれ、特に杏葉轡は流行したとみえて、古画には多く散見する。面懸は平組で、胸懸・鞦と同様のものを用いたが、辻総をつけて装飾としたり、各種の色に染めたのを用いた。緋・茜・紫・黄・山吹・水色・青・萌黄・浅黄・唐茶・櫨等が古画に見られる。

腹帯は『延喜式』に小腹帯・表腹帯の名があるが、これらは細布・調布の一幅をたたんで用いるのである。まず、五尺（約一五〇センチ）の小腹帯で締固めてから、その上に鞍をかけて、七尺（約二一〇センチ）の表腹帯をしめて飾りとした。

手綱は『延喜式』にも練絁一丈二尺（約三六〇センチ）あて用いたことが記されているが、細布を捻って紐状として、その上から練絁を巻いたものであろう。後代には手綱の色について慣習的規定ができたが、紫・茜・柿色・藍・取染・茶染・引両筋・綟絞・筋・一寸斑等があり、後世この染め方を取って手綱染め等といっている。

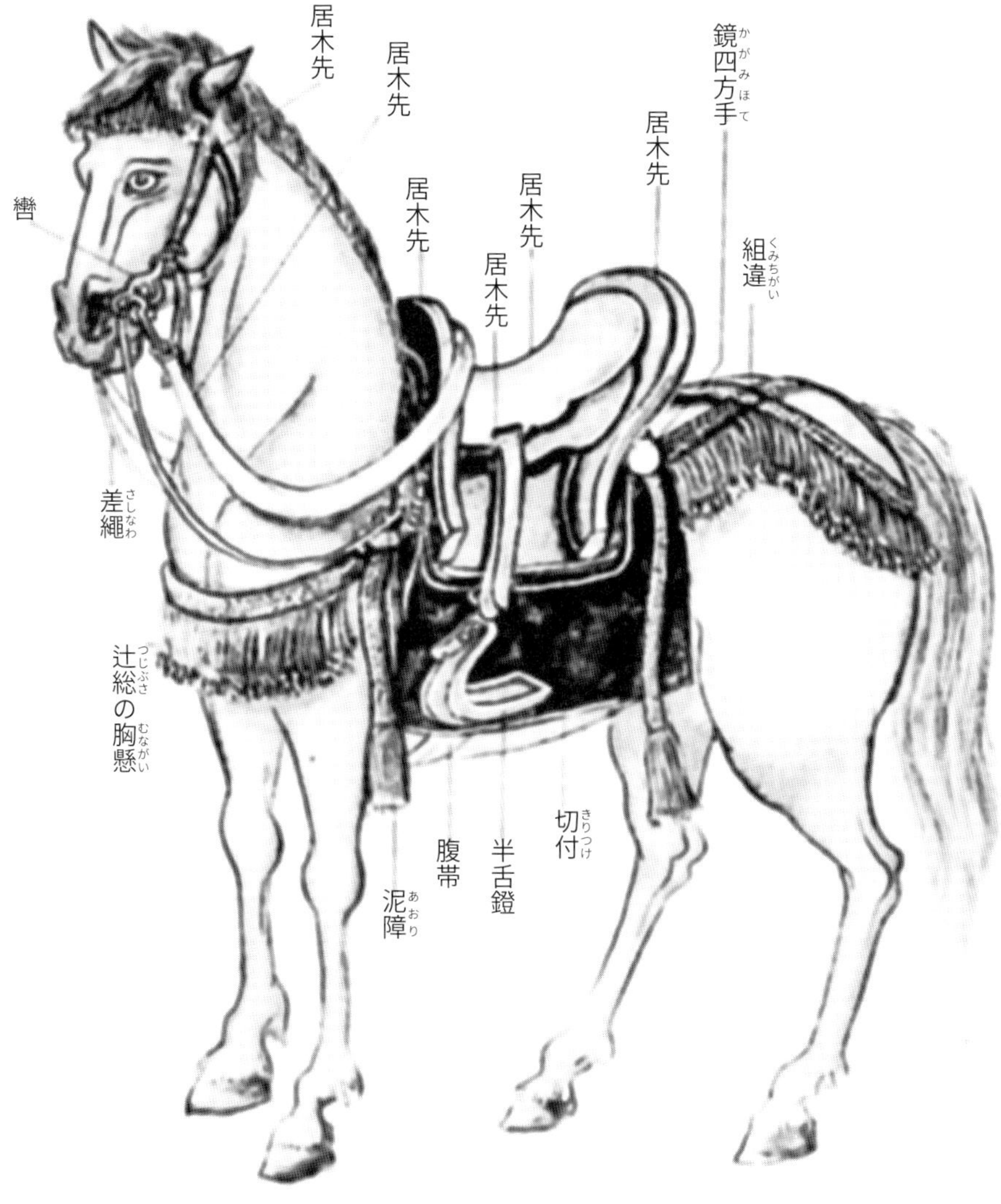

馬装

鐙は前代の壷鐙から半舌鐙。

轡は出雲轡（十字轡）鏡轡が行なわれ、特に杏葉轡は流行。

手綱は細布を捻って紐状にして練絁を巻いたもの。

源平二氏が互いに争覇した
平安時代末期の大鎧は
形態美として最も優れている。

大鎧の形態美として最も優れているのは、源平二氏が互いに争覇した平安時代末期である。

武人階級というものが、ようやく中央に登場し、家門を重んじ、名を重んじて争ったために、その装束である甲冑も、自然と潔ぎよく華々しいものとなり、かつ武人の質実さを失わない豪壮さが溢れていた。

冑についていうと、厳しい大星の鉢で、割合小じんまりとしまっており、敵の攻撃を守るために大吹返しが左右に開いた、杉なりの大きい鞍が、肩から背へかけてめぐらされている。

また冑には、前代には行なわなかった鍬形という装飾を上級の者は用い、あるいは竜頭《たつがしら》といって竜の彫刻を据えたりした。

大鎧は前代と同じくやや据拡がりであるが、金交ぜが多く、かなりの重量であるが、軽快に着こなすようになっている。

弦走り・蝙蝠付・金具廻りにはられた画革はこの時代の流行として襷模様が多く、これは遺物、古画等からもうかがわれる。

堅固で、実用的な蛭巻の大刀等が用いられたが、これも柄の反りの大きいもので、腰刀を帯び、右腰には箙を立てる。

箙は塗箙の他逆頬箙が用いられ、籠手は左手のみの片籠手である。

これはこの時代の戦闘が騎射戦で左先頭であるから左腕だけの防禦であったのである。

臑当は三枚筒臑当であるが『平治物語絵巻』等の古画から見ると、一枚筒臑当もあったらしい。

これら籠手・騎当には黒漆塗りだけのものもあったが、金銀銅の模様や、覆輪を行ない、名を惜しむ武人として戦場での華々しい飾りとした。

沓は馬上靴も履いたが、毛沓が用いられ、これを後世貫《つらぬき》と呼んでいる。

弓も、この時代にはいよいよ発達し、三枚打（木弓の前後に竹をはったもの）が用いられ、漆塗・籐巻等をして補強と美観が増された。

『平治物語絵巻』に描かれた大鎧姿

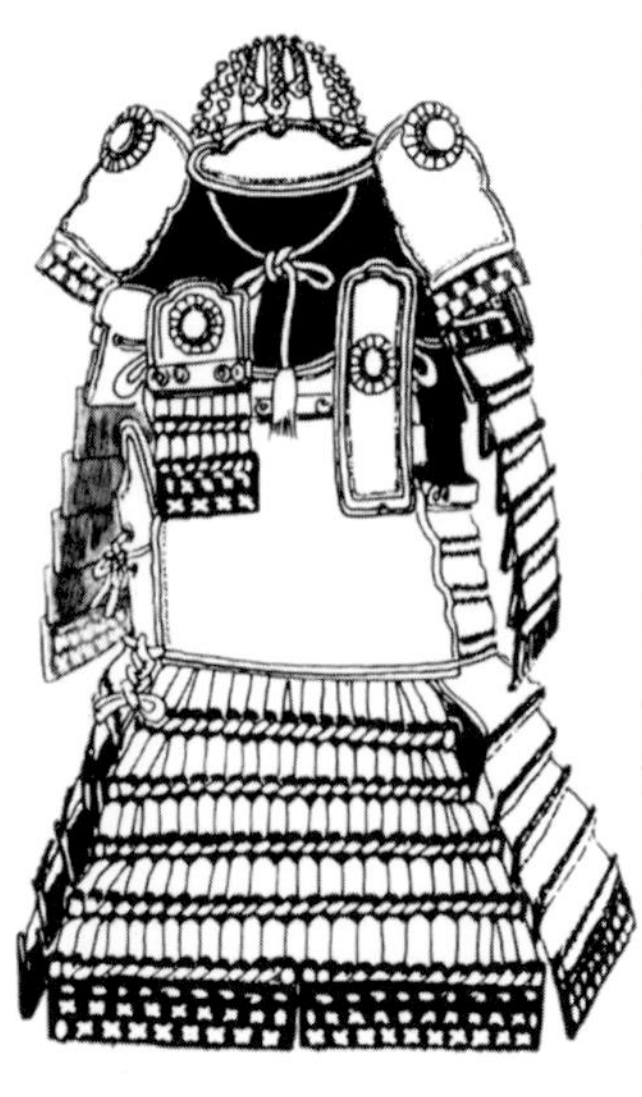

東京都武州御嶽神社所蔵　赤糸威大鎧

源平争覇期の大鎧

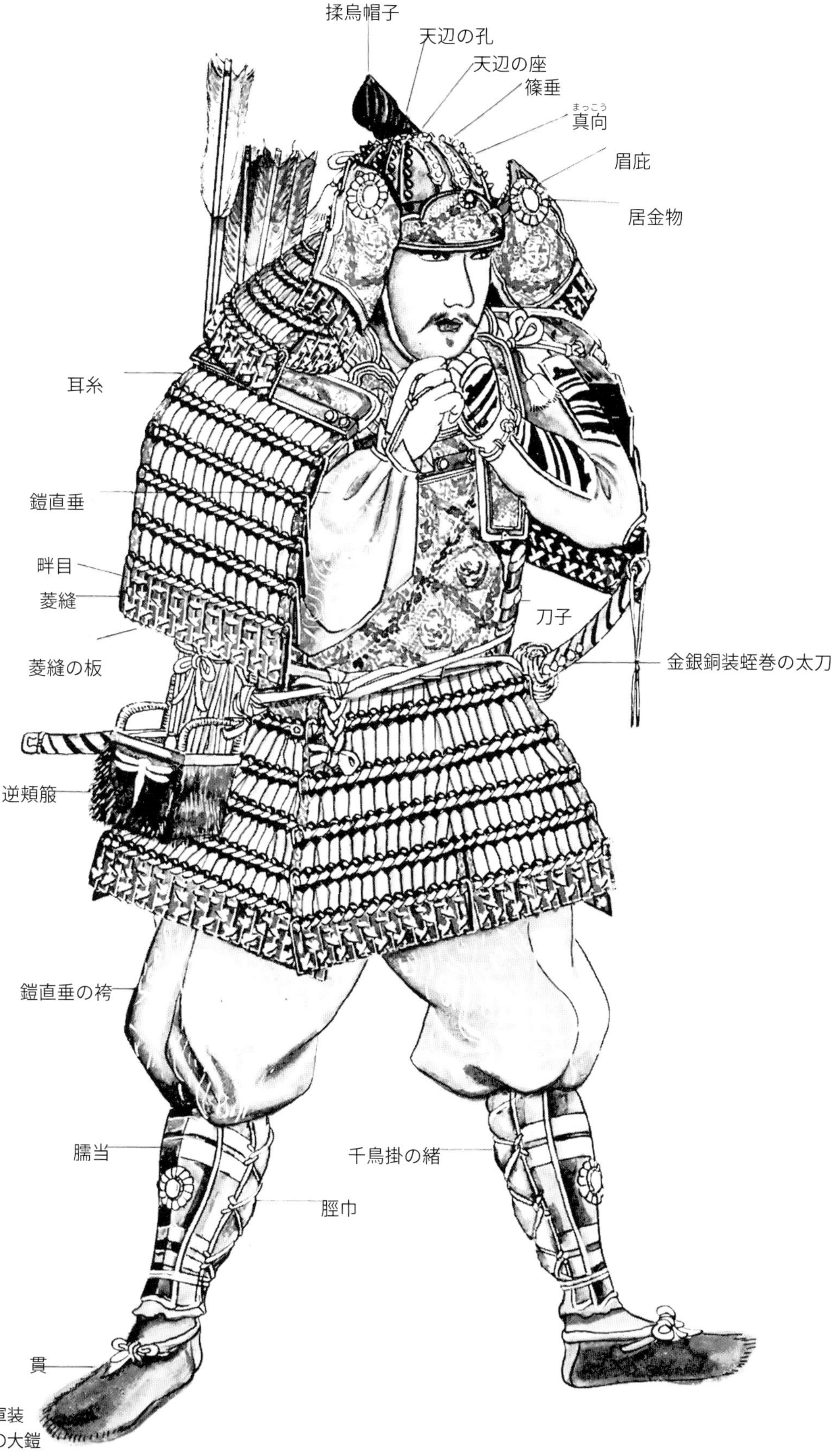
揉烏帽子
天辺の孔
天辺の座
篠垂
真向《まっこう》
眉庇
居金物
耳糸
鎧直垂
畔目
菱縫
菱縫の板
刀子
金銀銅装蛭巻の太刀
逆頬箙
鎧直垂の袴
臑当
千鳥掛の緒
脛巾
貫

源平争覇期の鎧と威毛

小札は平小札で比較的幅広く、威毛の幅も広くなった。
質実剛健の感じがするのも武人好み。

前

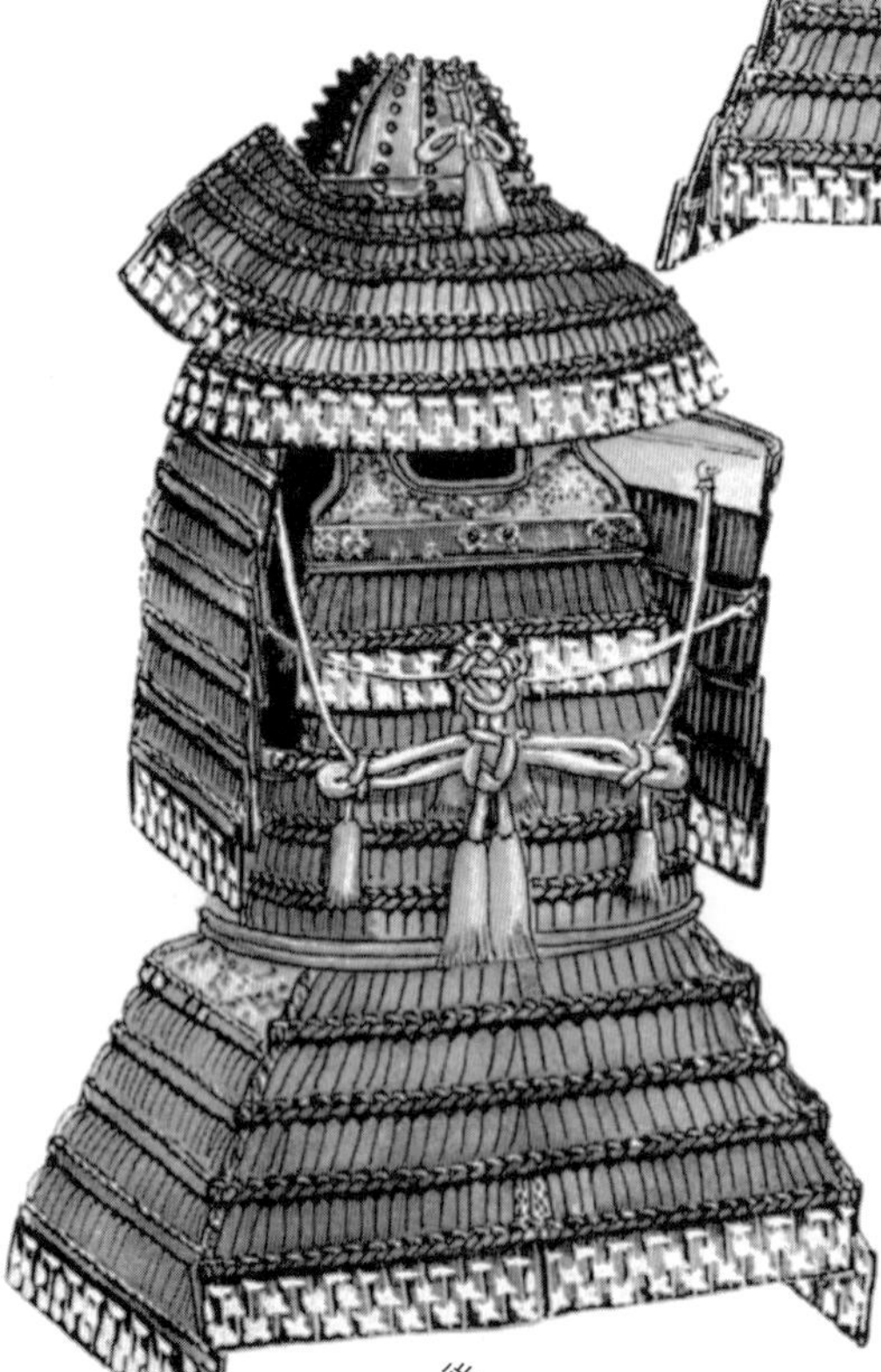

後

大山祇神社所蔵　紺糸威大鎧

小札は平小札で比較的幅広く、そのために威毛の幅も広くなり、質実剛健の感じがするのも武人好みで、この小札も時代が降るにつれて幅が狭くなり、盛上小札の精巧さとなっていくのである。古画から推しても、遺物から見ても水呑の緒の環はまだ袖裏に打たれており、草摺の小札は一直線で、端に撓がつけられていない。

水呑環に笄金物が設けられていないとともに、化粧板上の文鋲にも八双金物が用いられていない。胴は裾拡りで、胸板は小さく、脇板も用いられた例は少ない。この時代の遺物というと、武州御嶽神社所蔵赤糸威大鎧と、左図二領のほか、残欠がわずかに見られるだけである。

右の図は源氏に呼応した三島水軍の将河野四郎通信の奉納と伝えられるもので、壇浦合戦の有様が目に浮ぶような剛健な鎧である。下は伝小松内府平重盛奉納といわれ、ともに紺糸威であるが、さすがに公達だけあって、どことなく優しい線の感じられる鎧である。この鎧の特徴は射向（左）の肩上が胸板に綴じつけられてあることである。

着脱に両方の肩上先の高紐を合わせたり、つけたりする手間を、馬手だけにした点は、いかにも実用的である。

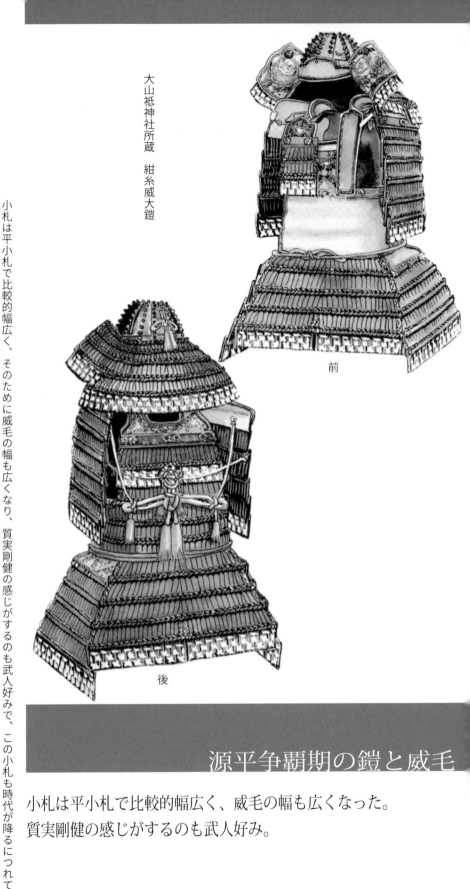

厳島神社所蔵　紺糸威大鎧

『年中行事絵巻』に描かれた貫

『平治物語絵巻』に描かれた貫

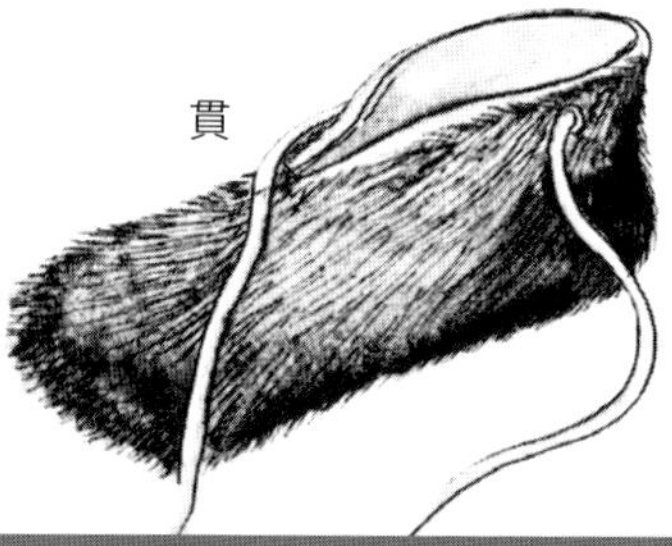

貫

紺糸威しで黒々と軍装したさまは、落ちついた強さを表わしているが、このほか華やかによそおって戦場の華となることを心掛けた武人には、いろいろの鎧直垂や華やかな威毛のものが用いられた。

当時のことを書いた軍記物から拾ってみると、緋威は源為義（『保元物語』）、赤威は源頼朝・畠山重忠（『源平盛衰記』）、萌黄威は斎藤実盛（『平家物語』）、紫威は木曽義仲（『源平盛衰記』）、白唐綾威は源為朝（『保元物語』）、紫裾濃は藤原信頼・源義経（『源平盛衰記』）、紅裾濃は源義経（『平家物語』）、黄櫨匂は平重盛・知盛（『平家物語』）、妻勾は平知章（『平家物語』）、紺村濃は熊谷直実（『平家物語』）、小桜黄返は佐々木高綱・源行家（『源平盛衰記』）、節縄目は金子家忠・熊谷直家（『平家物語』）、品革威は源頼政（『平家物語』）、樫鳥威は佐々木盛綱（『平家物語』）、沢潟威は平重盛・源朝長（『平治物語』）、逆沢潟威は平重盛（『平家物語』）、唐綾威は木曽義仲・平教経（『平家物語』）等で、これら武将は、それぞれの好みに応じて作らせたものであろう。こうした点からも武器は官製でなく、私製が流行し、武人たちの需要が多かったことがわかる。

源平争覇期の鎧と威毛

紺糸威しで黒々と軍装したさまは、落ちついた強さを表わす。
華やかによそおって戦場の華となることを心掛けた武人は、
様々な鎧直垂や華やかな威毛のものが用いた。

源平争覇期の冑と立物

『平治物語絵巻』等からうかがうと
獅子の顔面の彫刻をしたのがある。
これを獅噛といって、かなり流行したものらしい。

『年中行事絵巻』に描かれた鍬形

『将軍塚縁起絵巻』に描かれた鍬形

『前九年合戦絵詞』に描かれた竜頭

『平治物語絵巻』に描かれた鍬形

『伴大納言絵詞』に描かれた鍬形

髻を包んだ烏帽子の上から冑をかむるので、鉢の天辺の孔は大きく、一寸六分前後（五センチくらい）のものが多い。後世のように受張がないから割合浅くて、こぢんまりしている。荒い鉄矧で大きい星が打たれているのもこの時代の特徴で、いかにも武人らしい感覚である。遺物としては左図のようなのが見られ、これら冑の緒は、鉢の左右下部に一孔ずつ穴があり、それに綰を作って外から結び止め、綰に一条ずつ別の緒を結んで冑の緒としたのである。

鉢はだいたい漆塗りで、腐朽を防ぎ美観を増しているが、なお前正中（正面）、後正中（後正面）には剣状の筋板を伏せて星を打ち、装飾としているが、後世これを篠垂といい、篠垂を打つ下には金銅製の地板で覆ったりした。これが前だけを片白の冑といい、前後が二方白、左右にもあると四方白といっている。

このほか冑には鍬形という角状の独特の形のものを眉庇の上にとりつけ、威儀を引き立たせたが、ごく一部の人が用いたものらしい。平安時代後期ごろと推定される、伝坂上田村麻呂奉納品や、神島八代神社所蔵のものは鉄製であるが、このころから金銅製が行なわれ出し

源平争覇期の冑と立物

鍬形は通常、鍬形と鍬形台からなり、
鍬形台は、象嵌や、平脱文で模様を置いた。

たことは、この時代の絵巻物等からうかがっても知られることである。鍬形は通常、鍬形と鍬形台からなり、鍬形台は、象嵌や、平脱文で模様を置いたが『平治物語絵巻』等からうかがうと獅子の顔面の彫刻をしたのがある。これを獅噛といってるがかなり流行したものらしい。このほか保元・平治の軍記物には竜頭《たつがしら》の冑という文字が見られ、竜の彫刻を冑に据えたものである。

これの遺物はないが『前九年合戦絵詞』には半身竜を前正中に取りつけた態が描かれ『後三年合戦絵詞』（南北朝ごろの作）には全身竜が冑に乗っている図がある。このように威嚇と信仰を象った竜の立物を用いたことは記録からは知られるが、実体はわからない。源氏八領の鎧の内八竜というのがあり、冑やその他に八つの竜をつけたというのと、八つの竜を冑に取りつけたという二説あるが、この時代はいまだ冑に竜金物を八方につけるほど装飾的ではないから、前者の説が古画から推しても穏当のようである。

鍬形のほかに高角というのが『平治物語』に記されており、先端が鍬形のように開いたものでなく、細く角のようにとがったものであろうといわれているが、これもはっきりしていない。

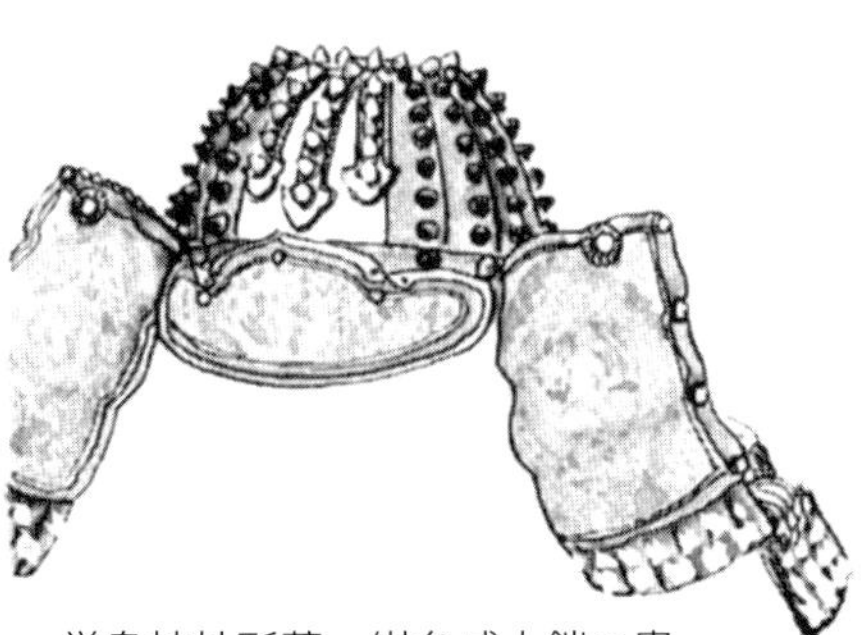
厳島神社所蔵　紺糸威大鎧の冑

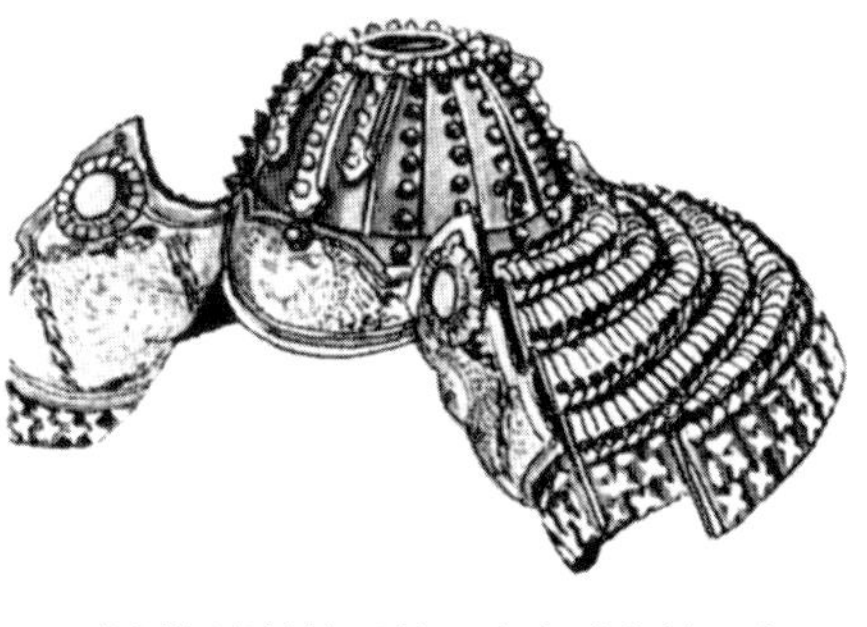
武州御嶽神社所蔵　赤糸威大鎧の冑

伊勢諏訪神社所蔵の冑

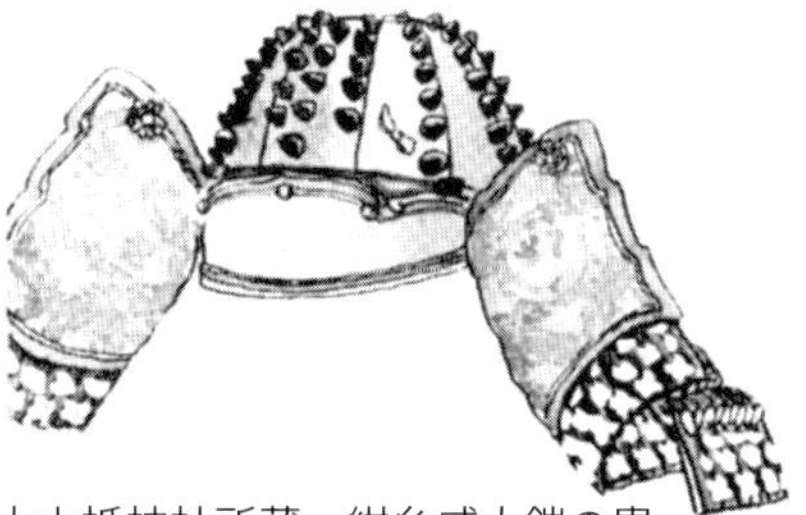
大山祇神社所蔵　紺糸威大鎧の冑

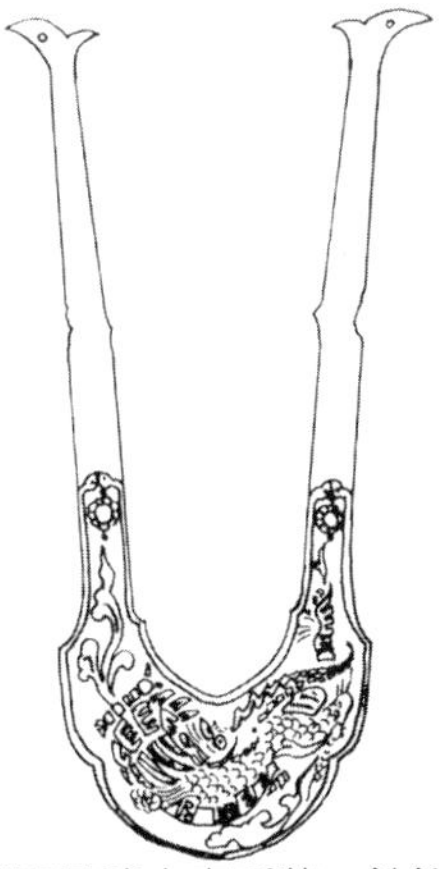
長野県清水寺所蔵　鉄鍬形

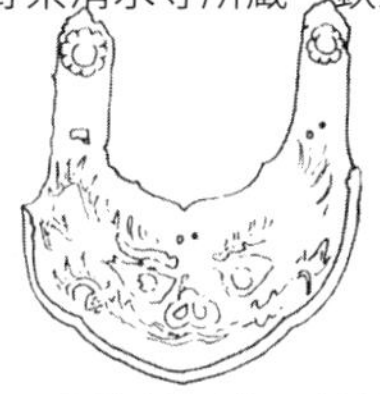
神島八代神社所蔵　鉄鍬形台

源平争覇期の弓・矢・箙

三枚打の弓は、
鎌倉時代からさらにさかのぼって、
平安時代末期の源平争覇のころ。

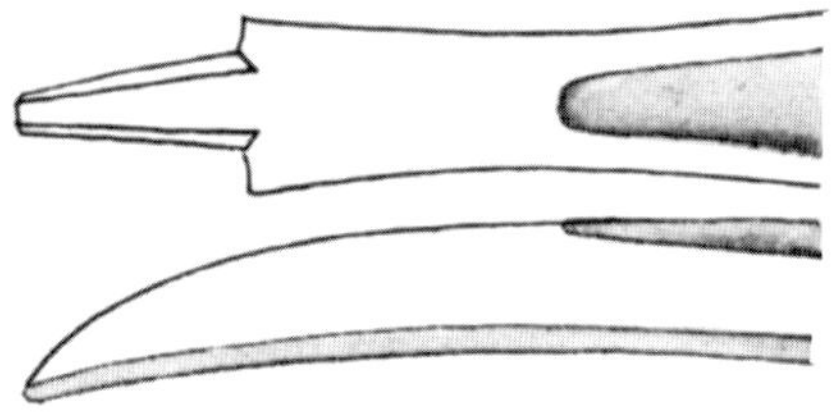

三枚打伏竹のはり方

大山祇神社所蔵　三枚打伏竹の弓

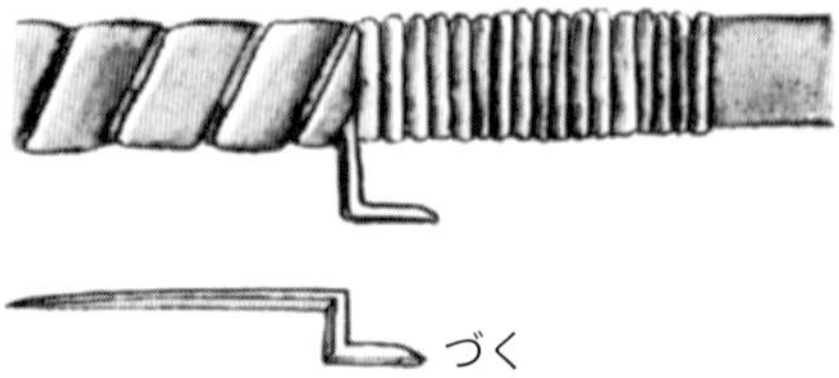

づく打った図

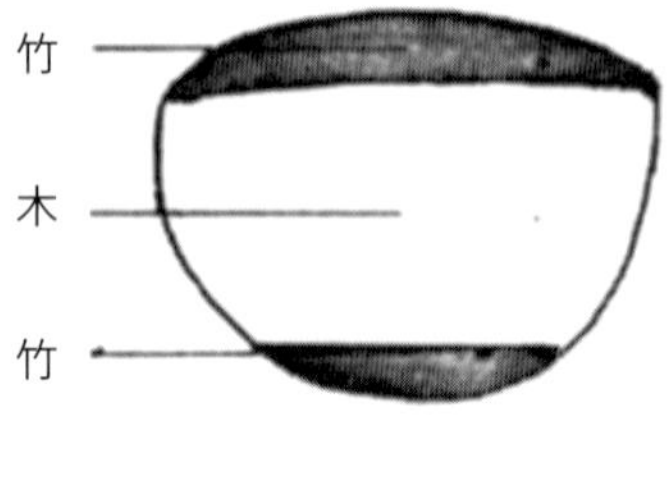

三枚打伏竹弓の断面

大山祇神社所蔵の三張の弓のうち、一張は黒漆平苧巻で、伝能登守平教経奉納とされ、ほかの二張は貞治二年（北朝の年号）越智守綱と、正中二年の記銘のあるもので、ともに伏竹三枚打の弓である。また鎌倉時代と推定される、石上神宮および兵主神社所蔵の弓も三枚打の弓であって、これらからうかがうと、鎌倉時代末にはこの様式が行なわれていたことがわかる。右のうち平教経奉納の所伝の当否はとにかくとして、三枚打の弓の発生は、鎌倉時代からさらにさかのぼって、平安時代末期（源平争覇のころ）ごろではあるまいか。

三枚打というのは左の図のように伏竹弓の内面にさらに竹をはり込んだものである。なおこの時代には、鏃が長大のために矢先に重量が大きく、矢が左手の親指の上からこぼれる恐れがあるので、握りの上の右側に折釘状のものをとりつけて、矢先の支えとした。これを椿《づく》といっている。南北両朝争乱のころまで用いられたらしく諸書に散見するが、後世はあり行なわれなかったらしい。

『保元物語』巻一に為朝の弓を記して『五人張の弓・長さ七尺五寸にて椿打たるに』とあり、『太平記』では銀の椿打った記事がしばしば見られる。この時代の弓は長大となり、伏竹なので威力も大きく、その効果は軍記物に見られるが、だいたい七尺から八尺前後（約二一〇～二四〇センチ）のものであった。

矢は白箆・塗箆・節陰箆等が用いられた。白箆は『保元物語』『平治物語』にも見られ、『高忠聞書』によると、鏑矢・雁股は白箆を用いるを本則とするとある。塗箆は『愚管抄』『盛衰記』に記されているが、黒塗の矢などがこれに当たる。節陰箆は『今昔物語』や『宇治拾遺』等に節黒とあるのがそれで、節の所から干割れるのを防ぐために節際を漆塗りしたものである。このほか拭箆のようなものも用いられたであろうが、これの名称が現われるのは室町時代からである。また矢に印をつけることが行なわれたらしく、『東鑑』に記された滝口三郎経俊の矢印、和田義盛のやきゑ等が知られている。この時代の記録に現われる鏃の種類は雁股・大雁股・征矢尻・神頭・先細矢・鳥の舌・蝿の尾・鑿根・楯割・鋒先・疾雁矢・利雁矢・丸根・平根・角の木割・舷矢・細能見等である。

箙は、逆頬箙のほかに革箙（革包み）・竹箙（筑紫箙ともいい『平家物語』等に記されている）等で、矢はたいてい二四、五本差し、少ないときは九本くらい、多くて四〇本以上も差している。

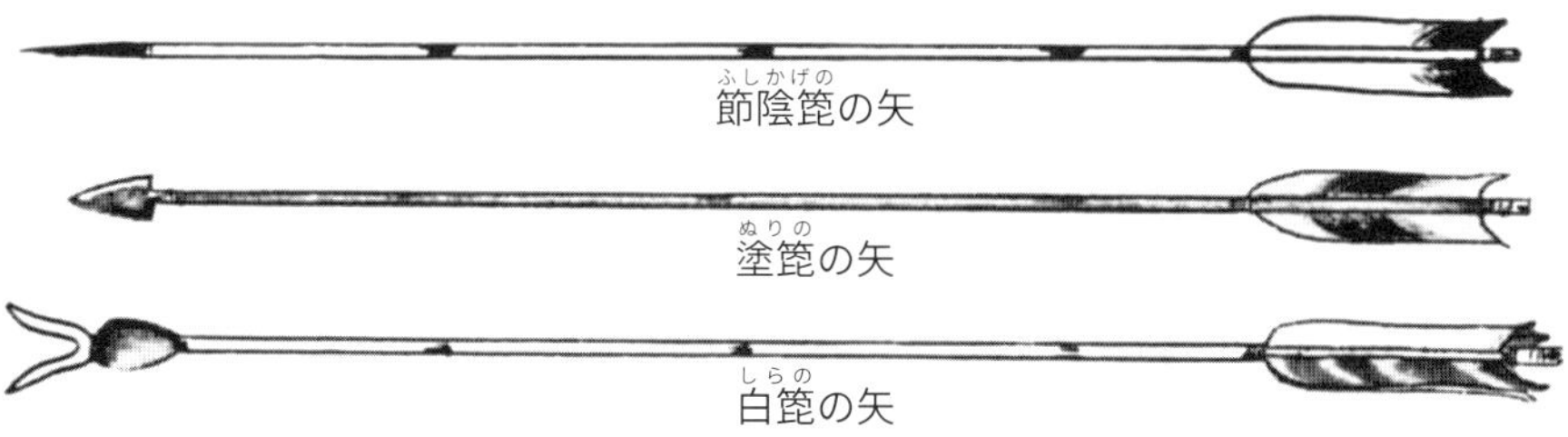

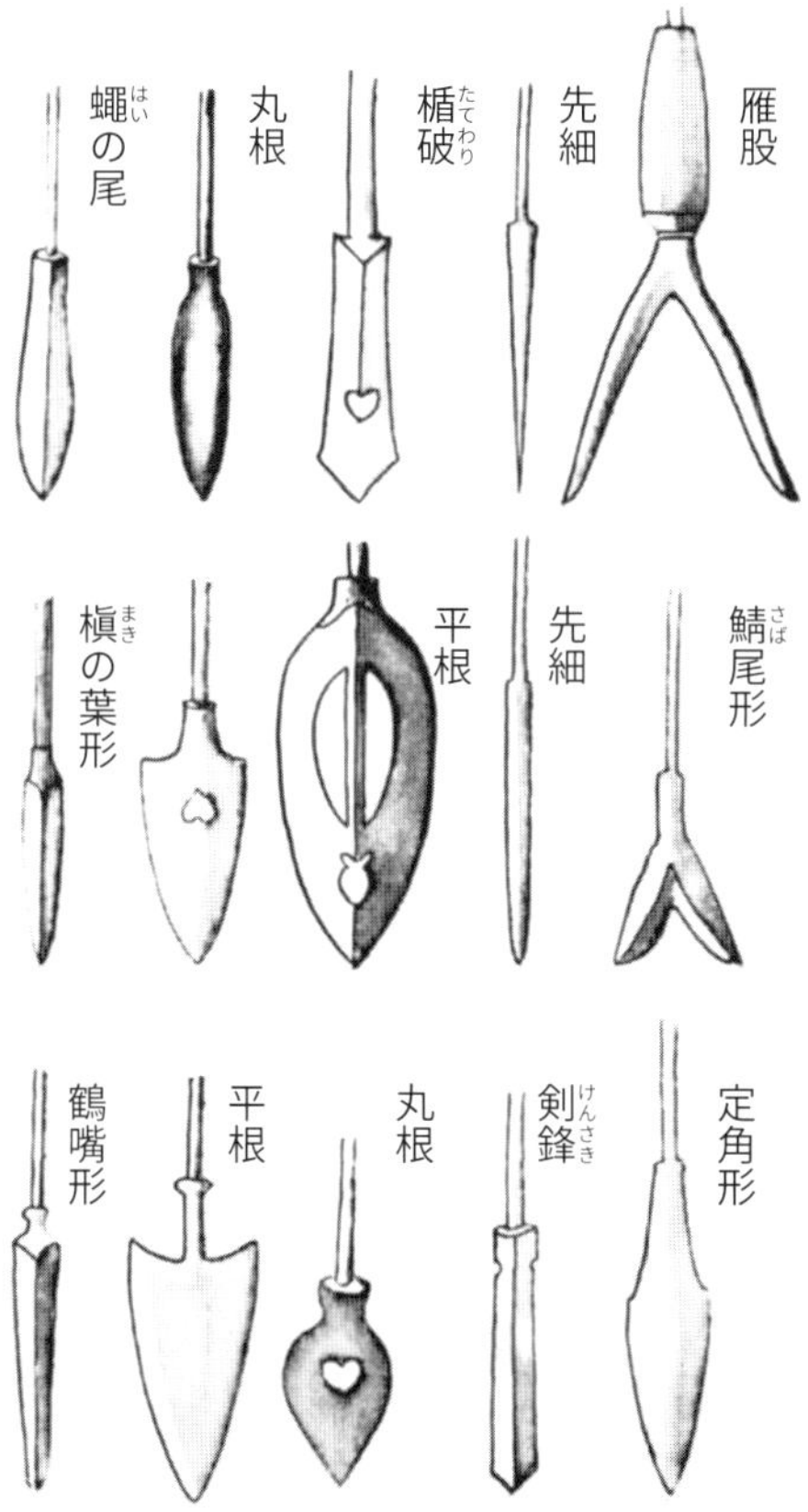

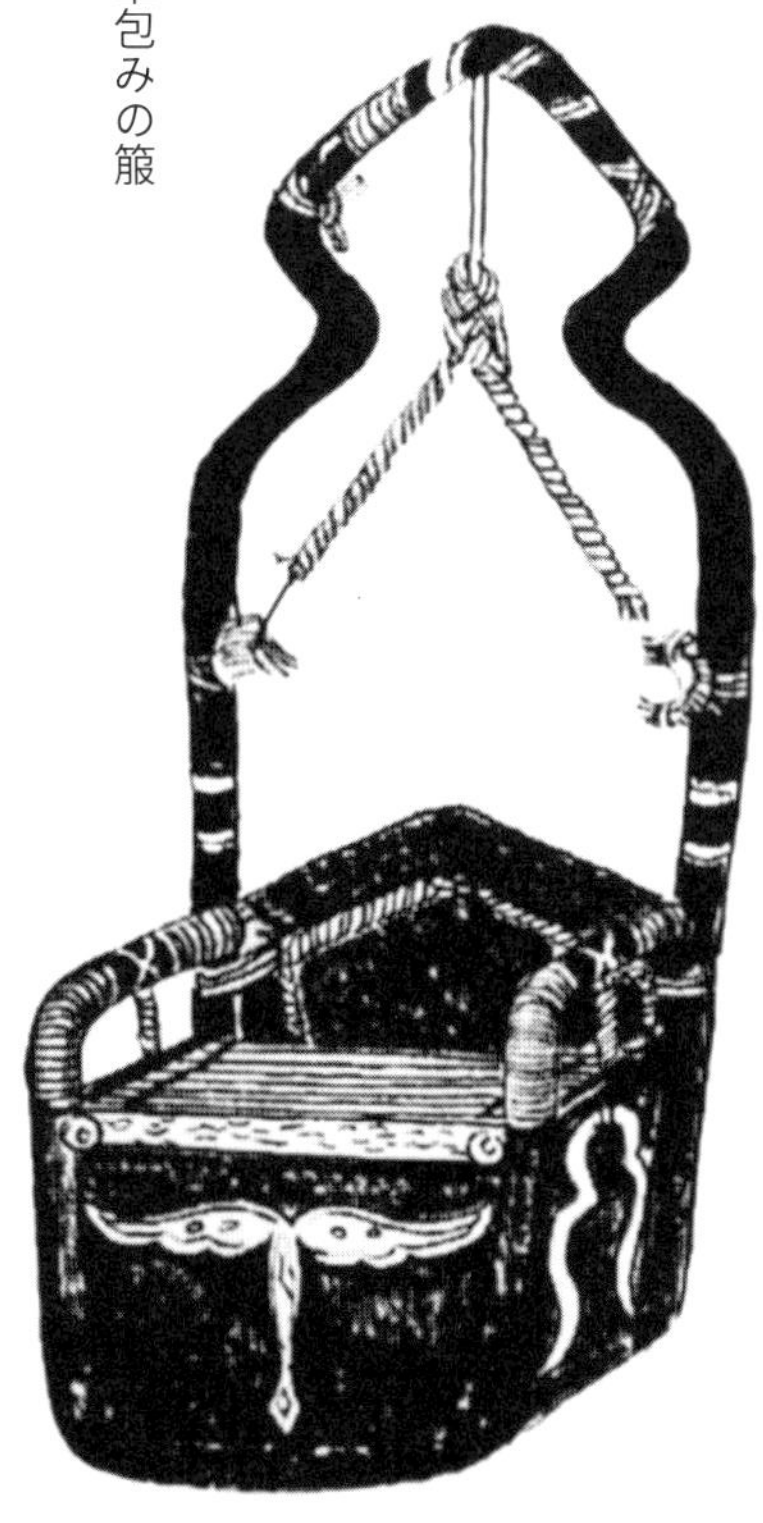
黒革包みの箙

源平争覇期の弓・矢・箙

箙は、逆頬箙のほかに革箙・竹箙など。
矢はたいてい二四、五本。
少ないときは九本くらい、
多くて四〇本以上も差している。

厳星の冑
小縁
伏組
画革
五枚𩊱
菱縫の板
薙刀
栴檀の板
胸板
鳩尾の板
袖
化粧の板
水引
刀子
籠手
黒作太刀
手甲
草摺
袴
脛巾

源平争覇期の胴丸鎧

徒歩専用の完全武装—胴丸鎧。
薙刀は、徒歩兵の近接戦闘の重要な武器。

『平治物語絵巻』『蒙古襲来絵詞』等を見ると、胴丸の様式に大鎧の弦走革・逆板・障子板・栴檀・鳩尾の板を用いた鎧をつけた武者が随所に描かれている。

そしてこの形式の胴丸着用者は、ほかの胴丸着用者と異なって、袖・冑を用いているのである。

すなわち完全軍装なのであるが、他の胴丸着用者と等しくほとんど徒歩者に限られている。

大鎧の草摺は大きくて四間に岐れており、馬上で腰から下の防御には適しているが、徒歩の場合の防御と行動には適していない。

細かく分割された胴丸の草摺は重なり合ったり、容易に分離したりして、足の行動と防御には良いので、徒歩用の大鎧として生まれたのが、この胴丸鎧なのであろう。

また大仰に角ばって面積をとる大鎧の草摺よりは、こうした細かい草摺の方が舟戦の場合にも有効であるから、それにも用いられたと思える。

徒歩の戦士は、足さばきが重要であるから腰から上は大鎧式の重厚さでも、腰から下は軽快を主として四幅袴に脚絆・裸足である。

もちろん直垂・袴の者もあったろうし、臑当を用いたものもあったろうが、古画に描かれている限りでは騎乗者でない軽輩なのであろうか、袴を膝で括り脚絆だけである。

しかしこの鎧の唯一の遺物である大山祇神社所蔵赤糸威胴丸鎧はかなり精緻の製作で、下級者用らしくはない。

この例を見ても騎乗しない軽輩の軍装用のほかに上級者も船戦さや徒歩戦川に用いたことが知られる。

『伴太納言絵巻』や『平治物語絵巻』を見ると、この時代ころまでの籠手は、後世の産籠手のように、家地で座盤を覆っていたらしいありさまや、一の座盤だけのものが描かれている。

これらは籠手の古い手法らしく思われる。

次に徒歩兵は多く薙刀を持っているが、図から推定しても、匁の長さ三尺（約九〇センチ）、柄の長さ四尺（約一二〇センチ）くらいで『伴大納言絵詞』の鉄鉾に刀をとりつけたようである。

そして匁の反りは誇張的なほど大きく、徒歩兵の近接戦闘の重要な武器だったことがわかる。

『平治物語絵巻』に描かれた胴丸鎧姿

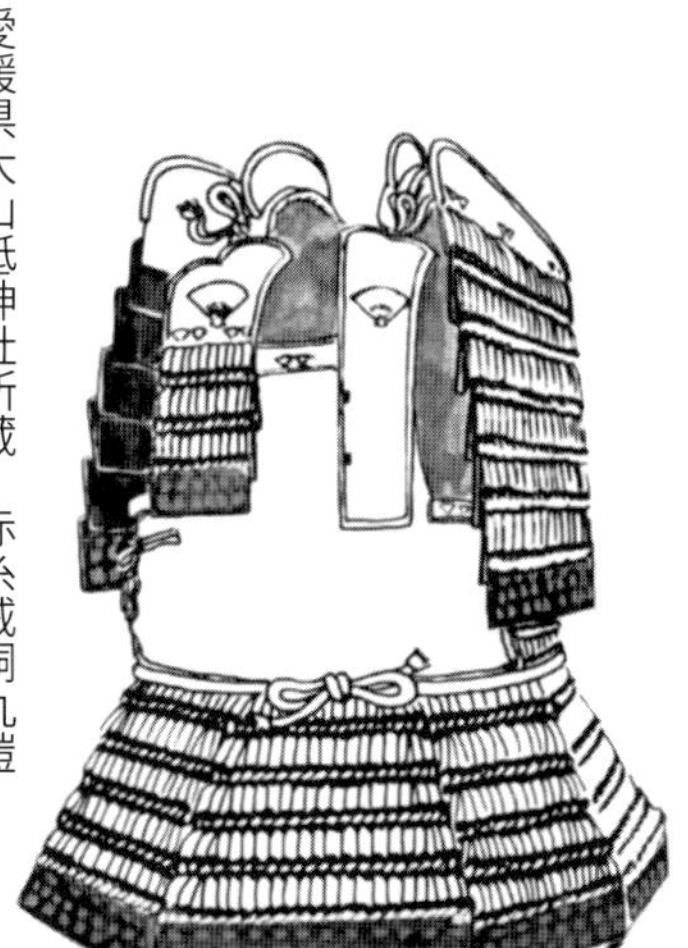

愛媛県大山祇神社所蔵　赤糸威胴丸鎧

薙刀の名称が現われるのは軍記物から。「なぎなた」は長刀とも薙刀とも書かれており、刀身に長い柄をつけた形と見れば長刀はふさわしいし、薙ぎ斬る刀と見れば「薙刀」もふさわしい。

『三代実録』元慶二年三月の条に出羽の国の夷俘惑乱のおり焼失した鉾尾槍一百八竿とある。槍という名称の最古のものであるが、その形制は不明であって、名称から推定すると、後世の槍のように尖っているものではなく、鉾状に身幅のあるものか、やや反りのある薙刀状のものであったろうと思われる。刀剣の面では鉾尾という名称は、しょうぶ造りを指すのであって、後世の薙刀の形制にはなはだよく似ているから、あるいはこの鉾尾槍というものが薙刀の原始様式かもしれない。

薙刀の名称が現われるのは軍記物からで、平安末期ごろの絵巻物にも、徒歩兵や、僧が持っている態が随所に描かれている。「なぎなた」は長刀とも薙刀とも書かれており、刀身に長い柄をつけた形と見れば長刀はふさわしいし、薙ぎ斬る刀と見れば薙刀の文字も適当している。

この時代の遺物は皆無であるから、古画より推定するよりほかに方法はないが、十二世紀ころの左図の絵巻物を見ると、①②のように刃が比較的短いものと、③④のように刀が著しく長いのとが、明瞭に描き分けられている。そして反りの強いのと、あまり反っていないのとあり、後世のように一定した形ではなかったらしい。

しかも、木の柄らしいものと蛭巻した柄等が描かれ『伴大納言絵詞』に見られる鉄蛭巻の鉾と同じく、蛭巻が流行したことを表現している。この蛭巻の薙刀は、時代がやや降るが大阪府誉田八幡社所蔵蛭巻薙刀によってうかがい知ることができる。

この薙刀は後世のように両手で握って振り廻して薙ぎ斬るだけでなく、槍のように突くこともやったらしく、その態は『平治物語』三条殿焼打の巻中に、大江家仲か平康忠かのいずれかが、狩衣姿で倒れている後から、薙刀を逆手に握った武者が突き刺そうとしている表現でもわかる。

そしてこの武者の持っている薙刀は、他の武者の持っている薙刀より反りが少ない。この『絵巻』には反りの強いものや鉾状のものまで描き分けているから、こうした多種形の薙刀が当時行なわれ、鉾式に突くことも可能のものがあったのであろう。

こうした絵巻から推測すると薙刀の刃の長さは三尺（九〇センチ）くらいから一尺五寸（約四五センチ）くらいまでで、二尺（約六〇センチ）前後のものが多い。

形は冠落し造りと、鵜首造りがあったらしい。

柄は三尺（約九〇センチ）から五尺（約一五〇センチ）くらいと思われるから、後世の長巻の柄のようである。

源平争覇期の大刀

平安末期には、刀剣は急速に発達した。
大刀・薙刀の需要が多かったので、
数打ちの粗製も随分作られたであろうが、
名刀も数多くあったらしく、軍記物に現われてくる。

戦闘にたずさわる武人階級が次第に多くなってきた平安末期には、刀剣は急速に発達してきた。大刀・薙刀の需要が多かったので、数打ちの粗製も随分作られたであろうが、名刀も数多くあったらしく、軍記物に現われてくる。

鬼切・髭切・膝丸・鵜丸等は源平家の重代の大刀として伝承されており、刀工も各地にその名声を馳せている。京都の宗近・国吉・国行、大和の安則・光長、美濃の外藤、三河の恒末、遠江の有行・安行、伯耆の国次・友安・守縄・貞縄、出雲の家村・家時、備前の友成・実成・高平・助平・包平・義憲・定則・助房、備中の安次、安芸の人西、豊後の長円、薩摩の正国、陸奥の安房・雄安・諷誦等は有名である。

これらの特徴はだいたい刃元が広く鋩付近は心もち細く鋭く打たれて気品がある。反りはあまく強くなく、柄が強く反っていることは雄健な感じを与える。外装は古画から推すと黒作り、金銀板を張って総覆輪としたものなどが行なわれたらしいが、遺物がない。

『平治物語絵巻』を見ると、宮人の大刀と、武人の大刀と明らかに描き分けられており、武人のは太く表現されているから、かなり幅広の大刀が好まれたものと思える。

ほとんどが黒漆塗りか、鮫・覆輪の柄で、鍔は練鍔らしく、卵型で大きい。大切羽のようすも描かれている。鞘は黒漆塗りのほかに金銀覆輪があり、尻鞘かけた者も多い。

尻鞘は豹・虎のほか黒いのはおそらく熊の毛と思われる。

前代の毛抜形大刀は、木の柄がなく、茎となっている関係上薄くて用いにくいためか、見当たらない。

これらの太刀の巾で黒作りの大刀が一番多く用いられたらしく、これの刀身はおそらく数打ちの実用品であったろう。

長さは前代の遺物が二尺六寸（約七八センチ）くらいの刃長であるが、この時代も同様であったろうことは古画からも推察される。

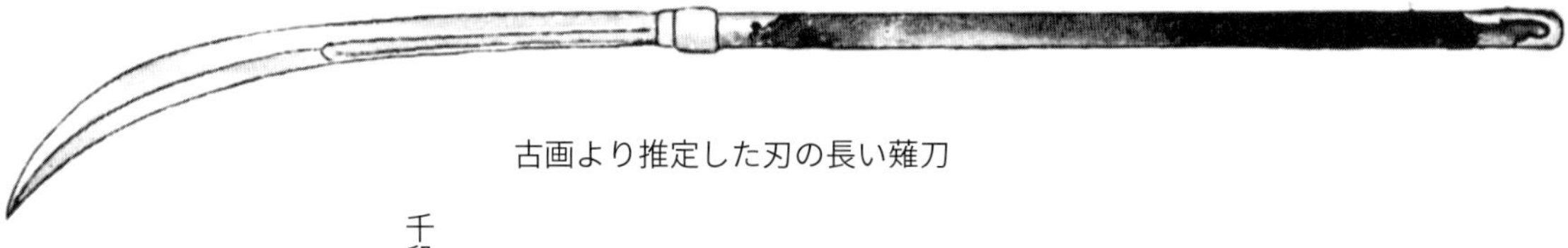

古画より推定した刃の長い薙刀

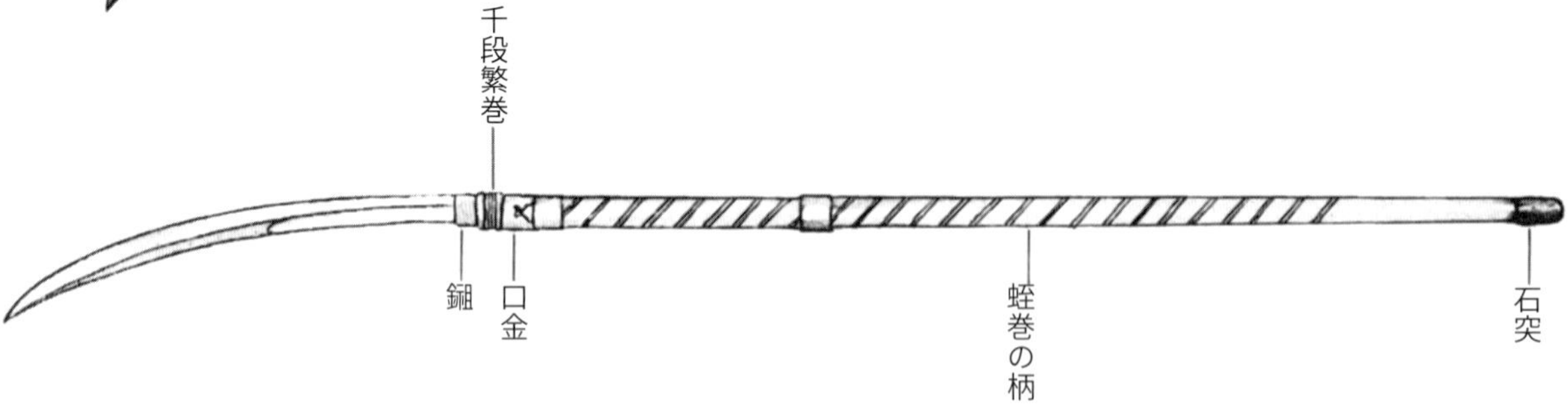

古画より推定した刃の短い蛭巻の薙刀

①『粉河寺縁起絵巻』に描かれた刃の短い薙刀

③『年中行事絵巻』に描かれた刃の短い薙刀

②『平治物語絵巻』に描かれた刃の長い薙刀

④『年中行事絵巻』に描かれた刃の長い薙刀

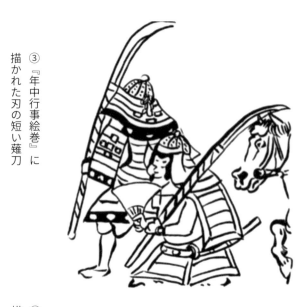

源平争覇期の大刀

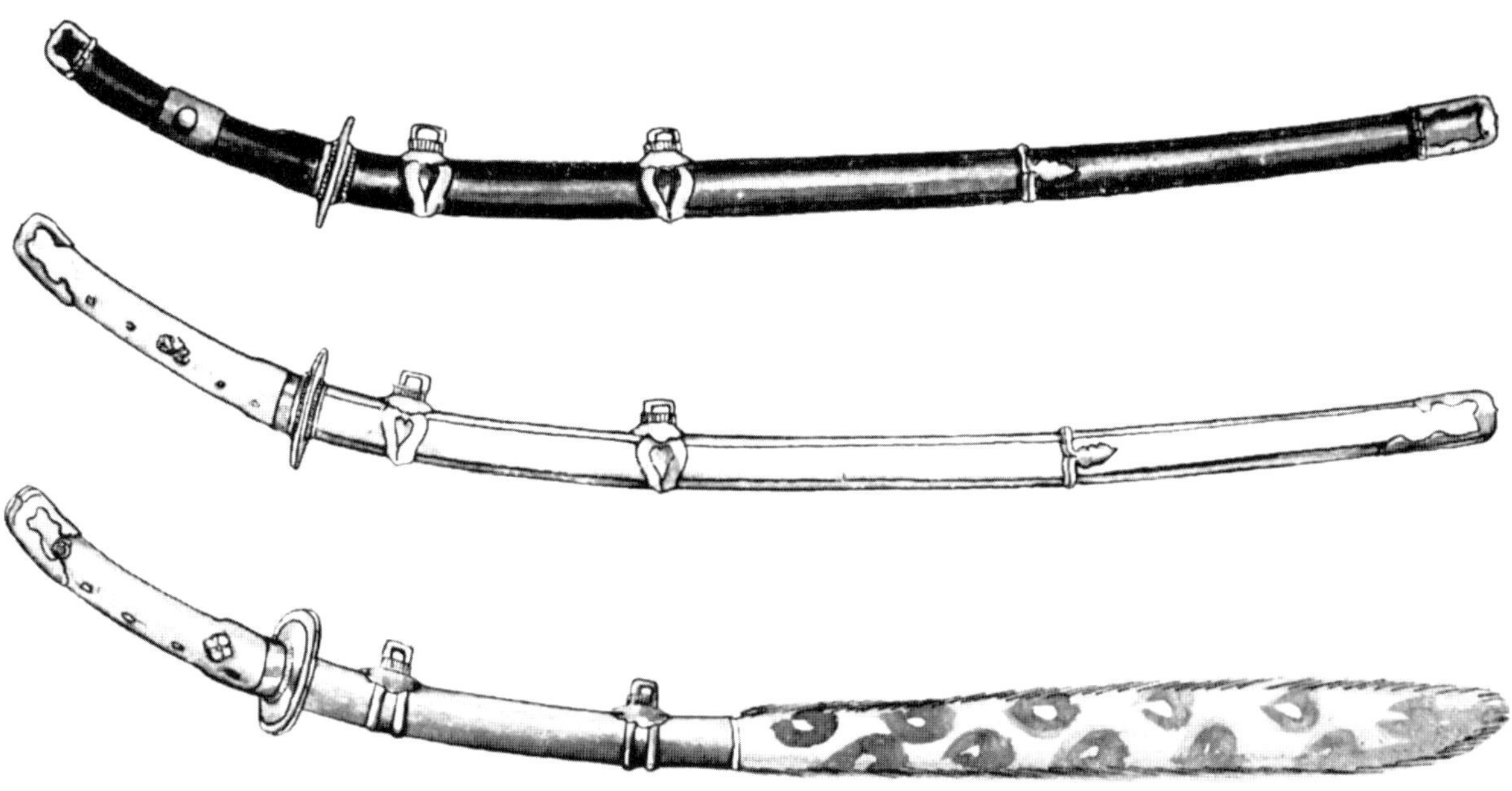

下の古画から推定した当時の大刀

『志貴山縁起絵巻』に描かれた大刀

『粉河寺縁起絵巻』に描かれた大刀

『年中行事絵巻』に描かれた大刀

『平治物語絵巻』に描かれた大刀

源平争覇期の軽武装の胴丸と杏葉

胴丸着用者も、
快速の馬に互するために
脚は軽快にいでたつために脚袢に裸足だった。

胴丸が軽武装に適していることは、古画より散見する徒歩の戦士が着用しているのでも知られるが、徒歩兵とても戦場である以上危険に曝される率は、馬上大鎧の戦士と同様である。こうした点から、胴丸着用者も、籠手・冑を用いたことは当然であるが、快速の馬に互するために脚は軽快にいでたつために、脚袢に裸足である。

『年中行事絵巻』等を見ると、草鞋または貫《つらぬき》を履いている態も描かれているが『平治物語絵巻』等ではほとんど裸足である。

そして、中には袖までつけて、完全軍装に近いのもあるが、だいたいは袖の代わりに杏葉という鉄片を肩上に結びつけて肩の防禦としている。このために袖をつけるより腕の運動がつごうが良かったことであろう。

杏葉というのは、飾馬等に見られる杏葉の形に似ているので名付けられたものらしいが、その起源は古墳時代の肩鎧であろう。

ただ肩鎧が、どういう変化をして杏葉になったかは不明である。『伴大納言絵詞』の胴丸着用の下部には杏葉がなく、『年中行事絵巻』には、いろいろの形で杏葉の役目をするものが描かれている。

小形の袖状のものから、鳩尾板状のものまである。こうした点から次のようなことが考えられる。

ごく初期のころの胴丸には粗末な武装用とか、臨時の武装用のために、肩鎧利用が中断されていた。それが徒歩者に多く用いられていたが故に、馬上からの斬撃や矢の攻撃が肩に多くくるので、肩に何物かをつけて防いだ。肩にとりつけた物は初めのころはいまだ一定した杏葉の形でなかったのが、次第に肩によく馴染む杏葉の形となっていったのであろう。

そして杏葉付の装置が胴丸の肩上にはりつけられるようになり、袖の代用をしたのである。このため古い時代ほど杏葉の形は大きい。

後に胴丸に袖が用いられるようになって始めて、杏葉は胸板左右の上に垂れて、高紐を覆うようになったのである。

これには大鎧の栴檀・鳩尾の板の影響もあったに違いない。

源平争覇期の軽武装の胴丸と杏葉

馬上からの斬撃や矢の攻撃は、肩に多くくる。
防禦のために、肩によく馴染む
杏葉をかたどった肩鎧を装着。

源平争覇期の下腹巻と上腹巻（胴丸）

衣服の上に着たのが上腹巻で、
衣服の下に着用したのが下腹巻。

『年中行事絵巻』に描かれた下腹巻

『伴大納言絵詞』の上腹巻（緊急時）

『平治物語絵巻』の上腹巻（緊急時）

『天狗草紙絵巻』に描かれた下腹帯

平安時代末期から鎌倉時代にかけての記録に、下腹巻・上腹巻の語がしばしばでてくる。

当時の腹巻という言葉が、右引合せ様式の後世いうところの胴丸に当たるらしいことは前にも述べたとおりであるが、上下の区別は何によったのであろうか。

記録や古画から推して想像すると、衣服の上に着たのが上腹巻で、衣服の下に着用したのが下腹巻らしい。

胴丸は徒歩の下士や、軽武装用に適しているが、その着用に当たっても、大鎧のようなわずらわしさと重量がない。

そのために、緊急を要するときの臨時の武装や、念のための軽武装には最もつごうが良いので、下士だけでなく、上級の者も、衣服の上か下かに着用した。衣服の上から着用する場合は、左の図の『伴大納言絵詞』および『平治物語絵巻』に描かれているように寸秒を争う緊急の場合らしく、あらかじめ防禦の意味で着用する場合は衣服の下に目立たぬように着込んだものらしい。

目立たぬ武装のために下に胴丸を着込んだ例は『平家物語』巻第一殿上闇討の条に

源平争覇期の下腹巻と上腹巻（胴丸）

胴丸は徒歩の下士や、軽武装用に適しているが、
その着用に当たっても、
大鎧のようなわずらわしさと重量がない。

『左兵衛尉家貞といふ者ありけり、薄青の狩衣の下に萌黄威の腹巻をき、弦袋つけたる太刀脇はさんで……殿上の小庭に畏ってぞ候ける』とあり、また、同じく巻第二教訓状に『入道……素絹の衣を腹巻（胴丸）の上に、周章着《あわてぎ》に著給へたりけるが……』と記してあるのでもわかる。すなわち目立ってはまずいので、衣の下につけたのであって、これは身分の高いものが、武人並に武装するのを避けて行なう防禦法でもあった。『愚管抄』巻四保元の乱の敗戦のおりを記した中に『左大臣はした腹巻とかやきて落られけるを……』とあり、長袖人は武装をはばかって、朝服の下に胴丸を着用して防御としている。

また南都北嶺の大衆が、仏徒でありながら戒衣を着するのをはばかってか、衣の下に武装したことは僧兵風俗として有名で、『源平盛衰記』巻十四三井寺僉議の条にも『此に乗円坊阿闍梨慶秀は、下腹巻に衣装束、長絹袈裟にて頭を裹み……』とあって、僧兵の下腹巻姿は当時の古画にも多く描かれている。

馬上の戦闘法は左前戦闘で、弓を引くときは馬首の左側であり、右に敵を寄せたら受身となって負けである。

源平二氏が互いに家門を重んじ、名を潔しとしたこの時代の武装が、華やかにいでたったことは『保元物語』『平治物語』『平家物語』『源平盛衰記』等を見ても知られるところである。

名ある武士は厳星の兜の白星を日に輝かし、大吹返しはその威容を張る。鍬形には規定はなかったが、いつしか主将等の用いるものとなり、鍬形台は獅子面の象嵌から打出しの獅噛となった。

大鎧の胴は裾拡りであり襷にあられ模様、獅子の丸・木瓜・あるいは蝶紋の画革の弦走り革を用い、豪壮の中に、よろず優美ないでたちである。太刀は金銀装のものが好まれ、腰刀も胴金入れた漆塗りか錦包みを用いている。

弓は補強と装飾のために滋く籐を巻いた重籐の弓が好まれ、矢も鷹の羽を高級品として用いた。

馬は『軍記物語』にいう太く逞しくというものを選んだが、これは戦場で馬も敵を蹴散らし、喰いつき、長途の追撃、退却にも堪えられるのを良しとした。

生唼などという名馬は喰いつく荒れ馬であったのである。

しかしこの時代の馬は現代の馬から見ると約三〇センチくらいも低い。古画で見てもわかるとおり、太った小型の悍馬なのである。

現代のように鉄の馬蹄がないから生爪が鍛えられてすこぶる堅い。故にその手入れも独特のものがあったと思われる。

馬上の戦闘法は左前戦闘で、弓を引くときは馬首の左側であり、右に敵を寄せたら受身となって負けである。

そして当時の弓はさほど強くないから遠矢ではなく、目の前の敵を射る戦法で、馳け違いつつ矢を射る。

流鏑馬・犬追物等が武技として流行したのは、戦場での射戦の練習のためである。

那須与一のように扇の的の遠矢は単に弓勢と遠距離でも正確に当たるという弓技を示したもので、いつもこのような矢戦をしたわけではない。

太刀打戦になると敵を右に受けねば受身となるから、戦場では武器によっていろいろと態勢をかえる。

また馬上で組打ちしたら手早く敵を捻じ伏せて首を掻くが、引組んだまま両馬の間に落ちて争闘することもあり、当然乱捕り小具足術も必要で、力が強いものが勝つとは限らない。

要は敏捷な術を心得た者が勝である。

源平争覇期の武装と戦闘法

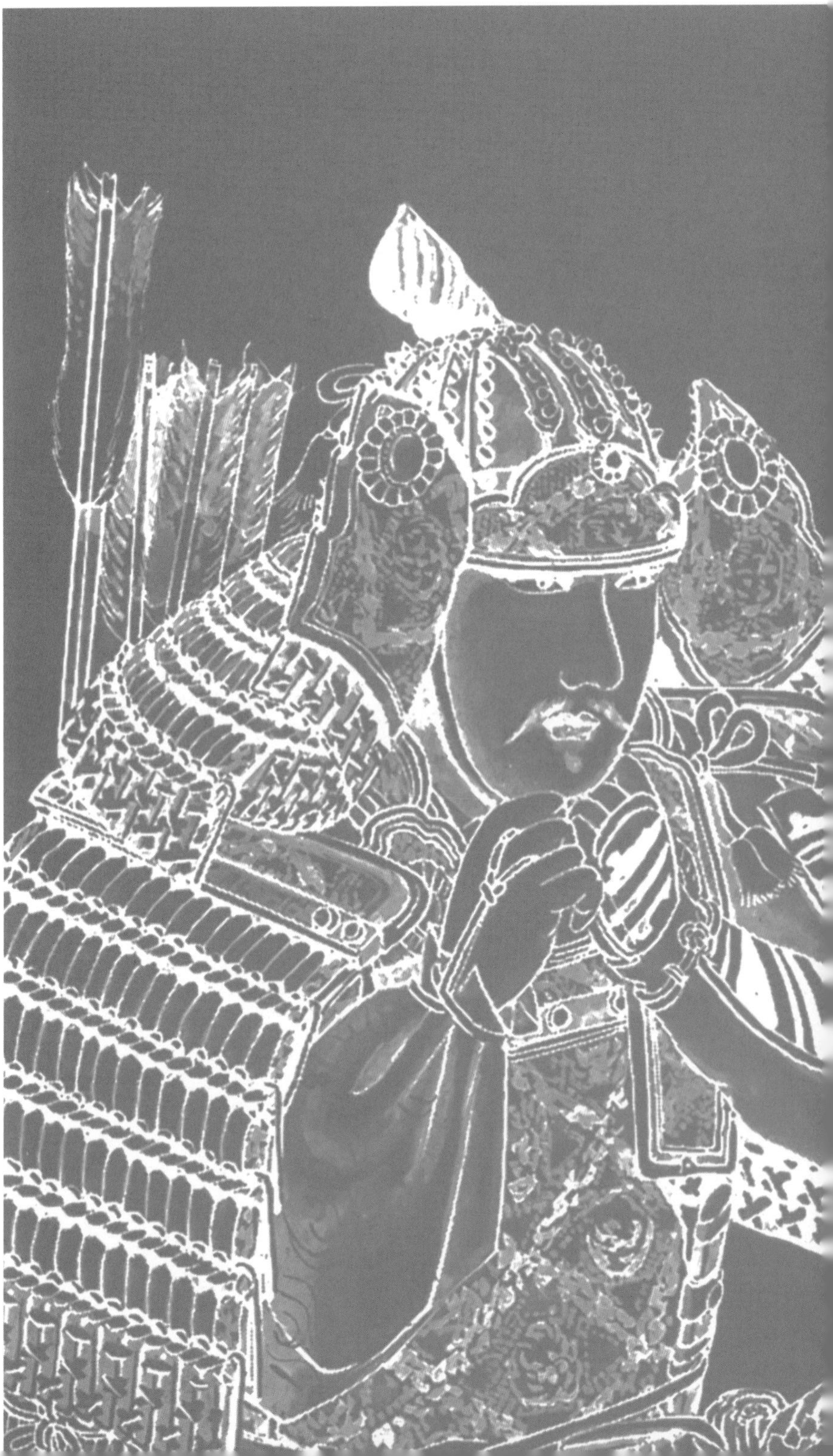

鎌倉時代の軍装

愛媛県大山祇神社所蔵紫綾威大鎧の推定復原（前）

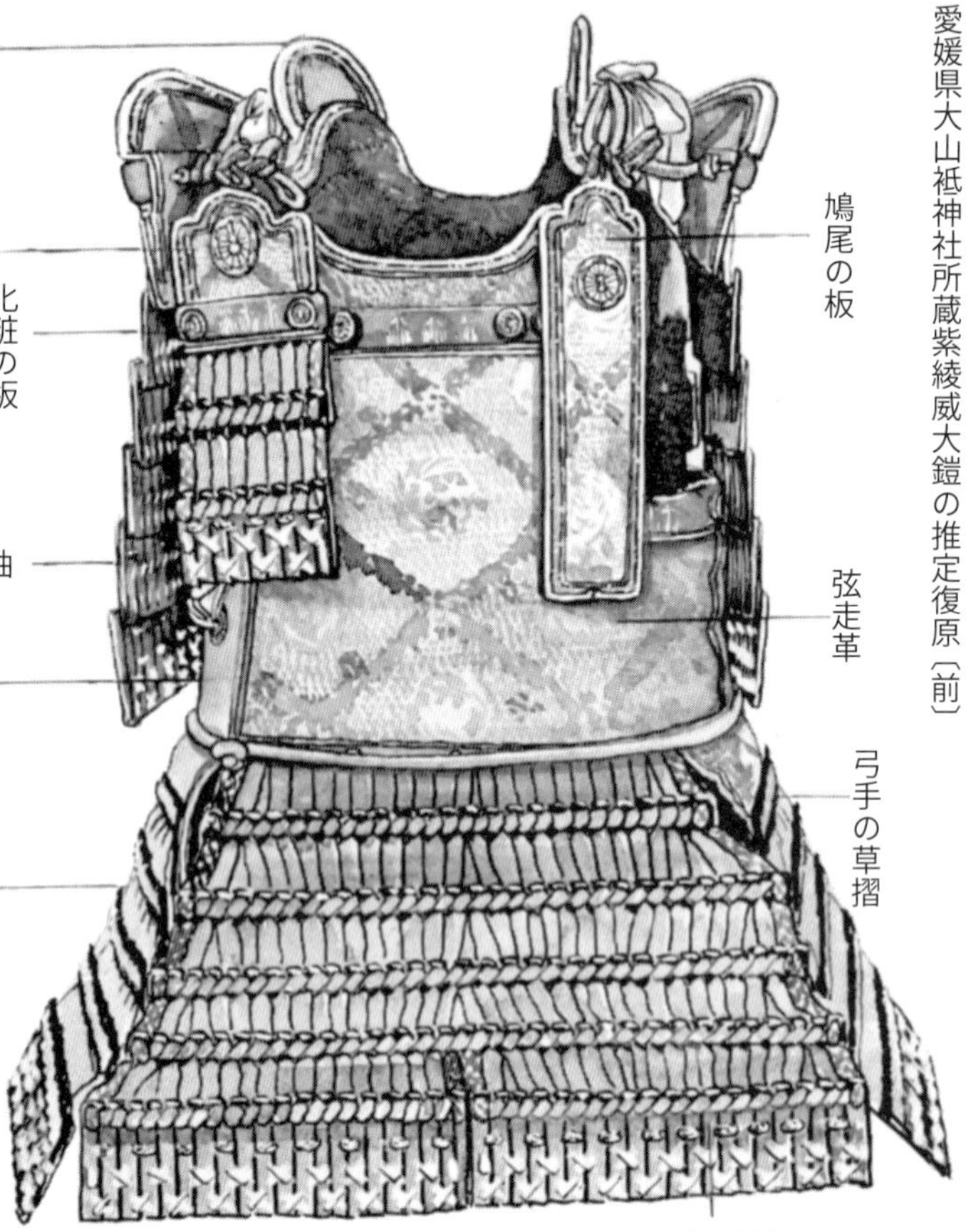

『本朝軍器考』所蔵　南京（奈良）
興福寺本談義屋庫中獅頭

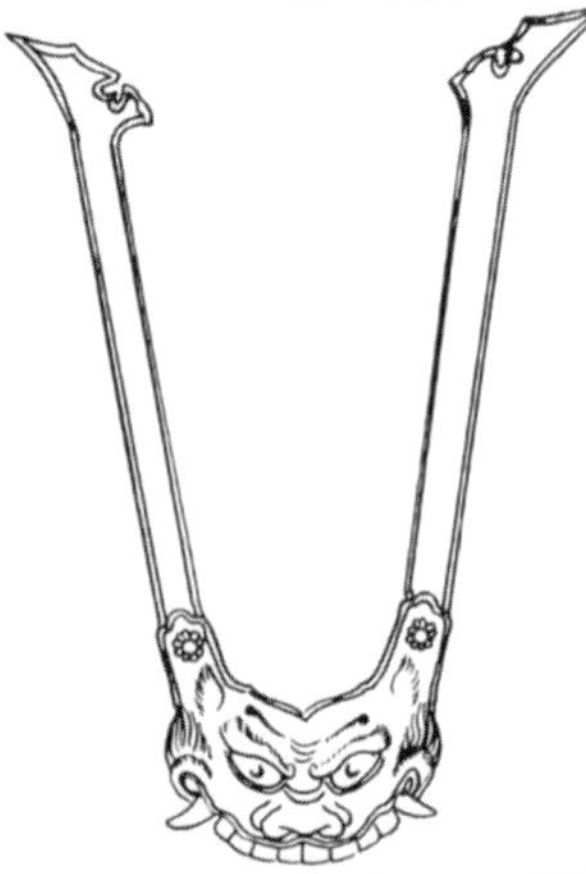

伊勢諏訪神社所蔵　十六枚張り星冑

初期の大鎧

この時代にはいると大鎧の胴はやや上下が同幅となり、
腰にぴったり鎧が接触するようになった。
戦闘の経験から考えられた変化で、
やがて裾窄りの胴へと移っていく。

この時代にはいると大鎧の胴はやや上下が同幅となり、壷板も同様であったので、腰にぴったり鎧が接触するようになった。

これは前代の戦闘の経験から考えられた変化で、やがて裾窄りの胴へと移っていくのである。

左右の図はこの時代の代表例として大山祇神社所蔵の紫綾威大鎧である。

この鎧は社伝では源頼朝奉納とされている。

優美な紫染の綾をたたんで威してあるが、もちろん後世の補修である。

しかし軍記物に散見する綾威しを思わせる遺物で、車紋とともに平安時代の優雅さが残っているようである。

現在現品は明治三八年九月の修理で、弦走革等は鎌倉時代に流行した藻獅子（牡丹の葉が藻のようにひろがり、その間に数匹の獅子が走っている）模様になっているが、胸板・栴檀の板の冠板・鳩尾の板等に残っている画革模様は襷に窠の模様であるから、弦走革も同様であったものであろう。鎌倉時代初期はいまだ源平争覇のころ流行した形式が多分に行なわれていたことは想像されるが、それでも部分的には少しずつ、鎌倉時代の特徴が現われ始めている。

右の図の冑は三重県伊勢諏訪神社所蔵伝藤原秀郷所用とされているが、前代に行なわれた十六枚張りと同様であるが、ふくら味がややあり、星数も多くなっている。この時代は軍記物に散見するように、鍬形が多く用いられたころで、しかるべき主将は好んで用いている。鍬形台が獅噛（獅子面で上歯を表わしている）も古画等によく描かれているが、鍬形台に鍬形を挿入するような後世の形式ではなく、いまだ鍬形台に鍬形を鋲留めしたものらしい。

籠手は座盤と鯰手甲のもので、古画にも見られる三枚座盤もあり、臑当は遺物例古画から推しても三枚筒臑当である。臑当の用い方は、従来の千鳥掛も行なわれたが、上と下の二か所を緒で結ぶ合理的なものも用いられた。

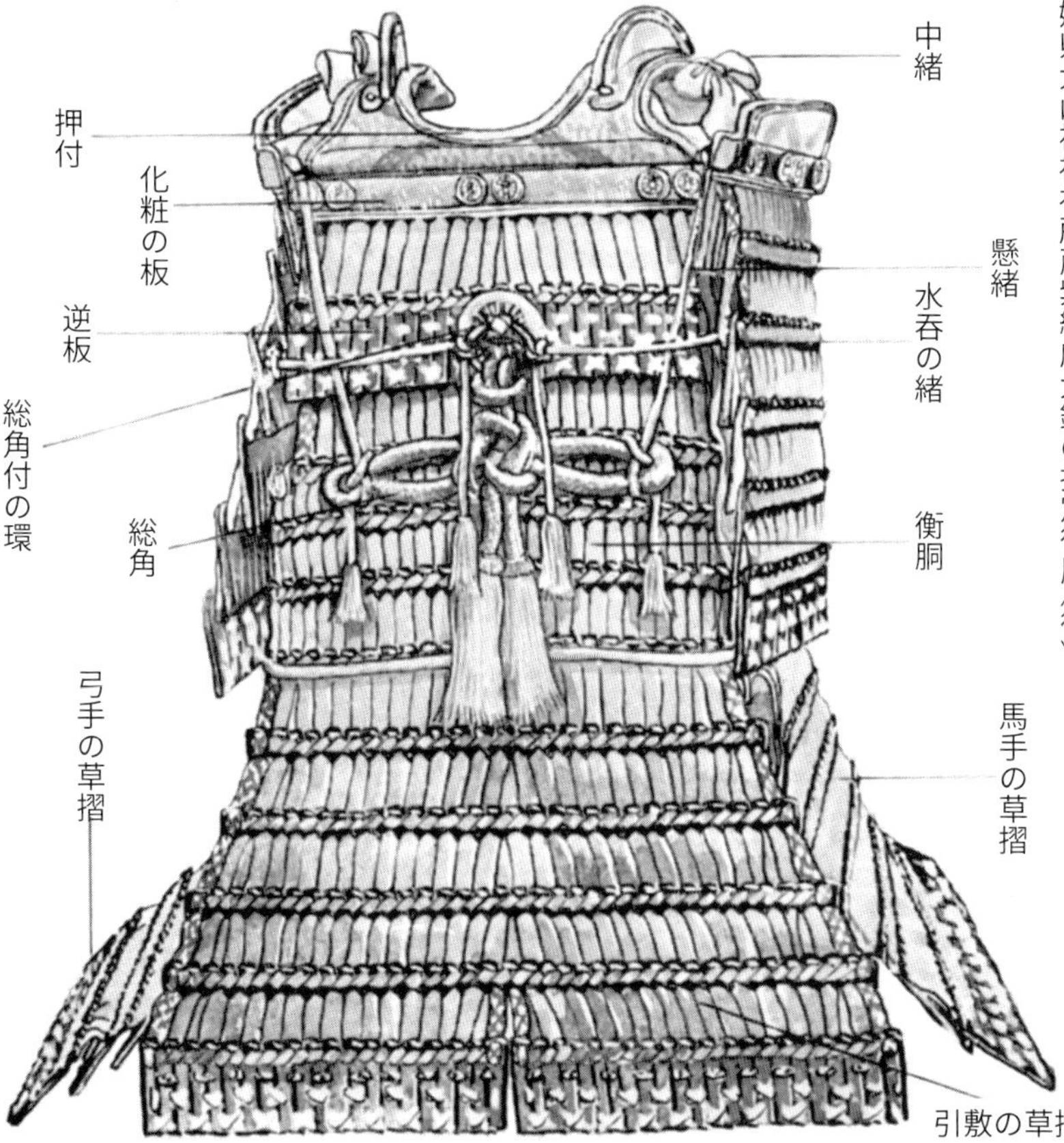

愛媛県大山祇神社所蔵紫綾威大鎧の推定復原〔後〕

大分県日田郡鈴木氏伝来三枚筒脛当

初期の大鎧

平安時代の優雅さが残っているようである。
それでも部分的に少しずつ、
鎌倉時代の特徴が現われはじめる。

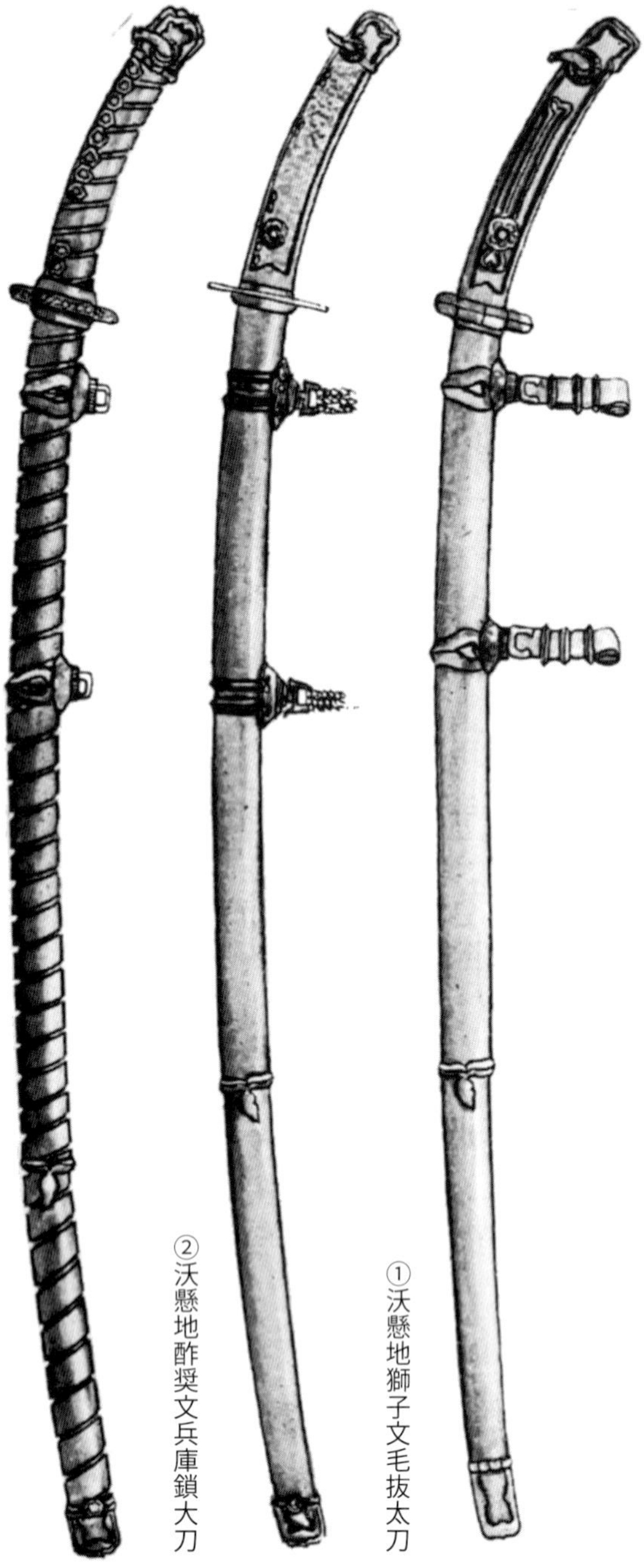

①沃懸地獅子文毛抜太刀

②沃懸地酢奨文兵庫鎖大刀

③銀胴蛭巻太刀

初期の大刀と弓

実戦的経験から大刀と弓の発達は日覚しい。
特に大刀は、鍛えに、形に最高の時代に。

前期の実戦的経験から大刀と弓の発達は日覚しく、特に大刀は、鍛えに、形に最高の時代にはいり、鎌倉時代初期にはいると多数の名工が輩出されている。刀身は馬上の斬激に適するように鳥居反りで、長さも二尺五、六寸（約七六、七センチ）となり、おおむね刃元広く鋩部付近はやや細くて小鋩で鋭い。数打ちの下級戦士のものは別として、この時代の刀身には気品がある。

①は春日神社所蔵のもので、柄は白鮫に金銅毛抜形大目貫に忍冬透彫の指目貫が打たれた金銅覆輪の柄で、鞘は金沃懸地に表裏とも三匹獅子を描割した精緻のもので高級武将の差料であったろう。

②は同社所蔵で、柄は白鮫着せに俵鋲打った銀地鍍金の覆輪で、鞘は金沃懸地に酢漿《かたばみ》紋を描いた雄頸豪華なもので、鍔は銀製丸鍔である。

③は柄鞘ともに銀銅で蛭巻したもので、当時流行の蛭巻様式である。実用的な健固さの中に華麗な武人の好みが現われている。

以上の様式は一般武人まで用いられたとは思えぬが、主将たちの間に好まれ、また古画にも散見する太刀である。次に弓は三枚打のほかに丸木弓も行なわれたが、古記録にある弓の種類は左の図のとおりである。

④滋籐は重籐と混用されているが、滋籐と書いてあるのは、別にきまった巻き方でなく、滋く籐を巻いた弓と見るのが良いであろう。

『次将装束抄』『保元物語』『平治物語』『源平盛衰記』等に見られるから平安末期ころから行なわれたと思われる。重籐の文字を用い、握上に地の三十六禽を象って、三十六か所巻き、握下に天の二十八宿を象って二十八か所巻くという規格は室町時代以後に作られたものである。

⑤笛籐は『源平盛衰記』に見られ、笛の籐巻に似た巻き方であろう。籐巻の上に朱漆をかけたものともいう。

⑥塗籠籐は籐を巻いた上から漆をかけたもので、籐の巻き方はいろいろであったろう。

⑦所籐は『源平盛衰記』に見られ、ところどころ籐を巻いた弓であろう。そして、一寸（約三センチ）くらいの幅で二か所ずつ寄せて巻いたのが二所籐・三か所ずつ巻いたのが三所籐であるといわれている。

⑧節巻は弓の木竹の節の上ごとに籐を巻いて二べの離れるのを防いだ弓で、古墳時代のものにも節に籐をまいたのが見られるから古い手法である。

このほかに防己《つづらふじ》・樺皮等も巻いている。また、重籐の弓が大将軍の所用とされたのは後世のことである。

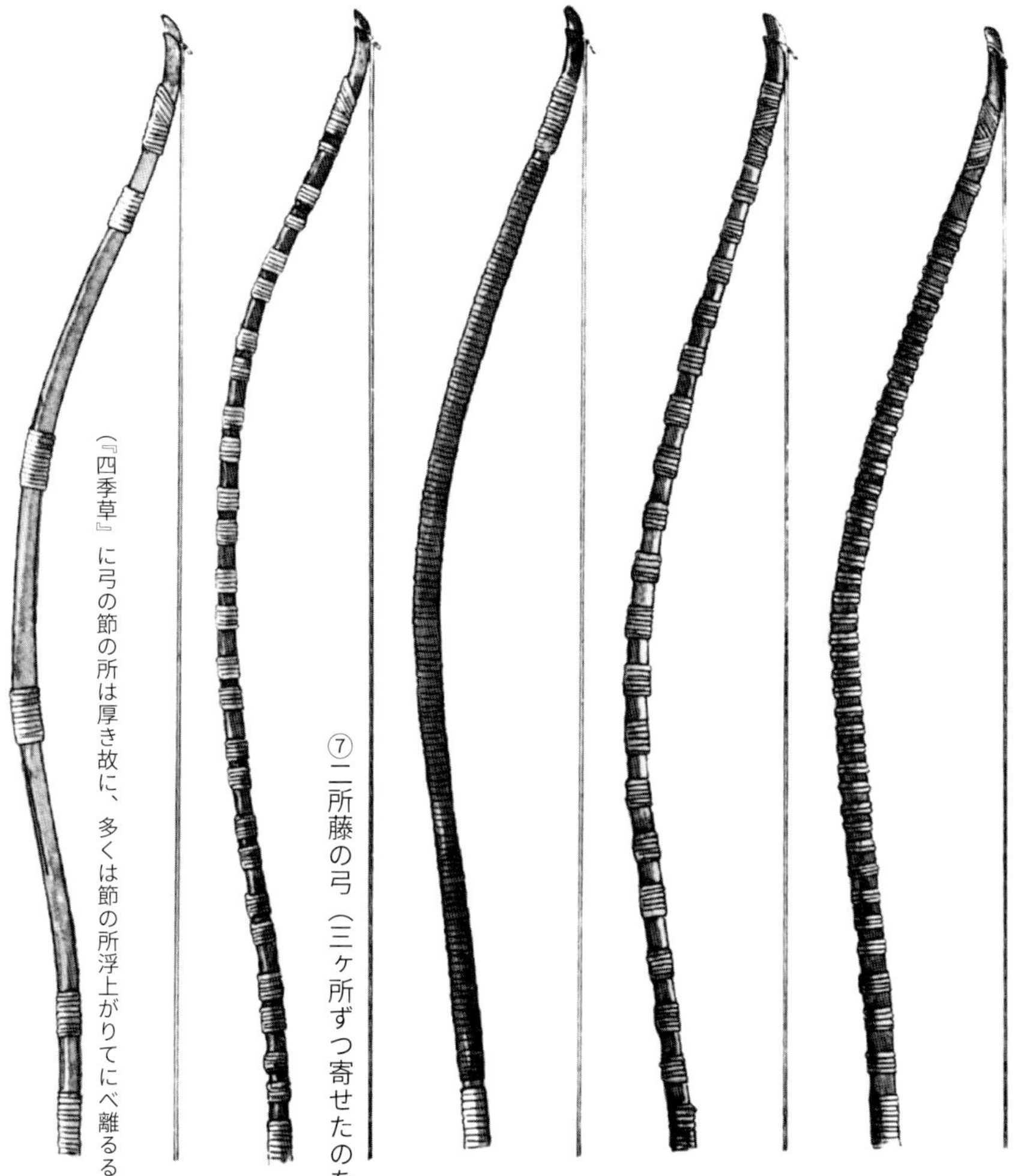

④滋藤の弓

⑤笛藤の弓

⑥塗篭藤の弓

⑦二所藤の弓（三ヶ所ずつ寄せたのを三所藤という）

⑧節巻の弓

（『四季草』に弓の節の所は厚き故に、多くは節の所浮上がりてにべ離るるものなり、とある）

初期の大刀と弓

数打ちの下級戦士のものは別として、
この時代の刀身には気品がある。

馬上戦華やかな前代の経験から、鞍、鐙、杏葉轡などより実践的な特長を生じている。

馬上戦華やかな前代の経験から鞍は特に留意されたと見えて、特長を生じている。実戦的堅固さから生じたものであるが、前輪に手形が切られるようになった。

鞍壷が深くて前後輪が厚い。また居木の幅が広く、居木先が大きいなどは、

『平治物語』によると、平治の戦に義平が手をかけやすいように刳って作ったのが始まりであるように書かれており、古画では『平治物語絵巻』の信西の巻に一か所、六波羅行幸の巻に一か所描かれているから、だいたいこのころから行なわれ始めたと思われる。

この手形は後世の鞍には必ずつけられるようになったが、武州御嶽神社所蔵螺鈿鞍等からうかがうと、当時代のものは高い位置に手形がつけられていたようである。

この時代に作られた絵巻物を見ると斧形の切付が多く、鎌倉時代末期の絵巻物からは、それが見出せないから、源平争覇のころから鎌倉時代初期ごろにかけて斧形の切付が流行したものと思われる。

『平治物語絵巻』等には舌長鐙と袋鐙とが描かれているが、舌長鐙が盛んになったのも鎌倉時代初期ごろからと思われる。

これは騎馬戦では鐙を強く踏む必要がある（鐙踏張り突立上り……）ので舌長鐙が好まれたのである。

半舌鐙の舌の長さは四、五寸（一二～一五センチ）であるが、舌長鐙は八寸（二五センチ）以上におよんでいる。

轡は古画から見ると杏葉轡が圧倒的に多く『源平盛衰記』に記されている出雲轡は、『男衾三郎絵詞』にも描かれている。

面懸・胸懸・鞦は、ほとんどが真田紐様に織出したものを用いた。

平安時代には連着の鞦は五位以上、辻総も検非違使の随兵が許されるとか、緋色の濫用を戒める規定があったが、武人が勢力を得てからは、この規定も乱れてしまい、好みの色のものを用いた。

緋・茜・紫・黄・山吹・水色・青・萌黄・浅黄・唐茶・櫨等が古画や記録に出ている。

厚総といって、絲束を太くしたものを連ねたものも用いられ始めた。

【鞍】

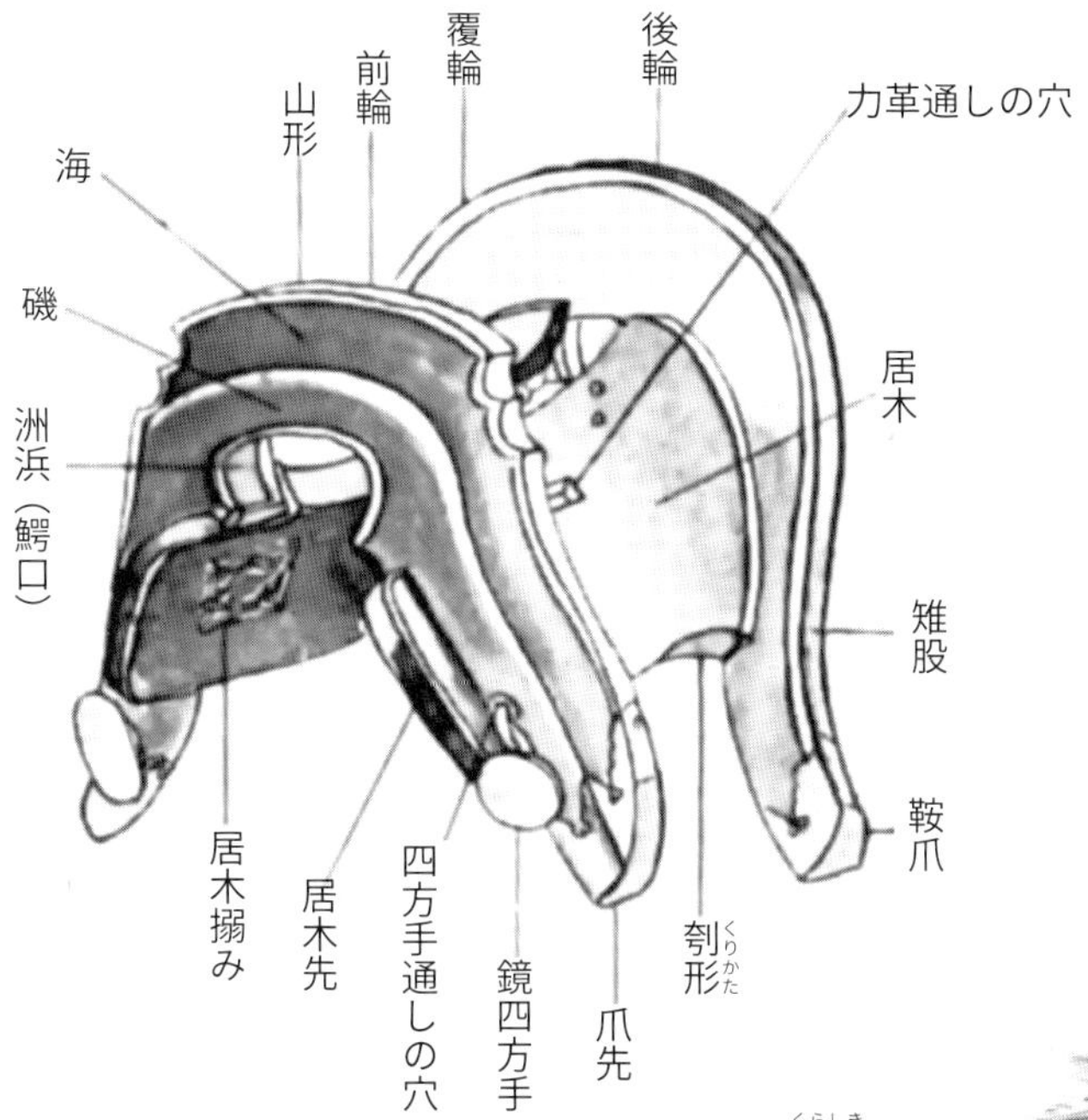

武州御嶽神社所蔵　鏡地鞍（集古十種より）

【鐙】

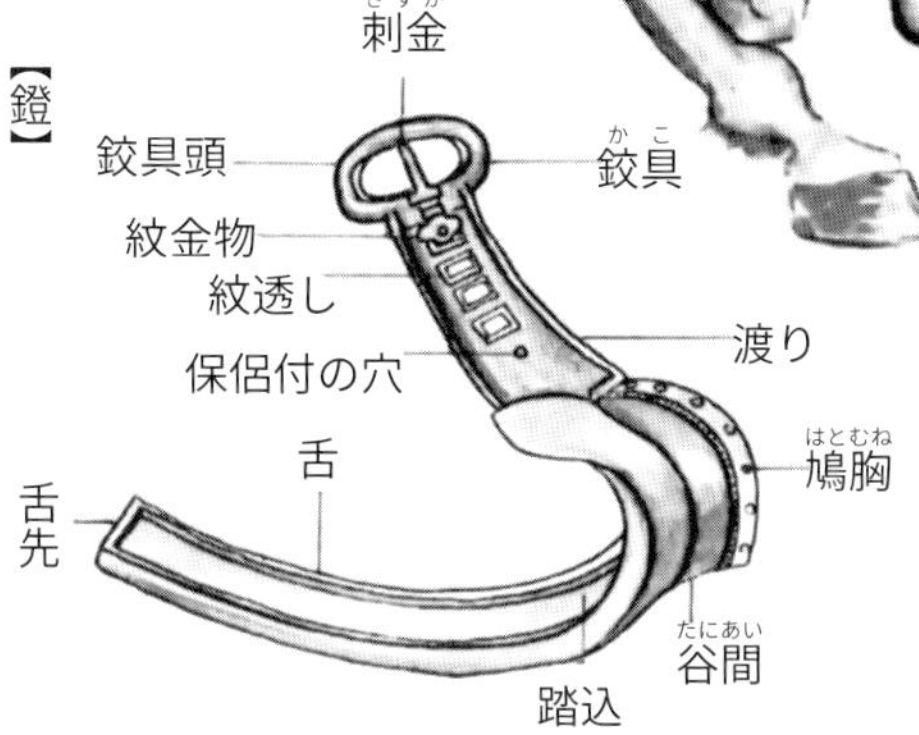

【杏葉轡】

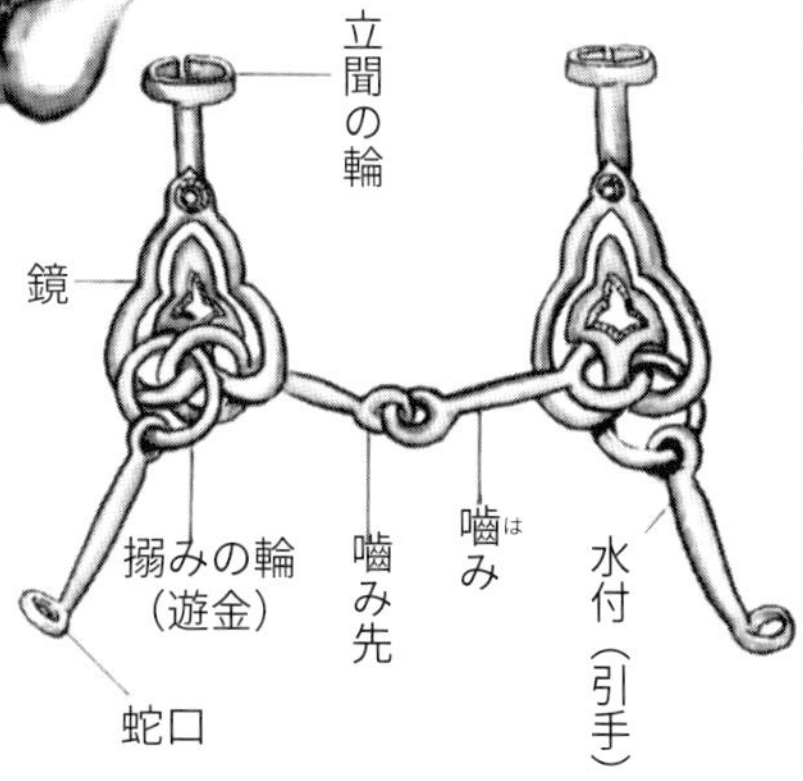

戦士である以上、
冑・袖・籠手などの有効な防禦を必要。
上級の武士でも、大鎧より軽武装を望んだ場合には、
胴丸を用いていた。

s胴丸（当時の古記録にいう腹巻）は元来軽武装用なので、上腹巻（衣服の上に胴丸だけつける）・下腹巻（衣服の下に胴丸だけ着込む）にしたり、徒歩の軽卒が用いるものであったから、大鎧の完全軍装のように、冑・袖・籠手・臑当を用いない方が多かった。

そして、その代わりに、肩上に大きい杏葉型の鉄片を結びつけて、肩の防禦としたものであるが、源平二氏が相争ったころは、袖を用いたり、籠手・冑を用いたりした。

軽卒も戦士である以上、やっぱり有効な防禦を必要としたからである。

これらは『平治物語絵巻』を見ると、冑・籠手をつけた胴丸姿や冑・袖を用いた胴丸姿の徒歩戦士が描かれているのでもわかる。

馬上の主人が勝敗の決をとるのであるが、それにしたがっている徒歩従士は、主人の手足となって、直接尖兵的行動に出るから、やっぱりかなりの危険にさらされる。

徒歩兵同士の戦闘もあるから、冑・袖・籠手の防禦も必要としたのである。

また地形の関係から、馬を用いられないおりや、大鎧よりは軽快に武装を望んだ場合には上級の武士でも胴丸を用いた例はある。

『源平盛衰記』巻三十五巴関東下向の条に

『巴は都を出でけるときは、紺村紅《くれない》に、千鳥の冑直垂を著たりけるが、関寺の合戦には紫隔子《すそご》を織出したる直垂に、菊閉滋くして、萌黄絲威の腹巻に袖付て……五枚甲の緒をしめ……』

とあるように、冑・袖を用いている。

この場合特に腹巻に袖付てとあるように、元来軽武装用の胴丸には袖を用いなかったのである。

袖を用いるようになって始めて肩上に袖付の装置がついたり、背に総角付の環と総角が用いられるようになったのである。

初期の袖を用いた胴丸姿

初期の袖を用いた胴丸の遺物と古画

薙刀を持つ徒歩の武人であるが、
肩に杏葉だけ用いた胴丸を大鎧並に完全武装した姿。

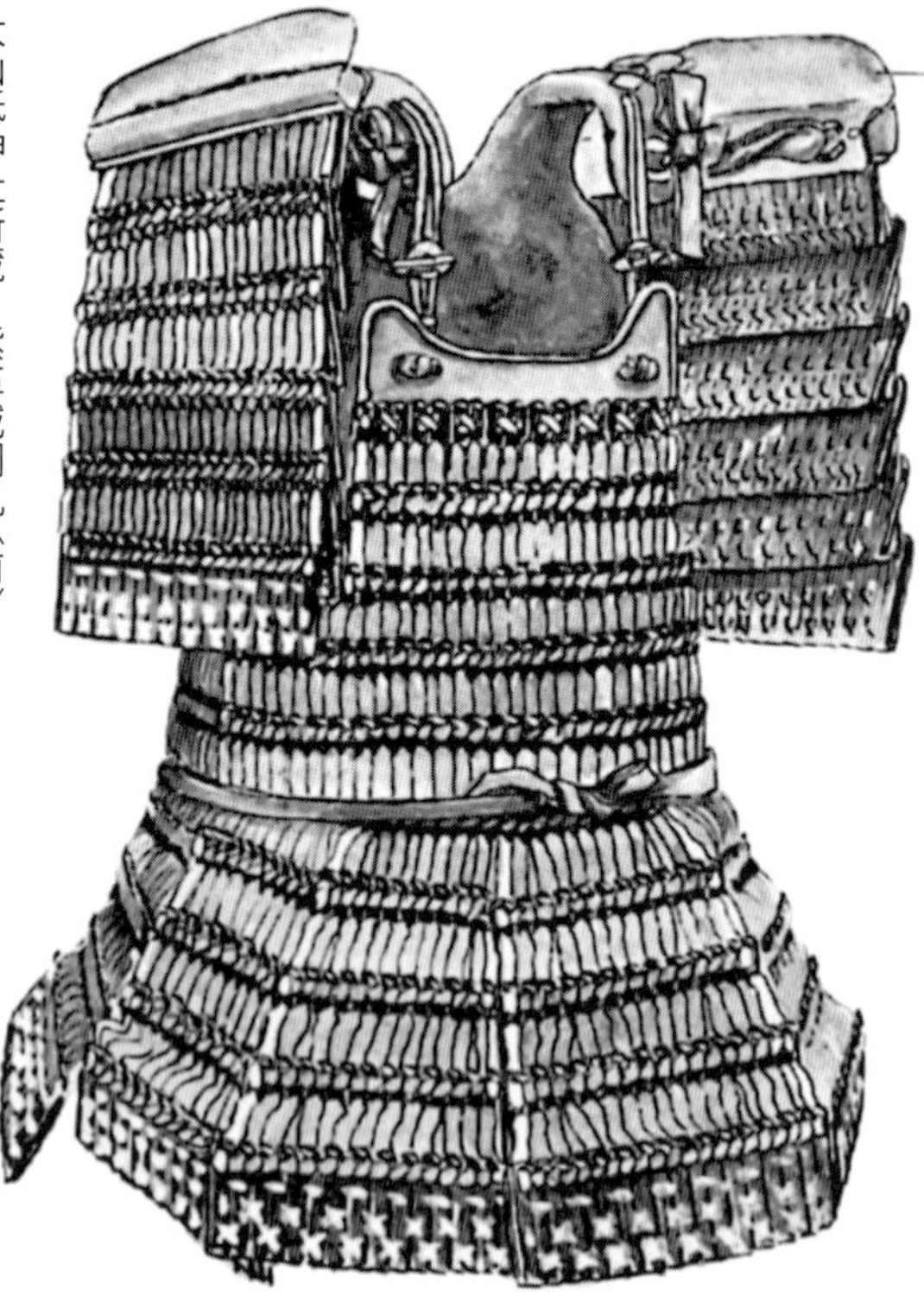

大山祇神社所蔵　紫革威胴丸（前）

『年中行事絵巻』に描かれた袖付胴丸姿

『平治物語絵巻』や『年中行事絵巻』（左図参照）には、冑・袖・籠手を用いた胴丸姿が二、三描かれている。

これらは薙刀を持つ徒歩の武人であるが、肩に杏葉だけ用いた胴丸を大鎧並に完全武装した姿である。

袖を用いたが故に、袖の運動に関係のある袖の緒を結びつける総角が、大鎧と同じく背巾に設けられている。

おそらく肩上にも袖付の装置がなされていたであろう。

この場合、袖を具さないおりに肩に装置した杏葉はどうなっていたのであろうか、この時代の古画からはうかがい得ない。後世の袖を用いた胴丸はほとんど肩上先端に杏葉を垂れて、高紐の覆いとなっているが、この時代の袖付胴丸は杏葉を用いたかどうかは不明である。後世の杏葉のように小型であれば、肩上の先端に垂れるのは手の運動に差支えないが、当時肩の防禦物であった杏葉はすこぶる大きいから肩上先端に下げるのは不便である。

初期の袖を用いた胴丸の遺物と古画

「紫革威胴丸」―、
胴丸としての初期的形式を各所に残す貴重なもの。

始めはおそらく袖を用いる場合にのみ杏葉は外して用いたものと思われる。

そして袖を用いることを考慮して作られた上腹巻（胴丸）等はいく分小型の杏葉となり、袖をつけた場合には肩上先端に垂れて、高紐の覆いと、胸板左右上の防禦を兼ねるようになり、杏葉は次第に縮小されて、後世の胴丸に見る形態になったものと思われる。

大山祇神社には伝木曽義仲奉納という紫革威胴丸があるが、これには杏葉を装置したような跡がない。

この胴丸は、鎌倉時代初期ころと推定されるが、胴丸としての初期的形式を各所に残している貴重な資料である。

肩上から押付にかけては、大鎧とよく似ていて、後世のように押付の板を用いていない。高紐の緒の出し方も大鎧と同じである。

胸板の高紐の用い方も内から用いて同様であるし、胴はやや裾拡りで、草摺は四段下りである。

現在良好でない修補でその姿を保っているが、胴丸の遺物としては最古である。

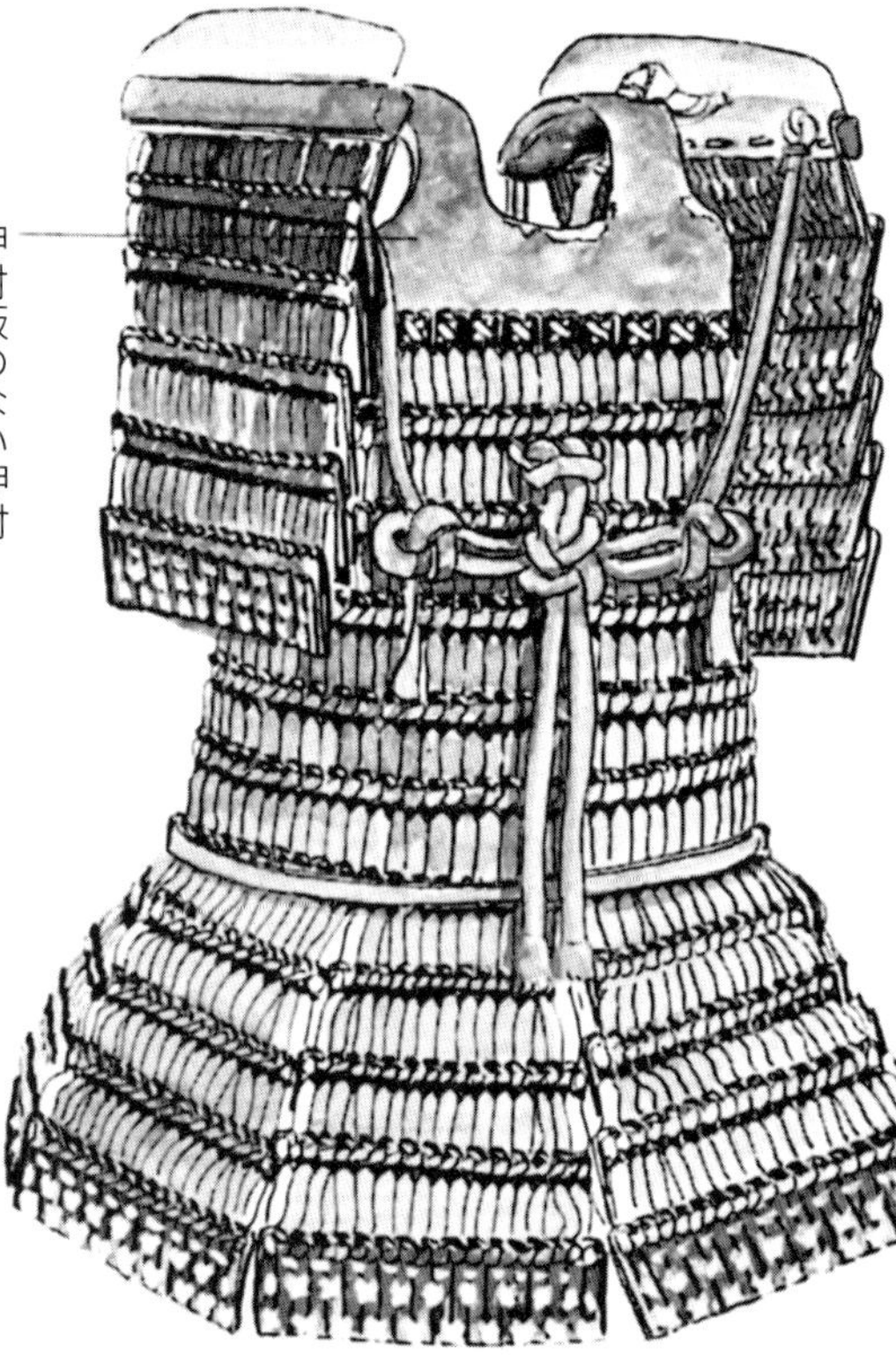

押付板のない押付

大山祇神社所蔵　紫革威胴丸〔後〕

『平治物語絵巻』に描かれた袖付の胴丸姿

『蒙古襲来絵詞』に描かれた大鎧

当時の流行が正確に描かれている『蒙古襲来絵詞』から。
左手に弦を外にした弓を持ち、右手に軍扇を持つ烏帽子姿、
大鎧は華やかな赤威で、切符の矢を盛った箙を用いている。

『蒙古襲来絵詞』は『竹崎季長絵詞』ともいわれ、文永元（一二七四）年、弘安四（一二八一）年の両役に奮戦した肥後国益城郡豊福村竹崎の住人竹崎五郎季長の戦闘記録を描いたもので、当時のようすを土佐長隆、長章父子に指定して描かせたと伝えられ、武装風俗は比較的正確で、後世有益の資料となっている。

当時の戦闘法、布陣の様子、武器武具の形式等がよくうかがえる。

布陣して大将の控えているありさまは大宰少貳三郎左衛門尉景資や、石垣上の菊池二郎武房等によって知られるが、後世のように床机に腰掛けているのではなく鎧櫃に腰を下している。

左手に弦を外にした弓を持ち、右手に軍扇を持ち、烏帽子姿である。

大鎧は華やかな赤威で切符の矢を盛った箙を用いている。

この時代の鎧の遺物としては武州御嶽神社所蔵重要文化財指定紫裾濃威大鎧がある。

また武将が好んで用いた鍬形は長鍬形で、城次郎盛宗の兜、菊池二郎武房の兜に見られ、遺物としては奈良県春日大社所蔵重要文化財指定梅金物赤糸威鎧・島根県日御碕神社所蔵国宝白糸威大鎧等の兜に見られる。

そして菊池二郎武房の兜の鍬形台の獅噛形は前記梅金物赤糸威大鎧にあり、城次郎盛宗の兜のように向い鳩に菊模様の華美な彫刻の鍬形台のような形式は春日大社所蔵歌絵金物の兜・同社所蔵竹に雀虎金物大鎧・青森県櫛引八幡宮所蔵国宝架籬菊金物大鎧等に見られる。

またこの絵巻にしばしば描かれている三枚筒臑当の華美なものは、滋賀県兵主神社所蔵重要文化財指定金銅筒臑当や、日田家伝来の金銅筒臑当に見られ、引両に据紋の臑当の遺物は岐阜県可成寺所蔵筒臑当にも見られる。

また描かれている金銅装太刀や黒漆の太刀もそれぞれ遺物があり、この『蒙古襲来絵詞』は描かれた鎧の威毛・絵革の模様等によって当時流行した好みがいかに正確に描かれているかがうかがわれる。

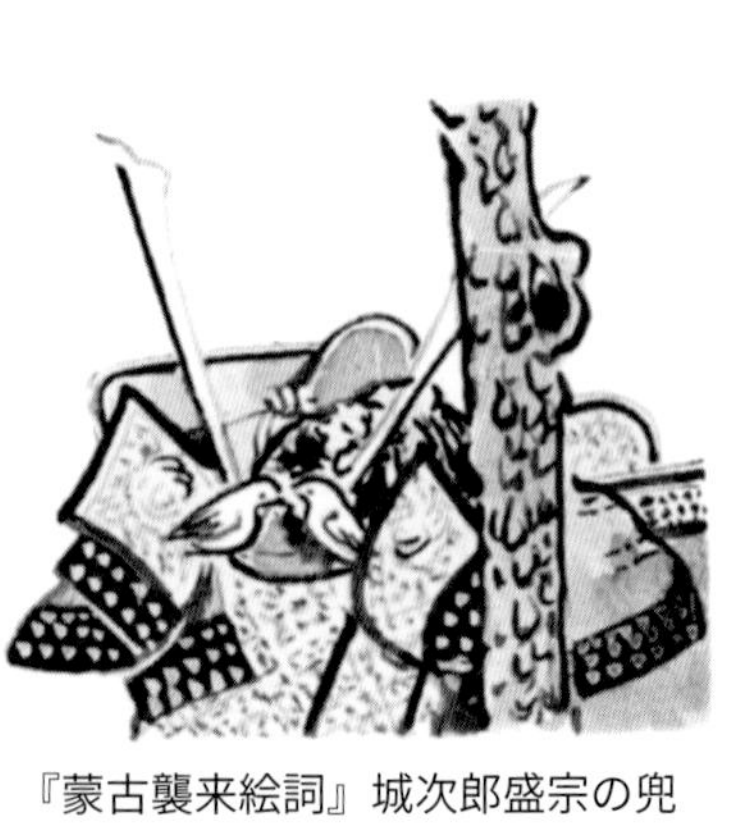

『蒙古襲来絵詞』城次郎盛宗の兜

『蒙古襲来絵詞』に描かれた大鎧

『蒙古襲来絵詞』より
太宰小武三郎左ヱ門尉景資の赤威大鎧姿

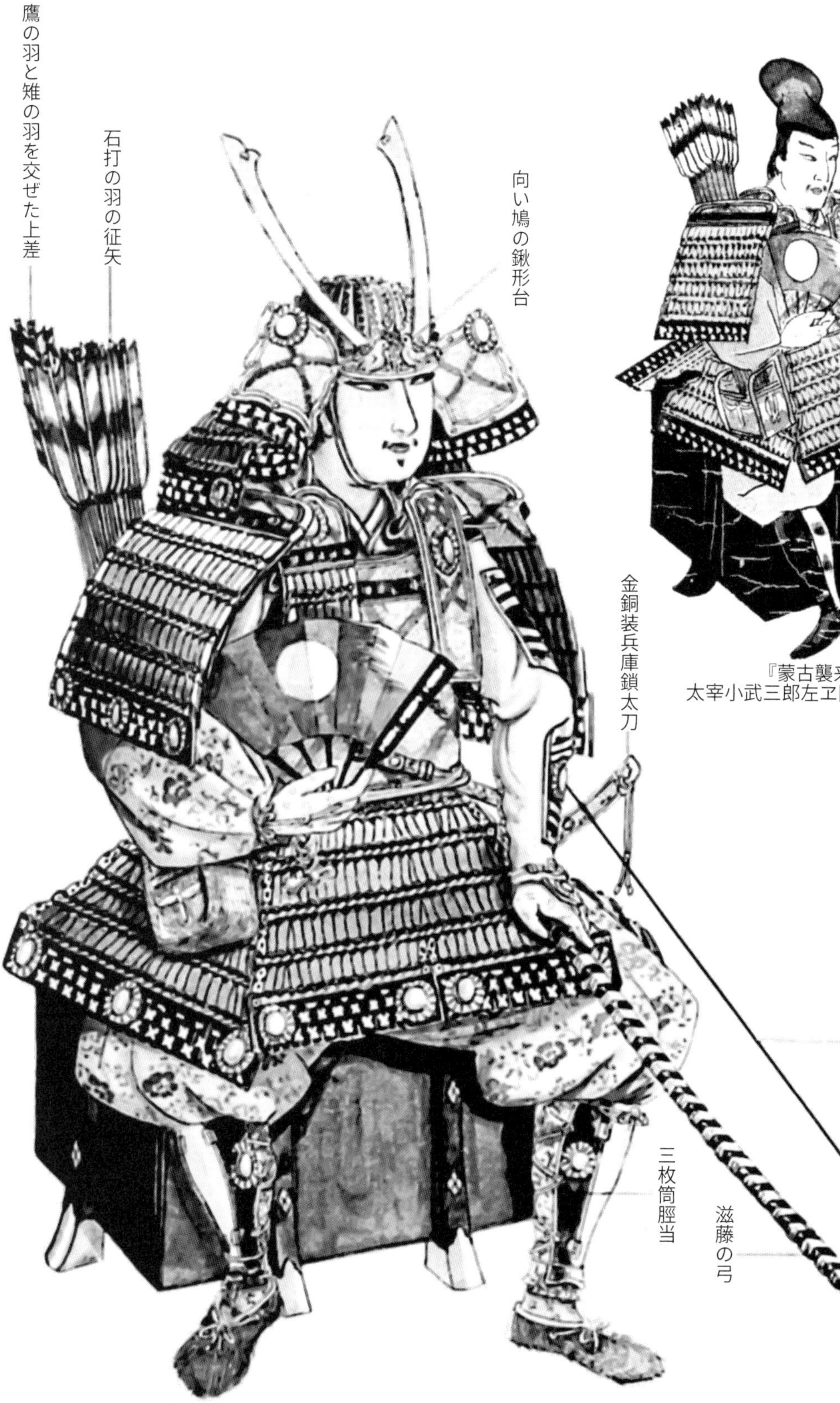

『蒙古襲来絵詞』より復原した鎌倉時代の大鎧姿

一般の労働服である直垂も
武人が平常の服として用いるようになる。
直垂は、武装時にも着用するようになると、
動きやすい「鎧直垂」が生まれる。

前述のように一般の労働服である直垂も武人が平常の服として用いるようになると、武装時にも活動的な鎧直垂というものになる。

水干・直垂の上に甲冑を用いることは行なわれていたが、これらは袖が広いので、武装には差障りがあることが多いので、再び初めのころの形式に戻って袖細の直垂が用いられた。

これが鎧直垂である。

このために平常は狩衣・水干・直垂を用いたものでも、武装のおりには鎧直垂を着るようになり、普段は、麻・木綿・絹の直垂であるが、鎧直垂は華やかに装うために、綾・錦、染模様等を選んだりした。

こうして直垂と鎧直垂は使用目的によって区分されるようになり、身分の高い者でも武装のおりは鎧直垂を着るようになった。

鎧直垂は、

蜀江錦直垂（『盛衰記』）、赤地錦直垂（『平家物語』『盛衰記』『平治物語』『保元物語』『東鑑』）、唐赤地錦直垂（『増鏡』）、紺地錦直垂（『東鑑』『平家』『盛衰記』）、紫地錦直垂（『平家』『盛衰記』）、白地錦（『参考保元』）、紺錦直垂（『盛衰記』）、黄錦直垂（『二水記』）、青地錦直垂（『東鑑』）、朽葉綾直垂（『平家』）、綾直垂（『東鑑』『平家』）、白唐綾射向の袖紺地錦にて色絵たる直垂（『平家』）、魚綾直垂（『平家』『盛衰記』）、綾摺の直垂（『平家』）、練色魚綾直垂（『盛衰記』『平家』）、薄青の生絹角綾直垂（『平家』『盛衰記』）、練貫に鶴絵たる直垂（『盛衰記』）、練貫五色にて籬に菊縫たる直垂（『平家』）、練貫に沢瀉摺たる直垂（『盛衰記』）、紫取染唐綾直垂（『盛衰記』『平家』）、萌黄生絹直重（『平家』『盛衰記』）、菊綴直唾（『盛衰記』）、紫格子ちやう直垂（『平家』）、紫格子織付たる直垂菊綴繁く（『盛衰記』）、木蘭地直垂（『平家』『盛衰記』）、木蘭地色々糸にて獅子牡丹縫たる直垂（『平家』）、てう目結直垂（『平家』）、三目結直垂（『盛衰記』）、褐直垂村千鳥を縫（『平家』）、褐縫物直垂（『平治』『保元』）、餝磨の褐直垂（『盛衰記』）、褐直垂に袖を紺地錦にて易たる（『盛衰記』）、褐直垂大衿端袖赤地にて錦を裁入（『盛衰記』）、紺地色々糸にて獅子丸縫たる直垂（『保元』）、長絹直垂（『平家』『盛衰記』『平治』）、紺村濃直垂（『平家』）、紺に白糸にて群千鳥縫直垂（『盛衰記』）、小村濃直垂（『平家』）、地白直垂（『東鑑』）、白直垂（『東鑑』『平家』）、信夫摺直垂（『平家』）、藍摺直垂（『東鑑』『保元』）、秋野摺直垂（『盛衰記』『平家』）、沢瀉を一染摺たる直垂（『平家』）、曳柿直垂（『東鑑』『平家』）、縫摺直垂（『盛衰記』）、島摺直垂（『平治』）、大文字三書直垂（『盛衰記』）、朽葉色直垂（『平治』）、青筋懸丁直垂（『東鑑』）等、

が当時の古記録から拾えるが、これらは袖細であるので平服の直垂としては決して用いないものであった。

鎧直垂

平服としての直垂

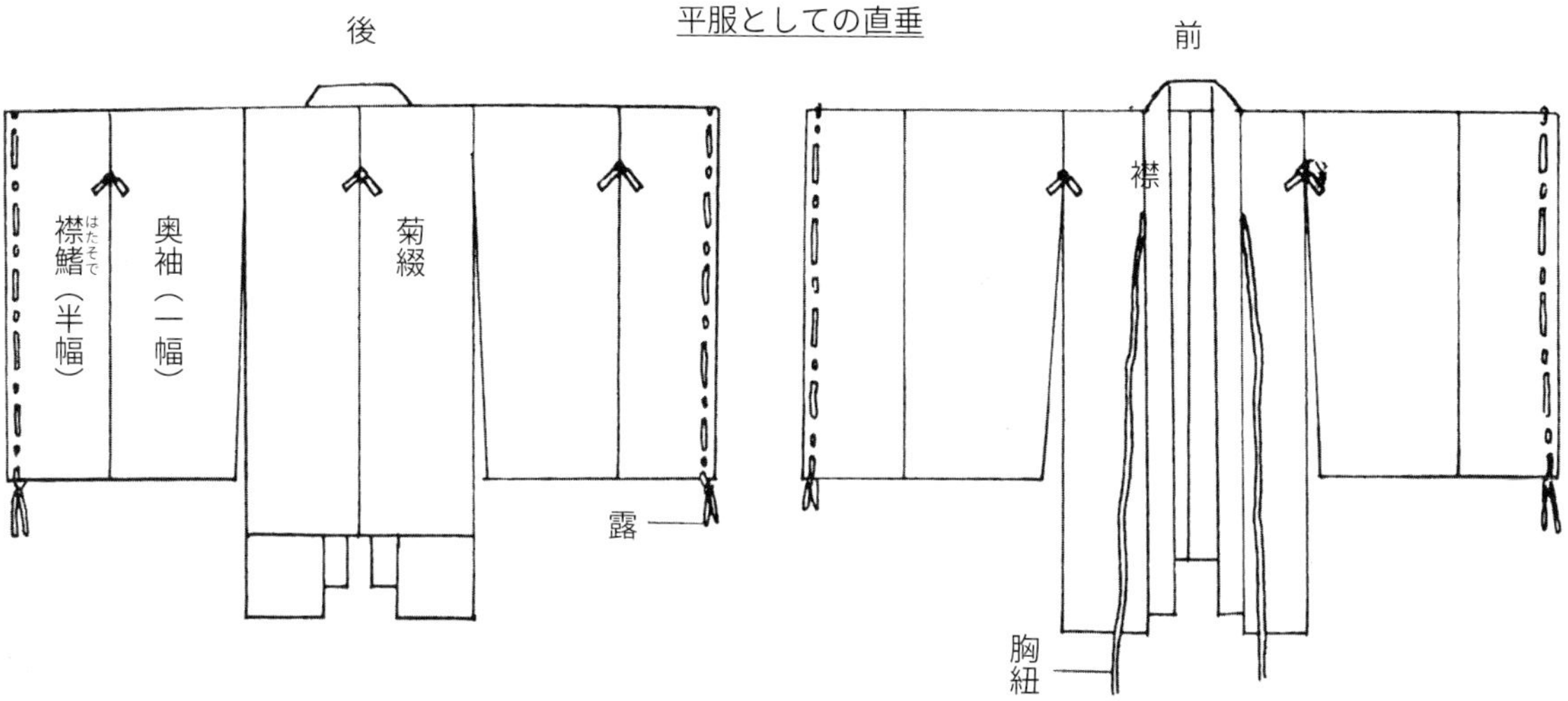

鎧直垂

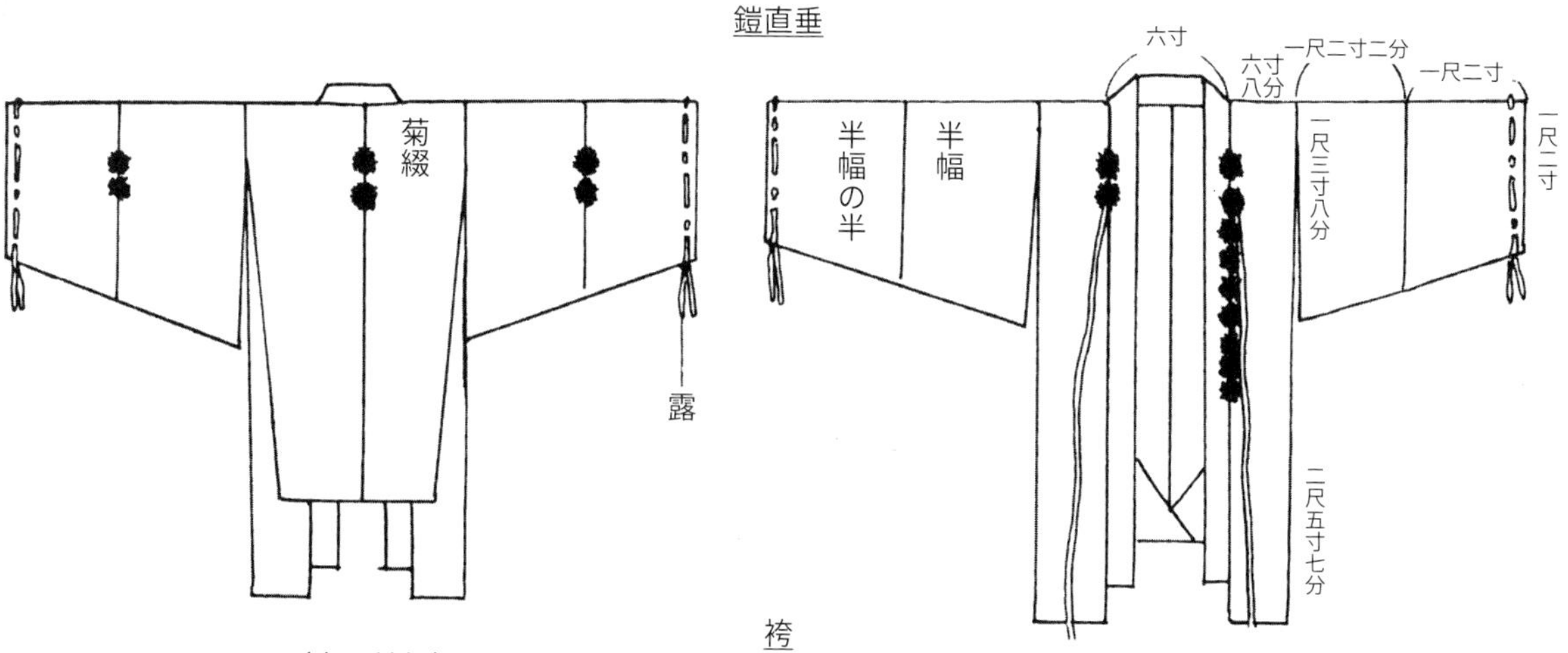

袴

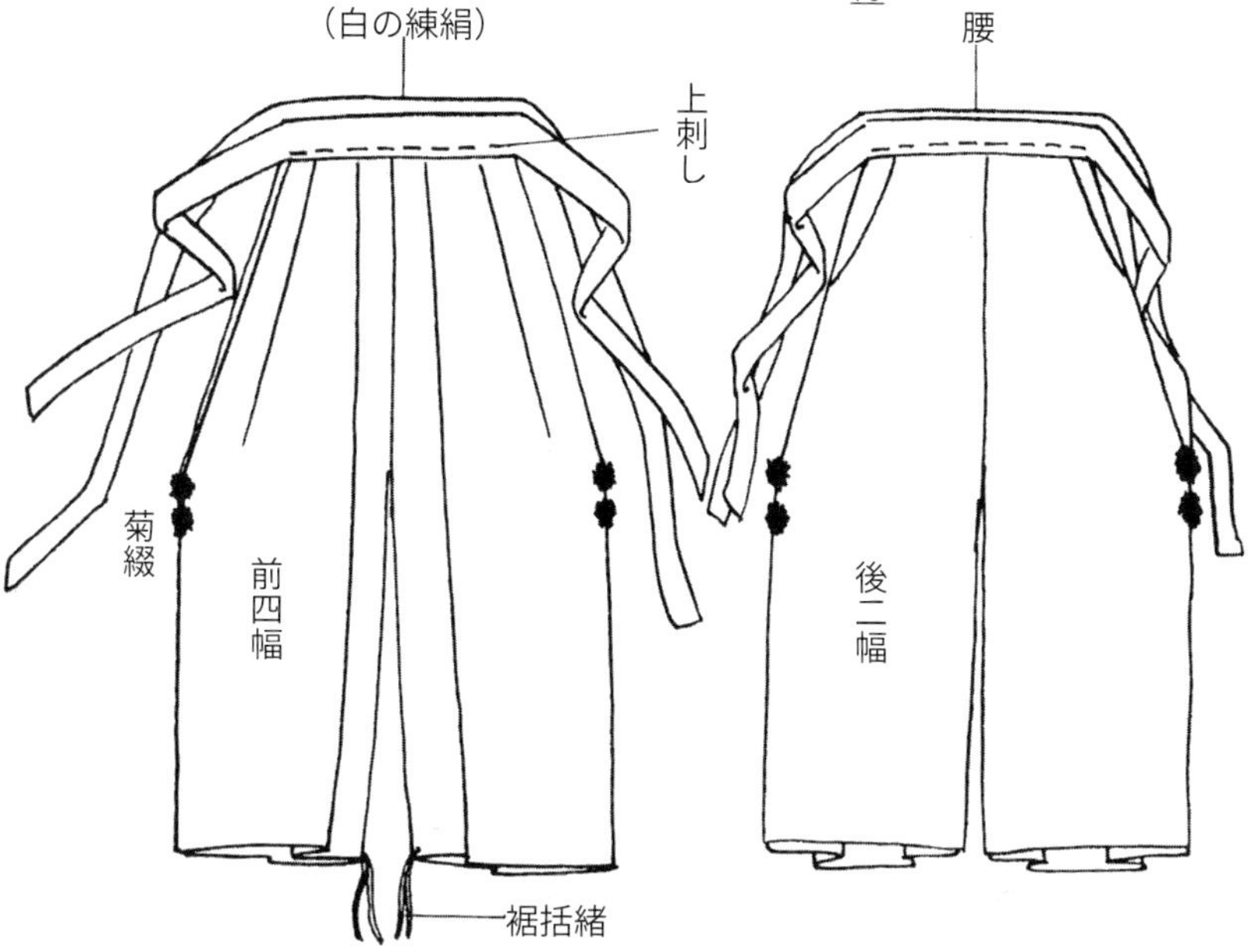

大鎧の武装の順序①　褌

大鎧着用の順序は別に定まったものはなかった。
室町時代ごろから順序作法が立てられるようになった。

鎌倉時代ごろまでは大鎧着用の順序としては別に定まったものはなかったらしく、要するに内側のものから身体に装着するのであったろうが、室町時代ごろからその順序作法が立てられるようになった。

その順を記したものには『体源抄』『鴉鷺合戦物語』『義貞記』『随兵の次第』があり、江戸時代にはこれらの形式を踏襲した『軍用記』『甲冑着用図』等がある。

これらは下着の衣類の着装まではだいたい同じで、鎧とその付属品着装に多少の相違があるのみである。左にこれらの書の順を表記しておく。

第一番にはまず着替えるため裸になって褌をしめることから始まる。緊急の場合にはこうしたことは行なわないであろうが、死生の巷《ちまた》に出陣するのであるから新しい褌を用いる気持になるのは当然であろう。

褌は日本および南方民族の古くより用いたもので、フンドシの語源は『ふもだし』の転語であるとされている。

褌（手綱・浴衣）をつける

『相撲人画巻』に描かれた褌

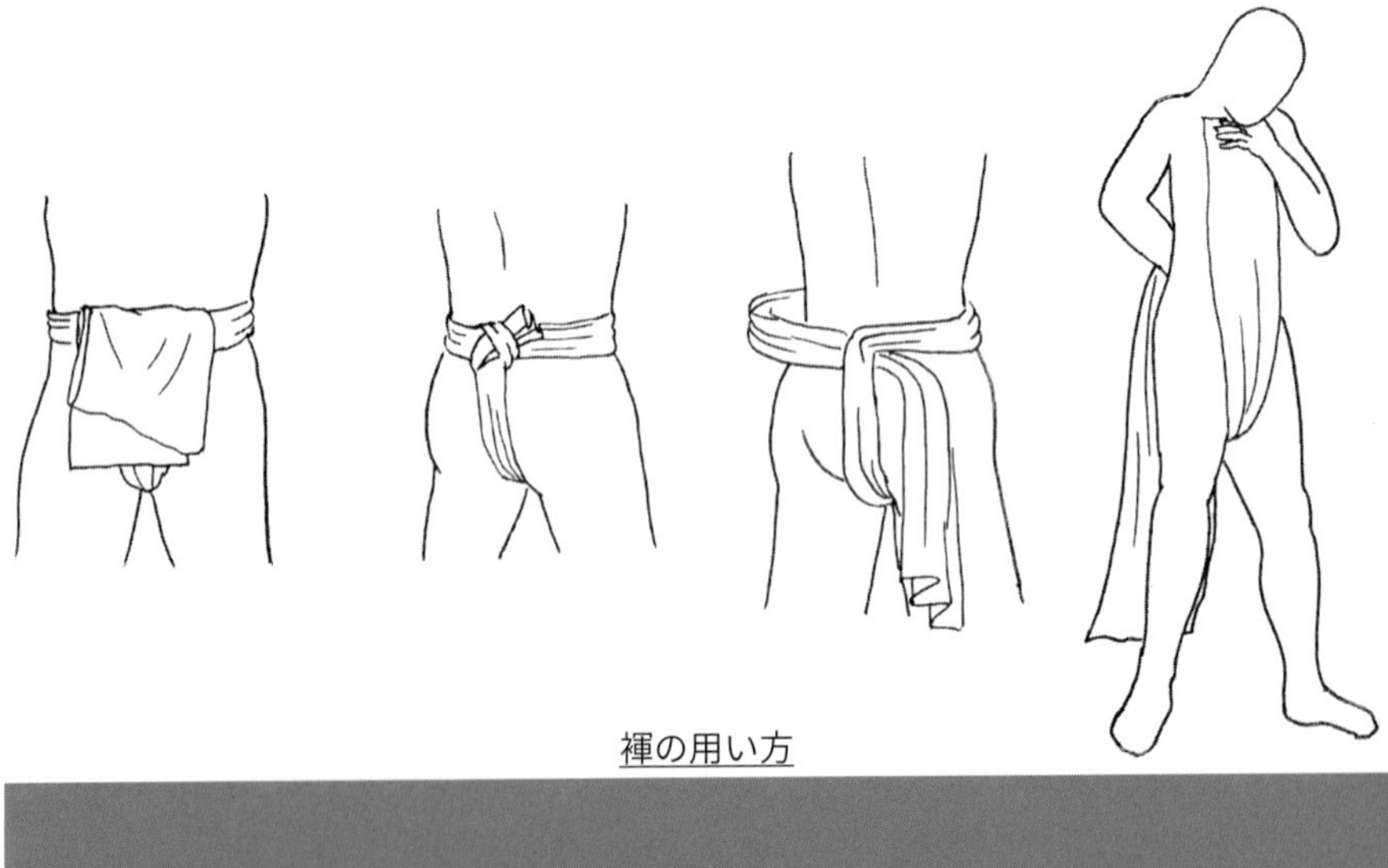

褌の用い方

大鎧の武装の順序①　褌

着用順序を記したものには
『体源抄』『鴉鷺合戦物語』『義貞記』『随兵の次第』がある。

『万葉集』十六乞食者詠に『馬爾己曽《うまにこそ》・布毛太志可久物《ふもだしかくも》……』という踏駄《ふもだし》は鞍馬具の絆《ほだし》である。『和名類聚抄』に『褌、方言、注云、袴而無跨謂之褌。音昆。和名須萬之毛能、一云、知比佐岐毛乃。史記云、司馬相如著犢鼻褌、韋昭曰、今三尺布作之形如牛鼻者也。唐韻云、松、職容反、与鐘同。揚氏漢語抄云、松子、毛乃之大乃大不佐岐、一云水子、小褌也とあり、たふさぎは股ふさぎの意である。また手綱ともいったことも古く、後世は下帯ともいい、六尺の一幅のものを六尺褌、三尺の布に紐をつけたものを越中褌と呼んでいる。だいたい天正以前には長さ四、五尺（約一二〇～一五〇センチ）のものを一端から約半分ぐらいまで裂いて、これを腰に巡して前に結び、一幅の部分を股下から前に通して前に挾んだが、これが紐付の越中褌となったもので、もっこう褌ともいわれた。褌の用い方は数種あるが左の図に『相撲人画巻』の力士の褌図を示して置く。

鎌倉時代には木綿はなかったから上級者は絹、下級者は麻あたりを用いたと思われる。

	鴉鷺合戦物語	義貞記	体源抄	軍用記	甲冑着用図	随兵之次第事
1	手綱	浴衣	手綱	手綱（たふさぎ）	手綱（褌）	
2	小袖練貫	小袖生袷練貫	小袖（すずし練貫）	小袖	小袖（長短あり）	小袖
3	精巧大口	大口精巧	大口精巧	下の帯（小袖の下にする帯）	小袖の帯（平くけ）	大口の袴
4	髪を乱す	乱髪	乱髪	脛巾	乱髪（鉢巻）	烏帽子
5	鉢巻（白布八尺五寸）	鉢巻（白布八尺五寸）	鉢巻（白布八尺五寸）	鉢巻	烏帽子	鉢巻
6	ゆがけ	弓掛	弓掛	烏帽子	足袋	蝶（弓掛）
7	鎧直垂	鎧直垂	鎧直垂	小手（左先）	脚絆	鎧直垂
8	脛巾	脛巾	脛巾	臑当（左先）	臑当	脛巾
9	括りを結ぶ	結ぶ	しめ括り	ゆがけ（左先）	指懸（右先）	括り
10	臑当	臑当	臑当	袴（鎧直垂の下左先）	籠手（右片コテ）	臑当
11	頬貫	頬貫	頬貫	ひざ鎧（左先）	袴（半大口）	貫
12	脇立	脇立	脇立	小大口（膝鎧の上）	膝鎧	佩楯
13	小手	手蓋	手蓋	鎧直垂	小大口（膝鎧の上）	籠手
14	鎧	鎧	鎧	直垂の腰帯	鎧直垂	脇楯
15	刀	刀	刀	直垂の袖くくり（左先）	籠手（左片コテ）	喉輪
16	太刀	太刀	太刀	脇楯	脇楯	鎧
17	征矢	征矢	征弓	鎧	鎧	上帯
18	弓	弓	弓	鎧の上帯	鎧の上帯	刀（鞘巻）
19				つらぬき（左先）	鎧の両袖の緒を結ぶ	太刀
20				刀（さやまき）	毛沓	箙
21				太刀並弦袋	小脇差	弦巻
22				征矢	太刀	冑
23				頬当	征矢	弓
24				冑	喉輪	
25					冑	

大鎧の武装の順序② 小袖

褌をつけおわると小袖を着る。
上級者が鎧を着る場合には
肌着として小袖は新しいものを用いたであろう。

褌をつけおわると小袖を着る。

これも緊急の場合は着替えることはしなかったであろうが、上級者が鎧を着る場合には肌着としての小袖は新しいものを用いたであろう。

『体源抄』『義貞記』等では小袖は、すずし、練貫としており『鴉鷺合戦物語』でも練貫としている。

夏はすずし、冬は練貫であろうが、軍陣の心得としてこれにこだわることもなかったと思う。

後世は軍陣用の小袖として白の小袖を用いたので『鎧下の小袖』ともいい、普通の小袖よりたけが短く、袖丈もやや短いものを用いた。

この上に大口袴を著いたり、籠手をつけたりするからである。『軍用記』に『鎧の下に着る小袖も常の小袖に替る事なし』とあり、一般武人等の場合には普段の小袖に鎧直垂を着たであろうし、夏などには小袖を略すこともあったであろう。

『軍用記』に『地は貴人は綾織物、平人は練貫、平絹等常に同じ、又は生絹、麻布等単《ひとえ》も袷も綿入も常の如し。又近世袖細と名付けて袖を筒のごとく細くしたるを用ふる事あり。袖を細くする事は籠手をさすに宜き故なり。いづれも丈は短きをよしとす。又いにしへ袖細と名付けしは素襖の袖の下をそぎて細くしたるをいふ。是は鎧の下に着する物にあらず、狩の時に着せし素襖なり。帯も常帯なり』とある。

次に大口をはく。

大口とは大口袴ともいって下袴である。公家の装束のときにも用いるが、鎧直垂の下にも着用した。しかし一般武士は着用しないこともあった。だいたい膝位の短い袴で、右腰上端の前後に紐があり、左側は紐で連なっている。

後世は化粧袴の形式になり、下袴・小袴といった。

小袖の袖を通すにも大口を履くにもすべて左手、左足から入れるのが作法である。

大口袴を履く

大鎧の武装の順序②　小袖

次に大口を履く。大口とは大口袴ともいって下袴。
小袖の袖を通すにも大口を履くにも
すべて左手、左足から入れるのが作法である。

大鎧の武装の順序③　烏帽子、鞢

次に烏帽子。
鎌倉時代ころから軍陣においては、
元取をくずして乱髪にするのが流行。

次に烏帽子をつけるが、鎌倉時代ころから軍陣においては、元取をくずして乱髪にする風習が次第に流行し始めた。『蒙古襲来絵詞』によると『みちあり（通有）かいゑ（家）には合戦落居せさる間ゑほうし（烏帽子）をきさるよしこれを申』とあって、竹崎季長に河野六郎通有が対面している場面には、烏帽子をかむらないで月代を剃った態が描かれている。合戦が終わらない、すなわち戦陣中は烏帽子をかむらない家習があるというのは、戦争馴れのした気性の激しい血筋であろうが、すでに平安朝時代末期ごろから戦争となると烏帽子をかむらないで兜を用いる者も多少はいたことを証するものである。さらに月代を剃って総髪でないことは代々のぼせ性であるためであったろう。このようにして烏帽子をつけなかったり、元取を立てないで、兜を用いるときには必然的に、元取を解いて乱髪にせざるを得ない。

こうした風俗が流行して鎌倉時代には乱髪にすることが普及したのであろう。しかし月代を剃ったり、乱髪にすると兜を用いるときに、兜の重みは直接頭にこたえる。そのため乱髪としても烏帽子は旧習そのままに用いた者が多かったのであろう。しかしこれでも頭にこたえるので鎌倉時代末期ごろから兜鉢に受張（裏張）が考えられるようになった。また頭の廻りが兜鉢に触れて痛むのを防ぐためと、頭を緊張させるために鉢巻を行なうようになった。

大鎧の武装の順序③　烏帽子、鞢

革手袋である鞢を着ける。
江戸時代の『軍侍用集』『軍用記』には
右から着ける心得が記されているが、
古くはどちらが先ということはなかったと思われる。

鉢巻の用い方と、その長さは江戸時代の故実書には種々規定しているが、当時は別にこれといった定めはなかったものと思われる。要するに元取を立てていれば、烏帽子は元取に巻きつけて兜の天辺の穴から出すので、烏帽子がずれたり落ちることはないが、乱髪に烏帽子を用いれば烏帽子は、ずれやすいし、兜の鉢が敵の攻撃の衝激を緩和するために多少大きく、かつふくら味が出てきたので、かむってもゆるくなった。これらを防ぐ意味で鉢巻が必要となったのであろう。とにかく、乱髪にする風俗は後世まで続いた。

次には鞢をつける。革手袋であるが、弓を使うために必要であるとともに、ある程度の防寒防具にもなる。武家の作法としてすべて左から先に着用するのであるが、鞢に限って右から用いる。江戸時代の『軍侍用集』『軍用記』には右から用いる心得が記されているが、古くはどちらが先ということはなかったと思われる。

ただしたいていの人間は右利きで、左手はあまり器用に動かない。そのため左に先き鞢をつけると余計不自由になって右の鞢の緒を結び難いから鞢に限っては右から先に用いるのが合理的である（左利きの者の場合には逆のことがいえる）。その次に足袋を履く。足袋は革足袋で鞣革・熏革等があったことは、江戸時代の遺物の示すとおりであるが、中には足袋を履かない者もおり、下級者はもちろん裸足である。

源平時代の烏帽子のかむり方

軍陣用揉烏帽子

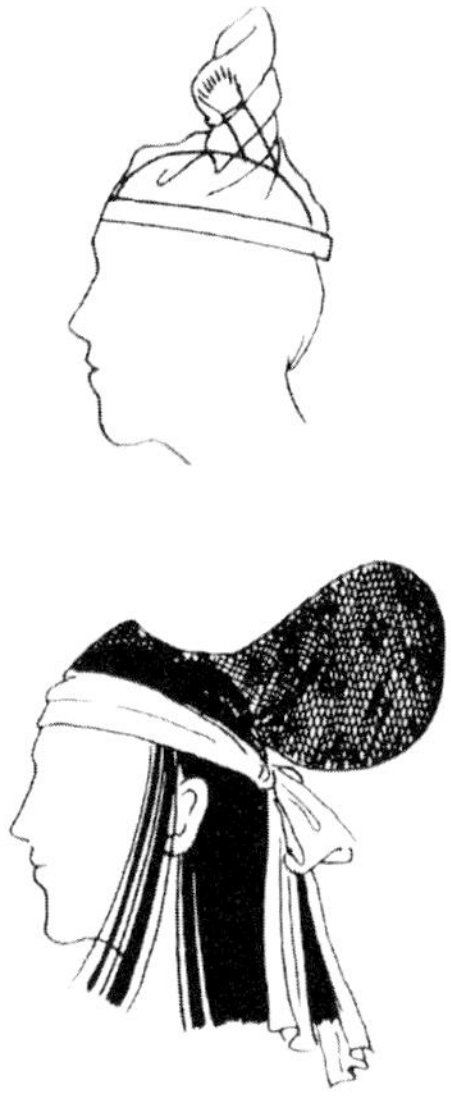

烏帽子をつけてから鉢巻をする

髪を乱髪として烏帽子をかむる

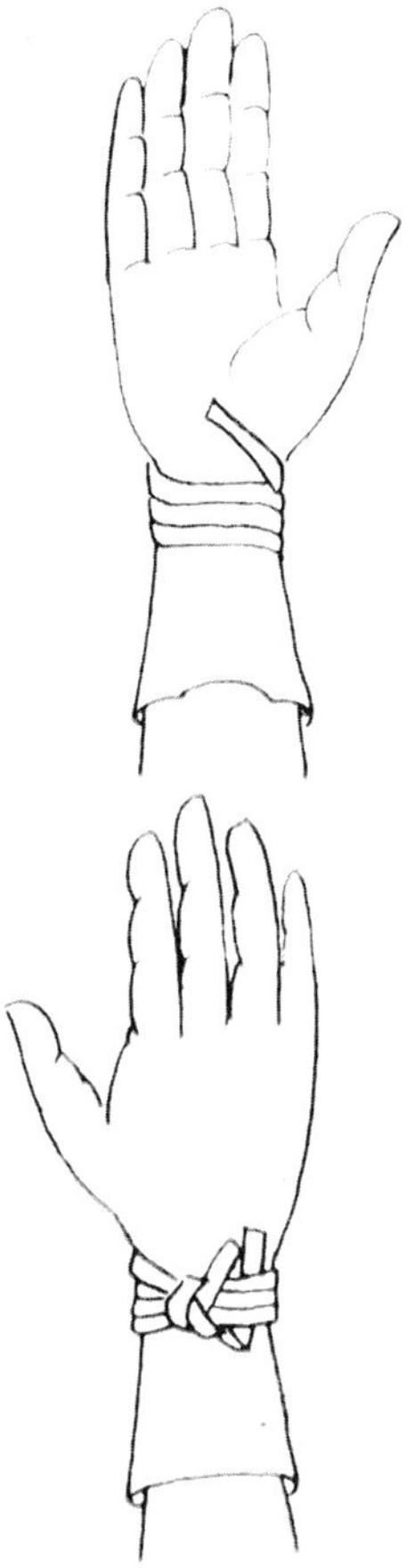

『軍用記』による武田家軍陣鞢緒留様

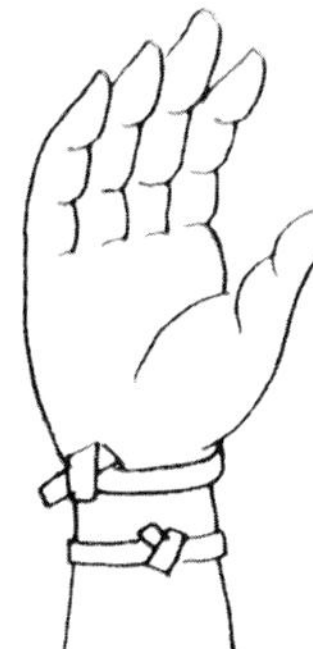

同小笠原家軍陣緒留様

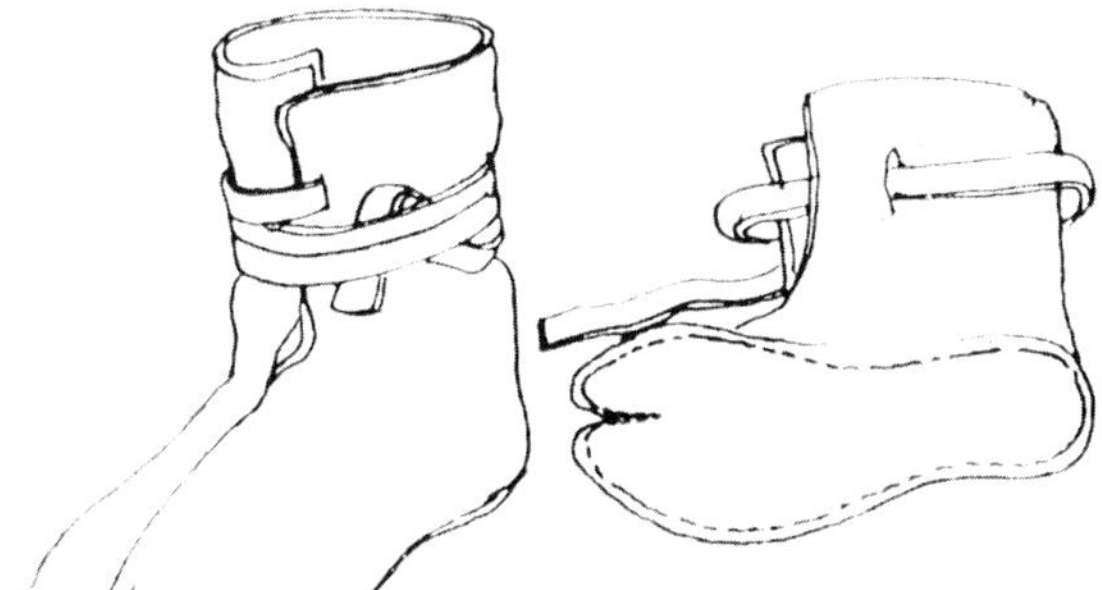

革足袋

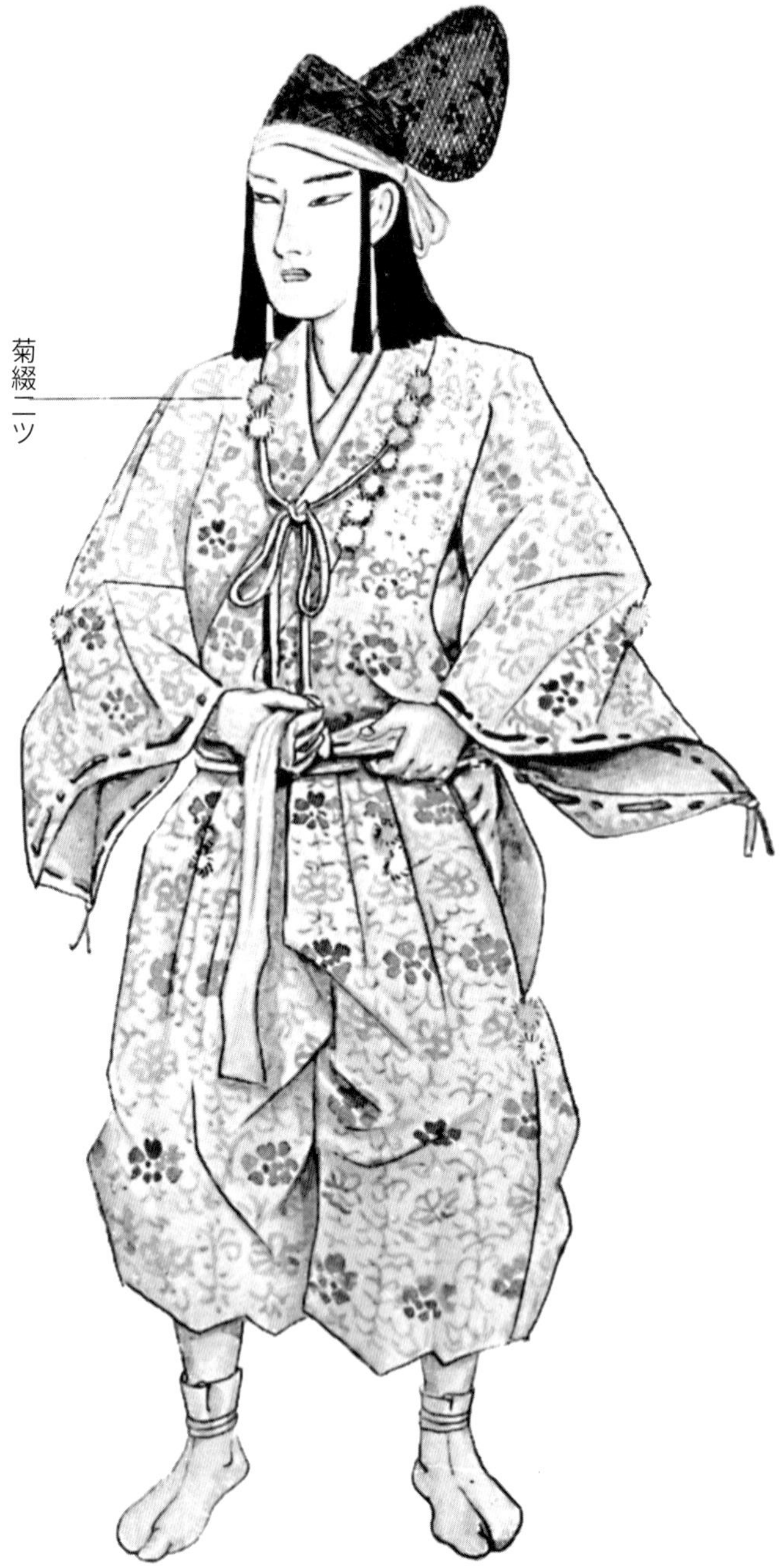

大鎧の武装の順序④　鎧直垂

まず左袖を通してから右袖に入れ、
背と前を整えてから袴をはく。
袴は左足から入れ、右足を入れる。

次に鎧直垂を着る。

まず左袖を通してから右袖に入れ、背と前を整えてから袴をはく。袴は左足から入れ、右足を入れる。そして前の帯を左右後に廻して、前で入れ違えて再び後に廻して後で結ぶ。それより後の帯の左右を前に廻して、前中央で結ぶ。これが袴の履き方である。『軍用記』『甲冑着用図』等江戸時代の故実書には、この鎧直垂を着る前に、左先の籠手・脛巾・臑当・膝鎧（佩楯）をつけることになっているが『体源抄』『鴉鷺合戦物語』『義貞記』等は、鎧直垂を着てからこれらを用いることになっており、この方が順序としても穏当である。

古くは左籠手を用いる場合に、鎧直垂の左袖を外して片肌脱ぎになるので、左籠手を用いてから鎧直垂を着ると、片袖脱ぐことができない。

江戸時代の籠手の用い方は先に籠手を用いてから鎧直垂を着て、袖を臂までたくし上げて緒括りの緒で結び、籠手の手先（二の座盤のある二の腕）から露出するように用いたから『軍用記』『甲冑着用図』はこれを是としたのであろうが古式ではない。この様式は江戸時代の演劇の武装に行なわれて現在に至っている。

また膝鎧（佩楯）を先に用いてから袴を履くと、袴が突張って履き難いし形の悪いものである。膝鎧を見せないようにする心使いで袴の下に用いる方法も当然考えられるが『足利尊氏馬上野太刀画像』を見ても膝鎧は袴の上であり、『平治物語絵巻』に描かれた宝幢佩楯着用の態を見ても袴の上に用いているから、鎧直垂・袴を着用以前に膝鎧を用いるということは古くは行なわなかったと見るべきである。

大鎧の武装の順序④　鎧直垂

鎧直垂は、華やかなもの、鮮かなものを用いる。
夜戦には往々にして黒々と扮装するため、
上級の者でも褐色を用いた。

鎧直垂は、鎌倉時代の鎧直垂の項で述べたとおりの形式で、華やかなもの、また鮮かなものを用いるが、夜戦には往々にして黒々と扮装するため、上級の者でも褐色を用いたりしたことが記録に見られる。

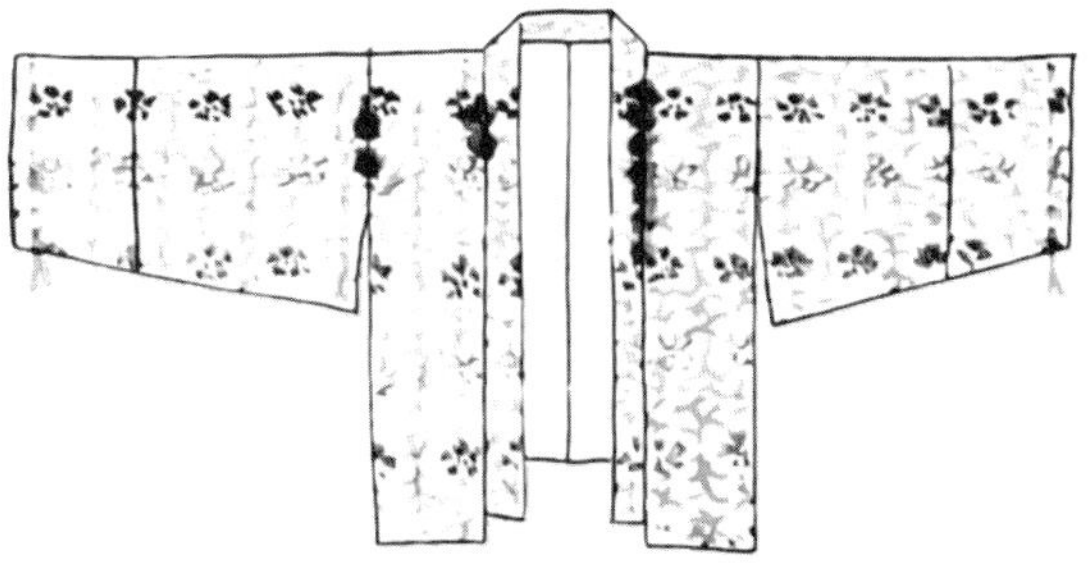
錦の鎧直垂

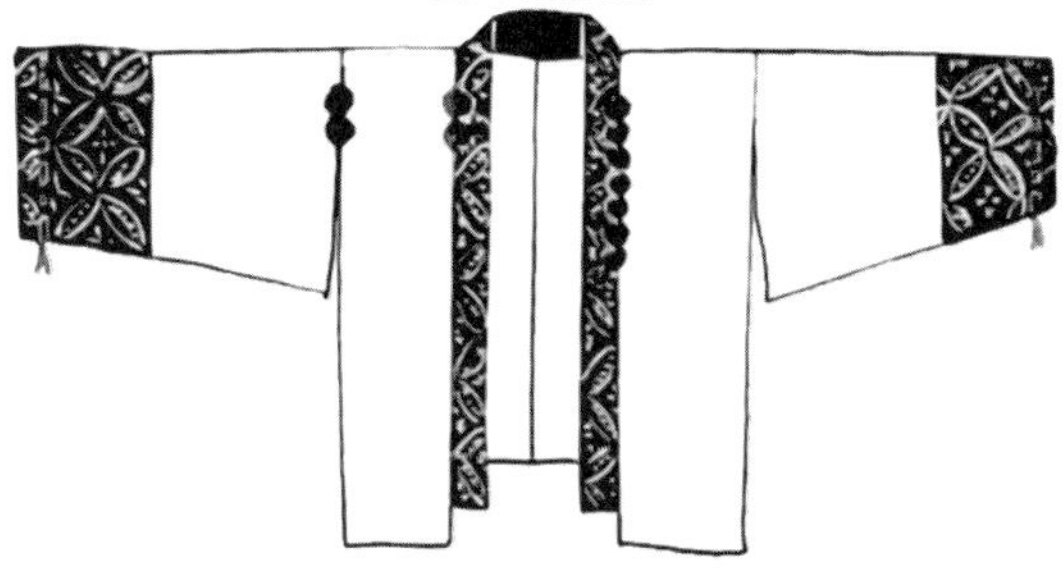
襟と鰭袖で色得た鎧直垂

片身潜りの鎧直垂

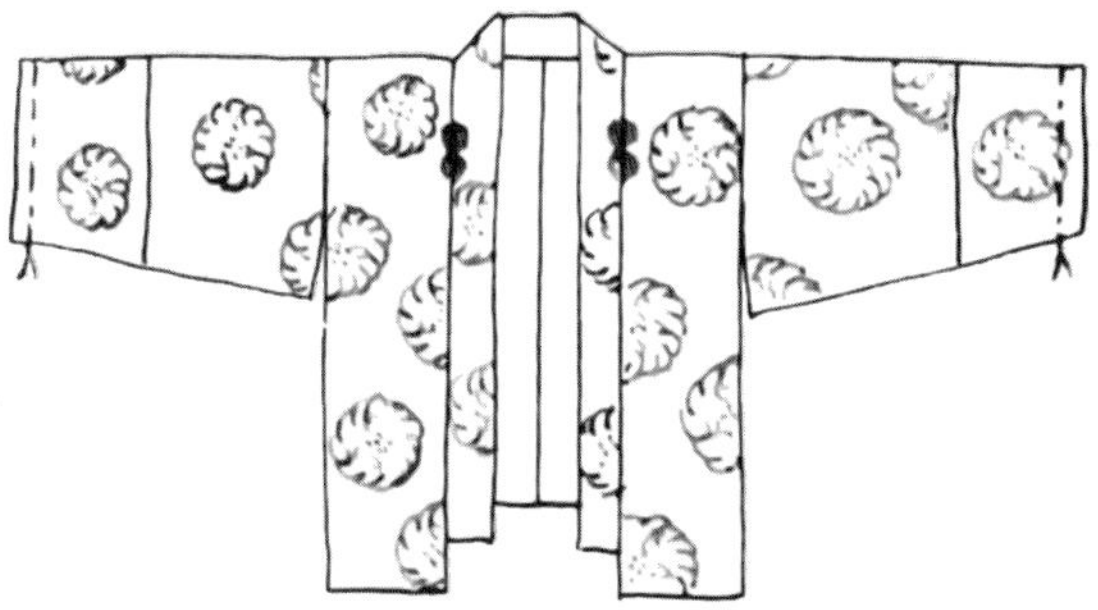
一般の鎧直垂

大鎧の武装の順序⑤　括り緒

括り緒は、膝頭上下の両方があったが、
古画によると膝頭上が良いようである。

鎧直垂を着用したら、袴の裾括り緒をしぼって膝に結ぶ。

袴の長さによって膝頭上か、膝頭下にするが、古画によると膝頭上が良いようである。

こうすると短い袴でも膝のあたりがたるんで膝頭まで隠れるようになり形もよい。

膝頭下であると、その上から脛巾・臑当を用いるので、しぼられた家地の皺や、括り緒の結び口が圧迫されて足が痛むことがある。

次に脛巾を用いるが、これは鎧直垂・袴と共裂《きれ》で作るのが普通である。ただし下級者は別の裂地や、芝脛巾・蒲脛巾を用いたり、または全く用いない場合もある。そしてその場合は臑当も略すが、これは軽快に走り廻る徒歩者の装束である。

臑当には上の緒、下の緒があって、これで足に結ぶが、その上から臑当を用いる場合には方法がある。江戸時代の『単騎要略』被甲辯にも「紐を左右共に内腓《こむら》にて結びたるが良し。向膸にて結ぶときは臑当を穿たる時結目いたみて悪し」とあり、上下の紐の結び目が前にくると臑当を用いたとき圧迫されて痛い。

故に内腓に結び目がくるようにするのであるが一法として、結び目を作らずに、互いに引き違えてそれぞれの条《すじ》に挟み込むのも良い。

大鎧の武装の順序⑤　括り緒

鎧直垂の左袖を脱ぐことは、籠手をはめるため。
また大鎧を着たときに、
発手で腰を痛めぬためにもなるからである。

ただしこれには挾み方があって、挾みかたが悪いと臑当をつけてから外れて脛巾がゆるむことがある。

また普通は脛巾の中央を前にあて、ふくらはぎに脛巾の左右を重ねて用いるのであるが、この重ね目が、ふくら味どおり裁ってないので不体裁に広がったりしてふくらはぎが露出することがある。

そうした場合には、臑当を用いるときに限って、脛巾の中央をふくらはぎに当て、逆に前で合わせるようにするのも良い。

縁起を尊ぶ軍陣の作法に、この方法を忌んだことも書いてないから行なわれたものと思われる。

次に右袖の括り緒をしぼって、その先に中指を入れる綰を作って中指を通し、余りは二つに分けて手首に巻き、結びとめる。これで良いのであるが、この緒が空解けするのを防ぐために、手首に巻いた緒ごと先の方を内側へ折り込んで、巻いた緒を見えないようにする法もある。

左の袖を脱いで、袖をたたんで左腰に挾み込み、胸の紐を引き違えてその上を廻らして腰に結ぶ。ただたたみ込んだだけでは解けるおそれがあるからである。鎧直垂の左袖を脱ぐことは左手に籠手をはめるためであるが、ひとつには大鎧を着たときに発手で腰を痛めぬための作用にもなるからである。

括り緒　足

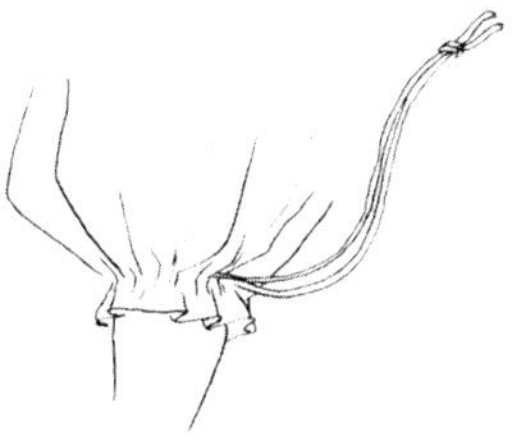

①袴の括り緒を搾り、膝に結ぶ

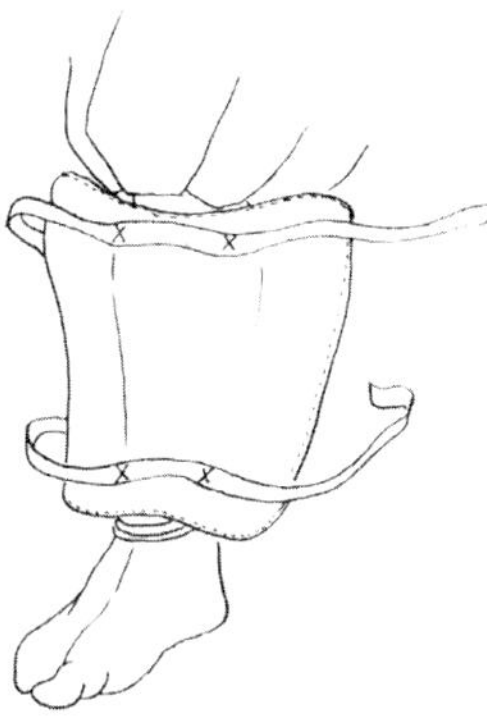

②脛巾を当てる

③脛巾を結ぶ

鎧直垂の片袖脱いでたたみ込む

括り緒　手

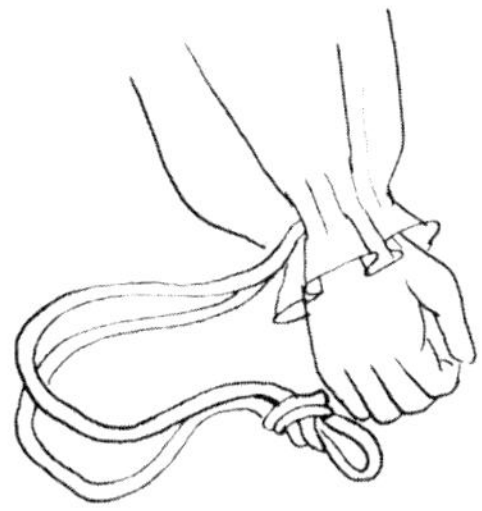

①袖括りの緒をしぼり先に中指を入れる綰を作る

②綰を中指に入れる

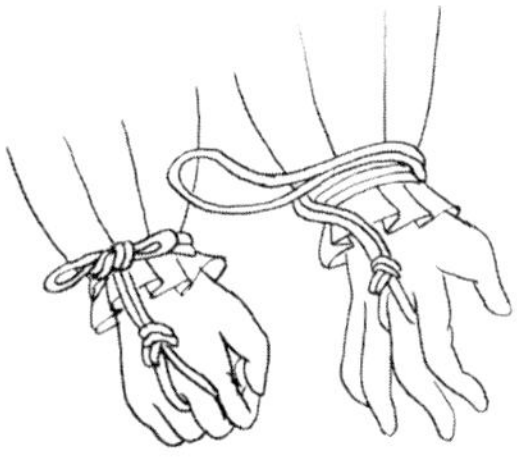

③余りの緒を手首に巻く
④二つに分けて手首に結ぶ

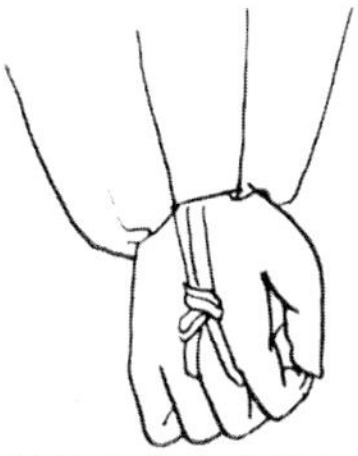

⑤袖の先を内側に折り込む方法もある

大鎧の武装の順序⑥　臑当　沓

『平治物語絵巻』や『蒙古襲来絵詞』の描写で
足首が広く露出して、軽快颯爽と描かれている。
これは画家の表現法ではなく、
実際にこのように装着すべきなのである。

次に臑当をつける。臑当は左側から用いる。

源平争覇時代から鎌倉時代にかけては、臑当は千鳥掛にして装着したことは『平治物語絵巻』『蒙古襲来絵詞』によって知られる。その様式は臑当の両端に一孔三個所ずつの孔があり、これに綰を設けて、緒を下から通して上へ編み上げて、上部で余った緒を結んだことと思われるが、遺物はない。

この方法は装着に際して手数はかかるが、臑によく密着し、上部で結んだ緒の解けぬ限り、はずれるおそれがない。しかし鎌倉時代の初期ころから上の緒・下の緒によって上下二個所で結び留める様式が行なわれ始めたらしく、『蒙古襲来絵詞』やそれ以降の古画に見られるし、岐阜県可成寺所蔵三枚筒臑当・日田家伝来金銅装・兵主神社所蔵金銅装三枚筒臑当等は、左右端の上下に二孔ずつ穴があいており、それに緒を通す綰が結ばれていたことがわかる。この綰は古くは革であったろうが、時代によっては鉄もあり、また糸紐もあって、以降すべて臑当は上下に緒を装置して用いるようになった。

大鎧の武装の順序⑥　臑当　沓

貫は馬上沓を短沓としたもので、
熊・猪・鹿の皮を用い、上等のものは虎・豹もある。

この上下に緒を用いるために、中央の板と外側の板の、上下の緒の通る位置に座星の鋲、または装飾座の鋲を打つようになり、これを緒便りの鋲といっている。時代が降ると緒便りの鋲は、緒の通る道でない上部、または下部に移動して、共鉄の透し模様の装飾となった。

また三枚筒をつなぐ蝶番も大立挙臑当等の場合には単に装飾金物となって『もとおり』(動金)と呼ばれた。

上下二つの緒で装着する場合はまず上の緒を結んでから、次に下の緒を結ぶ。下の緒から結ぶと不安定でやり難いものである。この際結んだ緒の余りは緒に挟み込んで置かぬと空解けすることがある。この装着の際注意すべきことは、臑当の下端を足首より高く位置して当てるべきで、低いと臑当で足首やくるぶしを圧迫され苦痛となる。『平治物語絵巻』や『蒙古襲来絵詞』の描写で足首が広く露出して、軽快颯爽と描かれているが、これは画家の表現法ではなく、実際にこのように装着すべきなのである。

次に貫(毛沓)を履く。貫は馬上沓を短沓としたもので、熊・猪・鹿の皮を用い、上等のものは虎・豹もある。『軍用記』に『平人は熊の皮、大将は虎の皮にて用ふ』とある。これも左より履くとされている。貫には毛を植えてない黒革のものもある。

上下の緒で結ぶ臑当

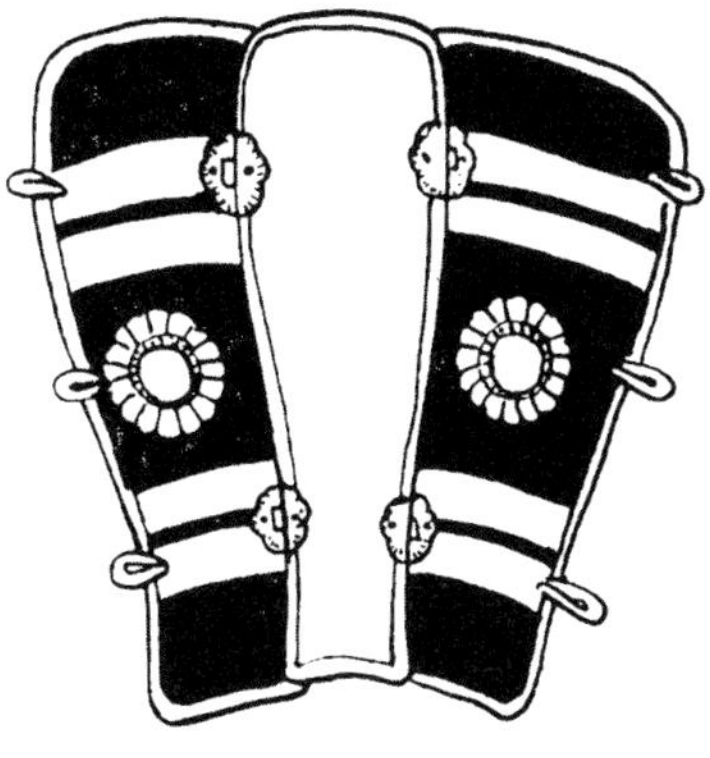
千鳥掛の綰のついた臑当

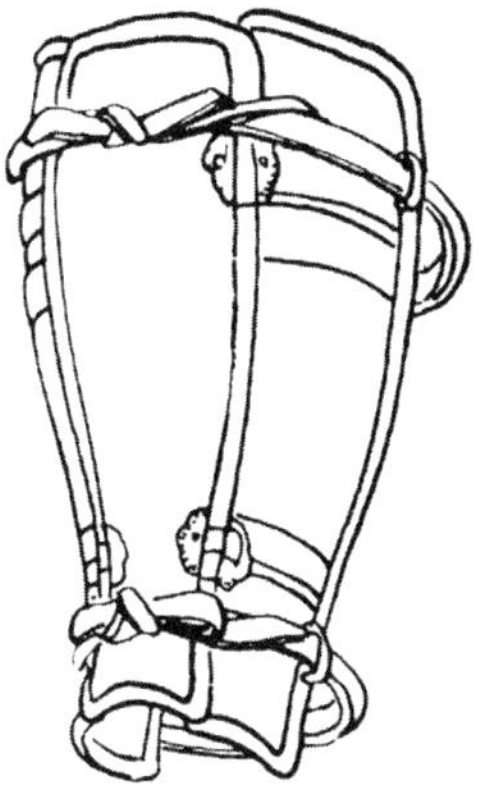
上下の緒の用い方

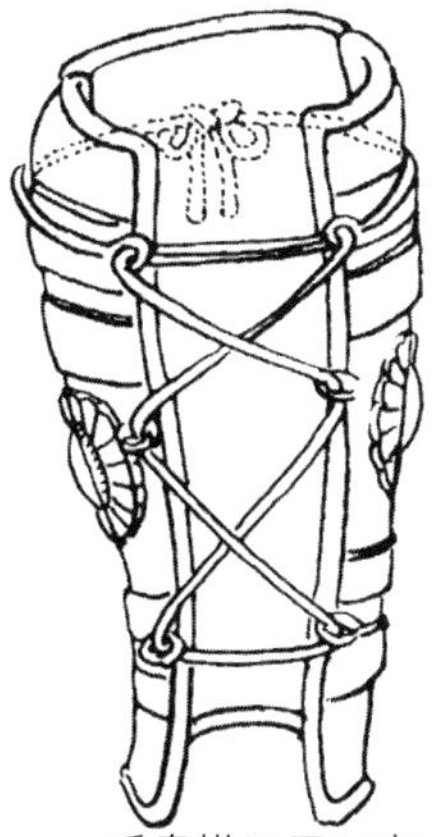
千鳥掛の用い方

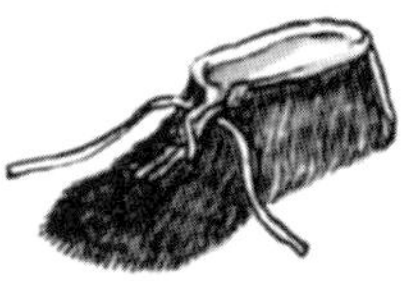
熊毛の貫

黒革の貫

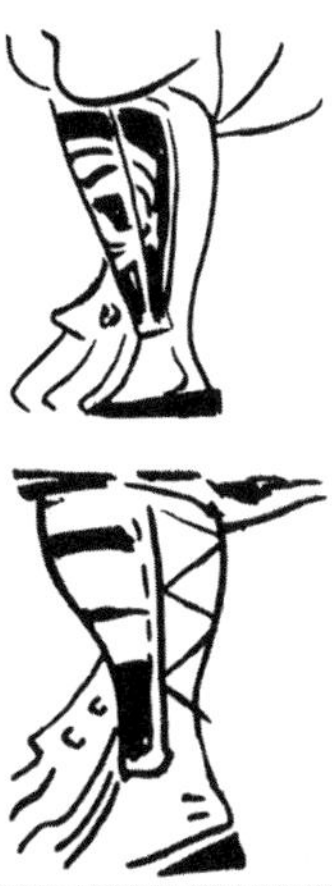
『平治物語絵巻』に描かれた臑当

『蒙古襲来絵詞』に描かれた臑当

大鎧の武装の順序⑦　籠手付　籠手

射戦を主体としていたため、
籠手は射戦を主体とするために左籠手を用いていた。

籠手をつける

次に脇楯か籠手をつける。籠手は射戦を主体とするために左籠手を用いる。

左手を伸ばして籠手を通し、手甲にある親指の綰と中指の綰に、親指と中指を通し、手甲座盤を手の甲に落着かせてから、肩の家地を充分に肩に引き上げ、籠手付の緒の後をとって右脇下から前に廻し、前の緒と右乳胸上で結びとめる。

そして手首の緒の鞐を掛合わせる。

この籠手付の緒は、肩から取りつけたものと、脇から取りつけたものの二種あり、前者は奈良県春日大社所蔵伝源義経所用の籠手に見られる。籠手付の緒が肩から取りつけてあるのは着用に際して、肩を良く押え、籠手がずり落ちないためであるが、脇の下の家地が浮いて、鎧の上に喰《は》み出すことがある。

脇から籠手付の緒を用いると、脇下の家地は脇に良く密着するが、肩の家地が浮いて小具足姿だけの場合には、籠手が肩からずり落ちることがある。もちろん鎧を着れば肩の家地は肩上に押えられてずり落ちることはない。

『蒙古襲来絵詞』中の城次郎盛宗図等は籠手付の緒を脇に取りつけている。なお冠板にも紐をつけているのは前記春日大社の義経籠手に見られ、復古調の江戸時代製籠手にも見られるが、これは肩上に結びつければさらに肩からはずれるのを防ぐこともできるし、左右の雙籠手を用いた場合、左右のこの紐を頸後で結べば、どちらの籠手もはずれないためであって、籠手付緒以外の要心の緒であるが、こうして用いた態は古画にも記録にも見当たらない。

籠手を腕に挿入するときは、小袖の袖を腕に巻きつけて置かぬと、上膊部に袖がたくし込まれて手の運動に不便を感ずることがあるから注意すべきであるし、臂金物が正しく臂の位置にくるようにしてから籠手付の緒を結ぶべきで、正しい位置に装着していないと、腕の思わぬところに圧迫が出たり、手甲の座盤が移動しそうになって不便をともなうことがしばしばおこる。

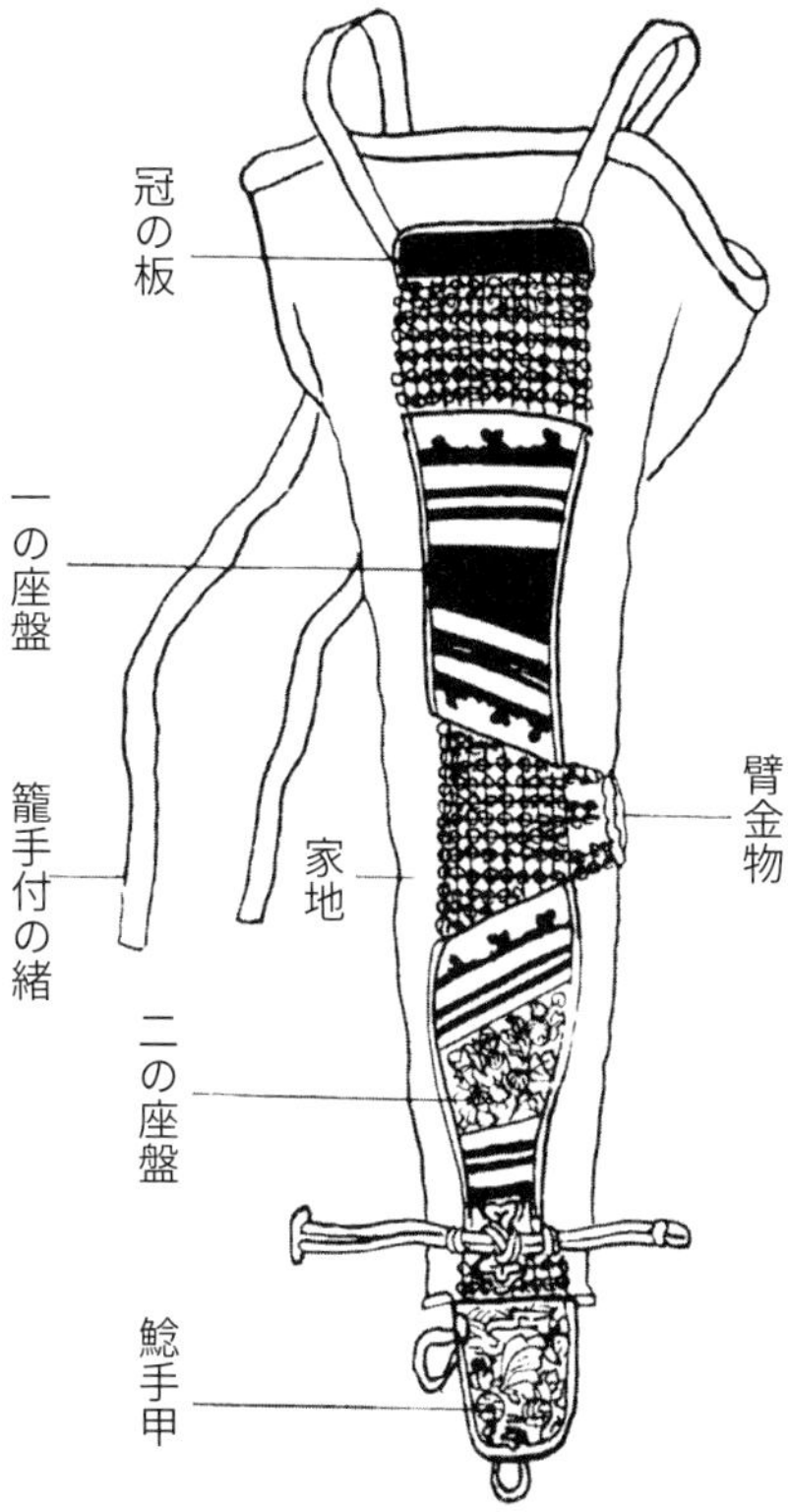

籠手付の緒を肩からつけた籠手

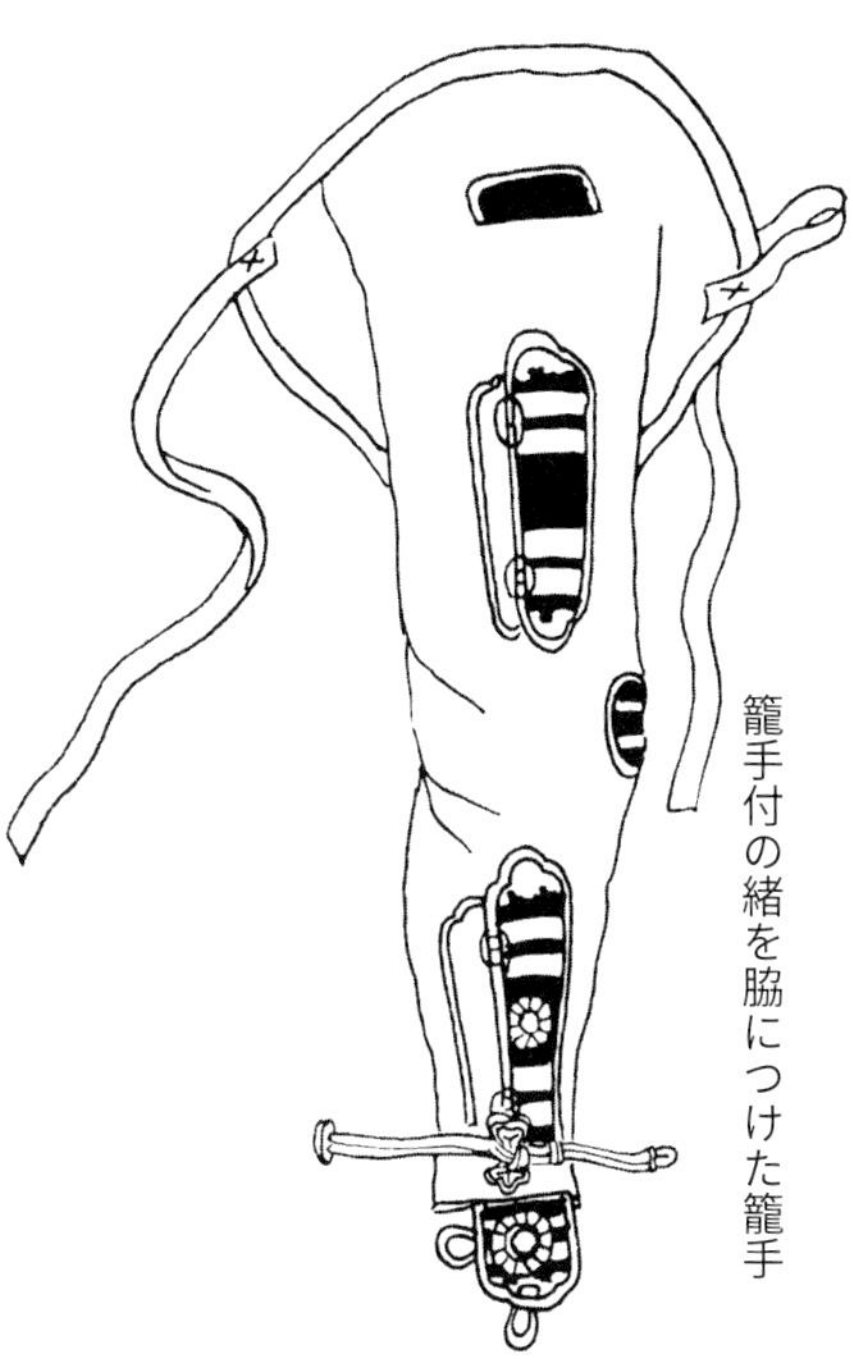
籠手付の緒を脇につけた籠手

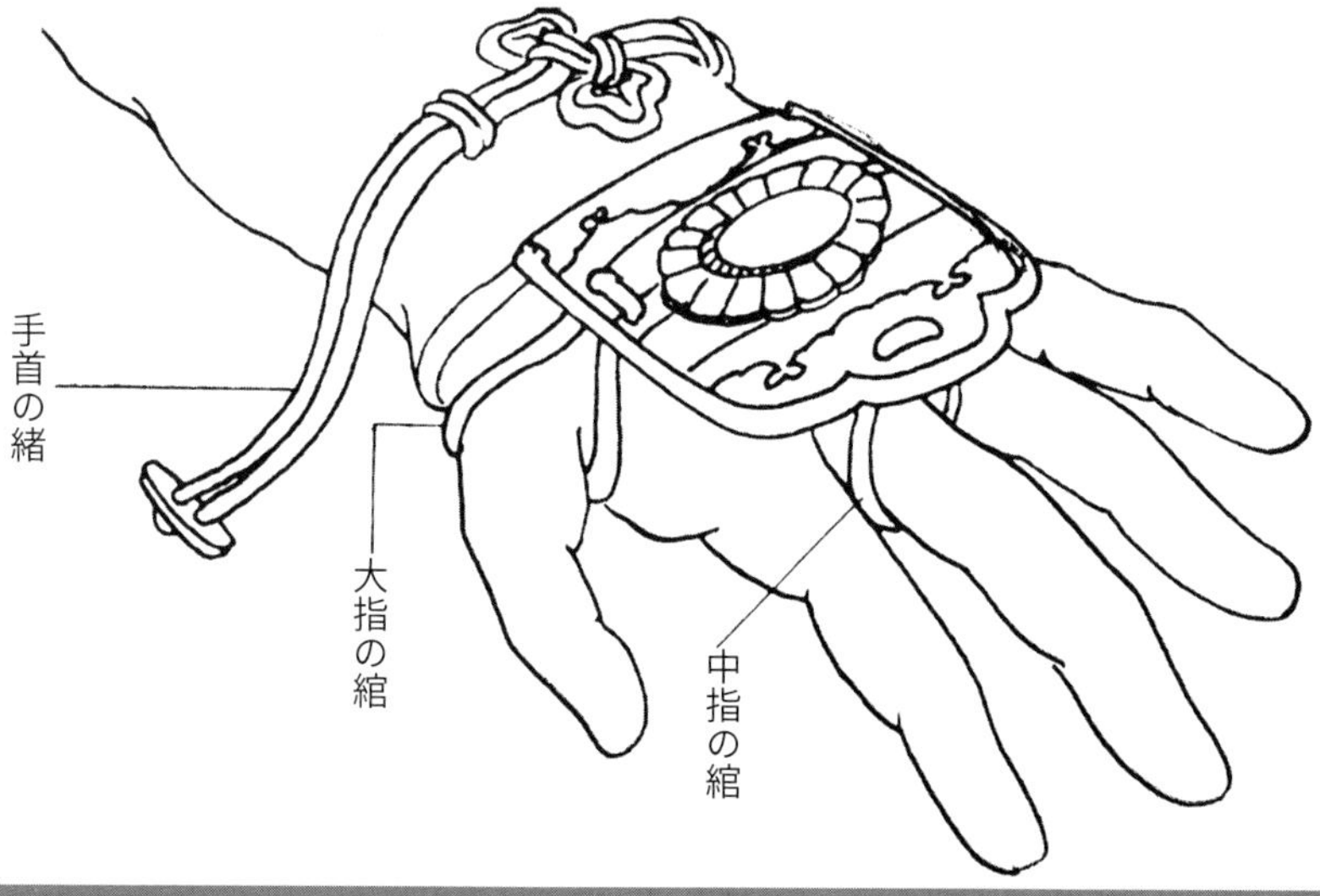

大鎧の武装の順序⑦　籠手付　籠手

正しい位置に装着していないと、
腕の思わぬところに圧迫が出たり、
とても不便をともなう。

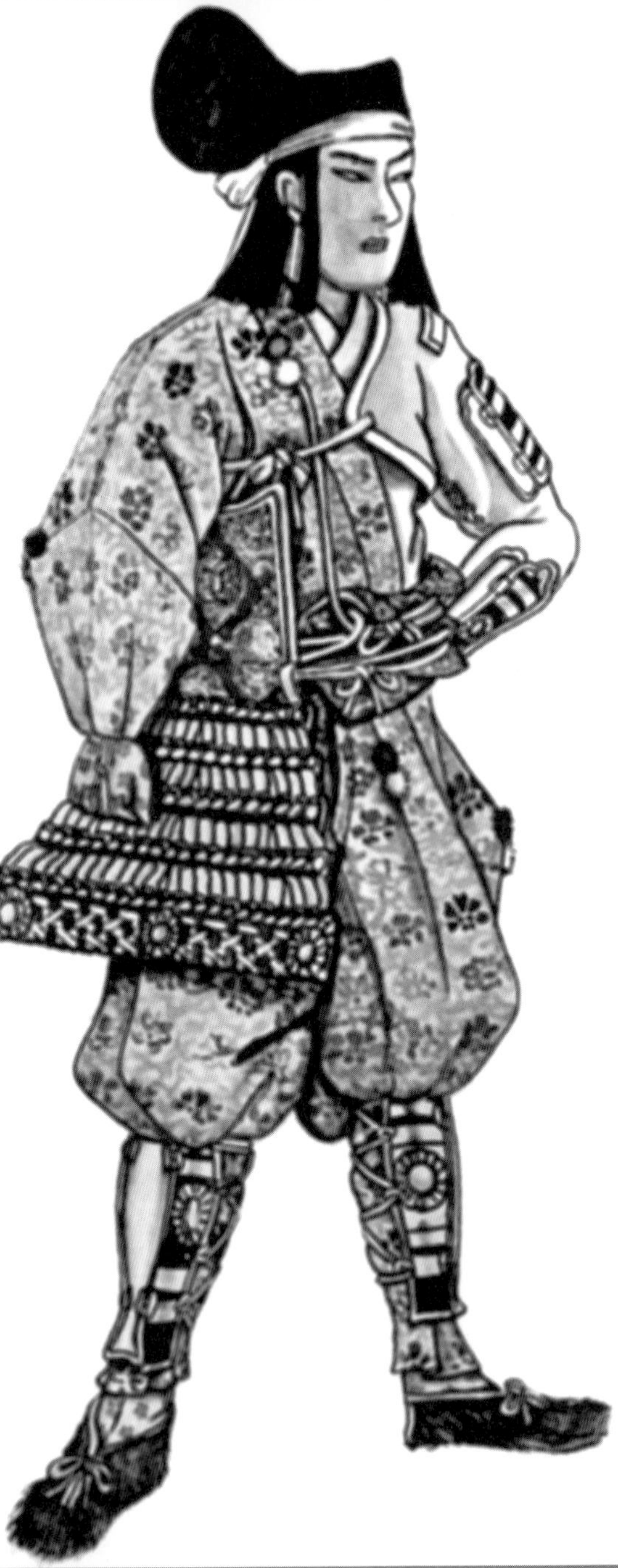

大鎧の武装の順序⑧-1　脇楯

腰緒だけでしっかり装着する脇楯。

次に脇楯を右脇につける。脇楯の壺板下方の蝙蝠付の裏の両端に綰が設けてある。後方の綰に一条の腰緒を三対二の割合で二つに折り、これをくぐらせて留め、この二条を後腰から左へ廻し、前にとって長い条を前方の綰に通して戻し、短い条と合わせて結ぶ①。古くはこうした装着法であったらしいことは『平治物語絵巻』『後三年合戦絵詞』等によって知られる。③のように壺緒の綰に紐を通して左肩から吊らず、壺緒の綰は鎧を着用したときに引合せの緒をくぐらせて結んだものと思われる。腰緒で腰に縛着すると、脇楯が倒れたり、ずり落ちると考えるのは、着用した経験のない者の推量で、腰緒だけでしっかり装着できるものである。

しかしそれでもなおかつ腰緒のゆるむための用心や、小具足姿でいるときに、肩から吊った方が腰が楽なので、壺緒の綰に紐を通して肩から吊るようになったものと思われる。

鎌倉時代にはいって④のように壺板の孔が三孔のものが流行し、二つの綰を利用して紐を肩から廻して壺板を吊るようになると、古式の二孔（一つの綰）の場合も、綰に紐を用いて肩から吊る装置③であろうと推定されてくるのである。こうした方法も行なわれたのであろうが、壷板中央の綰は肩から吊る紐を通すための目的で設けられたとは考えられない。

壷緒の綰が肩から吊る紐を通すための本来の装置であるなら、何も壷板の中央に縦に一個所設ける必要はないので、むしろ壷板上部の左右端に設けるべきである。そうしてこそ吊りやすいし、壷板上に緒が露出して擦れたりするおそれがない。

しかるに壷板中央に縦に一個所の綰（二孔の場合）を設けたのは、鎧の引合せの緒の前後をこの綰にくぐらせて結び、鎧の長側（衡胴）と草摺の高さと脇楯の高さの均衡を保たせるのが本来の目的であったと考えるのが穏当のようである。そして小具足姿等の場合に腰に強く腰緒を縛着するより、肩から吊った方が楽だし、吊る緒を結び留めるに利用され、やがて三孔（二つの結）の方法を生じたものと思われる。このため脇楯を肩から吊るという形式は、便宜上から方法化したものであり、そうした点からも三孔の位置がいろいろの形になっている理由でもあろう。

また三孔（二つの綰）になっても、一つの綰は必ず中央に縦にあるというのは、引合せの緒を通して、鎧と高さの均衡を保たせる目的の残存するものである。

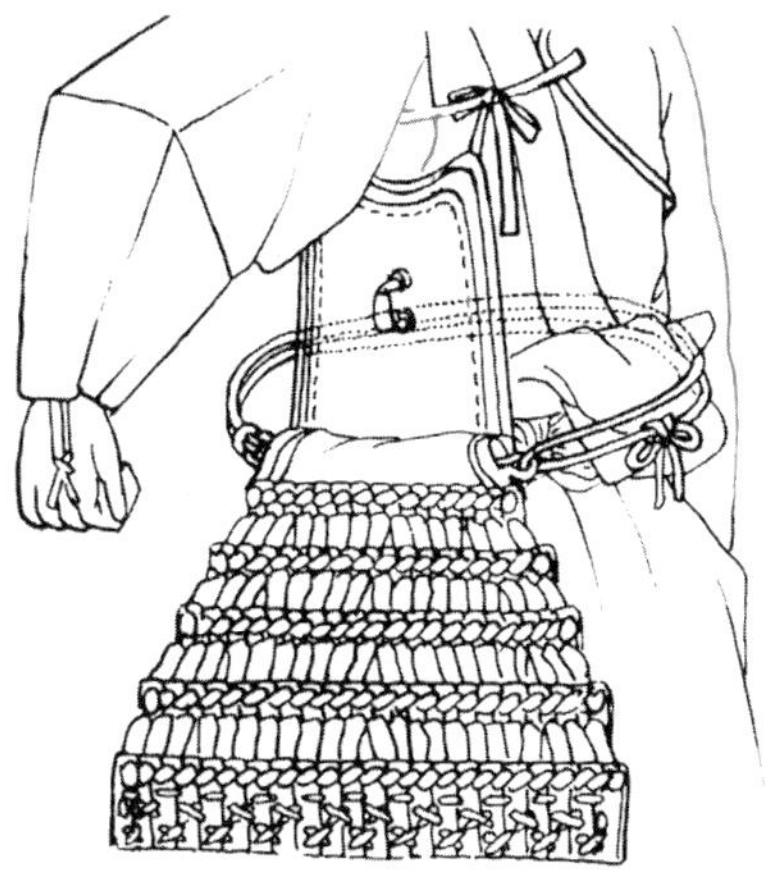

①腰緒を廻らして脇楯を着用する

②壺の緒は引合せの緒を通す

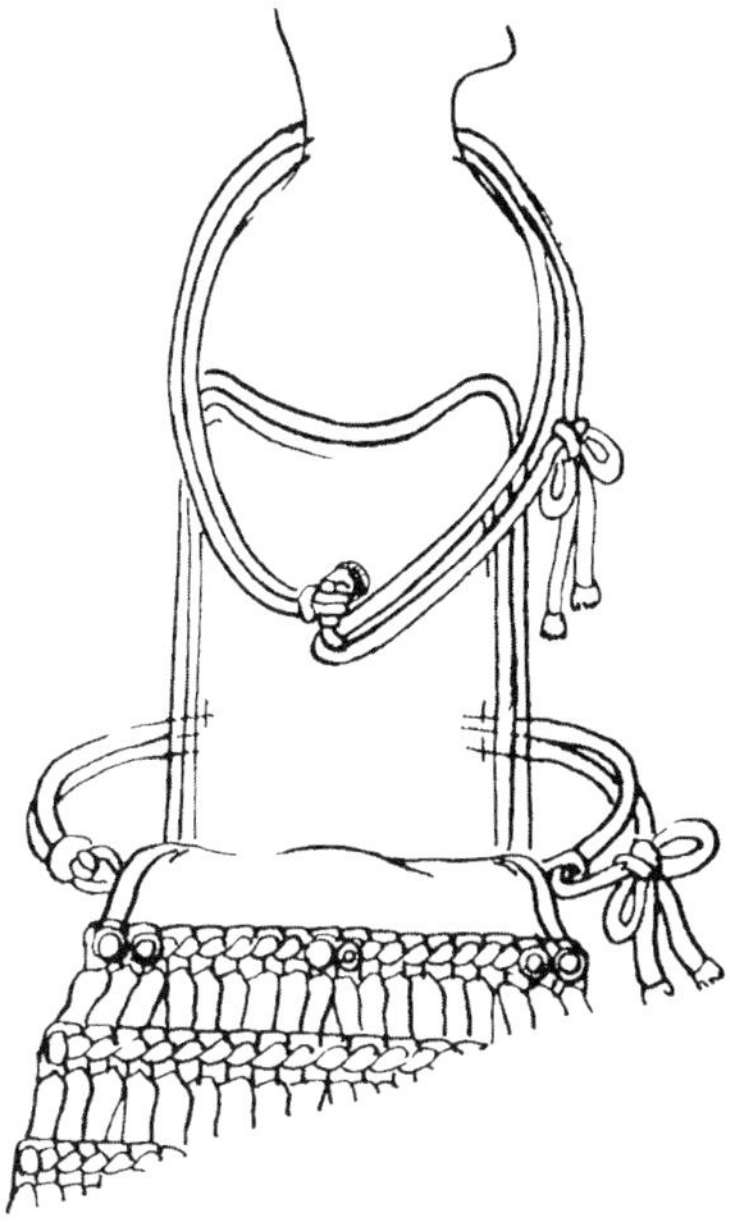

③壺板二孔のときの緒の用い方の一法

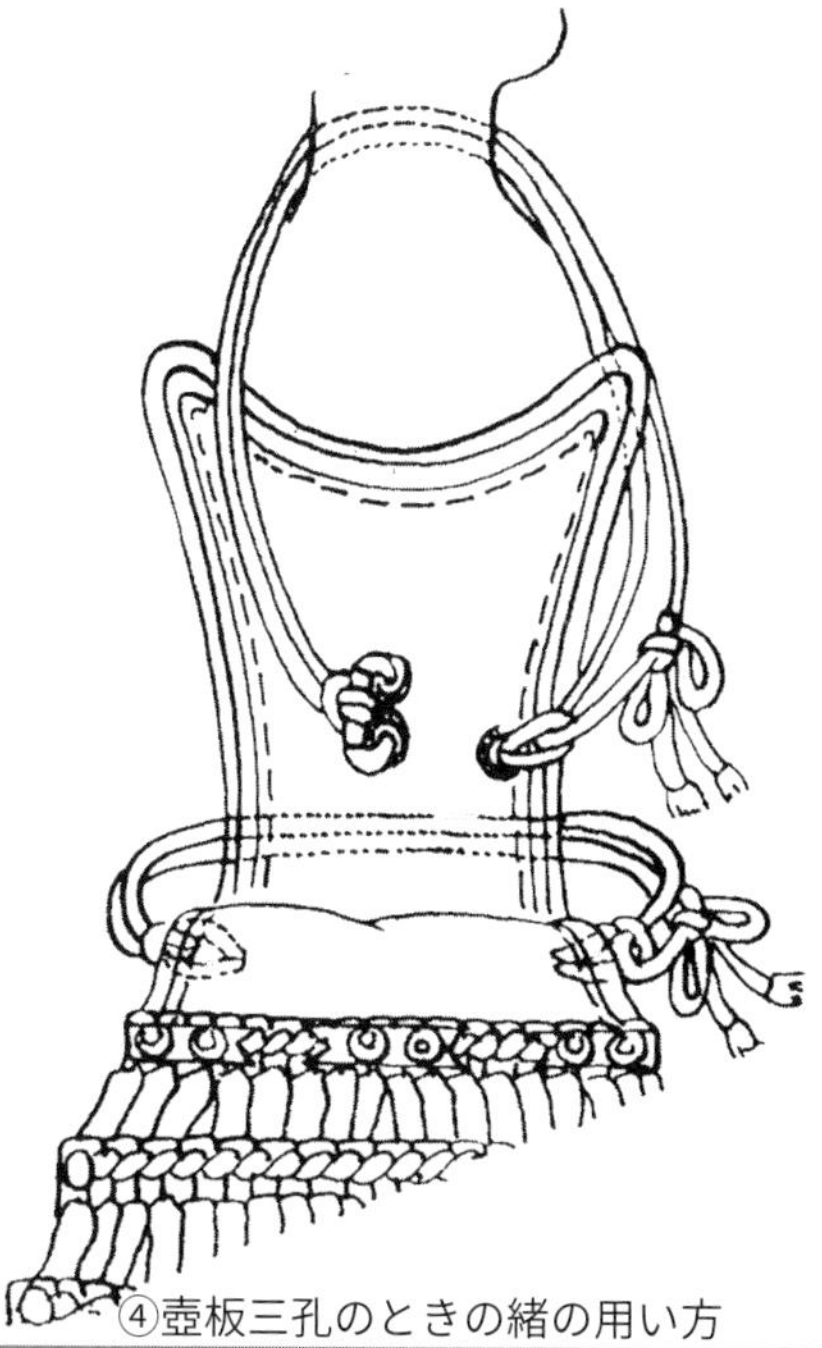

④壺板三孔のときの緒の用い方

大鎧の武装の順序⑧-1　脇楯

脇楯を肩から吊るという形式は、便宜上から方法化したもの。

三孔になっていても中央は縦になっている。

鎧と高さの均衡を保たせる目的の残存するものである。

大鎧の武装の順序⑧ -2　小具足姿

いわゆる軽武装。
これに鎧と兜をつければ完全武装。

俗に鎧直垂の上に籠手・脇楯・臑当を具足したものを小具足姿という。

京師本『保元物語』義朝高松殿へ召さるるの条に「よしともはあかちのにしきのひたたれにわいたてこくそくばかりにてたちをはき、えほし引たてていじゃうにひざまつく……」とあり、これに太刀、腰刀を用いる。いわゆる軽武装であり、これに鎧と兜をつければ完全武装になるので、それの準備武装といえる。

鎧・兜ははなはだ重量のあるもので、必要のとき以外は脱いで置くが、籠手・臑当・脇楯をつけていれば緊急のときの鎧着用に間に合う。つまり冑完全武装の準備着装を小具足姿というのであって、小具足姿というのはどんな防具を用いるという規定はない。ただし『保元物語』『平治物語』『源平盛衰記』『吾妻鏡』等からうかがうと甲冑付属品の内、籠手・脇楯・臑当を具したものをいっているようで、甲冑を具足というのに対して、これらの付属品を小具足といったものと思われる。『異本義経記』鷲尾臣下となるの条に

大鎧の武装の順序⑧ -2　小具足姿

小具足姿は、陣中、行軍中に扮するもの。
太刀・腰刀を帯に、時には弓矢も持つ
準備武装状態。

『烏帽子親の印とては御太刀一振鹿毛成馬に鞍置て赤皮おとしの甲冑に小くそく付てぞたび給う』と記しているのも、籠手・臑当付てという意味である。このように甲冑着用に際して甲冑以外の付属品を小具足といったのであるから、小具足姿は時代によって多少異なる。源平時代の大鎧着用者の小具足姿は、烏帽子・直登・貫・籠手・脇楯・臑当である。鎌倉時代も同様であるが、胴丸着用者の小具足姿は籠手・臑当である。南北朝時代にはいると、咽喚輪が加えられ、室町時代には膝鎧（佩楯）も加わる。さらに半首・面頬を用いる場合もあり、当世具足の時代には脇曳・甲懸も加わり、陣羽織を着用する。

小具足姿は陣中、またはあまり危険を感じられない行軍中に扮するもので、太刀・腰刀を帯に、場合には弓矢も持つ。また大将は行軍中は小具足姿で、甲冑は鎧着の役に着させ、太刀・弓も臣下に持たせて行くことは『鎌倉年中行事』によっても知られるし、足利義教馬上画像にも表現されている。

咽喉輪の用い方

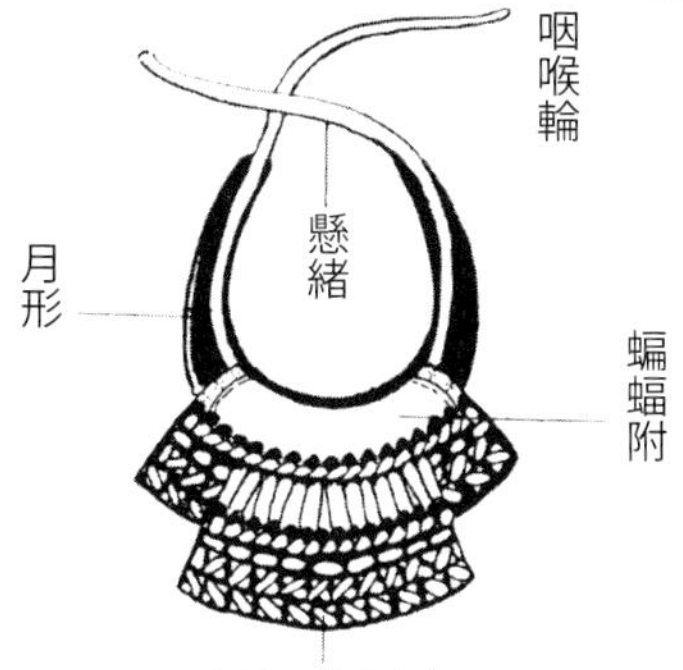

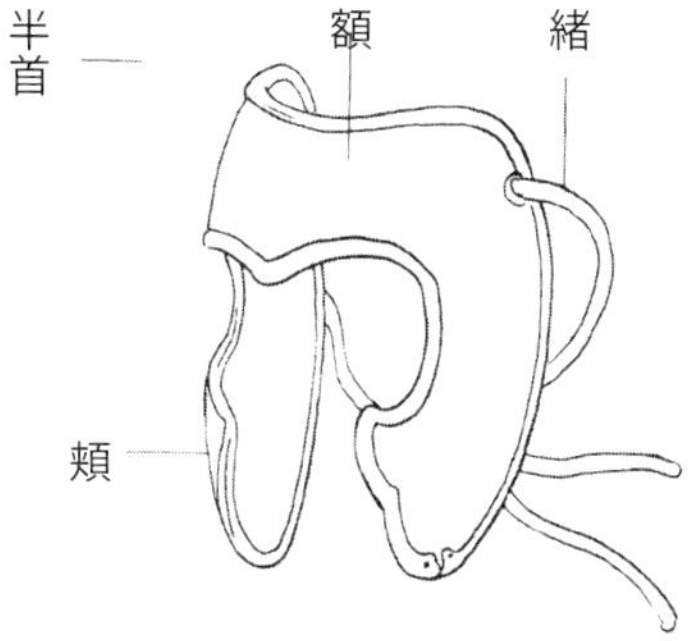

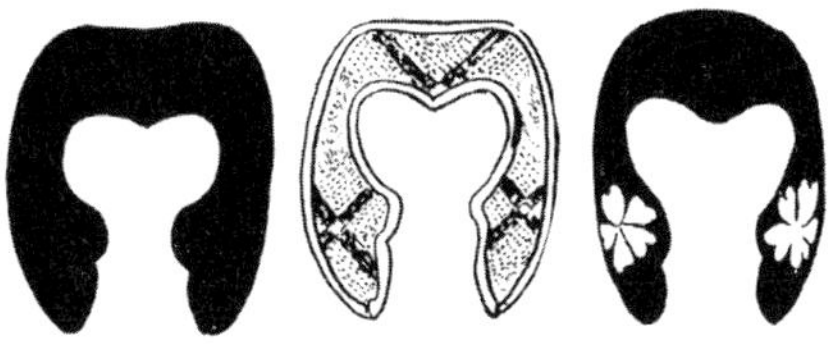

半首の諸形式

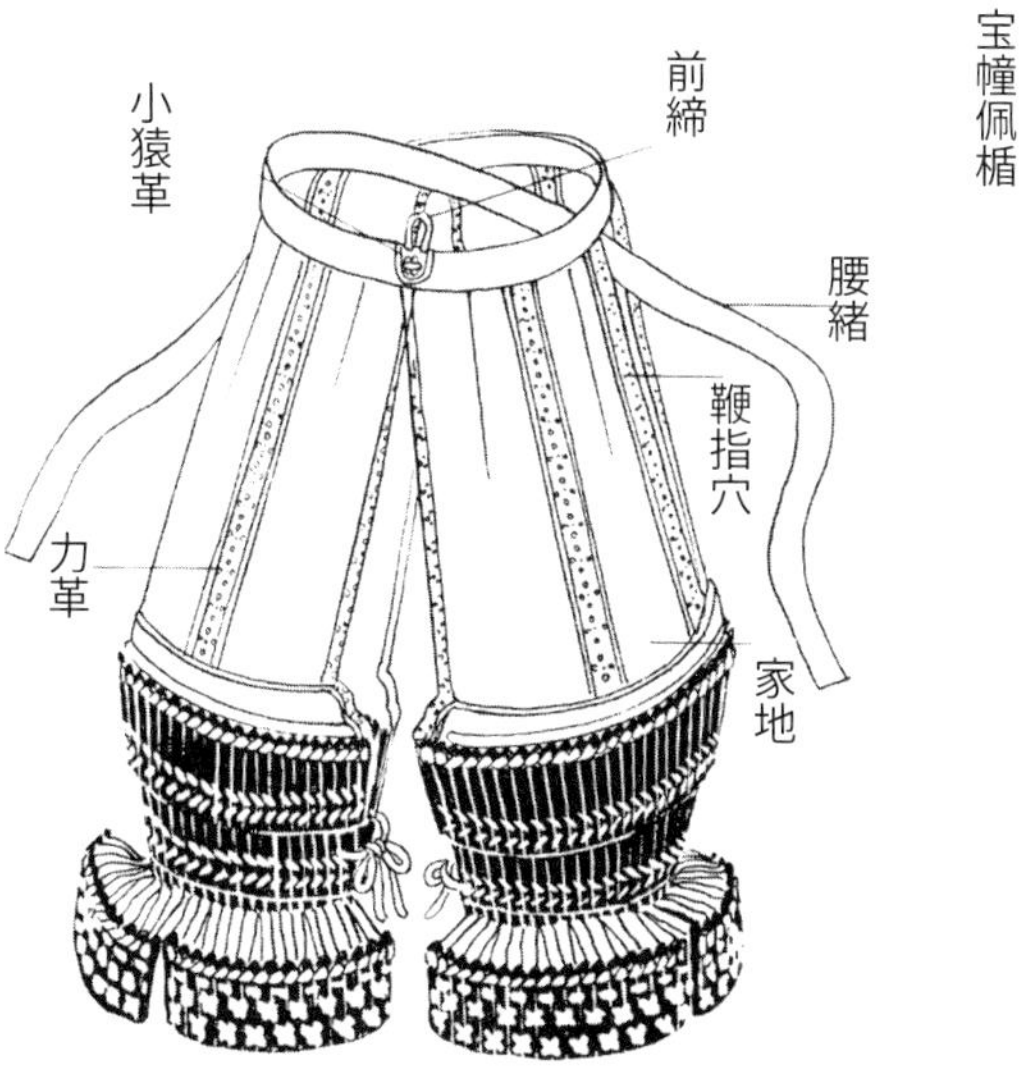

引合せの緒を締め、胴先の緒を結ぶ
高紐をかけ合わせる

大鎧の武装の順序⑨　鎧

上級者の場合には鎧着せ役が右側、介添が左側に立ち、
それぞれ鎧の肩上を持って着せる。
しかし、いやしくも武士たる者は緊急の場合もあるから
一人で着るのが本当である。

次に鎧を着る。上級者が鎧を着る場合には鎧着せ役が右側、介添が左側に立って、それぞれ鎧の肩上を持って着せかけるのであるが、いやしくも武士たる者は緊急の場合もあるから一人で着るのが本当である。

大鎧は後世の胴丸・当世具足のように胴の足搔を留めてないから、押付・胸板ともに外側に倒れたりして用い難いので、あらかじめ左の肩上の高紐だけは掛けて置くとやりやすい。まず左手を差伸べて鎧に身体を入れ、右の肩上の高紐をとって、胸板の高紐と鞐掛する。馴れないと鳩尾板・栴檀板が邪魔になって扱い難い。鳩尾板の控えの緒は胸の高紐にくぐらせて置くと鳩尾板が勝手な移動をしないですむが、胸の高紐が胸板の内側から出ている鎧はこれができない。ただし脇板のある鎧であれば、立挙と脇板をつなぐ鞐の紐に控えの緒を通して置く。

このようにしたら、胴先の緒の二条のうち、長い条を腰の背後から左へ廻して前にとり、短い条を後発手端の綰に通して前に戻し、二条を合わせて前で結ぶ。

胴先の緒が左斜前にある場合も同様である。この緒はしっかり緊めつけ、鎧下部を腰廻りに密着して、腰で着るようにしないと、鎧の全重量が肩にかかって、苦痛を感ずる。次に引合せの緒の前後をとって、壷板中央の壷緒に入れ違いとして結ぶ。この壷緒に通さずに引合せの緒を結ぶ法もあるが、壷緒に通して置くと、脇楯の高さを調節し、鎧が左に重量がかかるのを支えるのに良い。

この鎧着用のコツは胴先の緒を強く緊めるときに、肩上を浮かすようにすることで、できれば一ゆすりし、袖の執加緒や、懸緒・受緒を調節して整えることである。

左の高紐ははずす必要がないことは厳島神社所蔵紺糸威大鎧の左肩上は、胸板裏に綴じつけてあるのでもわかる。高紐は胸板の下方から出ているのが初期鎧に見られ、源平時代ごろから内側の化粧板を貫いて高紐を出すものが見られ、鎌倉時代には再び表から出し、室町時代以降はまた裏から出すようになった。

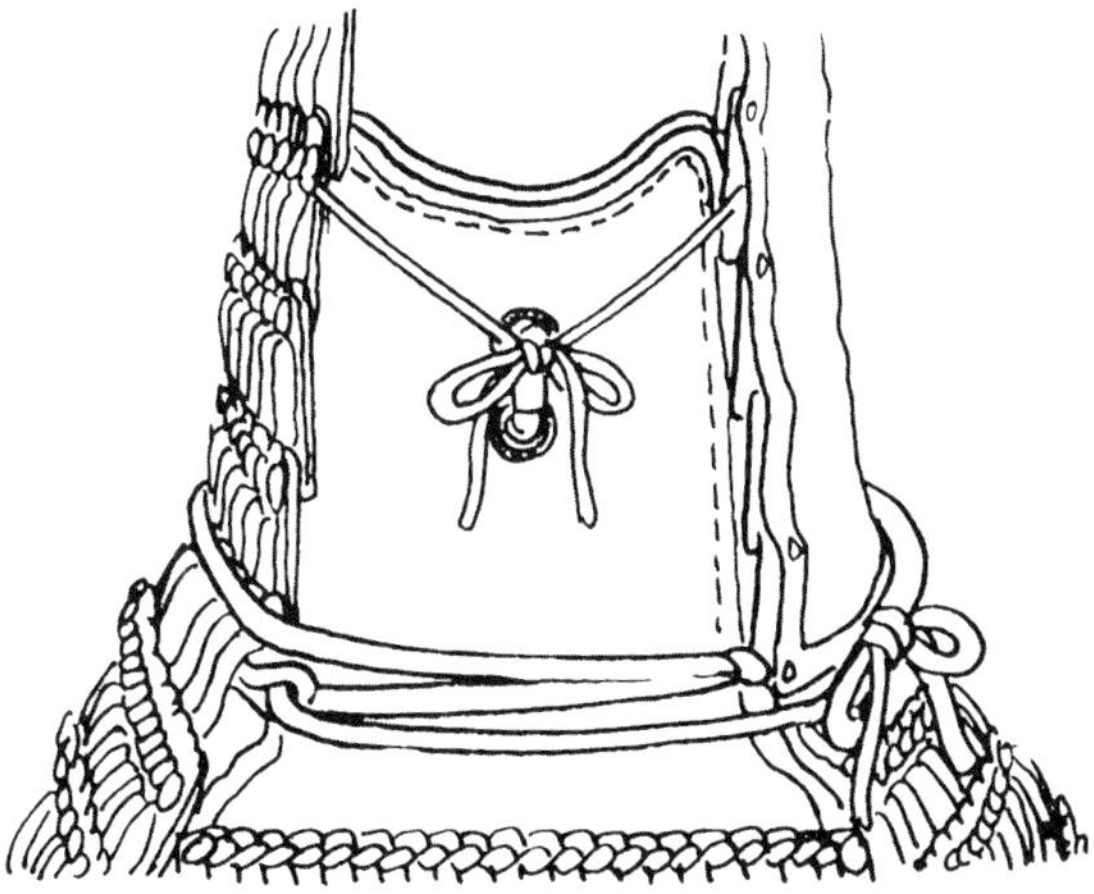

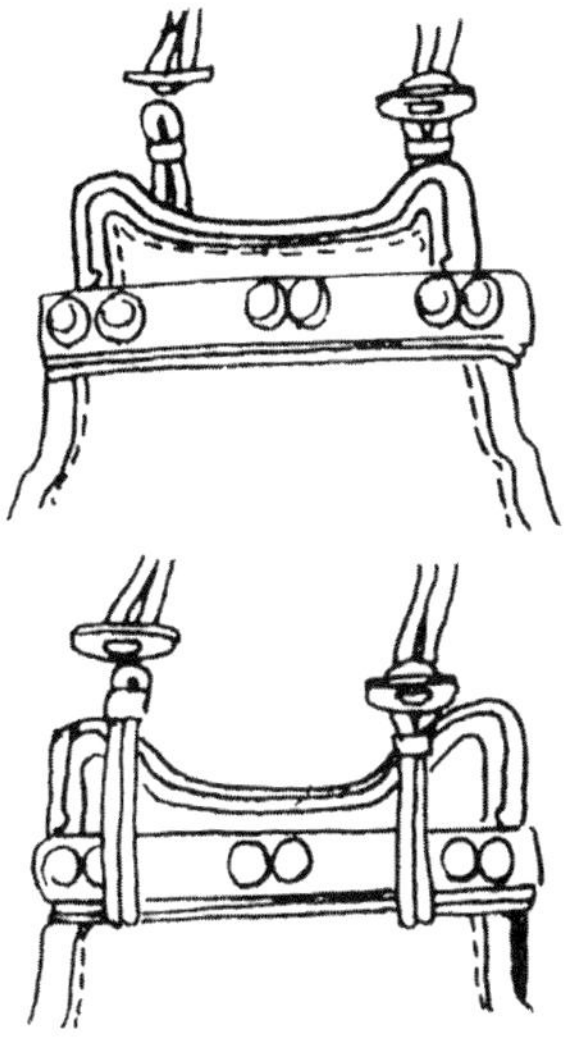

大鎧の武装の順序⑨　鎧

大鎧は押付・胸板ともに
外側に倒れたりして用い難いので、
あらかじめ左の肩上の高紐だけは掛けて置くと、
一人でもやりやすい。

大鎧の武装の順序⑩　太刀

鎧を着用したら、腰刀を差し、太刀を佩く。


鎧を着用したら腰刀を差す。

腰刀は鞘巻・そう巻・腰の物ともいう。『軍用記』には平常の腰刀は柄は巻かず放し目貫を用い、軍陣には柄を巻くと記してあるが、それは後世のことで、鎌倉時代ごろまでの太刀・刀柄を巻いたものはない。

上級者の腰刀はだいたい錦包みで柄は柄頭・柄胴金・鞘は呑入・栗形・鞘胴金・小尻で笄が付く。刻みになっているのは海老鞘巻等といわれ、黒・赤等の漆で塗ってある。

腰刀は差したら、下げ緒を鞘に巻いて鞘が抜け落ちないようにする。

次に太刀を佩く。太刀は緒を図のように綰とし、長短二条を後から右へ廻し、前へとって、長い方を綰に通して戻し、短い方と結び合わせる。太刀の帯取が、射向（左）の蝙蝠付の革の位置にくるようにする。箙をつけたときに帯取二個所の間に弦巻が垂れるようになるのである。

太刀の帯取の緒は長目のものが良い。

太刀を抜くときに刃を下にしたまま抜くのは抜き難いもので、刃を外に向けるように鞘を左手で寝かせて、横に抜くようにする。したがって帯取が短いと不便である。太刀の緒は結んだら余りを緊めた緒に挟み込んで置くが、空解けせぬためには打組のように結んだ余りを組んで、最後にできた綰にもう一条の緒を通して置くと良い。こうすると物に引っかかっても解けぬし、解くときは、一条を引くと、次つぎほぐれて解けるものである。

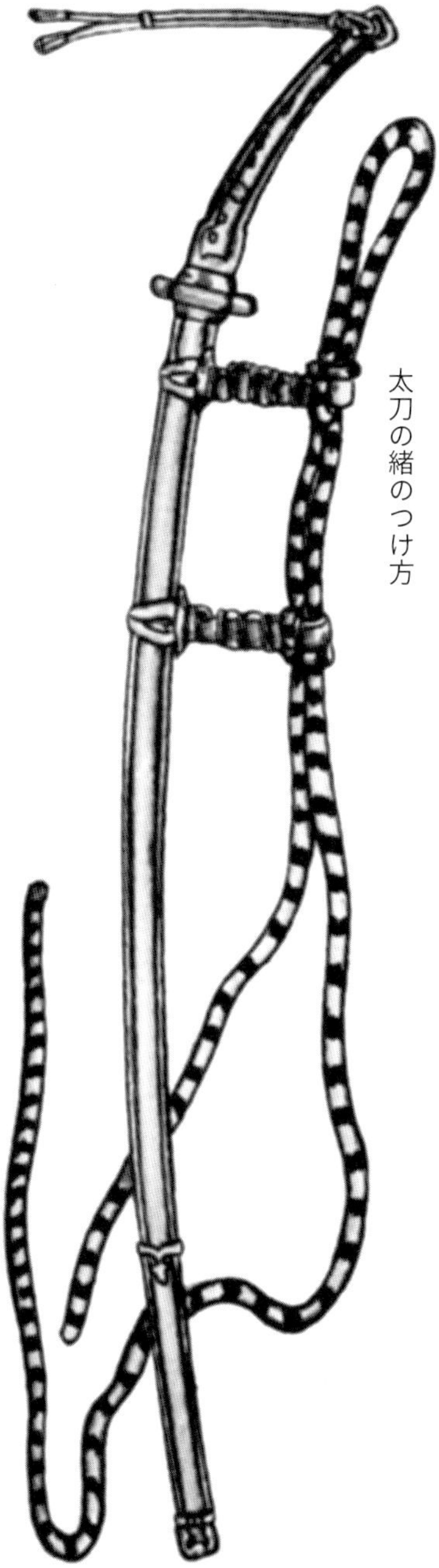

太刀の緒のつけ方

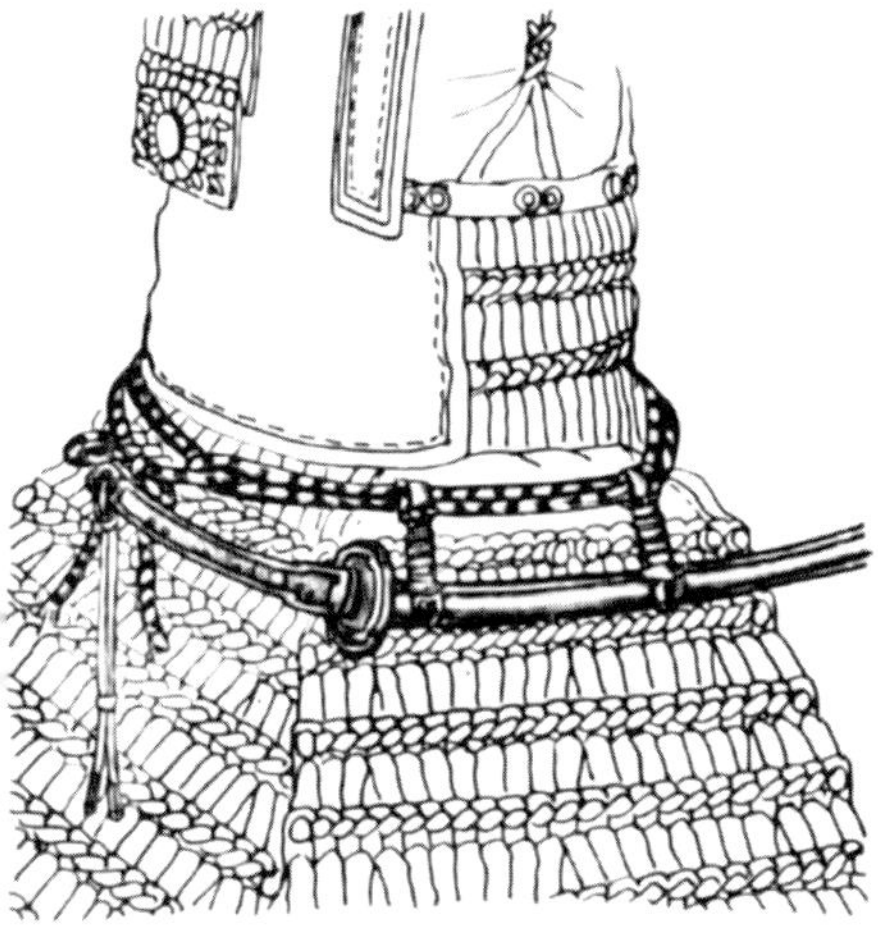

太刀の佩き方

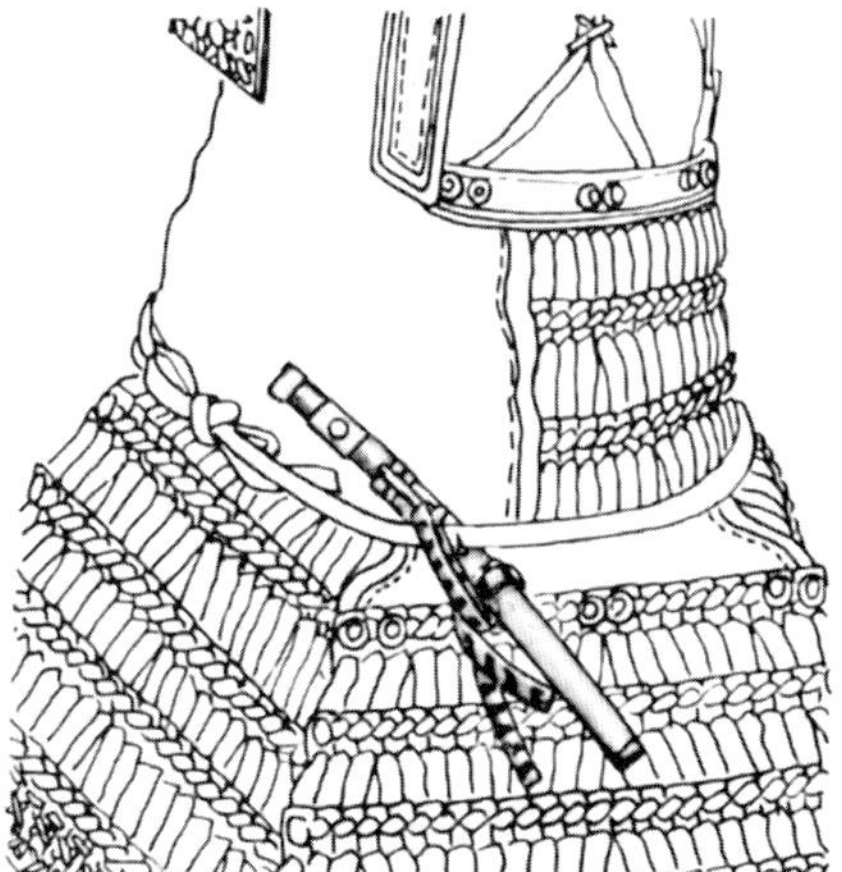

腰刀の差し方

大鎧の武装の順序⑩　太刀

太刀を抜くときに刃を下にしたままだと抜き難いもの。
刃を外に向けるように鞘を左手で寝かせて、
横に抜くようにする。

大鎧の武装の順序⑪　箙

古書に散見するところによれば、
形式によって名称が異なるが
方立の箱形式はすべて箙。

次に箙を右腰につける。『武用弁略』巻之三弓矢之弁では「大将の用ふるを箙と言い、平士の用ふるを胡簶《やなぐひ》と呼ぶ」とあるが、古書に散見するところによれば、形式によって名称を異にするのであって、方立《ほうだて》の箱形式はすべて箙である。箙は逆頬箙といって、熊毛・猪の毛・鹿毛・虎毛・豹毛等で包んだもの、革をはった革箙・差箙、竹を合わせて作った竹箙（筑紫箙）等があるが、逆頬箙は高級品で特に虎皮等は大将が用いる。

矢は奈良朝時代は一人五十隻が一胡簶の定数であったが、貞観時代には三十本となり、以後その人の能力に応じたものとなり『高忠聞書』に「おひ征矢の事、十六矢、廿四矢、是を用ふ也。但昔は六六三十六も箙にさしたるや」とある。『源平盛衰記』には十三歳で初陣の源頼朝は染羽の矢を一二差している。征矢とは征戦の矢という意味で錐のように尖った鏃を用い、羽は三立である。これは射放つと羽が廻転して命中率が良いし、よくささる。平根・雁又等は廻転してはささる率が悪くなるから、廻転しないように四立であり、これらは上差に用いる。上差の名が用いられる場合は二五矢のときの鏑矢（鏑に雁又をすげたもの）一手の特称で、中差は平根等の矢一手の特称で、上差を差さぬときは中差も用いないことになっている。

大鎧の武装の順序⑪　箙

後世に、上帯は攻城のおりの縄に用いたり、
敵の補虜を縛るためのような説明もあったが、
本末を転倒した説で正しくはない。
まして将軍の箙の上帯はそんなことに用いらない。

大将に箙をつける場合には、役人が大将の右前のところにきてつけさせる。まず箙の端手《はたて》にある後緒を右腰の後から左腰に廻し、前にとって後緒の先についている二条の紐のうちの懸緒を、箙の右の端手に取りつけた受緒にくぐらせて戻し、もう一条の待緒と結び合わせる。この際後緒の弦巻付の緒につけられた弦巻が、佩いた太刀の足間《あしあい》に下るようにする。室町時代の古画に弦巻の穴に腰刀の鞘を差込んだ態が描かれているので、江戸時代の故実書にもこれを踏襲しているが、古くは行なわなかったことである。また故実書の中には、箙の緒や、箙の上帯を左肩から廻して吊るように箙をつけている図があり、伊勢貞丈の軍装図にもあるが正しくはない。

上帯は古くは腰充（『吾妻鏡』）と呼ばれ、白布をたたんだものであったが、後には紅の組緒を用い『足利尊氏馬上野太刀画像』では白の組緒が描かれている。これは戦陣にあって行動が激しく箙が動揺するのを防ぐために、上帯を解いて腰に廻わして固定させるためのものであったが、後世は形式的なものになり、肩から吊るためのものと考えられるようになったのである。上帯の用い方は『軍用記』付図に示されている。後世はこの上帯は攻城のおりの縄に用いたり、敵の補虜を縛るためのもののように説明した本もあるが、本末を転倒した説で正しくはない。まして大将軍の箙の上帯はそんなことに用いるものではないのである。

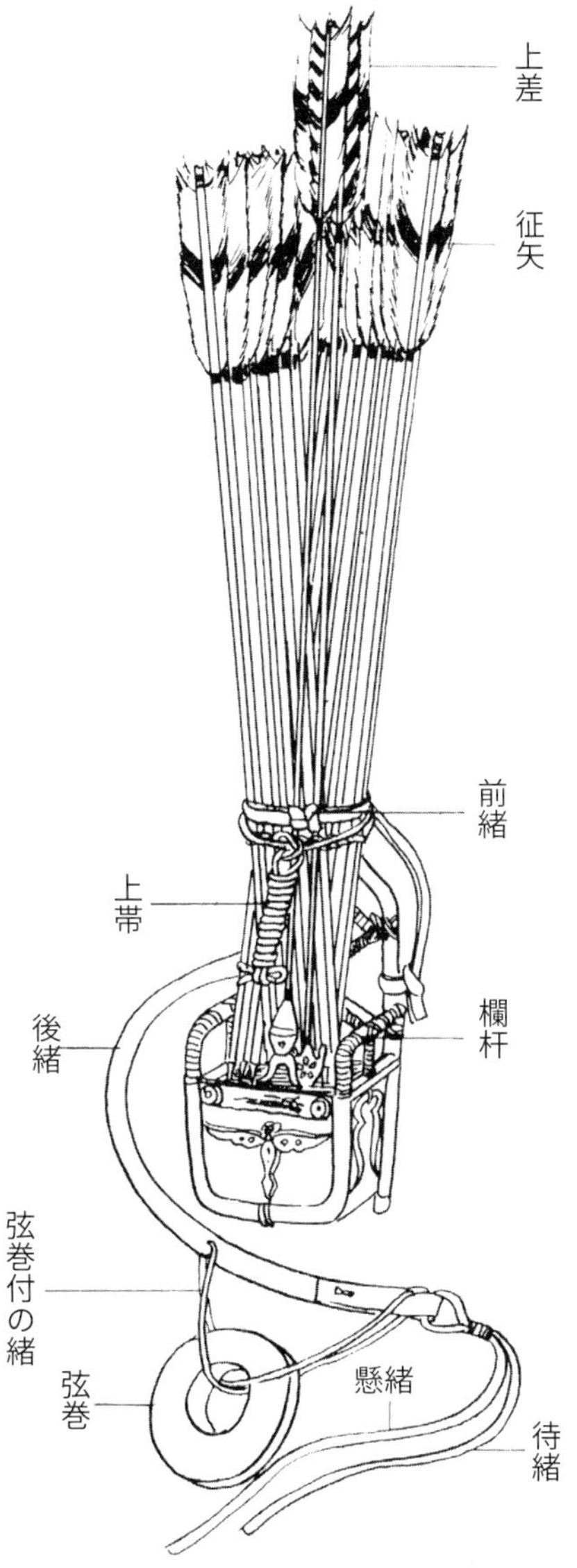

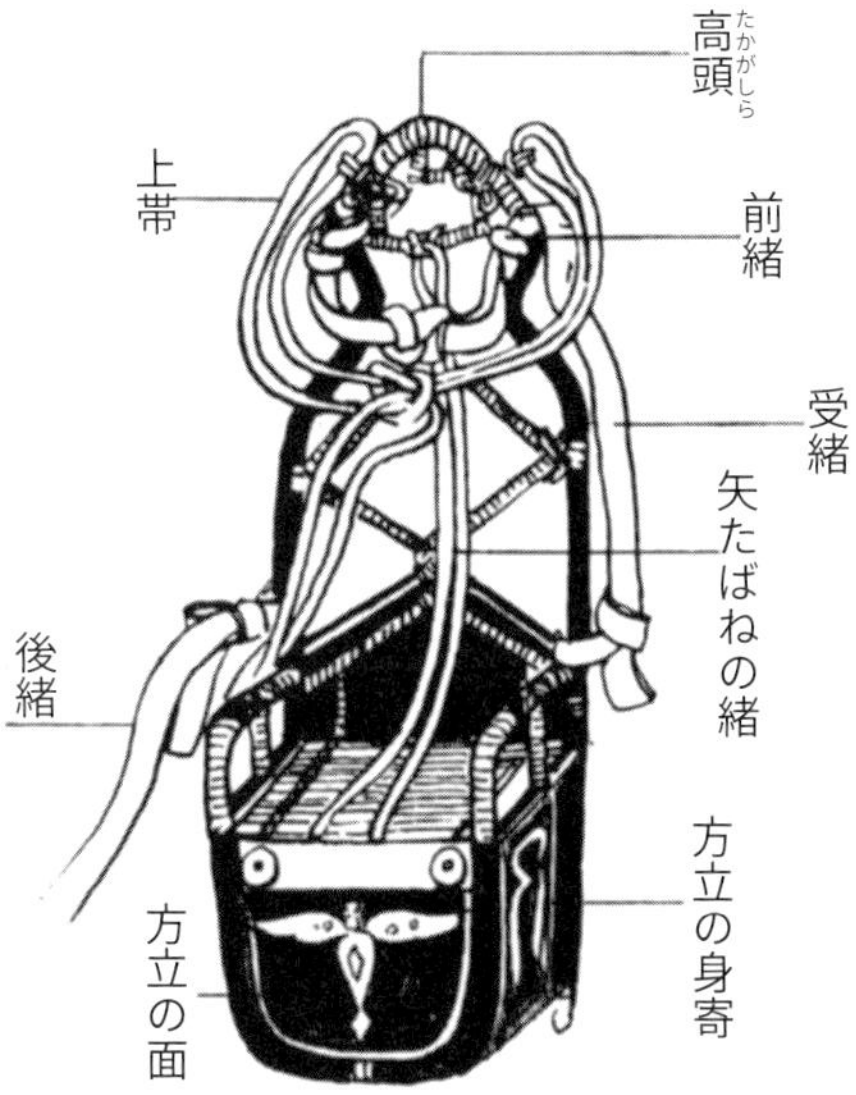

大鎧の武装の順序⑫　兜

鎧着初式であると兜をかむる前に三献の儀式を行なう。
出陣等の武装のおりは、最後の順序として兜をかむる。

鎧着初式であると兜をかむる前に三献の儀式を行なうが、出陣等の武装のおりは、最後の順序として兜をかむる。

平安時代末期ごろまでの兜は、響の穴が左右二孔（山梨県菅田天神社所蔵小桜黄返威大鎧の兜は三孔）であるが、鎌倉時代以降はほとんど四孔である。

鎌倉時代末期ごろから鉢裏に受張が設けられるようになったので響穴は形式的に残され、兜の緒は腰巻から縮または鐶によってつけられることになったが、鉢の四孔から兜の緒を出す場合には図のような形式で緒が用いられたと考えられる。古くは元取を立てたので天辺の孔から元取を包んだ揉烏帽子が突き出したが、鎌倉時代ごろから乱髪にして烏帽子をつけたので、兜をかむるときは烏帽子をたたんでかむった。故に天辺の孔から烏帽子先は露出しないし、また天辺の孔も径が小さくなっている。

この態は鎌倉時代に描かれた『前九年合戦絵巻』『春日権現霊験記』『法然上人絵伝』その他鎌倉時代以降の合戦絵に歴然たるものがある。

次に軍扇を持ち、弓を持つ。軍扇は右手に、弓は左手に持つのが普通であるが、鎧着初め式また出陣式における大将軍は右手に弓左手に軍扇を持つのが良いとされ、これは首実検などの折りの作法にあるから、こうした説も出るのである（一二八頁十四行目参照）。

また弓の持ちようは握りを持って、弦を下にするのが正式で、末弭《うらはず》が自分の正面地上から三〇センチくらいの高さにする。この弓の持ち方は古式で『前九年合戦絵詞』『平治物語絵巻』『蒙古襲来絵詞』等に描かれている。

また腰をかけたり座った場合に弦を上にして持っている態は『蒙古襲来絵詞』およびこの時代以降の絵画に見られる。

軍扇は夏冬ともに携帯する。あおいで涼を入れるためでなく、いろいろの役をするからである。『軍用記』に記されているように古くは特別の軍扇という形式のものがあったわけではなく、普通の扇であったが、もろいので軍陣用に特別丈夫なのを作ったのである。

軍扇は用いないときは箙に差しておく。

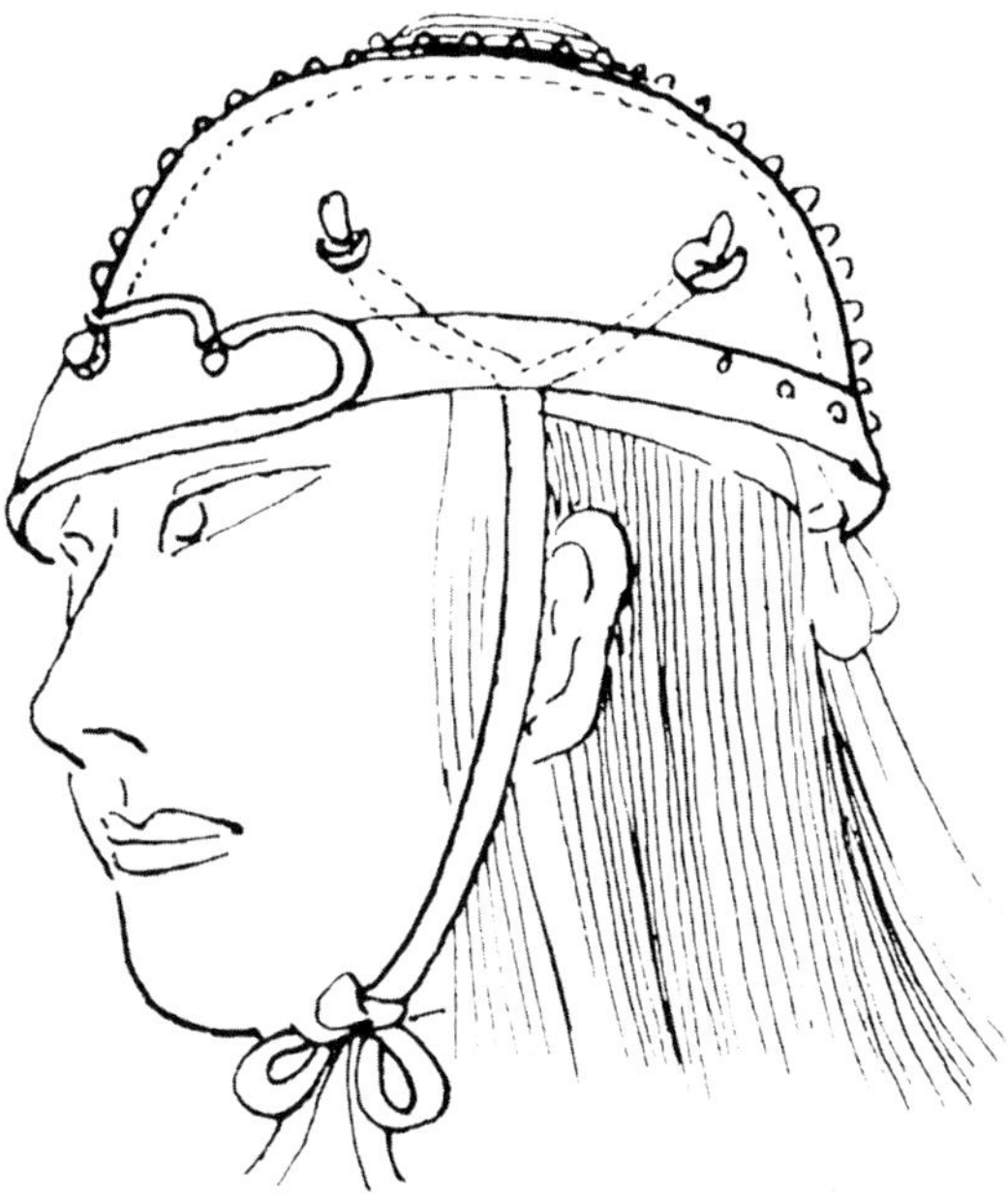

響穴四孔の場合の兜の緒の用い方

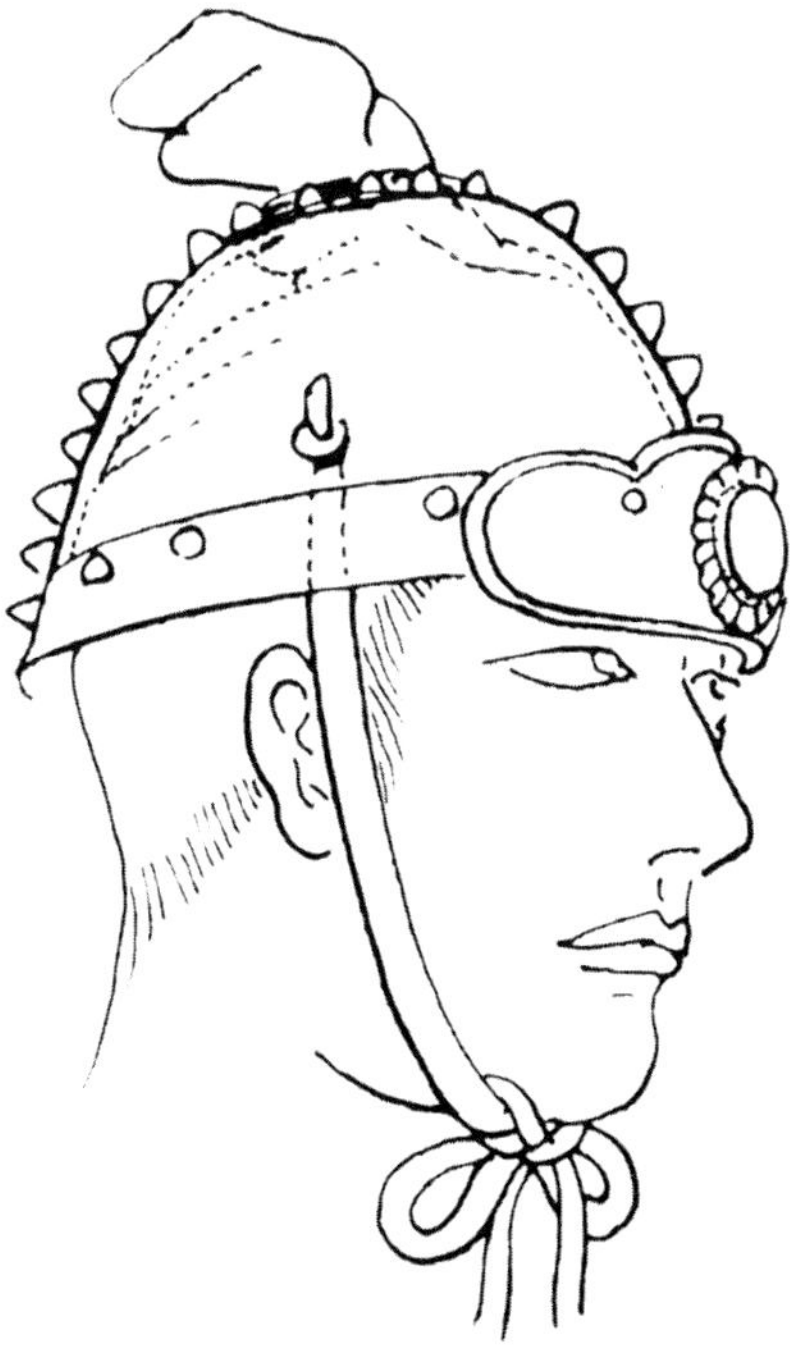

響穴二孔の場合の兜の緒の用い方

大鎧の武装の順序⑫　兜

次に軍扇を持ち、弓を持つ。
軍扇は右手に、弓は左手に持つのが普通であるが、
鎧着初め式また出陣式における大将軍は
右手に弓、左手に軍扇を持つのが良い。

軍扇は特殊の扇として
やかましい規定が作られていった。
陣中で他人の所へ行くときは軍扇を左手に持つ。
さすときも左腰にさし、帰るときは右腰にさし換える。

『軍用記』に、

「中古以来軍扇と名づけて別にこしらふ事になりたり。別にこしらふに付けて絵様なども定ある様になり、扇の用ひ方も熱をさます事は次になりて、さし引の用具と称しあるひはまじなひ、又は占などの道具となり色々さまざまの作法をこしらへ秘事口伝などといふ事出来て殊の外に尊く大事のものの様になりたるなり」とあるように軍扇は特殊の扇としてやかましい規定が作られていった。

表は紅地に金の日の丸、裏は青地に銀の月と六曜星・七曜星・九曜星を配するのが常となり、骨は一二本黒塗、長さ一尺二寸（約三六センチ）等とされた。

親骨は持つ人の八卦の形と下に猫間を彫り抜いたものとする等と次第にやかましくなり、その扱い方も軍神勧進のときは両手で表を上にして高く持って軍神ここに影向したまえと祈念する。

陣中で他人の所へ行くときは軍扇を左手に持つ。さすときも左腰にさし、帰るときは右腰にさし換える。

また右の胸板と脇楯の間にもさす。画は表を外に向け、夜は裏を外にむけて使い、扇は全部開かず半分開いて用いる。

などと定められている。

『軍用記』には「扇に九つの様体の事、一にかなめしとどめぬけたるをまじなふ事は八幡大菩薩摩利支天と三返となへ祈念して要を入るべし。二に順風逆風と云ふ事右にてあほぐは順風なり左手にあほぐは逆風なり。されば首実検の時は左にてあほぐなり。三に扇に物を置く事軍陣にては裏の方におくべし。表の日輪をはばかるべし。四に御旗を受取るときはた袋の緒を扇にかけ左の手にて下を受けて請取るべし。五に敵の扇ひろひて取る事、要の方に立ちまはりて取るべし。大将に見参に入るには要の方を御前になし、日輪の方を地にふせ置きて可懸御目なり。六に扇にてはたの手を直す事。御旗の手は竿にからまる時は手にて直すべからず、扇にてはづし直すべし。のこり三ヶ条たえて伝はらず。比の外怨敵を調伏するには左手にあほぐべし。吉凶を占ふには無念無想に扇を半分開き骨数半にひらくは吉なり、調にひらくは凶なり。又射手の的に扇を立つるに軍扇を立つべからず……」等はすべて縁起から出たものである。

鎌倉時代ごろまではこのようなことはなかったと見え、那須の与一の扇の的の話がある。『前九年合戦絵詞』には白扇も描かれているし、日の丸の扇も描かれている。

『蒙古襲来絵詞』には紅地日の丸に青の霞の描かれているものもあり、『軍陣聞書』や『軍用記』に記されたような特別にやかましい規定のあったものではなかったらしい。

軍用記による軍扇の図

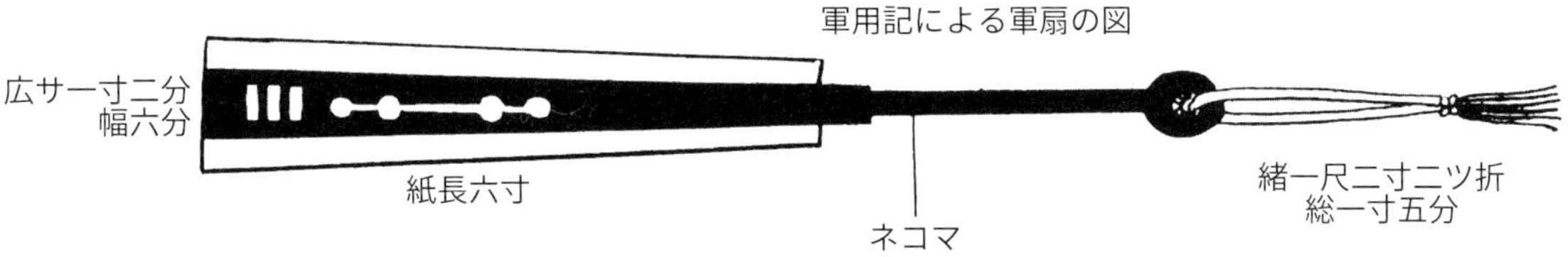

広サ一寸二分
幅六分
紙長六寸
ネコマ
緒一尺二寸二ツ折
総一寸五分

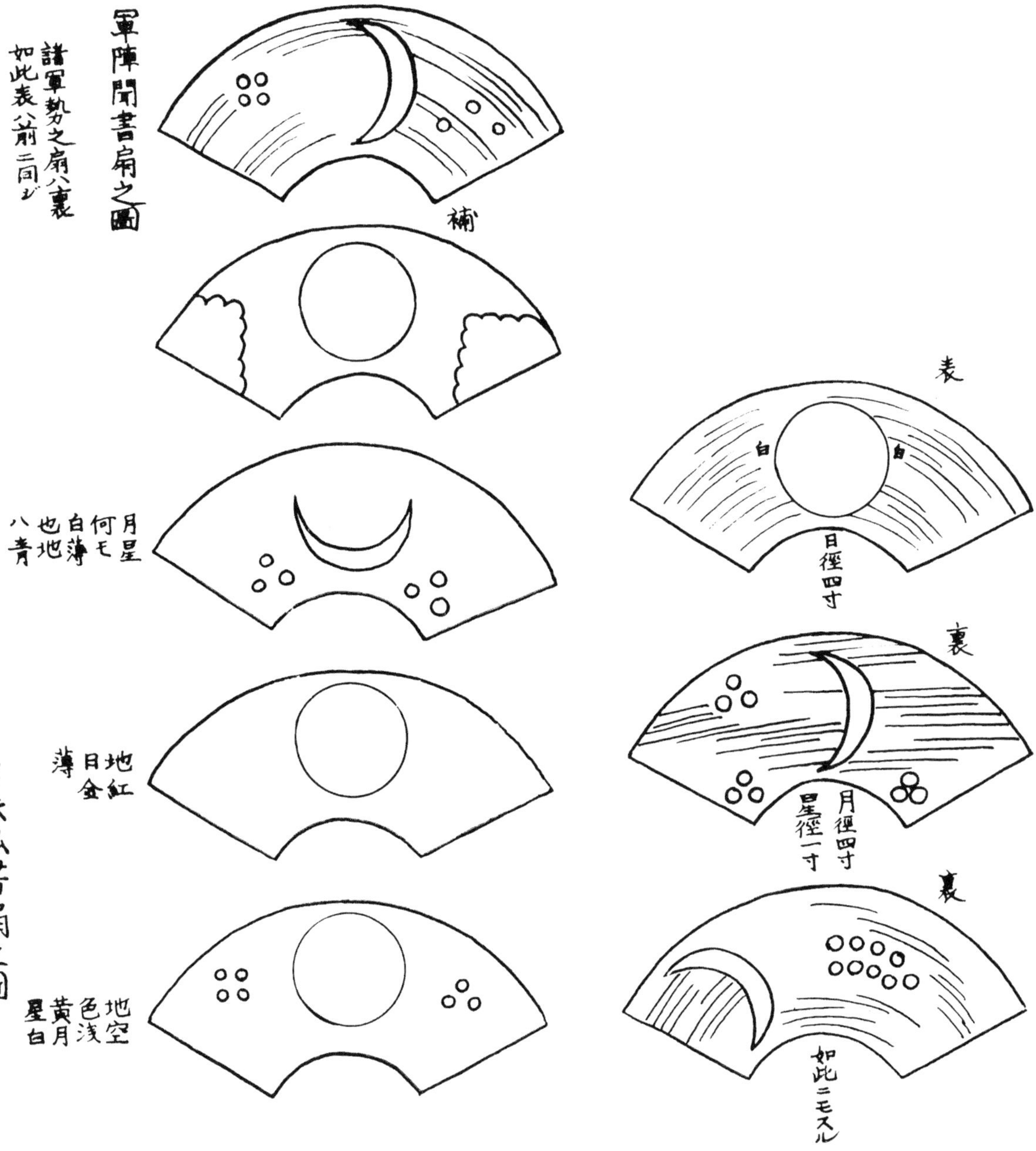

軍陣聞書扇之圖
諸軍勢之扇ハ裏如此表ハ前ニ同ジ
補
月星何モ白薄也地ハ青
地紅日金薄
弓法私書扇之圖
地空色浅黄月星白
表
白
白
日径四寸
裏
月径四寸
星径一寸
裏
如此ニモスル

大鎧の武装の順序⑭　母衣の用い方

母衣については、効用とこじつけが行なわれている。
矢は防げないばかりか、前方の視界を奪われ行動の不便をきたすだけであるから。
それほど江戸時代でも、その効用が不明になっていた。

鎌倉時代の武装には時として母衣を用いる。母衣は保侶・保呂・縨などと書き、本来は雨湿防寒を避けるために用いたものであるが、後世はいろいろの効用とこじつけが行なわれている。『軍侍用集』には「張良初めて之を造る」といい、『武用弁略』では「王陵が母から形見にもらったもの」とし、母衣の文字から母の胞衣に結びつける説が一般化している。

『軍用記』はこの説を「皆母の字に付きて後に作為したる偽説なり」と喝破したが、矢を防ぐ道具と説いているので、後世往々にしてこの説が信じられることが多い。

保呂絹等といって絹製が多いのであるから『軍用記』付図のように母衣絹をかむっても矢は防げないばかりか、前方の視界を奪われ行動の不便をきたすだけであるから、この推定説は正しくない。

それほど江戸時代には母衣の効用が不明になっていたのである。

母衣は室町時代ごろから、風を受けて母衣のふくらんだ形を常に保とうとして、内側に串を入れて球状としたので一種の武装上の威容を増したり目印としたりする目的に変化し、物頭以上、使番等が印として用いたので、鎌倉時代ごろの母衣の本質が失われたのである。

中国の古い時代の軍人がマント状のものをつけたのが伝わって、日本武装に用いられたものと思われるが、重くてごわごわした布では、甲冑の活動に障りがあるので、軽くてしなやかな絹が用いられ、美観とともに、効果は薄くとも雨湿防寒を兼ねたものであろう。

故に、背にマント状に羽織るのが本来の姿であって、背の肩上に結びつけたのである。

これを着用して騎馬を走ると、後方になびいて軍容を増したが、物に引っかかるおそれのあるときはなびかぬように腰へ絹で結んだ。

そのために風を受けるとふくらんだので、後世は母衣串を用いて、その態を保つようにしたのである。

そして母衣絹の色も好みの色を用いたのが、後世こじつけられると、紫色を用いるのは将軍だけであるとしたり、紋を染めたりするようになったのである。

大阪府三輪神社に大塔宮所用と伝わる母衣があったことが『本朝軍器考』付図に描かれているが、これはすでに袋状のものとなっており、明らかに母衣串を用いた形式である。

おそらく鯨の鬚等で数本の串をたわめさせて、その上にかぶせたものであろうが、後世は鎧の背に指物筒をつけ、棹に母衣串の元を挿入したものをその筒に収め、指物として用いるようになったのである。

大鎧の武装の順序⑭　母衣の用い方

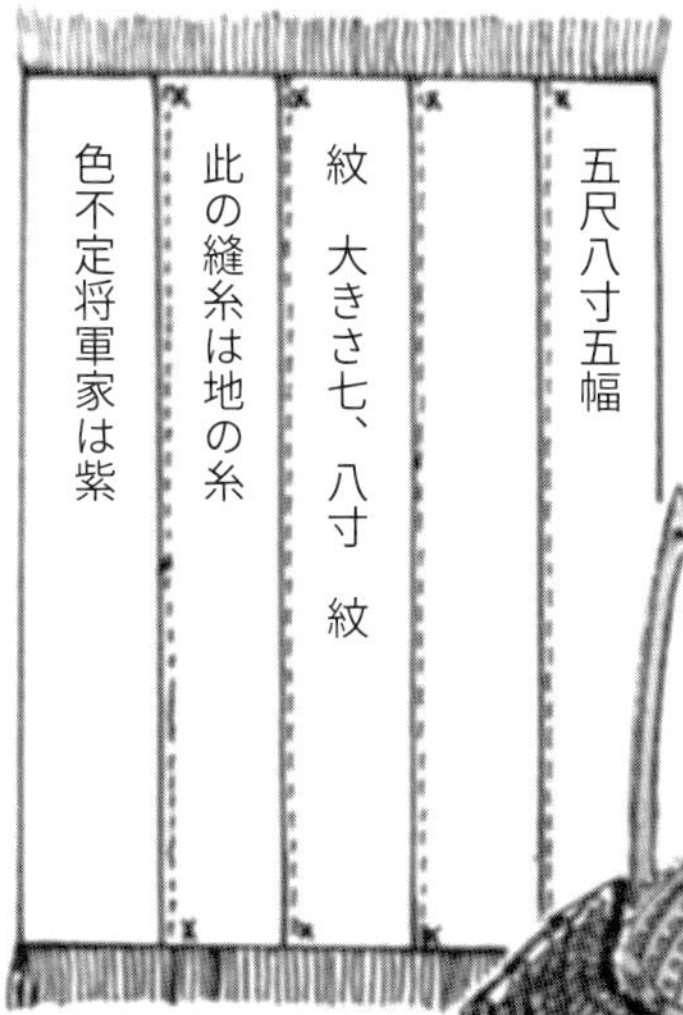

『軍用記』の母衣

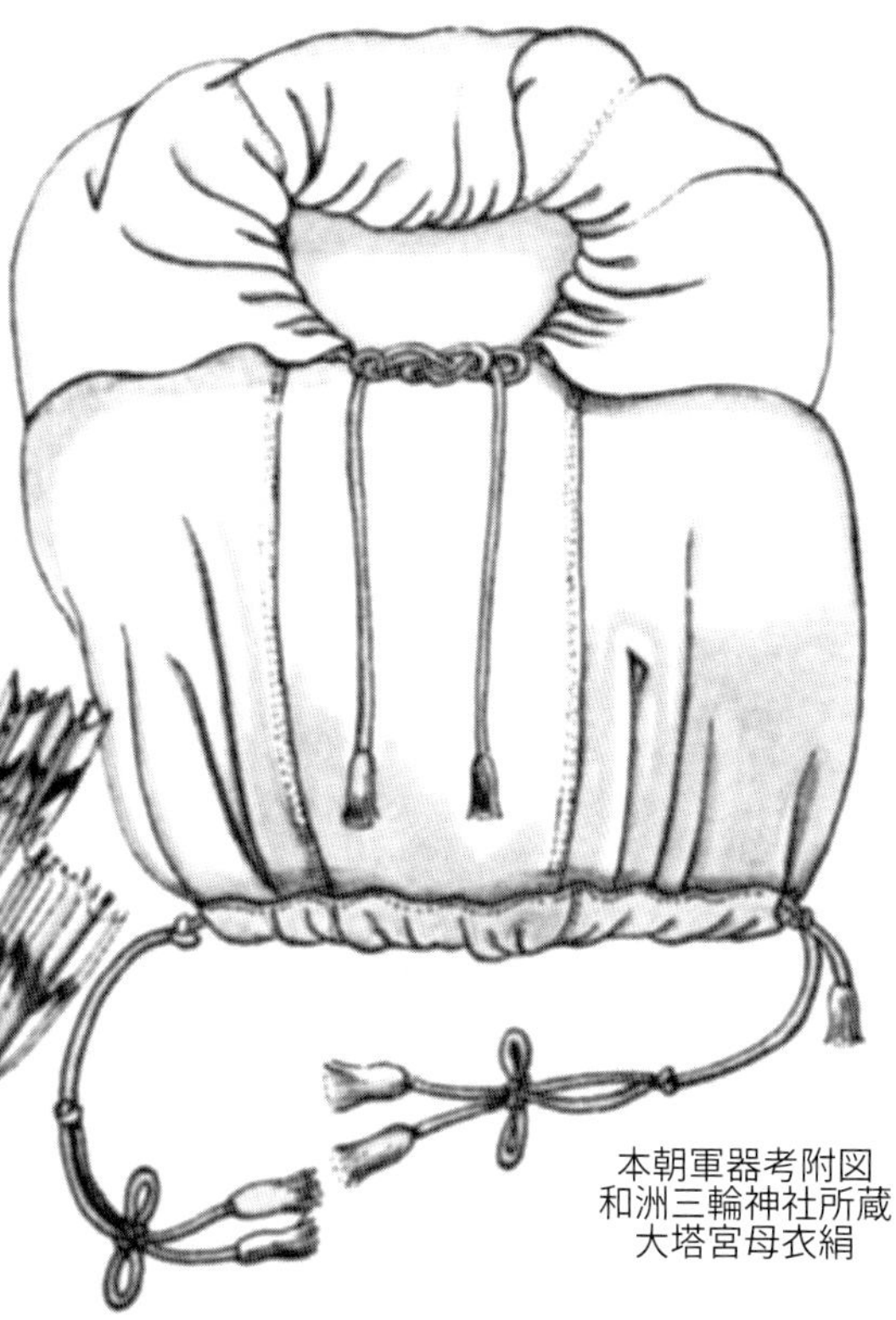

本朝軍器考附図
和洲三輪神社所蔵
大塔宮母衣絹

『軍用記』の母衣の用い方

出陣・凱陣の三献儀式

大将の着初・出陣・凱陣のおりは、
大鎧着用前の小具足姿のときに
三献の儀式を行なう。

敷革の白毛の部分を踏み、床机に浅く腰をおろす。

高杯、四方、供饗、折敷を用いるが、折敷のときは机に置く。

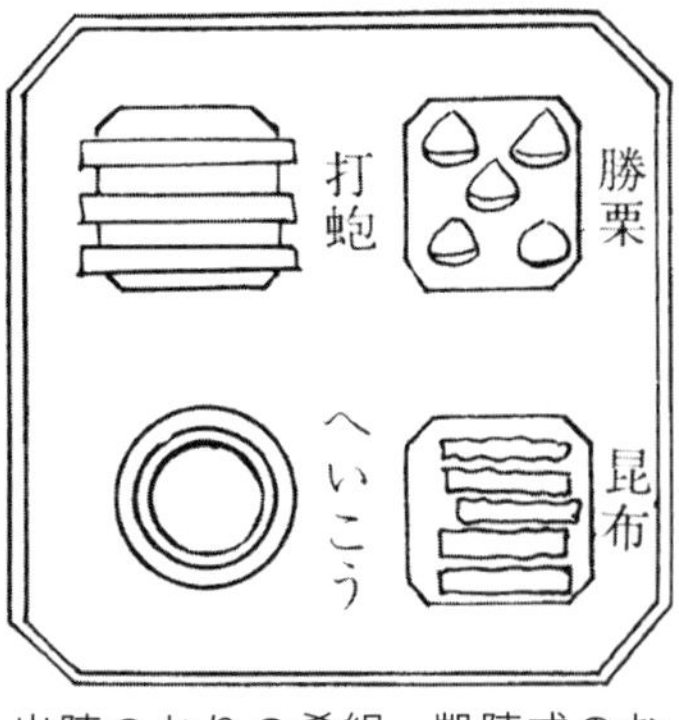

出陣のおりの肴組。凱陣式のおりは打鮑と勝栗が左右に入れかわる。

大将の着初・出陣・凱陣のおりは、大鎧着用前の小具足姿のときに三献の儀式を行なう。これは諸将家臣列座の中で行なうのであり、この儀式の準備は御陣奉行が行なったことは『鎌倉年中行事』によって明らかで、場所は主殿で南面して行なった。

『軍陣聞書』には場所によって東面でも良いとしてある。西と北は忌まれている。打鮑・腰栗・干昆布の三品を肴として三三九度の盃を上げる式で、これは大将だけが行なうもので陪食者はない。まず陪膳所役が肴組を持って大将の前に置く。ついで長柄所役が酒を進め、提所役は酒を補充するのである。陪膳所役は高杯・供饗・三方・折敷等に三品の肴と三重の盃を配して大将の前に進める。折敷の場合は低いので、大将の前の机または台に置く。その位置は大将に近く置かぬと、盃や肴をとるのに大将が取りにくい。

陪膳所役は肴組を目八分にささげて進み、左足で踏みとめ、膝をつかずに蹲居して置き立つときは、手をついたり、膝をついたりしないで立ち左廻りして戻る。右廻りは決してしないことと礼をしないのが軍陣の心得である。

ついで長柄所役が右手で銚子のかつらの星のところを持ち、左手で長柄の折目のところを持って胸のあたりに持って進み出る。

大将は打鮑の一片をとって食し、食べ残すときは肴組の左の隅に置く。長柄所役は左の膝をついて長柄を縦に廻して、そびそびばびと注ぐ。そして立ち上がると左廻りして提所役のところに戻り酒を補充する。再び大将の前に進むときには、大将は一献を済まし、勝栗の一個をとって食している。長柄所役は二献の盃に同じく三度に分けて注ぎまた提所役のところに戻り酒を補充する。大将は昆布を肴として三献目を受け、終わると、陪膳所役が肴組を下げに行く。下げた肴組は、残った品を打ち混ぜて「人に見知らぬ様にする事なり」と『軍陣聞書』にある。

以上が三献の儀式で、出陣の場合にはこれから鎧着用し、祈念または鬨を上げる。鬨の上げ方は大将が立ち上がり、左手に弓、右手に開いた軍扇を持ち「えいえい」というと一同が「おう」と大音声で答え、これを三度繰り返す。

凱陣式の場合も同様であるが、肴組の配置が異なり、勝栗・打鮑・干昆布の順で食す。

以上の三献の儀式は『大草相伝書』『軍陣聞書』『甲陽軍鑑』『軍用記』等によって多少の相違があり、これらは室町時代以降に作法化したのであるから、鎌倉時代がこの形式を踏んだとは思われない。三献儀式の詳しい方式は拙著『戦国武士事典』を参照されたい。

陪膳所役の肴組の持ち方

長柄所役の長柄の持ち方

出陣・凱陣の三献儀式

陪膳所役は肴組を目八分にささげて進み、
左足で踏みとめ、膝をつかずに蹲居して置き、
長柄所役は左の膝をついて
長柄を縦に廻して、そびそびばびと注ぐ。

実検の方法は大将は武装をして、敷皮を置いた床机に腰かけ、右手に弓、左手に扇を持つ。

首実検は古くは儀式的なことは行なわれなかったが、鎌倉時代ごろからやや作法化してきた。

そして首実検のおりの奉行を任命したことが『吾妻鏡』建保元年五月四日条に記されている。

貴人、大将の首を実検することを首対面といい、上級武士の首を実検することを居首・居物といい、下級武士の首を実検することを首見知りと称したが、これらは江戸時代の武家故実からで、それ以前はすべて首実検である。

『今川大雙紙』に「朝敵又は御一家ならばくきやう（供饗）に居うべし、常は平折敷なり」とあり、大将の首は首板にのせ二人で持ち、以下は一人で持ち、首板も足付・鉋かけの板の区分がある。

また急場でこれらが間に合わないときは扇子・鼻紙を用いた。

実検の方法は大将は武装をして、敷皮を置いた床机に腰かけ、右手に弓、左手に扇を持つ。

奏者所役が首注文を読むと、披露する侍が武装して左手で首の元取をとり、右手で台を支えて左の脇に抱えこみ、大将の前二、三間へ進んで左膝を立てて蹲居し、首の右顔を大将に向けて少しあお向かせ、左側を見せてから立ち上がり左廻りして戻る。

大将は立ち上がり、弓杖ついて右手で太刀を少しぬき、顔を右に向けて、左の目尻で見る。

これらの様式は『書札袖珍宝』『今川大雙紙』『武者物語』『越後軍記』『軍用記』『蜷川記』『貞順記』等によって多少の相違があり、家風によっても異なる。

また入道首の披露の仕方、重要な首の見せ方、敵の持物も一緒に分捕った場合の見せ方、略儀の首実検の仕方、大量の首を実検する法等、いろいろの作法があるが、これらはすべて室町時代以降に作られた作法である。

これらの詳細については拙著『戦国武士事典』を参照されたい。

首実検と切腹

四の数は「死」を意味し、
香の物三切れは
「身切れ」の意である。

敵将を首実検したおりに、首級に酒を飲ませることもある。

これは勝鬨を上げた後に行なうもので、縁無しの折敷に盃二重、昆布一切れを供え、酌人はその首級をあげたものがつとめる。

銚子は左手を前に、右手を長柄の末にもち、普段と逆に逆注ぎをする。

二度に注いで、その盃をとって首級に飲ませるようにし、昆布を首級の口に二度つけ、下の盃にまた二度注いで飲ませる態を行なう。このように酒を与えてから獄門にかけたり、敵に送り返したりする。

敵に送り返すときは首桶に入れる。これらの作法は拙著『戦国武士専典』を参照されたい。獄門とは、古くは牢獄の門の棟にかけたり、牢獄の門の傍の樗の木にかけたのであるが、後に台付の柱にかけるようになった。

一尺六寸（約四八センチ）角の板に、前に二本、後に一本地上四尺（一二〇センチ）の柱で、板の中央に裏から釘を打ち出し、それに刺して晒す。

または杭を打って棒を渡してそれに首を縛りつけておく。

次に捕虜等に切腹を命じる場合には鹿毛の敷物を裏返しとし、白毛の方を後として敷く。

切腹人はそれに坐ると前にあしらいの侍が床机に腰を下ろし、左後に介錯人が床机につく。

切腹人の前には縁無しの折敷二つを置き、一つは土器二重ね、一つは香の物三切れである。あしらい人には土器一つ。

酌人が土器に逆持ちした酒を三度に注いで飲ませ、それより切腹人に酒を二度ずつ二盃飲ませる。

四の数は「死」を意味し、香の物三切れは「身切れ」の意である。

切り手にはまた普通の持ち方をして酒を三度に注ぎ、飲んでいる内にあしらい人は席を立つ。

切り手は飲み終わると立ち上がり、切腹人が短刀を腹に突き立てて首が前に伸びるのをはかって首を斬り落とす。

これらの作法様式は家によって多少異なり、時代によっても相違がある。

首を披露する法

『武者物語』に
「敵にあふ心持にて、左の目にて、さかめをつかひ実検し給ふ、此時左の足にて右の足を踏みこする。箭入の時の足踏と同前也」とある。

『軍用記』附図の首の持ち方

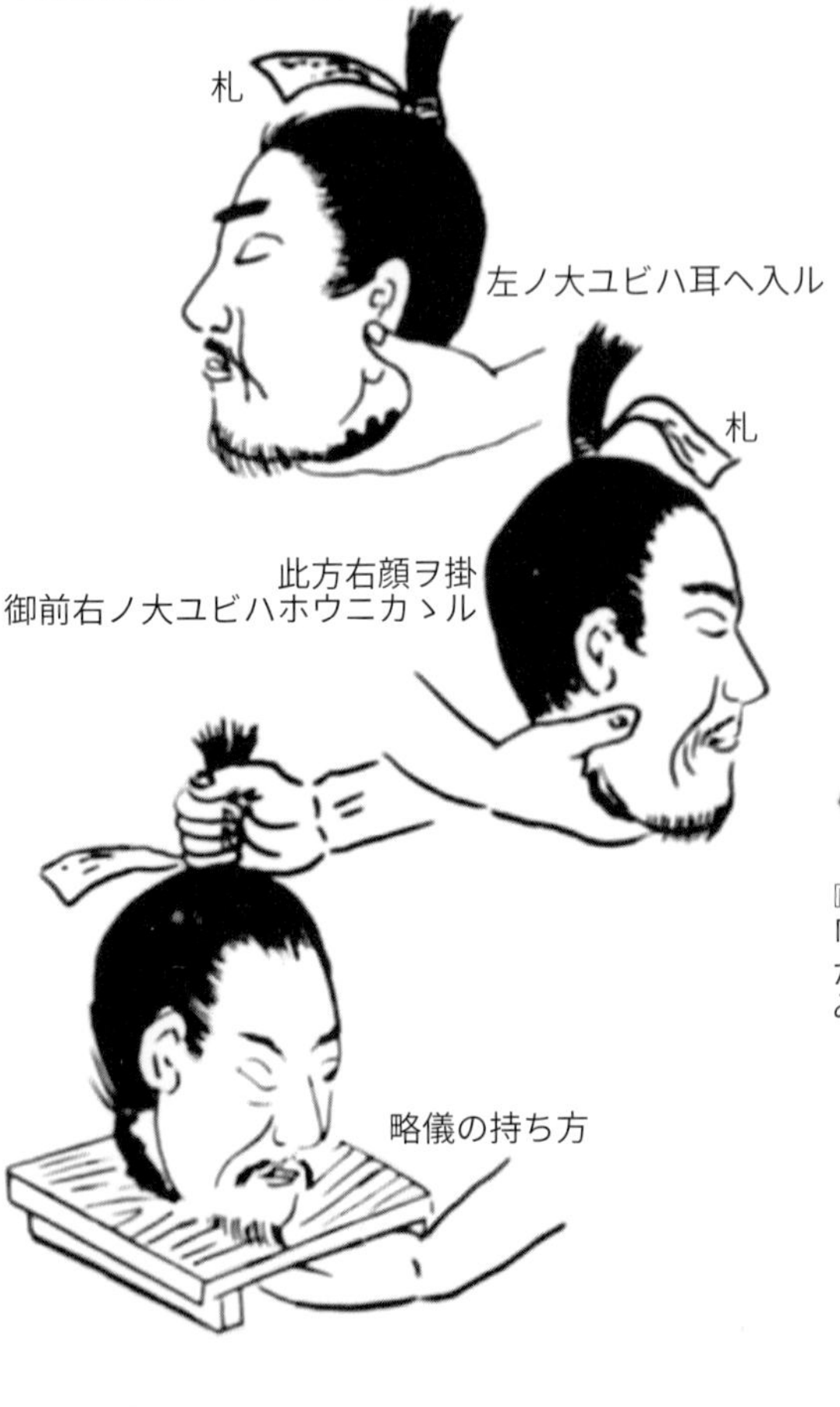

首実検と切腹

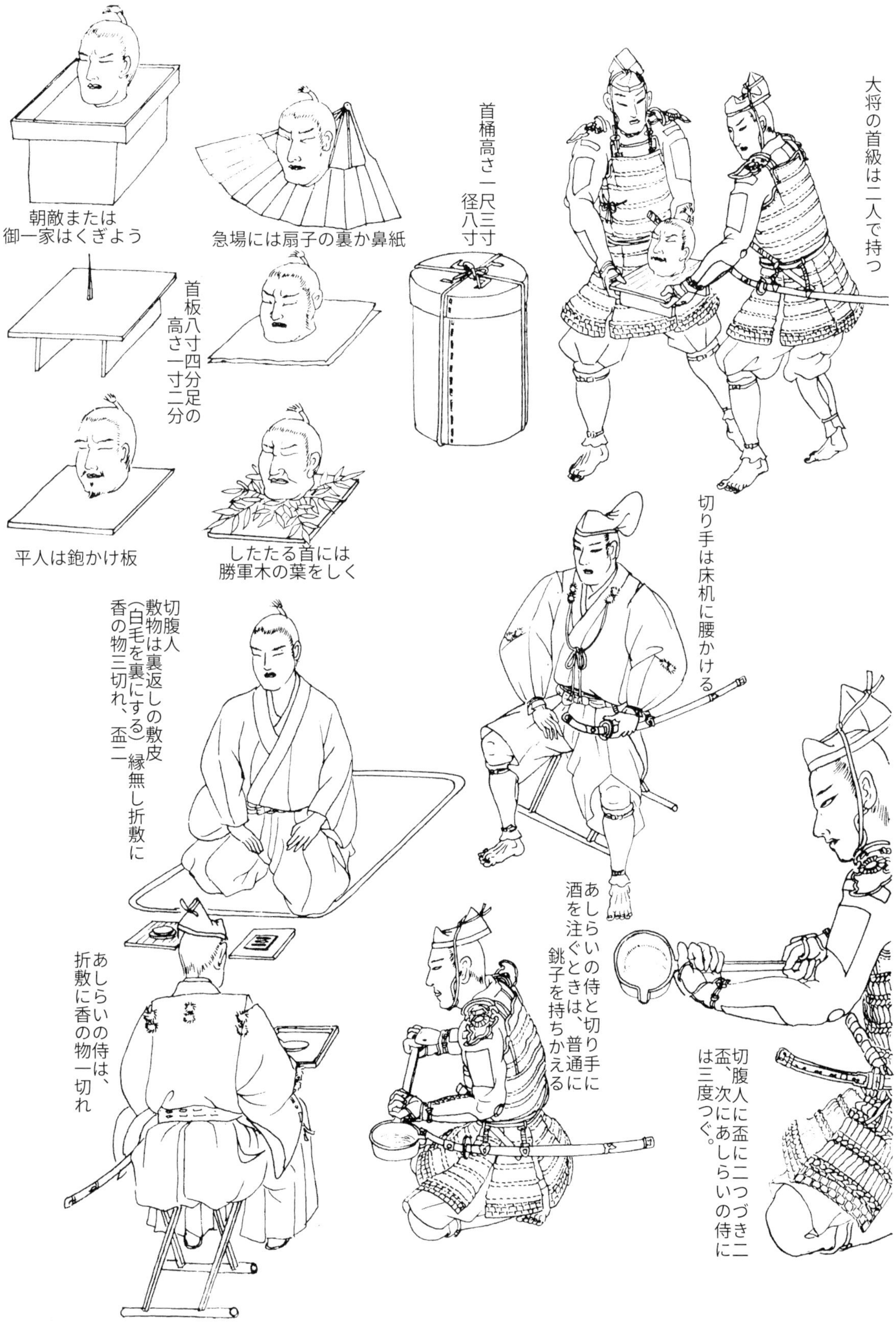
朝敵または
御一家はくぎよう
急場には扇子の裏か鼻紙
首桶高さ一尺三寸
径八寸
大将の首級は二人で持つ
首板八寸四分足の
高さ一寸二分
平人は鉋かけ板
したたる首には
勝軍木の葉をしく
切り手は床机に腰かける
切腹人
敷物は裏返しの敷皮
（白毛を裏にする）縁無し折敷に
香の物三切れ、盃二
あしらいの侍と切り手に
酒を注ぐときは、普通に
銚子を持ちかえる
あしらいの侍は、
折敷に香の物一切れ
切腹人に盃に二つづき二
盃、次にあしらいの侍に
は三度つぐ。

鎧着所役は脇楯を最後につける

鎧着所役

鎧兜は重量があるから、必要のとき以外に、
上級武士が着用することはない。
心利いた腹心の家臣に着用せしめて側にしたがわせた。

鎧兜は重量があるから、必要のとき以外に、上級武士が着用することはない。

検非違使の随兵という下級官の武人すら、出役には鎧を着ても兜は下部にかむらせ替弓を持たせている。

まして武家政権が確立した鎌倉時代においては、将軍を始め高級武将は必要のとき以外は鎧兜を用いないで、心利いた腹心の家臣に着用せしめて側にしたがわせた。これを鎧著（着）の役、鎧着の所役といい、将軍家の場合は大名級の重臣に命じている。

鎧着所役が将軍の側に将軍の鎧を着てしたがっている態は『後三年合戦絵詞』の源義家帰路の図のところに描かれている。

『吾妻鏡』文治元（一一八五）年十月二十四日の条に源頼朝進発のおりに最も寵愛した佐々木四郎高綱が頼朝の鎧を着てしたがったことが記されている。このおり高綱は鎧を先に着て、最後に脇楯を外側からつけたので人びとが笑った。

高綱は鎧着の役の故実であると人びとをたしなめたことが記されている。これはいざという時に将軍に鎧を着させるとき、脇楯から先に進められるからで、これでこそ戦場作法の故実で心得ある武将の行なうことである。

しかしこれは将軍に順序よく鎧を着用させるときの故実であるが、いざという時は脇楯を先に出すより、脇楯はあとでも鎧を先に出す方が必要ではあるまいか。

『伴大納言絵詞』に描かれた兜着の下部

『後三年合戦絵詞』に描かれた将軍の鎧着所役

鎧着所役

鎧立て代わりに長時間着用して、
「いざ」という時に将軍に鎧を渡してしまうと、
あとは自分の家来から自分の鎧を持ってこさせて着用する。

鎧立て代わりに長時間着用して、「いざ」という時に将軍に鎧を渡してしまうと、あとは自分の家来から自分の鎧を持ってこさせて着用する。他の者は初めから鎧を着て戦うが、鎧着役は立ち遅れとなるから余程豪勇の者でないとつとまらない。

鎧を将軍に渡すときは右側の高紐の鞐をはずすのが心得で、両方の高紐を外したら着用に手間取る。後世は将軍の鎧は鎧着所役が着てしたがうのではなく鎧櫃に入れて家臣が担ってしたがった。鎧を長時間着ていると、損傷したり体温が残って不快であったり、鎧着所役が無駄な疲労をしたりするからそれを避けるためであろう。

馬上で将軍の兜を渡すときは、右腕に弓をさしはさみ、
右手に兜の緒一条をとって差し出す。

兜所役

悠々と出陣するときは将軍や大将は兜をかむらず、
合戦におよんでから兜をかむる。

出陣に当たって普通は中門廊のところで兜をかむって馬に乗るのであるが、悠々と出陣するときは将軍や大将は兜をかむらず、合戦におよんでから兜をかむる。

将軍が小具足姿・直垂・狩衣姿のときは鎧着所役が鎧を着、兜所役が兜をかむるか持ってしたがう。

『吾妻鏡』正治二（一二〇〇）年正日二十六日の条には御冑持中野五郎能成とあり、その持ち方は『随兵次第』に左手の臂を張って忍びの緒をつかんで兜の中にさし入れて持つ。鞠は上膊部から肩にかかるようにして兜の正面が敵に向くようにする。

大将に差出すときは弓を右腕をぬき入れて、兜の緒の一条を持ち、左手の兜を差し出す。

もし弓を持っていなければ馬鏑矢《かぶらや》を一筋腰にさす。これは馬が震えたり、いやな嘶きをしたり、尻込みなど不吉な行動があったときにこの矢でまじないしてはらうのであると『兵具雑記』に記されている。

兜所役

将軍に兜を渡したら…
自分も背に負っている兜をつけ弓を持って
護衛戦士となってしたがう。

しかしこのような故実の生まれたのは室町時代からで、鎌倉時代には謹厳に奉持し、将軍に渡すときは臨機応変の処置であったろうことは『平治物語絵巻』で郎党が主人に急いで兜を渡している図でもわかる。

兜持所役の服装は『随兵日記』に「黒き直垂に是も四のくくりを入べし、次に胴丸を着せ、刀は黄金の入りて色絵たるを差すべし、是も家の折烏帽子小結ひなし、同烏帽子掛は常式のを用ふべし、足半を履かすべし」とあるから、これは徒歩である。

しかし緊急の出陣には馬に乗ったであろう。

将軍に兜を渡したら自分も背に負っている兜をつけ弓を左手に持って護衛戦士となってしたがう。

またときによっては兜は奉持しないでかむってしたがうこともある。

兜はこのように家臣にかむらせたり奉持させたりしたが、後世は兜立があるのでそれに兜を結びつけてしたがった。

兜の持ち方

兜は常に前方に向け左手で持つ

箙・空穂をつけぬときは右腰に鏑矢をさす

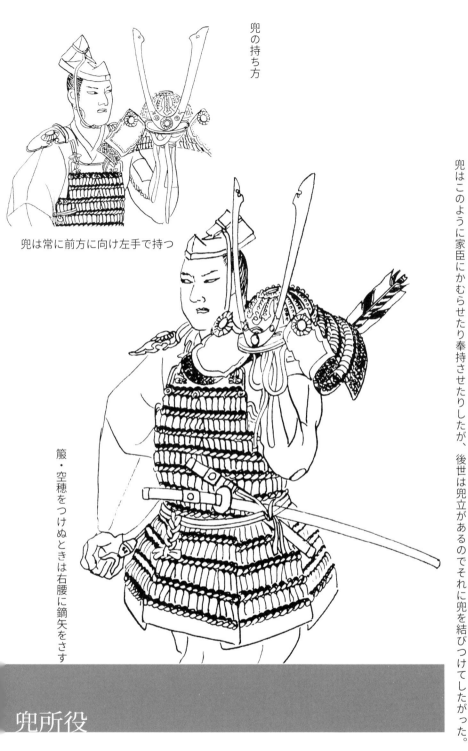

御剣所役

将軍出陣のおりは御剣所役が側に扈従する。
将軍の御剣役は重臣申のそうそうたる武将が勤めた。

将軍出陣のおりは御剣所役が側に扈従する。将軍は小具足姿・狩衣・直垂等の軽装で馬か輿に乗るが、もちろん腰刀・太刀を佩用するのが常で、この態は『後三年合戦絵詞』の義家帰路の図や、『足利義数馬上小具足姿画像』によってもうかがわれるが、別に家臣が御剣を奉持するか佩用してしたがった。

この風習は古くは一般武人でも太刀持をしたがえさせたもので、公家でも行なわれていた。

将軍の御剣役は重臣申のそうそうたる武将が勤めたもので『吾妻鏡』には千葉小太郎・武田兵衛・後藤兵衛尉基綱等が命ぜられている。

御剣の持ち方は『今川大雙紙』に「御剣の役仕るときは遠所に御出行の時は御剣を帯びて御前に打なり」とあり、馬上で御剣を佩用し、その方法は『御供故実』に「御剣の御人は弓うつぼは付けられ候はず候。其は御太刀を右に佩れ候間、うつぼを雑色にても庇者にても付候なり」とあり、右腰に佩用して将軍の左側を行くのが作法であった。つまり左腰に自分の太刀・右腰に将軍の御剣をつけて将軍の馬よりやや前を馬で行く。いざというときに御剣を渡しやすいし、将軍が太刀を抜きやすくするためである。

『家中竹馬記』によると御剣所役は将軍が御馬に乗るまでは御剣を持ってかしこまっており、将軍乗馬を見届けてから御剣を中間に持ってもらって、弽《ゆかけ》をつけ弓を左手に執り、馬上沓を履いて馬に乗り、御剣を右腰につけると記されている。

これらの故実は室町時代に行なわれたのであるが、鎌倉時代すでにそうした作法のもとの心得が考えられていたであろう。また奉持する場合は柄を握って右の肩にかつぎ左側に扈従する。これも心得である。

鞘を持つときは帯取を持添えて持つのであり、江戸時代のように鞘を握って立てるのではなく、横にして持つ。

御剣役は将軍家だけであって、大名以下は太刀持が持ち、これは身分の低い者が勤める。

詳しくは拙著『戦国武士事典』を参照されたい。

御剣所役

『後三年合戦絵詞』に描かれた源義家の御剣所役

将軍御剣所役は将軍の太刀を右腰に
佩き弓を持つ、箙は供に持たせる。

一軍一党の標識である旗を奉持する役は名誉の役。

一軍一党の標識である旗を奉持する役は名誉の役である。

昔より武功の者の勤めるのが常であった。『武家名目抄』職名部廿四上に「この役は進退にかしこきものならざれば不便なるが故に思慮もあり力量もすぐれ殊に軽捷なる者を撰ばれ」とあり、重臣が勤めたことは『軍陣聞書』に「公方様御出一番の御盃は勢州へ給、二度目は御幡指、三度目御甲の役者被レ給也」とあることによっても知られる。

また『今川大雙紙』には「錦旗をば無官の人に差すべからず。凡そ何の御旗をも侍の中甲の者を撰れて勤させらるる事なり」と記され、古画によって見ると、『前九年合戦絵詞』『後三年合戦絵詞』『蒙古襲来絵詞』等には大鎧姿で馬に乗っている。また『蒙古襲来絵詞』には胴丸姿で徒歩の旗差も見られるが、これは一党の旗差であるからで、また蒙古軍の徒歩集団戦に対応するために日本軍も徒歩軍が多くなったからであろう。

旗差の役は古くよりあったが、名目の現われたのは『平治物語』からであり、治承四（一一八〇）年に源頼朝が石橋山で旗上げしたときには令旨を旗の横上に結びつけたことが『吾妻鏡』に記されている。

このように旗差は重要視されていたから将軍家の旗差は『随兵日記』によると将軍と同じ、縁塗りの烏帽子、紅色の鉢巻を許されている。出陣のおりは出陣式がすむと、主殿で大将より旗を受取り、中間に渡し、それより旗棹にとりつける。馬に乗るときは一度中間に渡して受取る。旗棹は左手で持ち、鞍の前輪の左の四方手のところにいため革か牛の角、または竹の筒をつけ、それに棹の石突を挿入す。右手で手綱をとると『軍陣聞書』に記されている。

こうした態は古画に見られる。

旗は一軍の表徴であるから室町時代には随分縁起をかついだ。

たとえば進路に堀や河があって旗差の騎馬が行き悩んだおりは、引返すことなしに徒歩の者に旗を持たせてそこを渡らせ、他は迂廻して、渡って旗をうけとる。つまり旗が行き悩んで引き返したことを忌むからである。

また旗差が落馬したりして旗竿を折ったときも軍配を祝い直せば良い。旗を袋から出すときは吉方に向けて行なうなど『軍陣聞書』『随兵日記』にはいろいろと記してある。

出陣式が終わると旗を上げるので、旗を上げるという言葉は兵を起こす意味に用いられ、行軍中は必要のない限り旗は巻いていく。

旗差

『前九年合戦絵詞』に描かれた旗差

『後三年合戦絵詞』に描かれた旗差

『蒙古襲来絵詞』に描かれた旗差

空穂は矢を納めて携行する道具。
矢が雨露乾曝等で狂ったり、
損傷するのを防ぐために筒状の箙としたのであろう。

空穂は矢を納めて携行する道具であり、『古今著聞集』『平家物語』『源平盛衰記』等に記されているが、源平合戦のころはあまり流行しなかったと見えて、当時の古画にも見当たらないし、遺物もない。鎌倉時代末期に描かれた『後三年合戦絵詞』中巻に始めて鹿毛空穂二つ、黒の塗空穂一つが描かれているから、思うに鎌倉時代ごろからぽつぽつ流行し始めたものであろう。

空穂は矢が雨露乾曝等で狂ったり、損傷するのを防ぐために筒状の箙としたのであろうが、その始めは矢保侶形式の採用からではあるまいか。空穂にも矢保侶を用いたのは室町時代の図に見られるが、これは箙に用いる矢保侶の制を利用したものであろう。

『軍用記』付図にそれが見られる。空穂は箙と異なって矢を挿入するときに羽の方を下にして箙にならべる状が古画によって知られる。

『信太草子』に記される箙刀等は、この空穂の中に納め、ときには軍扇・矢立も納める。

旗は一党一軍のしるしで、古くは一、二流であったが、源平争覇時代ごろから軍容を示すものとして数多く用いるようになった。

『平治物語絵巻』『後三年合戦絵詞』等を見ると無紋のものであるが、鎌倉時代中ごろから紋もつけたらしく『蒙古襲来絵詞』には描かれている。

旗は竹竿に用いるが、竿は生地のままのものや、黒塗り、籐巻き等があり、江戸時代の故実書では一二節の竹を根掘りにしたものを用いるとあるが、古くはそうしたことに拘泥していなかったようである。

『軍用記』等では旗の製作から扱いまで大変やかましく規定されているが、鎌倉時代にはそうしたこともなく、唯一党一軍の表徴であるから旗差しは豪勇の士が選ばれ、いつも主人の馬側に騎馬でしたがった。

出陣には旗を掲げるので、それを意味する語として「旗を上げる」といい、行軍中特に軍容を示す必要のないときは旗を巻いて蝉口から吊るした。陣中にあっては旗を立てることは当然である。

室町時代ごろから出陣・凱陣のおりの旗差の作法はうるさくなり、故実を生じている。詳しくは拙著『戦国武士事典』を参照されたい。

空穂と旗

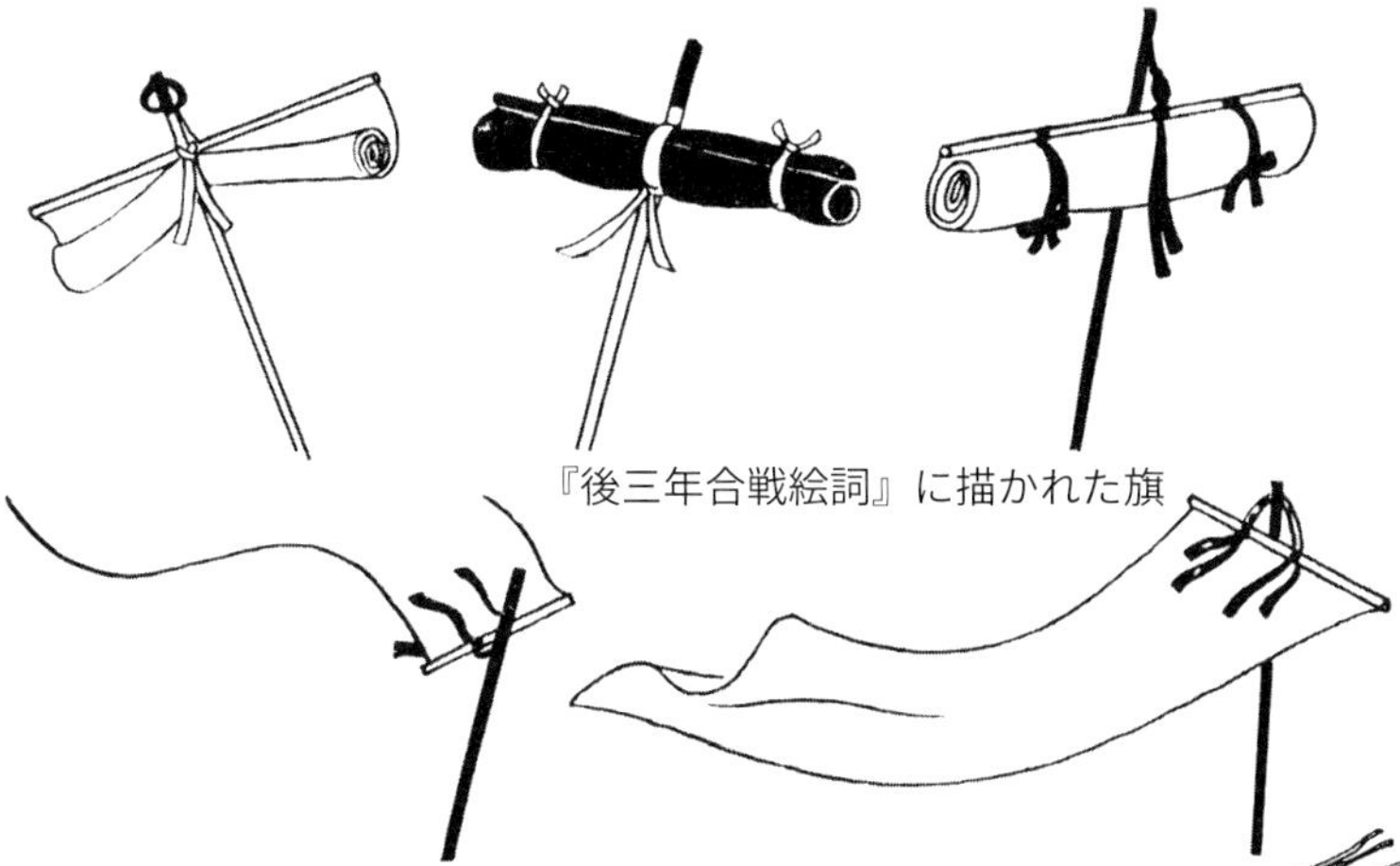

『後三年合戦絵詞』に描かれた旗

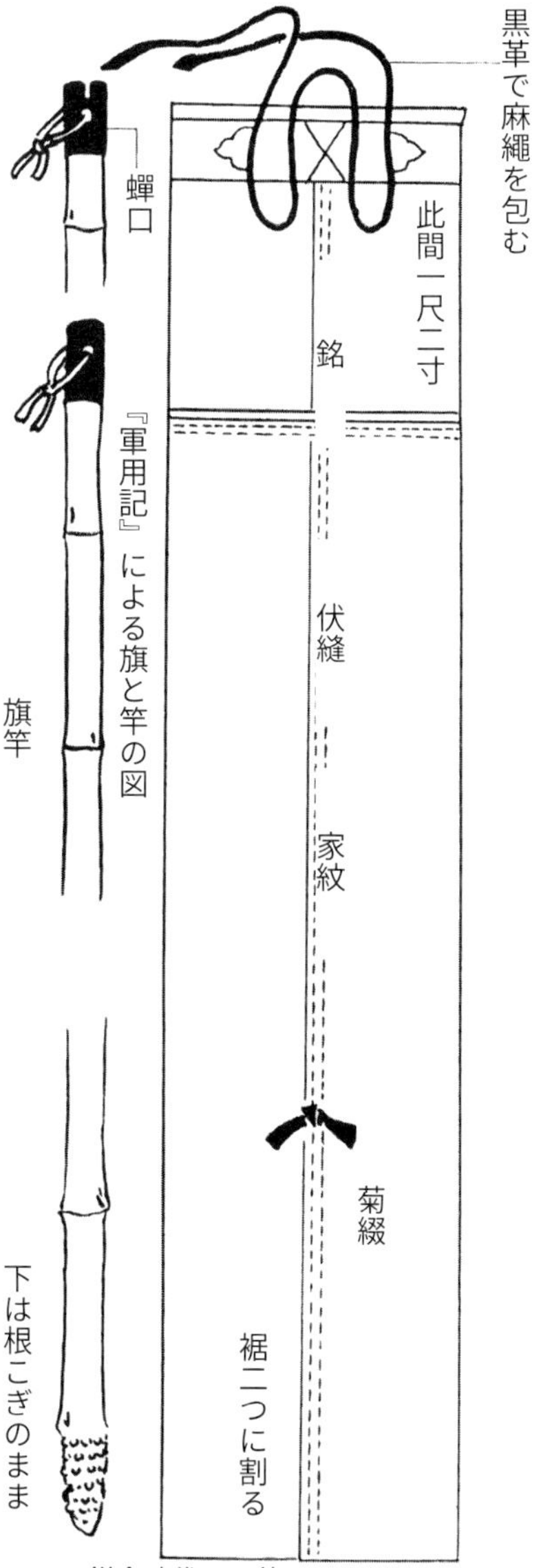

『軍用記』による旗と竿の図

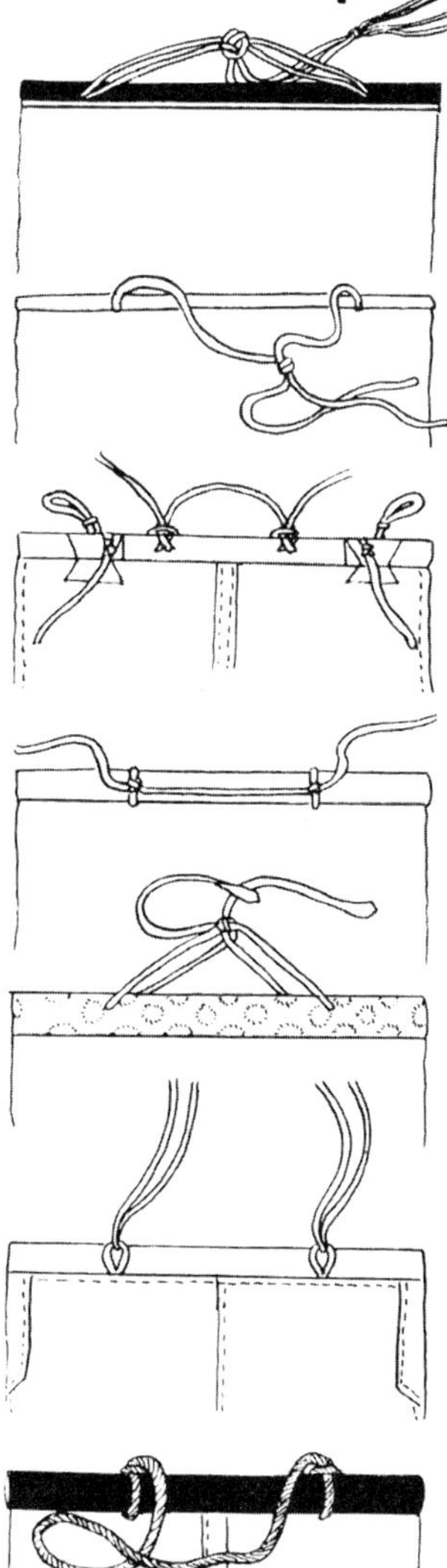

『集古十種』旌旗図の旗の緒のつけ方の種類

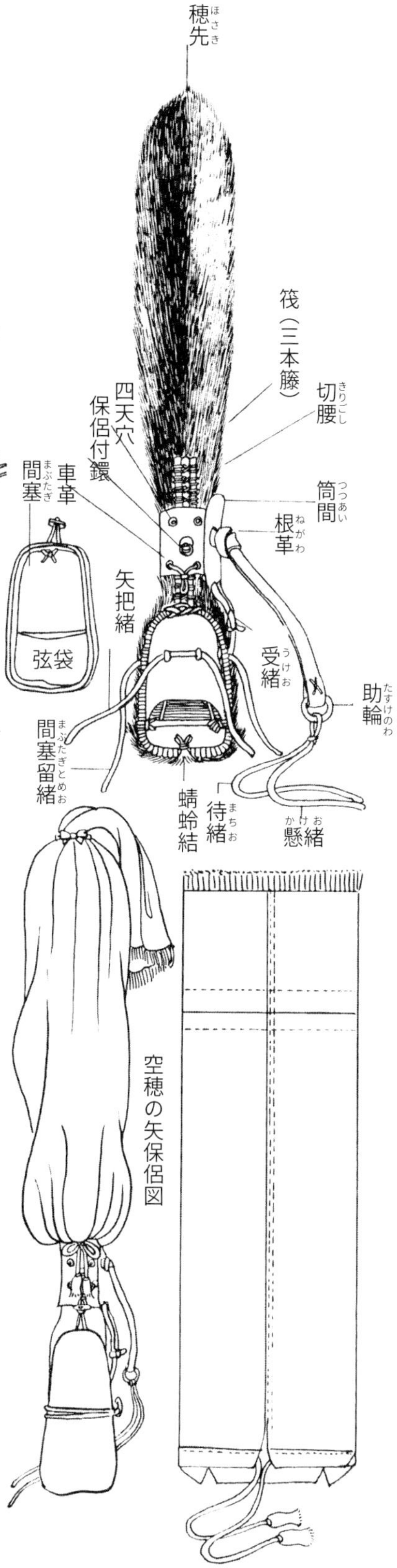

空穂の矢保侶図

将軍の出行・出陣には
調度掛・弓袋差・張替弓持・矢負・長刀持等があり、
室町時代以降には槍持・鉄砲持が加わる。
それぞれいくつかずつを持つので大人数となる。

将軍の出行・出陣には調度掛・弓袋差・張替弓持・矢負・長刀持等があり、室町時代以降には槍持・鉄砲持がおり、それぞれいくつかずつを持つので大人数となる。

調度掛とは弓矢一揃とした道具で時代によって形が違う。

『吾妻鏡』によると武将がつとめており『今川大雙紙』では佐々木家が代々つとめた。

『布衣記』によると「折烏帽子に紙捻りの小結をかけ、かちんの鎧直垂を着、自分用の弓は持たない」とあり後世の御持弓足軽とは身分が違う。

弓袋差も将軍家の場合は名誉の役で『宗吾大雙紙』には「空穂を腰にさし、弓の握りから四、五寸下を持ち、弓は前方に弦がくるようにして肩にかつぎ、主人の右側の後にしたがう。

空穂には鞭か神頭の矢をさし、空穂を用いないときでも鞭は持つ」とある。

『高志聞書』には空穂には矢を六本入れることはむやといって忌むと記している。弓は弓袋差の言葉どおり弓袋に入れて持つが、ときには弓袋に入れないで持つこともあった。

張替弓持は予備の弓を持つことで『随兵次第記』によるとこれは中間が持っても良かった。それでも将軍御弓を持つのであるから「黒き直垂に四のくくり入るべし。胴丸をきせ黄金の色絵たるをさきす（刀）べし。是も家の折えぼし小結なす」とあって一般の中間とは全く格が違う。

矢負は矢箱を負う役で大勢おり、中間級である。

長刀持は『鎌倉年中行事』によると力者（力のある相撲取のような者）にかつがせ将軍の左側を歩ませた。

その服装は「出張頭巾として黒布にて括りて後の方を広くして中一所ばかり綴ぢたるをかむり、素襖に染めたる小紋、引敷にて太刀を佩く」とある。

しかし鎌倉時代は右のような形式化したものではなかったであろう。なお詳しいことは拙者『戦国武士事典』を参照されたい。

太鼓所役

召集の合図、時を告げる合図、進撃の合図、注目静粛にさせる方法として太鼓を打った。

軍鼓は俗に陣太鼓といい、後世は戦場用の太鼓を用意したが、鎌倉時代ごろは特別に戦場用の太鼓を用意したわけではなかったらしい。

太鼓を軍陣に用いた例は古く『日本書紀』巻之九気長足姫尊の条に「時皇后親執二斧鉞一令二三軍一日金鼓無レ節旌旗錯乱則士卒不レ整』とある。

『令義解』にも「凡軍団各置鼓二面」とあるが、源平争覇時代もしばしば用いられている。

『前九年合戦絵詞』には二個所に太鼓が描かれているが、後世に見る軍陣用の太鼓とは外観が違い寺社で用いる太鼓のようである。

『源平盛衰記』第三十五巻範頼義経京入事の条でも、義経は宇治平等院から太鼓を取り寄せて打ったことが記されている。

そして本文中から推すと、注目静粛にさせる方法として太鼓を打ったようであるが、こうしたことから召集の合図、時を告げる合図、進撃の合図等になったものと思われる。

進撃の合図を責太鼓といったことは『平家物語』『源平盛衰記』等によっても知られるし、後世も用いられ、懸り太鼓（『国府台戦記』）押太鼓（『信長記』）等といい、人の気を掻き立て進撃させるので早太鼓（『籾井日記』）ともいっている。

太鼓は合図発令であるから、しかるべき者が打ったので、後世も太鼓役は名誉の役とされている。

陣営では太鼓台に置いて打つが、行進中は、棒を渡して二人でかつぎ、太鼓役が打ったもので、その態は『前九年合戦絵詞』に描かれている。

太鼓の胴はツゲの木が良いとされ、中をくり抜いて両面に皮を張り胴と皮には生漆を塗り、皮には巴や竜等を描き、胴には花鳥・竜等を彩色する。

この時代に貝（螺）鉦も合図用具として用いられたが、当時の古画・遺物がないから、安土・桃山時代の合図用具の項で詳記する。

『後三年合戦絵詞』に描かれた（左）張替弓持　（右）調度掛持
義家の調度掛は童子風である。
調度は箙に矢保侶をかけたように見える。

長刀持

弓差

太鼓所役

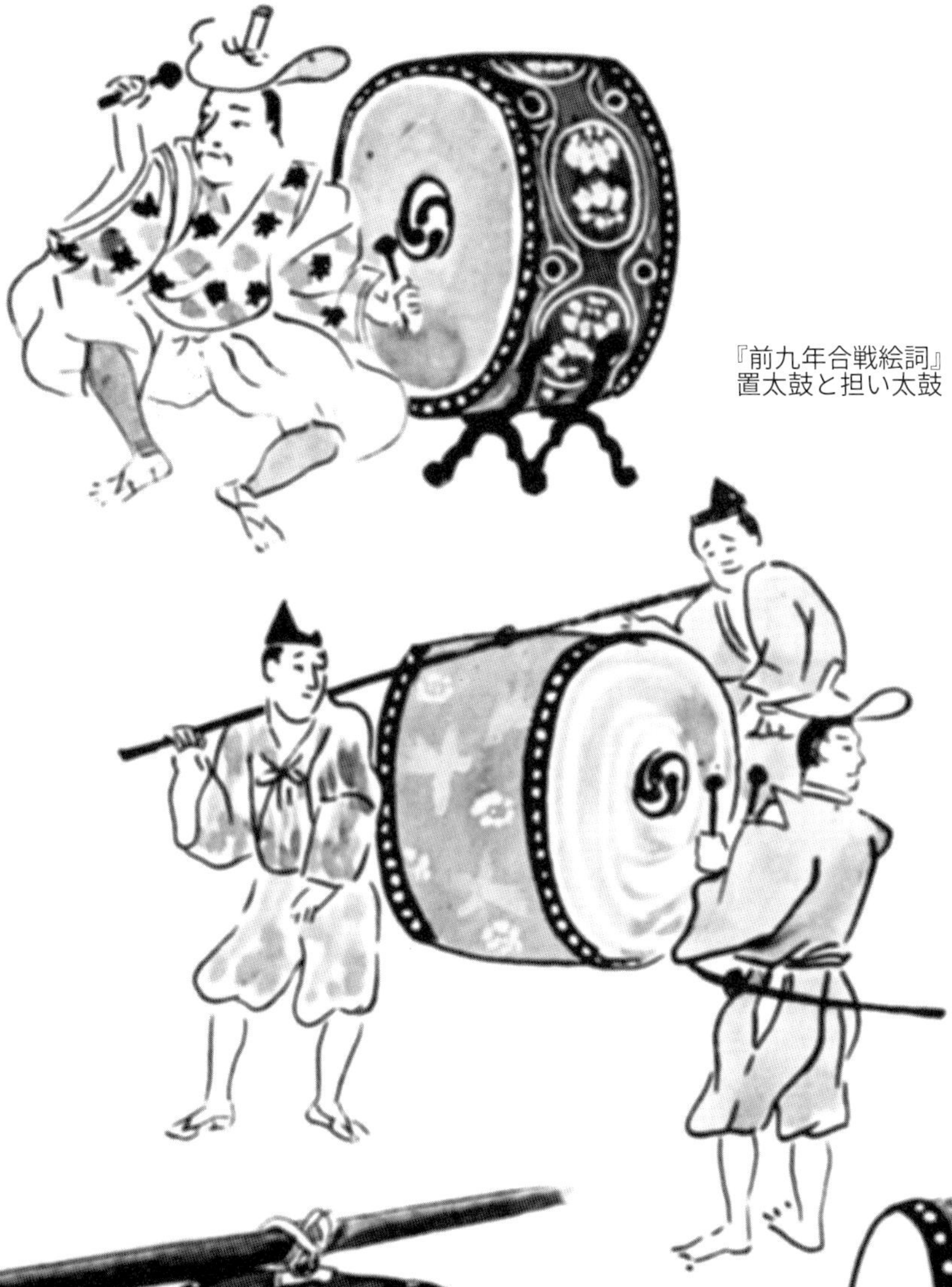

『前九年合戦絵詞』に描かれた
置太鼓と担い太鼓

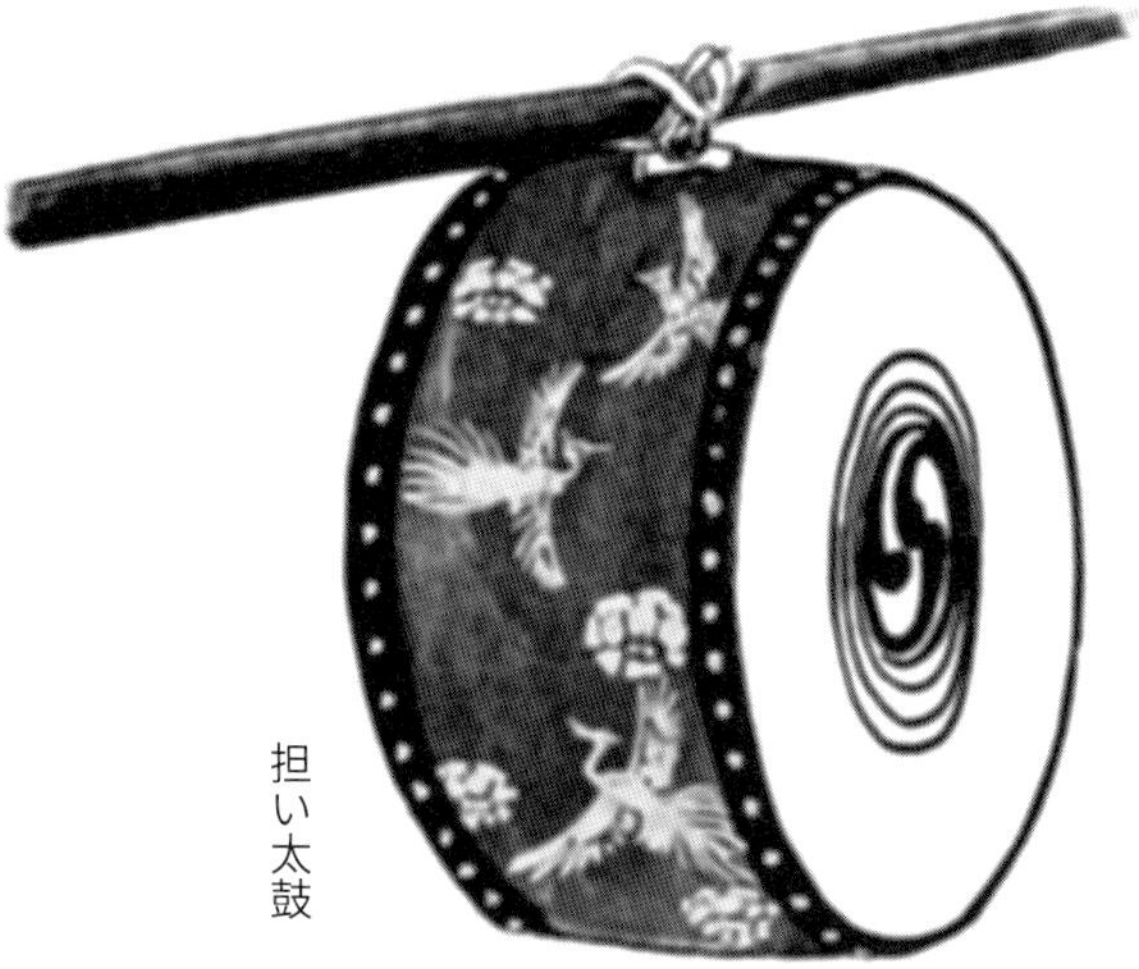

担い太鼓

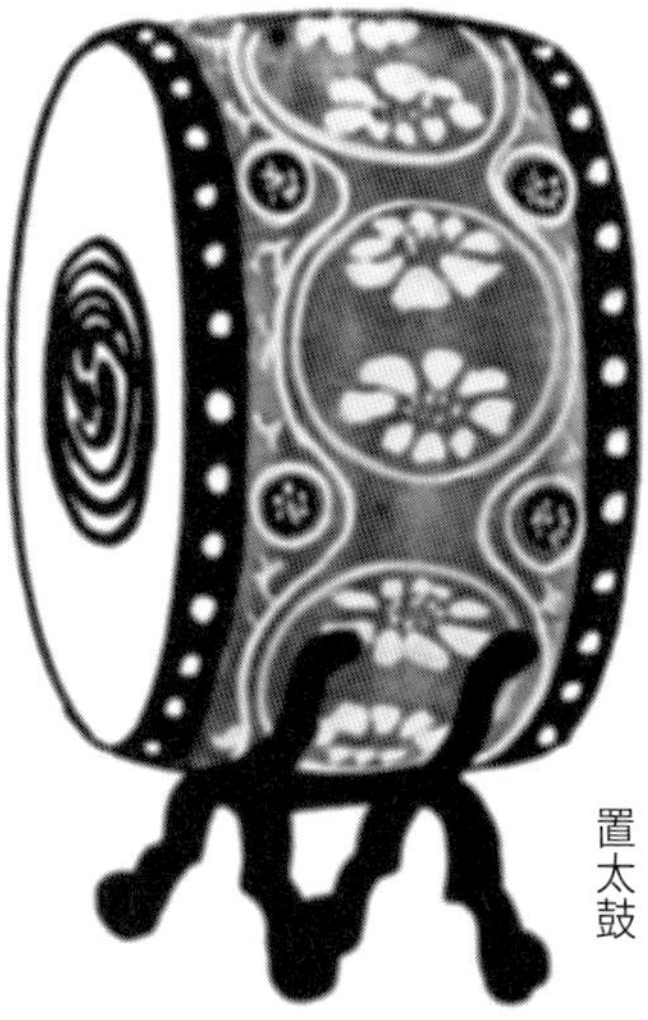

置太鼓

楯は可動性のある軽便遮蔽物として種類も多い。
一定の場所に固定する掻楯、
持ち運びして用いる持楯、
また大楯・小楯の大きさの種類がある。

源平争覇の時代を経て武家が主導権を握ってから武器・武具はにわかに発達したが、防禦具の一種である楯も大いに用いられている。

楯は可動性のある軽便遮蔽物としてその種類も多く、大別すると一定の場所に固定する掻（垣）楯と、持ち運びして用いる持楯とがあり、また大楯・小楯の大きさの種類がある。

掻楯は、陣中・櫓・船端等に並べ『平家物語』『源平盛衰記』等に盛んに記されている。

門の上、城の角の櫓等のは櫓掻楯（『梅松論』）等ともいい、並んでいるので重ね楯（『ささこおちのさうし』）ともいい、ときに応じて引き退けられるのを転楯《まくりかいだて》（『太平記』）といっている。

持楯は並べて置くが前進後退に移動できる平楯（『扶桑略記』）・ヒシキ楯（『太平記』）・一枚楯（『太平記』）・手楯（『源平盛衰記』）等であり手楯は背部に握りのある小楯（法然上人絵伝の挿図）等に描かれている。

櫓等に設ける楯は厚板を並べたものが多く、その態は『後三年合戦絵詞』等に描かれているが、なお持楯を並べたり、柵を作って持楯を並べる態が『一遍上人絵伝』『先進繍像玉石雑誌』に描かれており、それを船縁へ並べた態は『蒙古襲来絵詞』『松崎天神縁起』に描かれている。

楯はたいてい人間の身幅くらいの幅に、目の高さくらいの高さの堅木の板を用いるのであるが、一枚板は上等の品で一枚楯（『太平記』）と特にいい、たいていは二枚を縦に合わせて用いるのが普通である。

稀には四枚の板を合わせたものを椎四枚楯（『判官物語』）という。表は無地のものもあるがだいたい二引両に家紋か、または紋を墨で描き、裏は上の方に桟を二個所打ってその間に堅木の手形を二本打ち、堅木にしゅもく形の琵琶枝という足をはめこむ。

この足を後方に伸ばすと、楯は斜めに立てかけた形となるのである。

楯の上部の両角を楯の鼻、楯の端（『官地論』『太平記』）という。

楯はこのように実用品であるから古くは定まった規矩はなかったのであるが、室町時代の後半から、定形を生むようになり、江戸時代初期の『軍侍用集』では高さ五尺八寸（約一七六センチ）、横は一尺八寸（約五五センチ）、桟の数五個所、釘七所、琵琶枝三尺六寸（約一二〇センチ）、手形八寸（約二六センチ）、楯板の厚さ八分（約二・五センチ）と規定しており、さらに表に薄い鉄板をはったり、釘を数多く打ったりするようになった。

釘を表から打った態は鎌倉時代にも行なわれたらしく『男衾三郎絵詞』にも描かれている。

なおツノ楯・箱楯・シナイ楯（『ささこおちのさうし』）・鑓・馬楯（『応仁私記』）等の名目もある。

作り楯（『松隣夜話』）・竹束楯もあるが、これらは鉄砲が使用されてからのものである。

楯

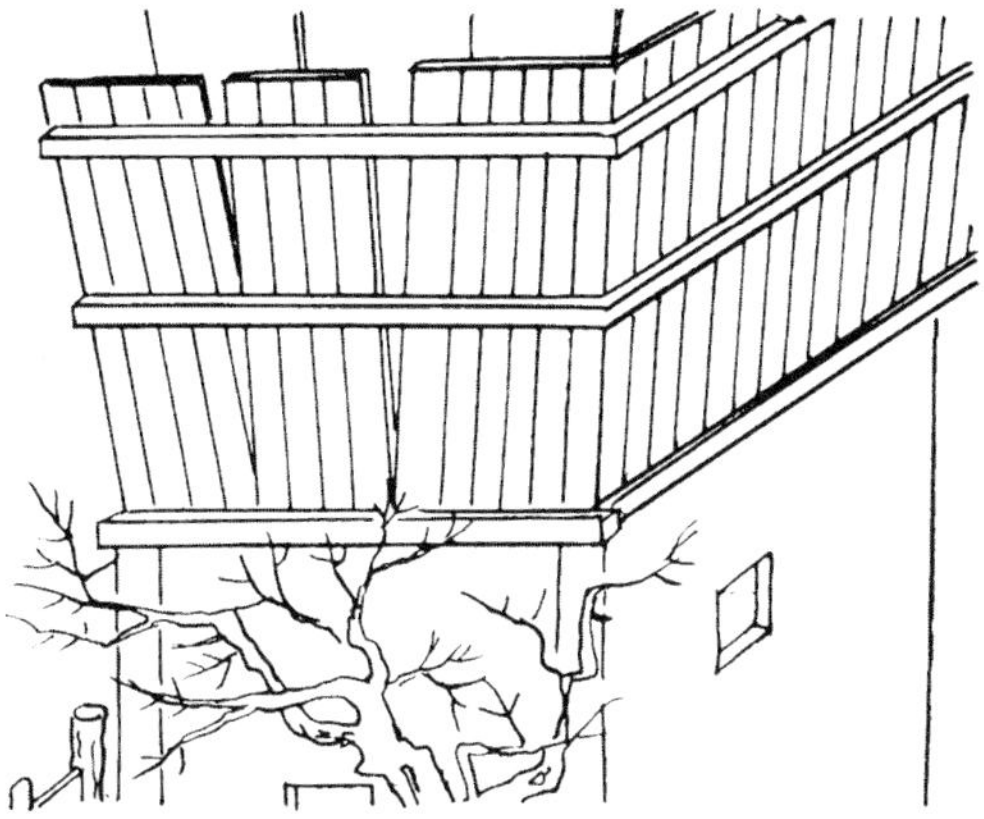

『後三年合戦絵詞』による櫓掻楯

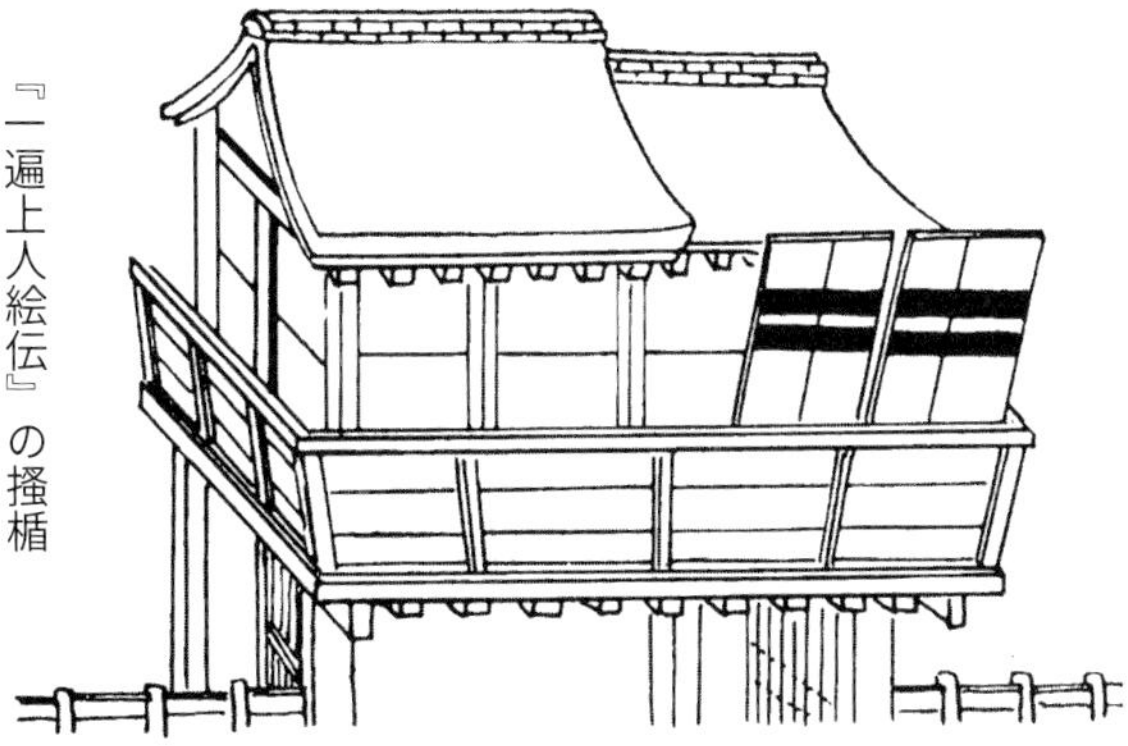

『一遍上人絵伝』の掻楯

『先進繍像玉石雑誌』の楯

『法然上人絵伝』の持楯

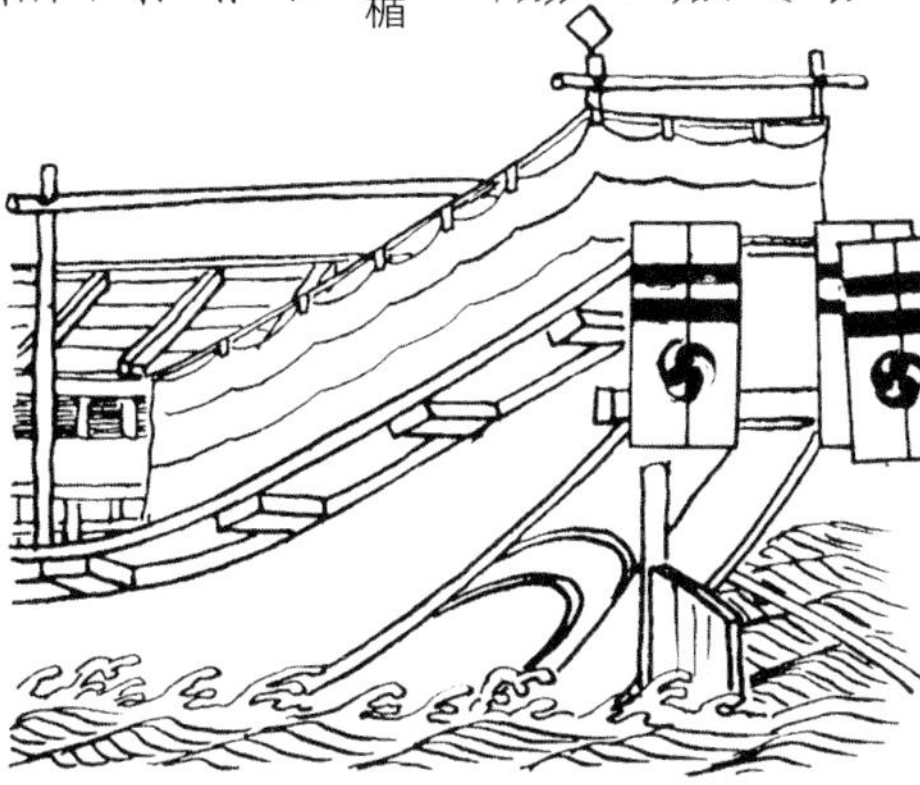

『松崎天神縁起』の船の楯

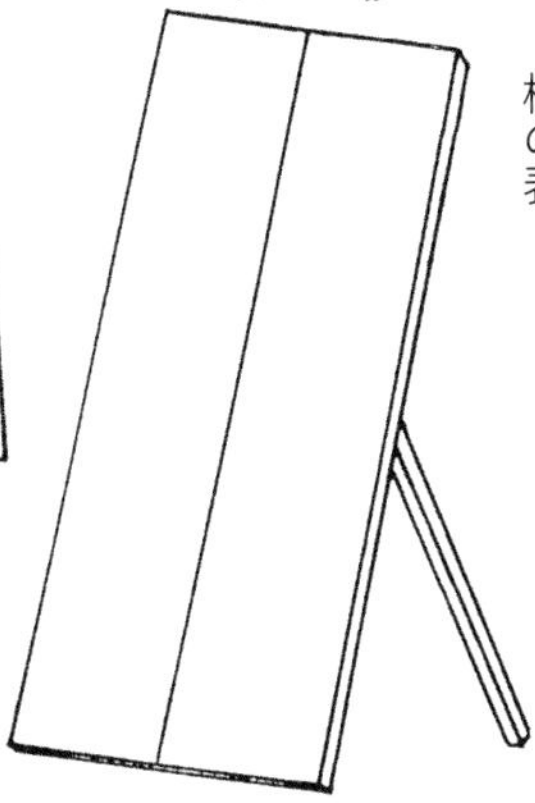

楯の表

『後三年合戦絵詞』の楯

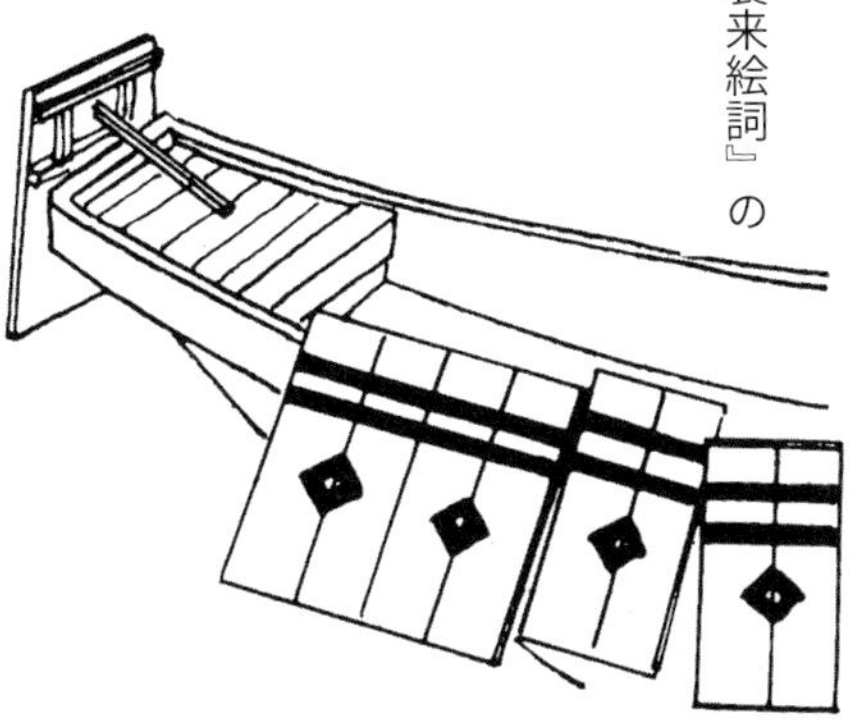

『蒙古襲来絵詞』の船の楯

楯の裏

設営陣中には幔幕を張って区切り居所とする。幔幕で囲い帟《ひらはり》を覆ったもの、帟だけ建てたものとがある。野陣であると、帟の代わりに柱を立て、屋根を草葺きにすることも。

設営陣中には幔幕を張って区切り、居所とする。

幔幕は戦陣に限らず公家武家の用いたもので、遠く奈良朝時代ごろから朝廷でも用いており、行事には打ちめぐらして囲いとした。

『古事記』に「帷幕を立て」とあり戦陣に用いた例も古いし、『軍防令』にも「凡兵士毎火紺布幕一口」とあり、一〇人に一幕の割合で用意されていたことがわかる。

後世では軍陣には欠かせられない陣営具で、出陣に当たっては室内、屋外の別なく張りめぐらした。

幕の類を俗に幔幕というが、幔は上下を横に一幅ずつとり、その間を縦にいく幅も並べて縫ったもので『後三年合戦絵詞』や『年中行事絵巻』の行事に数多く描かれている。現在でも紅白の幔が用いられる。

幕は五幅を横に縫い重ねたもので色布を用いたり、白布に紋を描いたりしたもので、軍陣用には所どころ縫目をあけておき物見といって覗きの部分を作っている。

この物見は後世やかましい規定が設けられたが、古くは単なる物見の覗き穴であり、また激しい風の抵抗を避けるためでもあった。

幕は絹・麻等を用いたが、幔は『後三年合戦絵詞』『駒競行幸絵巻』等を見てもわかるように木窠紋織出しの厚手の布を用いたものもあり、後世の紅白幕のように、絹・麻も用いられたらしい。

このほかに幔幕陣の天井を覆うものとして帟《ひらはり》がある。

これは幔幕と同質のもので、現在の天幕のように屋根に用いたもので『年中行事絵巻』に多く描かれている。

幔幕で囲って上を帟を覆ったものや、帟だけ建てたものとがある。

帟は雨雪・日照を避けるためのものであるから比較的厚手のものが用いられたらしい。

戦陣では長陣の場合には民家・寺社の建物も利用するが、野陣であると、帟の代わりに柱を立て屋根を草葺きにすることも行なわれたことは『蒙古襲来絵詞』中の城次郎盛宗の営を見てもわかる。

『前九年合戦絵詞』に描かれた幕

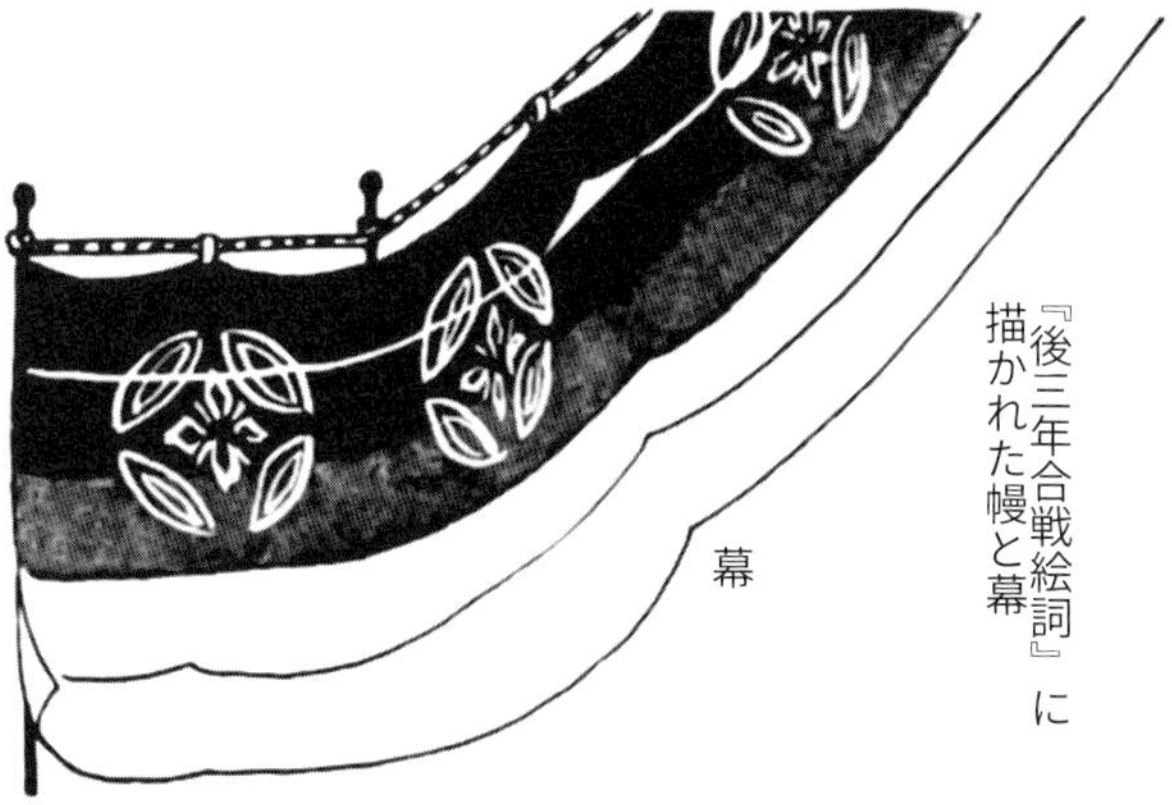

『後三年合戦絵詞』に描かれた幔と幕

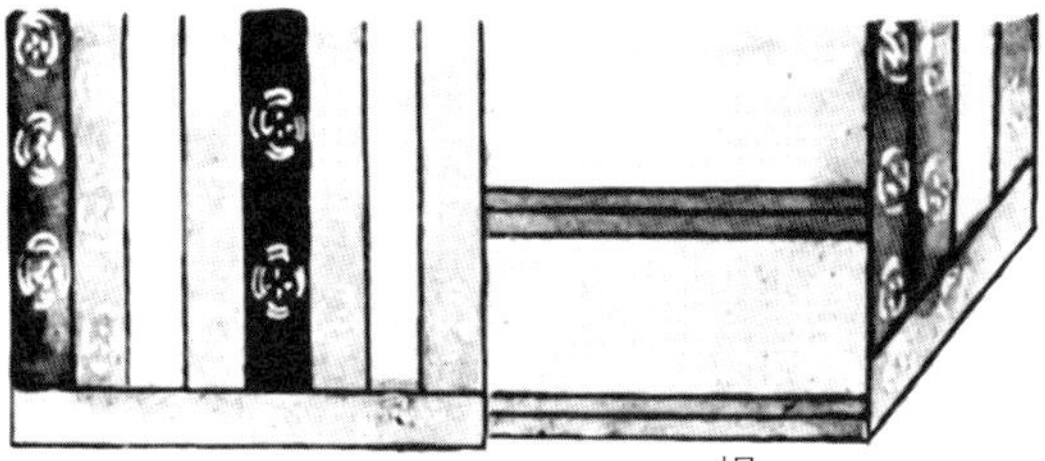

幔

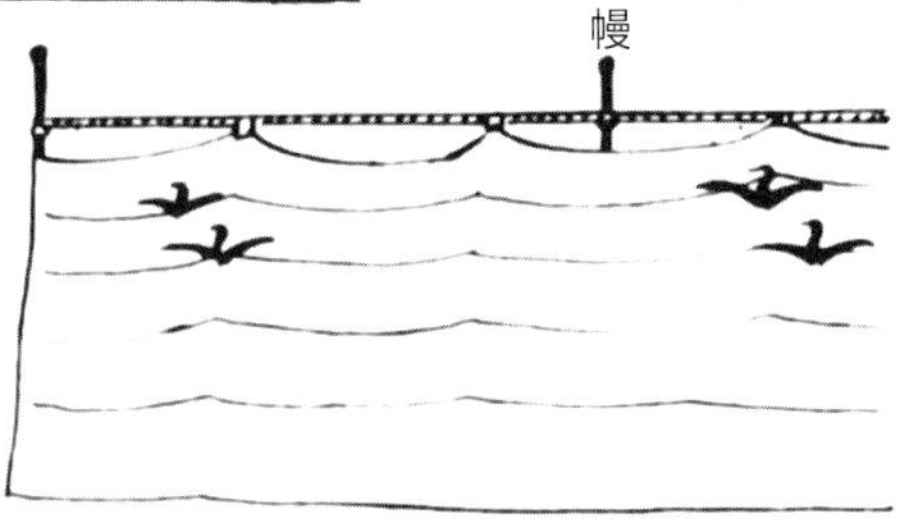

幕

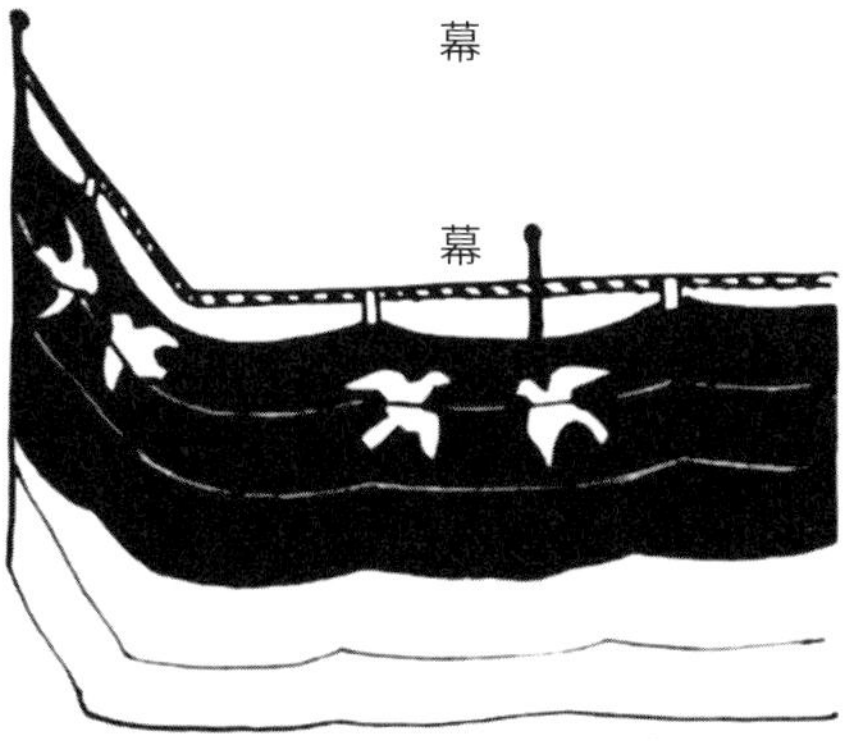

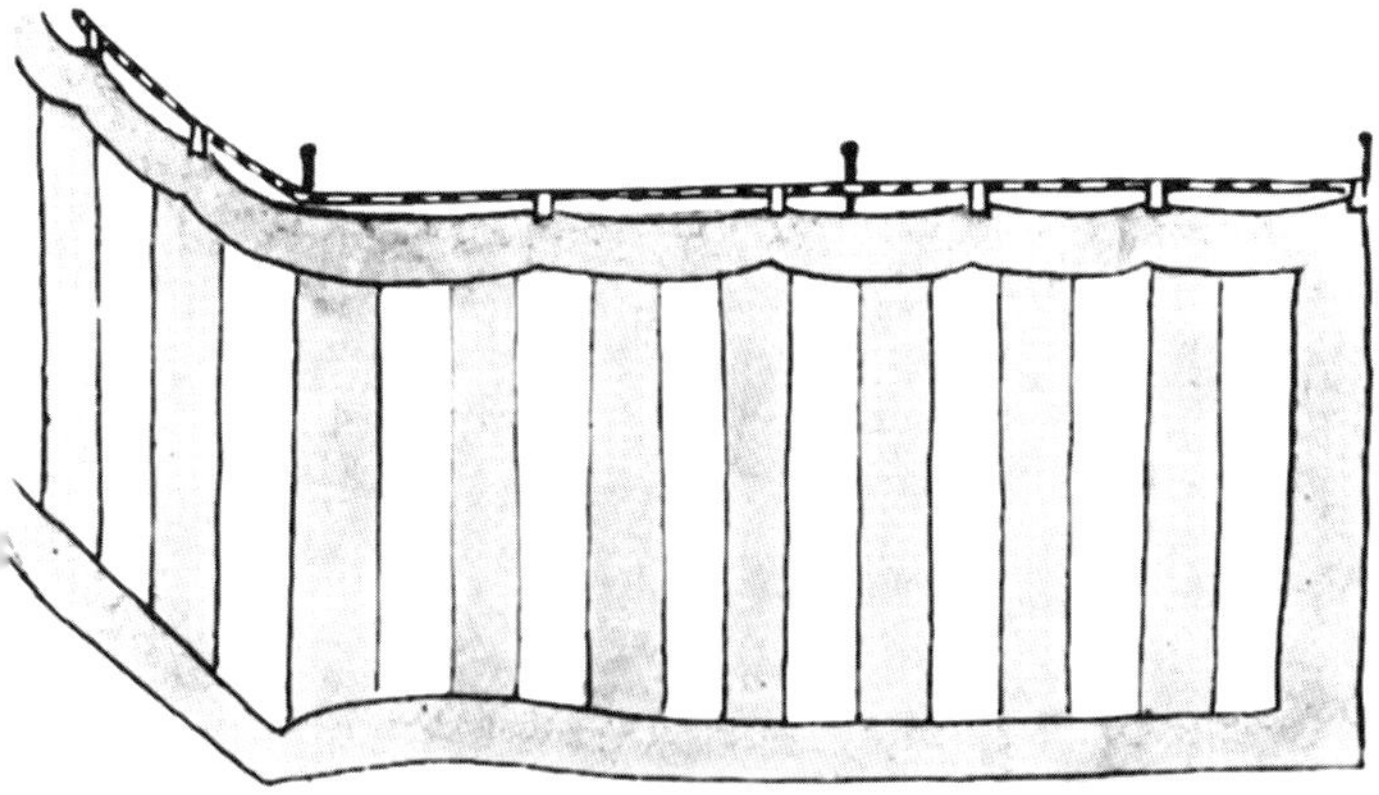

『年中行事絵巻』に描かれた幔

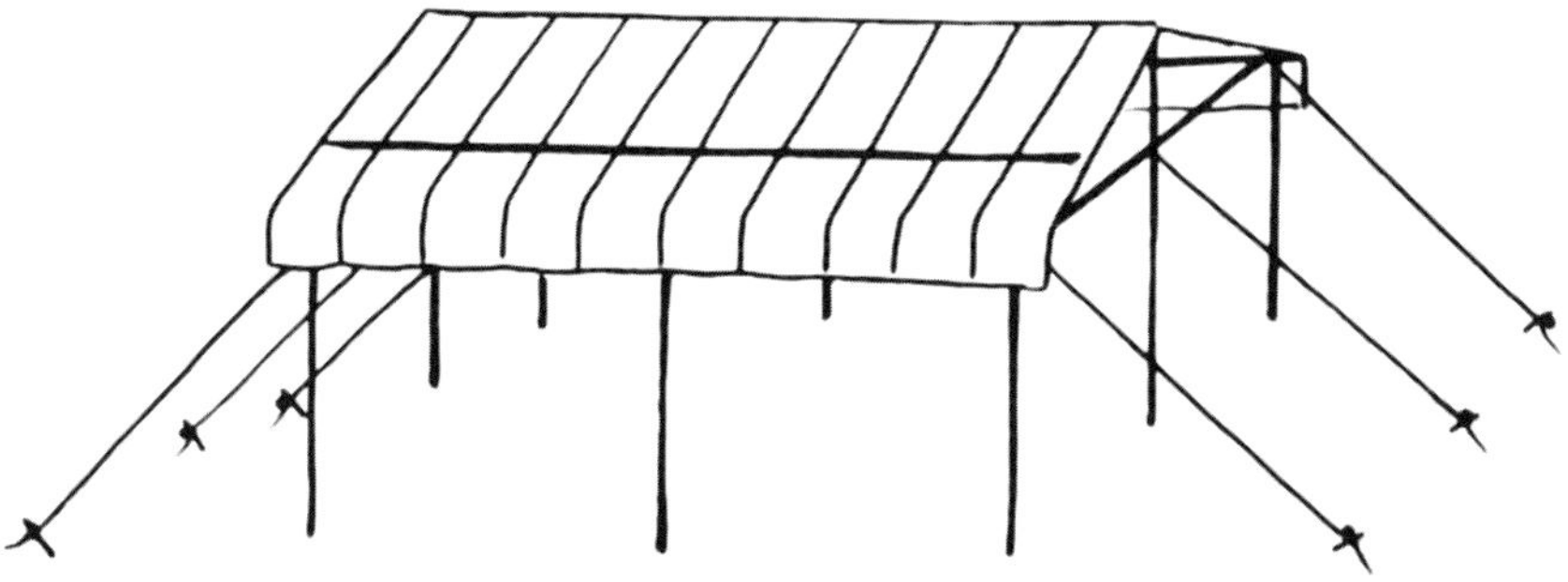

『年中行事絵巻』に描かれた帟

帟と幔

武家の作法が体系化するとともに
軍陣の作法にも厳しい故実が生まれ、
幔幕にも規定が設けられるように。

室町時代ごろから武家の作法が体系化するとともに軍陣の作法にも厳しい故実が生まれ、幔幕にも規定が設けられるようになった。乳《ち》の数は天の二十八宿を象って一張り二十八個、長さ五寸（約一五〇センチ）、幅四寸二分（約一三〇センチ）を手綱通しとし、手綱は五部八教を象って五丈八尺（約一七・六メートル）で、金剛界・胎蔵界・大日軍神に因んで三色に染めて縄とし、幕五段は五波羅密・五智・五仏五大八尊・天地水火風を意味させる。物見の数は九曜、そのきれ目一尺二寸（約三六センチ）は十二時、幕串は八本あるいは七本とするなどと、『軍侍用集』『軍用記』はみな縁起にこじつけている。

幕の打ちようは

一、串立てる穴をほるに、先づ幕串の石突にて左の方へ一度廻はし、又右の方へ一度廻し、それよりハいかようとも、たとへバ鍬にてもほるなり。但幕串七本迄ハ先をとがらしても置、二本は必ずいかのはしの如にする也。串を立る時ハ内より外へ向ひて立つるものなり。幕一帖の時は串七本。片幕にハ四本也。一本を両方へ用いてこれにより一帳の時は七本なり。

一、幕八本より末の方へうち留る也。幕打つ時は外より内へ向って打也。きりこと折釘の間に、かもうさぎに結ぶべし。二重結ぶ也。扨末の方にては右のごとく印をつけ二重にして又上を一結び結ぶ也。但し旅などに一夜共逗留の時如」此又昼休見物遊山の時は本来のとめ同前にすべし。又念のとめ在りて陣小屋城などの幕のとめ在」之也。

一、打切らざる幕の事、見物の所、或は参内などの時にうつ幕也。是は幕を表、或ひは壁の方へうらをする也。子細は御通りの道を座敷に用いる為也。是を化粧幕と云。是をバ囲ふと云。又御通りの時幕を揚る為にてより幾所にも置べし。此時はいづれもこよりたるべし。幕の表裏打ちやうの事は所の晴れがましき方へ表をすると心得給ふべし。

一、幕納めやうは、外より内へ向ひ末より次第に納也。

一、幕継ぎ様之事、左前にならぬ様に継ぐべし。両方より乳を五ツ宛入れ合て真中の乳にて一結び、又両方の端にて二結以上三所にて結ぶ。其手は下へさげて置。何帖継ぐ共如」此すべし。

一、出入之事、先づ軍門三の教へとは、片幕串四本立は間三つあり。中門をば大将の出入と心得、必平人出入在るべからず。平人は下座の方を出入す。しぜんには上座の方出入在べし。努々《ゆめゆめ》中門出入在べからず。但し大将の御供に御腰物等御道具持たらば格別也。又春夏ハ右の門、秋冬は左の方へ通るべし心得口伝あり。

『軍侍用集』の作法であるが、古くはこうしたことも行なわなかったと思われる。

定則化した幕

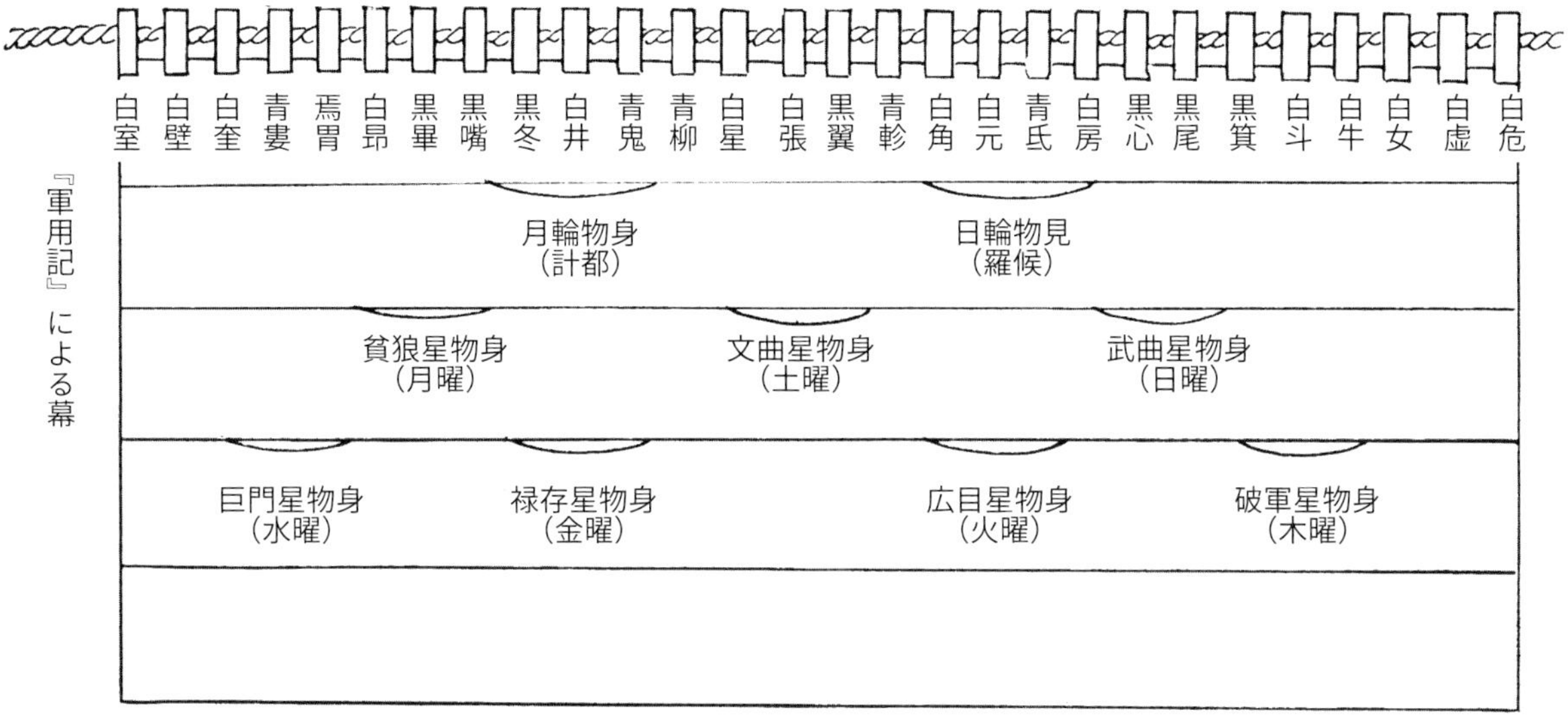

『軍用記』による幕

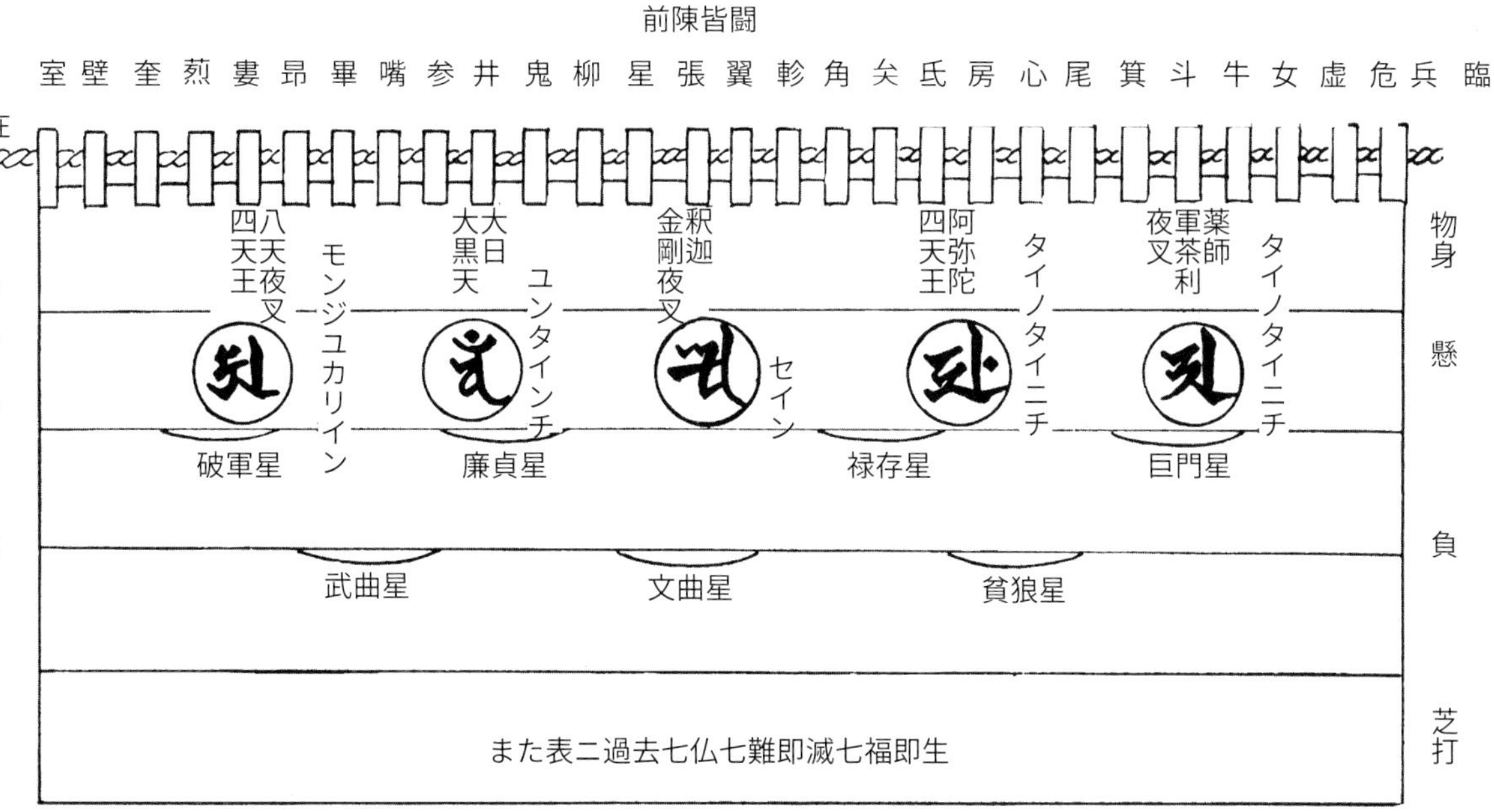

『軍侍用集』による幕

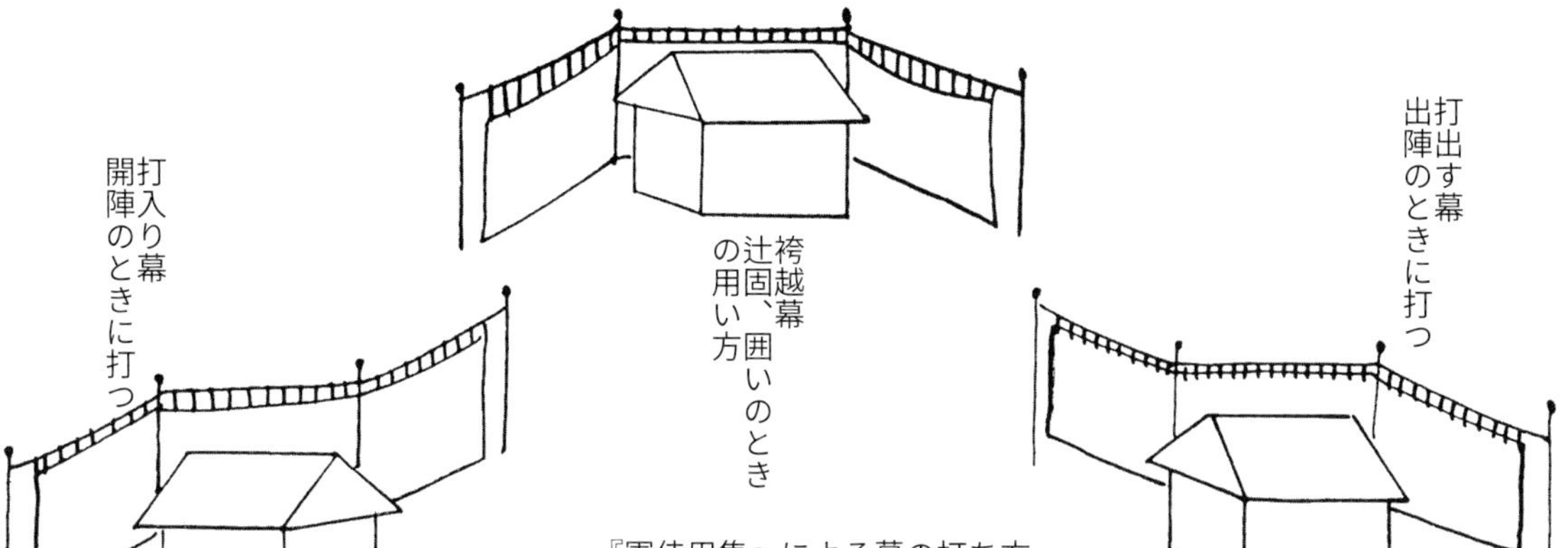

『軍侍用集』による幕の打ち方

『軍侍用集』にみられる幕をはる作法。
設置からたたみ方まで厳格な作法を記している。

『軍侍用集』に大将出入之事として

一、先づ幕をあぐる役人両人、下座の方より廻り中門の幕を外より内に向ひ我前のほうへ巻き揚べし。此時は右脇の人は左の手にて差し上げ、左方の人は右の手にて差し上げ両人向ひ合ひて片手ハ膝の上に置き中腰に成りて居べし。御つぶりにつかえざるやうにすべし。

又こよりのあらばこよりにてあげ、両人地に手をつきて在べし。いづれも近習の人のみ也。さて中より可レ然御供人は御腰物持人、御団《うちわ》持人、御再拝持人、御鞭、御ゆがけなど持たる人の外は皆下座の方より出らるべきなり。御幕あぐる人も御幕を直して下座の方より内へ入るべし。

一、出入の作法は大将の御出の時は右の如く幕を揚ぐる人両人先へ行き揚る也。扨幕を直すことは跡を内へ芝打を打込むなり。但し幕直す事は送りて出たる人の役也。惣別御幕の内にては外迄送り出まじき也。是日月の物見用捨の為也。扨平人出入の作法は先づ出る時は左の膝を突きて左の手にて幕を外へ巻き揚げ右の足より出て後を内へ折込むやうにすべし。入時は右の膝を突き左の足より入り幕は入時も左にて巻き揚るなり。跡を押へて入るべし。又こよりにて揚げたる幕也共中腰に成りて通るべし。立乍ら通る事は無礼なり。殊更加持したる幕など平人無礼の作法冥加恐ろしき事なるべし。

一、こよりとは幕揚るものを言ふ。日月の物見に二つ。中に一つ以上三ッ。たたみもといのごとくにして手綱にむすびつけ、内外へ五六寸つつほどさがりをすべし。是大将の御出入の所也。平人出入の所は木曜の上に一つ。土曜の上に一つ。こよりにて結び下る也。是をこよりと云。右片幕に五所付る也。又幕何帖在る共中は大将御通と心得べきなり。必ず必ず幕と串との間不レ可レ通。子細は死人又不浄の者を通す所也。何時も大将の御前日月の物見の所はひきさきにてあぐる。此所をば平人不レ通と心得、こよりの所より通るべし。物見之儀画ハ大将の日のもの見より外を御覧じ、夜は月の物見より御覧ずる也。平人は此この物見用捨在るべし。残り七つの物見より見る也。秘云、軍にて吾姓に相生の物見より見るなり。口伝あり。

と大変面倒であるが、室町時代以降の作法である。また幕に紋を据えるときは五個所、三個所、七個所の種類があり、一般は中三幅に描き、大将は上下の幅いっぱいに描き、白地の幕は黒紋を墨書きの上に漆で留めると『軍用記』にある。

幕串は勝軍木《ぬるで》か檜を用い幕をかける鈎より上四寸二分（約一四センチ）くらいの高さの棒に作り、八角か四角にして頭を五寸（約一六・五センチ）回りの切子にする。下は槍の石突のように鉄で包んで俎箸のようにする。

幕をたたむときは本と末の両方から内側へ巻き込むが、出陣のときに限って折り出すようにしてたたむのが作法であるという。

幕の作法

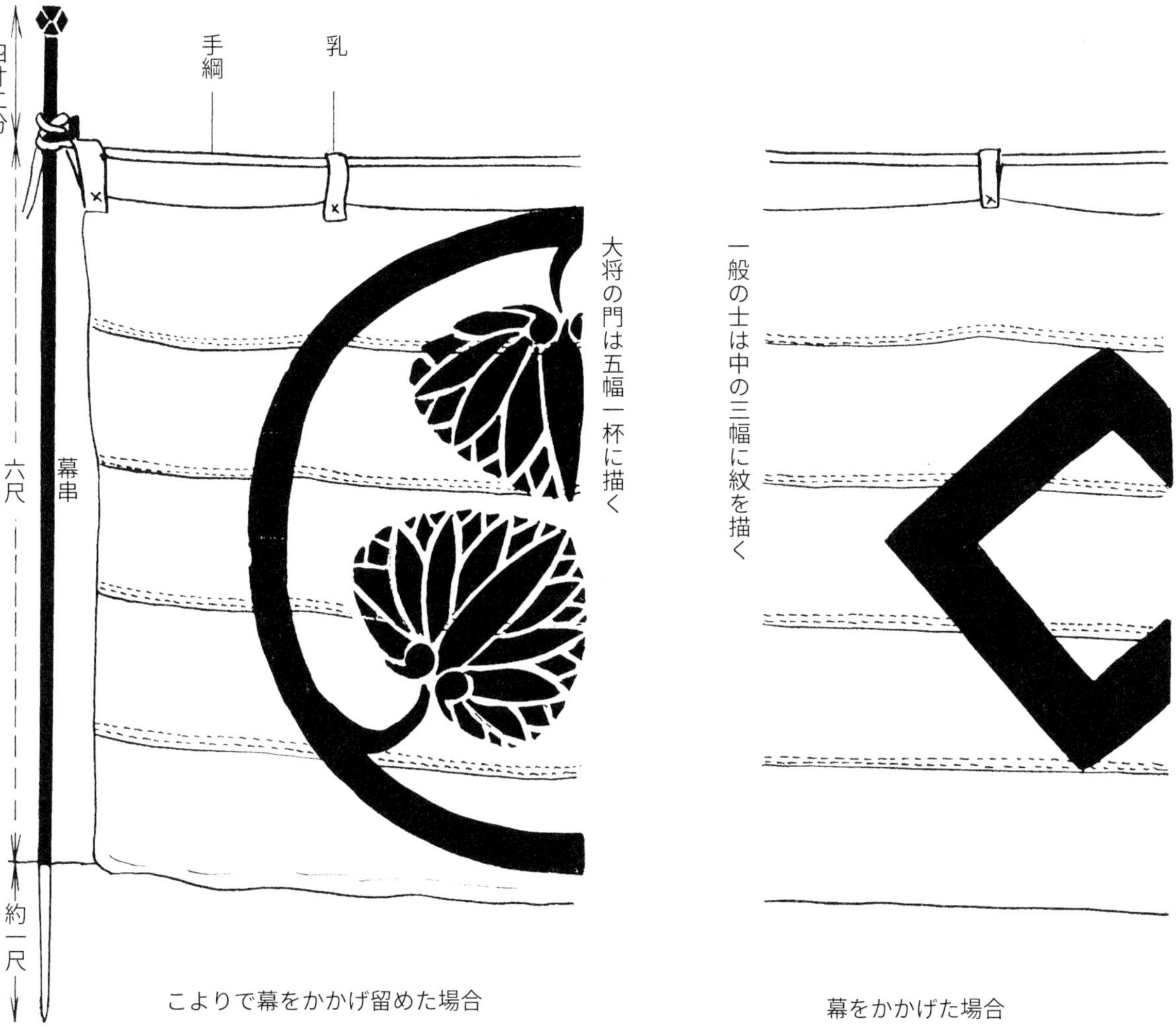

こよりで幕をかかげ留めた場合

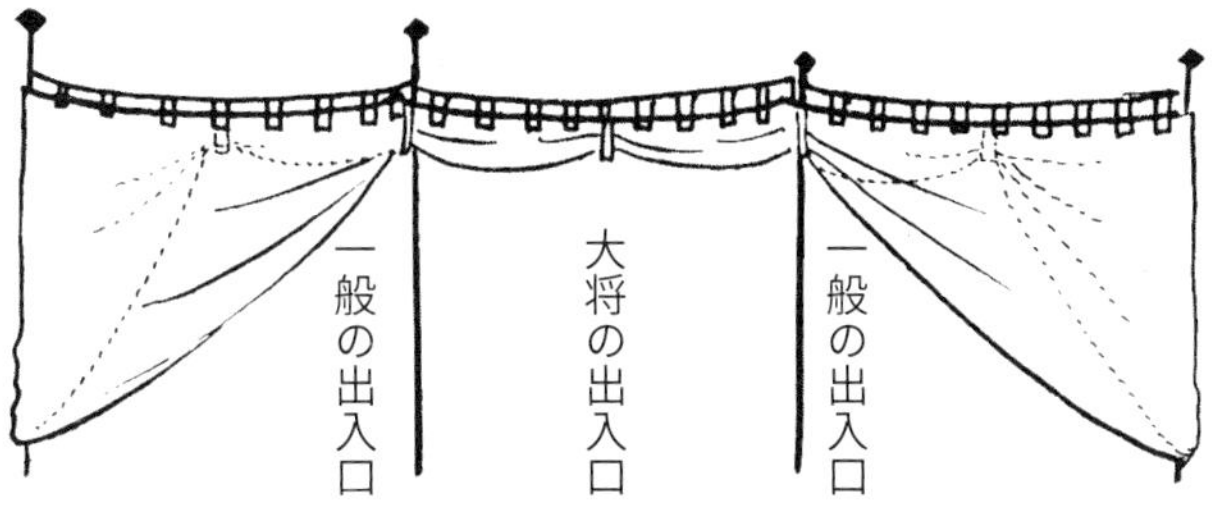

幕をかかげた場合

幕をかかげて出るとき

幕をかかげてはいるとき

掲げてある幕を出入するとき一般の士は中腰

肩上の鞐を掛合せたら引合せの緒を結ぶ

胴丸着用の順序

胴丸の軽便さは、上腹巻・下腹巻として
上級武士にも好まれていた。
また完全武装として
大鎧の代わりにもかなり用いられた。

胴丸の着装の軽便さは、上腹巻・下腹巻として上級武士にも好まれていた。

また完全武装としての大鎧の代わりにもかなり用いられた。

すなわち大鎧と同じく兜・袖を具し、籠手・臑当を用いれば徒歩・馬上ともに有効である。

このため鎌倉時代ごろから胴丸武装の武者も多くなり、胴丸の皆具といえば兜・袖・胴丸・籠手・臑当をいうようになった。

故に肩の防禦としての杏葉は袖を具したために、胸上の方に移動するようになり、大鎧の栴檀板・鳩尾板と同じように前面の防禦効果のためのものとなっていった。

南北朝時代ごろまでの杏葉が胸上に垂れたり、肩に移動できたりするように紐が調節効果を持っているのは、胴丸だけの場合には杏葉は旧来どおり肩に、袖を具したときは胸上防禦にと、両方の必要面を兼ねていたからである。

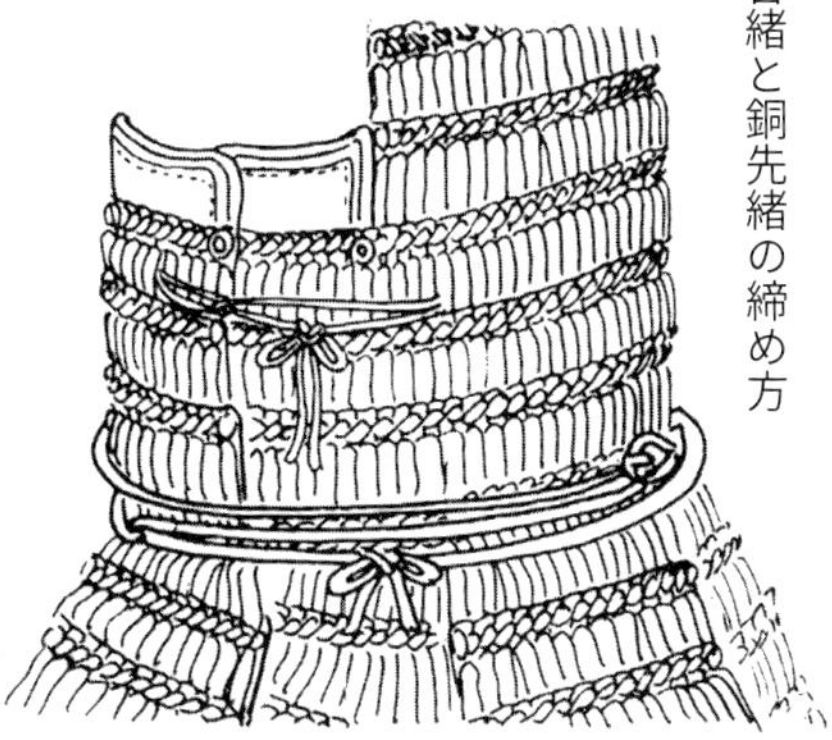

引合緒と銅先緒の締め方

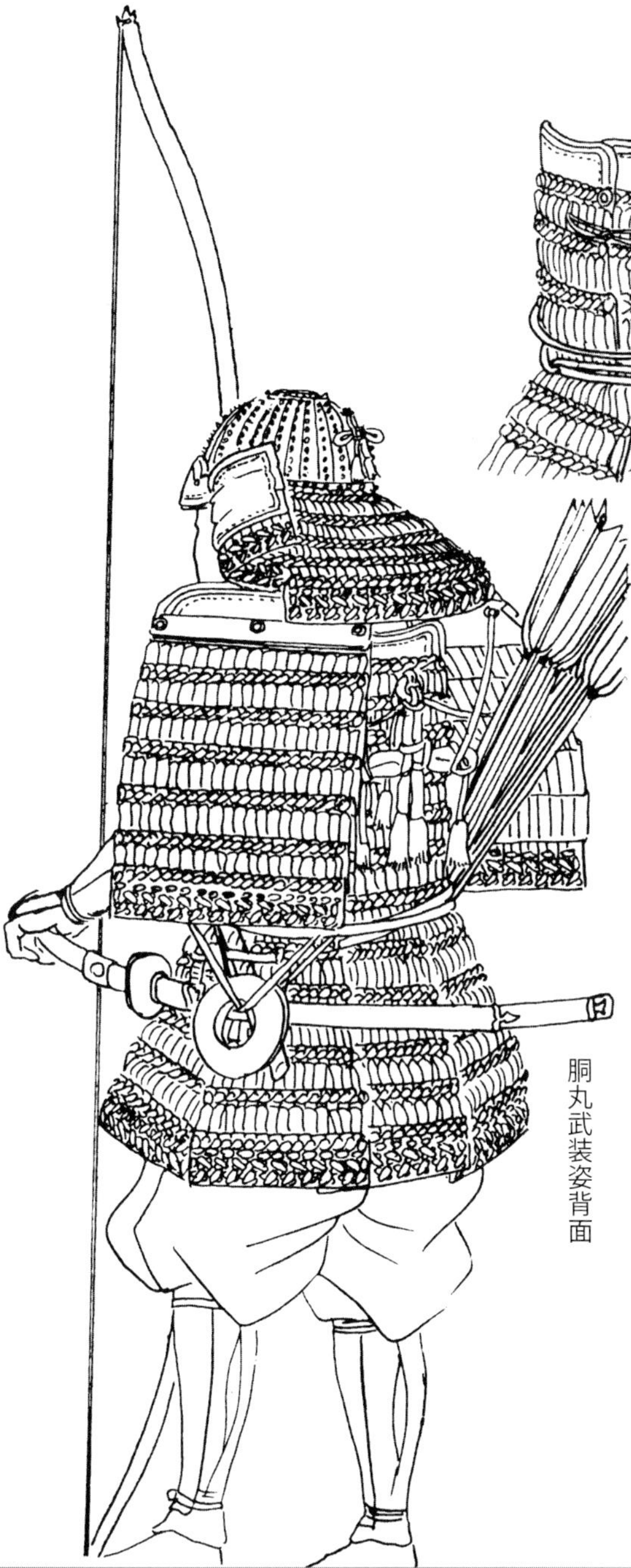

胴丸武装姿背面

胴丸着用の順序

胴丸の着用順序であるが、
別に大鎧と大差はない。

次に胴丸の着用順序であるが、別に大鎧と大差はない。大鎧は脇楯・大鎧の順に着用するが、胴丸は右側引合せを重ねて結べば良いのであって引合せの緒を結び、胴先の緒を結べば良いのである。それ以前の順序は大鎧の場合と全く同じである。

引合せは、前を下に、後を上にして重ねる。前を上にした方が、前方からの攻撃に対して良いようであるが、大鎧・胴丸・当世具足は前面より背面の方が面積が広く、またそうした方が身体に合致しているのであるから、引合せは後ろ上重りになるのである。

胴丸に袖を用いることによって、袖の調節の緒である受緒・水呑の緒を結びつける背の総角と総角附の鐶を必要とするようになった。

そして肩上にも大鎧と同じく、袖の執加緒・懸緒を結びつける茱萸と綰が必要となり、肩上は押付とは別になって、押付板の裏側から両肩上を綴じつけるようになった。

また身体に胴丸が密着するように、背溝の撓が設けられるようになり、以降当世具足にもこの形式が踏襲されるようになった。

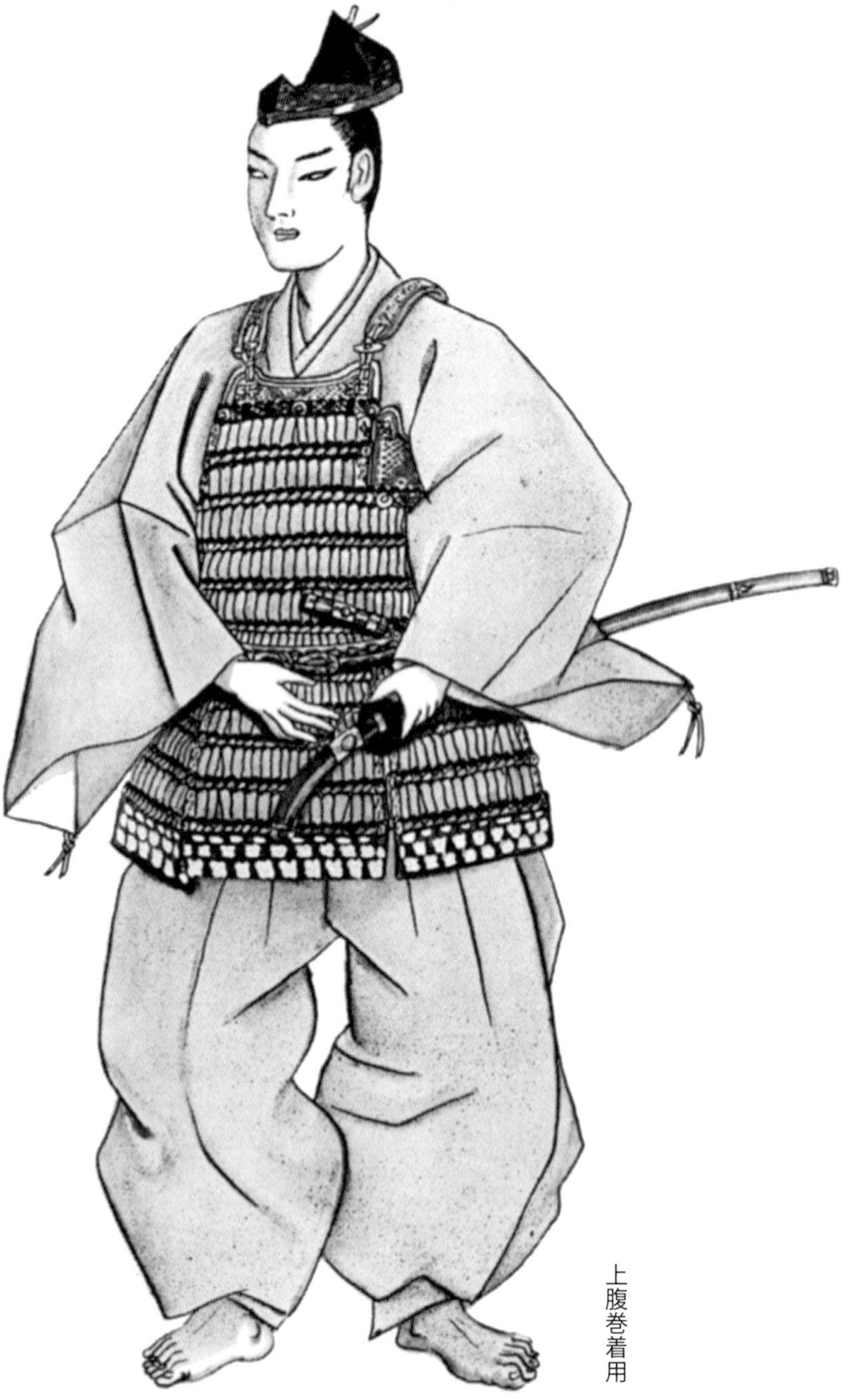

上腹巻着用

後期の腹巻

腹巻とは古くは右脇引合せの胴丸、
背中引合せの腹巻をも含めての総称らしかった。
胴丸が形式上の区分名称となると、
背中引合せ様式が腹巻の名を独占するに至った。

腹巻とは古くは右脇引合せの胴丸も、背中引合せの腹巻をも含めて腹巻と総称したらしいが、胴丸が形式上の区分名称となると、背中引合せ様式の腹巻が形式上の区分から腹巻の名を独占するに至った。

この背中引合せ様式の腹巻の最古の遺物は、南北朝時代ごろから見られるが、これについては忽然と出現したとは考えられないから、その時代より多少遡った時代に始まったと考えて良いであろう。とすれば鎌倉時代には行なわれていたと考えることもできる。

大鎧に対して胴丸が軽武装用、徒歩の戦士用として用いられていたのが、鎌倉時代にはいって胴丸が大鎧並に多用されてくると、簡便な腹巻が軽武装用として登場してくるようになる。故に初期の腹巻は後世の腹巻ほど完備したものではなく、腹当が背中までいきわたった形式に過ぎない。最古と目される滋賀懸兵主神社所蔵白綾包腹巻・山口家所蔵伝山口重政所用腹巻等は、前立挙二段に対して後立挙は一段、長側（衡胴）は三段、草摺は五間という簡略化されたもので、腹当の両脇を少し御方へ補足しただけの形のような印象を受ける。

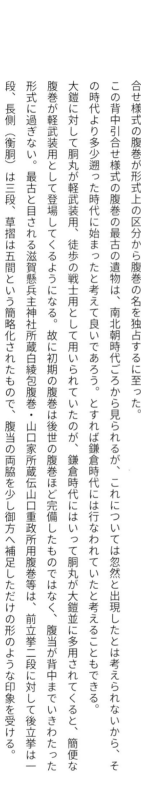

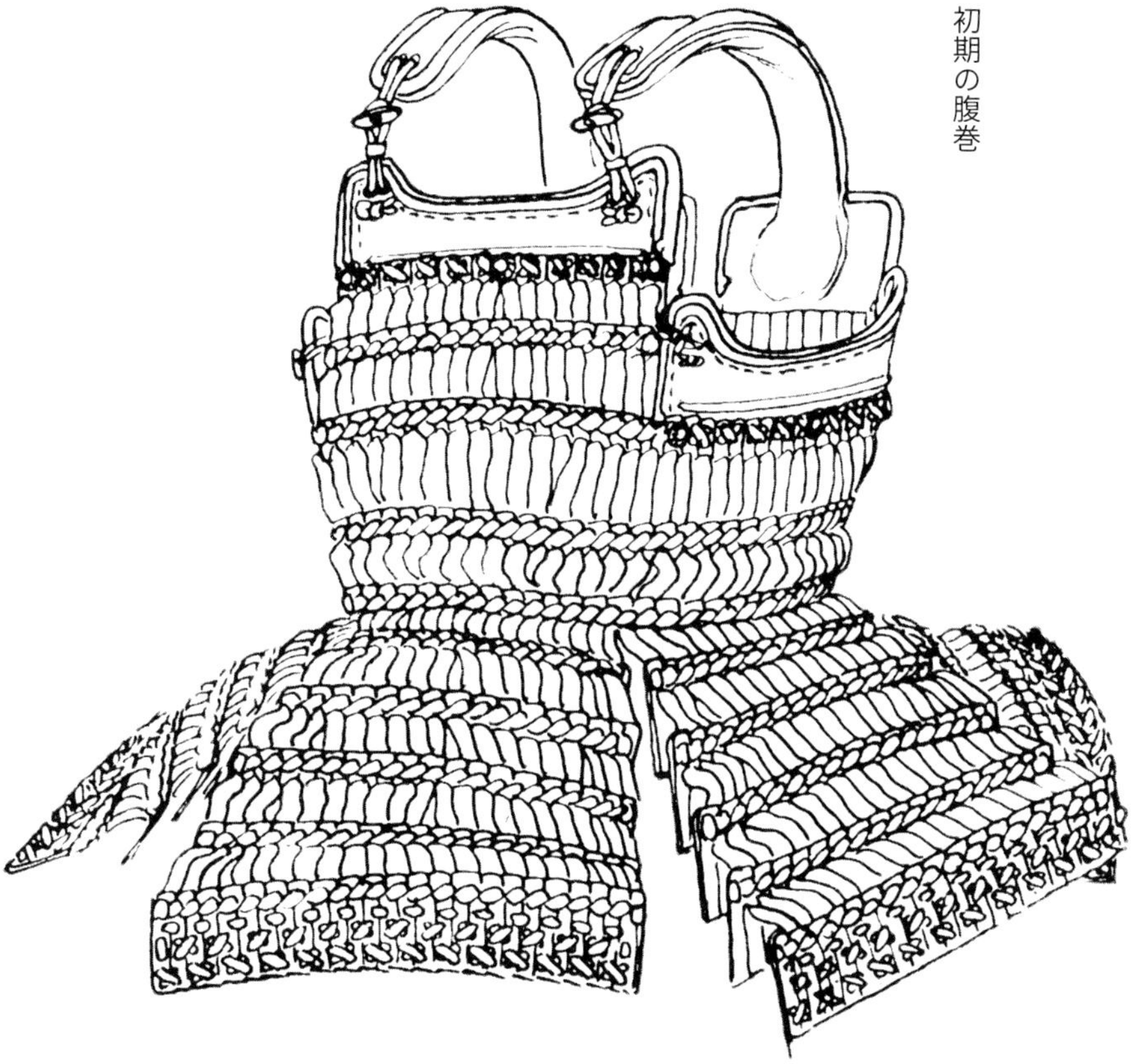

初期の腹巻

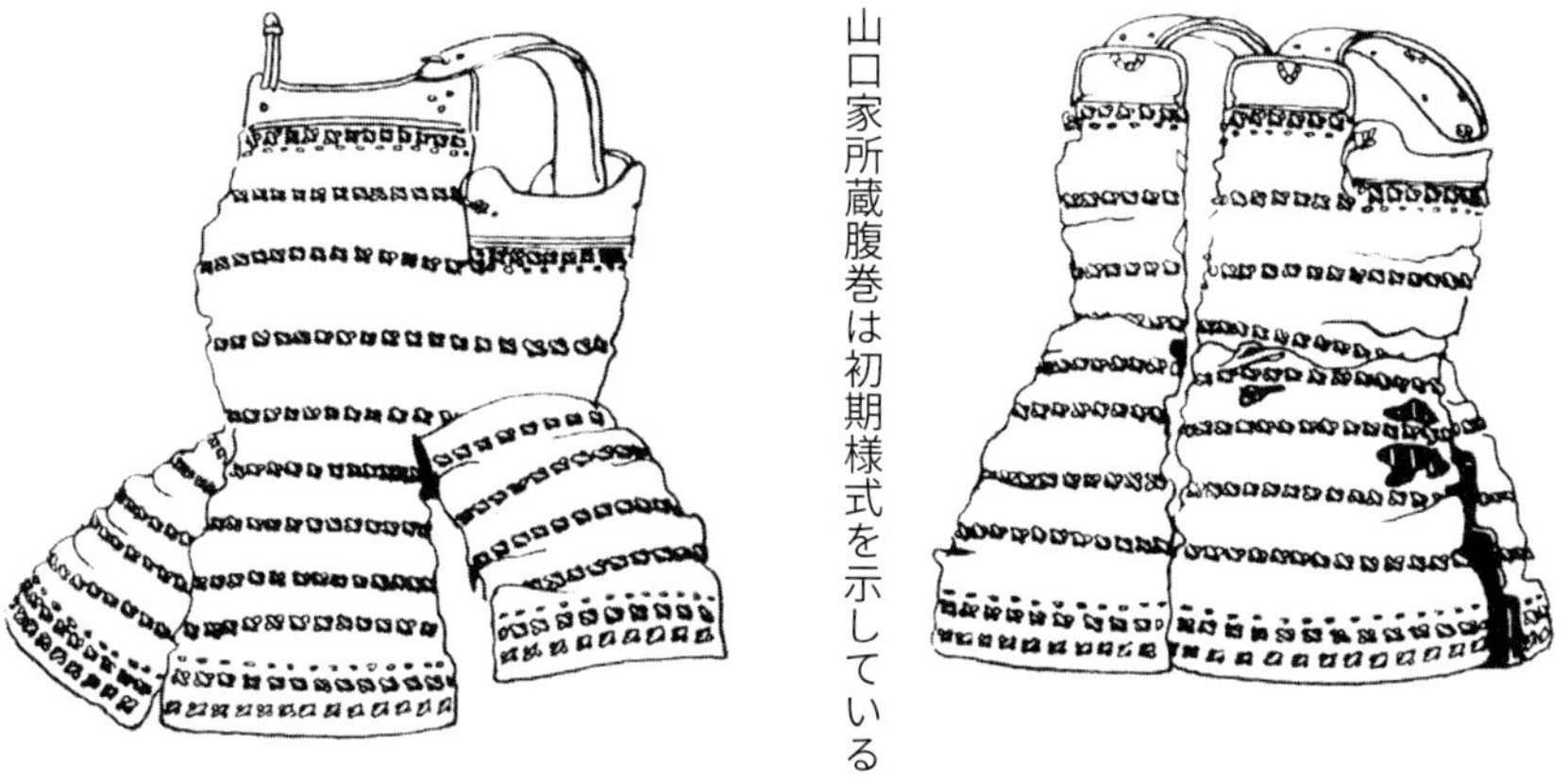

山口家所蔵腹巻は初期様式を示している

しかし腹巻が腹当から変化して作られたと考えるにはいまだ疑問がある。

いずれにしても胴丸が重武装用にまで昇格すると、腹巻は軽武装用として衣服の上に着たり、下に着込んだりした。故に初期の腹巻は袖等を用いなかったらしく、古い腹巻には肩上に袖付の装置や杏葉を取り付けた痕跡が全くない。そして腹当のようにすこぶる小型に作られている。また着用もごく簡便で、背面から両手を突込んで左右脇へ手を伸ばせば直ちに着用でき、胴先の緒を背で引き違いにして前で結べば良いのである。

したがって緊急の場合に便であるので、その流行は比較的早かったらしい。故に南北朝ごろには急速に発達して前立挙二段、後立挙二段、長側（衡胴）四段、草摺七間五段下りという胴丸に近いものとなり、剰え袖を具し、兜を用いて室町時代にはいると大鎧の衰退に対して、胴丸とともに大流行して重武装用の鎧にまでなったのである。

後期の腹巻

室町時代にはいると大鎧の衰退に対して、
胴丸とともに大流行して重武装用の鎧にまでに。

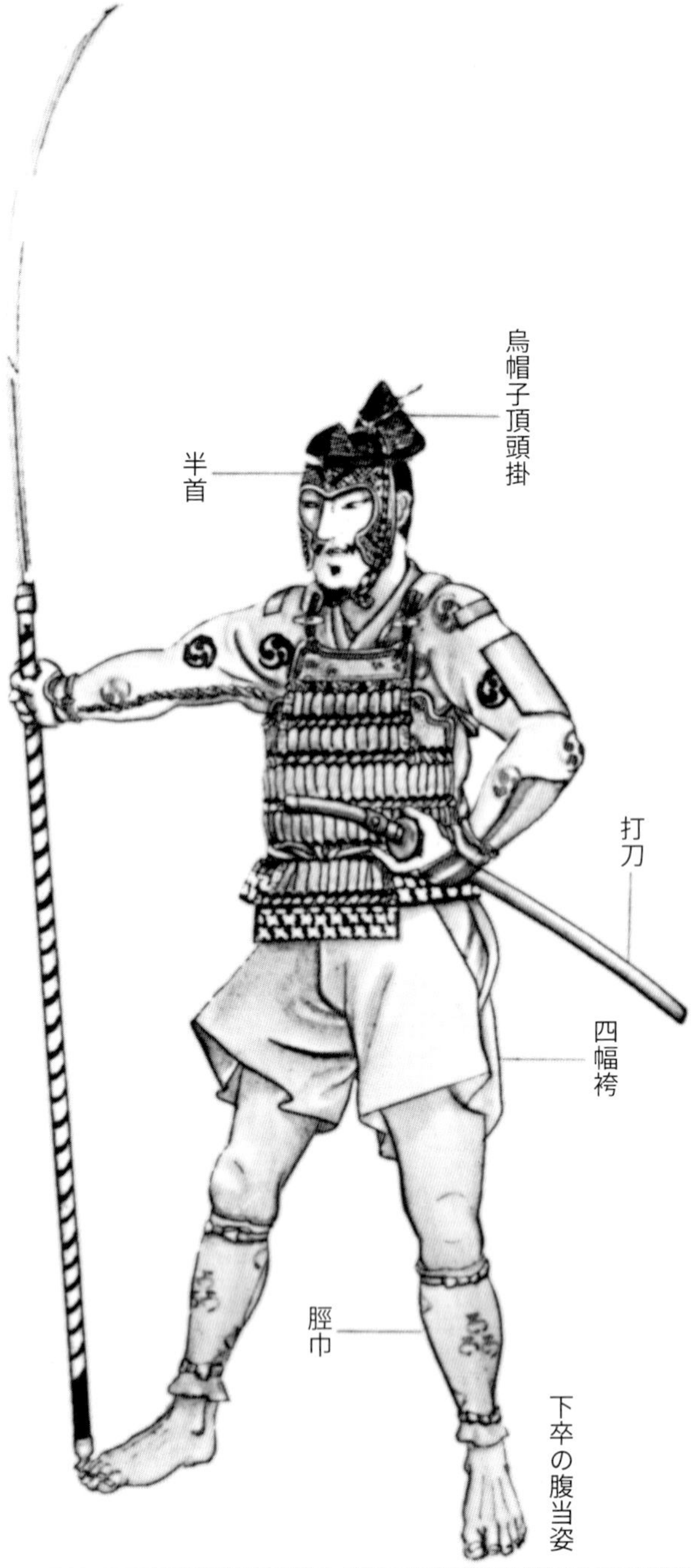

下卒の腹当姿

後期の腹当

最も軽武装の鎧で、胴と両脇をわずかに守る形式である。
軽量であり着用も簡便であるゆえに、
ごく身分の低い者が戦場で用いたのだろう。
むしろ緊急のおりの軽武装と用いられたのではないか。

腹当とは最も軽武装の鎧で、胴と両脇をわずかに守る形式である。軽量であり着用も簡便であるので、ごく身分の低い者が戦場で用いたのだろうが、戦場用よりはむしろ緊急のおりの軽武装として用いられた方が多かったのではあるまいか。

室町時代以降の腹当はこうした傾向が見られるから、初期も同様であったと思われる。腹当は下卒用武具であり大切にされなかったためかどうか不明であるが、鎌倉時代の遺物は残っておらず、室町時代の上級の者の用いた腹当が最古のものである。しかし鎌倉時代すでに用いられていたことは滋賀県来迎寺所蔵『十界図』に描かれており、また『法然上人絵伝』にも描かれている。これらの図からうかがうと上級の武士が着けていたとは思われぬが、緊急軽武装用としてなら当然上級の武士も着用したことは想像される。剣道防具の胴のように胴だけを護るに過ぎぬ腹当は、激しい戦場で用いることは無理で、たとえ下卒でも矢の激しい戦場には不向きである。主人の身の廻りの世話をしたり、戦闘員として働かない者が用いたり、急場の軽武装としてならいくら分の効果はある。故にあまり流行しなかったから、後世の物でも遺物が少ないのであろう。

腹当着用は、肩上を背で交叉させて着る場合は、むしろ腹巻より手数がかかる。左脇から出ている肩上を左の胸に、右脇から出ている肩上を右の胸に高紐で結んであれば、腹巻と同じく着用に便であるが、肩から抜け出るおそれがあるので、背中の紐を結ぶようになる。背中の紐を結ぶ動作は不便であるから、やっぱり腹当は肩上を背で交叉させて着用するのが本当であろう。もちろん胴先の緒で腰を締める。室町時代の遺物は胸板の下に立挙二段、左右の脇板の下に長側（衡胴）三段、草摺は中央二段、左右一段の三間であるが『十界図』からうかがうと左右も中央と同じく二、三段のものであるようである。

故に鎌倉時代の腹当は胴丸の前部のように発達していたものか、あるいは室町時代の遺物に見られる形式のようにごく簡略化されたものであったかは不明である。

『法然上人絵伝』に描かれた腹当姿

『十界図』に描かれた腹当姿

後期の腹当

剣道防具の胴のように胴だけを護るに過ぎぬ腹当は、
激しい戦場で用いることは無理で、
たとえ下卒でも矢の激しい戦場には不向である。

中・後期の刀剣

武家が政権を握ってより刀剣はにわかに発達した。
特に、その外装は華麗豪壮のものが行なわれるようになった。

武家が政権を握ってより刀剣は内容、外装ともににわかに発達したが、その外装は特に華麗豪壮のものが行なわれるようになった。

『今昔物語』に記されている打出太刀は金銀装覆輪に、柄を銀装などで鮫風を打ち出したものをいい、『源平盛衰記』の鷲作太刀はおそらく鷲を彫った金物をつけた太刀と思われる。これと同種と思われるのは『吾妻鏡』の鳩作剣である。

この時代の軍記物にしばしば記されているのは嗔物作太刀で『和翰集要』『万躾聞書』『馬見参入記』『諸聞書条々』等では種々の定義を述べているが、結局、厳物、鬼物の意でいかめしく造った外装の太刀のことであるから、当時広く行なわれた金作太刀・銀作太刀・長覆輪太刀等で、公卿の佩く剣に対して実用的でいかめしく、華美に作られた太刀を称したものと思われる。

金銀装の覆輪太刀には覆輪に精巧な彫刻をしたり、鞘に透彫等を行ない、帯取りは兵庫鎖を用いている。この鎖を用いたものを兵庫鎖太刀とも呼んでいる。

このほかに銀の薄板を蛭巻にした蛭巻太刀も嗔物作りの部類であるが、これは前代の鉾・薙刀等の柄に鉄蛭巻にしたものが銀をもって行なうようになったものである。このような華麗な太刀外装のほかに、多くは実用的な黒漆太刀が行なわれたらしく、その態は当時の絵巻に散見し、また遺物も見られるが、これは柄・鞘ともに黒漆を塗ったものである。

これに冑金・帯取金物・責金物・鐺を銀装にしたものを黒漆白作太刀といい、『平治物語絵巻』『蒙古襲来絵詞』『後三年合戦絵詞』に描かれている。さらにこれに金銀装の長覆輪をかけたものを黒漆白長覆太刀といって『後三年合戦絵詞』にも描かれている。

こうした実戦的の太刀外装のほかに、錦で包み、野趣ある籐で巻いたものを錦包籐巻太刀といって独特の優美さを表わしているが、嗔物作太刀のように恒久的堅固さはない。

またこの時代の腰刀は、堅木の樫の木目等を見せた赤木柄腰刀や、海老鞘巻が行なわれた。

前者は箱根権現に工藤祐経が曽我五郎に与えた品として残っており、また『集古十種』刀剣巻二には千葉介常胤所用短刀として図されている。

後者は『同書』に源義家朝臣所用として記され、『後三年合戦絵詞』にも描かれており、江戸時代の復古調期に多く作られている。

中・後期の刀剣

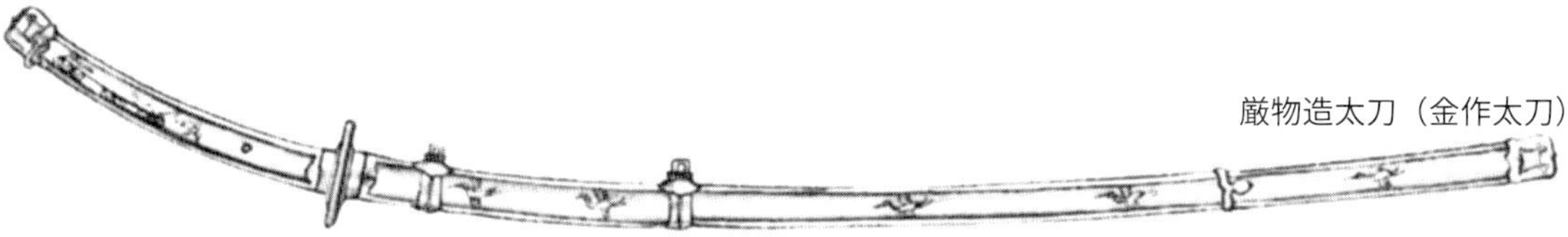

厳物造太刀（金作太刀）

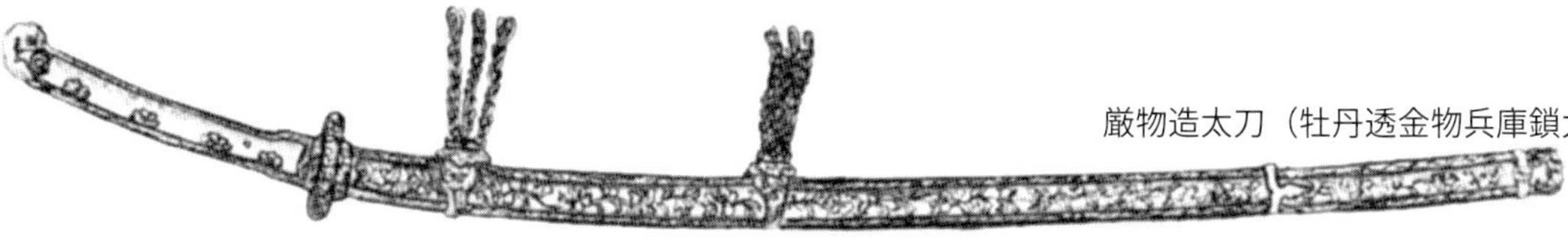

厳物造太刀（牡丹透金物兵庫鎖太刀）

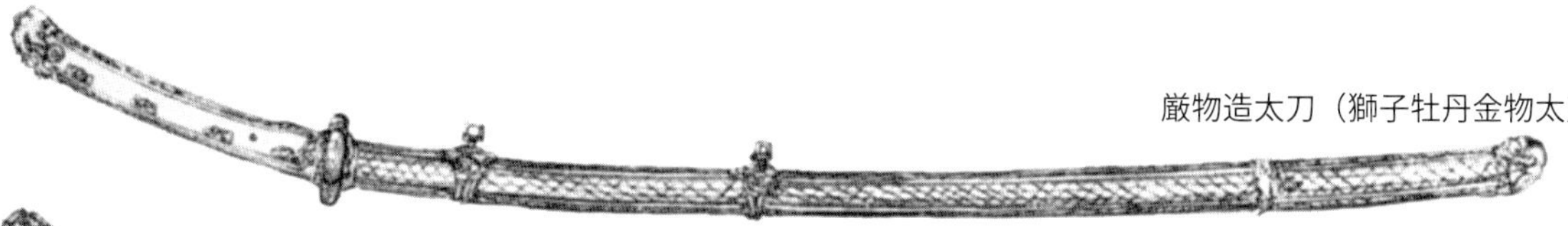

厳物造太刀（獅子牡丹金物太刀）

蛭巻太刀

黒漆太刀

黒漆白作太刀

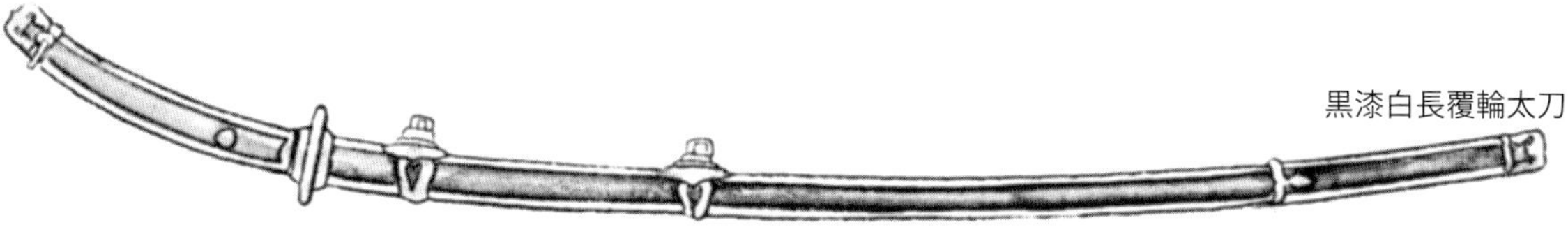

黒漆白長覆輪太刀

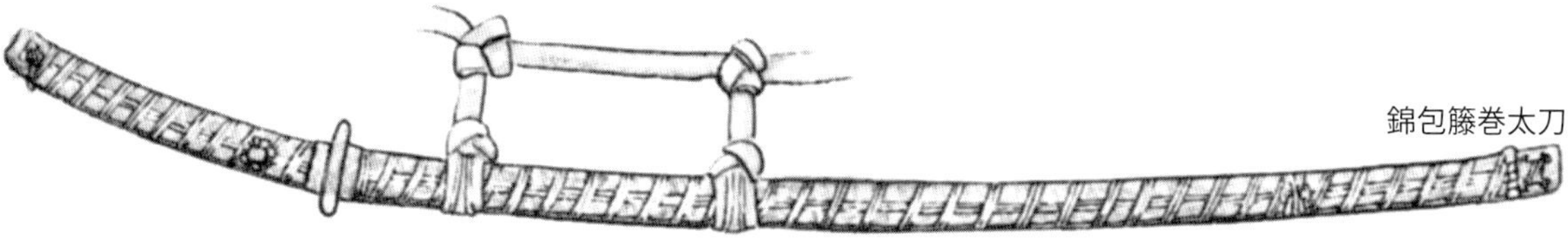

錦包籐巻太刀

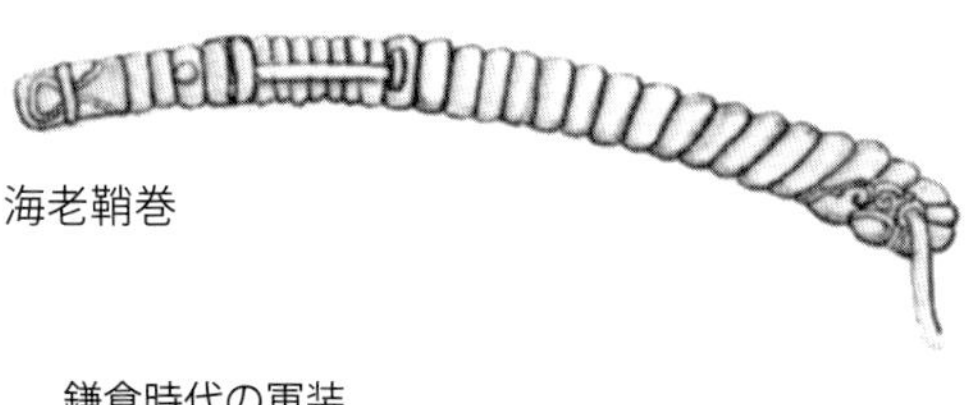

海老鞘巻

赤木造腰刀

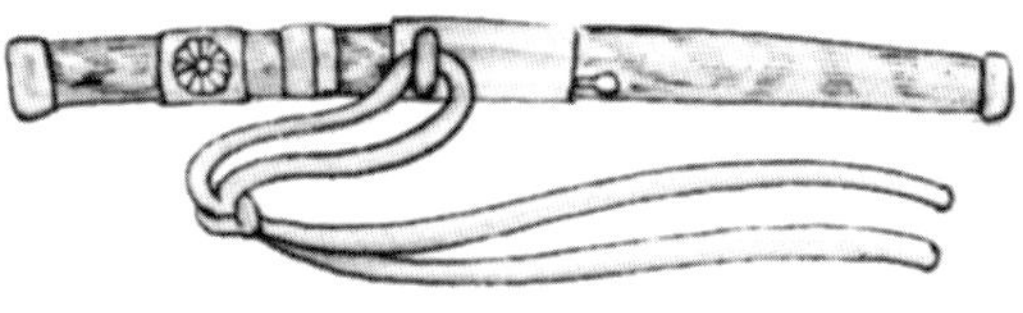

熊手は源平争覇時代から補助兵器として用いられ
『蒙古襲来絵詞』その他の絵巻物に
その様子は描かれている。
また船の備品としても用いられている。

熊手は源平争覇時代から補助兵器として盛んに用いられている。

『源平盛衰記』に平頼盛を追った八丁次郎が熊手を兜の頂辺に打ちかけて斬り払われているし、『蒙古襲来絵詞』『春日権現霊記』その他の絵巻物に兵器として描かれており、また船の備品としても用いられている。熊手は鉄製の三本爪を柄の先につけたもので、八丁次郎の例に見られるように柄を斬り払われると使用不可能となるので、熊手の元の鐶に鎖をつけ、これを柄に巻いて使用する。

このようにしておくと柄を斬り折られても熊手は物を引っかけた以上は効果を発揮するし、また鎖をふり廻して熊手を投げることもできる。

手鉾は古くよりあるが、この時代の手鉾は『平治物語絵巻』『春日権現霊験記』等に描かれている図よりうかがうと後世の菊池槍と薙刀の中間様式のような形であり、身は薙刀ほど長くなく反りはごく浅い。そして菊池槍のように短刀形成のものもある。あるいは移行した形の手鉾から菊池槍が発生したのかもしれない。

薙刀は弓矢についで主要兵器であるが、柄は後代ほど長くはなく、せいぜい四、五尺（約一二〇～一五〇センチ）で、身は二尺五、六寸（約八五、六センチ）から三尺（約九〇センチ）くらいのものが古画に描かれており、反りは先端がはなはだしく反っている。柄は黒漆塗・銀蛭巻・鉄蛭巻・白柄が行なわれたらしい。

このほかに鉞が用いられている。『春日権現霊現記』『後三年合戦絵詞』等では三、四尺（九〇～一二〇センチ）くらいの柄に、三寸（約九センチ）刃くらいの小型の鉞であるが、南北朝時代ごろには大鉞が行なわれたらしく『太平記』には鹵（刃）の亘り一尺（約三〇センチ）計りなどと記されており、柄を丈夫にするために蛭巻したものもあり、同書や古画に見られる。

鎌も武器として用いられたことは『源平盛衰記』等に見られるが、これは補助兵器として用いたものであるが、これに長柄をつけたものを薙鎌といった。『源平盛衰記』等に記されているが現在遺物もなく、古画にも描かれていないが、後世の能島流水軍で用いられた藻外しはこの一種であろう。

このほかに棒も武器としたことは『源平盛衰記』第二十三衣笠合戦の条に「弓を射ざらむ者は七八人も十人も、又四五人も徒党して好み好みの杖共を支度せよ」とあるからすでに杖・棒は補助兵器として用いられていたのであり、『太平記』には「金棒・樫の棒長切八尺八角に削り六十四の鉄の鋲必爾打」と記されたいわゆる鉄砕棒が用いられているから、鎌倉時代にはおそらく樫の太い棒や、蛭巻・または鉄板を伏せた棒くらいは用いられたであろう。『吾妻鏡』文永三年四月廿一日の条に飛礫の語があるから石を投げて武器としたこともあり、その方法が石投げであるか、奈良朝時代の抛石の機械であるか不明であるが、『後三年合戦絵詞』では、櫓から縄で石を吊るし、敵がくると切って落とす態が描かれており、こうした方法も行なわれたのであろう。

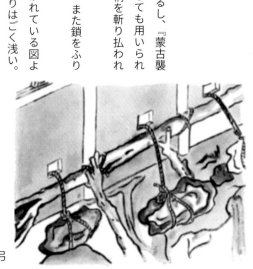

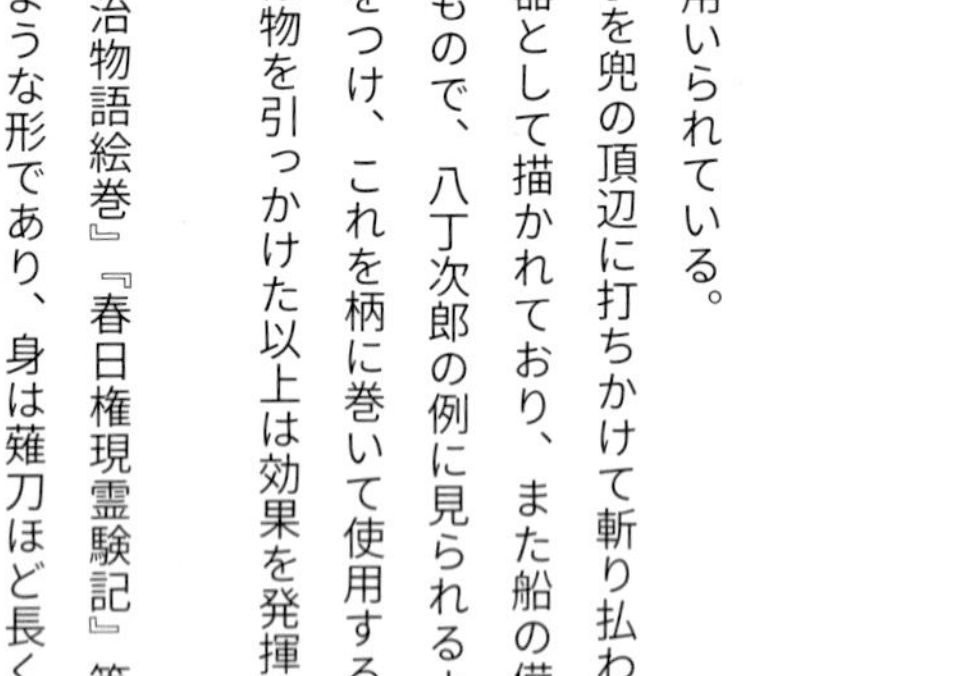
『後三年合戦絵詞』に描かれた石弓

長柄武器といしゆみ

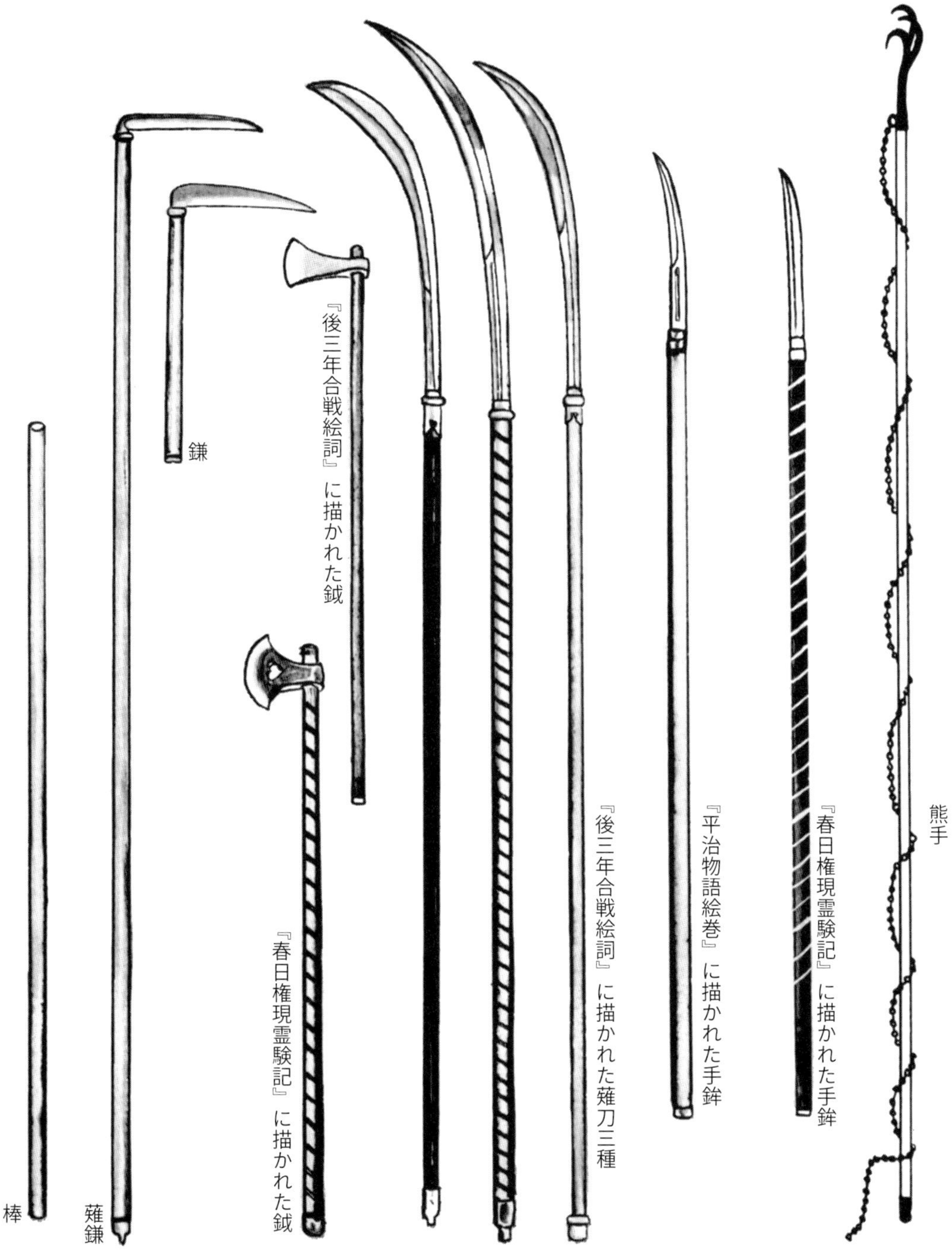

『春日権現霊験記』に描かれた熊手

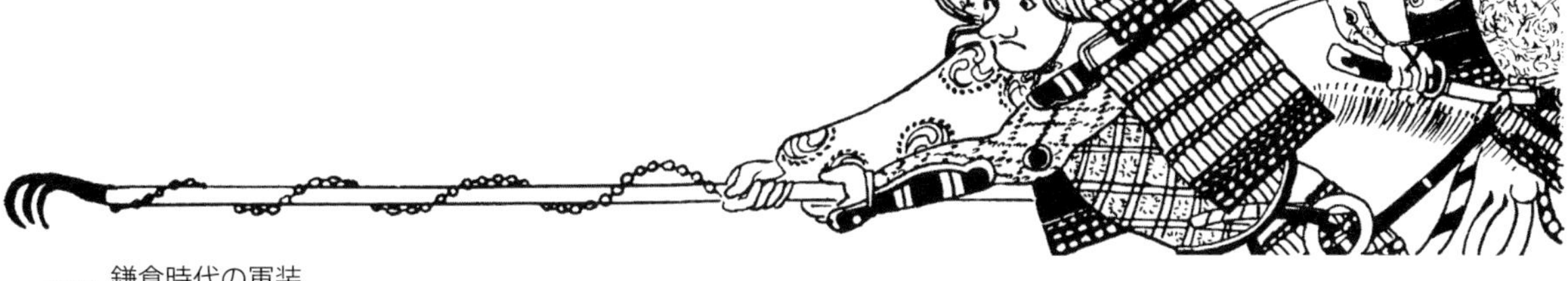

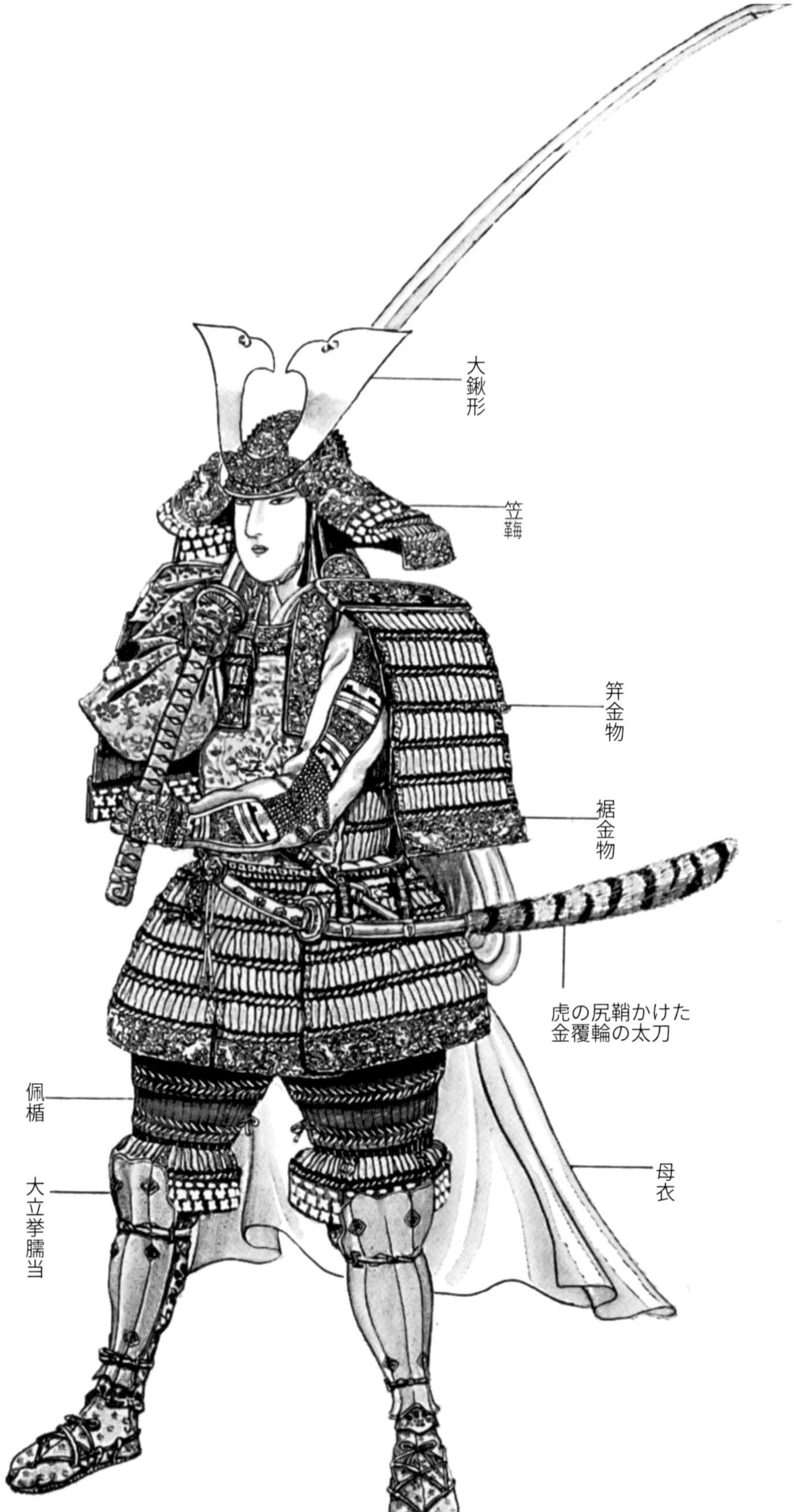
大鍬形
笠𩋡
笄金物
裾金物
虎の尻鞘かけた
金覆輪の太刀
佩楯
大立挙臑当
母衣

末期から南北朝時代の大鎧

大鎧は鎌倉時代になって最盛期にはいり、
身体に適合するよう種々の改良が試みられている。
実用的とともに装飾的誇張も多分に意識していた。

大鎧は鎌倉時代になって最盛期にはいり、身体に適合するよう種々の改良が試みられている。胴は腰のしまり良い裾窄りとなり、草摺の両端も重なり合いやすいように内側に撓を生じた。胴が裾窄りのために、脇楯の壷板もこれに倣って裾窄りとなり、栴檀板・鳩尾板も同様の形式をとっている。そしてその冠板の上部の山形は谷が深くなり、前代よりはやや小さい。札は前代より細かくなり盛上札の形式が生まれ、札ならびに美観を呈するようになった。

また裾金物等に華麗のものを生じ、奈良懸春日大社所蔵国宝赤糸威梅金物大鎧・赤糸威竹虎雀金物大鎧・残欠鎧の牡丹金物・歌絵金物の二領の大鎧・青森県櫛引八幡宮所蔵国宝赤糸威大鎧等の遺物はその製作技法および装飾金物の華麗なことは大鎧の最盛期を思わせる。

また兜の鉢も前代より矧ぎ方が多くなり、二十四間から三十四間の矧板を用い、星も小さく数を繁く打つようになった。二方白・四方白・六方白等が行なわれ、地板には彫金物を伏せ、長鍬形が流行したが、末期から南北朝時代には大鍬形となり、鞍も次第に水平に開いて笠鞍という形式が流行した。

これらの特徴はいい換えるならば、実用的とともに装飾的誇張も多分に意識され、遺物例から見ると、はなはだ重量を増して実戦に不向と思われる。

しかしこれらの鎧は実際に武人が着用し、華麗の鎧を好んだことが当時の流行であったことは、『太平記』第十二公家一統政道事の条で大塔宮の軍装を記している中に「宮は赤地の錦の鎧直垂に緋威の鎧の裾金物に牡丹の陰に獅子の戯て前後左右に追合たるを草摺長に被召、兵庫鎖の丸鞘の太刀に皮の皮の尻鞘かけたるを太刀懸の半に結てさげ白箆の節陰計少塗て、鴇の羽を以て矧だる征夫の三十六指たるを箸高に負成…」とあり本来の武人でない護良親王すら、このような華麗な重量あるものを着用したのである。

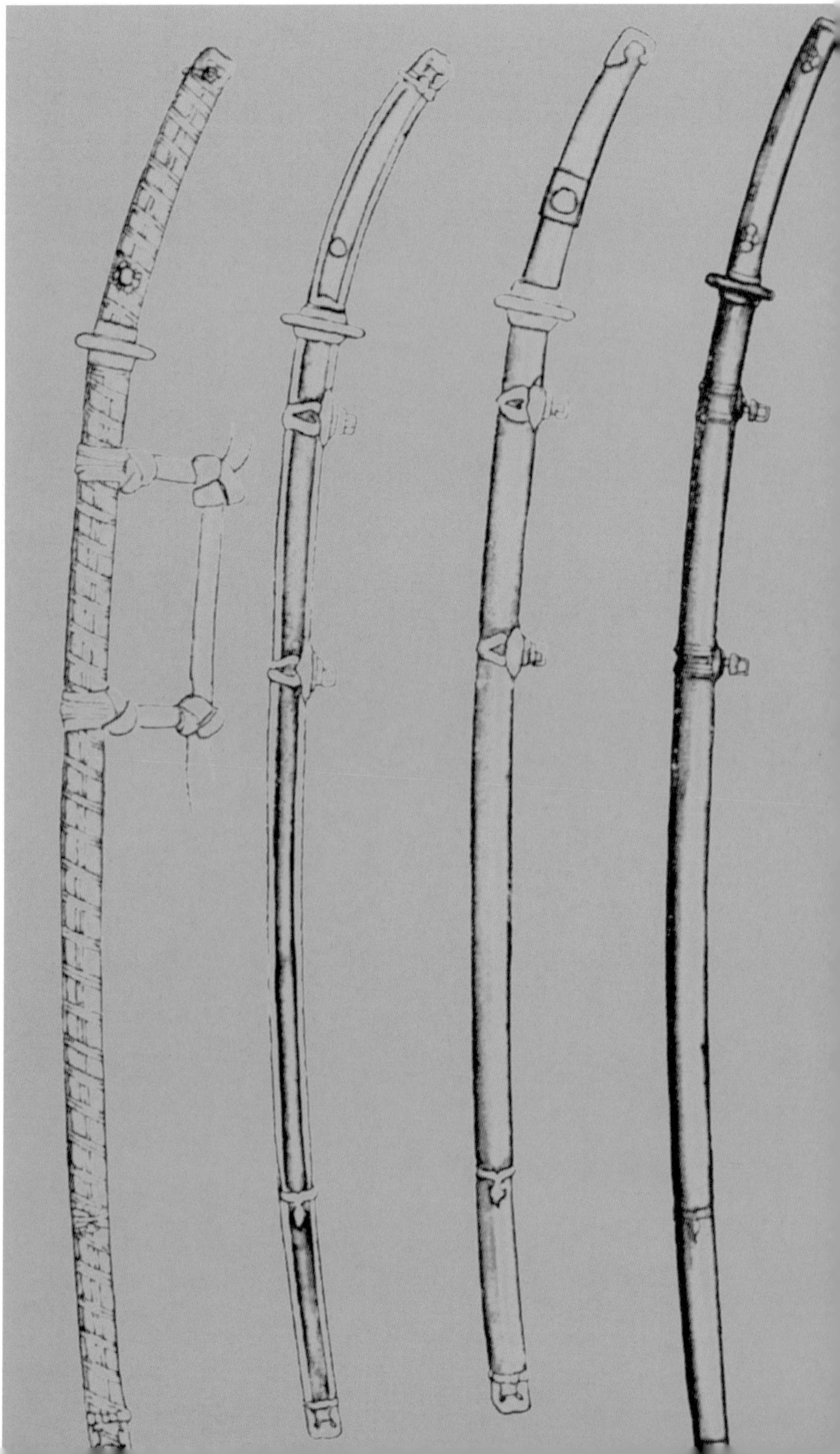

南北朝時代の軍装

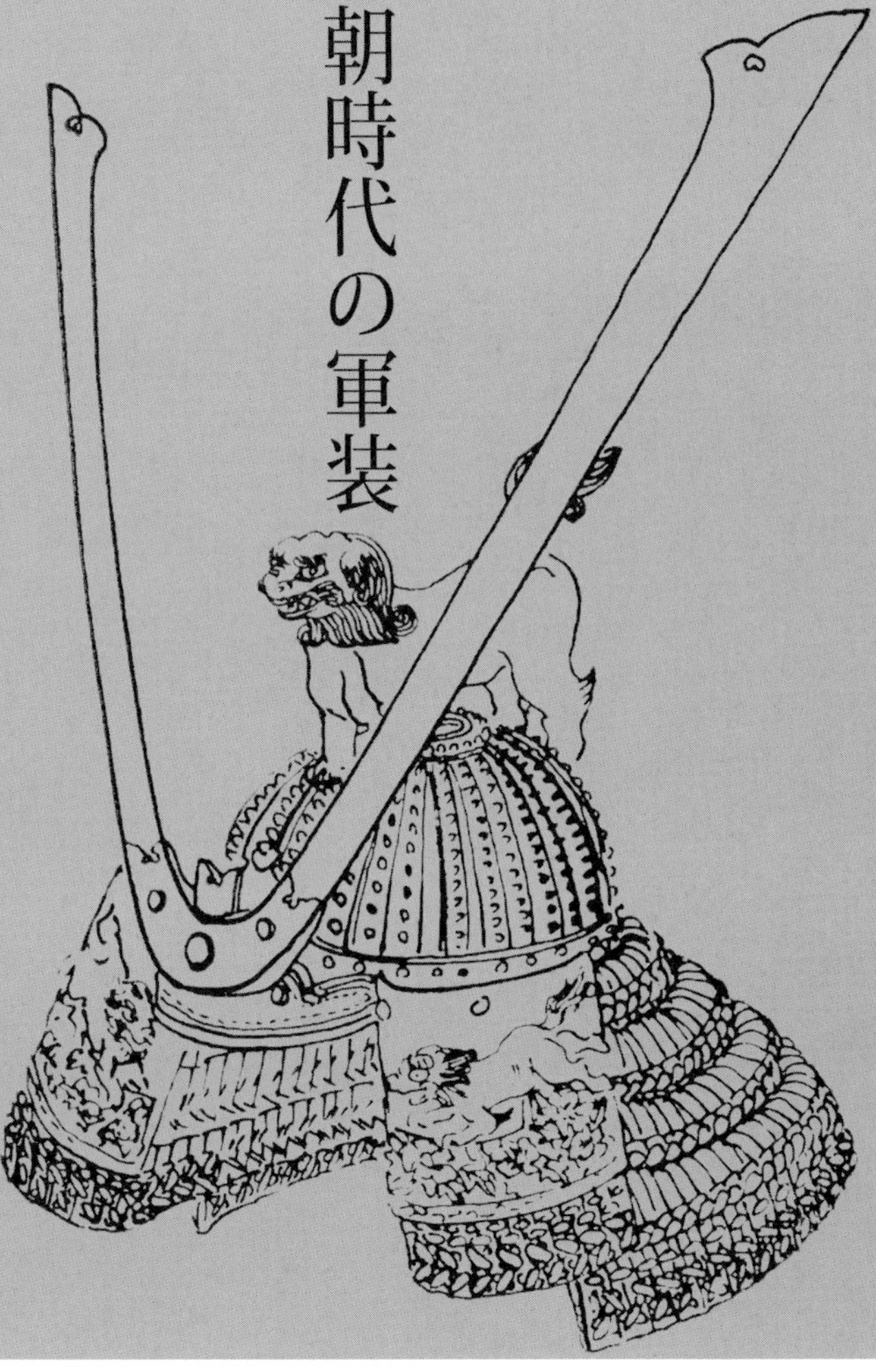

褄取威大鎧

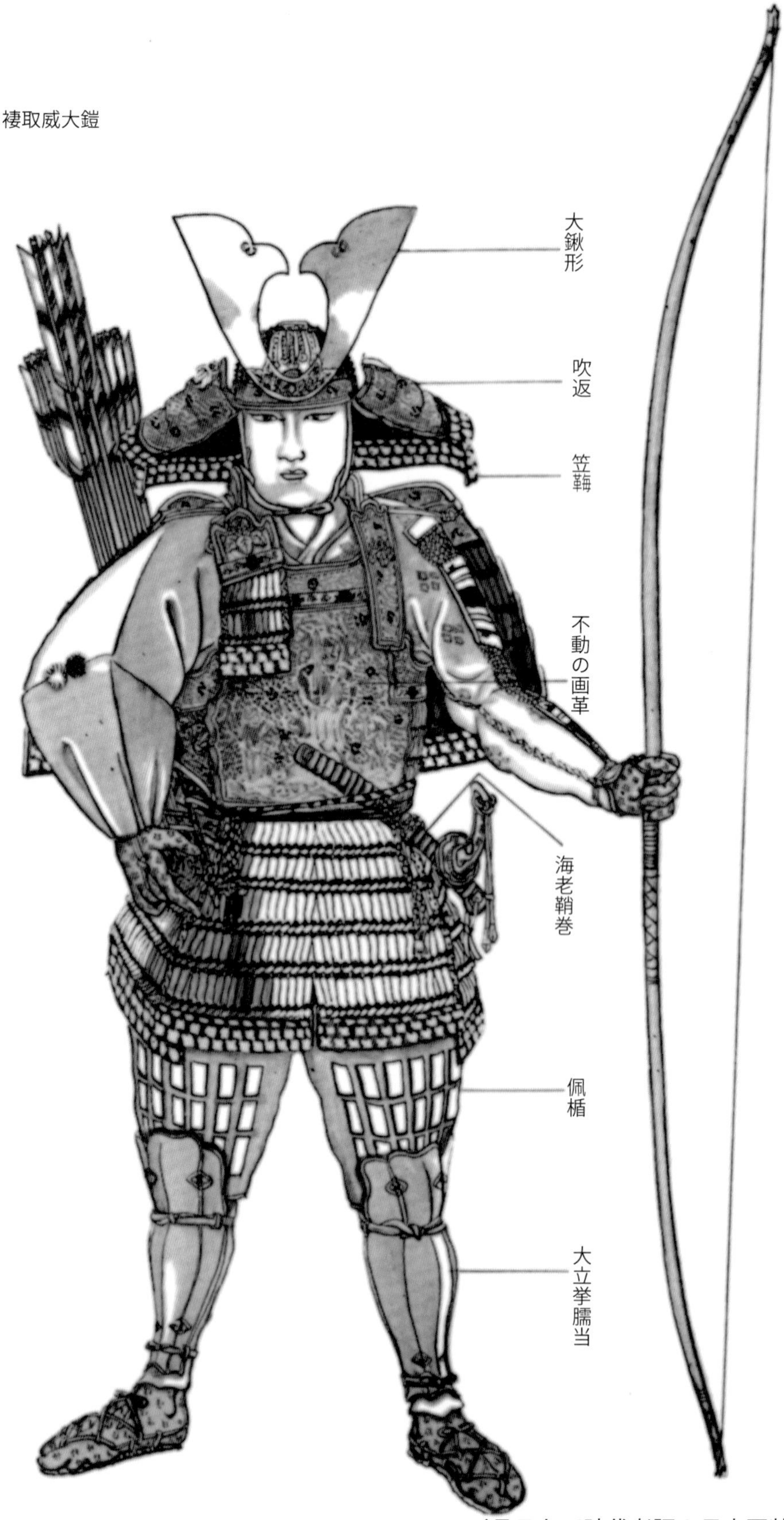
大鍬形
吹返
笠𩊱
不動の画革
海老鞘巻
佩楯
大立挙臑当

誇張的に鞠が張っているのは、
大上段に刀を振りかぶれない不便さがあるが、
実は、兜着用の場合には刀を大上段に振りかぶれない。

南北朝時代に流行した兜は笠鞠である。太刀打戦の盛行にともなって肩の防禦に意をそそいだからであるが、鞠が水平に近く拡がっているのは粋な感覚でもある。

またこの誇張的に鞠が張っているのは、大上段に刀を振りかぶれない不便さがあるが、すべて兜着用の場合には刀を大上段に振りかぶれない。横薙ぎか八双の構え、刺突が主である。

故に『太平記』にも払い切り・胴切り・車切り・瓜切り・茶臼切り・坂本様の袈裟切り等が記されており、真向唐竹割りはいまだあらわれていない。

八双の構え・脇構え等から袈裟斬りは行なえるので、肩の防禦に鞠が水平に開くようになったのであろう。また鞠の下部が袖の上部に触れて、首の運動の邪魔になるのを防ぐ意味もあったであろう。

鎧は前項で述べたごとく胴は裾窄りであるので上部が広く感じられ、胸板も前代に比していちじるしく広く高くなっており、弦走革は鎌倉時代に流行した藻獅子模様に代わって不動尊二童子の絵革が好まれている。威毛も鎌倉時代ごろから用いられた褄取威が流行し『太平記』『梅松論』にしばしば記されており、遺物としても愛媛県大山祇神社所蔵重文白絲威褄取大鎧・細川護立氏所蔵重文白絲威褄取大鎧・青森県櫛引八幡宮所蔵国宝白絲威褄取大鎧・大山祇神社所蔵重文浅葱絲威褄取大鎧・防府天満宮所蔵重文浅葱絲威褄取大鎧等が見られ、また、『太平記』で有名な飽浦信胤所用重革威褄取鎧等もあった。このほかに白絲威・洗革威も好まれ、黄威・紫威・麹塵威・紺糸威・黒糸威等も『太平記』『梅松論』に散見する。

臑当も膝頭を覆う立挙が付され、それの大きいものを大立挙の臑当といい、また鉄地を磨き上げて光らしたものを銀磨の臑当といい、これらは『太平記』に記されている。

佩楯は膝鎧ともいい『平治物語』に描かれているが、南北朝時代には小袴式に鉄片を綴じつけたものが用いられたことは『足利尊氏馬上野太刀画像』によっても知られる。

鎧が前代よりも全長がやや短く活動的になったので、大腿部の隙間を覆うために発達したもので、踏込式の宝幢佩楯が生まれたのであろう。

履物は馬上の士はほとんど貫（毛沓）であったのが、草鞋を多く用いるようになり『足利尊氏馬上野太刀画像』に描かれているから高級武将も好んで用いたと思われる。

『足利尊氏馬上野太刀画像』の佩楯と大立挙腰当

兜の立物

兜の装飾として鍬形以外に用いたものは龍頭。
半身龍で兜の真向につけられ、
後者は全身龍で頭上につけられ、と様々。

全身龍の用い方

半身龍の用い方

『本朝軍器考集古図説』に描かれた
鞍馬山所蔵の龍の立物

『後三年合戦絵詞』に描かれた龍頭

『前九年合戦絵詞』に描かれた龍頭

兜の装飾として鍬形以外に用いたものは龍頭で、これは源平合戦ごろには行なわれていたらしく、『保元物語』では鎮西八郎為朝、『平治物語』では越後中将成親、『源平盛衰記』では源義経等が用いたことが記されている。

また『前九年合戦絵詞』には源頼義、『後三年合戦絵詞』には源義家の兜に描かれているが、前者は半身龍で兜の真向につけられ、後者は全身龍で頭上につけられている。

これらの古い遺物はなく、わずかに鎌倉時代のものと目される龍頭が『本朝軍器考集古図説』に鞍馬山所蔵として図されているのみであり、あとはほとんど室町時代末期以降のものである。右の絵巻物からうかがうと、半身龍は源平時代に行なわれ、全身龍は鎌倉時代末期ごろから行なわれたと考えられ、南北朝時代には主将は折々用いている。

『太平記』巻第七吉野城軍条に大塔宮が龍頭の兜を用いたことが記され、同書巻第三十三左兵衛佐義興自害条にも新田義興が龍頭の兜を用いている。

このほかに獅子を兜の上に据えたものを獅子頭といい、遺物としては鞍馬山に赤糸威大鎧の兜に用いた態が『集古十種』甲冑の部に描かれているが、『太平記』にも二、三個所記されている。龍頭・獅子頭は古く鍬形台に、龍や獅噛模様を据えたのが次第に具象化し、鍬形とは別に用いるようになったもので、ともに勇壮な霊獣化した動物なので威嚇を兼ねた装飾として好まれたものらしい。西欧中世の兜にも同じ意図から用いられている。

鍬形の形も長鍬形より大鍬形が流行したことは『太平記』にしばしば記されるところであるが、鍬形の中央の祓立台に利剣状のものを挿入し、これを三鍬形と称したことも『太平記』に記されている。

また『太平記』には大日の丸・紅の扇等の前立を用い、ときには紅梅等を合印として用いたりしている。

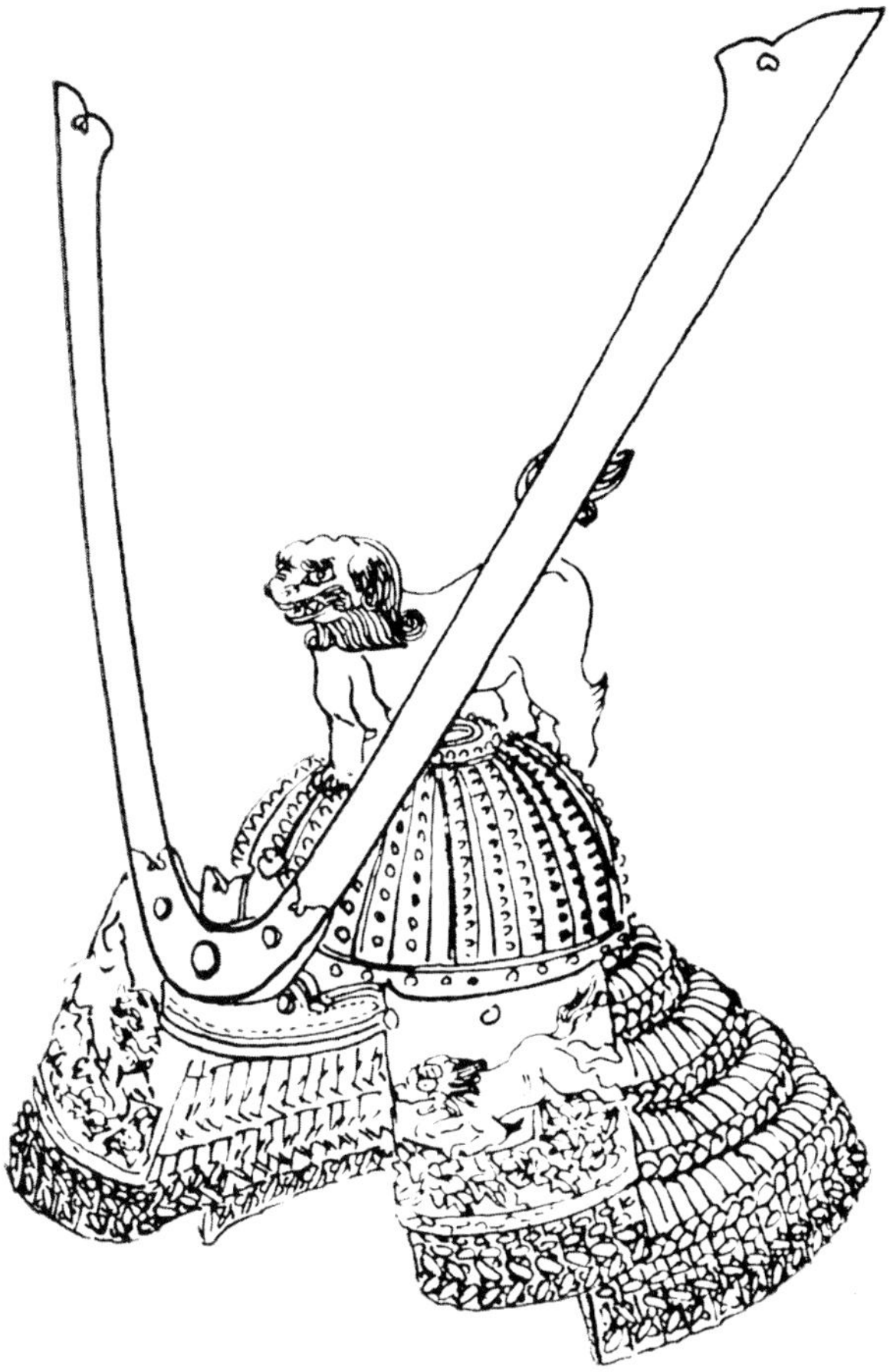

『集古十種』に描かれた鞍馬山所蔵赤糸威大鎧の兜
現在消失して残欠

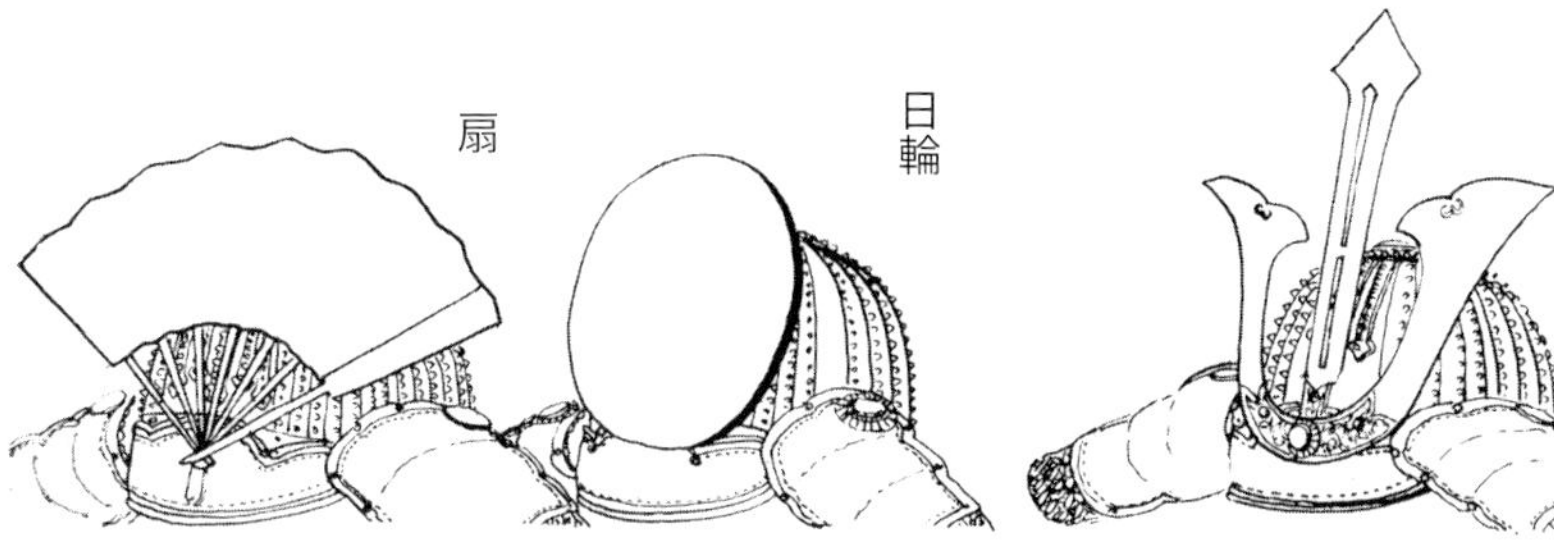

『太平記』に記された三鍬形

兜の立物

鍬形の形も長鍬形より大鍬形が流行。
このことは『太平記』に記されている。

胴丸①

鎌倉時代ごろより胴丸に兜と袖を具して
武装する傾向が多くなった。
南北朝時代には大鎧と並んで重用され、
奉納品としての胴丸もかなりの量に上っている。

鎌倉時代ごろより胴丸に兜と袖を具して武装する傾向が多くなったが、南北朝時代には大鎧と並んで重用されたので、奉納品としての胴丸もかなりの量に上っている。

そして大鎧の部分様式をも胴丸に付加して用いたので、胸板の下に化粧板を用い、押付は後世のように押付板と肩上の接続でなく、大鎧式の押付を用い、障子板を具したものがある。

愛媛県大山祇神社所蔵紫革威胴丸等はその例で、同社所蔵赤糸威胴丸鎧の形式を伝えたものとするより、胴丸が大鎧と並んで行なわれるようになってから大鎧にある障子板・化粧板を用いたと考える方が穏当である。

鎌倉時代末期から南北両朝の争乱のころは絶えず戦闘が行なわれたことにより、戦場の華として華美な鎧が流行する一方、質実で実用的胴丸も歓迎され、度重なる実戦の経験から胴丸も飛躍的に進歩している。

胴丸①

度重なる戦闘により、
戦場の華として華美な鎧が流行する一方、
質実で実用的胴丸が歓迎される。

小札も盛上小札を鉄革交ぜとし、また札を端だけ重ねて構成する伊予札が生まれ、杏葉は袖を用いるために胸に垂れたので前代より小さくなって、高紐の防御としての覆いとなっている。

袖は大鎧に同じく大袖七段であるが、広袖・壷袖という形式も行なわれ、袖を具したために背に総角付の鐶を付して総角を下げるようになった。

兜は鎌倉時代ほどふくらみはないが、頂辺がやや高くなり、頂辺の穴はいよいよ縮小され、受張りを用いることにより、兜の緒の孔は響の孔と称する形式的なものとなり、兜の緒は腰巻の板から、縮または鐶を設けてそれを利用するようになった。

また菱縫は猿鞣革・紅糸に限らず、緘みとして塗り固めその上を赤漆で菱縫を描いた描菱等が見られる。

押付と胸板の化粧板

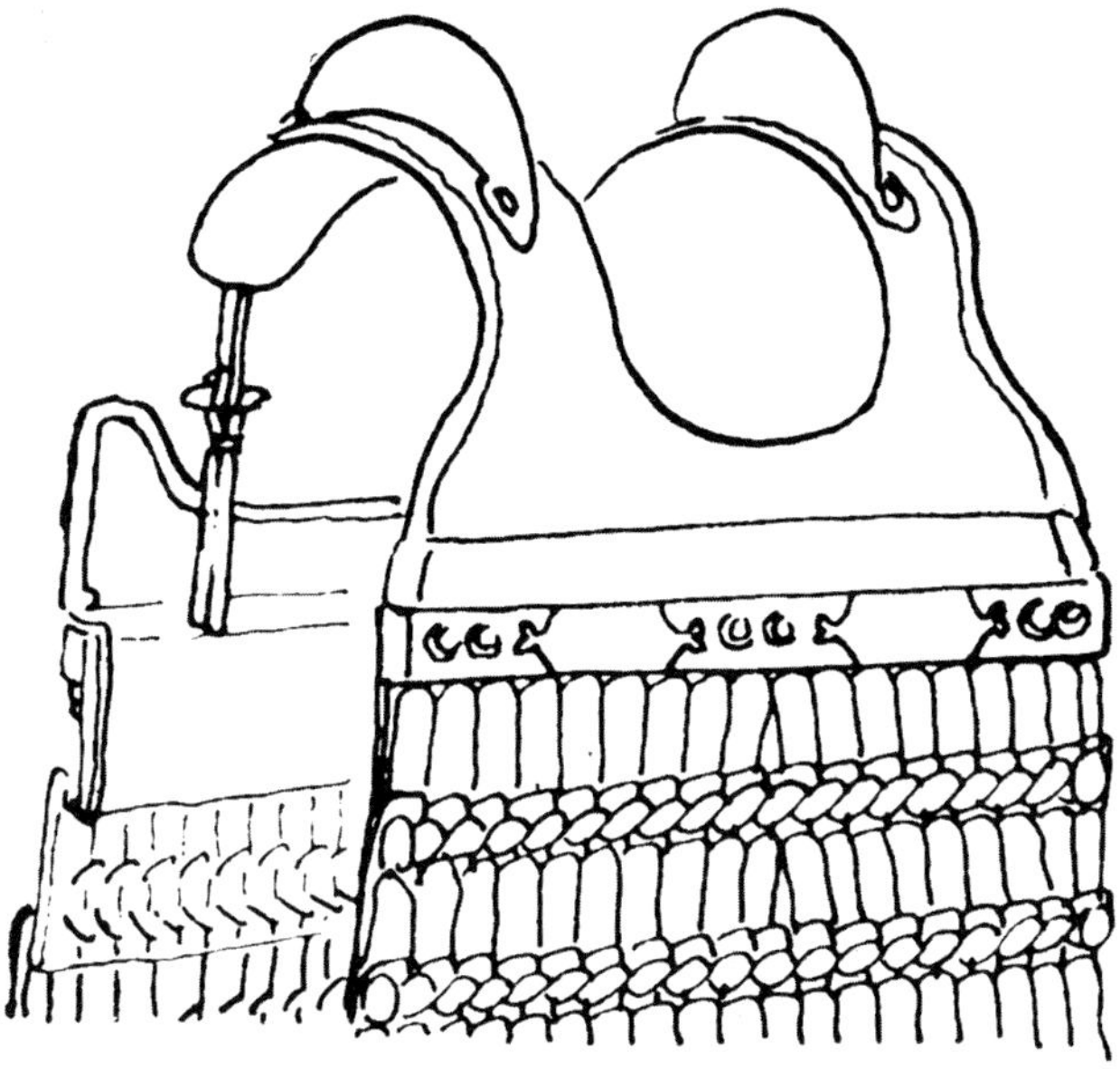

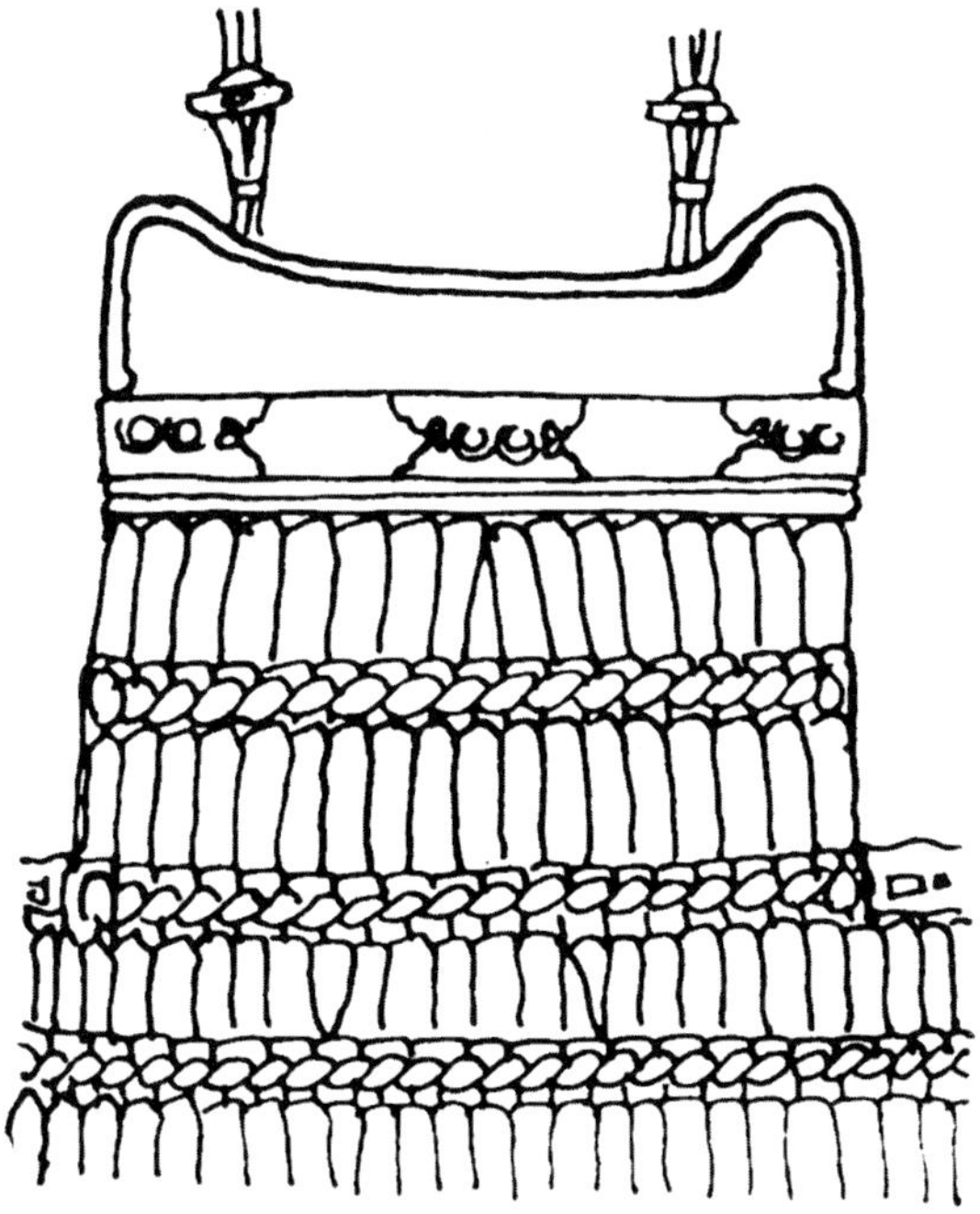

黒革威伊豫札胴丸

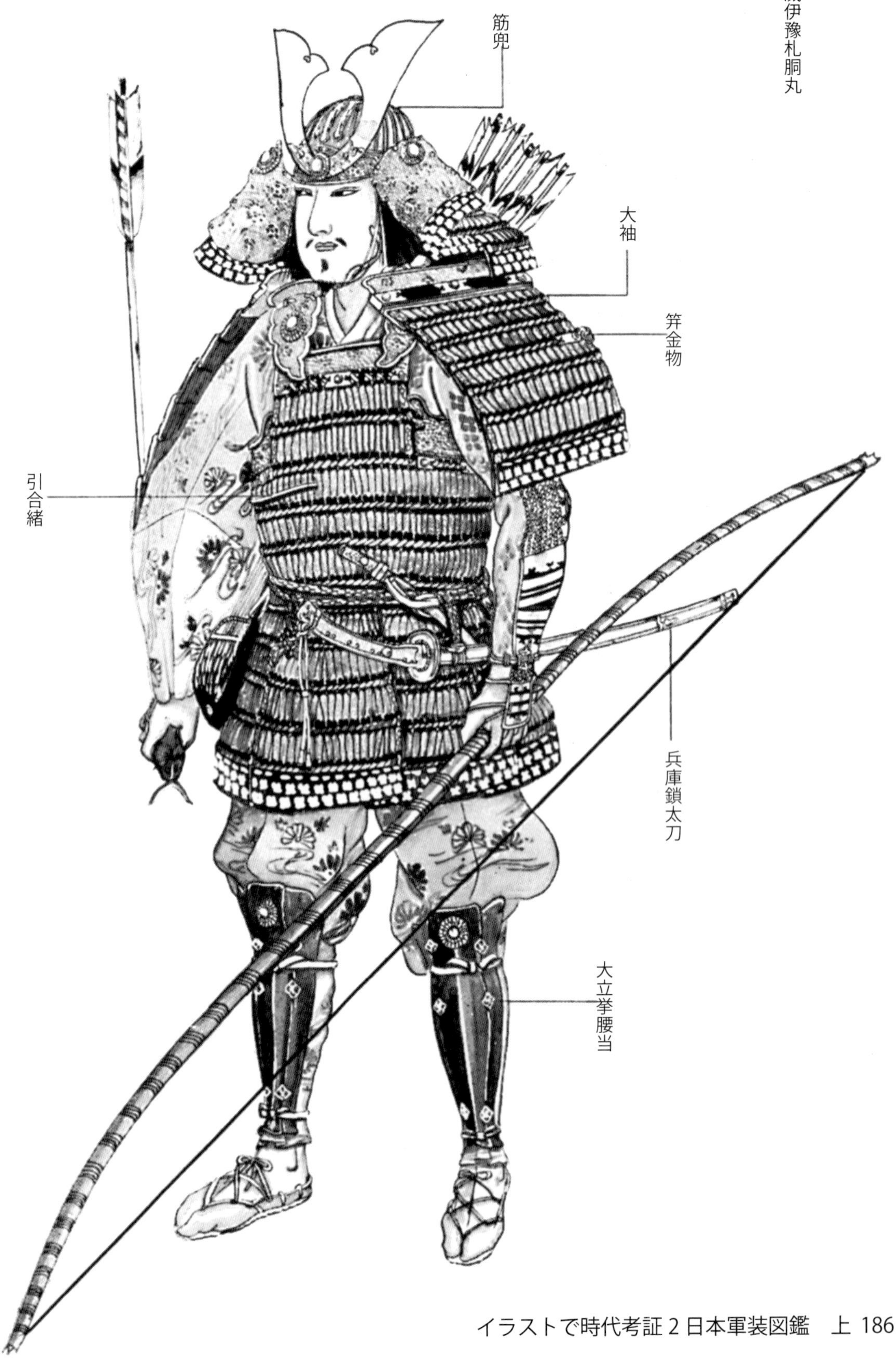
筋兜
大袖
笄金物
引合緒
兵庫鎖太刀
大立挙腰当

胴丸②

奈良県春日大社に三領の紺糸威胴丸が所蔵され、
みな楠木正成所用の伝来がある。
金具廻りは藻獅子の絵革、覆輪をめぐらせつつも
小縁、伏縫を略し、いかにも質実で正成好み。

奈良県春日大社に三領の紺糸威胴丸が所蔵され、みな楠木正成所用の伝来があるが、その内の一領は正成時代のものと思われる。兜はこの時代ごろから流行し始めた筋兜で、五段𩊱・胴はこの時代ごろより見られる伊予札で、草摺も左右端と菱縫板を除いてはすべて伊予札で構成されている。

金具廻りは藻獅子の絵革をはり、覆輪をめぐらせているが小縁、伏縫を略し、いかにも質実で正成好みである。

草摺りも各間に撓を生じ重なり合って合理的であり、大袖は盛上小札七段、冠板は角がかくばって全体に内側に撓められている。

杏葉は肩へも移動可能のように紐に遊びがあり、鍬形台、吹返しとともに同形の菊座金物を打っている。

大鎧の形式の最盛期は鎌倉時代にあると見たら、胴丸の形式の最盛期は南北朝から室町時代にかけてであるといって良いであろう。

これら兜・袖を具した胴丸の形式は後世永く踏襲され、当世具足の毛引威へと移行していくのである。

この時代の胴丸の遺品は比較的多く、代表的なものは大山祇神社所蔵重文紫韋威胴丸二領・重革威胴丸二領・藍革胴丸二領・厳島神社所蔵重文黒革威胴丸・壷井八幡宮所蔵重文黒革威胴丸・三橋忠正氏所蔵重文黒革威胴丸等がある。

これらの遺品例からうかがっても胴丸は質実なものを好む武将に用いられたらしく、黒糸威・黒革威・熏革威等の地味な威毛が多く、あとは『太平記』等に記されている麹塵威・縹糸威等である。

そしてこの時代は太刀打戦、長柄戦の流行によって双籠手を用いるようになり、籠手の座盤も旧来の形式だけでなく、篠籠手が流行し始めている。

篠籠手は鎌倉時代すでに行なわれたらしいことは『蒙古襲来絵詞』に描かれているし、『足利尊氏馬上野太刀画像』によっても見られるが、座盤籠手は三枚筒籠手、または篠籠手が以降多く用いられるようになった。

胴丸③

太刀打戦、長柄使用の戦闘法から、
着用に便な胴丸は上級武士まで、兜・袖を具した。
手の運動をよくする撓のある袖、
また裾拡りの広袖が折々見られる。

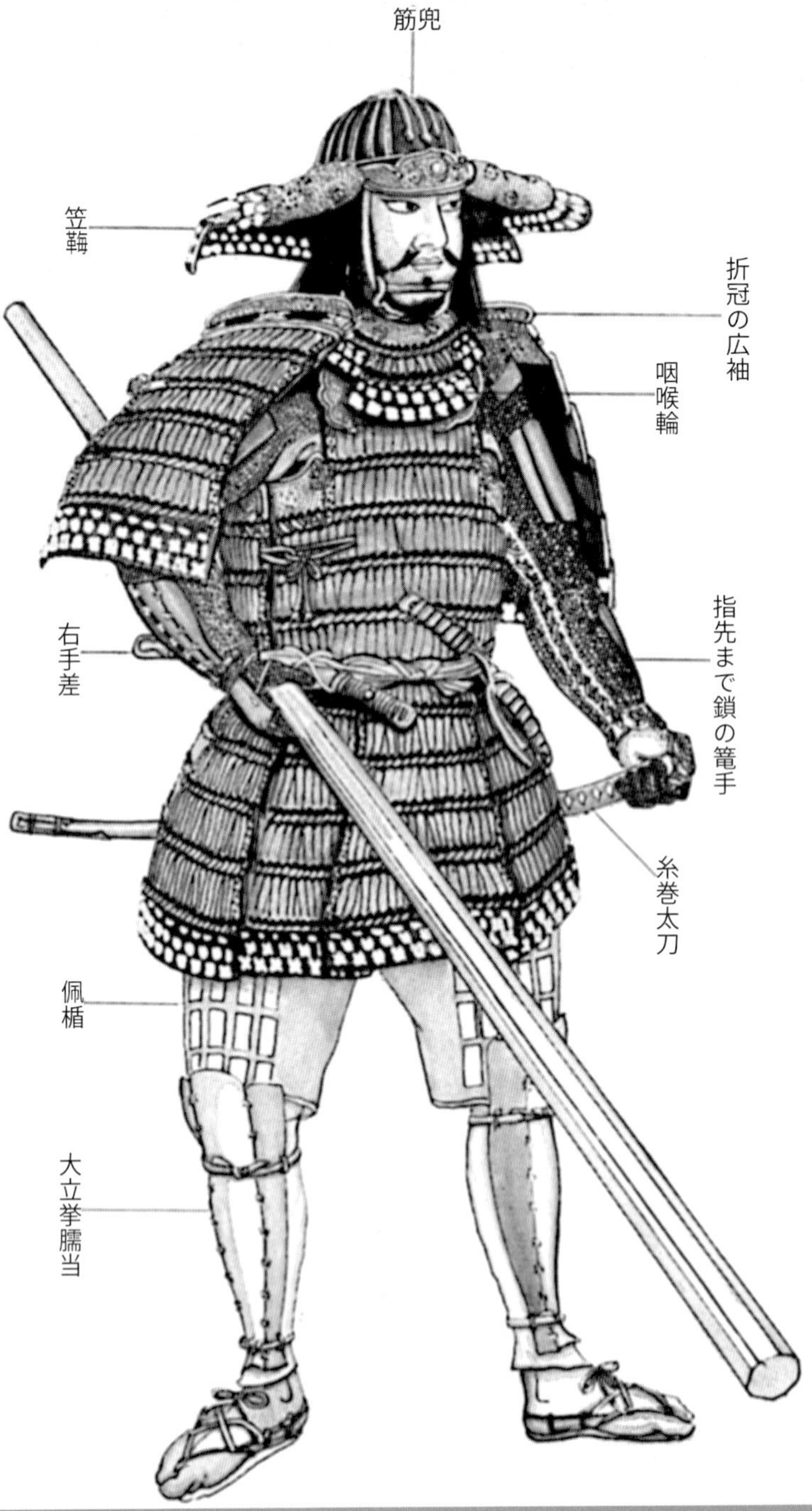

太刀打戦、長柄使用の戦闘法によって、着用に便な胴丸は上級武士まで、兜・袖を具したが手の運動をよくするため撓のある袖が用いられ、裾拡りの広袖が折々見られる。

小札板が撓を設けることによって、愛媛県大山祇神社所蔵重文熏革包胴丸の袖のように冠板にも撓がつけられた立冠式のものと、さらに進歩した折冠式とが行なわれた。太刀打戦等による腕の運動のために、冠板で頸を叩くおそれがあり、胴丸には障子板が無いので、冠板を折冠とすることが考えられたのであろう。

その上折冠は頸の側面防禦も兼ね、障子の板の役目も果たすので、この時代以後の広袖・壷袖の冠板はほとんど折冠とするのが常識となり、小さな袖である当世袖にも踏襲されている。

またこの時代ごろから完全防禦に意がそそがれ、咽喉輪・頬当が行なわれ、佩楯・大立挙の臑当が用いられ、籠手の座盤も三枚筒を綴じたり、蝶番付としたりし、籠手も指先まで鎖を用いるものが行なわれた。

この時代の遺物としてはないが『太平記』巻十七山門攻条に
「黒絲の鎧兜に指のさき迄鎖りたる籠手・臑当・手頬・膝鎧・透處なく一様に裏つれたる事がら尋常の兵共の出立たる体には事替て…」

とあることによっても、あたかも幕末に流行した鎖手甲のような籠手がすでに行なわれていたのである。また『太平記』には「八尺余のかなさい棒の八角なるを手元二尺円めて誠に軽げに提げたり」とあって、鎌倉時代に武器としての棒が八角に削った太い棒となり、中には筋鉄を伏せ、鋲を打って後世の鉄砕棒というものがすでに用いられていたことが知られる。

つまり鉄砕棒が用いられるのは、徒歩戦でしかも敵味方入り乱れた団体戦に有効なことを物語るもので、もって当時の戦闘様式を知ることができる。

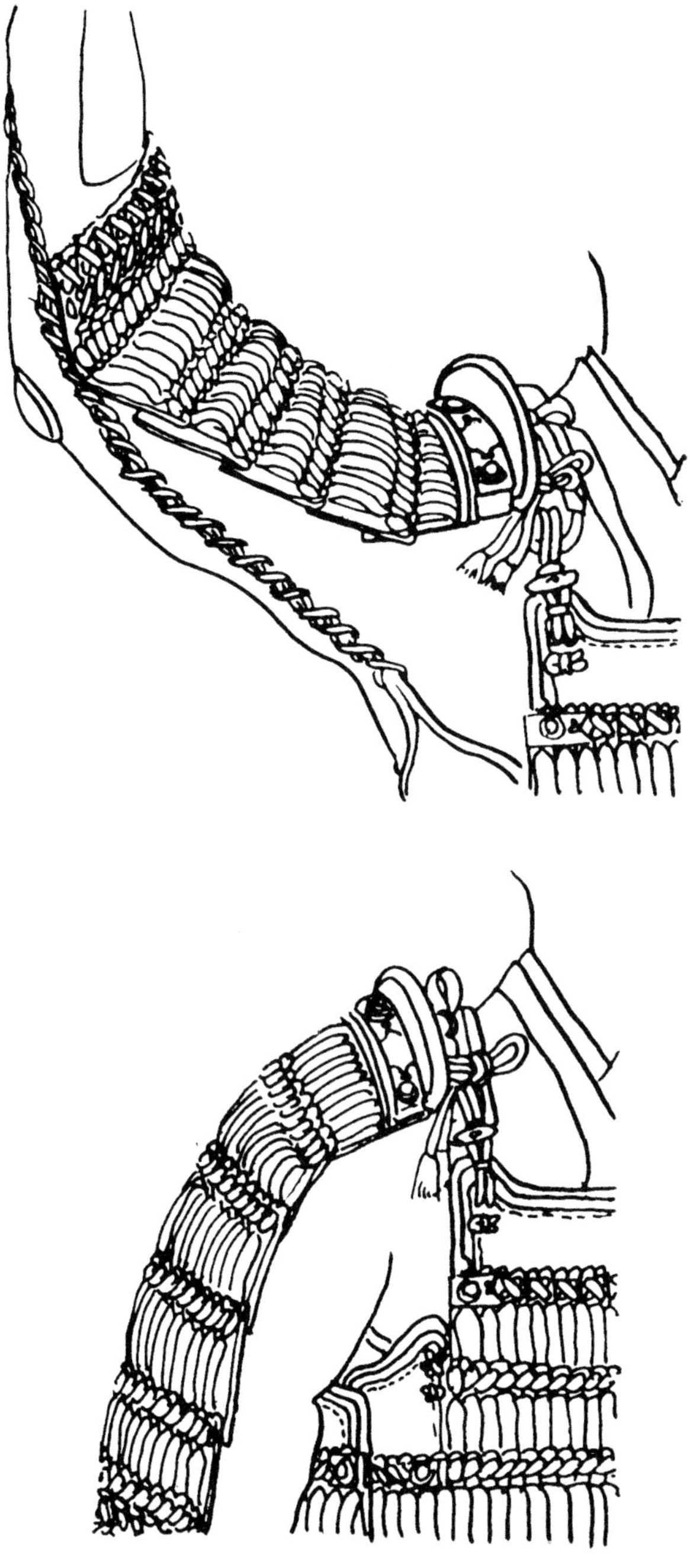

折冠板は障子板の代りをし、また頸をたたかない

胴丸③

完全防禦へとなり、咽喉輪・頬当をはじめ
佩楯・大立挙の臑当が用いられたり、
籠手の座盤も三枚筒を綴じたり、蝶番付としたり、
籠手も指先まで鎖を用いるものが現れた。

腹巻

この時代の腹巻は、だいたい前期の形式に同じ。
胴丸とともに完全武装化したために
肩上に袖付装置をほどこされた。

この時代の腹巻は、だいたい前期の形式に同じく、前立挙二段、後立挙二段（前期は一段）、長側三段、草摺五間で、肩上に袖付の装置のないものであるが、折々、兜・袖・籠手・臑当を用いて、胴丸とともに完全武装化したために肩上に袖付装置をほどこし、草摺も胴丸に倣って七間のものが生じた。

後世腹巻の定則として前後立挙各二段、長側四段、草摺七間五段下り、肩上に袖付装置のある形式は、この時代に行なわれたのである。五間草摺のこの時代の遺物例としては国立東京博物館所蔵重文熏革包腹巻・大阪府金剛寺所蔵重文熏革包腹巻等があり、袖を用いて七間草摺の例としては、高津嘉之氏所蔵重文黒革威腹巻・前田青頓氏所蔵黒革威肩白腹巻・藤原宗十郎氏所蔵藍革威肩白紅腹巻等がある。

これらの腹巻の小札は、この時代に流行した伊予札を多く用いている。

また腹巻として新しく製作されたものが大部分であろうが、中には損傷した他の鎧の小札を利用して構成し、表面を革で包んで小札を綴じつけたものもある。
革包腹巻等というのがそれであり、上等のものは綾等で包んでいる。
滋賀県兵主神社所蔵重文白綾包腹巻等がその例である。
またこの時代の特色として菱縫板を赤漆で描き菱としたものが多い。

長側に伊豫札を用いた腹巻

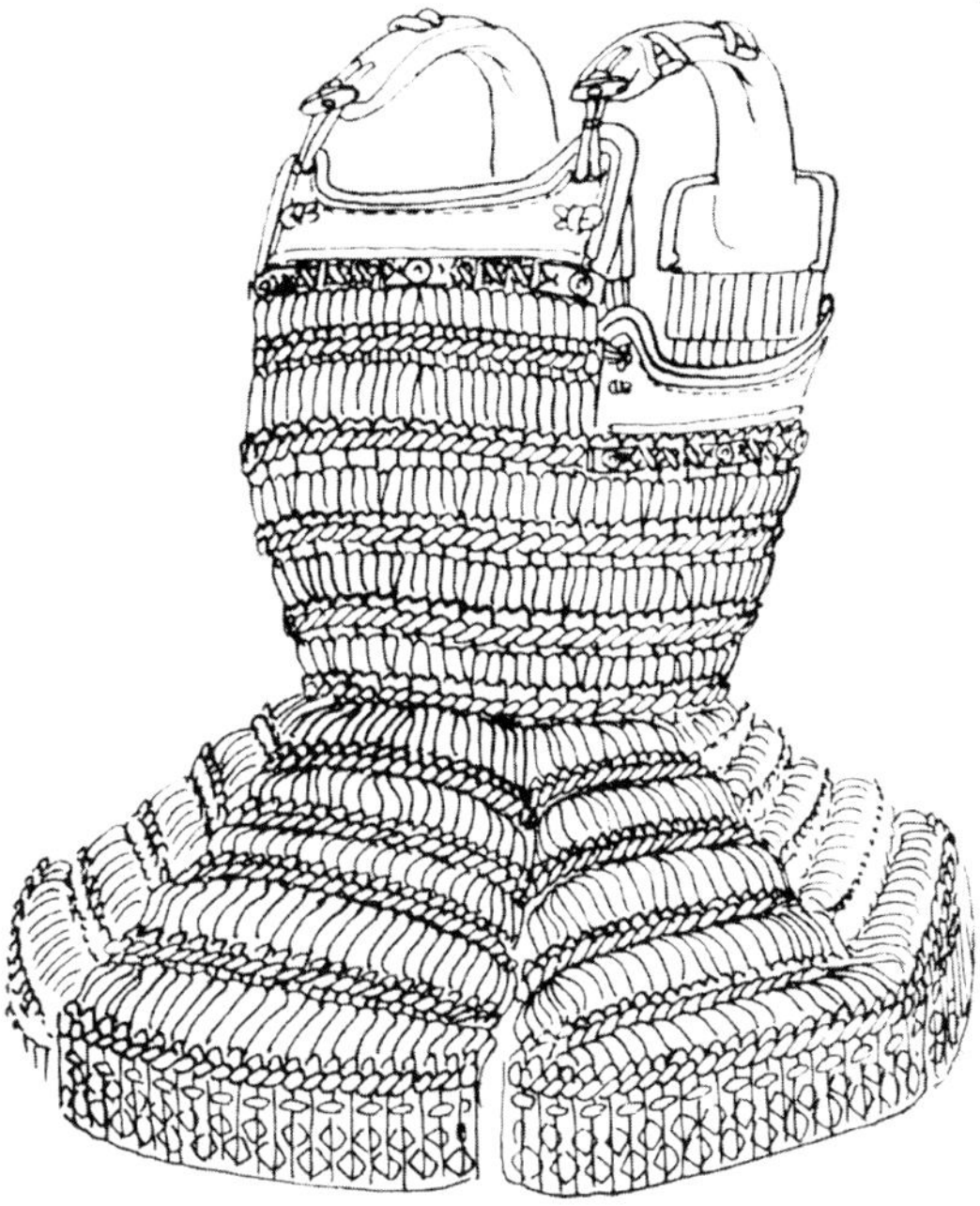

描菱の菱縫

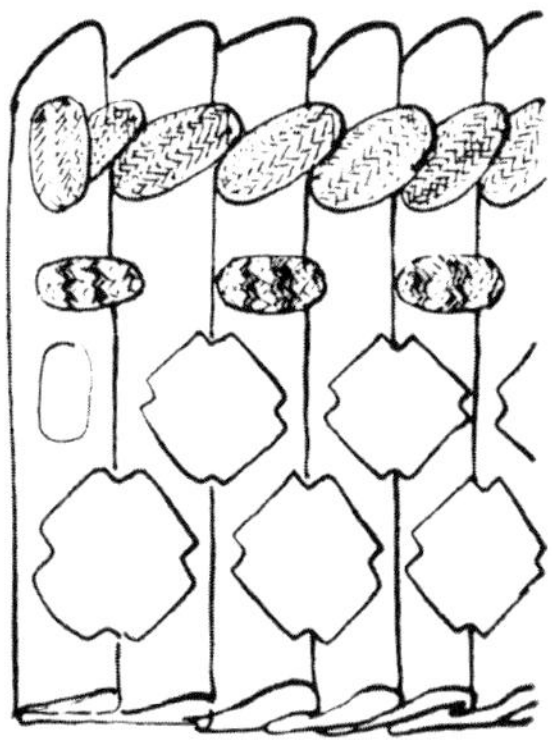

腹巻

後世腹巻の定則としての前後立挙各二段、長側四段、
草摺七間五段下り、肩上に袖付装置のある形式の出現。
この時代の特色として菱縫板を
赤漆で描き菱としたものが多い。

『太平記』には、薙刀が盛んに記され、発達した棒も記されていた。太刀も次第に長大なものが用いられ、五尺三寸刃長の野太刀が記されている。

『太平記』に盛んに記されているのは薙刀である。

薙刀は刃の長さ、柄の長さが好みによって種々あったらしく、六尺三寸（約二・〇八メートル）の薙刀（『太平記』山門攻条）、二尺五寸（約八二センチ）の小薙刀（『太平記』正成兄弟討死条）とある。

この場合に何尺何寸とあるのは刃の長さで、大薙刀・小薙刀の区別は柄を含めた総長をいうのである。故に六尺三寸（約一九一センチ）の刃に柄が少なくとも四、五尺（約一五〇センチ前後）、二尺五寸（約八二センチ）の刃に三、四尺（約一〇〇センチ前後）の柄というので、豪勇の士は総長二間（約三・六〇メートル）に余って重量ある薙刀を用い、軽捷に活躍したい士は総長六尺（約一八〇センチ）そこそこの薙刀を振り廻したのである。

ただし『太平記』等の記事からうかがうと薙刀の刃の一番長いものが用いられた時期で、六尺（約一八〇センチ）あまりのものがしばしば記されているが、室町時代ごろから槍の発達に押されて刃は次第に短くなり、後世はだいたい一尺五寸（約五〇センチ）から二尺（約六〇センチ）くらいのものが多くなり、その代わりに柄が六尺以上九尺（約一八〇〜二七〇センチ）くらいに長くなった。

その刃の形状は鵜首造りと冠落しの二種がある。

棒もこの時代より発達し『太平記』にはしばしば記されている。「樫の木の棒の一丈余りに見えたるを八角に削って両方に石突を入れ」「八尺余のかなさい棒の八角なるを手本二尺丸めて」「樫の棒長八尺八角に削り、六十四の鉄の鋲必爾必爾打ち」とあり、だいたい八尺（約二四〇センチ）くらいの棒を八角に削った太い棒で、石突をはめたり、鉄鋲を打ったもので、これを打ちかけて敵を打砕くので、金砕棒といったのである。材質は樫・杉（『太平記』）・植柘（『東乱記』）・櫟《いちい》（『判官物語』）等である。

鉞は『太平記』に「刃の亘り一尺（約三〇センチ）計り」等と記され、これで城砦や甲冑を打ち割るのである。

この時代ころから菊池槍なるものが現われてくる。短刀のように片刃の穂である。

太刀も次第に長大なものが用いられ『太平記』には五尺三寸（約一七五センチ）刃長の野太刀が記されている。

軍陣用の太刀が柄を革か糸で巻くようになったのは南北朝時代ごろからで、『足利尊氏馬上野太刀画像』に描かれているとおりであるが、鞘を革包みとし、兜金・鍔も革で包んだりする法も行なわれた。俗にこの形式を鬼丸造りといっている。

また鞘を蛭巻したものなどもある。

箙・空穂は前代の形式のほかに、猿の皮の空穂（『太平記』）、大和空穂（『供立日記』）、誇張された大空穂（『鴉鷺物語』）のほかに、竹箙（筑紫箙ともいう）が用いられた。

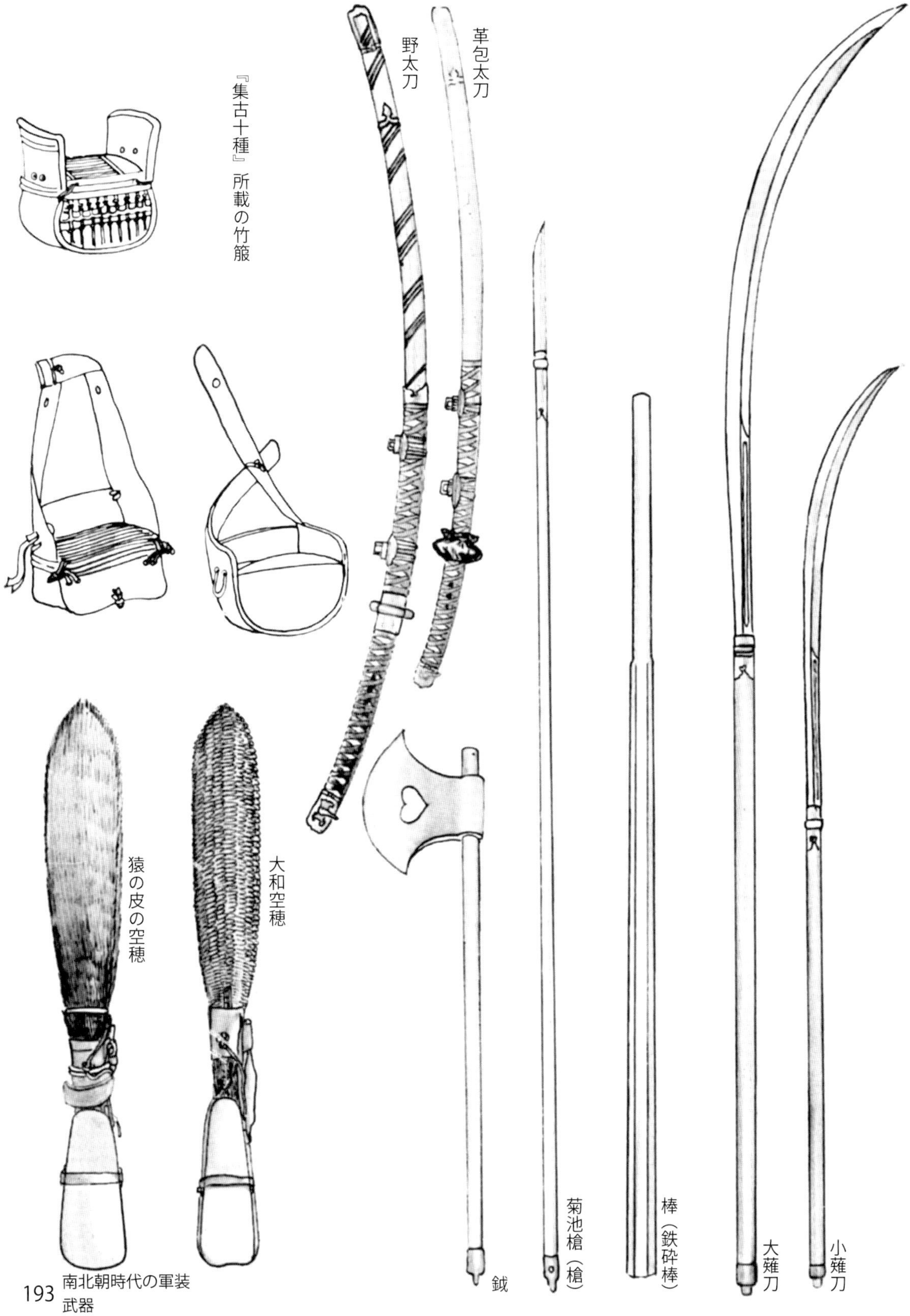
革包太刀
野太刀
『集古十種』所載の竹箙
大和空穂
猿の皮の空穂
小薙刀
大薙刀
棒（鉄砕棒）
菊池槍（槍）
鉞

室町時代の軍装

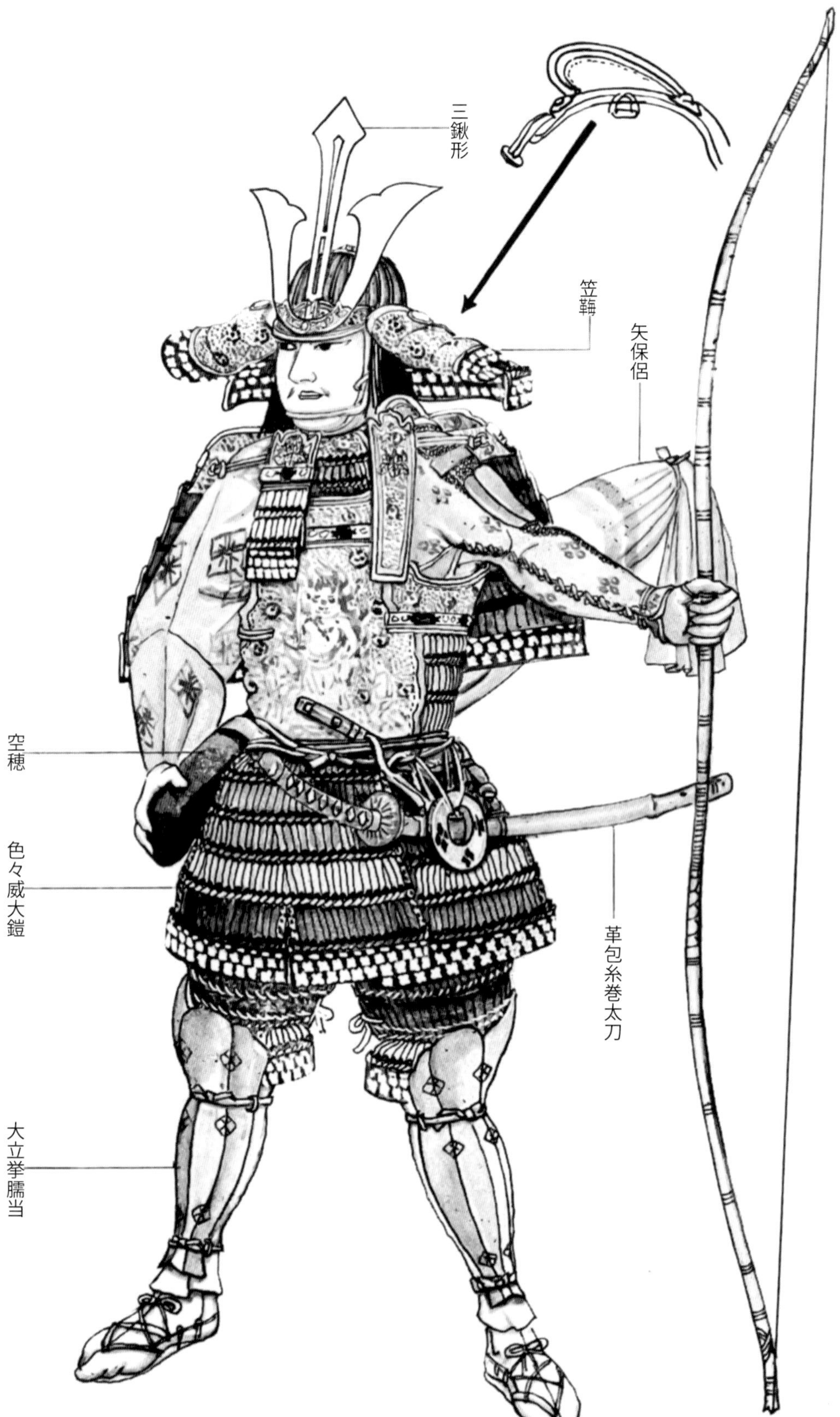
三鍬形
笠鞠
矢保侶
空穂
色々威大鎧
革包糸巻太刀
大立挙臑当

前期の大鎧

室町時代にはいると大鎧は胴丸・腹巻の流行に押され、
伝統を重んじる家柄の主将または特殊の武士が
用いるだけになった。

室町時代にはいると大鎧は胴丸・腹巻の流行に押され、伝統を重んじる家柄の主将または特殊の武士が用いるだけになったので、南北朝時代の大鎧の形式とあまり大差はない。

褄取威が用いられ、また胴丸・腹巻が、胸や肩に色変わりの威を用いたので、大鎧にもその傾向が現われている。

前者の例の遺物としては鞍馬法師大惣仲間所蔵の白絲威褄取大鎧があり、後者の遺物の例としては島根県出雲大社所蔵赤絲威肩白大鎧が見られる。

この時代の鎧の絵革は、不動尊二童子牡丹模様のほかに、鎌倉時代に流行した藻獅子の絵革が再び行なわれるようになった。

しかしその模様はいささか異なるものがあり、区画された模様でところどころに正平六年六月吉の文字を入れた。

この形式は後世永く行なわれ、俗に正平革と称している。

これら鎧の八双金物および笄金物は入八双の座を有し、菊または唐草の毛彫、透彫を行ない、座鋲は菊重ね鋲より奈良菊鋲が多く用いられ、後世この形式が永く行なわれた。

また障子板の形も櫛形から前のめりの形になり、小縁革は赤に白の五星紋のほかに紺色菖蒲模様も行なわれるようになった。

太刀は糸または革を柄に巻いた巻太刀・鞘を革で包んだ革包太刀等が好まれ、空穂が流行して、箙には矢保侶を用いた。

こうした態は一の谷合戦図等に描かれている。

また咽喉輪は鎧の上に用いるのが普通であるが、鎧を着用する以前にも用いたことは『細川澄之画像』等によっても知られる。

母衣を掛けるのでなく母衣を背負うには母衣串を用いてこのように用いねば球状とならぬ

母衣

いつもふくらんでいるように、
竹または鯨の鬚の串で丸籠の形を作り、
それに母衣をかぶせて、風にふくらんだように見せた。
この態は『二人武者絵』『秋の夜長物語』等に描かれている。

母衣は鎧の上にまとった外套状のものである。

馬を走らせると母衣の裾を腰に結んだ場合には背後が風をはらんで丸くなり、威容を増して華やかであった。

しかし静止したり、風下に向かうときは丸くふくらまずに垂れ下がって外見の良いものでない。

いつもふくらんでいるようにするために、竹または鯨の鬚の串で丸籠の形を作り、それに母衣をかぶせて、風にふくらんだように見せた。

この態は『二人武者絵』『秋の夜長物語』等に描かれている。

このように母衣串を包んで球状としたために母衣の幅は次第に広くなっていった。

これらの母衣を大母衣といい、『鴉鷺物語』には五幅《の》五尺（約一五〇センチ）や、十幅《の》一丈（約三〇〇センチ）練貫の大母衣のことが記され、裂地も高級品としては『明徳記』に青地錦母衣等が記されている。

十幅《の》一丈の大母衣あたりになると、江戸時代初期に描かれた豊国祭屏風にみられる行列武者の母衣のように、大きく誇張的なもので、実戦には不便である。しかし豪勇の士は自己を注目させるためにことさらに用いたものであろう。

母衣串を用いた場合には大型でも五幅《の》五尺が適当で、球状の母衣をつけた武者は遠望でも明瞭に認識され、乱戦でもその威容はあたりをはらったので、防寒雨湿を避ける目的のものから、むしろ識別用、威容を添えるためのものとなり、自信のある武士は好んで用いるようになった。

これは集団戦の発達によって、個人の存在が目立たなくなったからで、異装を好む傾向の一端である。

さらに降って安土・桃山時代になると自己の表示、軍の合印、役職の標識として母衣は発展し、一種の指物として用いられ、外套《マント》の効用は全く失なわれてしまったのであるが、そのきざしはすでにこの室町時代に始まったのである。

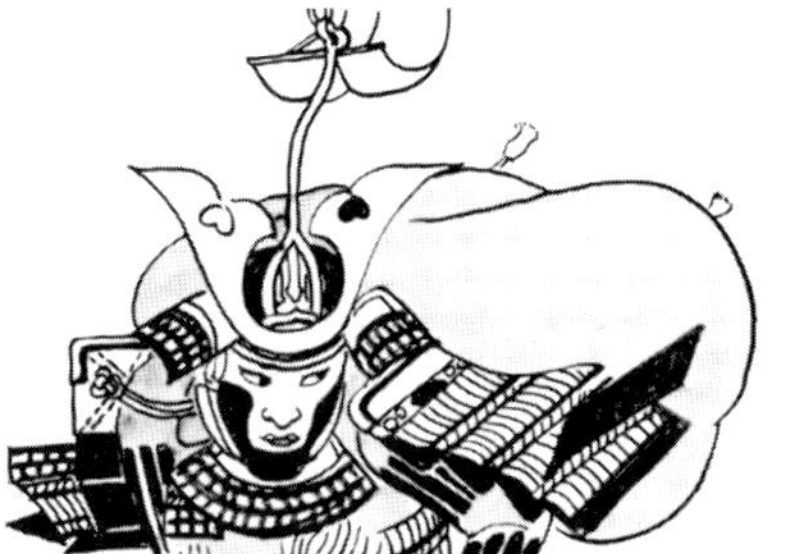

『二人武者絵』に描かれた母衣

『秋夜長物語』に描かれた母衣革包糸巻太刀

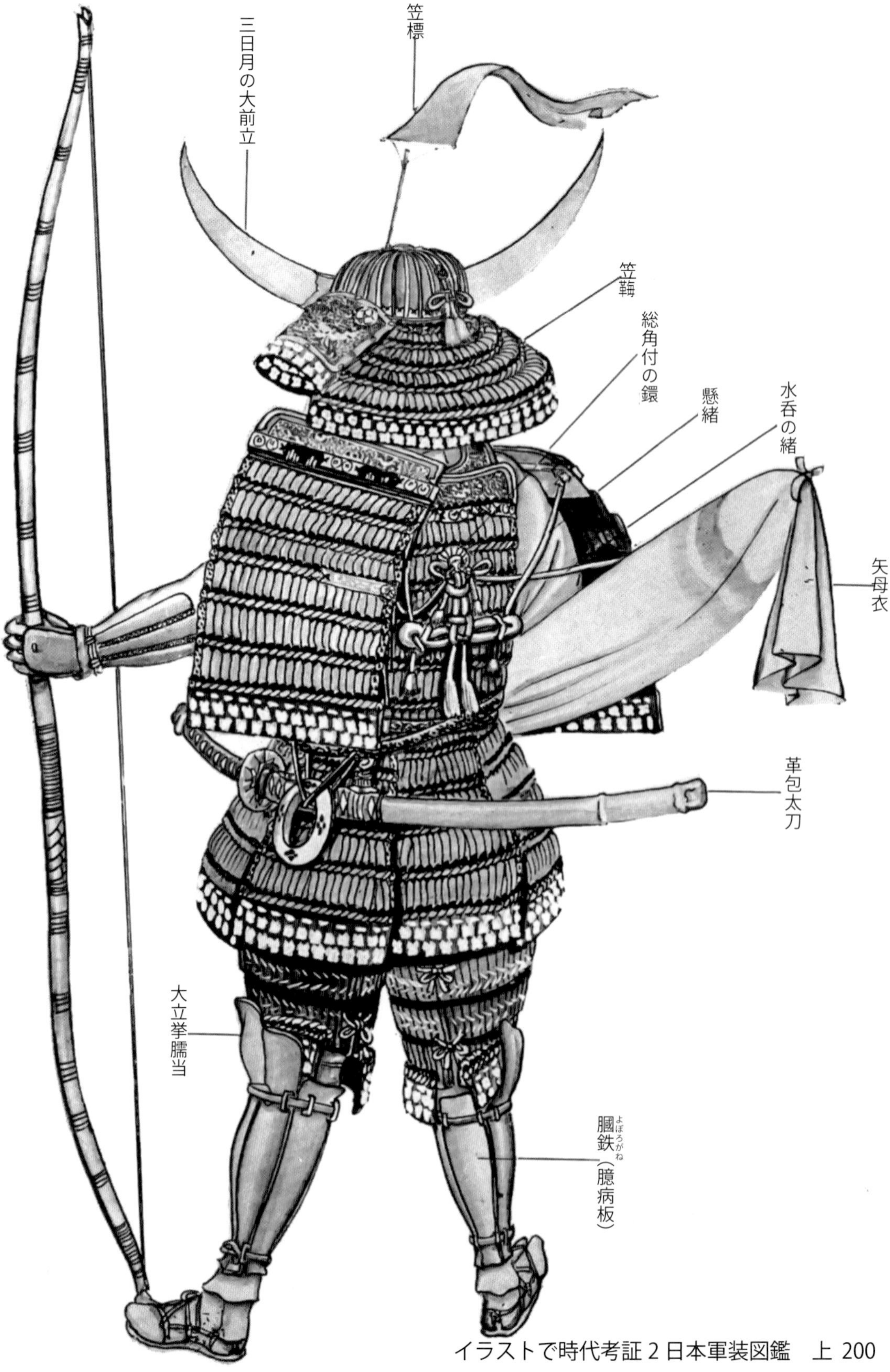
三日月の大前立
笠標
笠鞢
総角付の鐶
懸緒
水呑の緒
矢母衣
革包太刀
大立挙臑当
臑鉄《よぼろがね》(臆病板)

前期の胴丸

室町時代は胴丸の全盛期。
兜・袖を具するほか、
籠手・臑当・佩楯・半頬・咽喉輪等の付属品を用いて
完全軍装となった。

室町時代は胴丸の全盛期で、兜・袖を具するほか、籠手・臑当・佩楯・半頬・咽喉輪等の付属品を用いて完全軍装となった。

このため馬上の士でも用い、大鎧より流行している。

馬上では胴丸式の細かい分割の草摺では大腿部に隙間ができるので、大鎧のように四間草摺が適していたのであるが、楓楯の発達により、大腿部の隙間は守られたので胴丸式草摺でも可能となった。また大立挙の臑当も同様の効果がある。

こうして胴丸は騎馬・徒歩ともに便利となったが、また踏込式佩楯や大挙立臑当を用いることによって軽武装時代の胴丸のように軽快ではなくなったことは事実である。

しかし佩楯や大挙立臑当を用いる風潮は全般的のものであるから、胴丸完全武装のみが軽快でなくなったわけではない。

この時代の胴丸の特長としては前代より胴がやや裾窄りとなったこと、盛上本小札が厚くなったこと、草摺両端の撓が深くなったことなどで、広袖・壷袖も大いに用いられている。

この時代の遺物例としては壷井八幡宮所蔵黒革威胴丸・大山祇神社所蔵藍革威肩白胴丸・藍革威胴丸・京都祇園浄明山所蔵黒糸威肩白胴丸等があり、威色としては黒革・藍革・肩白・縹糸等が見られる。

また前立物が誇張的になってきたので大鍬形が用いられるほかに大日輪・月輪・御幣・開扇等が好まれた。

岡山美術館所蔵重文縹糸威胴丸の兜には大きい鍬形台が設けられており、この鍬形台が当初のものであるかどうかということは明瞭でないが、鍬形台の挿入口の形から見ると、これに挿入したものは鍬形ではなく、大三日月の前立物ではあるまいか。

嘉吉ごろ描かれたと推定される『十二類合戦絵詞』には三日月の前立を用いている態が描かれている。

前期の腹巻

腹巻も、兜・袖・籠手・臑当を具して、
完全武装用として多く用いられるようになった。

腹巻が胴丸とともに兜・袖・籠手・臑当を具して、完全武装用として多く用いられるようになったのは、室町時代前期ごろからである。故に前期の形式の前後立挙各二段、長側三段、草摺五間五段下りの形式でも肩上に袖付の装置の鞐を用い（大山祇神社所蔵重文熏革威腹巻・金剛寺所蔵重文藍革包腹巻）、草摺が七間五段下りのも当然行なわれたが、腹巻武装が普及するとともに、古物の仕返し物でなく新作品として製作されたものが多い。故に本格的盛上の本小札をもってし、草摺は胴丸草摺に倣って両端に撓を入れ、長側は四段としている。

前期の兜

図の兜の特長として、阿古陀型に近く、前後のふくら味強く、篠垂は前三条後二条が通例で、その長さがすべて等しく、また先端が杏葉形になっている。

南北朝時代の兜鉢は大円山型が流行し、細かい星鉢と、筋鉢が行なわれたが、室町時代にはいると星鉢は影をひそめ、筋鉢が多くなってきた。

そしてその形もふくらみが前後に強くなり、鉢自体が大きくなっている。

これは南北朝時代ごろから鉢裏に浮張という布を設けて、打撃の衝激を避けることが考えられたからで、浮張による空間はできるだけ広い方が有効なので、鉢のふくら味が強くなってきたのである。

また一方鎌倉時代ごろから元取を立てた烏帽子の上から兜をかむるのではなく、乱髪にしてから兜をつけるので、兜が頭に直接当たると苦痛なので浮張を用いるようになったが、鉢が大きくて空間の多い方が楽であるので鉢は次第に大きくなり、やがて室町中期ごろに最流行をした阿古陀型鉢となるのである。

鉢のふくら味を多くするには、矧ぎ合せの鉄片を打出してふくらます必要がある。矧板は自然前代よりも薄板となり、また星鋲で打ち留めないので、矧ぎ合せの堅固さは前代よりもろくなっている。そして矧板の一枚一枚にふくら味を持たせるために矧板の数のこまかいものは困難であったので、だいたい二十八間から三十六間が普通で、矧数の荒いものは十二間から十六間くらいである。

こうしてふくら味のある矧板は鉄打出しの発達のもととなり、やがて六間のものや、逆に六十二間等という室町時代末期の作品を生むに至ったのである。

図に示した兜は室町時代前期のだいたい標準の型を示したものである。

特長として阿古陀型に近く、前後のふくら味強く、篠垂は前三条後二条が通例で、しかもその長さがすべて等しく、また先端が杏葉形になっている。

筋は高級品は覆輪され檜垣を設け、兜緒を通した孔は響の穴として虚飾となり、単なる縮を出し、その上に四天の鋲という星を打つようになった。

頂辺の座は丸座となり、毛彫・透彫の模様を行ない裏菊・小縁・玉縁と重ね、天辺の凹みが前後が高いのでその形なりとなった。

䩞は笠鞍が全盛で五段聴が多いが、四段、三段もあり、吹返には折り返して重なったようになった。

眉庇は比較的垂直で藻獅子の画革に紅五星革の小縁を伏縫し、三光の鋲を打つ。

鍬形台はやや角ばって、透彫・毛彫の模様とし、祓立台を中央に設けるのは、団体戦に必要な合印・自己の標識を立てるためのものである。

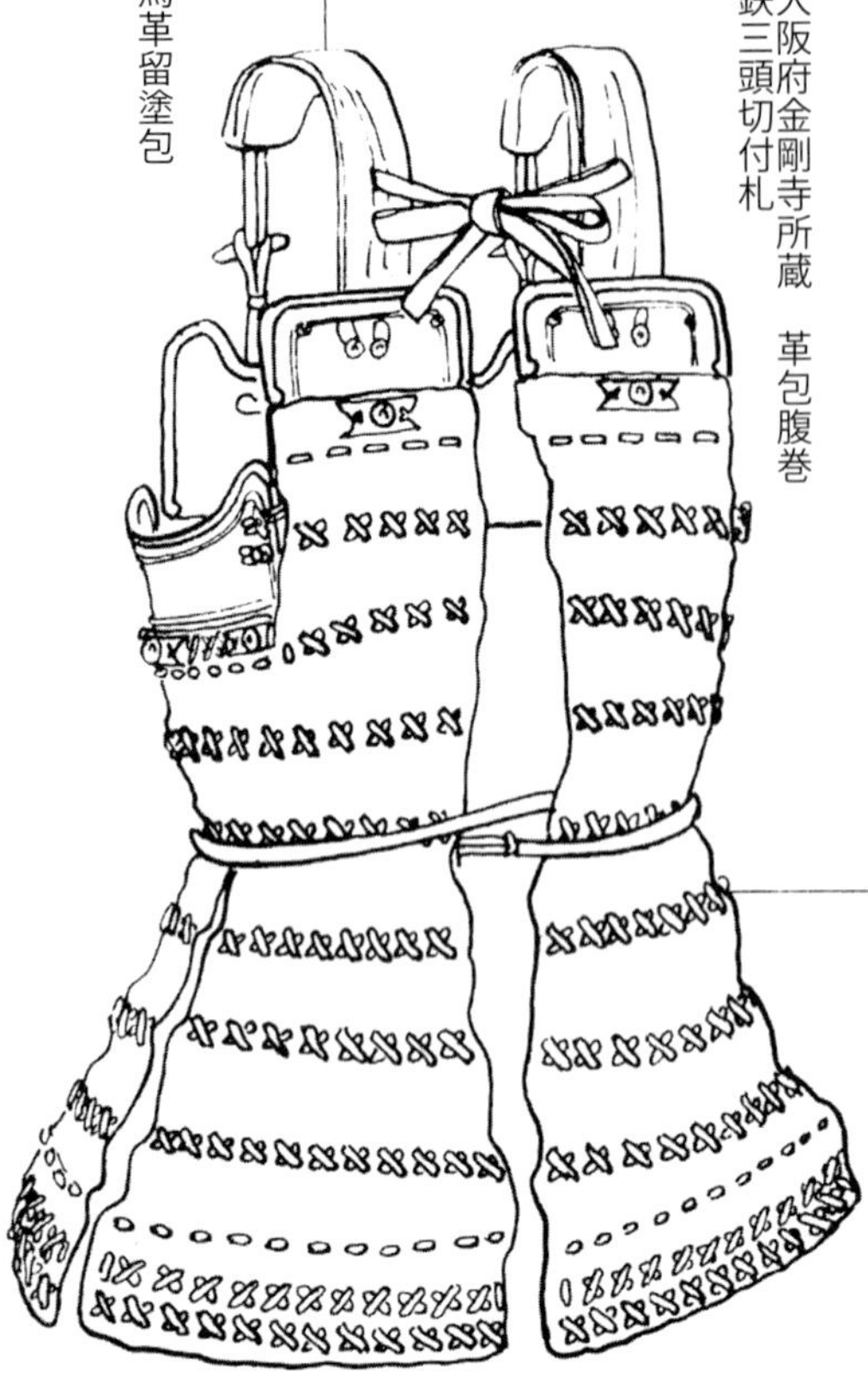

大阪府金剛寺所蔵　革包腹巻

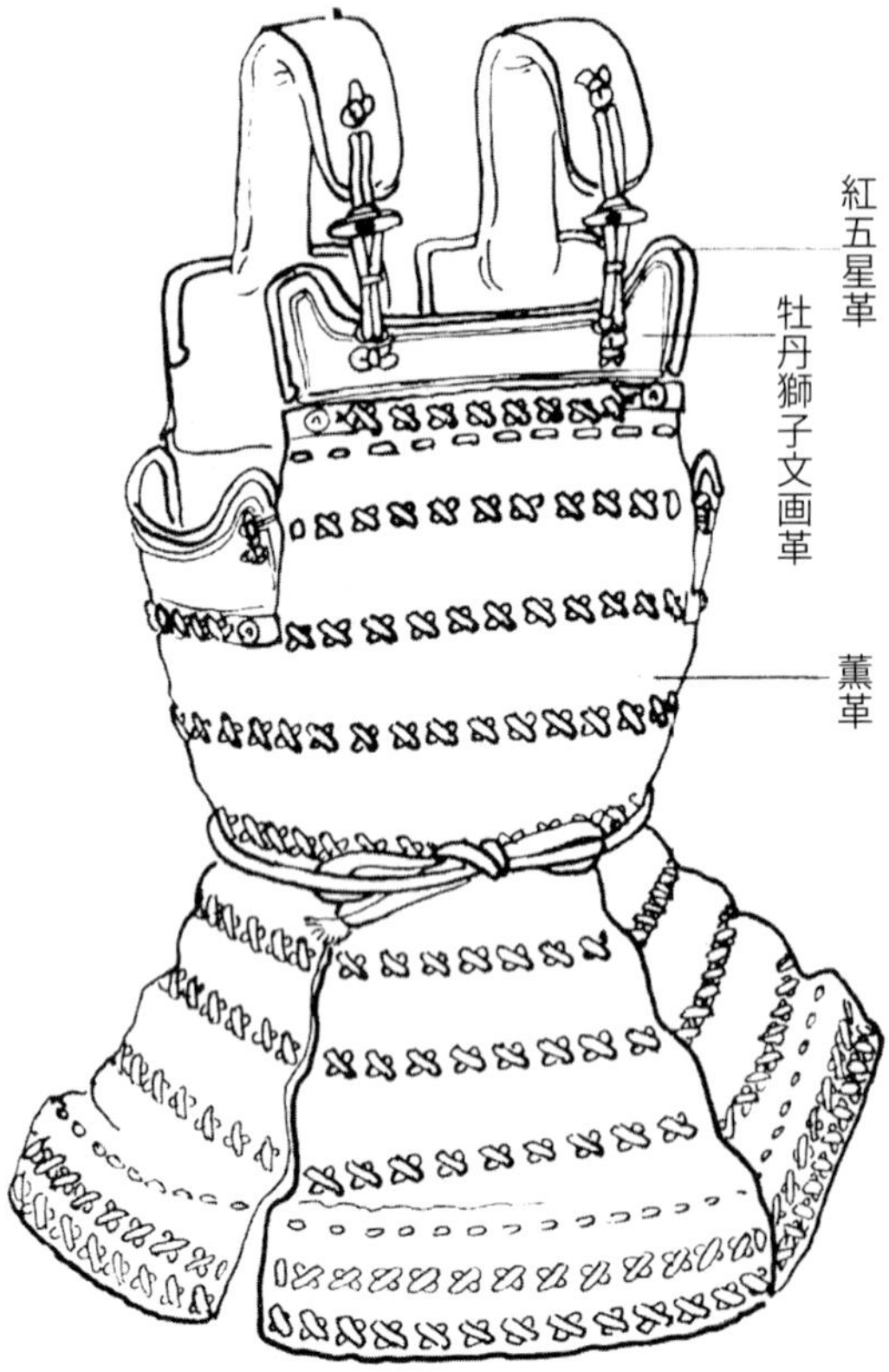

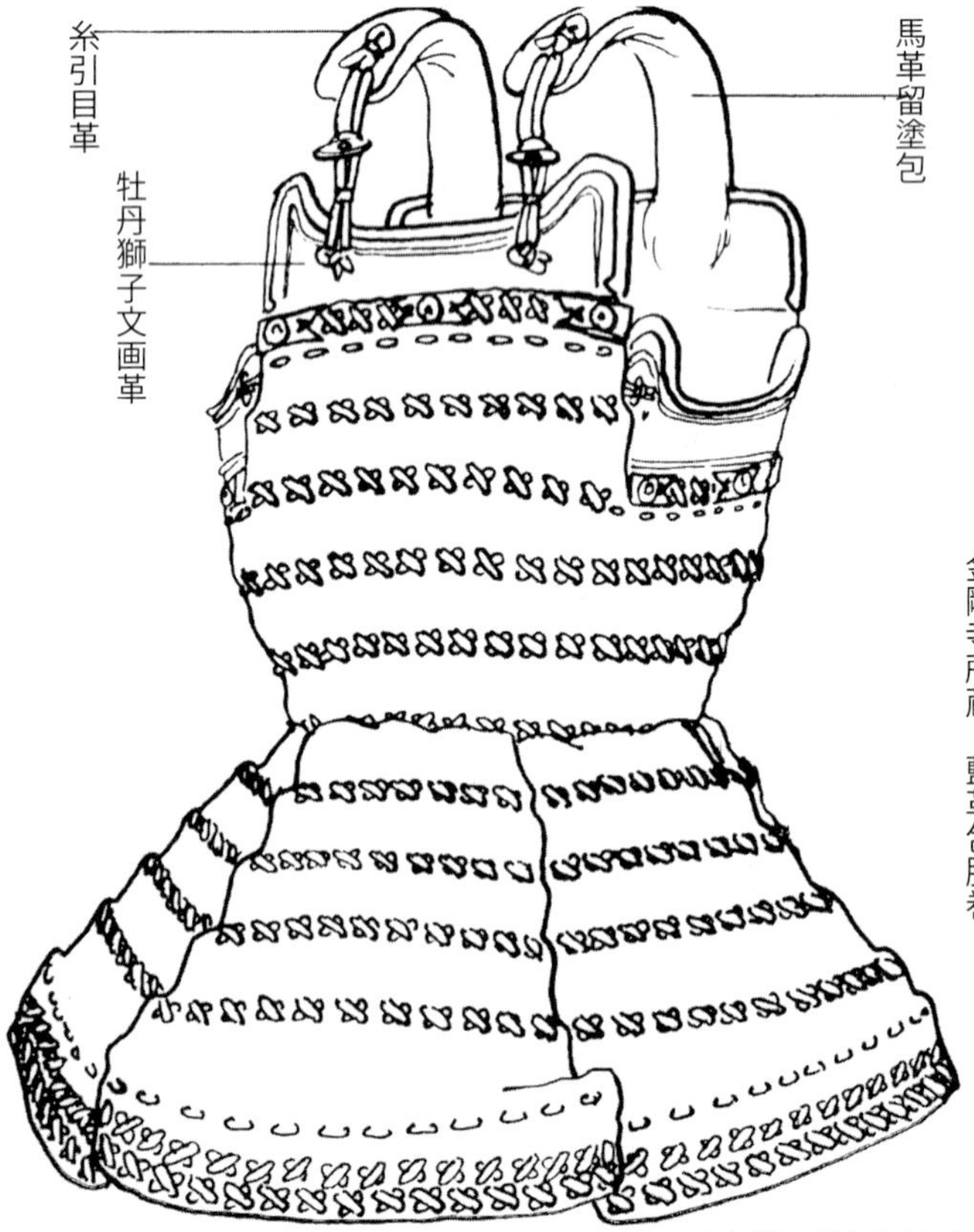

金剛寺所蔵　藍革包腹巻

草摺二段まで鉄札、以下革札で生漆塗り、表を藍革で包む

これらは袖を具さなかったらしく肩上に袖付の綰がない

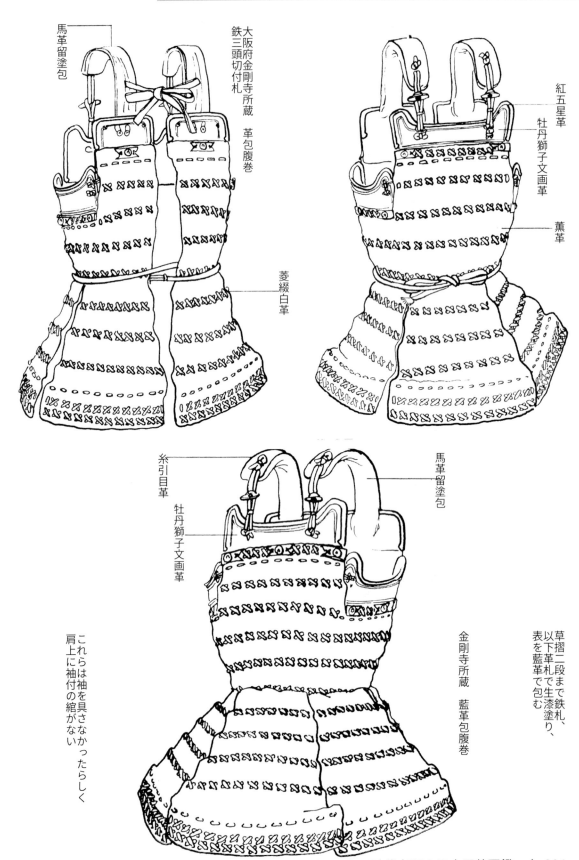

前期の兜

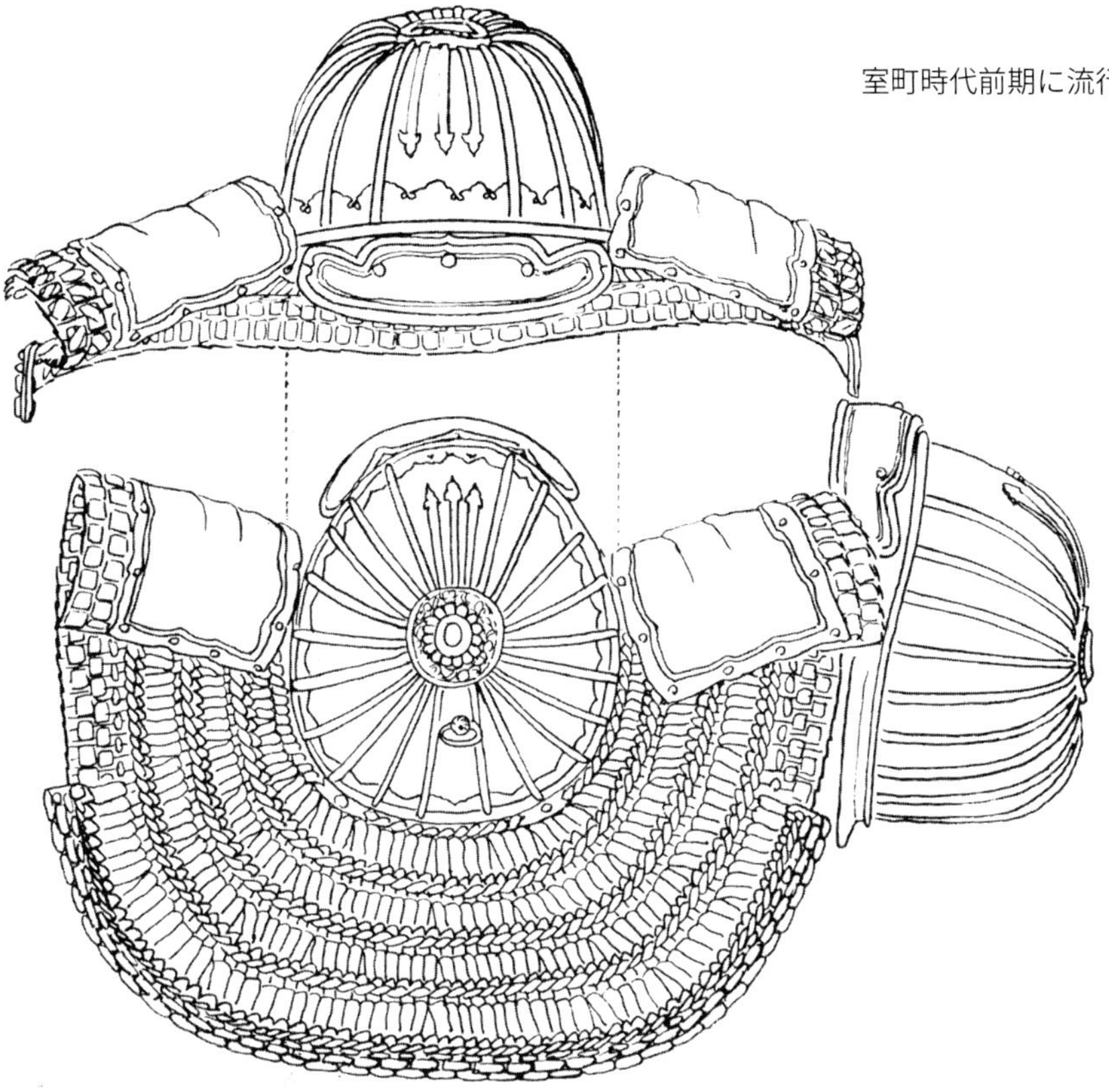

室町時代前期に流行した兜の形式

笠䩛であるが菱縫板は垂直

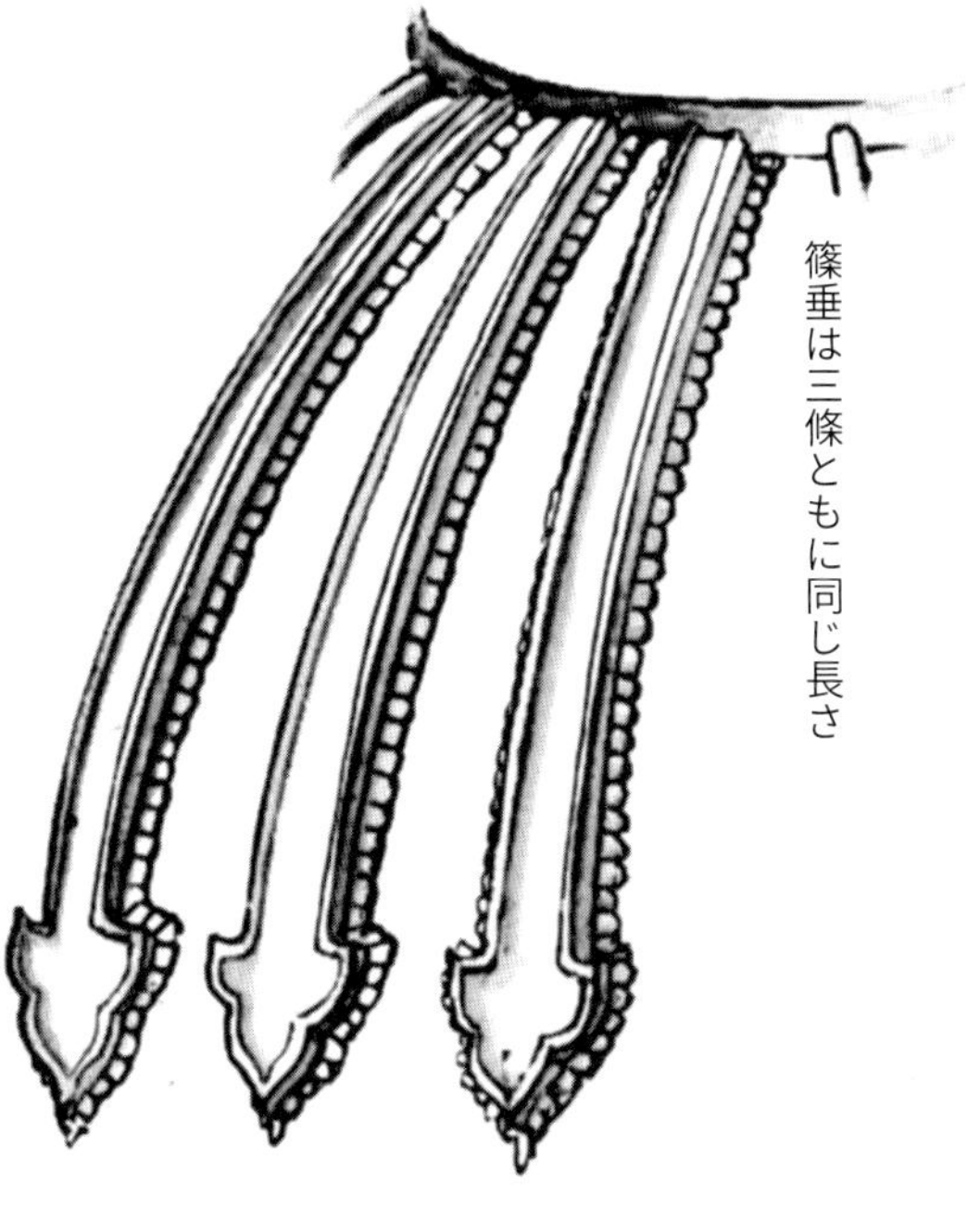

篠垂は三條ともに同じ長さ

前後にふくら味の強い総覆輪筋兜

馬装は前代といちじるしい差異はない。

鞍は下鞍の上に位置し、胸懸・鞦を四方手によって連接し、腹帯によって固定されている。

手綱を結ぶ轡は面懸によって顔から首に装着され、これらは前代と同じである。しかし面懸は立聞輪に通されるほかに、別に立聞の緒という総を装飾のために用いるようになった。

轡は鏡の部分に透彫りを好むようになり、十文字轡（出雲轡）のほかに桐紋・引両・蜻蛉等を透しとし、鍛えの良いものが作られた。桐紋は陰陽ともに透し彫りとし、足利氏の紋であり番鍛冶が鍛えたところから足利番轡といわれるが、五三の桐紋なので後世太閤秀吉所用と誤られている。

立聞は古くはたすけと呼んだことは『鎌倉年中行事』によっても知られ、結助《むすびたすけ》・総助《ふさたすけ》が行なわれている。

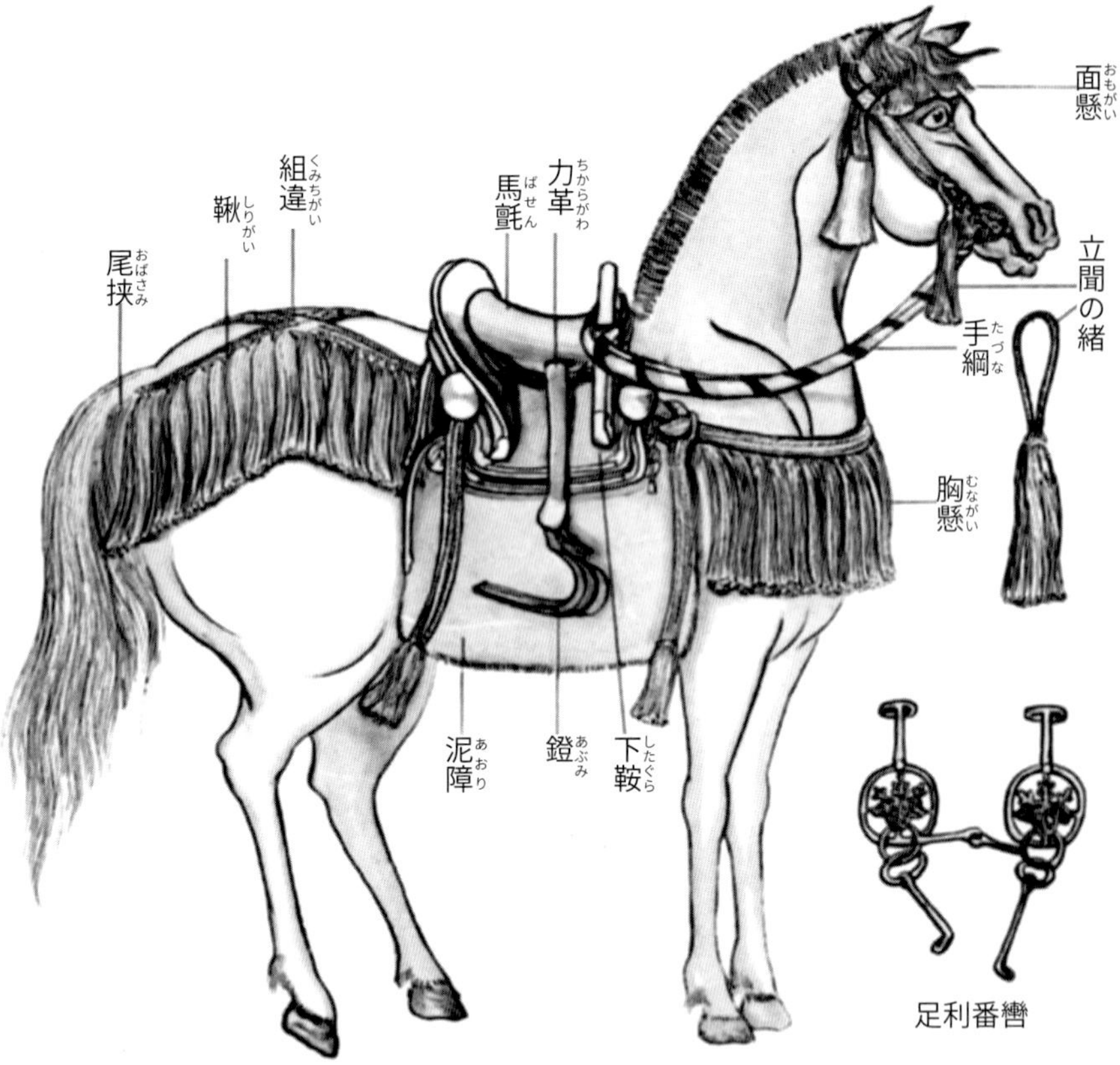

足利番轡

馬装

馬装は前代といちじるしい差異はない。しかし面懸では「立聞の緒」という総を装飾のために用いるようになった。

鞍は室町時代初期ころから軍陣鞍と水干鞍の二形式を生じた。水干鞍は前後輪の厚味薄く、鞍壷が浅いので一般に用いられ、軍陣鞍は前後輪厚く、高さも高い。前代の鞍と共通する。この時代の手形はだいたい鰐口の上端に並んで刳られている。

また前の四方手を通す居木の穴は、居木表面小刳形の角に移り、これはやがて居木の側面に移動した後世の形式となる。

鞍はこの時代から形式に諸流を生み、大坪・伊勢・杉原・畠山・千秋等の名家がそれぞれ特徴を生んだが、鞍打の職人ではなく、形式上の家元である。

四方手（鞖）は鏡も行なわれたことは古画からうかがえるが、室町時代末期ごろから金具を用いるようになった。

また切付は下鞍形式となり、泥障も用いられたが、後世のように幅広ではなかった。

鐙は五六鐙が用いられ、江州（滋賀県）日野で作られる日野懸・佐々木懸が有名で、力革は播磨牛の力革が好まれた。

前輪

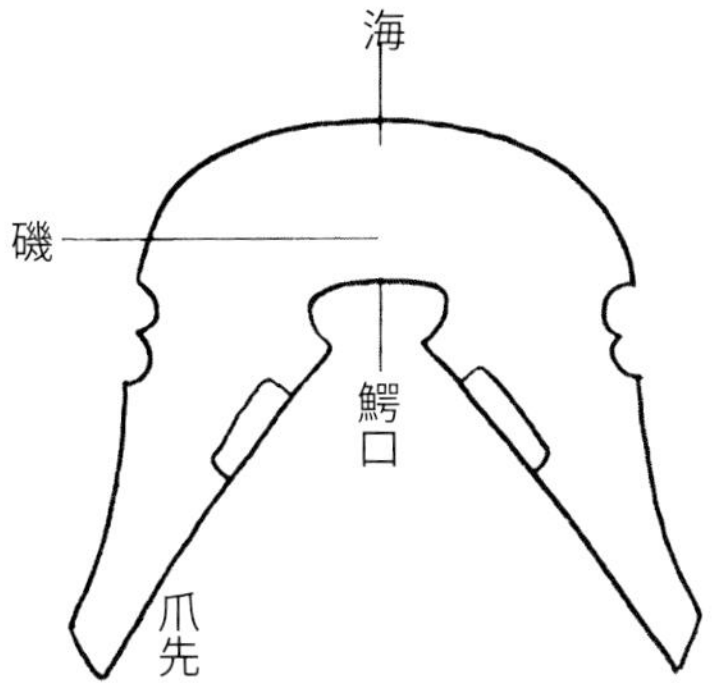

軍陣鞍

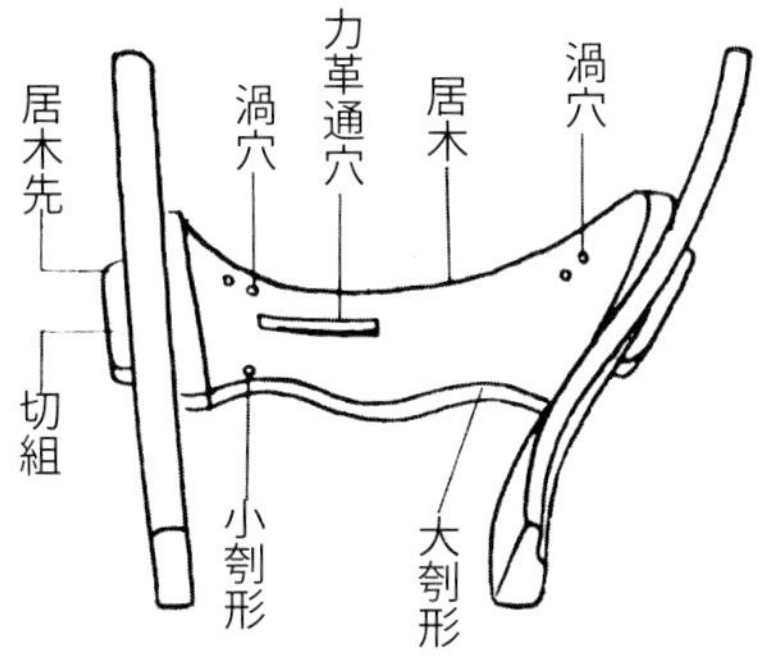

後輪

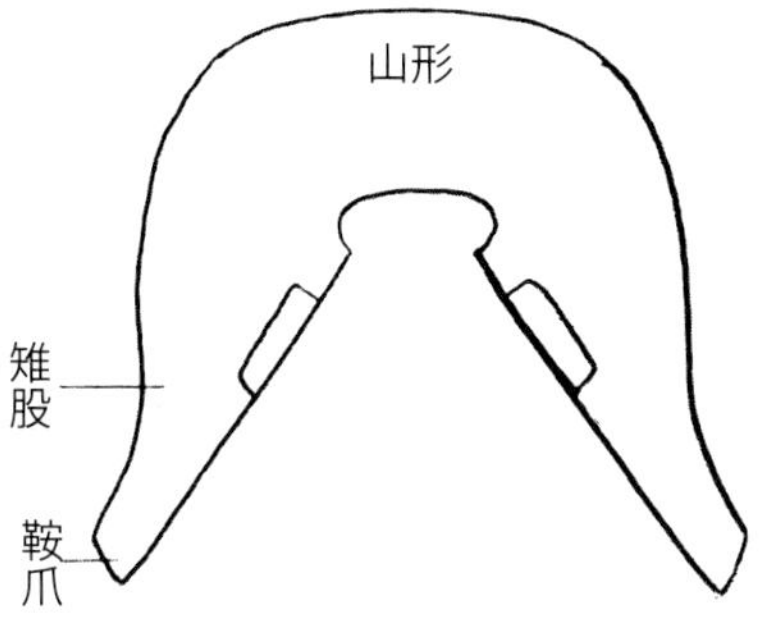

馬装

鞍はこの時代から形式に諸流を発生した。
大坪・伊勢・杉原・畠山・千秋等の名家が
それぞれ特徴を生んだが、
鞍打の職人ではなく、形式上の家元として成り立った。

胴丸・腹巻流行のこの時代に、大鎧はかえって威圧感を与えたことであろう。

室町時代にはいると急激に大鎧使用が衰退するが、豪勇の士、旧習墨守の上級武士はいまだ大鎧を着用していた。

これらの態は『秋の夜長物語』絵巻、『十二類合戦絵詞』『真如堂縁起』に描かれている。

『秋の夜長物語』には大鍬形の兜に大鎧・宝幢佩楯に大立挙の臑当、それに母衣串にかぶせた母衣を背負った物ものしい行装で、騎上でなければ重量の負担が多いにもかかわらず、徒歩で大薙刀を振り廻している。

胴丸・腹巻流行のこの時代に当たって、こうした重武装はかえって威圧感を与えたことであろう。

半頬まで用いて完全軍装である。『真如堂縁起』にも大鎧姿で薙刀を振り廻している態が描かれているがほとんど馬上である。そして胴丸・腹巻が多く描かれ、大鎧は限られた騎馬武者である。

『十二類合戦絵詞』も胴丸・腹巻が多く、大将格のものがわずかに大鎧を用いている。

そして胴丸・腹巻武装のものが佩楯・大立挙臑当を着用しているのに対して大鎧姿は、片籠手・筒臑当で、旧制であり、大将格は伝統を墨守しているさまがうかがわれる。

また大鍬形の流行、日輪の前立のさまも描かれ、鍬形台の祓立台には笠標《じるし》の小旗が立てられている。

祓立台は後に前立物挿入の用に用いられているが、室町時代ごろには敵味方識別の笠標を用いたものである。笠標は普通幅三寸（約九センチ）、長さ一尺（約三〇センチ）程度の小旗一流であるが、これの大型のものを大笠標といい『太平記』『明徳記』に散見する。裂地は絹であるが稀には金襴（『明徳記』）も用いられ、白地に合印の紋、二引両を描いたものや、赤染（『平治物語』）もあり、また大型の笠標はときには袖に結びつけた。

室町時代の鎧にはこの用い方をした遺物が二、三見られる。

『秋夜長物語』に描かれた大鎧姿

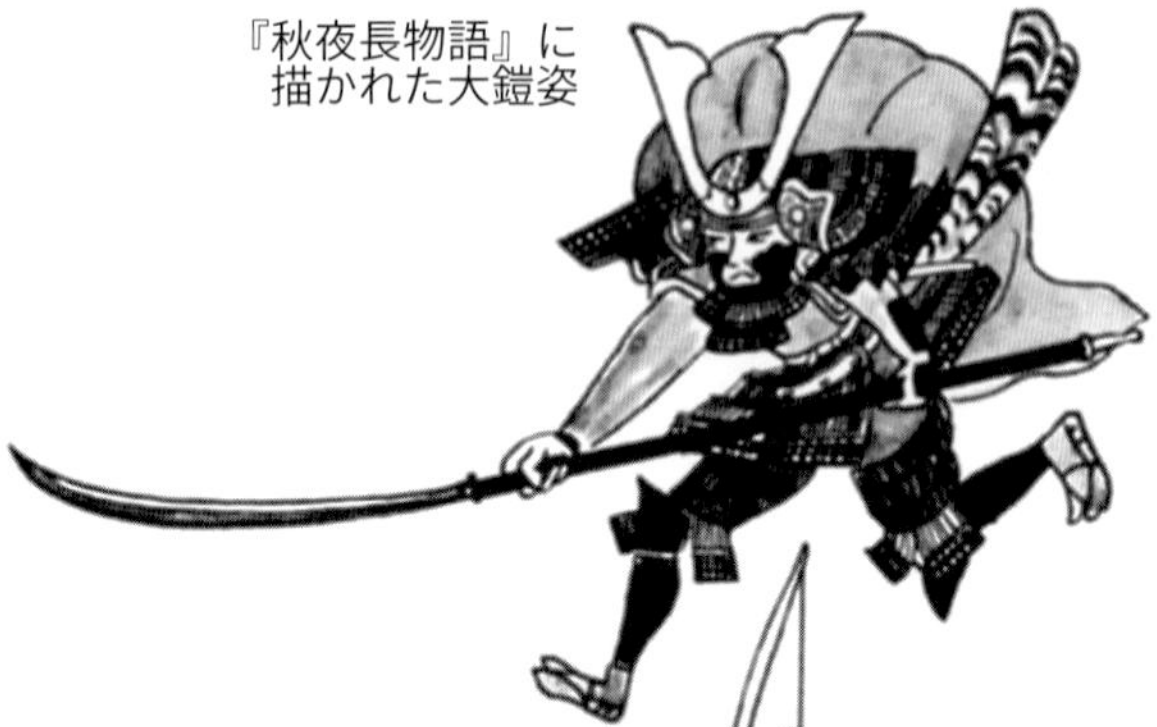

『十二類合戦絵詞』に描かれた大鎧姿

中期の大鎧

中期の胴丸

佩楯・大立挙臑当は
膝の完全防禦物として有効なので流行したが、
歩行者が用いるには不便なもの。
特に大立挙共鉄の臑当を着けては、あぐらしかかけない。

この時代の兜は三十間から四十八間くらいの筋鉢の阿古陀形が流行し、ほとんど笠鞍が用いられている。

鉢は黒漆塗り、前後に篠垂を付し、高級品は総覆輪である。小札は初期よりはやや細かくなり、胴は裾窄りで、草摺の撓は深い。

三枚筒籠手が好まれたが、蝶番付・花緘付等があり、座盤の間に鎖を多く用いて効果的である。

臑当は流行の大立挙であるが革製と鉄製があり、漆を塗ってある。また鉄の磨地のものもあり、これを『太平記』では銀磨付臑当といっているが、この時代には白檀磨臑当（『高館草子』『赤松物語』）といった。

これは絶えず磨いて錆びないようにして置かぬと白く光らないので、後世は金銀箔を置きその上から透漆をかけ、それを白檀磨きというようになった。

現在の遺物で鉄錆地になっている臑当は当時は白く磨かれて用いられたものである。

佩楯・大立挙臑当は膝の完全防禦物として有効なので流行したが、歩行者が用いるには不便なもので、特に大立挙共鉄の臑当は膝を突いて蹲居するのに不便であぐらしかかけない。

徒歩者は足を動かすから大立挙はさほど重要でないが、外観のりっぱさから徒歩者も用いたのであろう。

この時代ごろから刃に対して柄の長くなった薙刀には鎺元に鍔が付くようになり、以後の薙刀は柄の長い鍔付が定形となっていった。

これは槍とともに長柄類の戦闘法が発達してきたからである。

太刀は前代の金銀覆輪に兵庫鎖の太刀は用いられず、ほとんどが糸か革の巻太刀で、帯取の足間《あい》を渡り巻としたものとなり、帯取りの緒も兵庫鎖ではなく、太鼓革の帯取りとなった。

中期の腹巻

威色も華やかとなって
前代の肩取・胸取りの色変わりから
三色以上の配色の色々威の流行を見ることができる。

この時代の腹巻は胴丸とともに盛行した時代であるので、ほとんどが袖を具すような装置となっており、当然兜・籠手・臑当を用いたものと思われる。

『真如堂縁起』『十二類合戦絵詞』『結城合戦絵詞』には、兜・袖・籠手・臑当を具した完全武装の態が多く描かれている。

また威色も華やかとなって前代の肩取・胸取りの色変わりから三色以上の配色の色々威の流行を見ることができる。

この時代の遺物の代表例としては大山祇神社所蔵重文色々威腹巻・藤原宗十郎氏所蔵重文黒革威眉紅白（色々威）腹巻等があり、特に後者には冠板と二段小札の背板が用いられている。背板とは背の引合せ部の隙間を覆うために、腹巻と同材同質のもので、背後の板一間と草摺一間を用いたものであるが、黒韋威肩紅白腹巻の場合はちょうど大鎧の逆板のように、袖の緒を結びつける総角の緒をつけるための装置であって、背の隙間全体を防ぐ意味のものではなかったらしい。

しかし一般にこの背板は、押付の高さから草摺の菱縫板までの長さであるのが普通で、また幅も後世のものより幅が広い。

伝山口重政所用革包腹巻・靖国神社所蔵鶉革包腹巻は五間草摺であるので、一間の草摺の幅が広いだけに、背板の幅も広く、したがって背板上部の冠板（押付板に当たる）も幅が広い。あたかも胴丸の押付板のように大きいものである。

これが草摺七間の腹巻の場合には、その一間の幅もあまり広くなく、背板の草摺もそれに倣った幅である。

背板を後世臆病板というのは、武士は敵に背を見せるのは臆病者であるからで、背の引合せの隙間をふさぐ必要はないという意味からである。しかし背板を用いるのはこうした臆病的な意味からではなく、総角をつける装置を必要としたからである。

総角は装飾を兼ねて袖の緒を結びつけるのに必要なものである。

故に初期の腹巻で背板を用いなかったのは、背の押付板下の小札に袖付の鐶をつけて用いた。

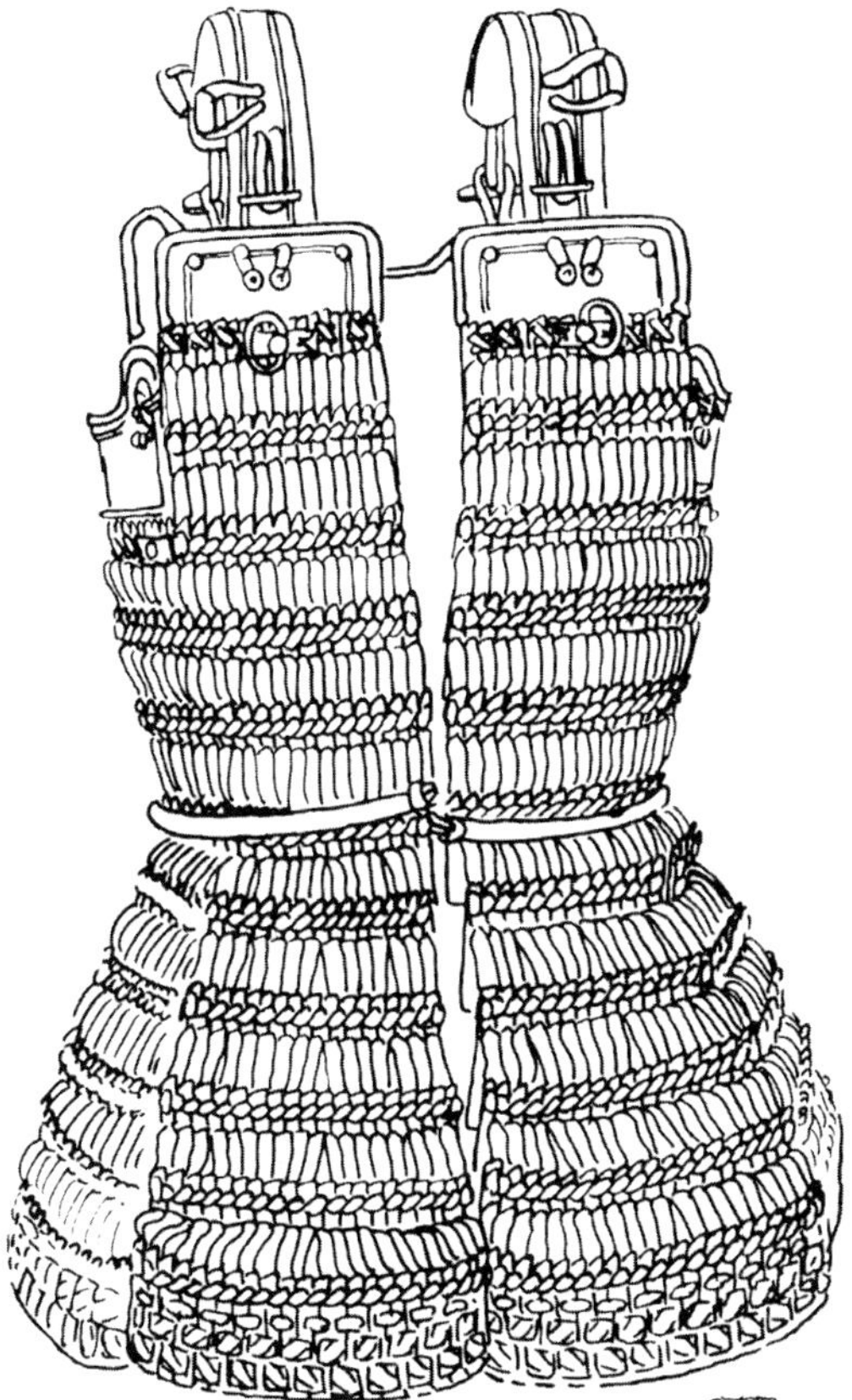

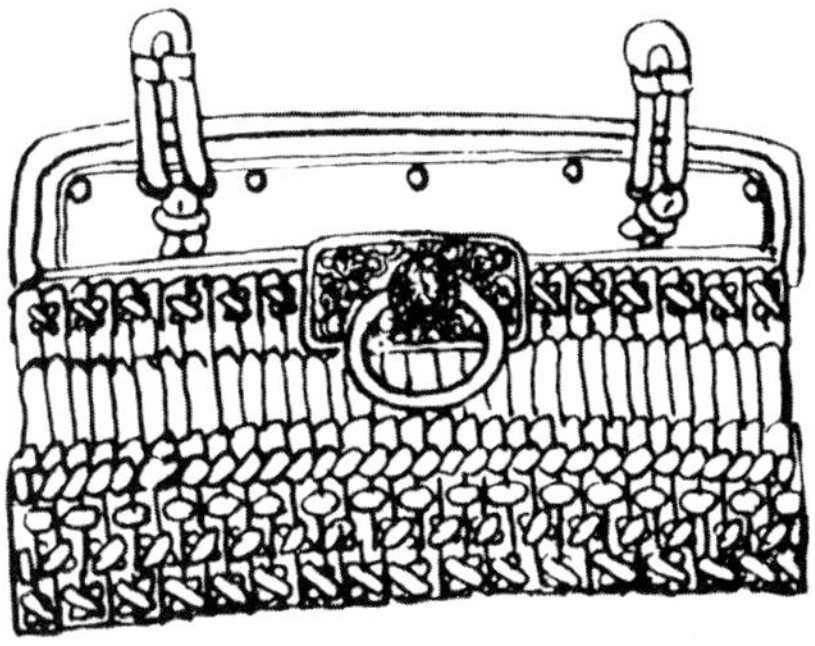

逆板式背板

背板を用いた腹巻

中期の腹巻

背板とは背の引合せ部の隙間を
覆うために、腹巻と同材同質のもの。
しかし、背の隙間全体を防ぐ意味のものではなかったらしい。

中期の腹当

もともと腹当は軽武装および下卒の用いるもの。
しかし、胴丸・腹巻の完全武装用化から、
腹当は軽武装用として上級の者も用いている。

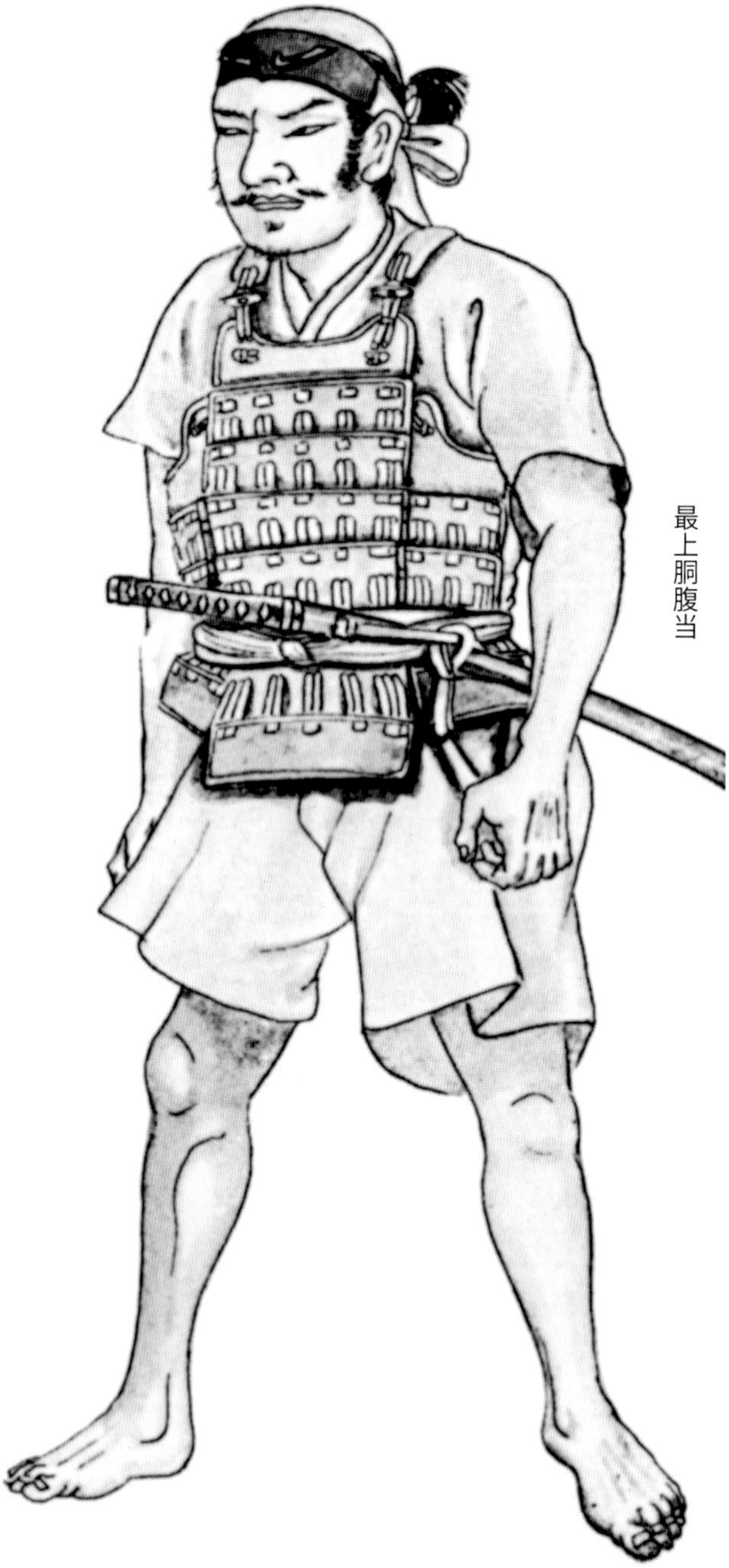

腹当は軽武装および下卒の用いるものであったが、この時代には胴丸・腹巻が完全武装用に活用されていたので、腹当も軽武装用として上級の者も用いている。

『集古十種』甲冑巻一に足利将軍義教から松浦家で拝領した腹当という図があるが、鉄具廻りに金襴をはり、矢筈頭伊予札革木目込製である。

立挙一段、長側三段、草摺三間とし、中央草摺二段、左右一段である。

緋絲をもって素懸威とした高級品であるから、臨時の心得のための軽武装用で戦場用ではない。

しかし一般には軽卒末輩は腹当を用いて活躍したであろうことは『明徳記』にも「射手の兵共皆胴丸腹当帽子甲にて楯より左右へ出流て雨の降如くにぞ射たりける」と記されているのによっても知られる。

故に下卒の用いた腹当は、松浦家所蔵のものほどの高級品でなく、損傷した鎧の残片を取り集めて革包みとしたものや、最上胴のように板物の品が多かったのではあるまいか。

この時代の下卒用腹当の遺物がないのは、下卒用で粗末なものだけに、奉納物の対象となったり秘蔵されることがなかったから、数重なる戦場使用の結果自然失われてしまったものと思われる。

伊豫札素懸威腹当

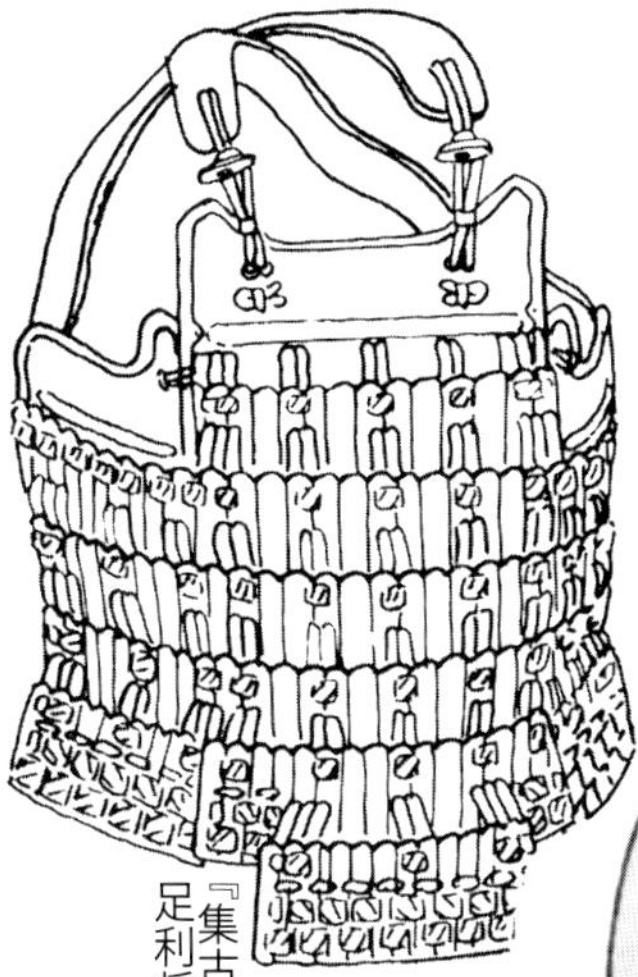

『集古十種』所載
足利将軍義教より松浦家拝領の腹当

中期の腹当

この時代の下卒用腹当の遺物がないのは、
奉納物の対象となったり秘蔵されることなく、
数重なる戦場使用の結果
自然失われてしまったものと思われる。

中期の兜

この時代ごろから「鍛え」に注目するようになった。

それを見せるために漆を塗らない錆地のものも現れた。


この時代の兜の鉢はふくら味の強い形式が流行し、当時輸入された阿古陀瓜に似ているので、俗に阿古陀型の兜といっている。

鉢は大型で卵形の径を示し、前はなだらかにふくらみ、後は大きくふくらんでいる。

左右は前後に比してふくら味が高くないので特殊の形となり、矧板の数が少ない十二間のものは各板をかなり打出さねばならなかった。

高級品はだいたい三十六間くらいの矧板で構成され、黒漆を厚く塗って表面は滑らかである。

この感じが阿古陀瓜に似ているので名付けられたのであるが、縁の捻返しの筋には金銅の覆輪をかけ、腰巻の捻返しの筋にも覆輪し、さらに腰巻上部に入八双猪目透しの檜垣を各間ごとに置く。これを総覆輪筋兜といい、前代からの流行であるが粗製はこれを行なわない。

鉄は打出しやすいように厚くないものを用い、鋲カラクリは鋲頭を叩き潰して平面にしたので、比較的打撃に弱い。

そこで、この時代ごろから鍛えに注目するようになり、作品の鍛えを見せるために漆を塗らない錆地のものも行なわれた。

これらは矧板の数の少ないものに多く、十二間等の鉢に見られる。錆地のものにも総覆輪もあるが、覆輪や檜垣を略したものが多い。

眉庇は小型で垂直に取りつけられ、鍬形台は角ばっており、毛彫・透彫の唐草や枝菊を彫り、鍬形は低く先端は左右に張り出す。

中央の祓立台には利剣を立てた三鍬形という形式が流行したが、なお三日月・日輪等も用いられ、祓立台に笠験《かさじるし》の小旗を用いることもあった。

𩊱は依然笠𩊱が流行しているが、五段𩊱のほかに三段のものも行なわれた。

菱縫は稀に革綴や、描菱も行なわれたが、多くは紅絲で×型を四角い外廓の形に綴じつけた。

耳絲は亀甲打が多く、畦目は啄木が多い。威毛は胴に倣って肩白・肩紅等のほか、色々威・革威等が行なわれている。

下卒は兜はもっと粗末なものであったことは当然である。

中期の兜

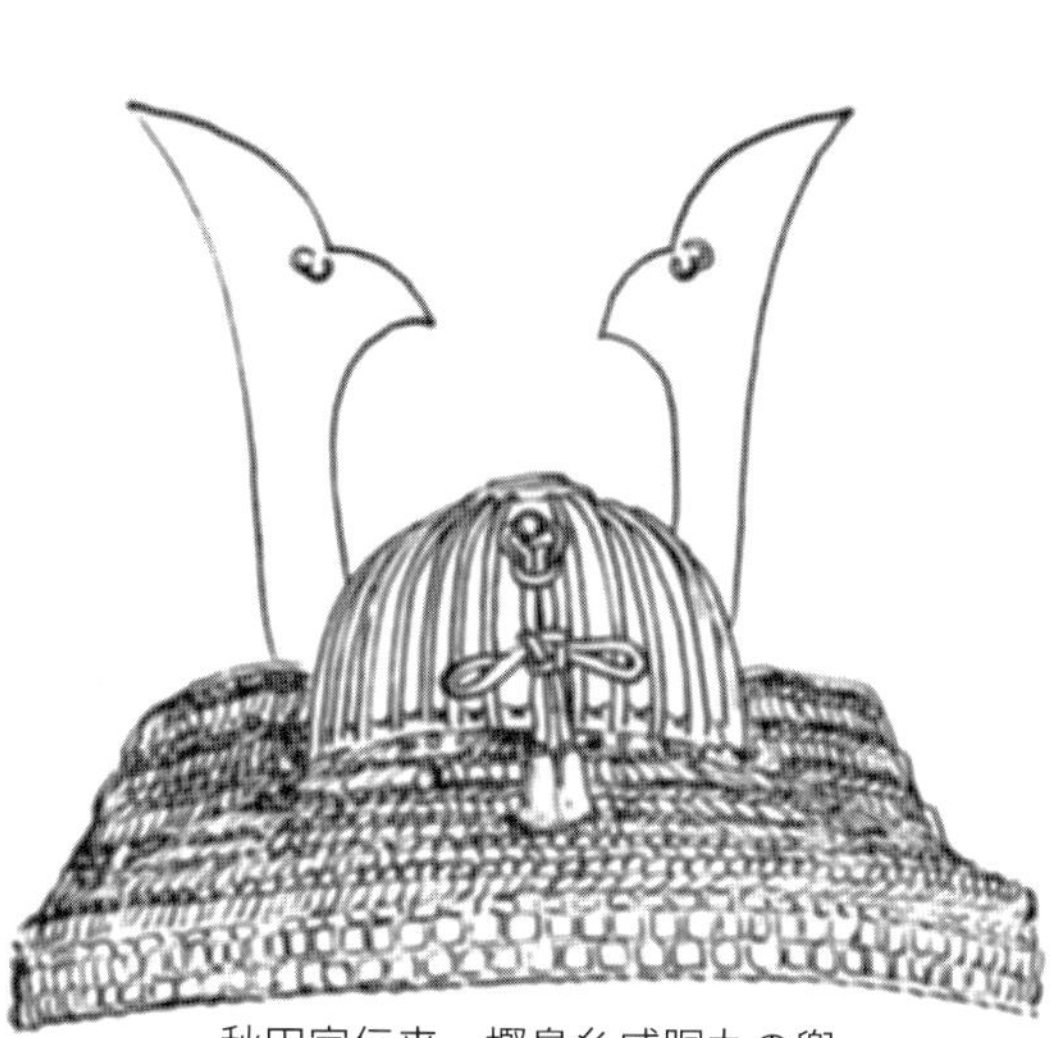

秋田家伝来　樫鳥糸威胴丸の兜

鹿児島神宮所蔵　色々威胴丸の兜

大山祇神社所蔵　錆地十二間筋兜

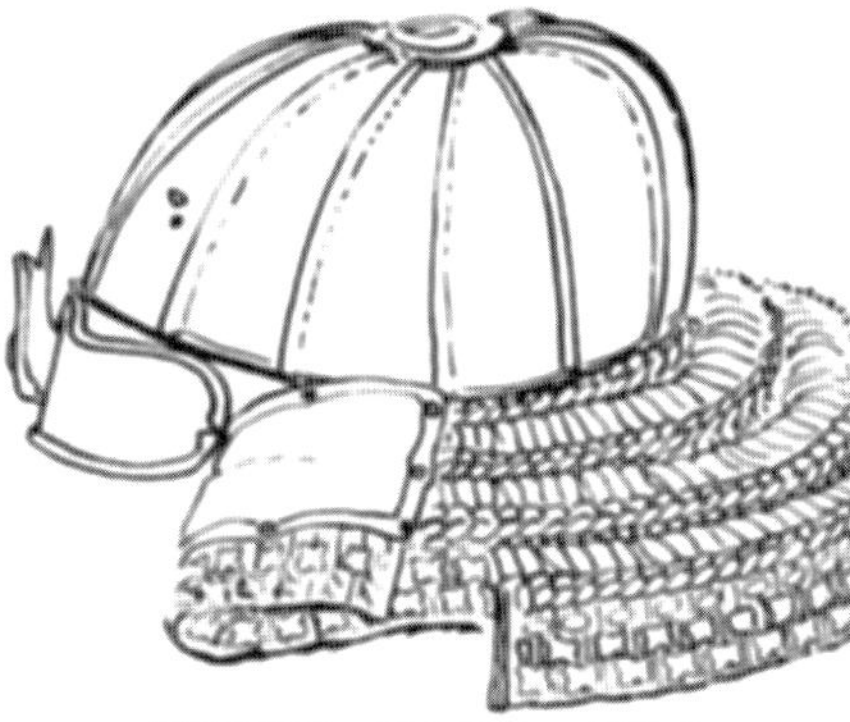

某家所蔵　栗色塗十二間筋兜

春日神社所蔵　三十二間筋兜　焼失し残欠のみ

某家所蔵
錆地十二間総覆輪筋兜

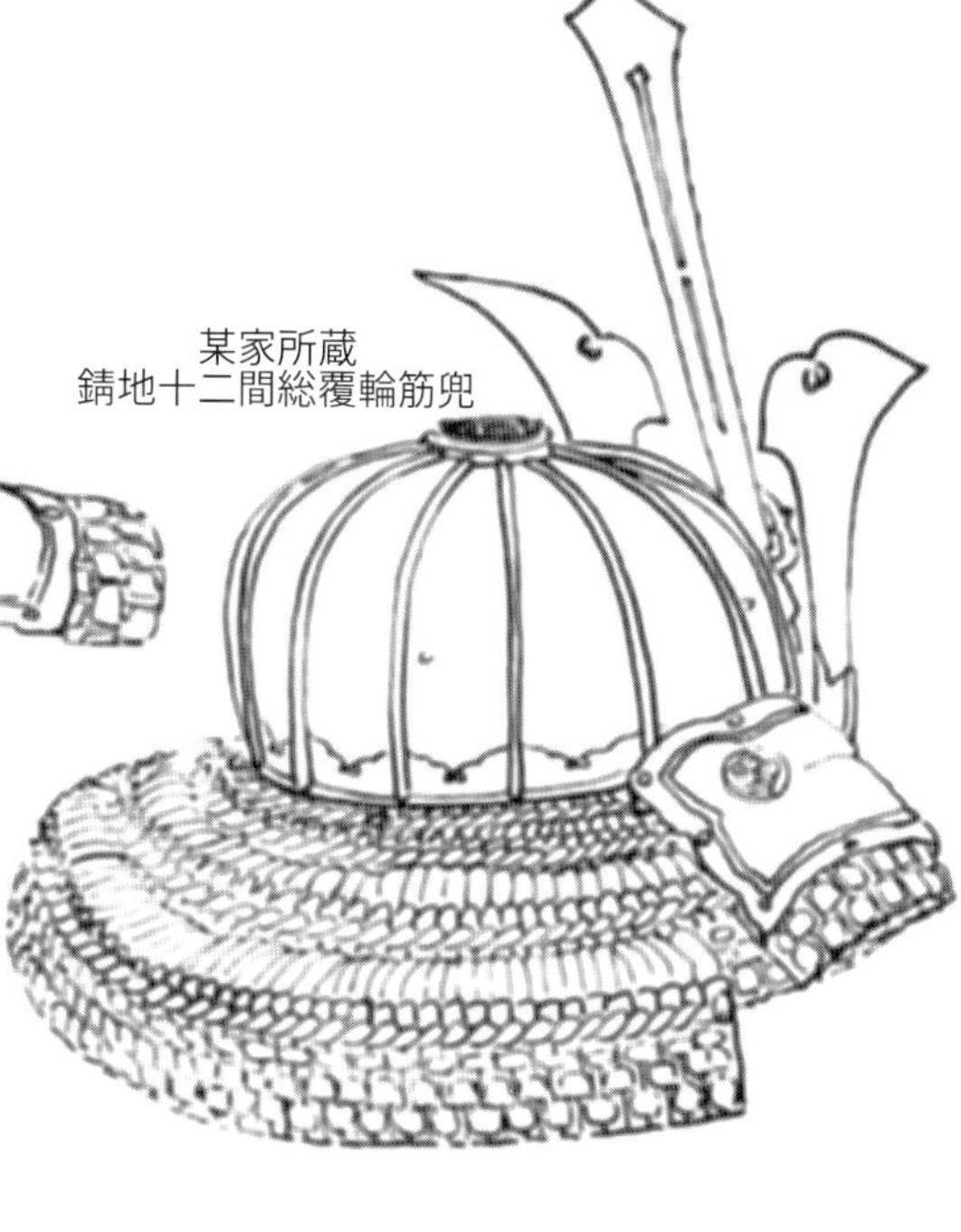

中期の武器

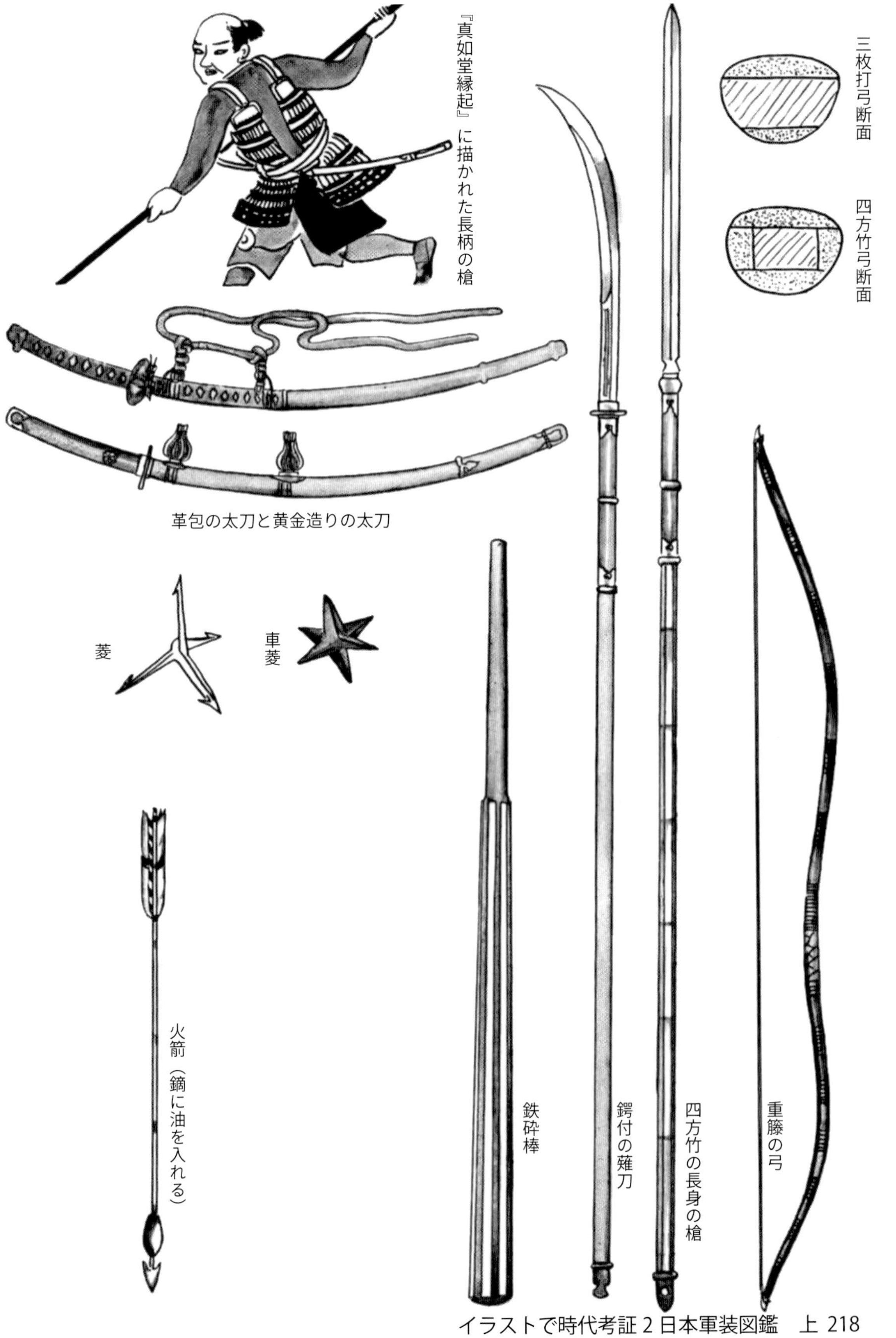
『真如堂縁起』に描かれた長柄の槍
三枚打弓断面
四方竹弓断面
革包の太刀と黄金造りの太刀
菱
車菱
火箭（鏑に油を入れる）
鉄砕棒
鍔付の薙刀
四方竹の長身の槍
重籐の弓

中期の武器

戦闘の激化により武器武具の発達は
弓具、長槍、薙刀、太刀樺巻太刀におよんだ。
雑兵器としては筒木、くるまひし、火矢が実戦投入された。

戦闘の激化により武器武具の発達は弓具にもおよび、在来の三枚打の弓から四方竹弓が作られたことは一条兼良の『尺素往来』にも記されている。鏃の種類も多くなった。

次に薙刀とともに長柄打物としてようやく活躍し始めたのは槍である。

槍は長柄に短刀を結びつけたのが始まりと伝えられる。菊池槍のように、刃の短いものも行なわれたが、槍の効用が認識されてより、穂の長いものも用いられた。

『応仁記』一条政教御最後条に長槍の名目が記され、『大内問答』に小槍が記されている。

長槍は『勝軍地蔵軍記』の長身の槍で、後世の大身の槍のことで、小槍は後世の手槍である。

柄の長さも二間（約三六〇センチ）のものが用いられたことは『備前文明記』に二間渡長鑓とあることによっても知られ、『真如堂縁起』にも長槍を用いているさまが描かれている。

柄は樫のほかに四方竹柄を用いたことが『三好家成立記』に記されているが、これは後世にいう打柄または竹刀のように四方から竹を合わせた柄である。

薙刀は大薙刀が用いられる一方、長柄として九尺（約二七〇センチ）、刃は二尺（約六〇センチ）前後のものとなり、刃が短いので反りも浅くなり、小反刃（『判官物語』『異制庭訓往来』『書礼袖珍宝』）といった。柄は樫を削ったままの白柄・銀柄・朱柄が用いられた。『曽我物語』には竜王作薙刀が記されているが、その形式は不明である。大鉞は『判官物語』に記され、鉄鋲打った八角の樫の棒は『富樫記』にも記され、一丈二尺（約三・六〇センチ）の長大なものは『矢島十二頭記』に記されているから、鉄砕棒は豪勇の士の振廻す武器であったのである。

太刀は鞘を革包みとし、柄も革または絲巻としたものが専らで、金銅装や、覆輪太刀は流行しなくなった。

樺巻太刀は『桂川地蔵記』にあり、このほか太刀打戦流行のために打刀も用いられるようになった。

雑兵器としては筒木《どうき》（『富樫記』『なかおちのさうし』）・石弓（『高国記』『永享記』『結城戦場物語』）に記されているが、ともにバネ仕掛の武器のようである。

くるまひしは『嘉吉物語』『応仁私記』に記されているが、車松明の語のように、どのように置いても棘が上になる形のものであろうが詳細はわからない。

火矢は『応仁記』に記されているが、後世の焔硝をつめた火矢ではなく古制の油をつめた火矢であろう。このほか熊手・鎌・薙鎌・棒・鉞等は当然行なわれているが、これの説明は略す。

中期の馬鎧

戦闘の激化による馬匹の損耗ははなはだしくなる。
馬を斃されるのは騎者の生命にもかかわることである。
ようやく馬にも防禦物が用いられるようになってきた。

『二人武者絵』に描かれた馬鎧の復原図

南北朝時代以来、戦闘の激化による馬匹の損耗ははなはだしく、それのみか馬を斃されることは騎者の生命にもかかわることであるのでようやく馬にも防禦物が用いられるようになってきた。

馬甲すなわち馬鎧は古く奈良朝に用いられており『令義解』に「凡私家不得有鼓鉦弩牟矟具装（中略）謂具装者馬甲也（五軍附令）」とあるが、あまり用いられなかったらしく、源平時代わずかに使用したことが『源平盛衰記』に記されている。

『太平記』には畑六郎左衛門が馬に鎖の冑（甲の誤り）懸させと記され、『明徳記』にも一色左京太夫が金鎖の馬鎧を用いたことが見えている。故に南北朝時代から室町時代にかけては指の先まで鎖を用いるくらい（『太平記』）鎖が多用された時代であるから、鎖の馬鎧が好まれたのであろう。

鎖は家地へ綴じつければ柔軟で、馬体によく馴染むから便利であったが、比較的重量があって馬が労れる（鎖帷子を着用した場合にも身体によく装着できるかわりにはなはだ重量を感じる）ためか、室町時代最末期ごろは革の小片を綴ったものに移っている。

このため当代の馬鎧としての鎖の遺物は現在のところ見当たらぬ。

革の小片らしいものを綴じつけた態は『二人武者絵』に描かれ、これが後世の馬鎧の形式に繋るものと推定されるが、馬の顔面・頸を防禦するまでに至らず、胸懸・鞦の上を覆った程度であったらしい。

顔面を守る馬面が用いられたのは、室町時代後期ごろで『文正記』『弓法集』にその名が記されている。この馬面も初期のころは、唐鞍馬装のおりの銀面のように平面であったであろうが後世は、これを練革で龍の顔を象ったりしたものとなった。

『太平記』『明徳記』に記された馬鎧の推定図

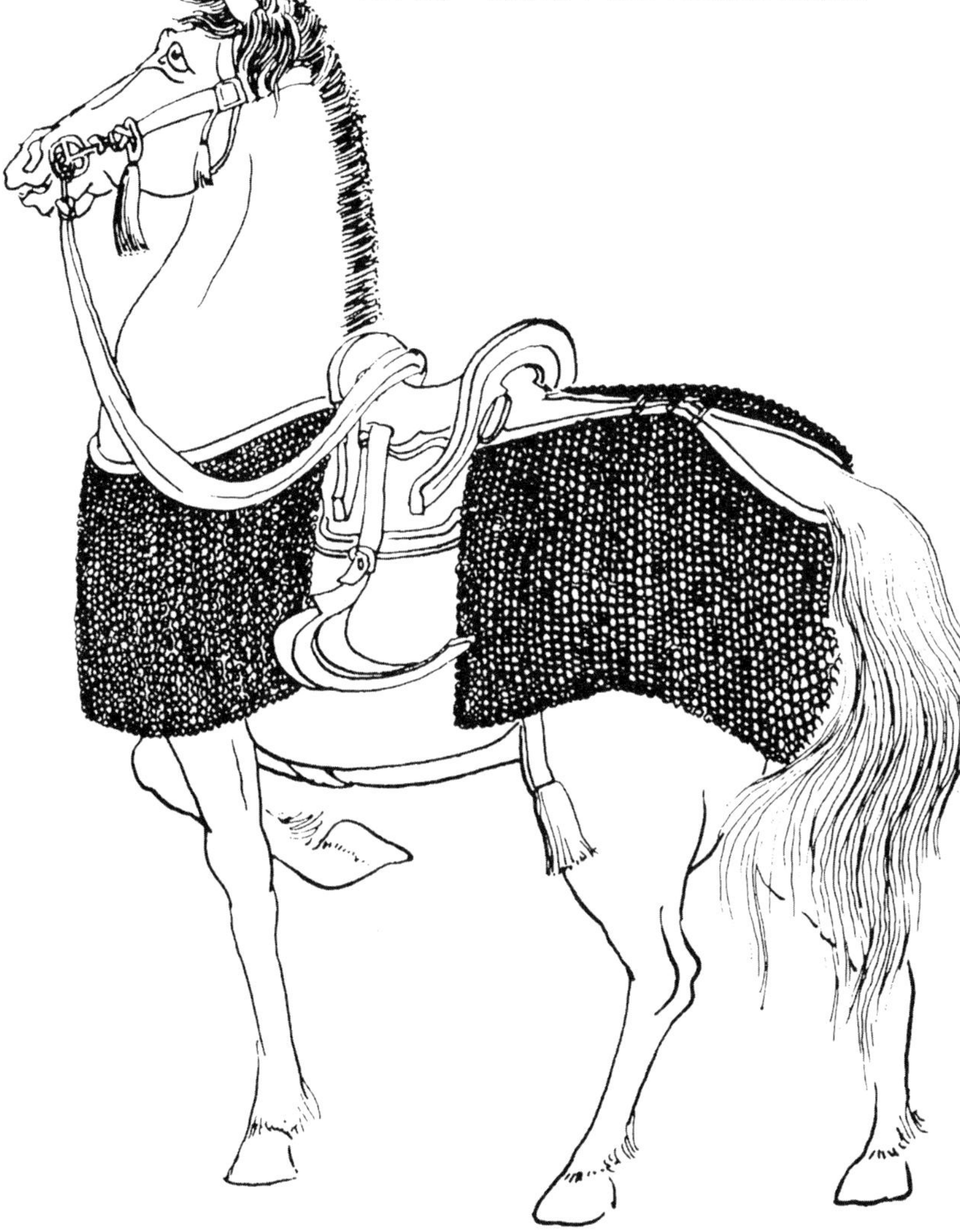

中期の馬鎧

革の小片らしいものを綴じつけた態は
『二人武者絵』に描かれている。
これが後世の馬鎧の形式に繋るものと推定される。

後期の大鎧

胴丸すら戦闘法に合わせ改良が試みられている時代に、
騎射戦用の大鎧が歓迎されるはずがなく、
わずかに伝統的家柄の大名が用いる程度であった。

胴丸すら当時の戦闘法に適合するようにいろいろの改良が試みられている時代に、騎射戦用の大鎧が歓迎されるはずがなく、わずかに伝統的家柄の大名が用いる程度であった。

この時代には大鎧はほとんどかえりみられなかったといって良い。

広島県宮島の厳島神社に重文黒革威肩赤の大鎧がこの時代の遺物として代表的なものである。

これは天文一一（一五四二）年五月二〇日大内義隆が奉納した寄進状が残されているが、義隆着領と見るより、義隆の父の時代に製作されたものを、義隆が奉納したと見る方が製作様式からいって、ふさわしいものであろう。

兜は当時流行の阿古陀形の鉢であるが、𩊱は前代ほどいちじるしい笠𩊱ではなく、胴の形式は室町時代末期の形式を示している。

特殊なものは画革の横様で、波に龍と梵字であり、威毛は黒革威を主体として肩を赤絲で威している。

据金物は輪宝紋で、座盤金物は精巧な唐草透彫りで、全体に瀟洒な製作である。

が、こうした形式が大鎧衰退期の精緻な点であろう。

こうした鎧を着用する者は直接戦闘参加者ではなく、団体戦として大きな組織上に、虚飾的主将として君臨する者のみに許されたものである。

故に伝統的国守護大名の用いるものであり、実力でのし上がる豪族的被官者成り上がりの大名には一顧の価値も生じなかったのである。

後期の大鎧

大鎧の要素としての一部である弦走革は依然用いられていた。
弦走革は胸の装飾的意味のものとなっていた。
やがて弦走革のない大鎧が現れる。

『真如堂縁起』には応仁の乱の合戦を描いた部分があり、この絵巻の完成されたのは大永四年ごろである。登場する大鎧・胴丸・腹巻はかなり刻明に描かれているが、その中に一騎弦走革を用いない大鎧武者が描かれている。大鎧は騎射戦に適合した鎧で、弓を主体とした時代に作られたものであるから、胸には弦走革を付して、引き絞った弦が小札頭等に引っかからないようになっていた。

しかし南北朝時代以降になって大鎧姿で薙刀を振ったり、室町時代にはいって槍を用いたりするようになっても、大鎧の要素としての一部である弦走革は依然用いられていた。弦走革は胸の装飾的意味のものとなっていたのである。

この時代は精巧な小札と、威毛の変化による美麗な色々威流行の時代であったから、その威毛の美しさを見せるためであれば、何も旧来のしきたりにこだわって、単調の色の模様の弦走革を用いる必要はなかったのである。

そうした考え方から弦走革のない大鎧が用いられたものと思われる。

江戸時代の復古調大鎧に折々弦走革のないものが見られ、これは古式研究不充分の結果によるものと思われ勝であるが、室町時代後期にすでに行なわれていたことを知るべきである。

ただし大鎧は、この絵巻を見てもわかるように騎馬の者に限られているのは、やはり重量があり、行動に不便であったことからであろう。

空穂
熊柳の鞭

後期の大鎧

『真如堂縁起』に描かれた弦走革のない大鎧

弦走革のない大鎧を図上復原すると左図のようになる

色々威胴丸
三鍬形
目の下頬
篠籠手
揺ぎ糸
伊豫佩楯
亀甲
篠臑当
鉸具摺《かこずり》
立挙

後期の胴丸①

この時代の威毛の配色は胴丸・腹巻ともに色々威が流行。
また籠手・臑当・目の下頬・佩楯をし完全軍装化。
胴丸の小型化によって胴の隙き間が多くなることから
改良が加えられた。

この時代の威毛の配色は胴丸・腹巻ともに色々威が流行している。前期ごろは胸取・腰取の二色が流行したが、それにもう一色以上加わると色々威となる。白・紅・紫、または白・紅・萌黄が多く、そのほか白・紅・黒革もある。四色の場合には白・紅のほかに、紫・萌黄・茶・紺・黒革・縹等を二色加えている。

これらは、胴・草摺・大袖に同様の順で色変わりの威し方をするのを常とするが、場合によると長側から草摺を同一の色とし、草摺下部を別の色糸で威すこともある。

室町時代の胴丸というものは、札足が前代よりやや短いので、前代より胴草摺の丈が短くなっており、型も小さい。これは体格が低下したことを物語るものである。それとともに小型である腹巻が流行したので、それに倣って胴丸も小型になったともいえる。

鎖を多く使用した籠手・臑当・目の下頬・佩楯を具備して完全軍装化する一方、胴丸の小型化によって胴の隙き間が多くなるので、長側を一段増して五段にするほか、草摺を長めにするために、草摺最上段の威しの糸をことさらに長く威し立てることも行なわれた。

こうすることによって草摺は大腿部下方まで覆うことができるとともに、胴下部（発手）に上帯を締めても、草摺一の段がさわりとならないで済む利点も生じた。

この長い威糸の部分を後世揺糸《ゆるぎ》といっているが、はなはだしいのは長さ四寸（約一二センチ）におよぶものもあり、揺糸を長くする方法は当世具足の構成にも受けつがれた。

籠手は旧来の鯰手甲ではなく、大指にも小片を覆い、手甲先にも小片をつけ、指の第一関節まで覆うようになり、鎖の中に各部の座盤があるような形式で、防禦上には格段の進歩を見せている。

また篠籠手・篠臑当が流行し、臑当は鎖と篠を家地に縫いつけ、内側ふくらはぎから下方は革をはって鉸具摺《かこずり》といった。乗馬の際鐙の鉸具がこの部分に当たるので名付けられた。

膝頭の部分には亀甲形の革または鉄片を並べて、家地に包んで這せ縫いし、申を菱縫としたもので立挙とし、これを亀甲立挙といった。防御効果がある一方、柔軟なので、前代の共鉄大立挙臑当のように膝を突いても足の障りにはならなかったので、大いに流行し、当世具足の臑当もこの形式を採用している。

脇引
長側五段
十一間素懸威草摺

後期の胴丸②

愛媛県大山祇神社所蔵紺糸威胴丸。
女性用として胸部のふくらみ強い。
そのために胸脇の隔間が多いので
威しつけの脇引を用い、胴廻りは極端に細い。

完全武装とともに胴の構底も、胴の段数を長くする法は最上胴丸に見られるが、小札製のものにもこの手法が採用され、室町時代後期になると、当世具足の形式と同じく長側（衡胴）が五段となって、胴部の防禦に留意をする胴丸が行なわれた。

この形式は室町時代後期の胴丸に往々見られるが、旧来の胴丸に立挙・長側ともに各一段ずつ増した形式が当世具足の普遍的形式であるから、これらの胴丸が当世具足の形態の前駆の形式ということができ、いい換えれば胴丸から当世具足への過渡期の形式ということができる。

こうした胴丸の遺物はしばしば見られるが、代表例としては愛媛県大山祇神社所蔵紺糸威胴丸があり、この胴丸は大祝鶴姫（天文一二年六月一八歳で自滅した）が着用したという伝来があり、この時代の胴丸に比べて多くの特長がある。

女性用として、胸部のふくらみ強く、そのために胸脇の隔間が多いので威しつけの脇引を用い、胴廻りは極端に細い。

そして太い腰を守るために草摺は十一間の多きに達している。

胴丸の草摺は普通八間から七間であるが、この時代ごろから十間前後が行なわれ、静岡県浅間神社所蔵伝武田信玄所用色々威胴丸・酒井家所蔵伝酒井忠次所用色々威胴丸等は十一間草摺である。

古来女性所用の鎧というのが折々伝えられていることを聞くが、これらは特別に女性向に作られたものではなく、大山祇神社所蔵伝鶴姫着用胴丸のみ女性の肉体の構成に合致した胴丸であることが珍しい。

この胴丸は兜・袖・籠手・臑当を具したことは当然と思われるが、現在は胴丸だけ残されており、女性の軽武装用としてもふさわしい。

室町時代後期の形式を代表する好適の胴丸である。

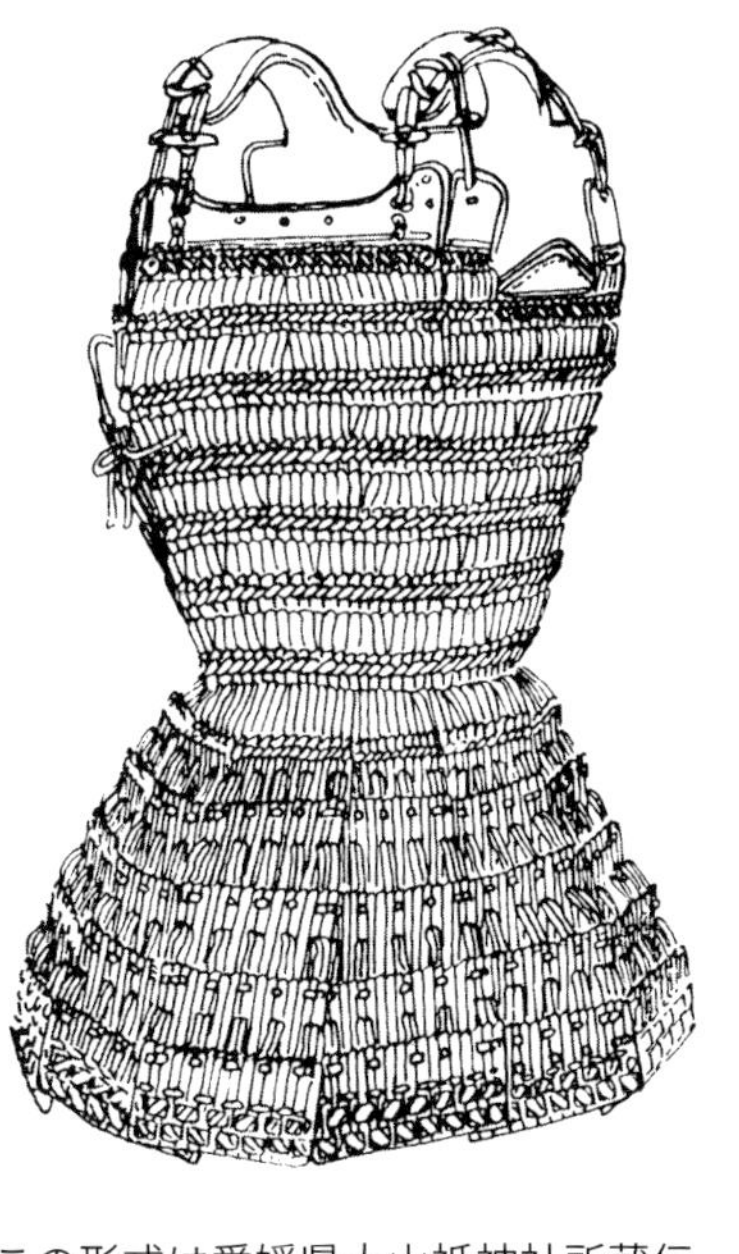

この形式は愛媛県大山祇神社所蔵伝
『大祝鶴姫』着用本小札紺糸威胴丸である。
戦国時代女性用鎧として掲出した。

後期の胴丸③（最上胴丸）

各地で戦乱があり、武器武具の需要が多く、
上級武士は古来の製作による鎧を用いたが、
一般の武士へは需要に応じきれなかった。
そこで考えられたのが、簡易な製作工程による板物鎧である。

南北朝時代から室町時代にかけては各地で戦乱があり、武器武具の需要が多く、上級武士は古来の製作による鎧を用いたが、一般の武士はその複雑な製作様式による鎧は需要に応じきれなかった。そこで考えられたのが、簡易な製作工程による板物鎧である。

小札は横に重ね合わせて一段ずつの板とするが、これは単なる革板・鉄板でも事足りるので、そうした板の段を威すことによって、鎧の形態を具えることが考案された。

これを板物具足、または最上胴ともいい、胴丸・腹巻に用いられたが、この板物形式がさらに進歩していくと当世具足の形式になるのである。

『中古甲冑製作弁』によると、大永のころ（一五二四年前後のころ）、現在の山形県最上で考案されたと記されているが、これはその土地で作られ始めたというより、最上地方で流行していたので、最上胴の名がつけられたと見るべきであろう。

『太平記』にしばしば金胴《かなどう》（空胴）の名が見えるから板物で構成された鎧はすでに南北朝時代に遡ることが知られる。

最上胴というのは、このように板物を威した鎧を指すのであるが、これには毛引威と素懸威とがある。

素懸威とは間隔を置いて二行ずつ威したもので、威しの孔が少ないから堅牢さもあり製作工程も楽で、本小札を塗り固めて素懸威としたものもある。

毛引威としなくても威しの効果は充分であるので、この時代一部に流行したが、板物札にはさらに適当している。ただし小札製と違って板物は撓めの部分に小札製ほどの弾力がないので、胴の左右の前後に蝶番をつけて、開閉を便利にした。

四個所に蝶番を用いている。蝶番は後世は鉄の蝶番を用いるのを常としたが、古くは革を両片の間に当てて綴じつけて用いたり、両片のつなぎに小札板の数片を用いたりした。

これらの手数をもっと省いて、左脇に蝶番をつけて前後の胴を合わせたり、前後二枚の独立した胴として用いたのが当世具足である。

後期の胴丸③（最上胴丸）

三十二間筋兜
前立物
板物素懸威五段𩊱
最上胴丸（長側五段）
板物素懸威中袖
糸巻太刀
篠篭手
野太刀
板物素懸威七間五段草摺
伊豫札佩楯
大立挙臑当

後期の胴丸④

戦闘の激化とともに、防禦のための
胸から膝までの長さがたりなく
胴の段数を多くしたものが現れた。

前立挙三段、後立挙四段　長側五段の胴丸

戦闘の激化とともに、胴丸の古制の段数では、胸から膝まで覆うのに長さがたりないので、胴の段数を多くしたものも現われた。

大山祇神社所蔵伝大祝鶴姫着用紺糸威胴丸のように長側が一段多い五段としたもの

酒井家所蔵伝酒井忠次所用色々威胴丸のように、長側は四段でも前後の立挙が一段ずつ多いものこうしたものは、当世具足の胴の普遍的形式である前立挙三段、後立挙四段、長側五段のものに近づきつつあることが知られる。

つまりこうした胴の段数の多いこの時代の胴丸は、当世具足の形式の定まる前提のものであると見ることができる。

またこうした胴丸は古制の七間、八間草摺にこだわらず、九間、はなはだしきは十一間に分割されている。

これらの胴丸はほとんどこの時代に流行した奈良小札という細かい札を用いている。

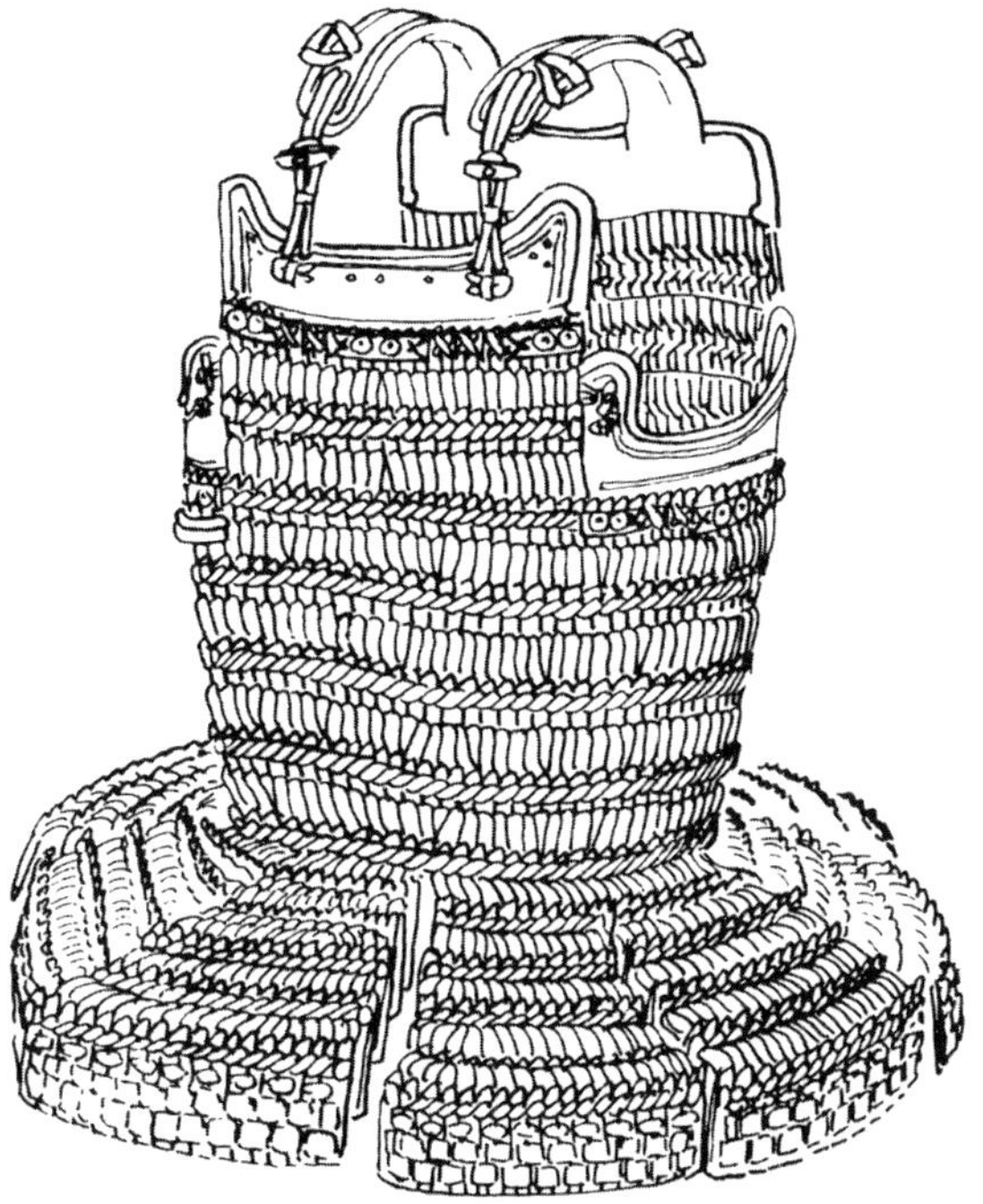

長側五段の胴丸

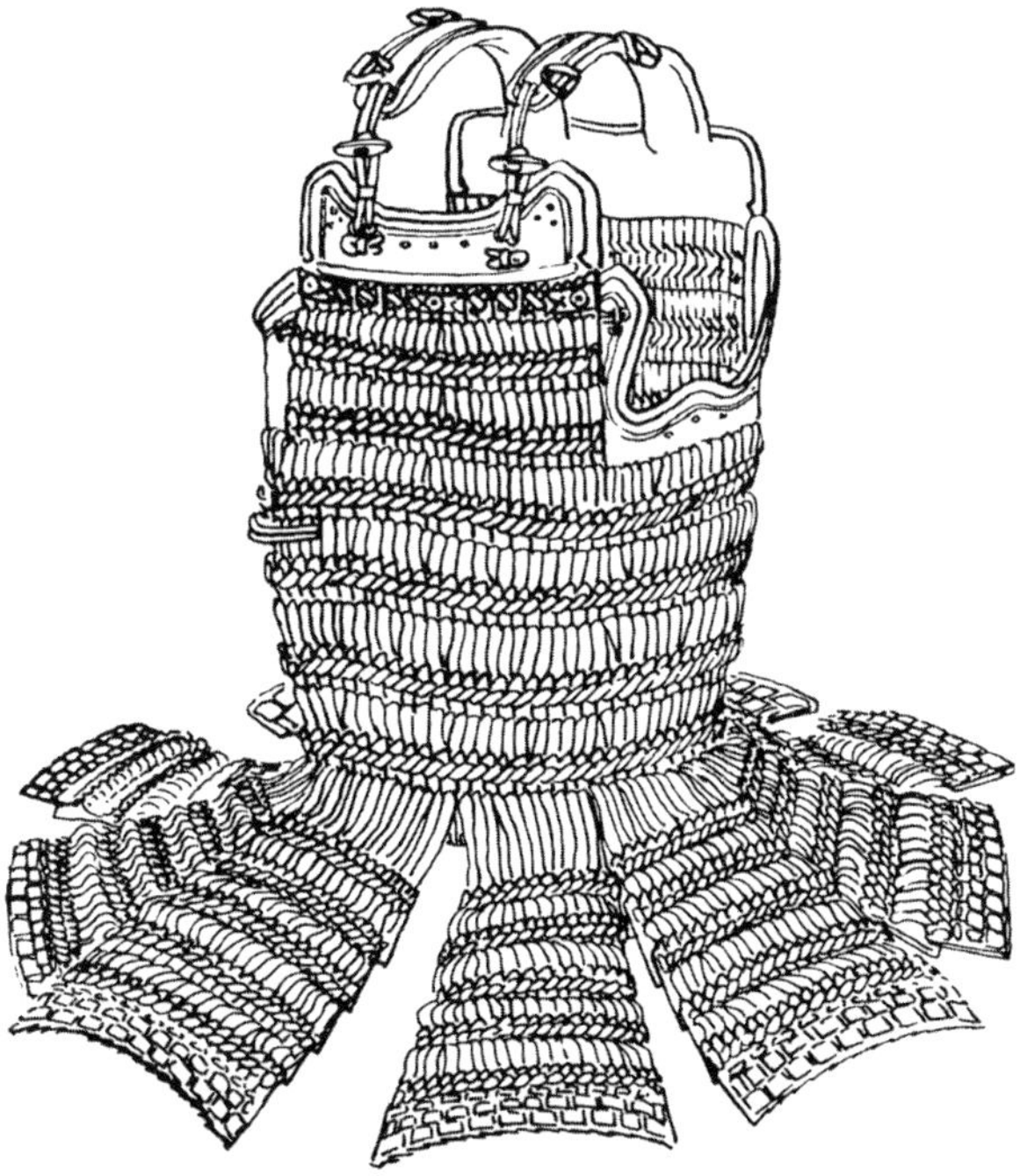

前立挙三段後立挙四段の胴丸

後期の胴丸④

後世の当世具足の胴にみられる普遍的形式である
前立挙三段、後立挙四段、長側五段に
近づきつつあった。

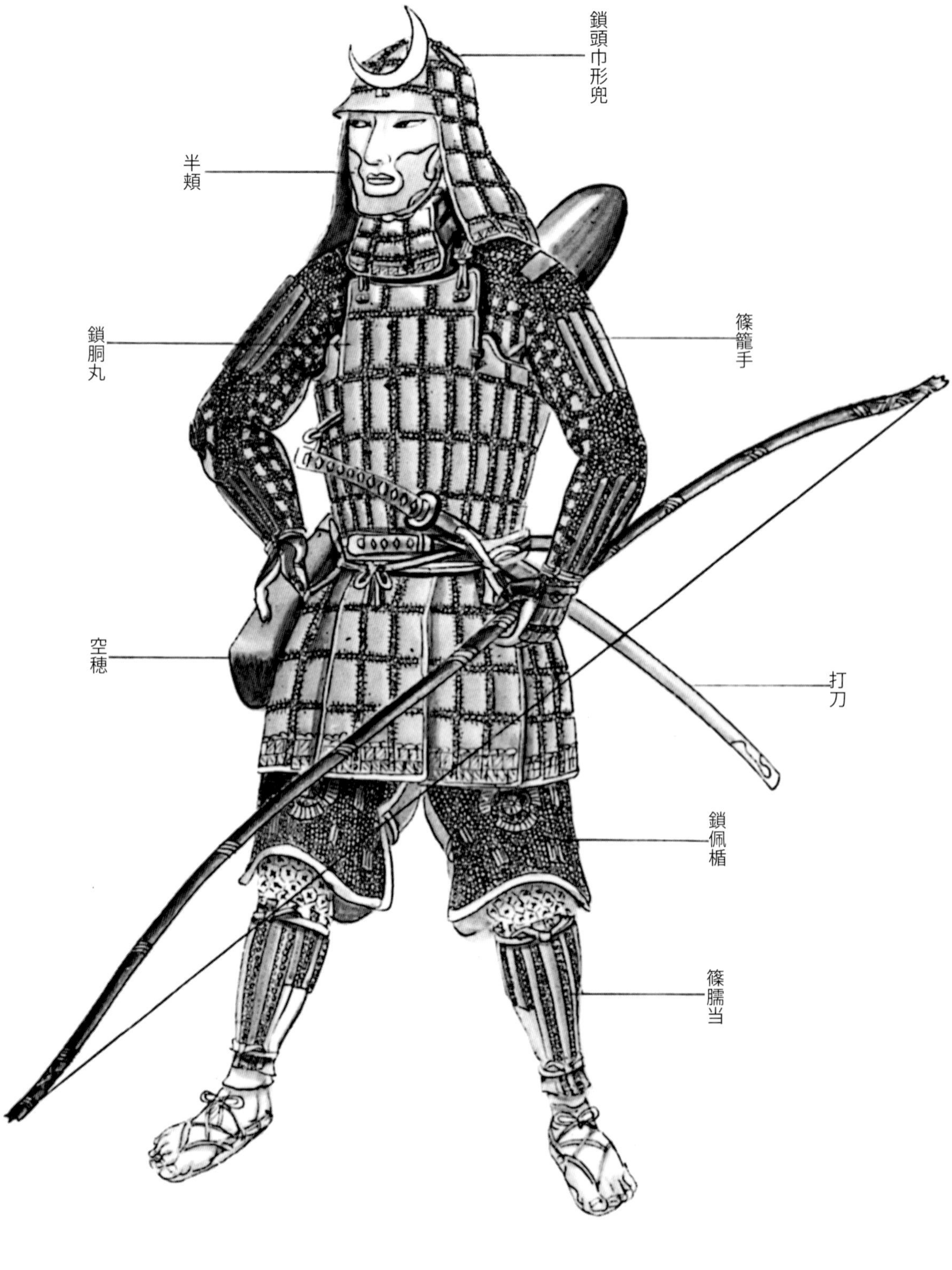
鎖頭巾形兜
半頬
鎖胴丸
篠籠手
空穂
打刀
鎖佩楯
篠臑当

後期の胴丸⑤（鎖胴丸）

鉄板小片と鎖の構成による鎧も考案された。
名刺大の鍛えた鉄片と、鎖を巧みに繋ぎ合わせて
胴丸や腹巻を作った鎖腹巻・鎖胴丸がこれである。

鎧の構成に鉄板物と鎖の発達を見ると、さらに簡便化した鉄板小片と鎖の構成による鎧も考案された。

小型名刺大の鍛えた鉄片と、鎖を巧みに繋ぎ合わせて胴丸や腹巻を作った鎖腹巻・鎖胴丸がこれである。

鎖腹巻の名義はすでに『源平盛衰記』に記されているが、後世の鎖腹巻・鎖胴丸と同じ形式のものであるかどうかは、記録には詳らかでないし、古画にも描かれていない。

鉄小片を綴り合わせて鞆とした古画は『平治物語絵巻』三条殿焼打の巻に一人描かれ、降って『後三年合戦絵詞』にもそれらしいものが描かれているが、これと同じ胴丸・腹巻は描かれていない。

室町時代後期ごろと推定される鎖胴丸がわずかに大阪府金剛寺に所蔵されているが、この形式が『源平盛衰記』のくさり腹巻と同手法かどうかは疑問である。

むしろ板物と鎖の手法の発達した室町時代に鎖胴丸・鎖腹巻は生まれたと考える方が材料手法上から見て穏当である。

鎖胴丸は、小型名刺大の鉄片で胴丸の形を作り、それらを繋ぐのに鎖をもってしたもので、場合によると揺ぎの糸に当たるところのみは総鎖とする。

金剛寺所蔵鎖胴丸はこれである。

これらの形式は後世畳具足と呼ばれたように、折りたたみができて、小さくなり、風呂敷に包んで小脇にかかえられるくらいの簡便さである。故に下卒の戦場用にも用いられたことはもちろんであるが、携帯便利の武装用としても用いられただろうことは想像に難くない。

鉄板小片はわずかにふくら味のあるように打出され、鎖で四方を繋いで構成されるが、裏に家地をつけ、四周は小縁革をつけるのを普通とする。

小札・板物の胴丸より身体によく密着できる便利さがあるが、鎖の部分が柔軟なので、そこから損傷するおそれがある。

古い遺物としては兜と胴しか見られぬが、後世の畳具定のように寵手・臑当・佩楯を用いたであろうし、ときには鎧の下に着込めることもあったと思われる。

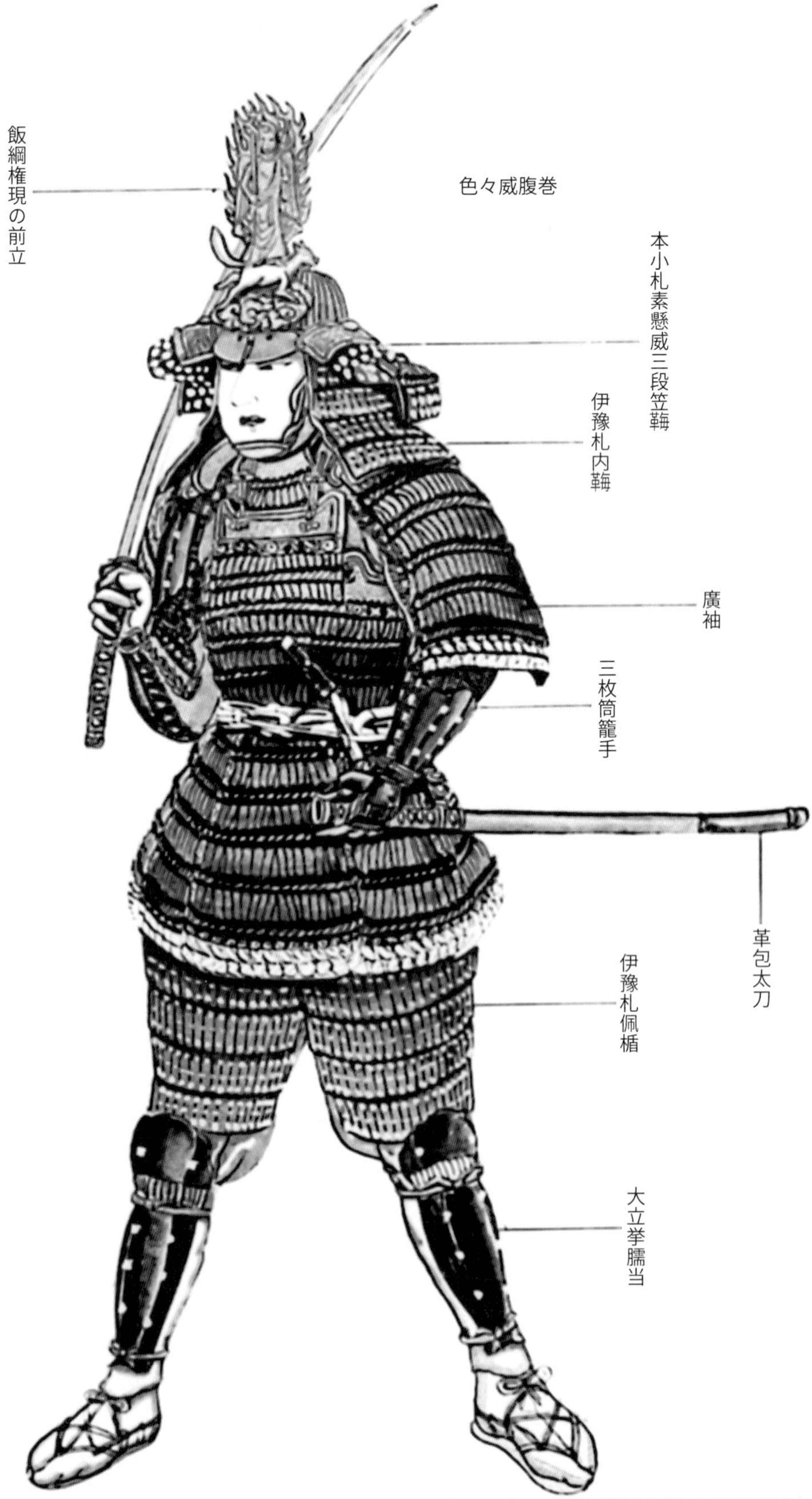
飯綱権現の前立
色々威腹巻
本小札素懸威三段笠鞠
伊豫札内鞠
廣袖
三枚筒籠手
革包太刀
伊豫札佩楯
大立挙臑当

後期の腹巻①

腹巻の流行で、かなりの武将の愛用するところとなり、
この時代の有名武将の着領と伝えられる遺品も多い。
島根県佐太神社所蔵重文色々威腹巻
上杉神社所蔵重文色々威腹巻等は代表的。

腹巻の流行はかなりの武将の愛用するところとなり、この時代の有名武将の着領と伝えられる遺品も多い。島根県佐太神社所蔵重文色々威腹巻・上杉神社所蔵重文色々威腹巻等は代表的高級品で、奈良小札で構成されたすこぶる小型の腹巻である。ともに三段笠鞠を用いているが、前代ごろより笠鞠は段数が少なくなり、二段、三段のものが流行し始めた。これは剣法の発達により太刀打の技法が進んで、大きい笠鞠であると障りになるからである。しかし武将ともなると形態の粋な笠鞠は好まれたらしく、また目立つ方法として前立物に変わったものを選び、鍬形はようやく衰退し始めた。佐太神社所蔵腹巻は鍬形の代わりに大きい梶の葉を用い、上杉神社所蔵の腹巻は飯綱権現像を金銅に打出している。胴はともに小児用かと思われるほど小型で、腰細としているのは、飾ったときの格調を加味したばかりでなく、着用者自体が大きくなかったからであろう。

前者は大袖を用い、後者は広袖を用いているが、これは威儀的な立場の主将用であるからで、この時代の実用の鎧の袖は大山祇神社所蔵腹巻の例でもわかるとおり、当世具足の袖のように小型化したものが流行していたのである。

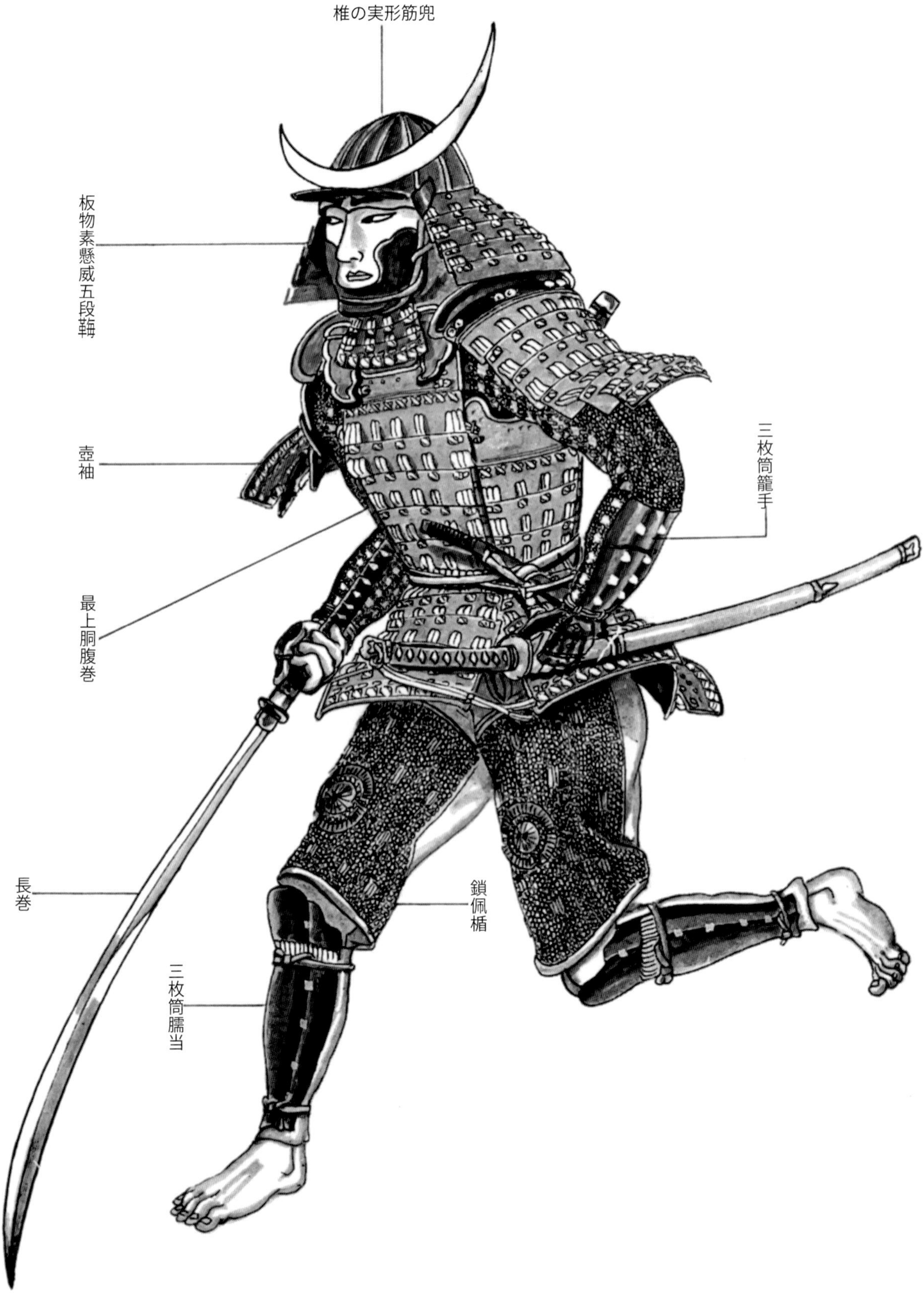
椎の実形筋兜
板物素懸威五段𩊱
壺袖
最上胴腹巻
長巻
三枚筒籠手
鎖佩楯
三枚筒臑当

後期の腹巻②（最上腹巻）

この時代の最上腹巻はかなり流行している。
上級の武士も軽武装として着用し、
大量生産の多革板製のものの下卒用もあった。

この時代の最上腹巻はかなり流行している。

鉄板もしくは革板が用いられたが、四個所の蝶番は鉄のものが多い。

これらには簡単な板物の壷袖か広袖を用い、兜も板物鞠の粗末なものが多い。

腹巻というものは背の隙間で調節できるので比較的小型が多いが、この時代の腹巻は特に小型で、愛媛県大山祇神社所蔵茶糸素懸威最上腹巻等は特に小さい。そして揺ぎの糸がすこぶる長くなっている。

上級の武士も軽武装として着用したであろうが、一般にはやはり下卒用の大量生産のものが多く、革板製のもので軽い。

腹巻の草摺は七間を普通とするが、この時代には十間におよぶ細かい分割の高級品もあれば、大量生産のものは初期と同じく五間、ときには六間というものも見られる。

靖国神社所蔵最上腹巻は椎の実形（突盔）兜・仕付袖のある籠手・臑当を具したもので、大阪府河内の領主に土地の農民が、楠木正成所用として献上されたものであるが、鉄板最上胴ですこぶる小さい。下卒用の腹巻よりは精緻であるが、高級品ではない。臑当は現代の小学生くらいでなければつけられぬ細さであるから、小男が着用したものか、またはこの時代は困苦戦乱からくる体質低下のため、一般に小さかったのか。

この時代ごろから徒歩兵に多く持たせた武器に長巻がある。刃が長くて柄が短い形のもので、薙刀と野太刀の中間の形であるが、野太刀よりは柄が長いので、取り扱いに便利であり、上杉家の長巻隊は有名であった。

しかし薙刀は依然として用いられ、泰平の江戸時代にはいると薙刀は用いられたが、長巻はすたれてしまった。

室町時代後期ごろからとみに剣法が発達したので、薙刀のような長柄類は用法が独立して活用できたが、野太刀とも長柄類ともつかぬ長巻は、介者剣法の体系づけられた前には、太刀打できない中途半端な存在となったからであろう。

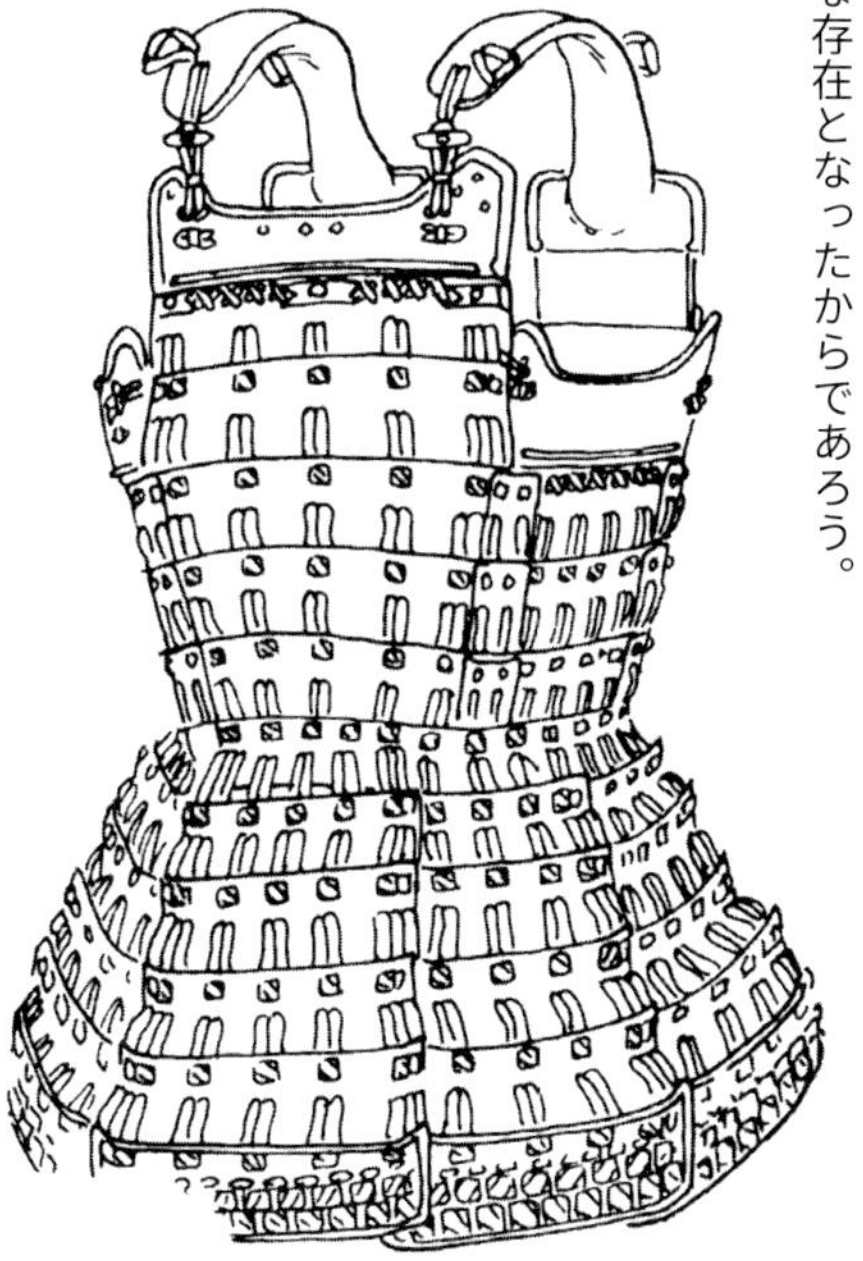

最上胴腹巻

板物素懸威の最上腹巻が流行する反面、高級品としては毛引威のものもあった。この形式を好んだ高級武士も、威毛の美しさを捨てさるわけにはいかなかったようだ。

板物素懸威の最上腹巻が流行する反面、板物の高級品としては毛引威のものも行なわれた。

鉄または革片を素懸威として簡略化したところに最上胴の特色があるのであるが、この形式を好んだ高級武士も、やはり毛引として威毛の美しさを捨てさるわけにはいかなかったらしく、板物に糸の幅の孔を繁くあけて毛引威とした。

愛媛県大山祇神社所蔵色々威最上胴（五枚胴）腹巻、静岡県浅間神社所蔵赤糸威胴丸等はその代表的例で、下級者用のものではない。

前者の色々威腹巻は、草摺は本小札五段下りを九間に分けており、当時代に高級品に好まれた草摺の分割法である。

また本小札製は製作に煩雑なため板物の最上胴手法が生まれたのにもかかわらず、この腹巻のように草摺を本小札毛引威とするのは、胴の製作手法を略したというよりは、最上胴を好みながら斬新な組合わせを意識した上で、本小札の草摺を採用したものと思われる。

こうした意図から最上胴を毛引威としたものであろう。

板物を毛引威とする手法は、やがて盛上小札《もりあげこざね》に見せるため切付札となり当世具足時代に流行した。

この時代ごろから袖を肩上に結びつけず、鞐で肩上に合わせる、当世具足によく見られる方法が考案されたが、これは大袖・広袖・壷袖といった冠板の大きいものではなく、当世具足に用いられた当世袖的小さいものに限られた。

そのために中には籠手に直接袖を綴じつけたものも行なわれたが、これと袖と籠手の合理化である。

こうした方法の籠手を毘沙門籠手といい、袖を仕付袖と呼んでいる。この場合、袖が腕の太さに馴染むように、袖の板の各段が三分され、二個所ずつ蝶番をつけた。

大山祇神社所蔵色々威最上腹巻に付する籠手や、靖国神社所蔵素懸威最上腹巻に付する籠手がそれである。

このように仕付けたことによって、腕の運動で袖が動揺することがない便利さがあったので、この式を踏襲した当世具足も多い。

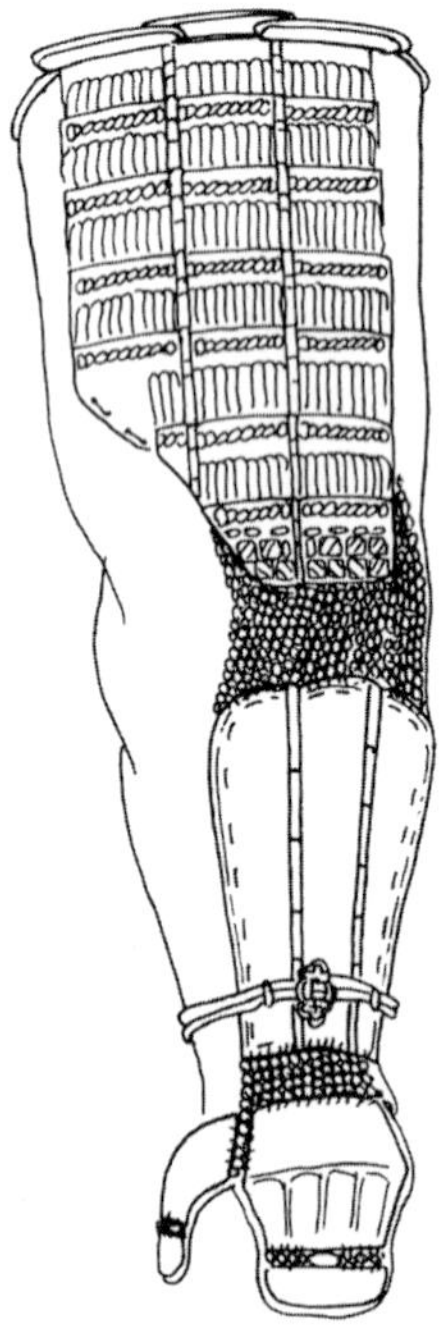

蝶番で撓を作った仕附袖
（大山祇神社所蔵 色々威最上腹巻、
靖国神社所蔵 素懸威最上腹巻に見られる）

後期の腹巻③

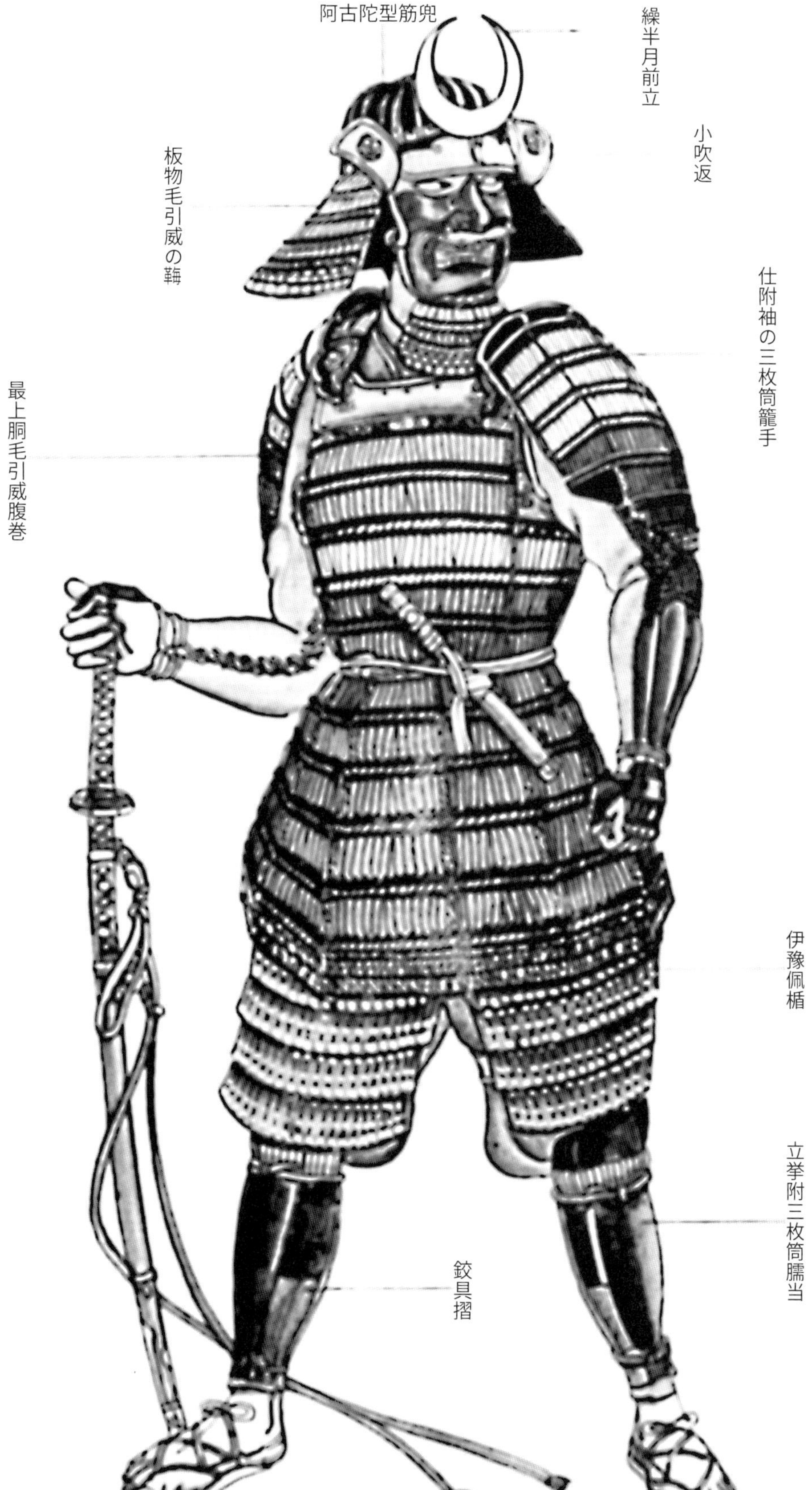

阿古陀型筋兜
繰半月前立
小吹返
板物毛引威の鞆
仕附袖の三枚筒籠手
最上胴毛引威腹巻
伊豫佩楯
立挙附三枚筒臑当
鉸具摺

後期の腹巻④（鎖腹巻）

折りたたんで小さい容積となり、
その上着用して身体によく密着する。
一部の者に用いられていのが鎖胴丸。

最上胴がさらに合理的に簡略化されたものが、骨牌金と鎖で構成された鎖胴丸で、この方法は腹巻にも当然行なわれた。

折りたたんで小さい容積となり、その上着用して身体によく密着する便利さがあるので、一部の者に用いられている。

小型名刺大の板と鎖をもって繋ぐので革製板は用いられず、ほとんど鉄板である。

鎖は鉄輪を四方繋ぎとし、揺の糸のところを総鎖としたものもある。

これらの腹巻は鎖の下に着込んだり（『太平記』巻八 四月三日合戦条に鎖の上に鎧を重ねてとある）、または緊急のおり着用したので、鎖腹巻に具する特別の兜・籠手・臑当・佩楯というものはなかったらしい（後世の当世具足時代の畳具足には、鎖の胴と同じ製作様式による兜・籠手・臑当・佩楯を具備した）。

故に籠手・臑当や兜はほかのものを用いたのだろう。

また特にこうした鎖胴丸・鎖腹巻を好んで戦場に出た例はないらしく、そうした記録はない。

この時代ごろから太刀と同じくらいの長さの打刀が流行し、太刀代わりに差すようになった。

すなわち帯取りの緒で腰に佩くのではなく、上帯に打刀を差し込んで用いるのであって、刃を上に向けて差す。これはこの時代ごろから剣法が急に発達し、こうした刀の差し方が刀を抜くのに抜きやすいからで、太刀代わりに打刀を用いるようになったので、刃長も太刀に等しく長くなったのは当然である。

後期の腹巻④（鎖腹巻）

後期の腹当

後期の腹当

時代になると胴丸・腹巻は大いに普及し、
戦場用武装はこの二種の形式によって占められた。
腹の前部だけを防禦する腹当は、流行らなかったようだ。

この時代になると高級品の本小札、簡略化された最上胴等の区別なく、胴丸・腹巻は大いに普及し、戦場用武装はこの二種の形式によって占められたから『真如堂縁起』を見てもわかるとおり、下卒でも腹巻くらい着用しているので、わずかに前部だけを守る腹当は流行しなかったらしい。

故に一部の武士が心得のための臨時防禦として腹当を用いたから、わずかの遺物であるが、この時代の腹当は上等の作品である。

某家所蔵の遺物を見ると、この時代流行した奈良小札という細かい札をもって構成し、胴丸の前立挙に三段のものが見られ始めたのと同じように立挙を三段とし、長側は四段である。

この時代の胴丸・腹巻と同じく胸板は幅が広く、脇板は、胴丸の中高脇板の形であるのは、胴丸が当世具足の形式に変化しつつある様式が、腹当にまでおよんでいることを物語っている。

このほかに『本邦武装沿革考』には鎖腹当の図が描かれているが、三間草摺が同じ長さであり、畳具足の二枚胴を想わせる形式である。

これは当世具足時代の前懸具足を、鎖と骨牌金で綴ったもので、前代から引き続いて用いられていた腹当の一種である鎖腹当であるかどうかは疑問である。

後期の兜

戦術・戦闘法はいよいよ進歩し、
戦乱が相ついだので、甲冑の需要も多く、
堅牢で簡易化したものを必要とした時代。

この時代には戦術・戦闘法はいよいよ進歩し、戦乱が相ついだので、甲冑の需要も多く、堅牢で簡易化したものを必要とした。故に阿古陀形兜は依然として行なわれたが、笠䡊の段数は二段、三段のものが流行した。剣法の発達により上段に振りかぶる太刀は、大笠䡊では障りになるからである。

また復古調のあらわれとして大星の星兜が出る一方、改新的な兜が用いられた。顔面を適当に覆える、前に突き出た天草眉庇や、撓めのある当世眉庇、額鉄式の眉庇等が試みられ、眉を打ち出した打眉も見られる。阿古陀形の鉢に天草眉庇や、当世眉庇を用いたものは新旧の形式の混ったものである。

矧板も八間、十二間等の荒いものから四十間以上五十二間におよぶものが作られ、しかも鍛えに留意したものが好まれるようになった。故に轡鍛冶として、鍛えの技術を誇った京都の市口系から、明珍家が甲冑師に転じ、そのほかの甲冑師も鍛えを競うようになった。そのために阿古陀形を得意とした春田系は次第に押され気味となってきた。

雑賀の雑賀兜、奈良の脇戸等もそれぞれ特長を持つもので、雑賀兜は異国風の形を鋳地として、鍛えの良さと珍奇のデザインで歓迎され、脇戸・明珍等は五十間以上の筋兜で精巧さを評価された。

一方需要が多いために、実用的兜として、矧板の荒い椎の実形（春田系に見られる）・桃形・日根野頭形等も考案され、これらの鉢が基本となって、種々の形式が次の時代に展開するようになる。

䡊も、本小札のほかに板物、骨牌鉄鎖繋ぎ、小札を打出した板物等が用いられ、眉庇に内眉庇があるように、䡊も内䡊が用いられ、また草摺のように割った割䡊（下散䡊）も行なわれた。

いろいろの形式の兜や、胴を生じた安土・桃山時代の当世具足は、すべてこの時代にその素地が作られたのである。

後期の兜

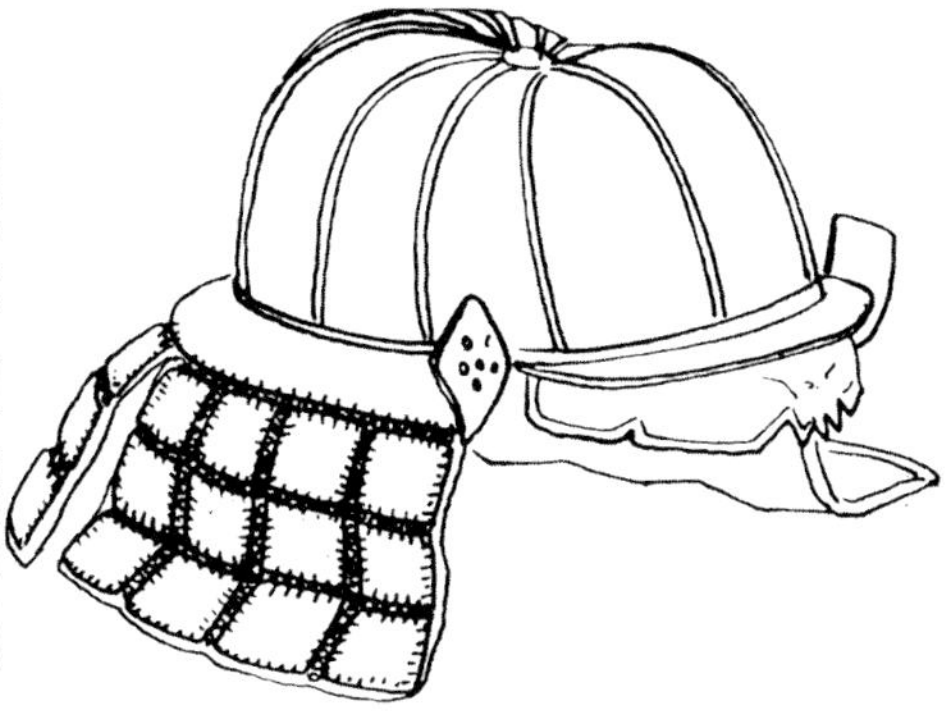
法隆寺所蔵　阿古陀形割鞠兜

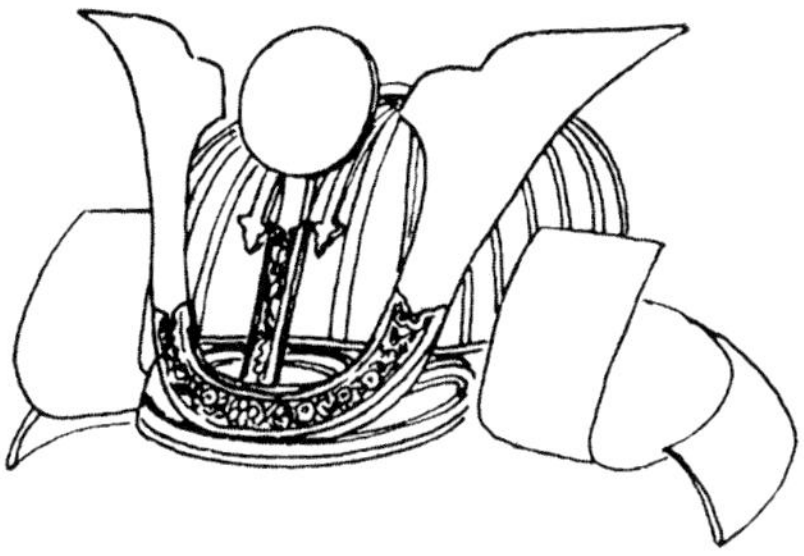
大聖勝軍寺所蔵　阿古陀形兜

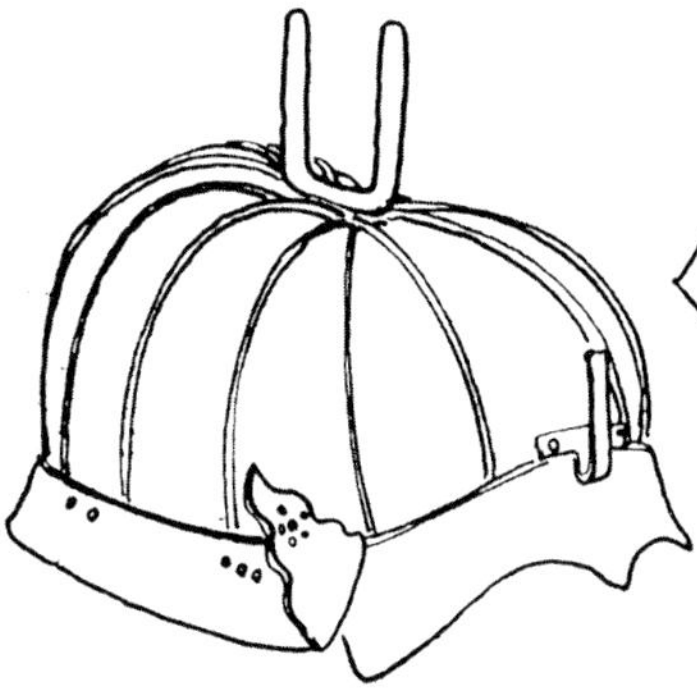
法隆寺所蔵　阿古陀形兜

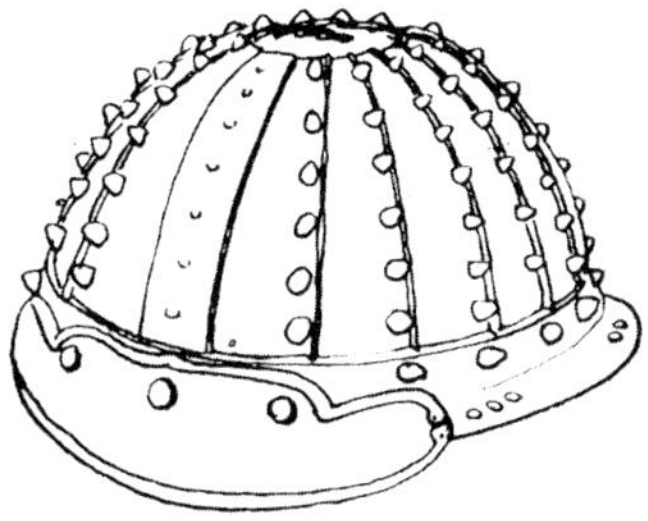
某家所蔵　十六間星兜

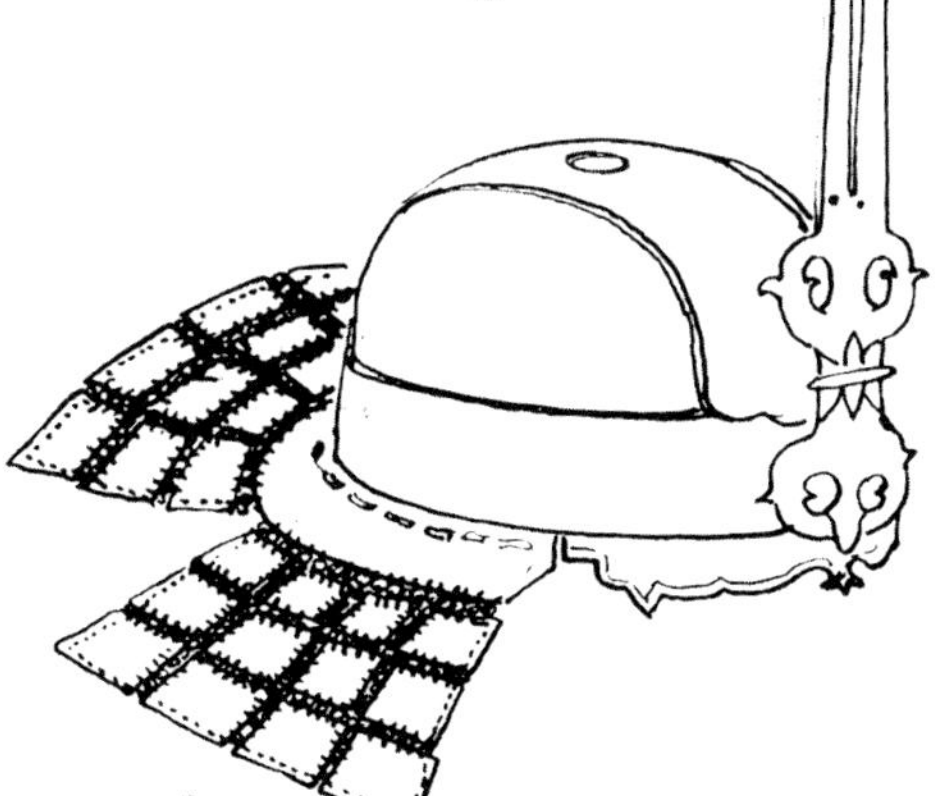
金剛寺所蔵　日野根形雑賀兜

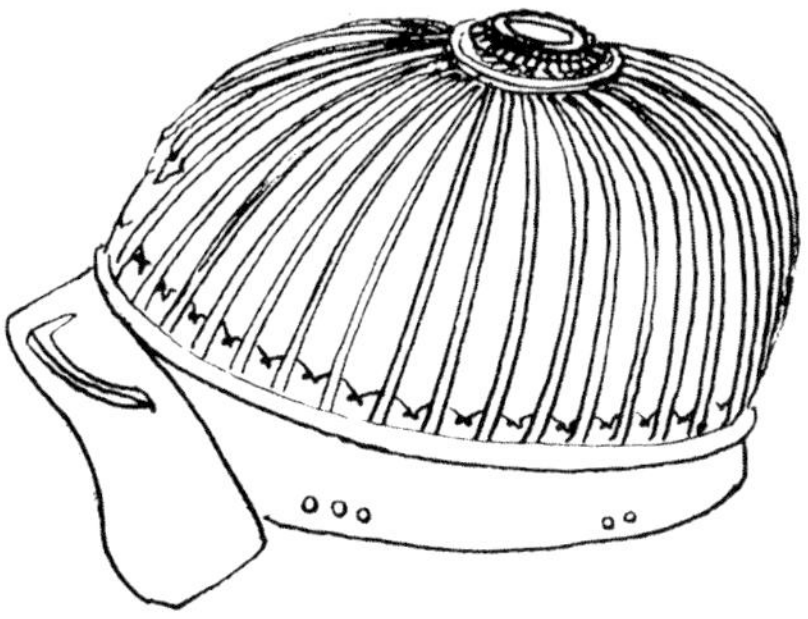
阿古陀形鉢に当世眉庇をつけた例

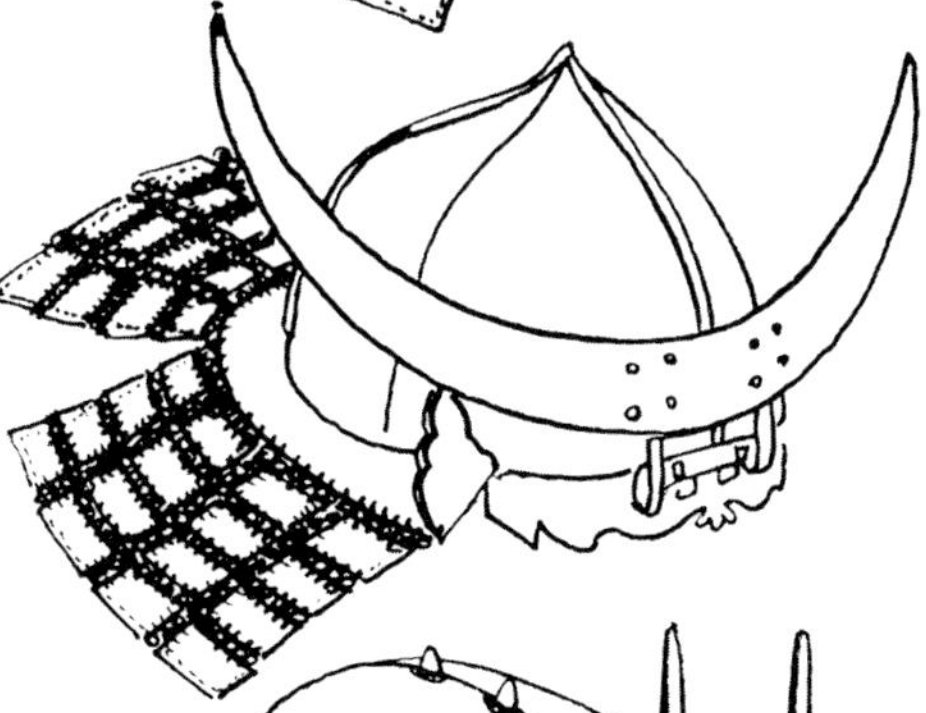
法隆寺所蔵　桃形割鞠兜

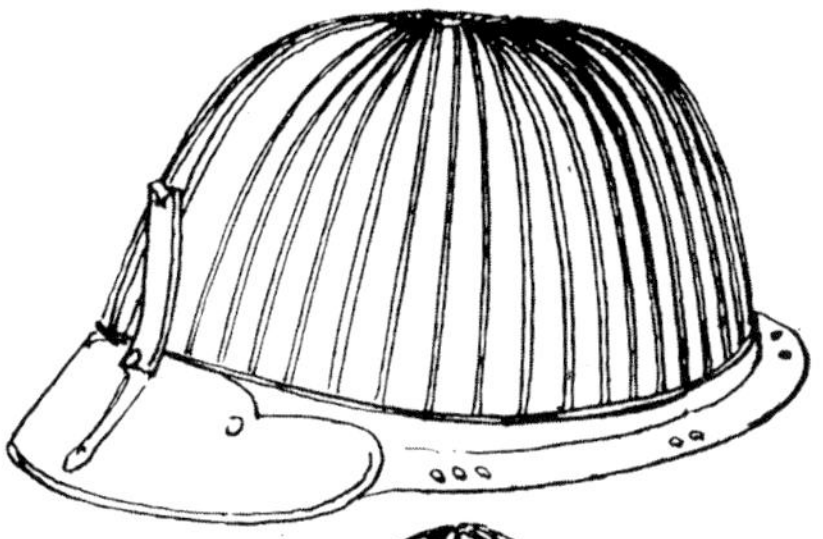
五十二間筋兜　脇戸

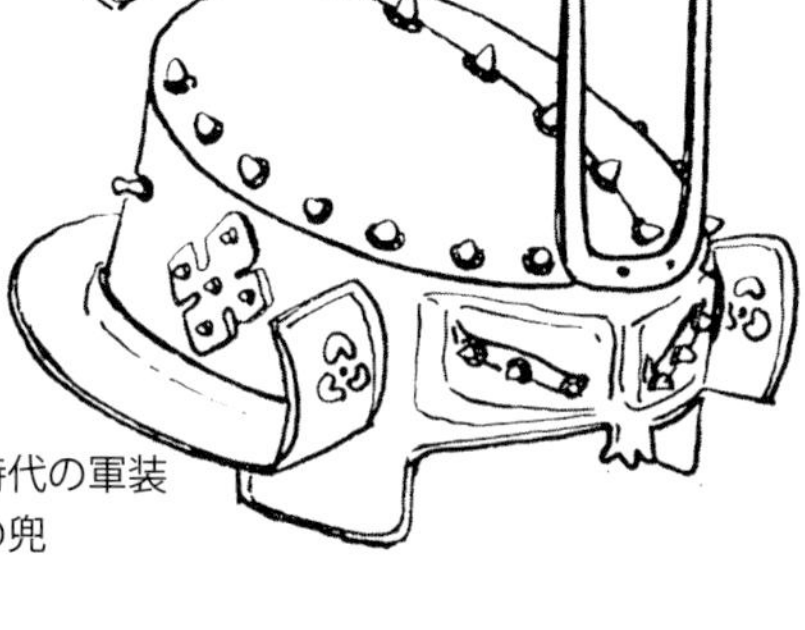
齋藤家所蔵　置手拭形兜

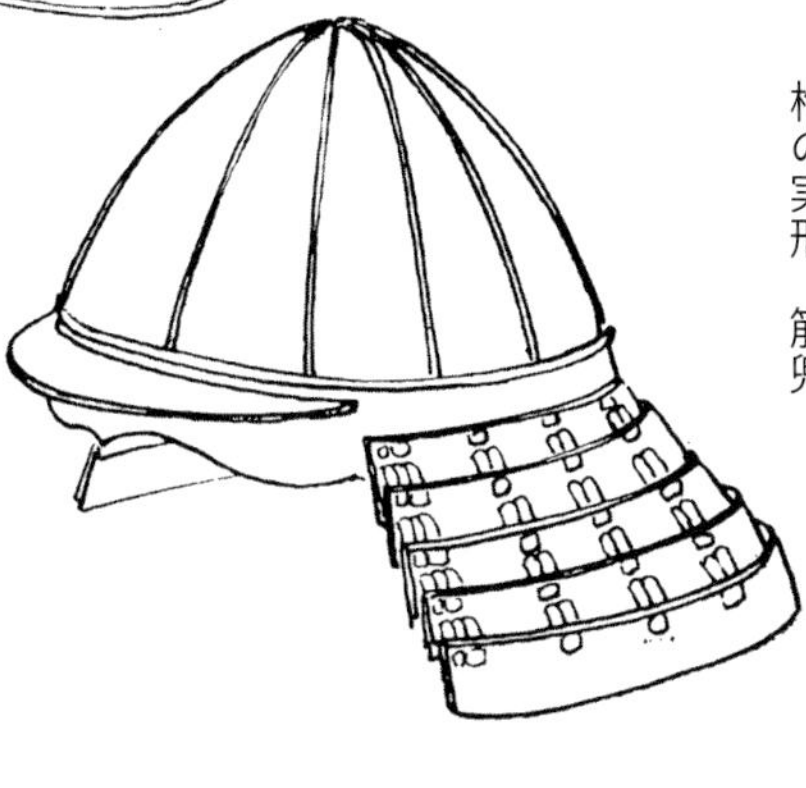
椎の実形　筋兜

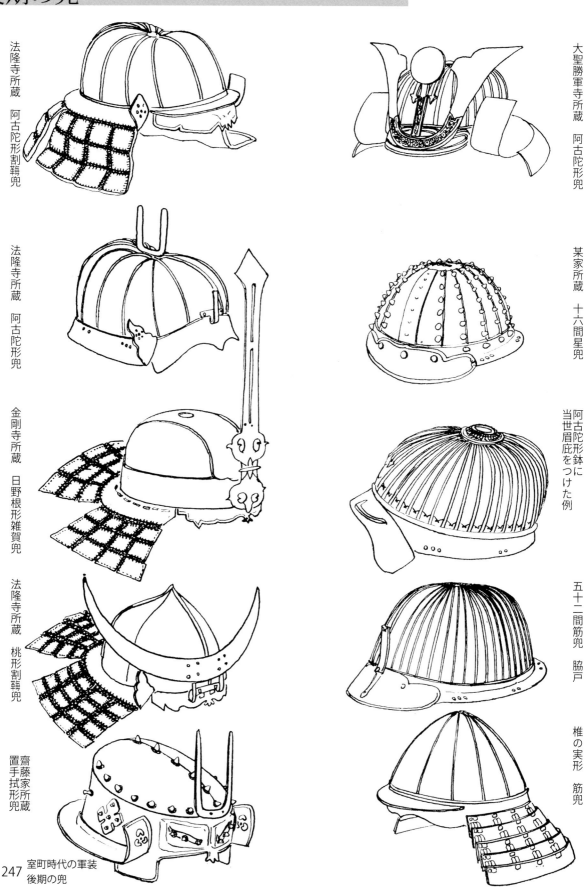

この時代の武器として
最も華々しく活用され始めたのは槍。

この時代の武器として最も華々しく活用され始めたのは槍である。

『朝倉敏景十七箇条』に「名作の刀脇差等さのみ被レ好間敷候。其故は縦令《たとい》萬匹太刀刀を持たりとも、百匹鑓百丁には勝れ間敷候。然れば萬匹を以百匹の鑓を百丁求め百人に被レ持候はゞ一方は可二相防一事」とあるのは当時の思想と槍の効用をよく物語るものである。

薙刀は稀に大薙刀も行なわれたことは『明徳記』に「三尺一寸ノ荒身ノ長刀」とあることによっても知られるが、だいたいは柄が九尺（約二七〇センチ）、身が二尺（約六〇センチ）以内のものが普通で、異形としては『大友興癈記』に鉈薙刀というのがある。

その実態は不明であるが、おそらく筑紫薙刀の異名ではあるまいか。

また刄が刀剣のように長くて、柄が比較的短いもので、長巻というものが用いられ始めたことが『関八州古戦録』に記されている。

『見聞雑録』によると刄は三尺（約九〇センチ）から二尺五、六寸（約七五〜八センチ）、柄は三尺（約九〇センチ）で細縄で巻くと記してあるから、野太刀の柄の長いものである。

野太刀ははなはだ重量あるものであるから、柄が短いと骨が折れるので、槍・薙刀を持つ手の幅並に柄を長くしたものであろう。

野太刀よりも楽に敵を薙ぎ倒すことができるので徒歩兵に用いられたが、ますます発達した剣法の後世には流行しなくなった。

鎌槍は鎌を長柄にしたものであるが、これが槍とともに組合わされ、次代には片鎌槍・十文字槍を生じたことは『北条五代記』に記されている。

熊手は依然、攻城、舟戦用として用いられている。

樫の木の棒は鉄板を伏せ、鋭い鋲を打っていよいよその威力を発揮し、金砕棒、さい棒等といったのは鉄をも砕くという意味からで、鉄棒とも呼んでいる。

弓具は空穂が多く用いられたことは『真如堂縁起』によっても知られ、鏃も種類多く、鍛えの良い品がある。

弓は四方竹弓が用いられ、その威力は強くなったが、射戦では近接戦も行なった態が『真如堂縁起』に描かれている。

太刀は革か糸の渡り巻の太刀で、打刀も盛んに用いられてくる。

後期の武器

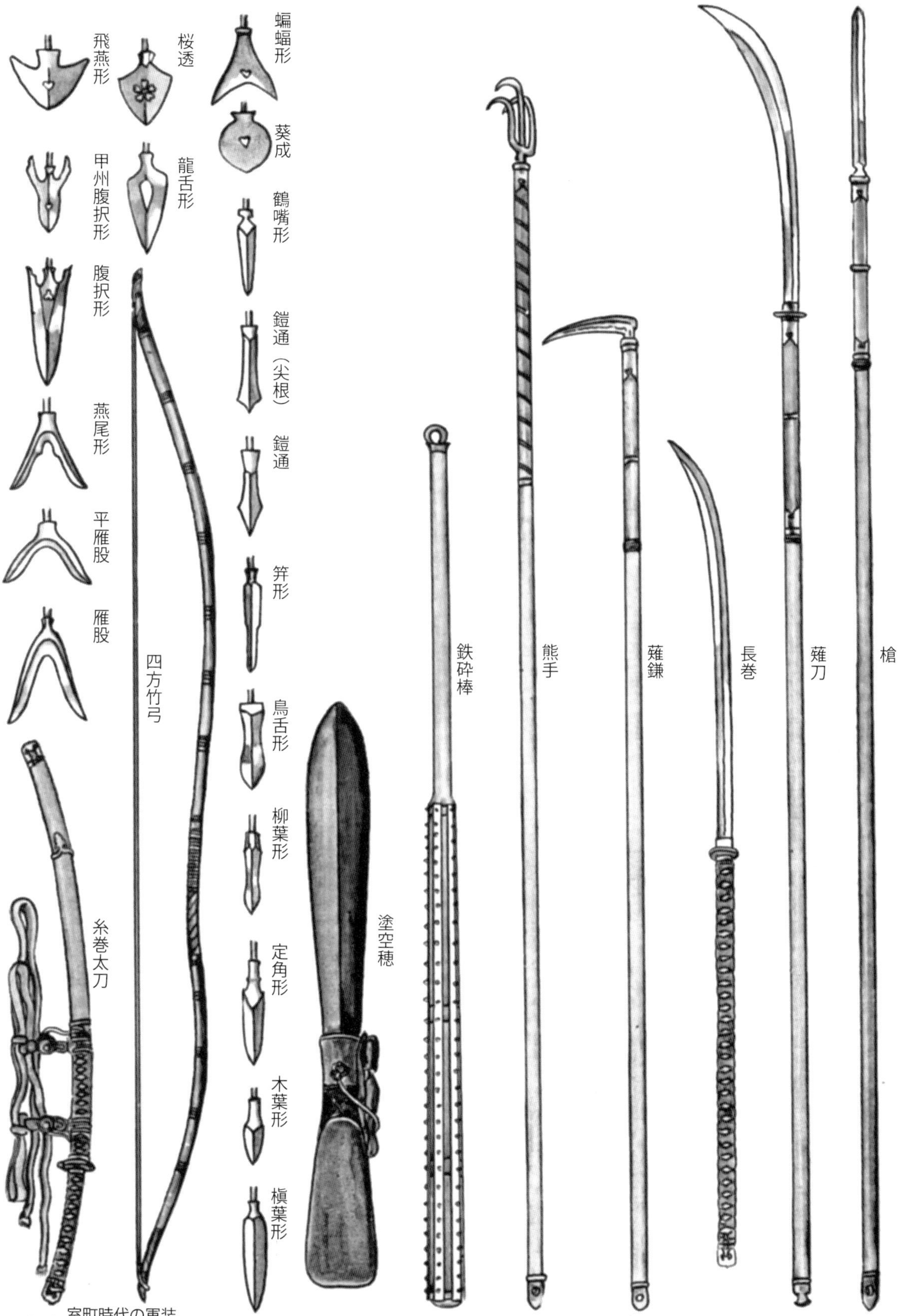
槍
薙刀
長巻
薙鎌
熊手
鉄砕棒
塗空穂
蝙蝠形
葵成
鶴嘴形
鎧通（尖根）
鎧通
笄形
鳥舌形
柳葉形
定角形
木葉形
槙葉形
桜透
龍舌形
四方竹弓
飛燕形
甲州腹抉形
腹抉形
燕尾形
平雁股
雁股
糸巻太刀

安土・桃山時代の軍装

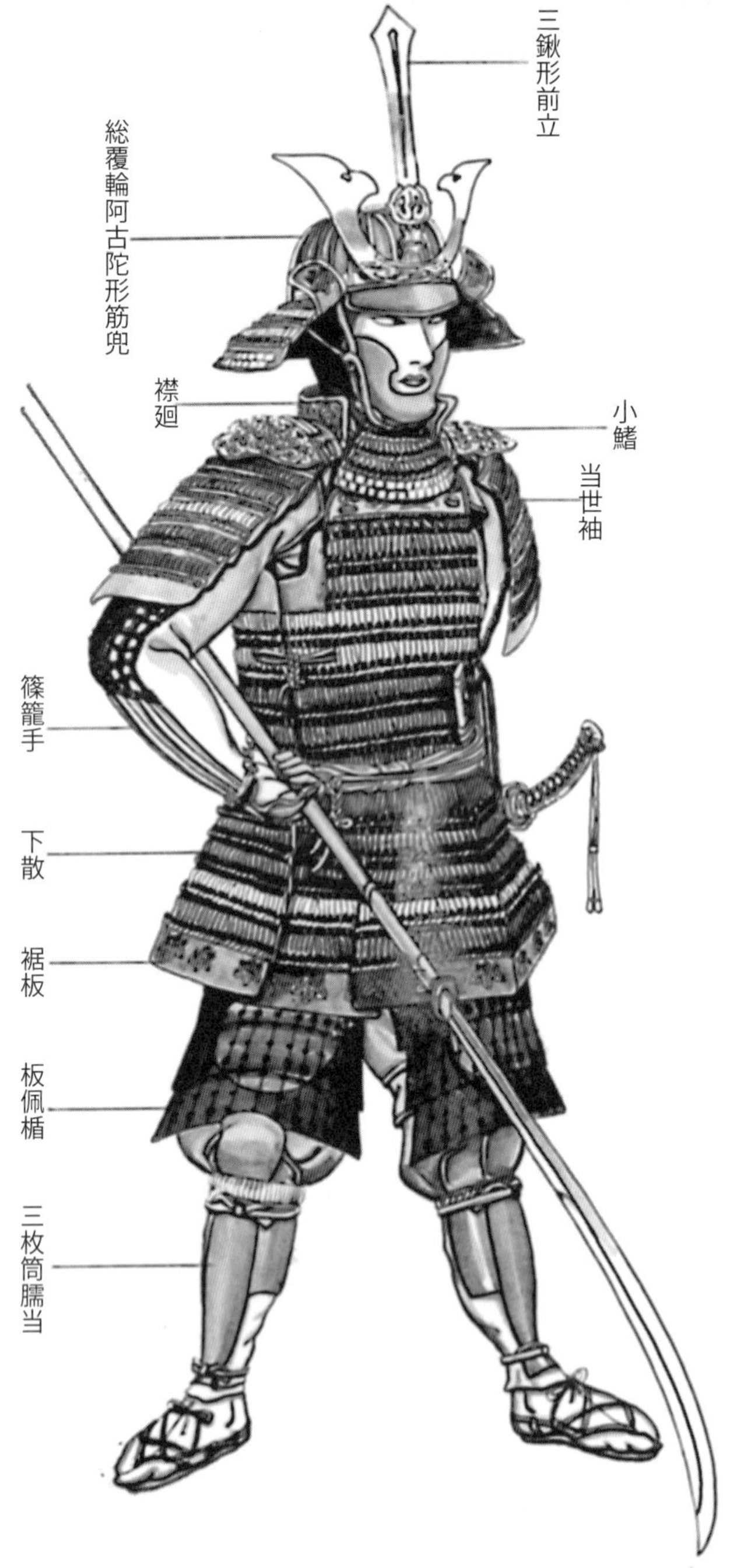

小札毛引威具足

当世具足の諸形式の中に、
前代に行なわれた毛引威を依然用いているものもある。

当世具足の諸形式の中に、前代に行なわれた毛引威を依然用いているものもある。

毛引威とは、本来小札を横に連接した板を、上下に威す手法であるので、この時代も本小札の毛引威と、板物切付頭盛上札の毛引威とがある。

本小札の場合には胴の廻《めぐ》りの撓めが柔軟であるから、引合せから身体を入れるに便利であるため、前代の胴丸と同じく丸胴で、左脇が二分されていない。これを丸胴とか古代具足と呼んでいる。古制の具足という意味であろう。

しかし、板物切付頭の札板であると、引合せの開閉が不自由であるので、左側を二分して蝶番付けにしたり、全く前後二分して用いた。

また最上胴のように四個所蝶番にしたものもある。このように蝶番付が流行すると、木小札の丸胴をもことさら左脇を二分して、板物と同じように改造、または新作したものも生まれた。簡素・堅牢・合理的を旨とした当世具足では、毛引威は上等の具足に属し、わけて本

小札毛引威具足

武将はかなり毛引威の具足を着用しており、
赤威・紺威・黒威等の威しのものもある。
この時代ごろからよろず豪華になってきた。

小札盛上は精巧の作品である。

『軍用蒐録』甲冑之制に「絲多きは害甚し。水に浸りて早く不乾、水に浸れば夏は蒸、冬には寒へ、又絲に水気を含んで身甲重くなり、泥に浸れば雖洗、泥気不脱、故に臭気有て、蟻虱風集り易し。又威絲の悪穢稼なるは見る所も不ㇾ宜。又鎗たまりとなる。小札絲多きは触る所に於て害有て益なし。若し将領は用るとも兵士は決して用ゆべからず」とあるように、特殊の立場の上級武士なら着用してもりっぱで宜しいが、働きの甲冑としては向かないと記している。

しかし武将はかなり毛引威の具足を着用しており、赤威・紺威・黒威・金茶威・勝色威・紫威・白威・茶威のほかに、立涌・色々・紋柄等の威しのものもある。

またこの時代ごろからよろず豪華になってきたので、小札に金銀箔を置き、あるいは赤漆塗等を行なうようになった。

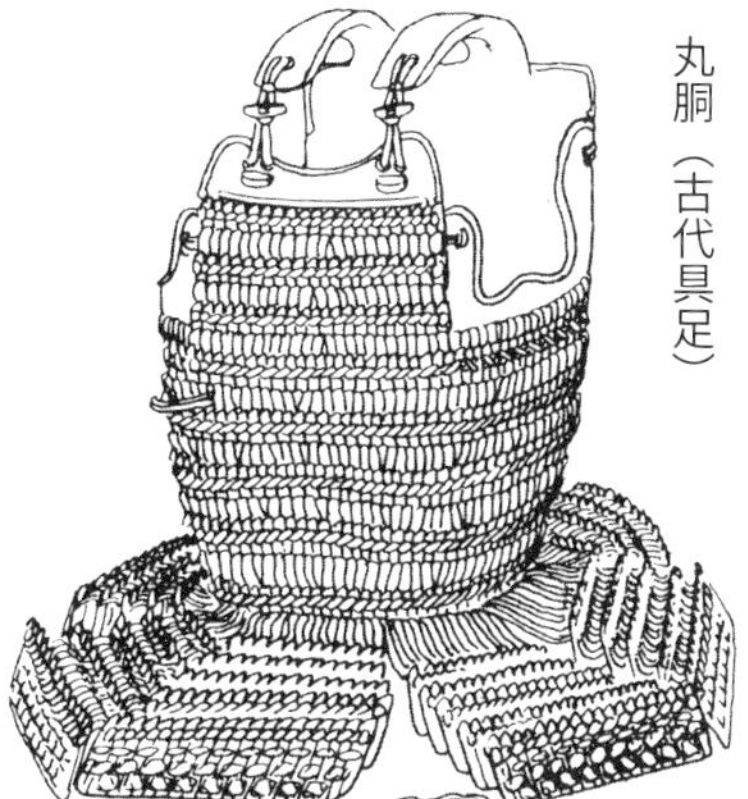

丸胴（古代具足）

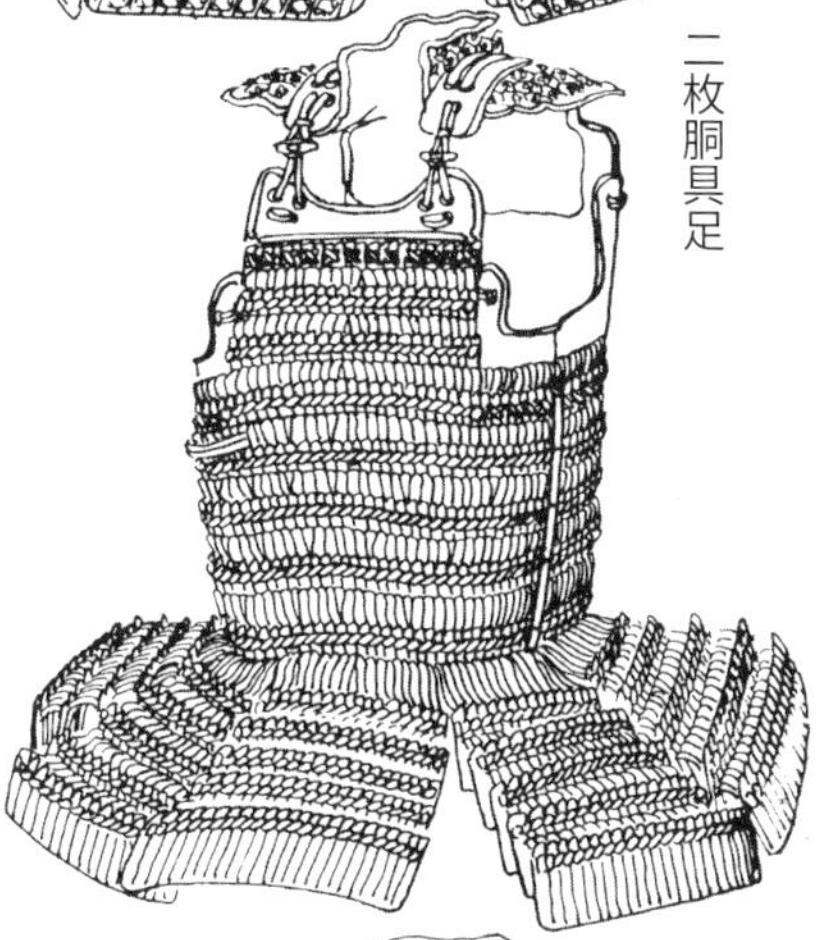

二枚胴具足

五枚胴具足

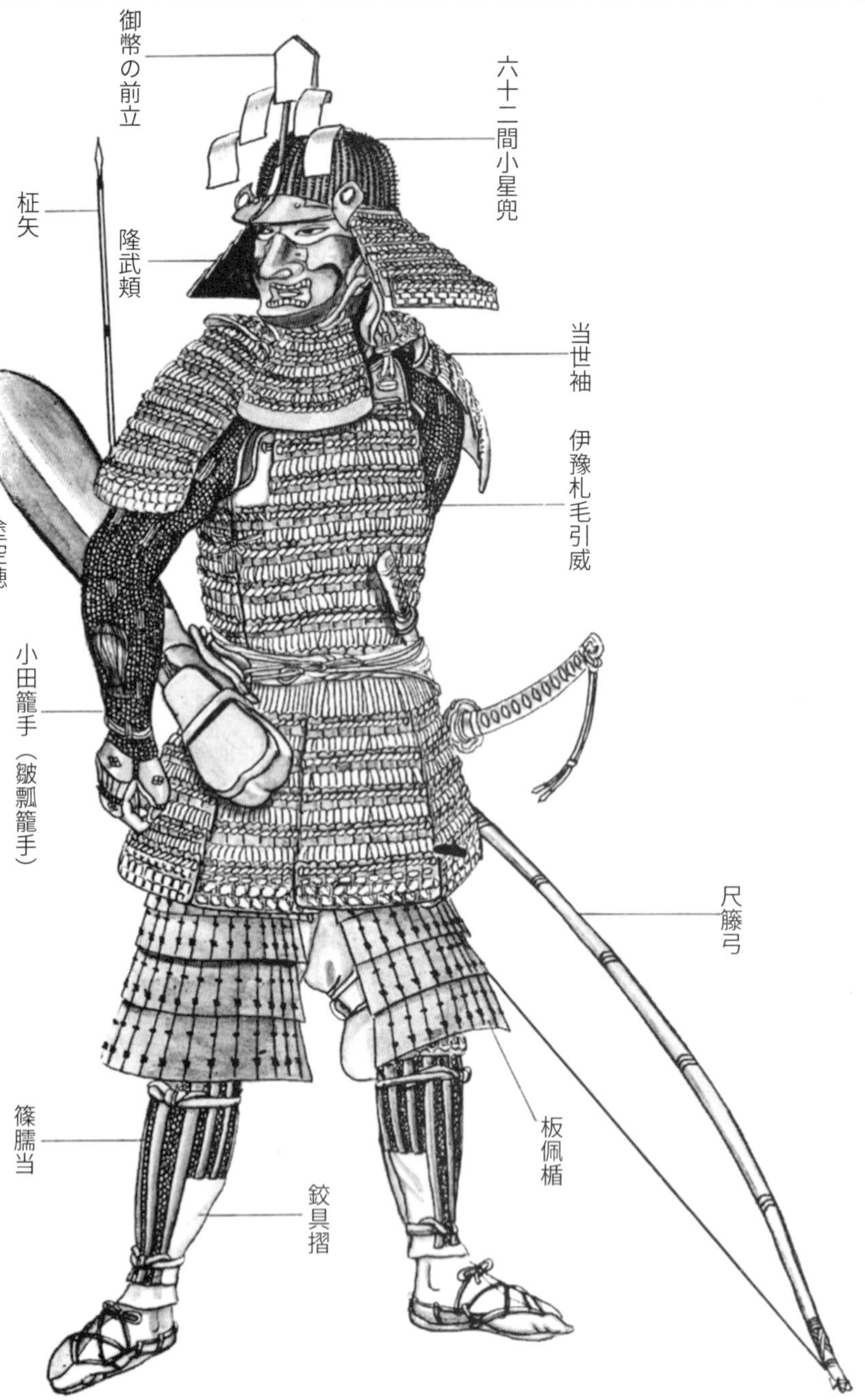

毛引威具足

毛引威具足は、小札製のものばかりとは限っていない。
前代においては伊豫札をも毛引威として用いたように、
この時代の具足にもその例が見られる。

毛引威具足は、小札製のものばかりとは限っていない。

前代においては伊豫札をも毛引威として用いたように、この時代の具足にもその例が見られる。

本当の伊予札を毛引威とした場合には丸胴が多く、板物切付盛上伊豫札の毛引威のときは、左脇を二分した二枚胴、または最上胴式に四個所蝶番としたものが多い。

このほかに最上胴を毛引威としたものは板物札であり、漆塗・箔置がなされる。

いわゆる最上胴具足であるが、最上胴には毛引威のほかに素懸威が行なわれたことも当然である。

左脇蝶番の二枚胴においては、板物の外観に変化をつけるために札頭を一文字とせず、波を打たせた連山道・遠山道のものがあり、これは桶側胴の山道の手法が用いられたものである。

毛引威具足

最上胴を毛引威としたものは
板物札であり、
漆塗・箔置がなされる。

また札物の札頭を碁石頭として盛り上げを行なわないものもある。

これらは札板の各段を裏で綴じ留めているから、上下の足搔きがなく、外観は毛引威であるが、実質的には桶側胴と等しく、小札毛引威胴に次ぐ手数のかかった具足である

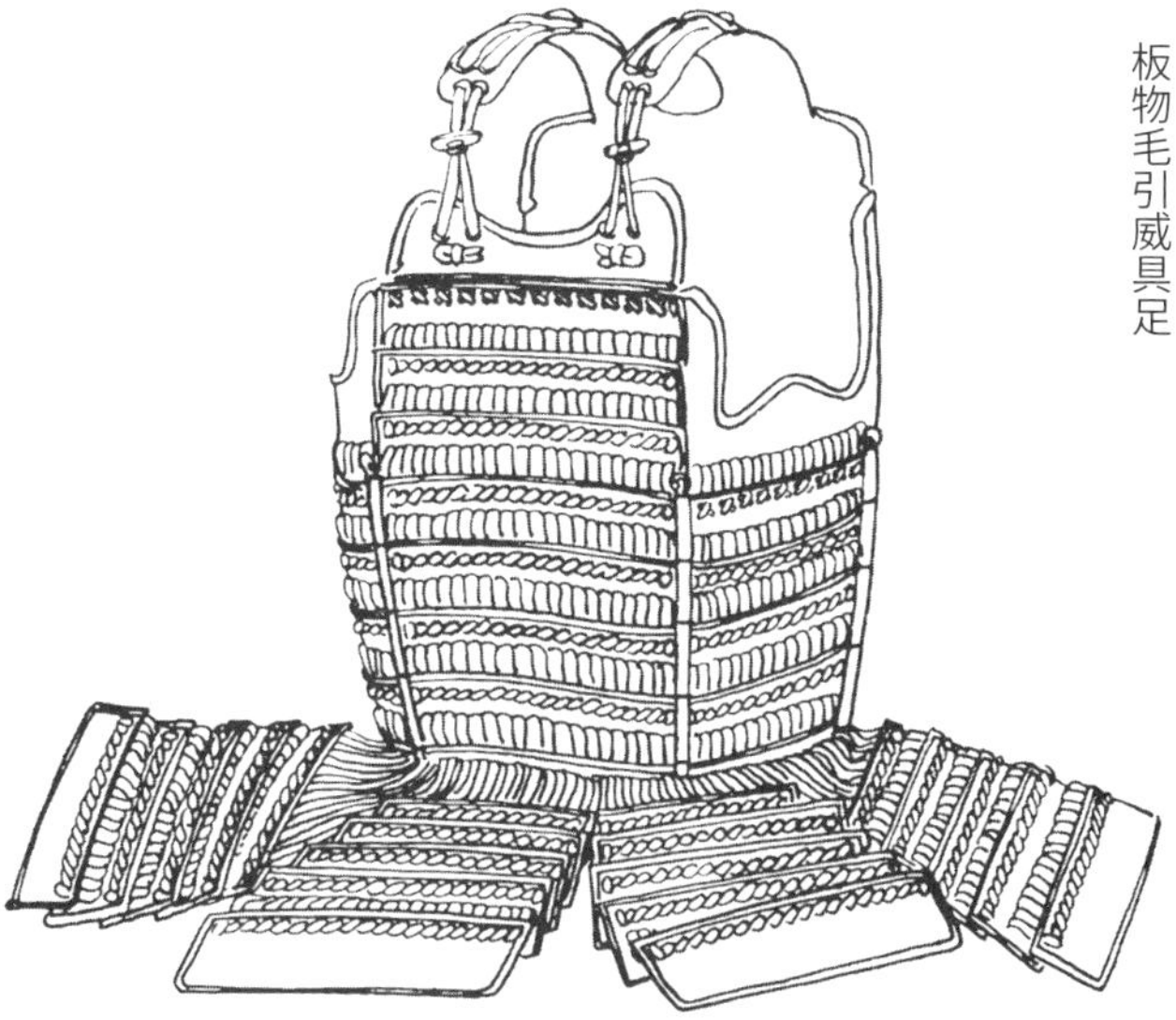

板物毛引威具足

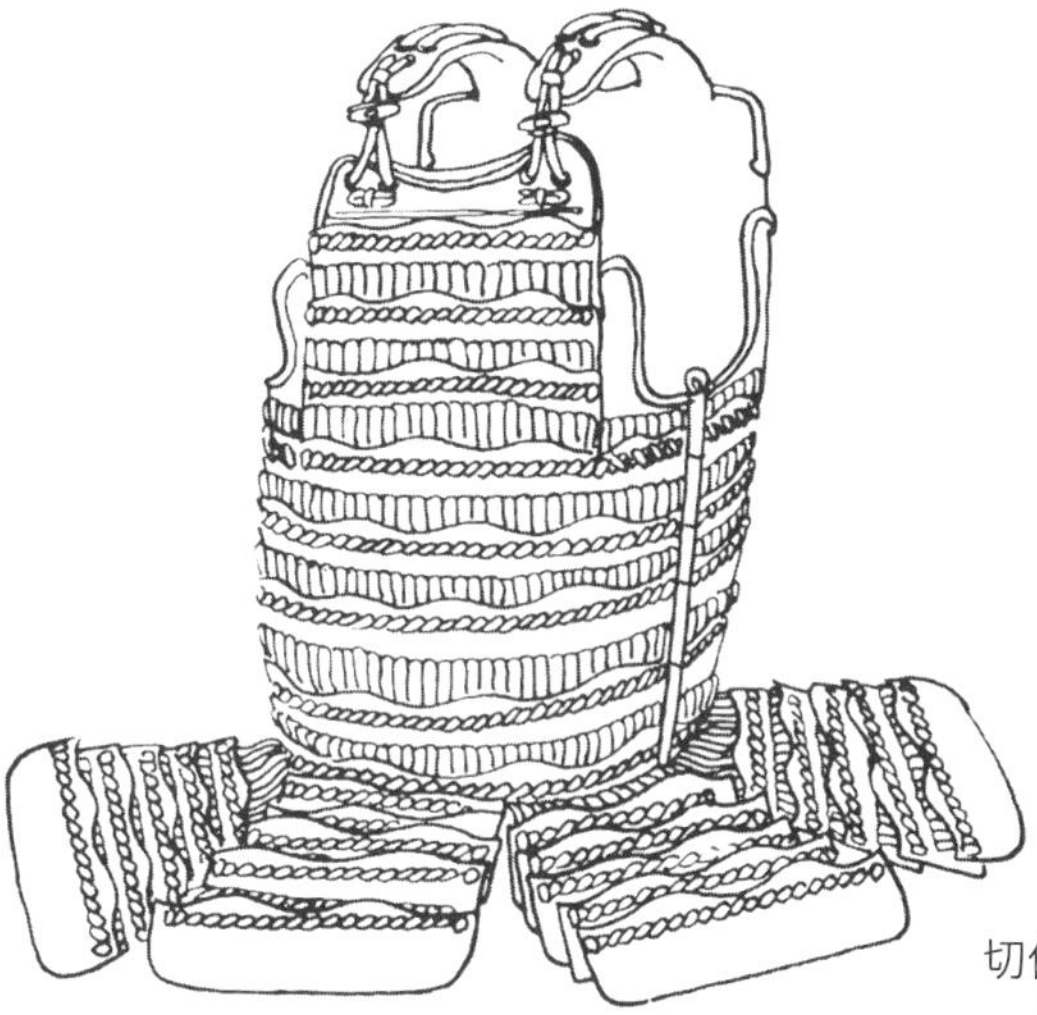

連山道札物毛引威具足

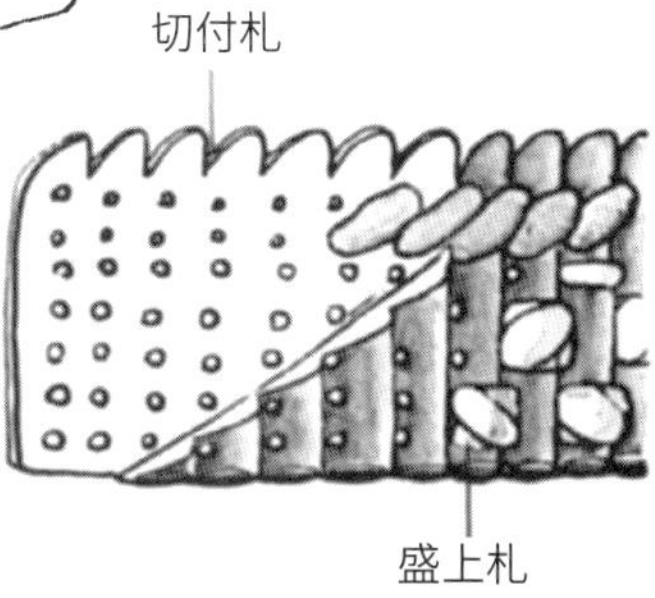

板物を切付として盛上札とした図

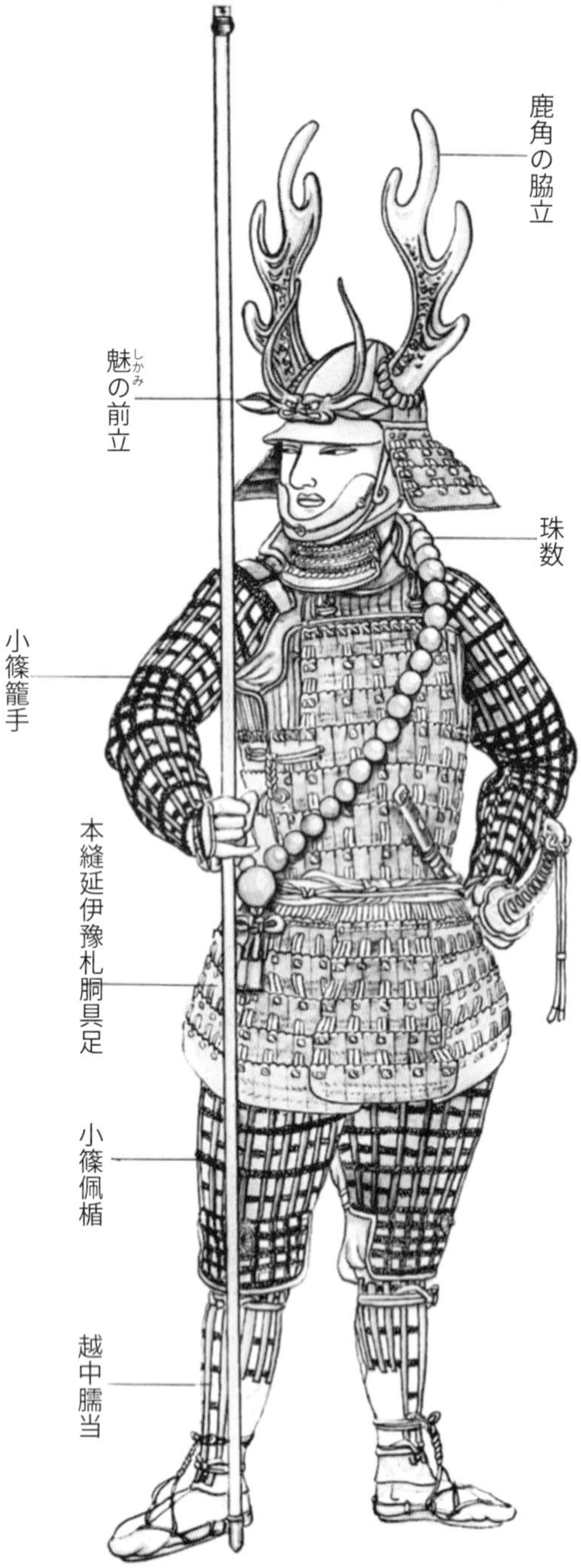

伊豫札胴具足

伊豫札の札頭は
碁石頭・矢筈頭の二種のほかに、
佩楯に見られるように上を一文字。

伊豫札が多く用いられるようになったのは、南北朝時代ごろからであるが、伊豫札で構成された甲冑が流行し始めたのは安土・桃山時代からである。

伊豫札の札頭は碁石頭・矢筈頭の二種のほかに、佩楯に見られるように上を一文字としたものも行なわれた。

これらを総称して伊豫胴とも縫延胴ともいっている。

本当の伊豫札で構成されているものを特に本縫延胴といい、長側が一連である丸胴と、左脇を二分した二枚胴とがある。二枚胴の場合には板物切付頭に伊豫札式に盛り上げたものが多く、これを縫延桶側胴と呼んでいる。伊豫札は両端が綴じ重なっているので柔軟すぎるため、縅みの横縫いに撓めのある鉄線を敷くので、縅み革の部分が見えるのであるが、板物の場合にもなおこの鉄線の敷《しき》を入れて本縫延のごとく見せかけたものもある。

伊豫札胴具足

伊豫札具足は、
簡素合理的な当世具足の目的に、
よく合致したものであるから大いに流行。

伊豫札具足は、簡素合理的な当世具足の目的に、よく合致したものであるから大いに流行し、稀には毛引威もあるが、ほとんどが素懸威である。これは前に述べたように本縫延であっても敷《しき》を入れて、板物と同じ効果を持って形が崩れないから、毛引威としないでも済んだからである。

伊豫札素懸威は一種の桶側胴で、裏から各段の札板を綴じ留めてあるから、上下の足掻きがない。伊豫札具足の遺物はいたって多く、東照宮所蔵伝徳川家康所用・本多家所蔵伝本多忠勝所用・秋田神社所蔵伝佐竹義宣所用等は代表的なものである。またこれらの伊豫札を素懸威とせず、革片で毛引威代わりに革綴したものもある。

このほか佩楯のような伊豫札で構成された具足もあり、これには通常の下重なり式と、佩楯のように上重なり式のものとある。前者の遺物も往々見られ、後者の遺物は、米沢市上杉神社所蔵伝上杉謙信所用の具足に見られる。

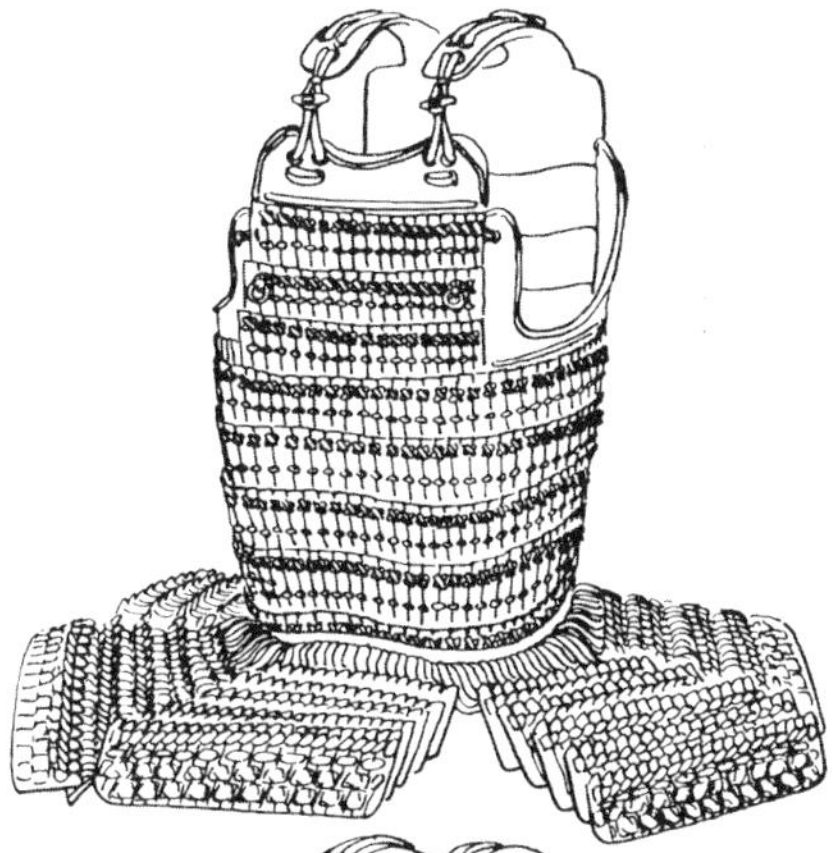
伊豫札胴具足

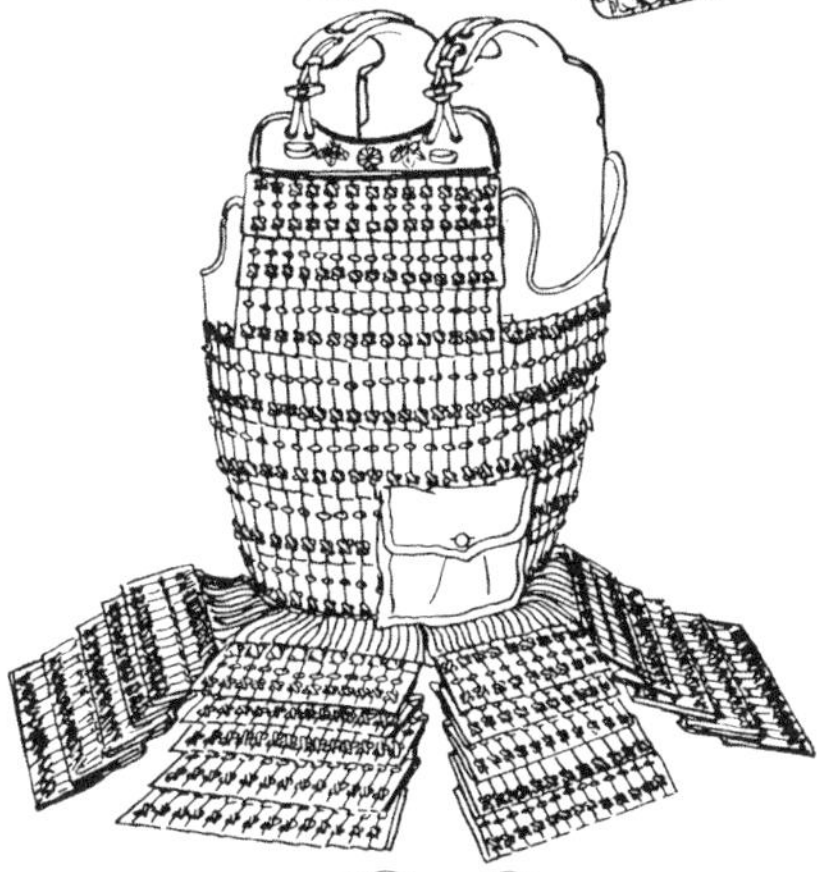
伊豫札胴具足（上重なり）

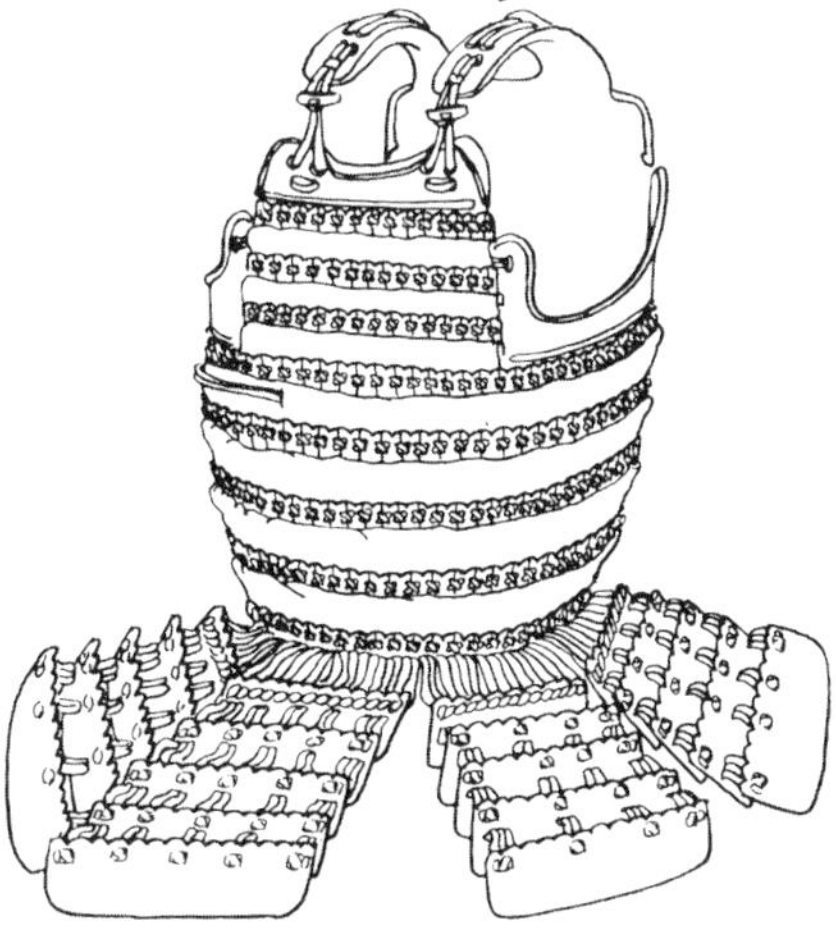
革綴伊豫札胴具足

段替胴具足

具足の立挙・長側等を同一でない札板とし、
または威しの手法を変えたものを段替胴と呼ぶ。

具足の立挙・長側等を同一でない札板とし、または威しの手法を変えたものを段替胴と呼んでいる。

たとえば立挙を小札毛引威とし、長側を伊豫札素懸威とし、草摺を小札毛引威とするなどは各段を変えた手法であるので、段替胴という。

立挙から草摺までの間に変化を求めた製作法で、この時代にかなり行なわれている。

京都市妙法院所蔵伝豊臣秀吉所用の具足は金箔押切付札毛引威の立挙に、金箔押本縫延の長側を素懸威とし、金箔押切付札毛引威の草摺を用いている。

また立挙と、長側下段の二段を小札毛引威とし、長側上段を縫延としたもの等は彦根の赤具足等に折々見られる。

立挙から長側上部にかけて縫延とし、それより下は小札毛引威の具足としては小笠原家に伝小笠原忠真大坂夏の陣に所用した具足があり、このほかに例も多い。

段替胴具足

小札毛引威とし、長側を伊予札素懸威とし、
草摺を小札毛引威とするなど
各段を変えた手法が見られる。

仏胴上段を毛引威とした遺物もかなりある。
これを仏胴胸取ともいうが、仏胴の長側下段を毛引威としたものは仏胴腰取といい、また、折々関東具足に見られる桶側胴の立挙を毛引威としたものもある。

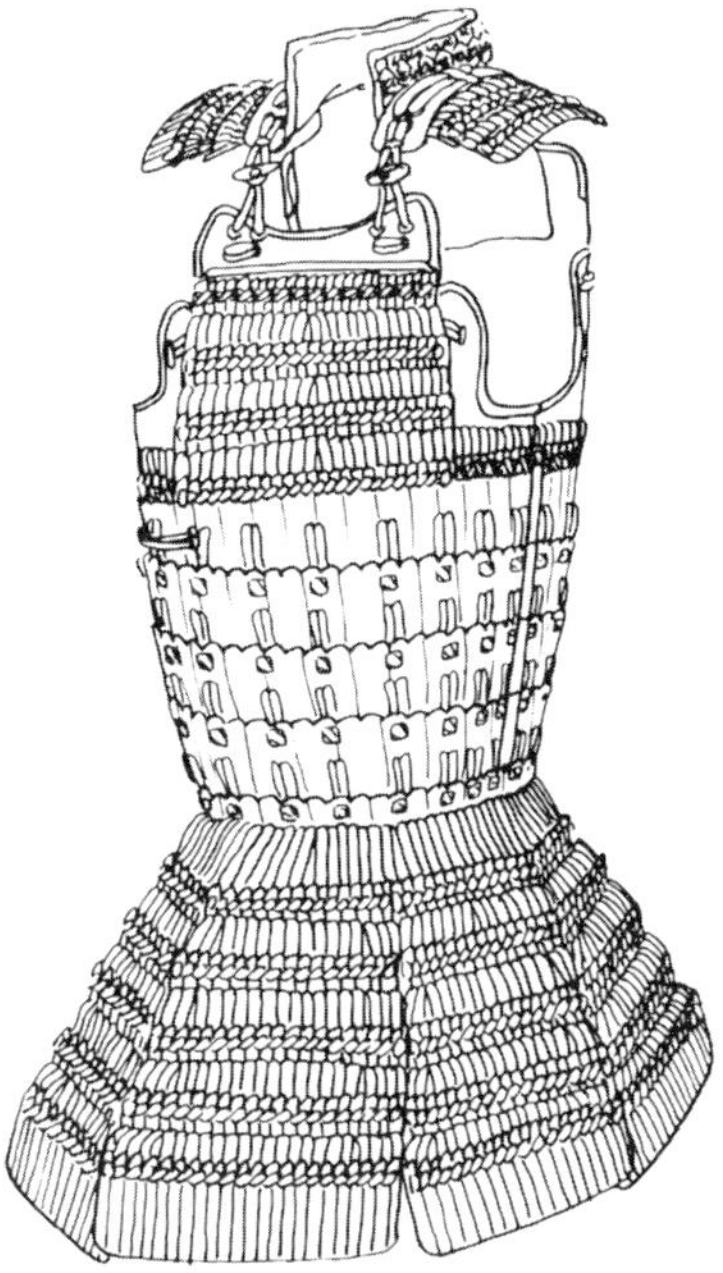
小札毛引威胸取の具足

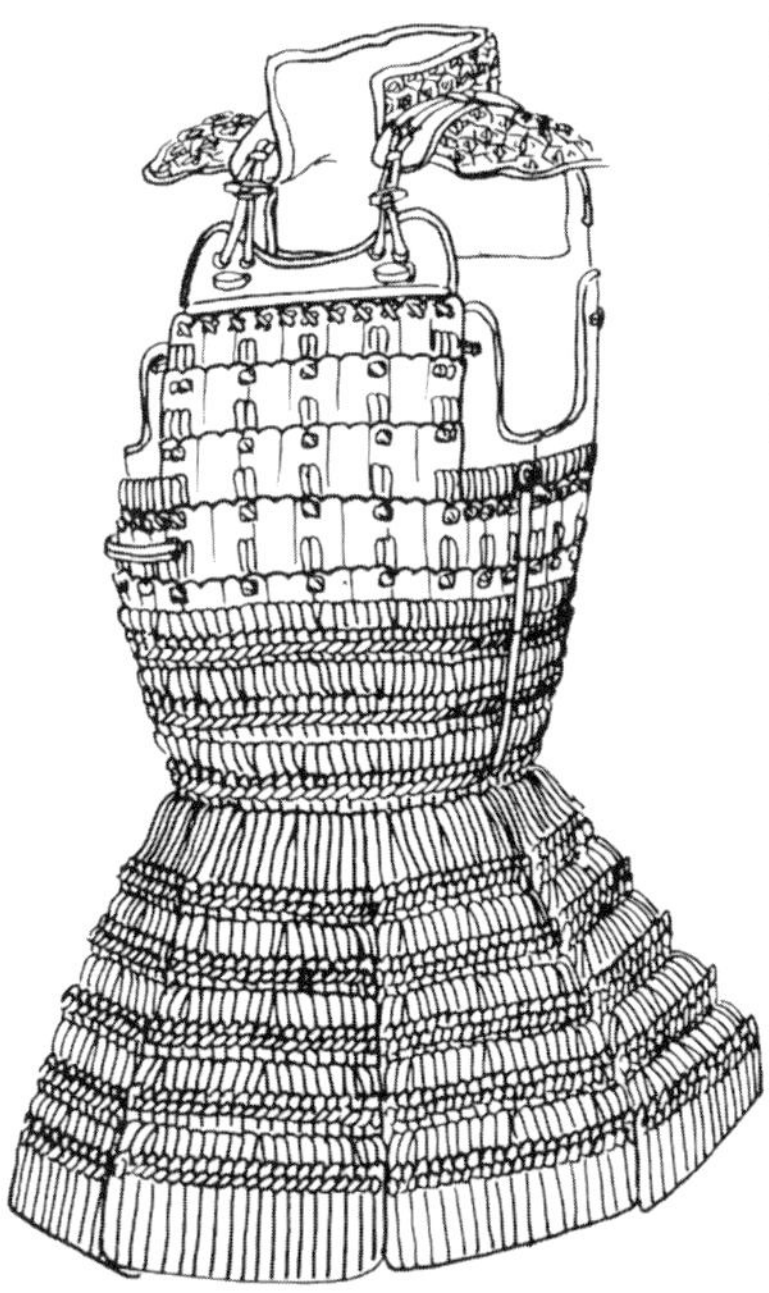
小札毛引威腰取の具足

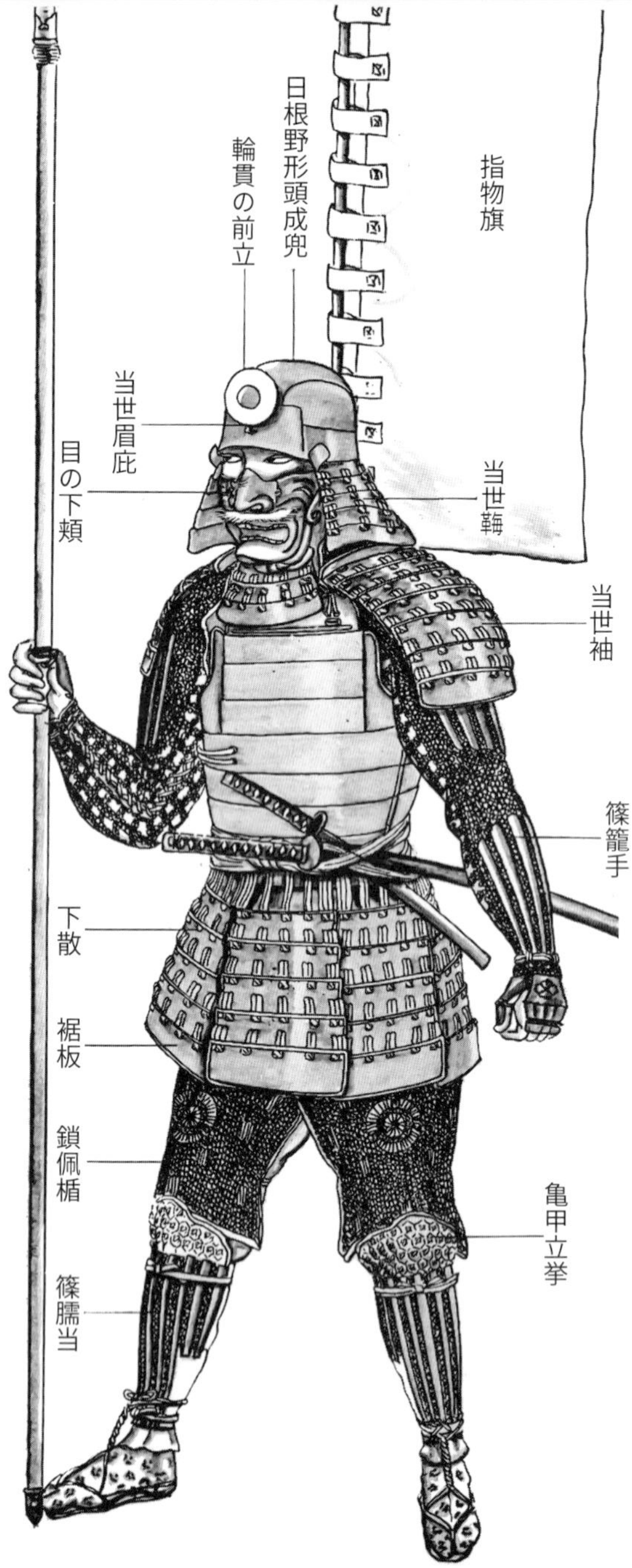

桶側胴具足

板物を威さずに鋲でカラクったものをいうのであり、桶のようなので名付けられた。

桶側胴とは板物を威さずに鋲でカラクったものをいうのであり、桶のようなので名付けられたものである。

桶河・桶革・桶川・桶層の文字を用い、麻筒側とも書く。南北朝時代の金胴・空胴がその原始型らしく、その手法はさらに古墳時代の横矧板鋲留短甲に共通する。

室町時代の『高館草子』にをけがわどうの名目があり、その製堅牢で簡便であったので、室町時代末期ごろから流行し始めた。

最上胴を鋲カラクリした形であるので、四個所蝶番の形式の関東具足（縦矧もあれば、仏胴形式もある）のほかはほとんど前後の二枚胴である。

これらの二枚胴は、前後に分かれているものや、左脇を蝶番付としたものなどがある。

手法は横矧板と縦矧板とある。横矧板は蛇体の腹に似ているので蛇腹《じゃばら》胴・横矧胴といっている。そして矧ぎとめる鋲も鋲頭を叩きつぶして平滑にしたものや、鋲頭を見せた鋲綴胴、糸や革で菱綴にした菱綴胴、畦目綴にした胸目綴胴等がある。

鋲綴胴は鋲絓《かがり》胴・鋲固胴・釘縅《くぎとじ》ともいい、鋲纈・鋲閉とも書く。縦矧・横矧ともに行なわれ、鉄鋲・真鍮・鍍金銀等が用いられ、丸鋲のほかに紋等を打ったりする。

また菱綴に見せる鉄の菱鋲もあり、カスガイ形のものもある。

菱綴胴は上下の板を菱綴としたもので、板物の代わりに縫延胴にも行なわれ、これらの中には革で菱綴して漆で塗り固めたものもある。

胸目綴は、板物を畦目縫いにして固めたものである。

縦矧胴は、板を縦矧としたもので、板を前後ともに三枚か五枚を並べるが、前は中央を上重なりとし、後は中央を下重なりとする。

このように重ねて矧ぎ目を表わすものを普通とするが、中には表面に刻苧《こくそ》を盛って平滑にし仏胴のように見せたものもある。

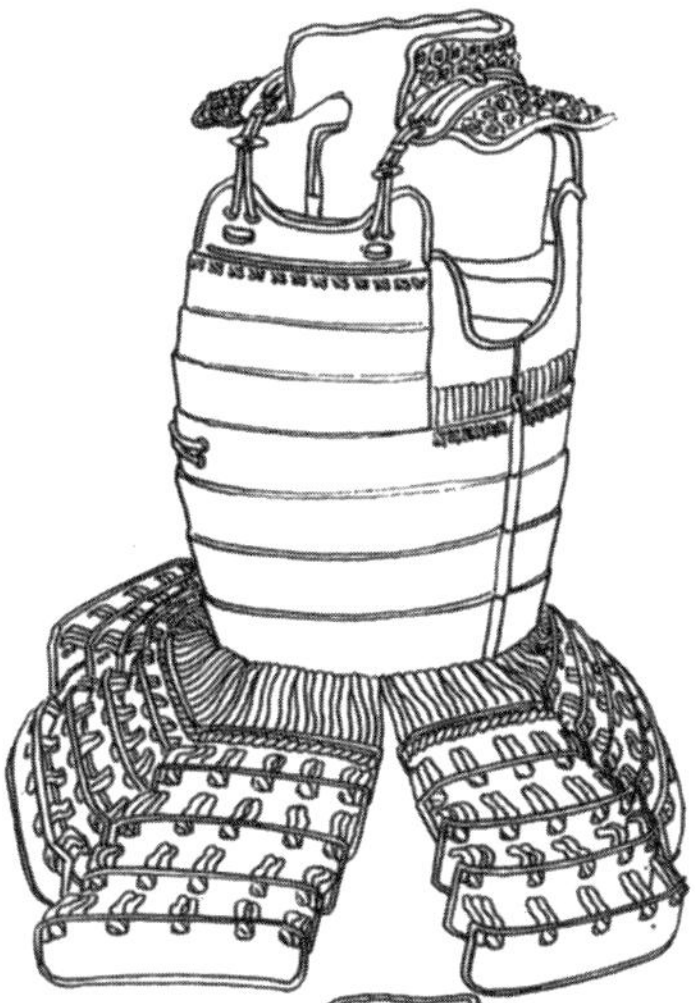

横矧桶側胴具足

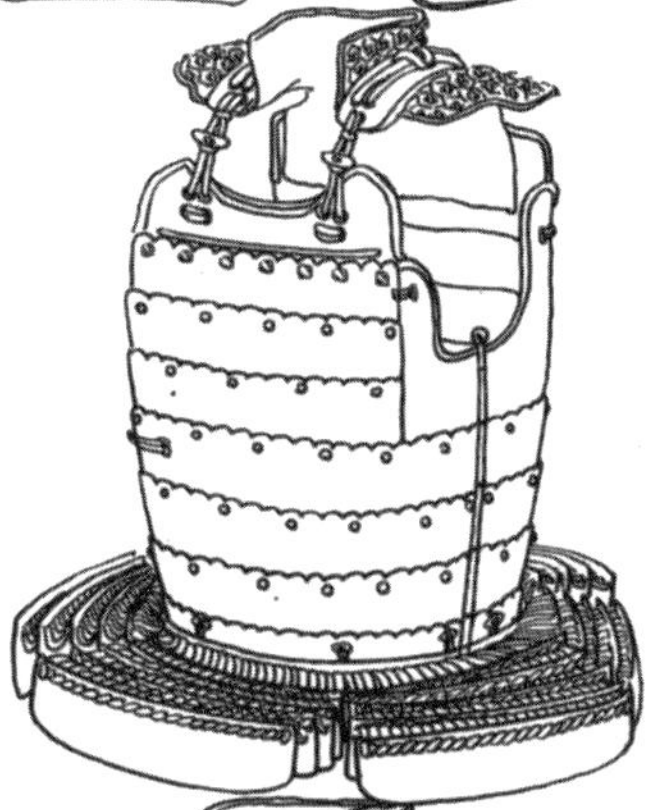

鋲綴横矧桶側胴具足

縦矧桶側胴具足

桶側胴具足

板を前後ともに三枚か五枚を並べる。
前は中央を上重なりとし、後は中央を下重なりとする。
このように重ねて矧ぎ目を表わすものが多い。

胸目綴胴具足

桶側胴具足の一種で、この手法のものは多い。

桶側胴具足の一種でこの手法のものは多い。板物または縫延を革包や塗固めとして畦目縫にしたものである。

細川越中守が好んだので越中流の具足として代表され、熊本藩で多く用いられ、また武将もかなり用いられている。

伝細川越中守所用・伝仙石秀久所用・伝徳川秀忠所用等はその例である。

板は鉄・革が用いられ、革の場合は堅牢で軽く、そして型が崩れない。

桶側胴であるから胸板から発手まで固定されているので、全く足搔がないが、稀に関東具足のように立挙、または腰を毛引威として揺ぎとしたものがあり、これを胸取・腰取と呼んでいる。また伊豫札縫延に革を木目込んで塗固めの板とし、畦目綴とし、さらに畦目を塗固めたものもあり、この方が本格的手法で板物は略式である。

この胸目綴胴を用いる場合に多くは越中流の部分で構成されている。

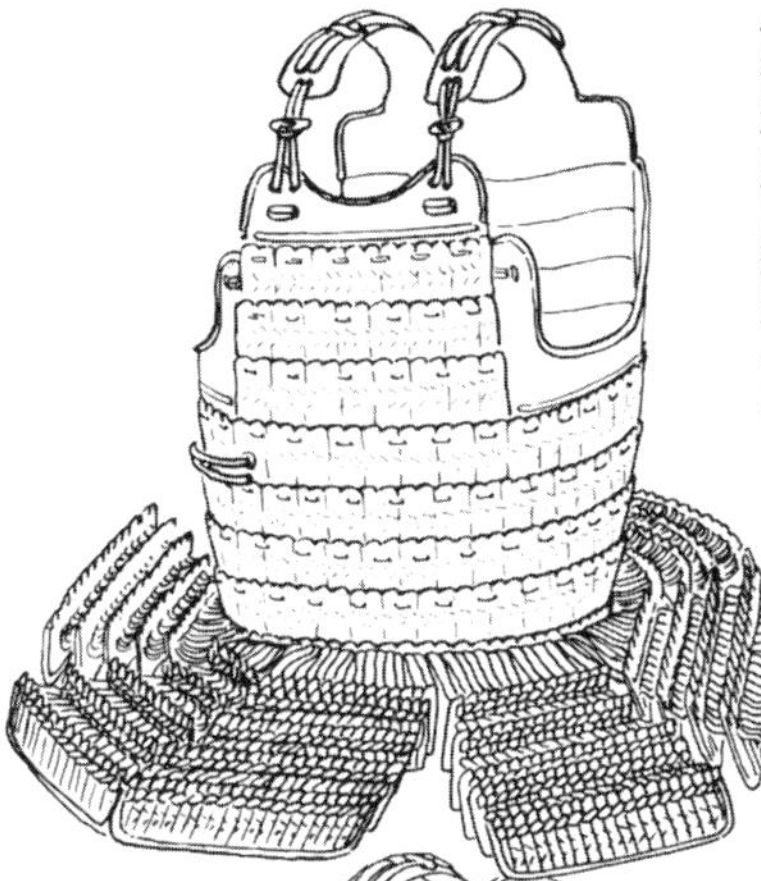

伊豫札胸目綴胴具足

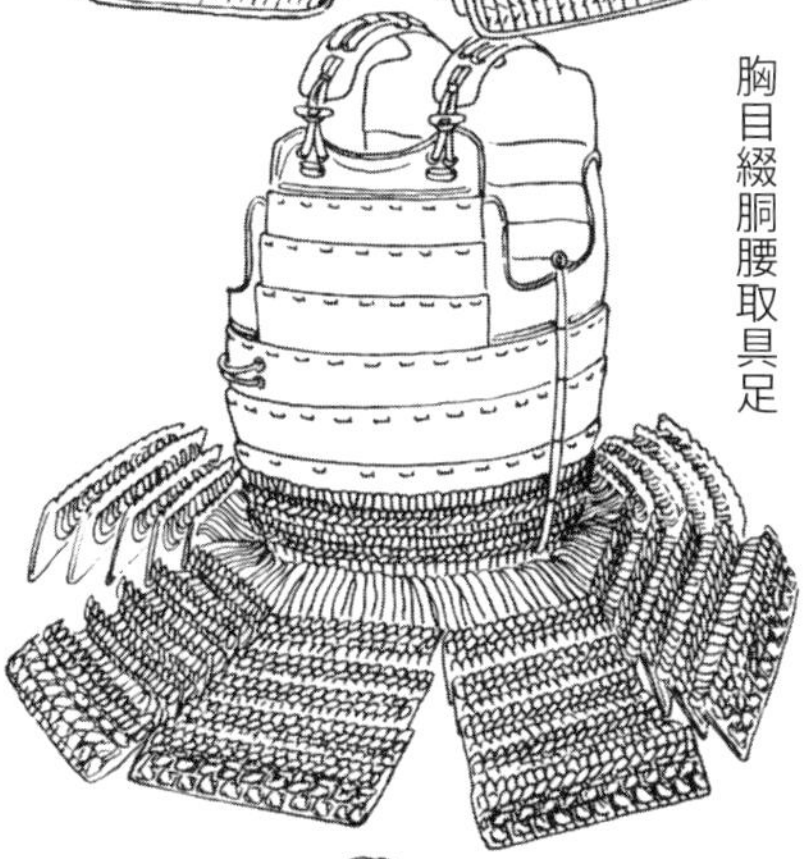

胸目綴胴腰取具足

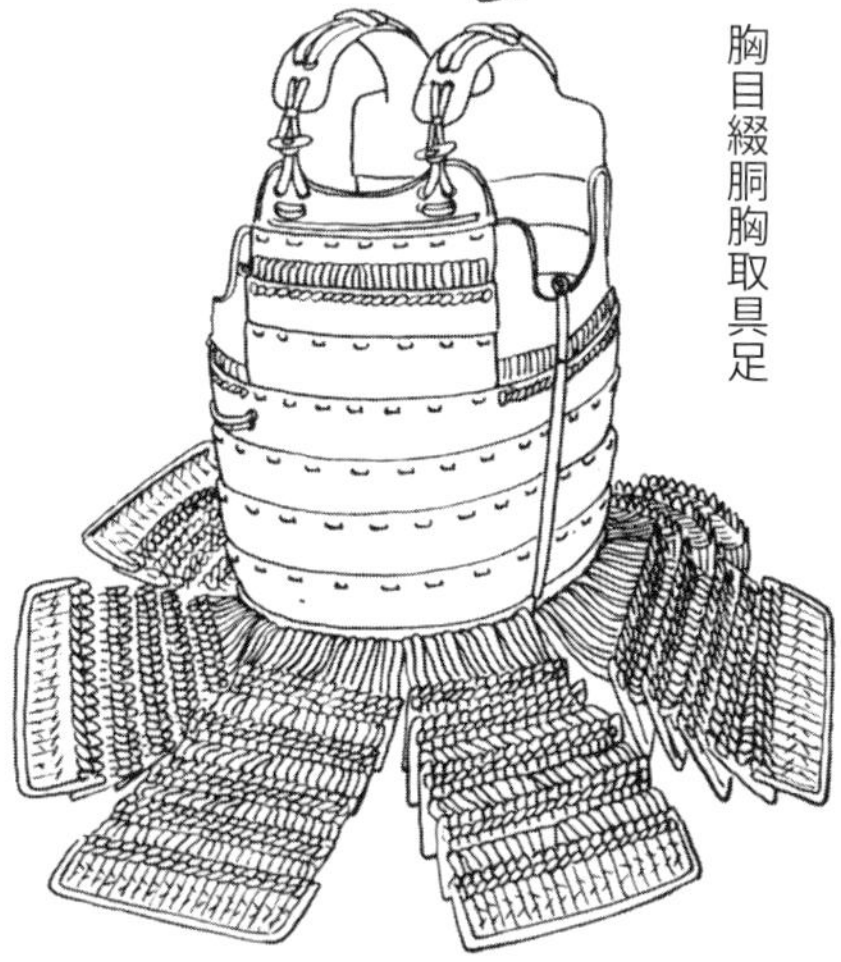

胸目綴胴胸取具足

胸目綴胴具足

軽快で実戦で動きやすい。
虚飾的なところも少ないことからも、
多くの武将が好んでいた。

越中流とは細川越中守このみの具足仕立の意である。兜は越中頭成といって、頭上の板が眉庇の上に重なり、眉庇下縁は一文字である。𩊱は小型で裾板が曲線を描かずに直線である。故に日根野𩊱と区分して越中𩊱と呼んでいる。籠手は総鎖でなく、荒い格子鎖に小篠を配列したもので、この形式も越中籠手という。臑当は七本篠を所々鎖で繋いだもので、家地は用いず、立挙もない。

佩楯も下段を格子鎖、上部を格子鎖に小篠という簡略さである。よろず軽快で実用的であるので、働きの甲冑としては効果があり、虚飾的なところがないので、かなりの武将も好んで用いた。

またこの時代には陣羽織を着用するので袖を用いない者が多かったが、越中流具足は特に袖を用いず、その装置のないものが多い。

菱綴胴具足

桶側胴具足の一種で、鋲留の代わりに菱綴としたもの。

桶側胴具足の一種で、鋲留の代わりに菱綴としたものである。

板物または縫延の板を菱綴としたもので通常板を革で包み、漆で塗り固めてある。

菱は革で作る場合にはその上も塗り固めるが、糸・染革・布帛で菱綴とする場合もあり、中には菱綴の孔に鵐目を入れるものもある。

『武林雑話』に「具足はおけがわ、ひしとぢためぬり」と島左近勝胤の武装を記しているが、溜め塗りは塗り固めのことで、この時代の武将で菱綴胴を用いた者は多い。

革で菱綴にして塗り固めたものを菱綴（菱威）といい、塗り固めないものを、菱縫と区分することもある。

この胴は越中流の胸目綴胴の類型であるから、ほかの部分の構成も越中流を採用しているものが多い。

板または縫延は鉄もあるが、厚目の革を用いたものが多く、軽くて堅牢なのでかなり用いられている。

薄い鉄板で桶側胴を作り、表面を厚く剋苧で平滑に塗り仏胴のようにしたものを菱綴としたものもある。

これは菱綴を装飾化したもので、本来の目的から菱綴としたものではない。

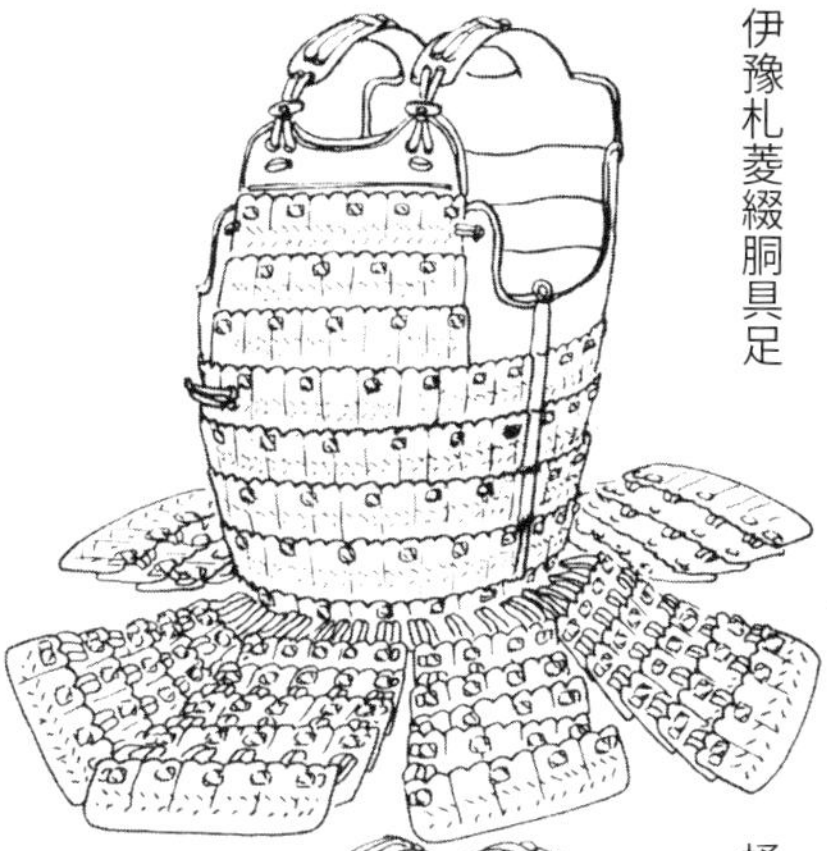
伊豫札菱綴胴具足

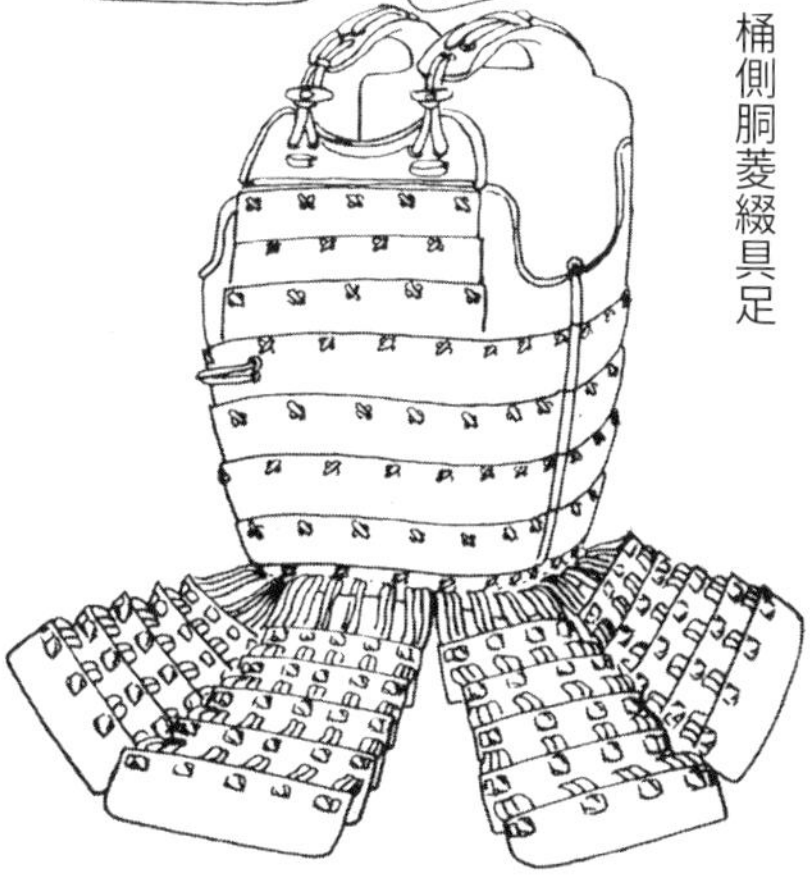
桶側胴菱綴具足

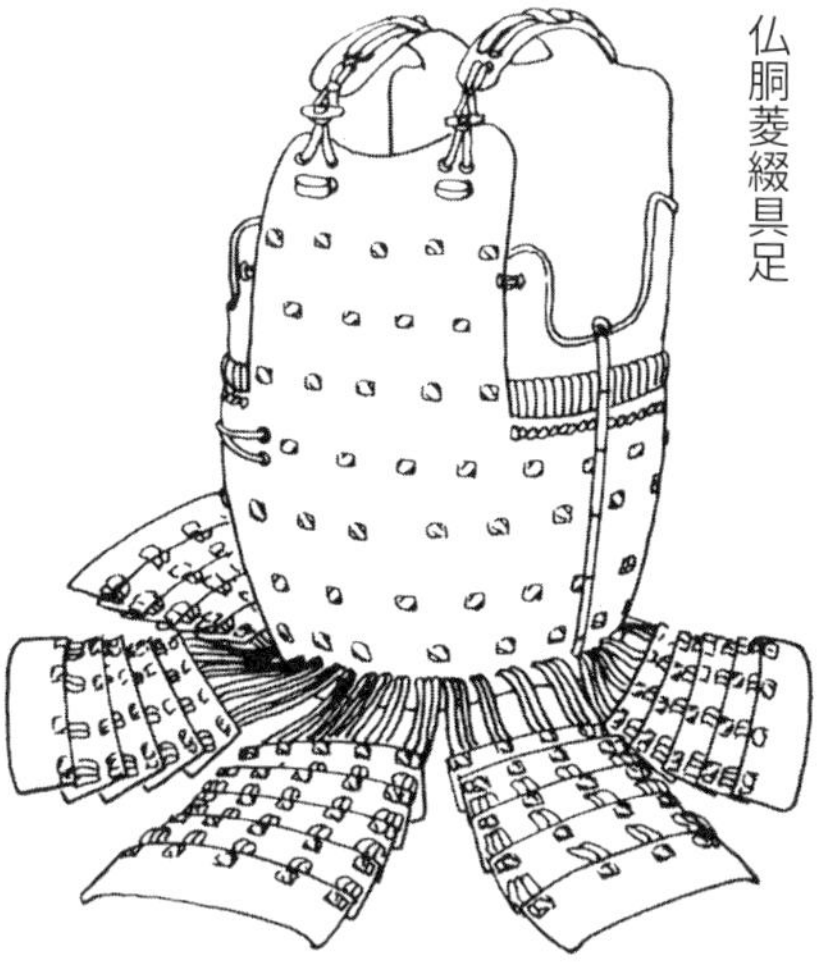
仏胴菱綴具足

菱綴胴具足

板または縫延は鉄もあるが、
厚目の革を用いたものも多く軽くて堅牢なのでかなりある。
薄い鉄板で桶側胴を作り、表面を厚く剋苧で
平滑に塗り仏胴のようにしたものを菱綴としたものもある。

南蠻胴具足

天文ごろから西欧の武器武具の影響強くなる。
桶側胴から発展して
西欧甲冑の胴が出現したのは見逃せない。

桶側胴から発展して仏胴が考案されるには、西欧甲冑の胴が影響しているのは見逃せない。

天文ごろから西欧の武器武具の影響強く、甲冑も当然舶載されたと考えられる。

そして西欧甲冑をそのまま利用したものを南蠻具足といい、兜を利用したものを南蠻兜・胴を利用したものを南蠻胴と呼んでいる。

当時の西洋甲冑はドイツのニューレンベルヒで作られたものが、ポルトガル人によって伝えられたといわれる。前後二枚胴で、左側を蝶番とし、前胴は継目なしの仏胴で、中央に高く鎬があり、よく敵の打撃を滑らせてそらし、鉄地も厚く堅牢である。故に当時の武将は好んでこれを用いることを望んだが、重量ありまた胴も長いので一般には向かなかった。現在南蠻胴は折々見られるがほとんど同形式である。

普通は兜鉢・満智羅・胴を採用し、鞆・頬当・籠手・草摺・佩楯・臑当は日本具足の制をもって補っている。

南蛮胴具足

兜も錣のある帽子型である。
日本兜の桃型に似ているが
西欧兜の影響で考案されたとも考えられる。
南蛮帽式も用いられ、日本製のものも作られている。

後胴は肩上と一続きの共鉄で、肩上内側は折返して縁をとり、具足の襟廻し式となっているのは具足の襟廻しは南蛮胴から採ったものと考えられる。

また発手が腰骨に当たらぬように左右が切り上がり、前中央が下腹部を深く護れるようにさがっているが、当世具足の発手がこれに近いのは、南蛮胴の影響と思われる。南蛮胴に付属するマンチエラは、具足の下に用いる満智羅となって用いられ、南蛮胴が日本具足に影響した点は多い。

兜も錣のある帽子型であるが、前後中央に鎬があり、日本兜の桃型に似ているが、この点も桃形兜が西欧兜の影響で考案されたとも考えられる。このように平滑で鎬のある兜は敵の攻撃をそらしやすく、桃型からやがて烏帽子形も用いられるようになるのである。

このほかに南蛮帽式の兜も用いられ、南蛮形式の胴とともに日本製のものも作られている。

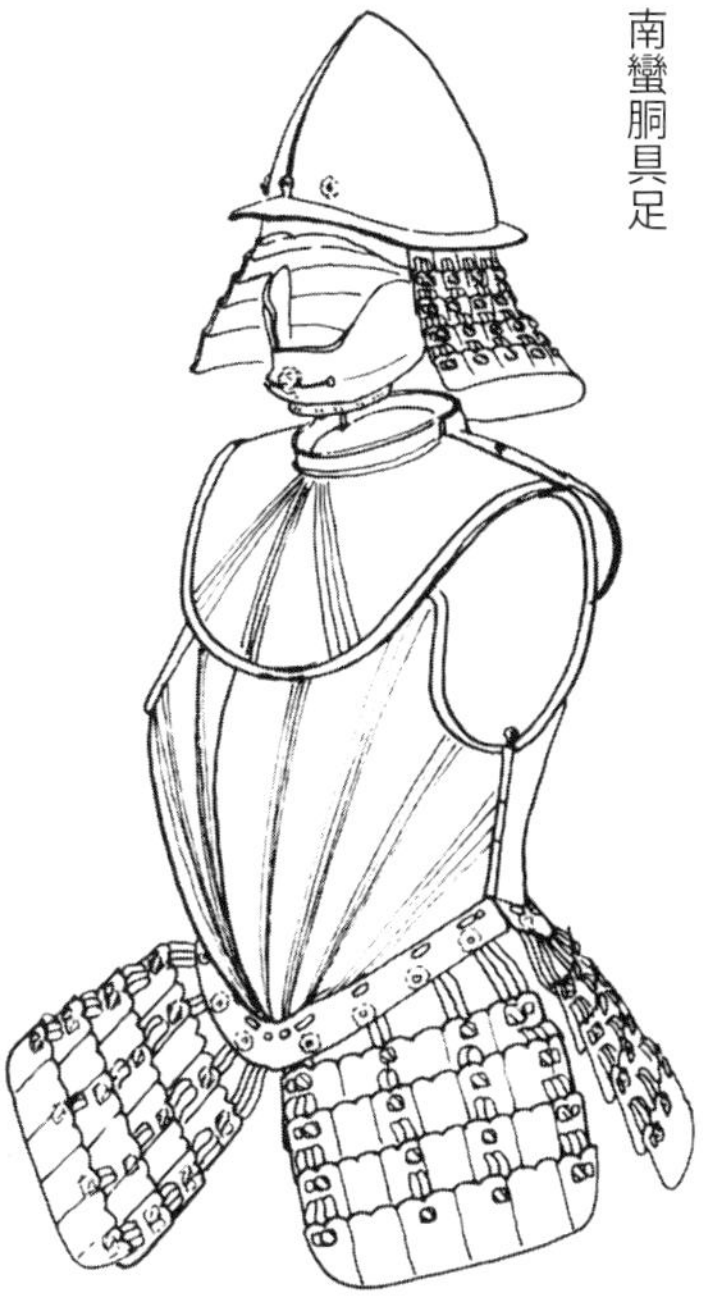

南蛮胴具足

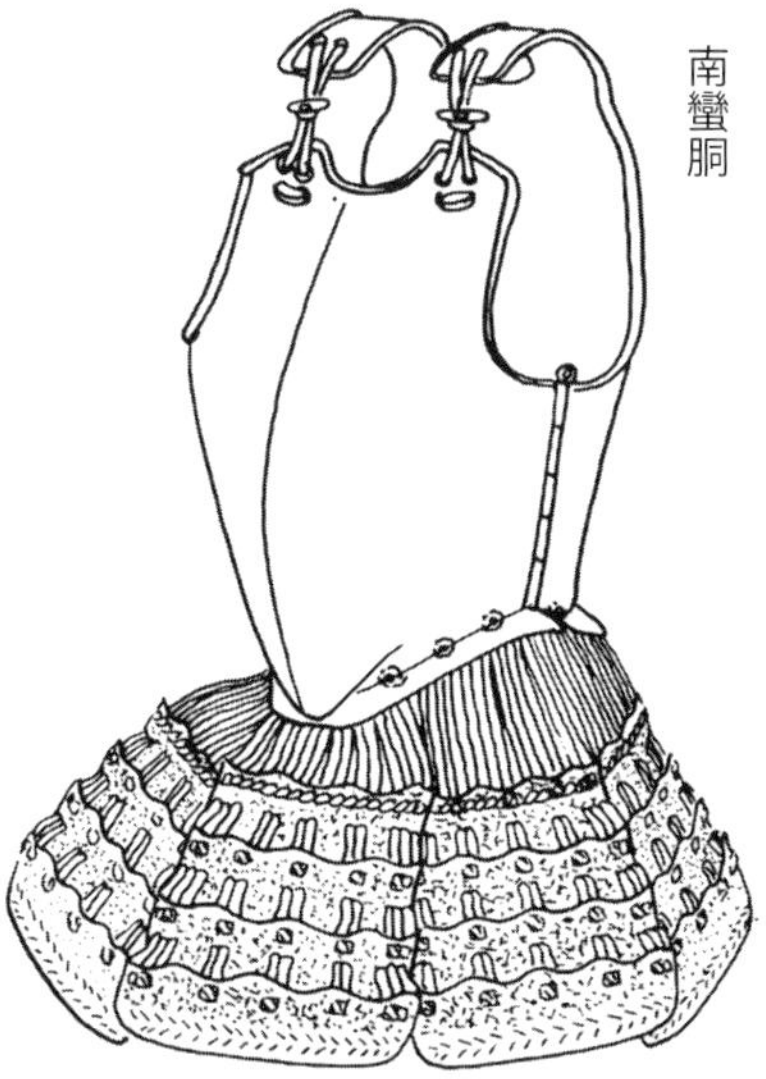

南蛮胴

和製南蠻胴具足

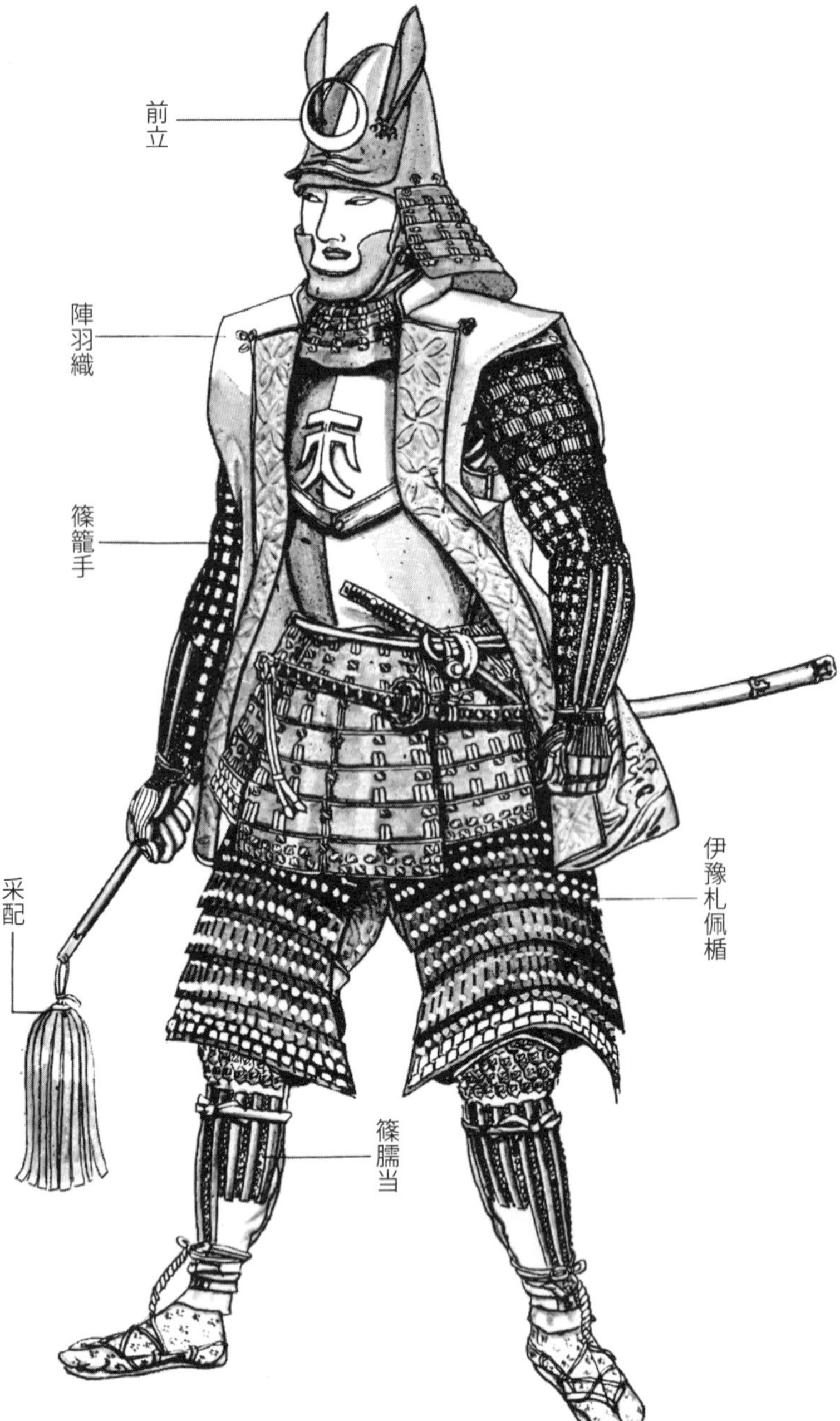

南蠻胴は当時斬新な具足で、大いに歓迎された
大量に入手できないことと
「日本人の体格に合わない点から、日本製のものが作られた。

南蠻胴は当時斬新な具足で、大いに歓迎されたが、大量入手できぬ点と、当時の日本人の体格にはなかなか合致しない点があったので、日本製のものが作られた。

南蠻胴と全く同じ外形のものもあれば、日本人の体格に合うように多少変化させたものもある。

これらを総称して和製南蠻胴というが、ほとんどが鍛え良く厚い鉄の前後二枚胴で、前中央に鎬を立てた。

東京国立博物館所蔵伝明智左馬介所用具足はその代表例で、厚い鉄地の二枚胴で中央に鎬があり肩上は共鉄が後胴と一続きになっている点は、南蠻胴と変わりないが、鎬のふくらみ方、発手の線、装飾的意匠は全く日本的なものである。

胸中央には天の字を打出し、采配付の鐶の座は髑髏の彫金をつけ、背には富士山形を打出して、雪を銀象嵌としている。

草摺は前二間を花緘みで綴じ合わせ、それの左右の二間とともに五段下り、両脇の二間は四段下り、後二間は三段下りとし、揺ぎの糸は裂地に縫いつけ、仕付草摺としている。草摺の段数が左右から後へいくにしたがって省略されていくのは、西欧甲冑の草摺が後中央が空いているのと共通し、仕付草摺も西欧甲冑の草摺の行なっているところである。仕付草摺は室町時代末期すでに見られるが、これもその影響からではあるまいか。

私製南蠻胴は結局その鍛えの良さを誇りとしたもので、明珍系がこれを製したが、ところどころに西欧的感覚をあらわすために鋲を西欧花形鋲とし、覆輪を捻返し縄目とするなどしたが、縄目はのちに加賀製のものに、縄目覆輪として用いられ、また西欧風のデザインの象嵌を多く用いて、兜・鍔等に影響をおよぼしている。

このように南蠻胴は日本甲冑に多くの影響を与え、和製南蠻胴はより日本化して、仏胴の内の打出し胴に、その要素を止める状態となった。

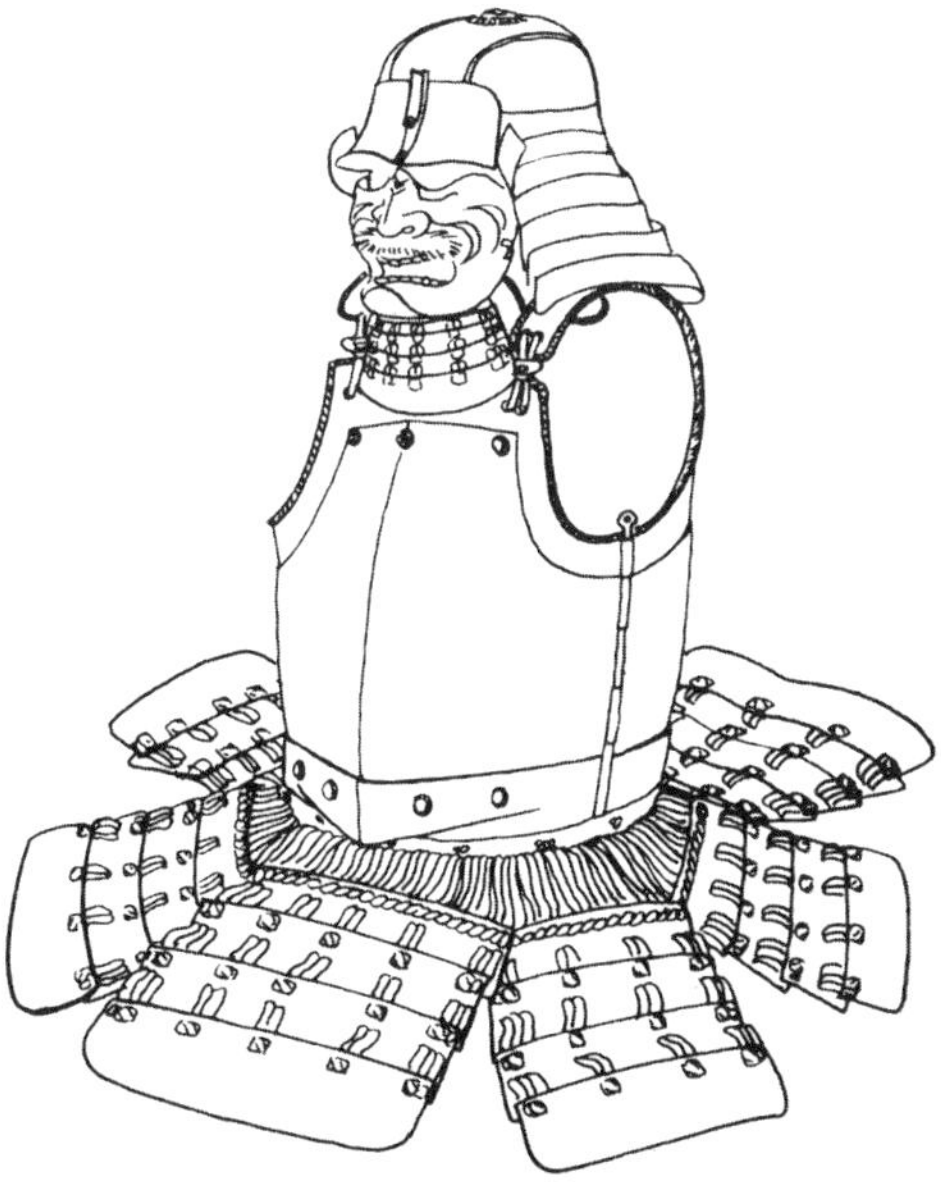

南蠻胴の形式を採り入れた二枚胴具足

和製南蠻胴具足

南蠻胴は日本甲冑に多くの影響を与え、
和製南蠻胴はより日本化していく。

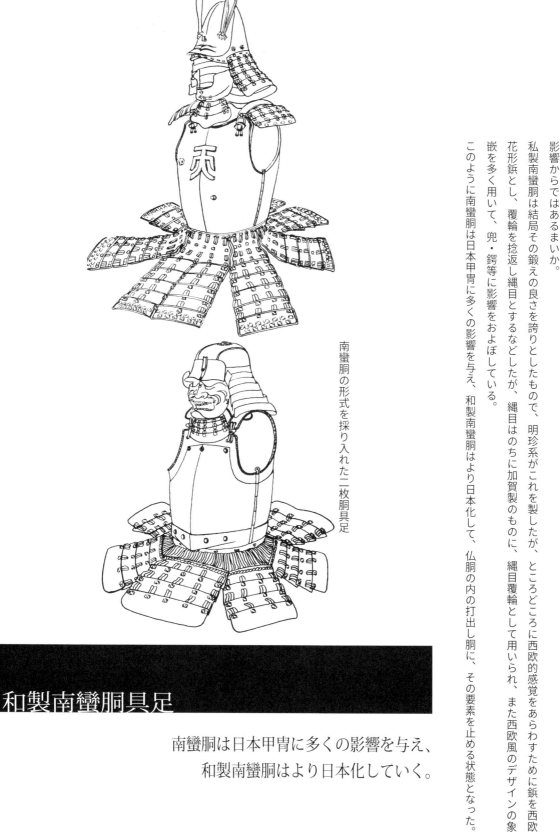

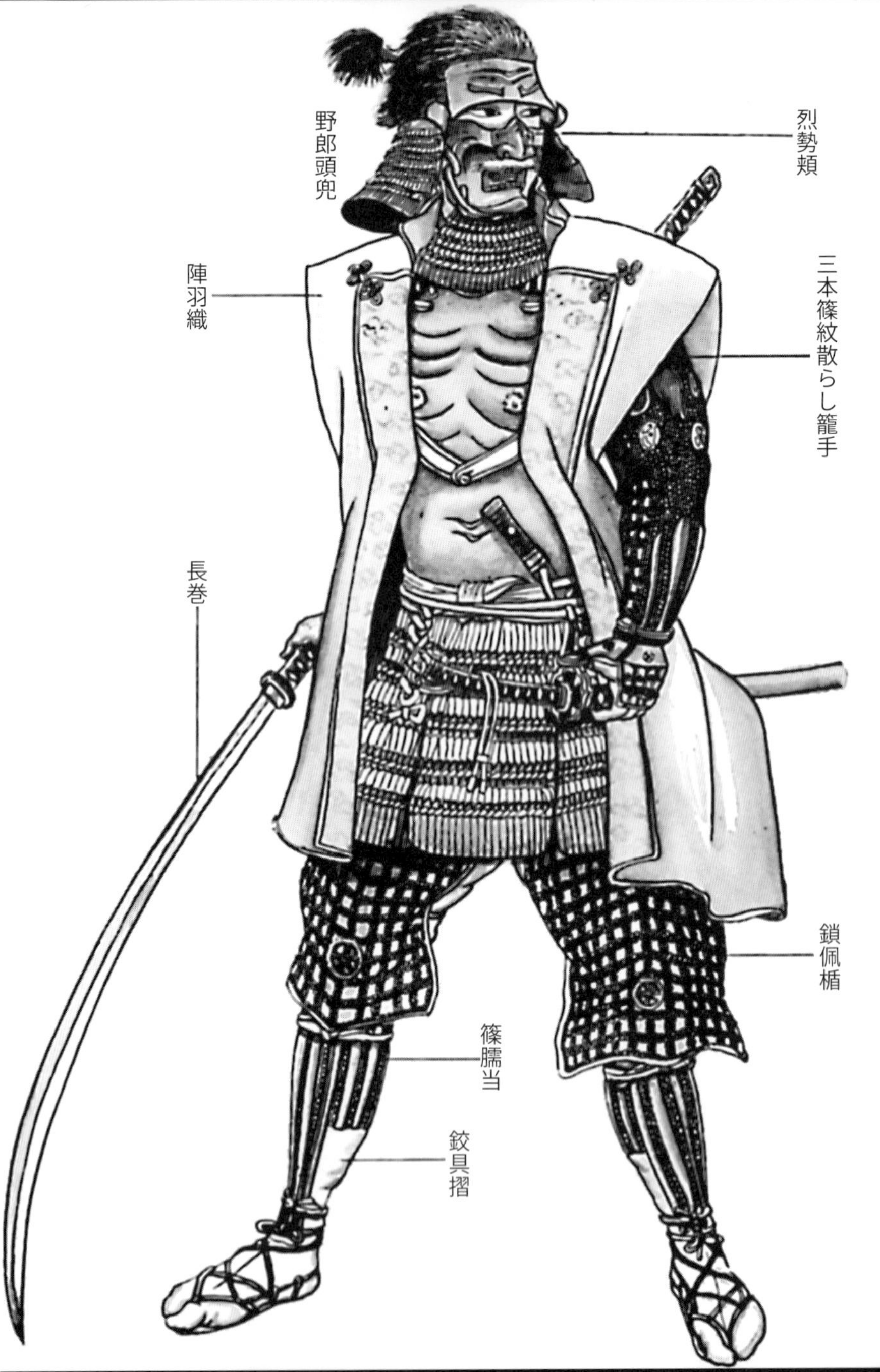

肋骨胴具足

南蠻胴および仏胴の影響から、
打出し胴が行なわれた。
その中に肋骨胴という形式がある。

南蠻胴および仏胴の影響から、打出し胴が行なわれたが、その中に肋骨胴という形式がある。

肋骨胴というのは裸の胴の形を打出したもので、肋骨・乳首・みぞおち・腹の凹凸が表現され、赤塗にして凄愴の感じを出したり、肉色に塗って生々しい荒々しさを見せたもので、戦場における威嚇を心理的にあらわしている。

二枚胴であるから前は胸腹、後は背腰の表現がなされている。肋骨も見えるが筋肉も隆々とした打出しを仁王胴といっている。

『師説記』に「胴の事乳有て弥陀胴と云ふ」とあるのは、肋骨胴の一種であろうか。

『甲製録』巻中の餓飢腹胴というのは、肋骨が強く打出され、下腹が突き出たものをいい、『地獄草紙』に描かれている餓鬼に似たものである。

これは老婆のように乳房が垂れて皺がつき、下腹が不気味にふくらんでいる。乳房が皺なくふくらんで、下腹が丸くふくらんでいるのは布袋胴という。

肋骨胴具足

緊張と恐怖の戦場では一瞥したくらいでは、
上半身裸体の武者の錯覚を
起こすので威嚇効果はあった。

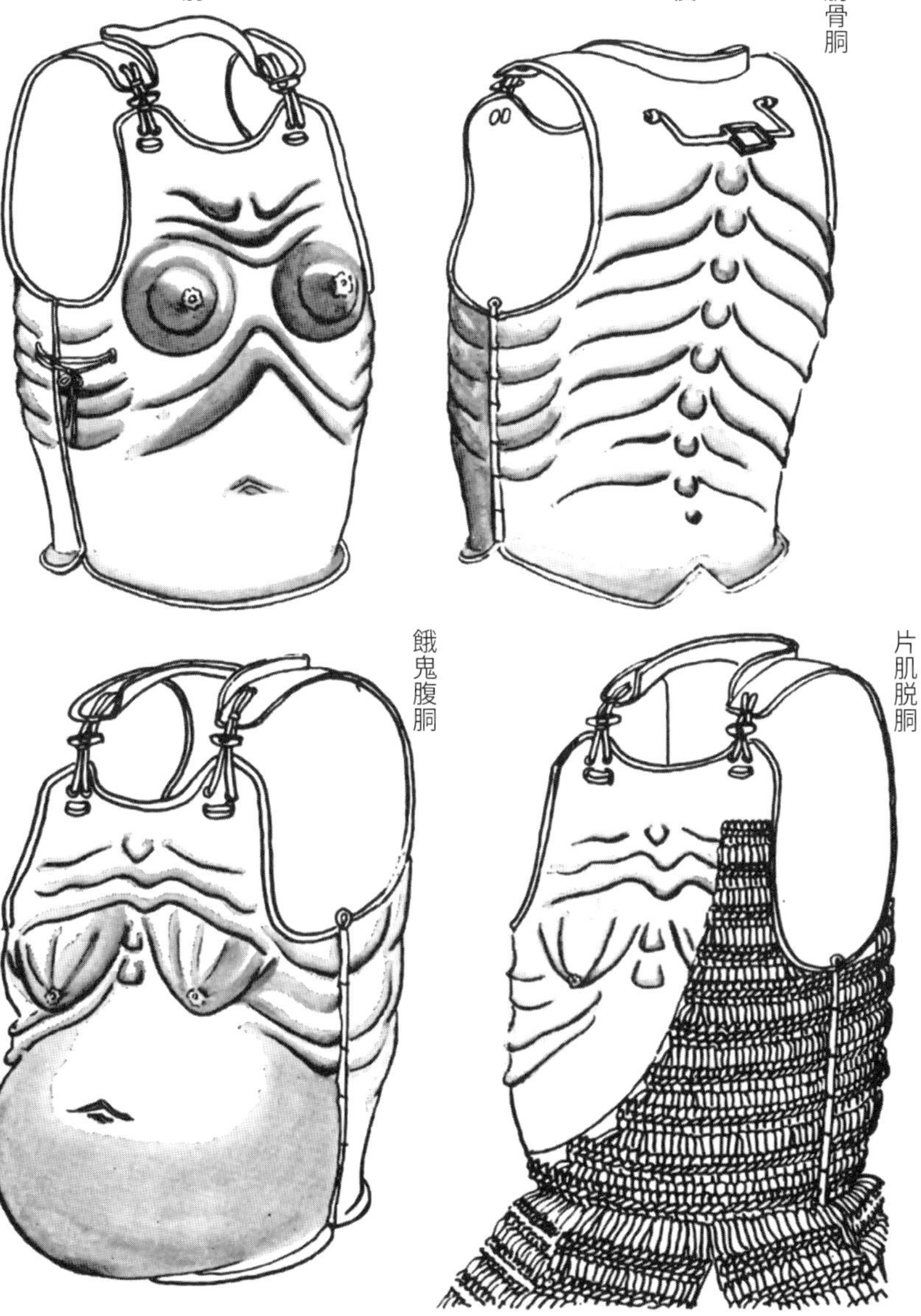

これらの胸や下腹のふくらんだ胴を女性用の具足と誤信する向もあるが、特に女性用の具足というのはなく、遺物としては大山祇神社に、鶴姫着用として紺糸威胴丸が唯一領あるのみである。

肋骨胴には単なる仏胴に肋骨だけ形式的に打出したものもある。

また異形のものとしては、片肌脱胴があり、これは布の片肌脱いだように斜め半身に肋骨を打出し、他の半分を小札引威としたものである。

肋骨胴を用いる場合に、兜は胴に合わせて結髪風に見せるため、野郎頭・総髪《そうごう》（本章「兜の種類」参照）を取り合わせるものが多く、眉庇には見上皺・打眉を打出し、胴と同じ色とする。

面頬はほとんど目の下頬で、胴と同じ色に塗るから、緊張と恐怖の戦場では一瞥したくらいでは、上半身裸体の武者の錯覚を起こすので、威嚇効果はあった。

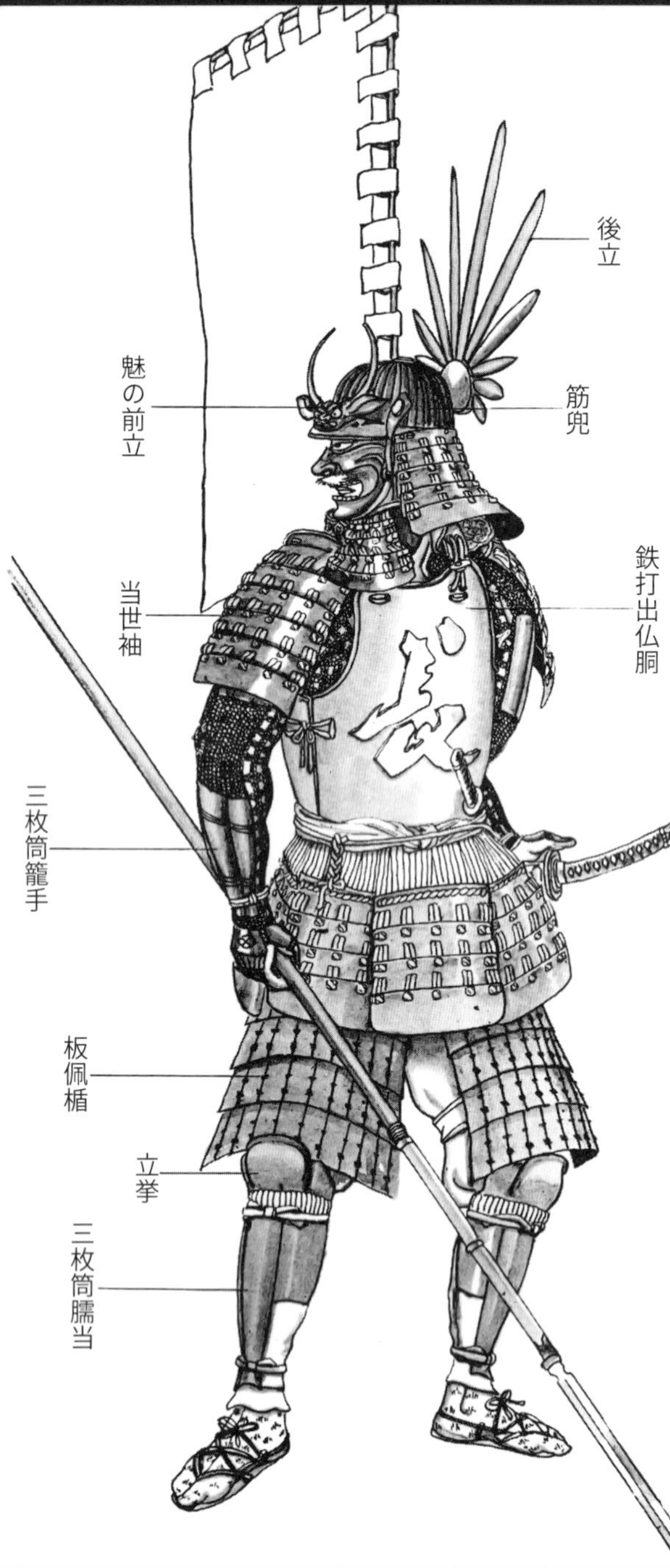

仏胴具足

仏胴とは胴に矧ぎ目のない具足の胴をいうのであるが、
仏像の胸には継ぎ目がないことから採って名付けられた。

仏胴とは胴に矧ぎ目のない具足の胴をいうのであるが、仏像の胸には継ぎ目がないことから採って名付けられたものである。最上胴から桶側胴、そしてそれが進歩して矧ぎ目のない仏胴が考えられることは当然の推移であるが、西欧の甲冑の影響も多分にあったものと思われる。南蛮具足のように厚い一枚の鉄で前胴・後胴を打出して作るのが本格的であるが、なおいく枚かの鉄を矧ぎ合わせ、表面を平滑に塗って矧ぎ目を潰した仏胴もある。これには練革製のものもある。こうした仏胴は多くは漆塗りとし胸に蒔絵を行なうか、または羅沙・錦・緞子等をもって包んだものが多い。しかし仏胴の特長としては平滑で、鍛えの良いものを主眼としたから、厚手の鉄地の錆地のものが好まれ、中には胸面の単調さを補うために文字・模様を打出したりした。こうした頑丈な具足は*仕寄具足として用いられ、草摺も間数、段数が簡素な代わり、鉄板を用いたものが多い。

仏胴で錆地が好まれるのは、西欧甲冑の影響もあるが、薄手で漆塗り潰しのごまかしの品でないことを証するからでもある。

仏胴具足

進歩して矧ぎ目のない仏胴が
考えられることは当然の推移であるが、
西欧の甲冑の影響も多分にあったもの。

このように厚手の鉄地を、大きい面積で二枚胴にすることははなはだ手数がかかるので、四個所蝶番の五枚胴のものも作られた。

これは関東具足に見られ、仙台胴のように肩上先に高紐の辺を守る蝶番付杏葉が用いられている。

また広い面積の鉄板を用いる労を避けるためと、身体の屈伸に働き良いように立挙か、長側下段を毛引威、あるいは素懸威としたものもある。

これらは仏胴胸取・仏胴腰取と呼ばれるが、板物切付札や碁石頭の板札が用いられ、胸面の変化のため形式的に段替として揺ぎ＊＊のないものと、実用上から揺ぎを作っているものとある。

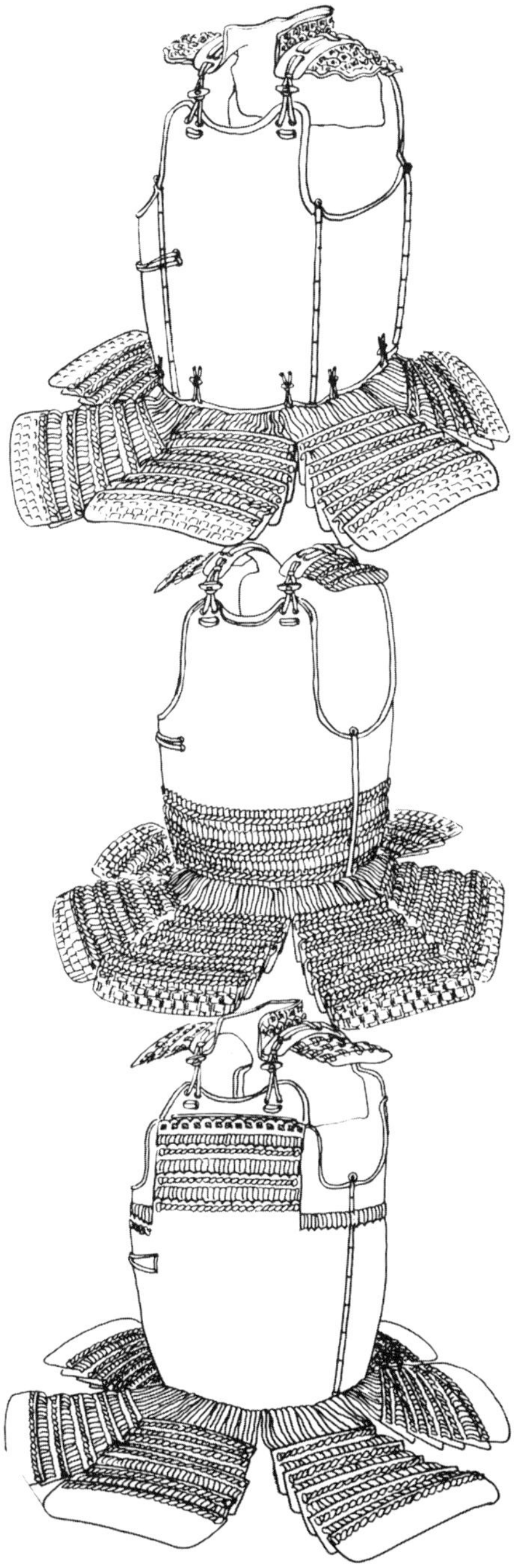

五枚仏胴具足

仏胴腰取具足

仏胴胸取具足

＊仕寄具足とは城砦を攻めるとき、大木・落石、上からの刀槍・銃弾に堪えて仕寄れるよう頑丈に作った具足をいい、これに用いる兜を仕寄兜という。
＊＊揺ぎとは上下の札板が伸縮できるように、上下の札阪を綴じとめないことで、草摺の場合、胴の発手から草摺の一段の板をつなぐ威糸をいう。

五枚仏胴具足

仏胴の一種で四個所蝶番を入れたもの。
各片が小さくことから、
厚手に鍛えやすく強度を増しやすい、
また製作のしやすいものだった。

仏胴の一種で四個所蝶番を入れたものである。これだと胴の各片が、比較的小片であるので厚手に鍛えやすいので製作しやすい。

これの形式に雪下胴・仙台胴・甲州胴の種類がある。雪下胴とは、相州明珍が室町末期ごろ、鎌倉の雪の下に住んで製作したので称えられたといわれ、古式の胴丸を板物と仏胴で構成した形式である。

故に前立挙二段、後立挙三段で、四段の長側に当たる部分が一枚板で作られたものである。肩上等は古式であるが、押付板と肩上は蝶番付とされ、肩上先に蝶番付の杏葉を用いたものもある。

材質は鉄が多いが、稀に煉革製もあり、漆塗り、またその上に箔置きしたものもある。

仙台胴は雪の下明珍の久家・政家父子が仙台の伊達政宗に招かれ、政宗好みの雪の下胴を作ったのが始めとされ、仙台藩はほとんどこの形式を用いたので、仙台胴と称された。

その制は雪の下胴に似ているが、立挙・長側は当世具足に準じた長さであるので、雪の下胴より二段長く、立挙から仏胴とする。

また外見仏胴と見せた縦矧もあり、すこぶる重量があって堅牢なので、仕寄具足に適している。こうした外見質実な形式であるので、兜の立物に派手を競ったので、派手なことを伊達様といい、伊達姿、男伊達等の熟語に用いられている。

また雪の下胴は武田流軍学の者にも好まれ、甲州の楯無型・面高《おもだか》具足といわれるのは、武田家の重宝楯無の鎧の名を藉りたものであり、面高具足とは前中央に鎬を立てたから面高といい、古雅な沢潟鎧の名を藉りたものである。甲州胴には各面一枚鉄または革の仏胴もあるが、中には縦矧三枚板や、矧板の表面を平滑に塗って仏胴にしたものもある。

これらを総称して関東具足というが、特長としては押付と肩上を蝶番付とすること、肩上先に杏葉を蝶番付にすること、押付板から出ている蜷巻結びの懸通しの高紐の緒が、肩上先の高紐と別個になっていることである。

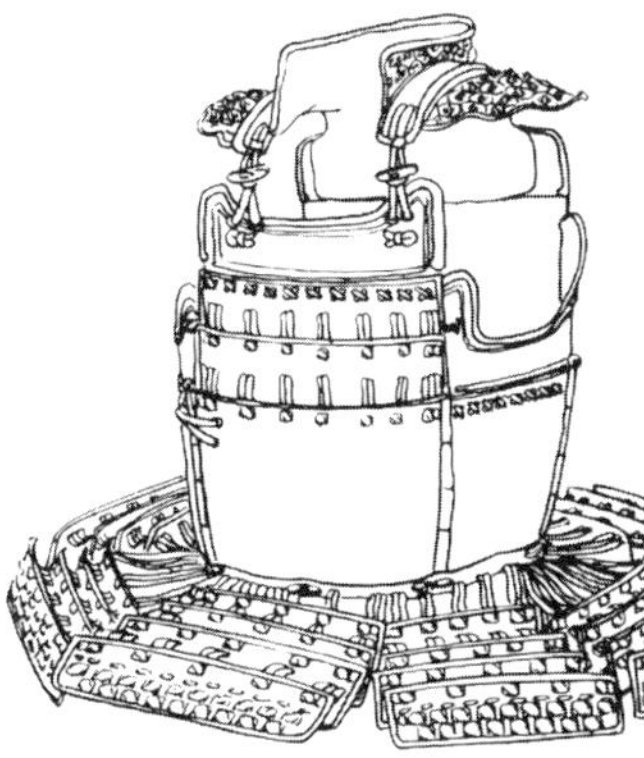

雪下胴

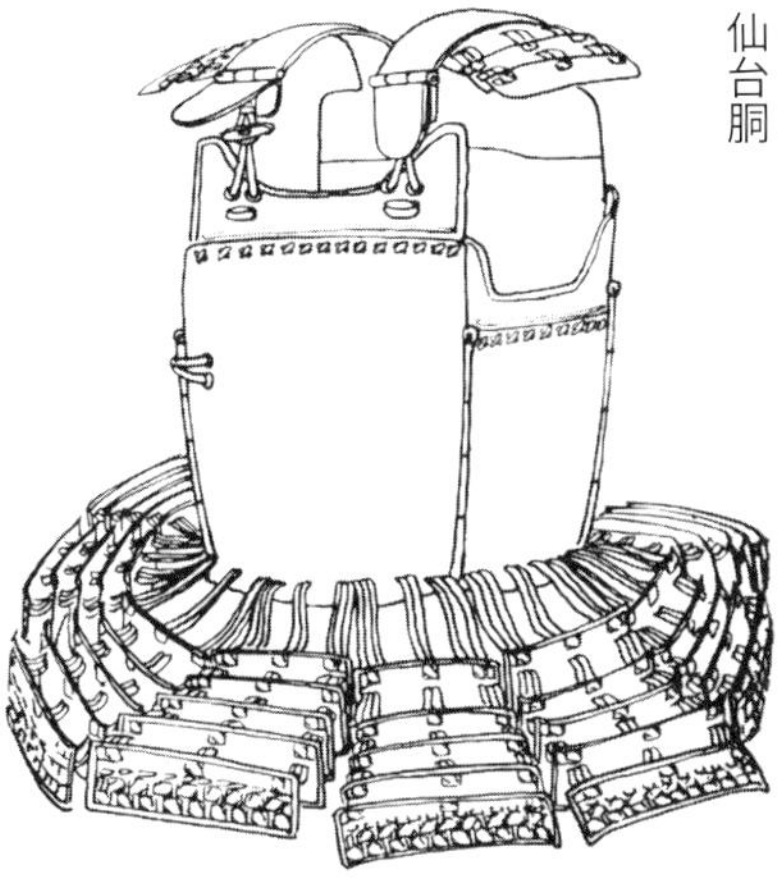

仙台胴

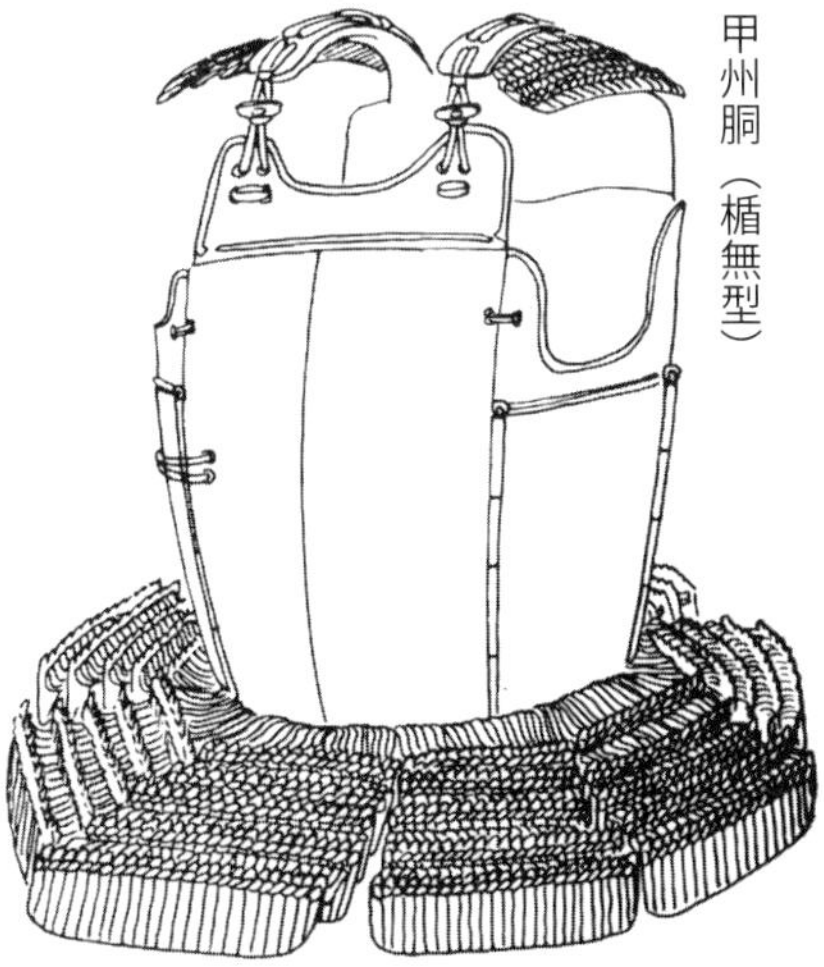

甲州胴（楯無型）

五枚仏胴具足

押付と肩上を蝶番付とすること、
肩上先に杏葉を蝶番付にすること等に
特徴ある関東具足。

鎖具足

鎖だけのものではなく、
骨牌鉄、または亀甲鉄を鎖で繋いで構成。

鎖具足とは鎖胴丸・鎖腹巻・鎖腹当とその手法が同じであって、鎖だけのものではなく、骨牌鉄、または亀甲鉄を鎖で繋いで構成された具足をいうのである。

これらの具足はほとんど裏は家地で包まれており、表面は錆地もあるが、黒漆塗りのものが多い。兜は提灯鉢といわれる畳兜か、骨牌鉄鎖繋ぎの頭巾形式のもので、好みによって構成を異にする。折りたたみが簡便で、風呂敷に包んで小脇にかかえられるくらいであり、虚飾的なところがないので、下卒用と思われがちであるが、本当は緊急のおりの軽便武装に用いたり、携帯武装用とし、また重武装用として、甲冑の下に着込めたりするためのものである。故に下卒用ではなく、心得のある武士の携帯用としての甲冑で、むしろ余裕のある者でなければ、用意できないものであった。籠手・佩楯は小さくたためるように総鎖が小筏散らしとし、臑当・半頬は用いるが袖を具備したものはない。

鎖具足

折りたたみが簡便で、風呂敷に包んで
小脇にかかえられるくらい携帯できるものであるから、
戦場にことさら着用して用いるものではない。

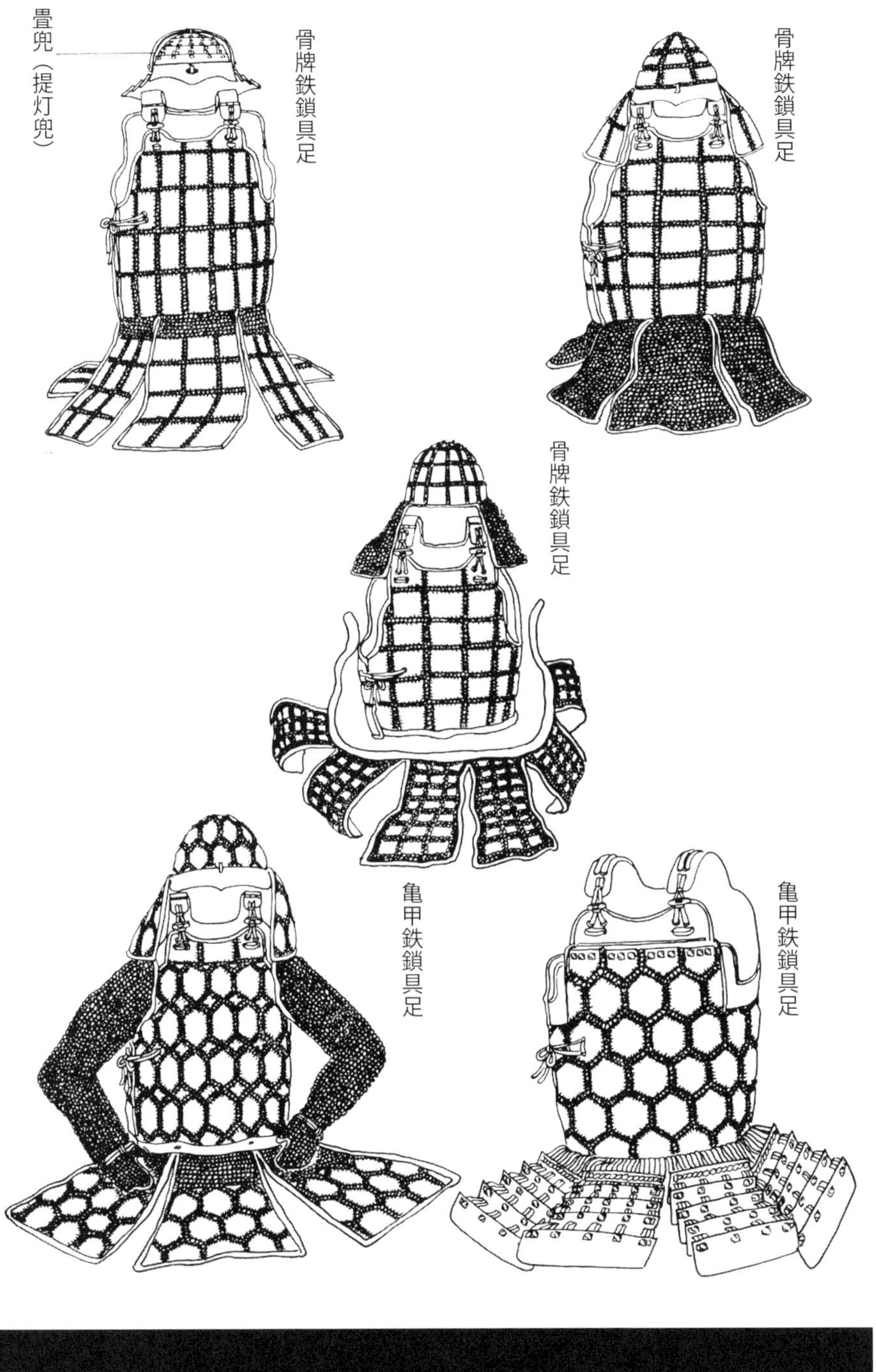

骨牌鉄を鎖繋ぎとしたものが多いが、亀甲鉄鎖繋ぎとしたものも多く見られる。

これらは着用に当たって、身体によくまとわり便利であるが、亀甲鉄はたたみ難く、また角の鎖がほつれやすい。

提灯兜は、盃状の天辺に、鉄輪板を重ねて素懸威しとしたもので頭に密着する。このため受張としての空間がないので、中には鉢の形を維持して空間が作れるように、鉄の蔓を設け天辺で固定するようにしたものもある。

骨牌鉄の頭巾形兜は、裏の家地でその形を保つもので、鞠も骨牌鉄であるから柔軟である。

こうした鎖具足は携帯用であるから、戦場にことさら着用して用いるものではなく、戦場の記録および、戦争古画には描かれていない。

しかし用いられたことは事実で、当代のものと推定される遺物がいくつかある。

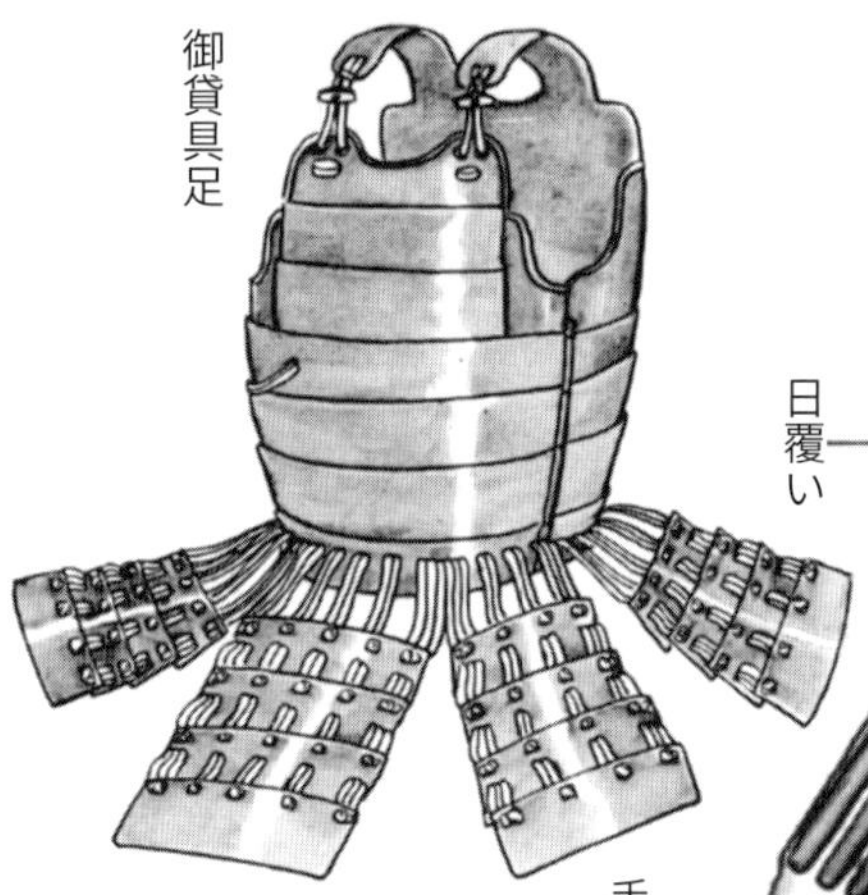

団体戦時代にはいって、重要な役割を果たしているのは足軽階級で、この時代には長柄足軽・弓足軽・鉄砲足軽等の隊が前線で活躍した。故に最も生命の危険にさらされる率が多いので、彼らも武装せざるを得ないが、下級者の立場として自弁の武器武具の調達は困難であった。一人でも多く召し抱える主人側としては、彼らにも武器武具を貸与する必要があり、また敵味方の足軽を識別する意味においても、大量生産による同一形式の武器武具を与えた。これを御貸具足・御貸槍・御貸刀といい、貸与される立場からは御貸《おかり》具足等といった。これらは虚飾の一切排除された必要限度の具足で、陣笠・胴・手甲のない籠手が多い。
前後に主家の紋を入れた桶側、または仏胴の二枚胴で、草摺は素懸威六間四段下りの簡略さである。
彼らの武装順序は小袖に帯をしめ、股引の上から、籠手をつける。次に刀を差して具足を着用し陣笠をかむる。
兵糧袋は一食分ずつを縛った珠数玉の袋帯を襷とし、雑物を入れた打飼袋を腰につける。次に鉄砲組は胴乱・口火薬入れをつけ鉄砲を持つ。

足軽の武装

主人側としては、彼らにも武器武具を貸与した。
また敵味方の足軽を識別する意味においても、
大量生産による同一形式の武器武具を与えた。

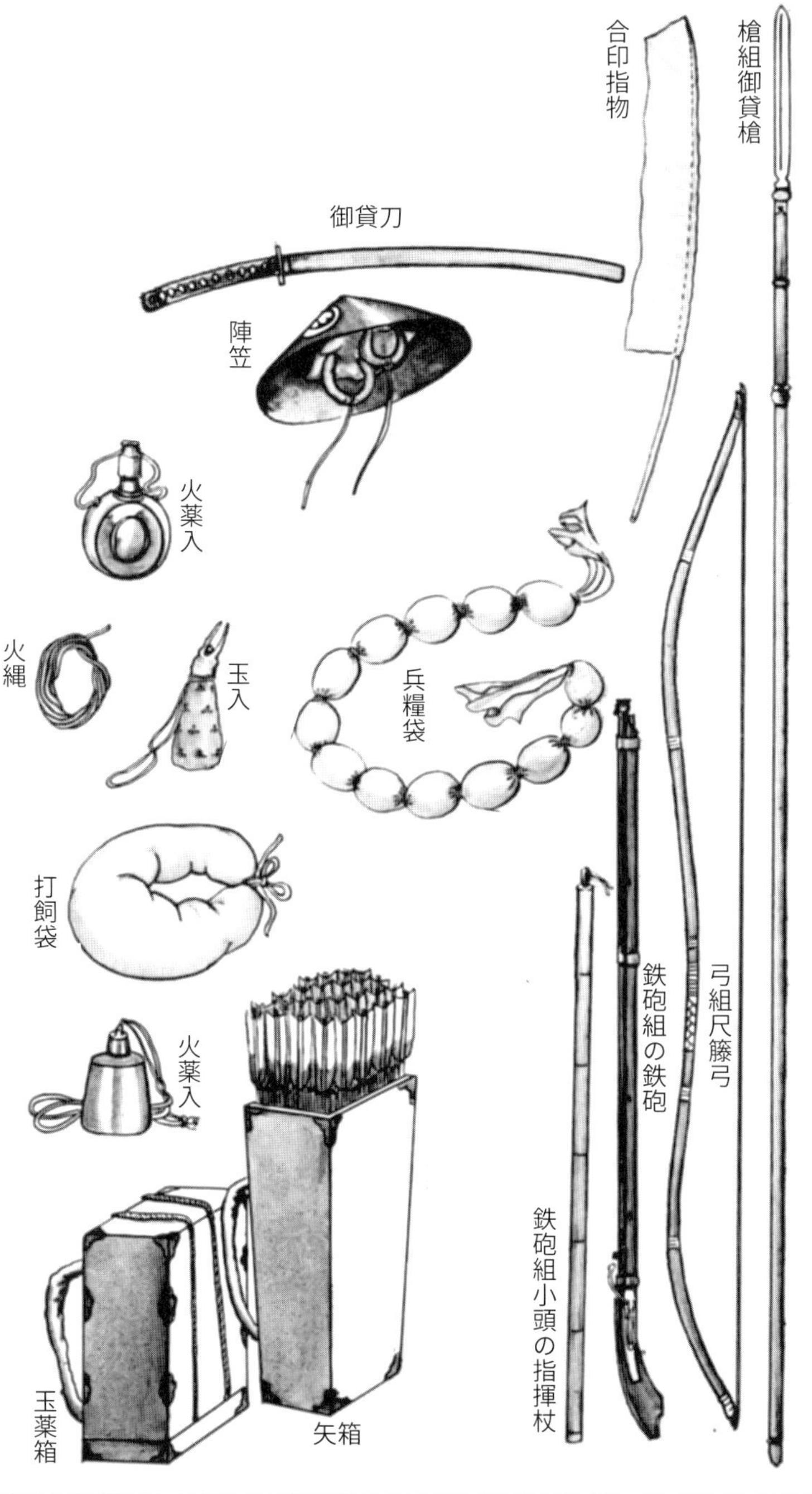

足軽の武装

刀剣程度は足軽でも自費で持つが、
彼らは敗残の敵から獲物を奪って
自分持とした場合もある。

弓組は空穂を腰にして尺籐の弓を持つ。尺籐の弓とは全長六尺（約一八〇センチ）の長さで一尺（約三〇センチ）ごとに籐が巻いてあり、これは物指代わりにもなる数弓である。

槍組は槍鞘付の一定の長さの素槍を持つ。これが足軽御先手組の扮装であるが、なお補給の矢を持つ矢箱持、弾丸・火薬を持つ玉薬箱持がおり、これらの兵種の一隊一組は、大名によって多少異なるが、だいたい三〇名から五〇名くらいである。

この中に三名から五名の小頭がおり、これは分隊の統率者である。

組の頭は『甲陽軍鑑』等では大将といい、弓大将・長柄大将・鉄砲大将と呼ぶが、大頭ということもある。これは上級の武士で、物頭格である。刀剣程度は足軽でも自費で持つが、御貸刀もあり、彼らは敗残の敵から獲物を奪って自分持とする。

また合印として同一の指物をも差す。

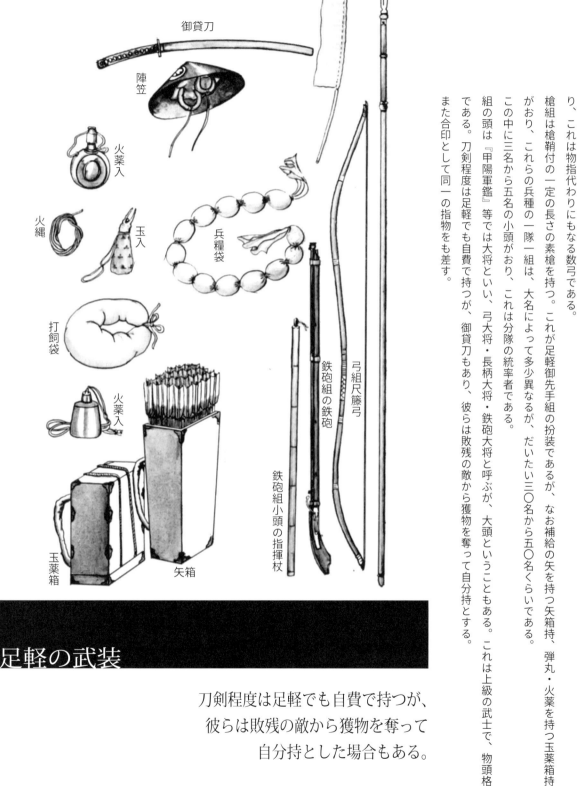

武家奉公人の武装

侍・中間・若党・草履取り等の武家奉公人。
戦時中は多少異なるが、
だいたいは主人のまわりにいて、直接の戦闘行為はしない。

槍一筋持って参集する武士以上には、身分格によって武家奉公人を引きつれる。

侍・中間・若党・草履取り等がこれに当たり、士分ではない。

小身であると槍持を連れるが、大身は格に応じて多くの奉公人がつく。

江戸時代の慶安二（一六四五）年の幕府の軍役規定では、

百石で槍持・中間一人、二百石では侍一人・甲冑持一人・槍持一人・馬口取一人・小荷駄一人で五人と馬一匹連れることになる。二百五十石から草履取りも連れ、五百石は弓持、六百石は鉄砲、八百石は沓箱持、千石は薙刀持・押足軽・武器武具も増え人数も大変多くなる。一万石になると馬上武者十騎・数弓（弓組）十張手替り入りて一三人・鉄砲二〇挺手替り入れて二五人・槍三〇本手替り入れて四二人・旗指は宰領入れて一〇人・侍一六人・主人の弓持二人弓二張・鉄砲二挺手替入れて三人・薙刀二柄二人・甲冑持四人・馬印宰領入れて四人・小馬印二人・挟箱持四人・坊主一人・馬の口付六人・簑箱持二人・雨具持二人・沓箱持手替り入れて四人・茶弁当持一人・草履取一人・押足軽六人・箭箱持二人・玉薬箱持二人・一〇騎の口付一〇人・若党一〇人・槍持一〇人・具足持手替り入れて一五人・小者六人・長持宰領入れて一〇人・小荷駄一〇疋一〇人で、二三五人を連れねばならぬ。


このうち、騎士・侍は士分で、数弓・鉄砲・長柄は足軽隊であるが、以下は武家奉公人である。

旗差・馬印持は足軽が勤めることもあるが、だいたい若党中間《ちゅうげん》の役である。

中間とは士分と小者の中間なのでいうがときには戦闘員ともなるが、その任務は主人の道具を持ったり、雑用をする戦闘補助員である。

故にこれらは譜代の者もあるが、一代限りの雇人であり奉公人という。

これらの戦時の任務は大名・家中によって多少異なるが、だいたいは主人の廻りにいて直接の戦闘行為はしない。

そのために軽装しているのが普通であるが、家によっては足軽並に御貸具足・御貸刀を与えて軽武装をさせる。

これらの奉公人の甲冑は二枚胴もあるが、前懸具足といって二枚胴の前側のような腹当をつけ、陣笠を用いることもあった。

しかし『関ガ原合戦屏風』『島原合戦屏風』等を見ても、足軽隊すら甲冑を略した軽装があるくらいであるから、武家奉公人は股引・腰きりの小袖・羽織くらいのものが多かったと思われる。

武家奉公人の武装

鼻捻
馬杓子
馬印持
旗差
馬口取
柄立革
貝役
荷駄
夫丸
太鼓役
幕袋持
若党
空穂持
持弓持
薙刀持
御持筒持
長巻持
若党
草履取
御持筒持

陣羽織

陣羽織は初めは防寒用や、
陣中のくつろぎに着用されたのであろうが、
裂地が特殊なもの、模様の目立つものとなってから、
次第に自己表示の意味に用いられた。

『室町殿日記』に見られる具足羽織が初期の形式であろうが、室町時代末期の陣羽織の詳細は不明である。

しかし『関八州古戦録』には袖なしの陣羽織と、特にことわってある点から考えると、袖付の陣羽織であったことが知られ、また、安土・桃山時代にも袖付の陣羽織が用いられている。

陣羽織は初めは防寒用や、陣中のくつろぎに着用されたのであろうが、裂地に特殊のものを好んだり、模様の目立つものを用いるようになってから、次第に自己表示の意味に用いられ、戦場でも甲冑の上から着用して、その存在を明らかにするためのものとなった。故に防寒雨湿を避ける目的でなく夏にも用いたから、特に夏用の薄い裂地のものもある。目立つことを主とするようになってから、緋羅紗・錦・更沙・鳥毛植・麻・木綿等に模様や印を縫いつけたり描いたりした。

また、指揮者は別として、戦場で働く武者は袖付では腕を揮いにくいので袖無が好まれ、陣羽織としての一般形式は、この形が普及している。豪勇の士や、上級の士は特殊のデザインを用い、また合印的に部隊によっては一定の陣羽織を用いた。上級の士の場合一種の礼装化したので凝ったものが用いられ、腰から上は袖無しでも、腰から下は襞をとってあるものや、鳥毛を植えたものなどがある。

伝織田信長所用の陣羽織（東京国立博物館所蔵）は鵜の毛を植え、伝豊臣秀吉所用のうち、総見寺所蔵の陣羽織は山鳥を、故斎藤直芳氏所蔵のものは孔雀尾を植え、伝黒田長政所用（黒田家所蔵）は雄子尾を植えている。このほかポルトガルより舶載された天鵞絨や、南方から輸入された更紗があり、羅紗・麻・絹・木綿は広く用いられている。

古記録より著名武将の着用したものを挙げると、明智左馬介の白練に狩野永徳が描いた雲竜、直田信乃の緋縮緬に金の桐紋付、竹中半兵衛の木綿、島左近の浅黄木綿、富田左近将監の黄大紋緞子、中村式部少輔の唐織等が有名である。

特殊な形としては『一話一言』所載九鬼家の船手衆の陣羽織は丸形に袖を通す孔のあるものである。

また馬場形といって袖口を広くして曲線にとったものがあり、武田晴信の将馬場美濃守所用の形式といわれる。

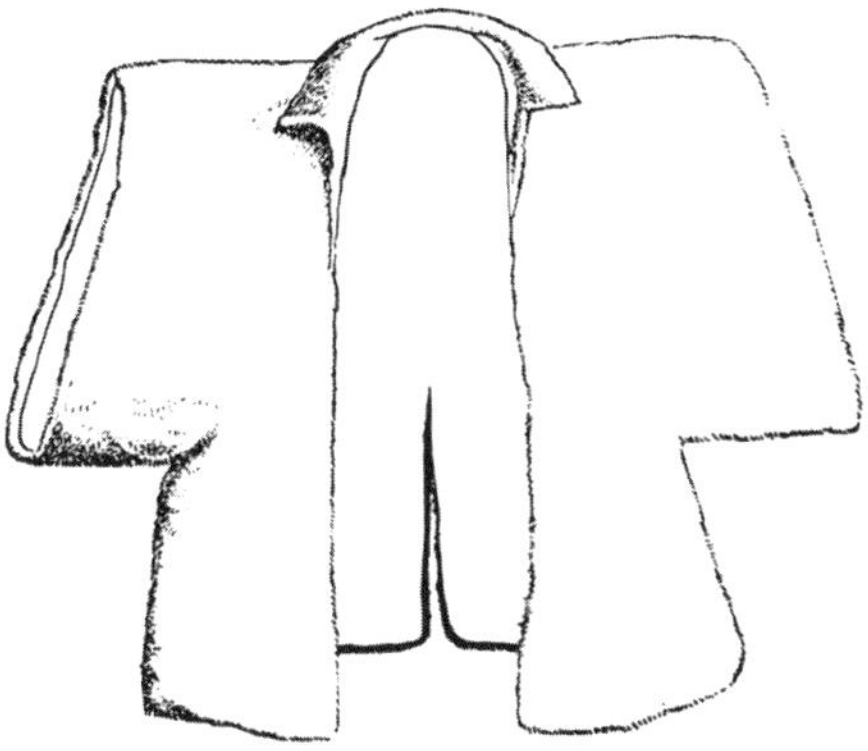

羽織式ビロード陣羽織

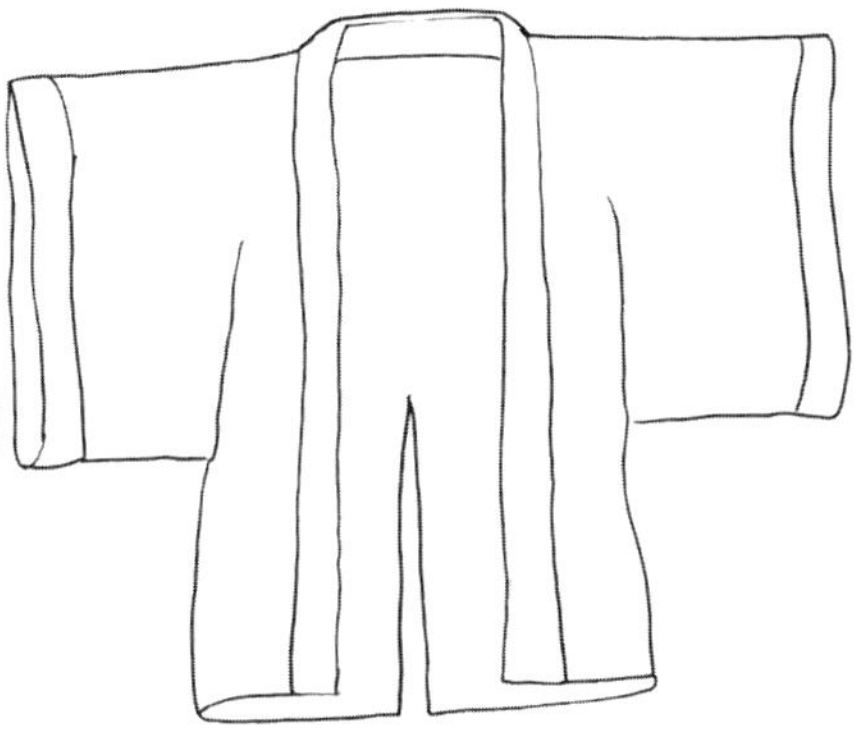

羽織式陣羽織

鳥毛の陣羽織

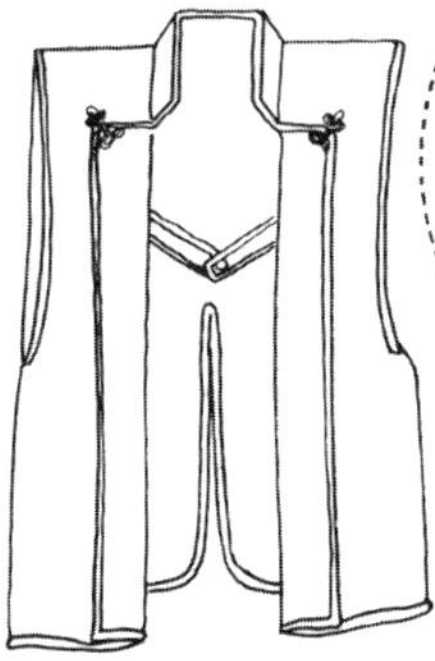

袖無陣羽織

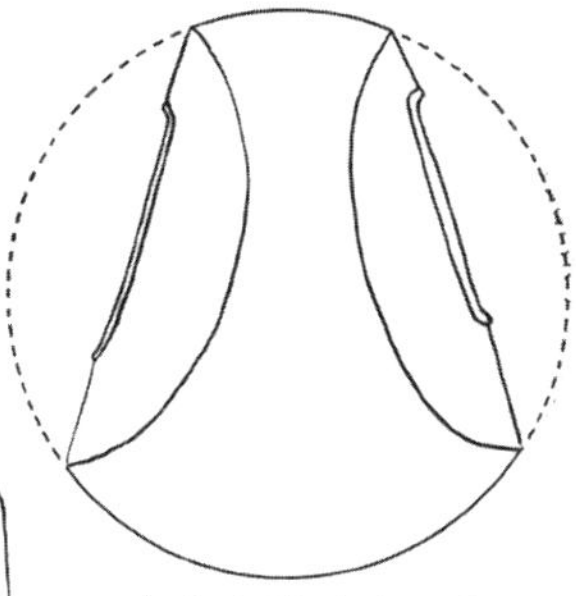

九鬼家船手陣羽織

陣羽織

豪勇の士や、上級の士は、特殊のデザインを用い、また合印的に部隊によっては一定の陣羽織を用いた。

当世具足の着用次第①

付属物が多いから、やはり一定の順序が必要。
緊急のときは平常着の上からでも着用するが、
着初めの時または時間的余裕のあるときは
下帯から新しいものを着用。

当世具足の着用は胴丸着用とほとんど同じであるが、付属物が多いから、やはり一定の順序を必要とする。

緊急のときは平常着の上からでも着用するが、着初めの時または時間的余裕のあるときは下帯から新しいものを用いる。

① 褌は犢鼻褌とも書くが、室町時代の末ごろから六尺ではなく越中流の褌が用いられた。三尺（約一メートル）の布の下端に腰を廻らして結ぶ紐があり、上部にも縮状の紐があって首にかける。『甲冑著用弁』に「惣じて胴甲を著しては懐中へ手入らざるなり、下帯（褌）下りても引き上ぐる事ならず、故に緒を付、首に掛引上るの便なり」とある。『単騎要略』被甲弁巻一には、「寒中は袷とし、普通は禅《ひとえ》を用いる」とあり、『甲冑着用弁』では「幃《さがり》の中に艾葉《もぐさ》を綿のようにして入れると寒気暑熱に効あり」と記しているが、袷の褌でなくただ一重の布が良い。布地は絹か木綿で麻は皮膚を痛める。

② 襯着は平常の小袖でも良いが、鎧襯着というものがあり、筒袖・立襟で詰襟洋服のようなものが考えられたが、これは南蛮文化の影響であろう。一般には小袖を用いるが、襟のはだけるのを防ぐために、胸上を襟留めにする法もある。これら小袖には腰に付紐があって、これを締めるが、別に絹か木綿の帯を用いる。できるだけ幅広に巻かぬと具足着用に障りとなる。襟に天鵝絨毛を縫いつけたものもあり、上等品は緞子・練絹を用いる。寒いときは厚綿の道服も用いる。

③④ 『単騎要略』被甲弁では小袴をはくが『甲冑著用弁』では脛巾の次に小袴となっている。脛巾・足袋・袴の順でも、小袴・足袋・脛巾でもいずれでも良いが、これらは古式どおりであるとみな左足から始める。

⑤ 次に草鞋をつける。草鞋は麻の苧《そ》が一般であるが、蘘荷《みょうが》の茎の陰乾にしたもの、棕櫚の皮、木綿糸等がじょうぶで良いとされている。なお藁の場合にも布を捻って編みこむのもある。

当世具足の着用次第①

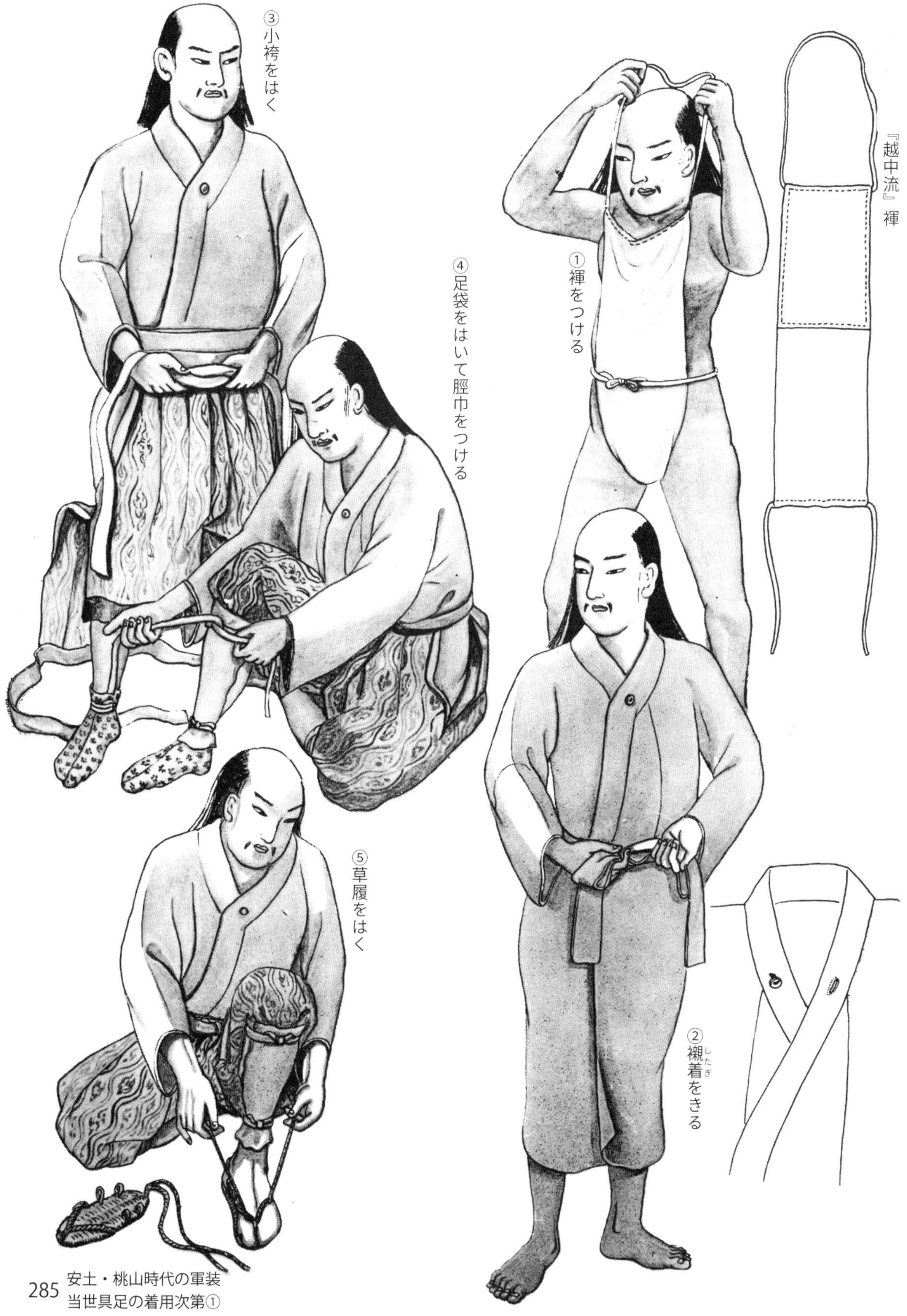

当世具足の着用次第②

臑当をはく、古法によって左足からつける。
佩楯の結び目は大きくならぬようにし、
余りは紐に挟みこんで置く。
決拾は右手からつける。籠手は左から用いる。

⑥臑当をはく、古法によって左足からつける。これは櫃・床机に腰をおろしてつけるか、蹲居してつける。緒は上の緒から結んで、次に下の緒を結ぶ。臑当を用いる要領は、臑当下端が、くるぶしにかからぬようできるだけうえの方につける。低いと足首を痛めたり、くるぶしに当たって歩けなくなる。高いときは膝頭も覆えるし、緒がふくらはぎにあたらないで、膝関節の裏の下に緒が通って締りが良い。

共鉄大立挙の臑当は見た目がりっぱであるが、徒歩者が用いると不自由であり、脆いたときに膝頭が地に着かず、脚が苦しいから用いるべきではない。共鉄大立挙臑当をつけたときは脆かずに胡座をかくべきである。

⑦佩楯をはく。佩楯は小袴式のものと、前に垂らして当てるのとある。腰紐を左右より後に廻して取り違えて前にとり、壷の緒に通して、正面で結ぶ。結び目は大きくならぬようにし、余りは紐に挟みこんで置く。結び目が大きいと具足の胴の発手に当たったり、上帯を締めたときに腹に当たってよろしくない。

⑧決拾《ゆがけ》は右手からつける。たいていの人は右利きであるから、不自由の左手に決拾を先につけると、右手の決拾の緒を結びにくいからである。

⑨籠手をさす。これは左から用いる。合せ籠手（指貫籠手ともいい左右の籠手が背中で続いているもの）であれば左手をさし、ついで右手をさして、前で結ぶ。打廻し籠手であれば左右別々につけて、反対側の脇の下を通して前で結ぶ。肩斡のある籠手は袖とともに具足の肩上のしたの斡に留め合わせるのであるから、手を差し通しただけにして置き、具足を着用したときに留める。この籠手の場合に満智羅を用いるには、籠手着用前に満智羅をつける。満智羅は南蛮胴のときは胴の上につけるが、一般は具足の下につける。骨牌鉄・鎖・亀甲鉄包み等がある。このほかに脇引を用いることもある。

当世具足の着用次第②

⑥臑当をつける

⑦佩楯をはく

⑧決拾《ゆがけ》をつける

⑨籠手をつける

早着の法というのがあり、、
釣して置いて着用する法が記されているが、
要は練習による着馴れで早く着られるものである。

⑩ 満智羅を用いない場合の方が多い。そしてその代わりに脇引を用いることがある。脇引は脇の下の隙間を防ぐもので、鎖脇引・板脇引・連脇引・丸脇引等がある。脇引の緒は肩にかけて用いるが、連脇引は紐を襷にして用いる。『甲冑着用弁』では籠手をつける前に脇引を用いるとしているし、流儀によっては籠手の上からつけ、胴をつけてから肩に結びつける法もある。

⑪ 胴を着用する。左側の靲だけは先に留めて置いて、胴丸と同じように着用する。『単騎要略』被甲弁では、右の膝を前一文字に出し、左の膝を後斜めにして三角に折敷いて、具足の胴の前の引合せを右手、後の引合せを左手で押開き、左の膝の上に乗せ、左の腕からさし込んで身体を入れ、右の肩上を後から前へ引きよせて、直に靲をかける。そして前の引合せを下に、後の引合せを上にして引合せの緒を結び、繰締の緒をしめる。

当世具足にあっては肩上と、胸板の高紐を相引の緒といい、引合せの緒を高紐といっている。また胸板を鬼会《おにだまり》といい、押付板を望光板という。草摺は下散・菱縫板に当たる部分を裾板と称している。

江戸時代の諸書には早着の法というのがあり、具足櫃の上に置いた具足に左手を差し入れて着用したり、また釣して置いて着用する法が記されているが、要は練習による着馴れで早く着られるものである。

着用しにくいのは前後二枚に分かれた二枚胴で、これはまず前胴を胸に当て、ついで後胴を用いるが、ときには肩上の靲を合わせておいて、前後胴を充分開き、肩上の間に首を差し込んで着用し、両脇の引合せの緒（高紐）を結び胴先の緒を締めるのである。

当世具足の着用次第③

満智羅の各種

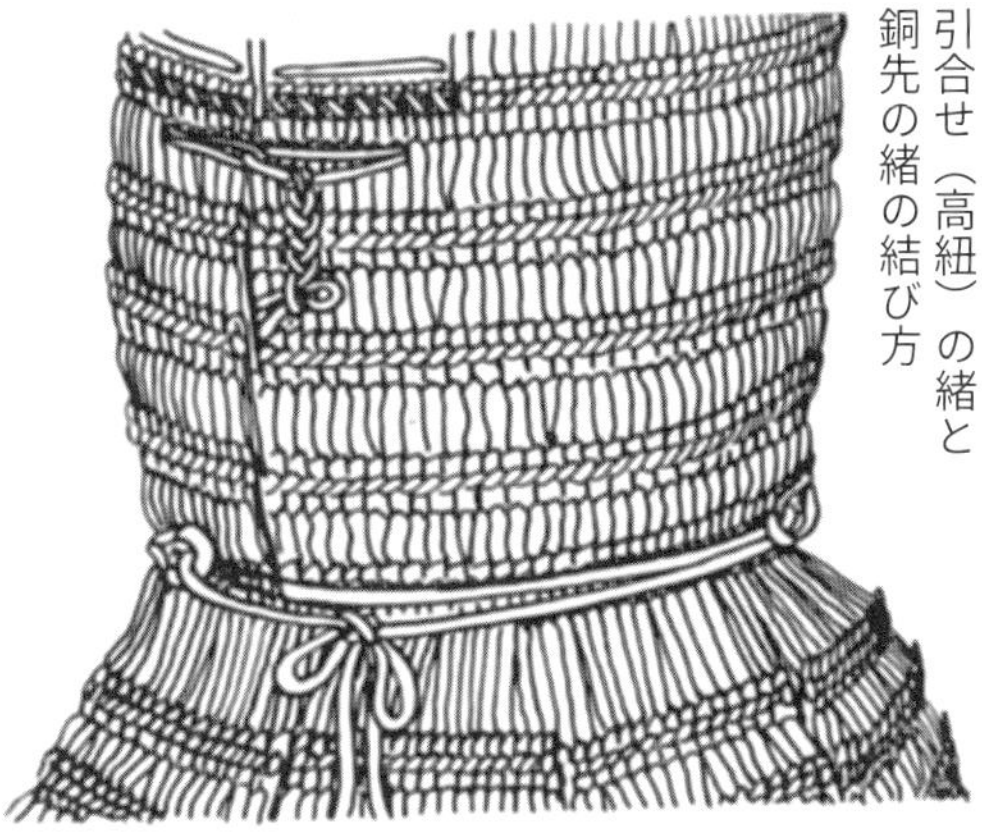

引合せ（高紐）の緒と銅先の緒の結び方

⑩満智羅をつける

⑪具足をつける

当世具足の着用次第④

上帯を締める。
上帯は絹・木綿が用いられるが、木綿さらし布が良い。
兜をかむる前に鉢巻をする。
頭上を覆うようにした方が兜をかむったとき楽である。

⑫ 上帯を締める。上帯は絹・木綿が用いられるが、木綿さらし布が良い。『単騎要略』『甲冑着用指南』等には二重廻りは八尺（約二・六メートル）、三重廻りは一丈あまり（約三・三メートル）であるが、人によって好みにまかせるとある。

さらし布は中より折ってくける。または四つに持ってしごいて用いると、『甲冑着用弁』にある。

上帯は前中央で結ぶのが普通であるから、まず帯の中央をとって腹の正面に当て、左右を後へ廻して引き違え、前にとって結ぶのが良い。このとき、具足の胴を少し上にあげて肩上を浮かし、強く帯を締める。こうしておくと具足の重量が肩にかからないで楽に着ていられる。甲はともすると肩で重量を負担しがちであるが、これでは長時間着ていられない。甲はむしろ腰で着るつもりで、肩を楽にして腰の上帯を強く締めるべきである。室町時代以降の甲が胴窄りになったのは、腰をよく締めて着用しやすいためである。この際、腰骨を痛めるおそれがあるときは、あらかじめ、腰に布を多く巻くか綿入れのものを当てて差支えない。

次に刀を差す。当世具足の時代にはやや剣法が体系化して、太刀より刀を多く用いるようになったので、刀を太刀のように佩くには、腰当を用いる。腰当を用いると刀も天神反りとなって見た目は格好が良いが、帯取りの緒のような遊びがないので抜きにくい。『武功雑記』抄出一巻中上に「志摩国小浜民部左衛門ト云者用ニ立モノニテ候腰当ヲイタシ候ハ悪敷《あしき》由ニテ上帯ニ直ニ刀ヲサシ候由就夫《それにつき》九鬼殿家来共モ加様ニイタシ候一段サシ能《よき》候由」とあり、上帯に大小を差すのが実用的であった。上帯は紺か縹に染めると血がついても目立たないという。

⑬ 次に兜をかむる前に鉢巻をする。鉢巻は四つ折でも良いが、頭上を覆うようにした方が兜をかむったとき楽である。このほか揉烏帽子・麻頭巾等も用いる。浅葱か柿染の五尺（一・五メートルくらい）の布を後から頭を包むように前にとり、額で引違えて後で結ぶ法もある。

当世具足の着用次第④

刀の用い方

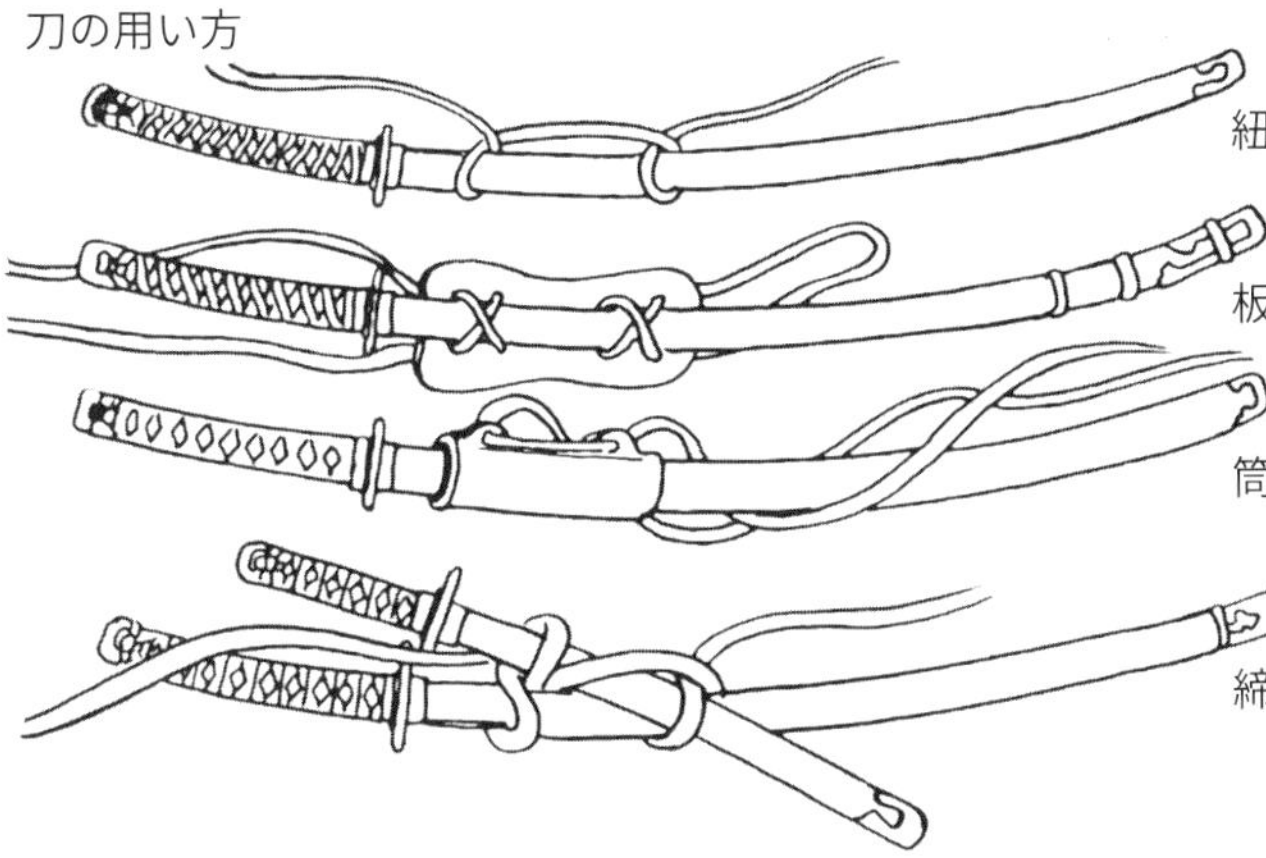

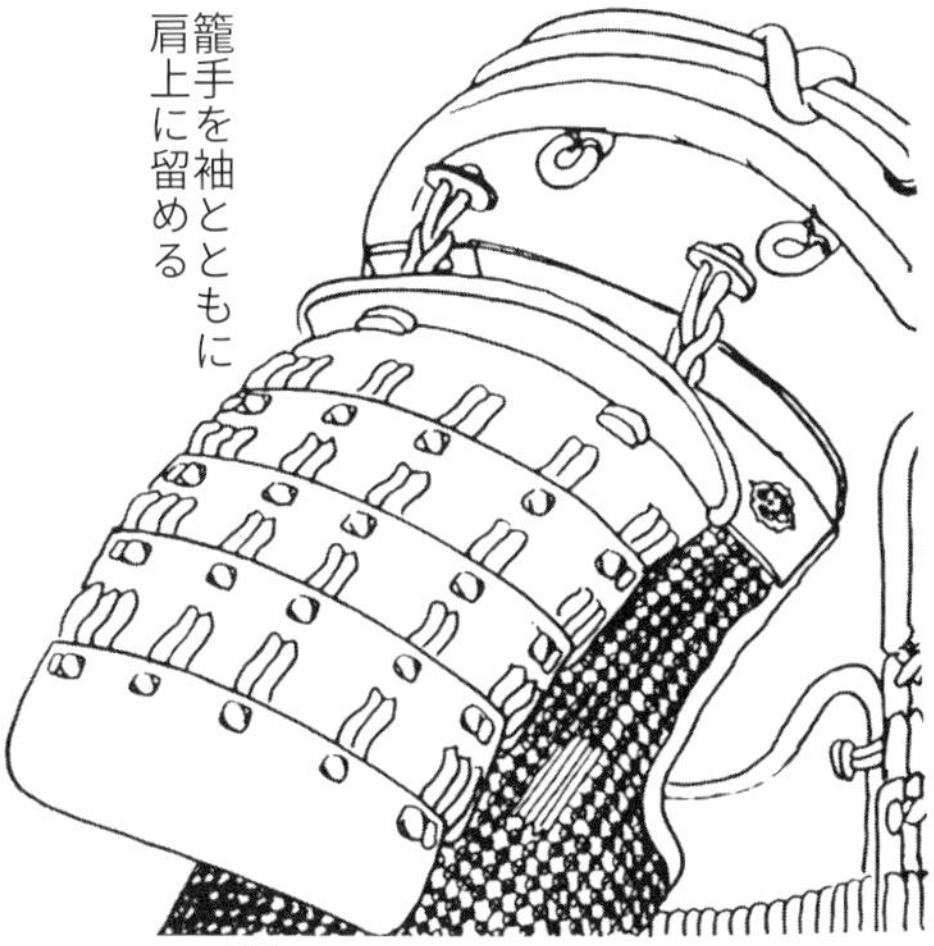

籠手を袖とともに肩上に留める

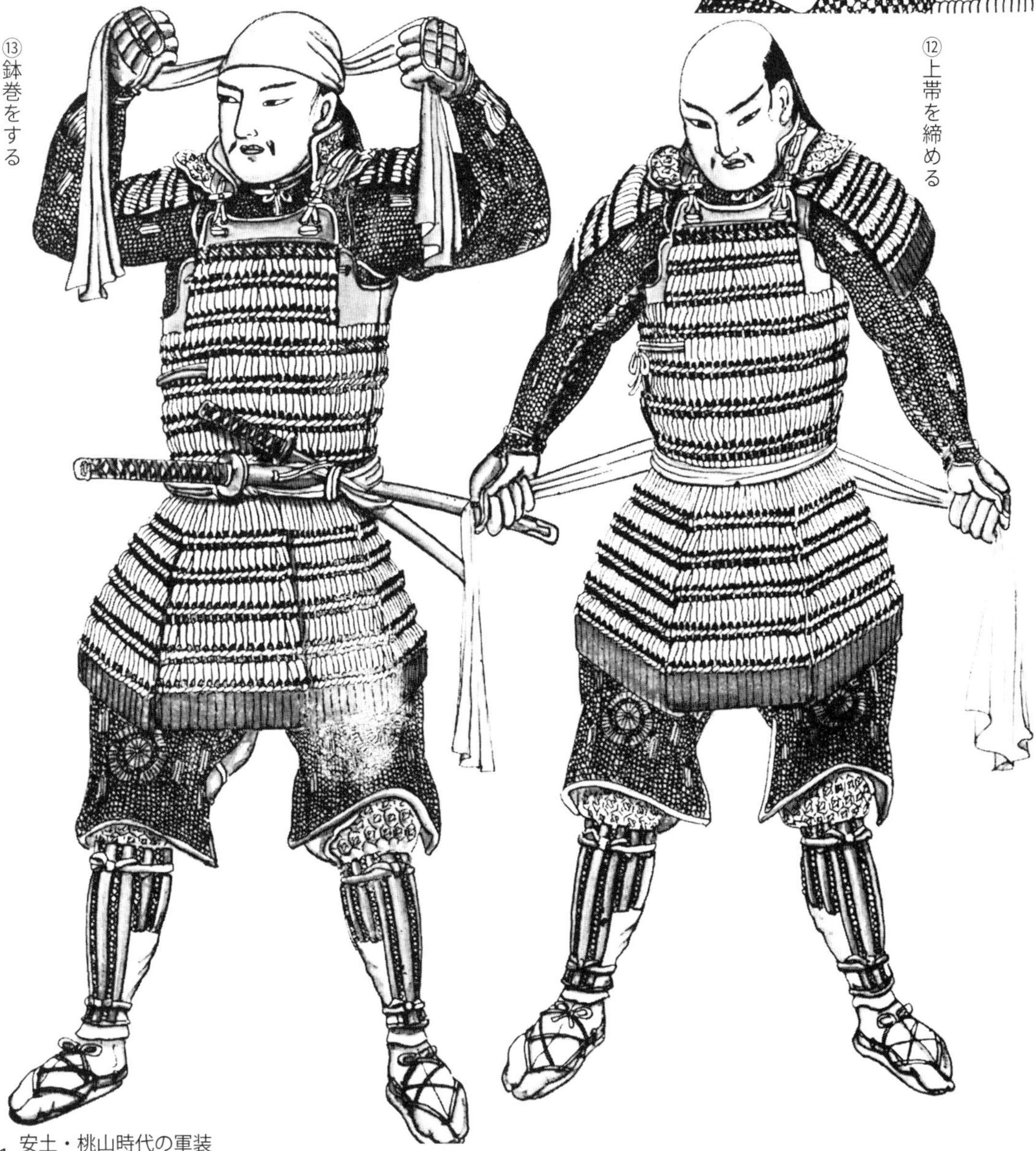

⑫上帯を締める

⑬鉢巻をする

頬当いは目の下頬、半頬、総面の別がある。

目の下頬は、烈勢、隆武狐姨、不動、お家等があり、半頬は燕頬、猿頬、」越中頬等の型がある。

総面はあまり流行せず江戸時代のものに多い。

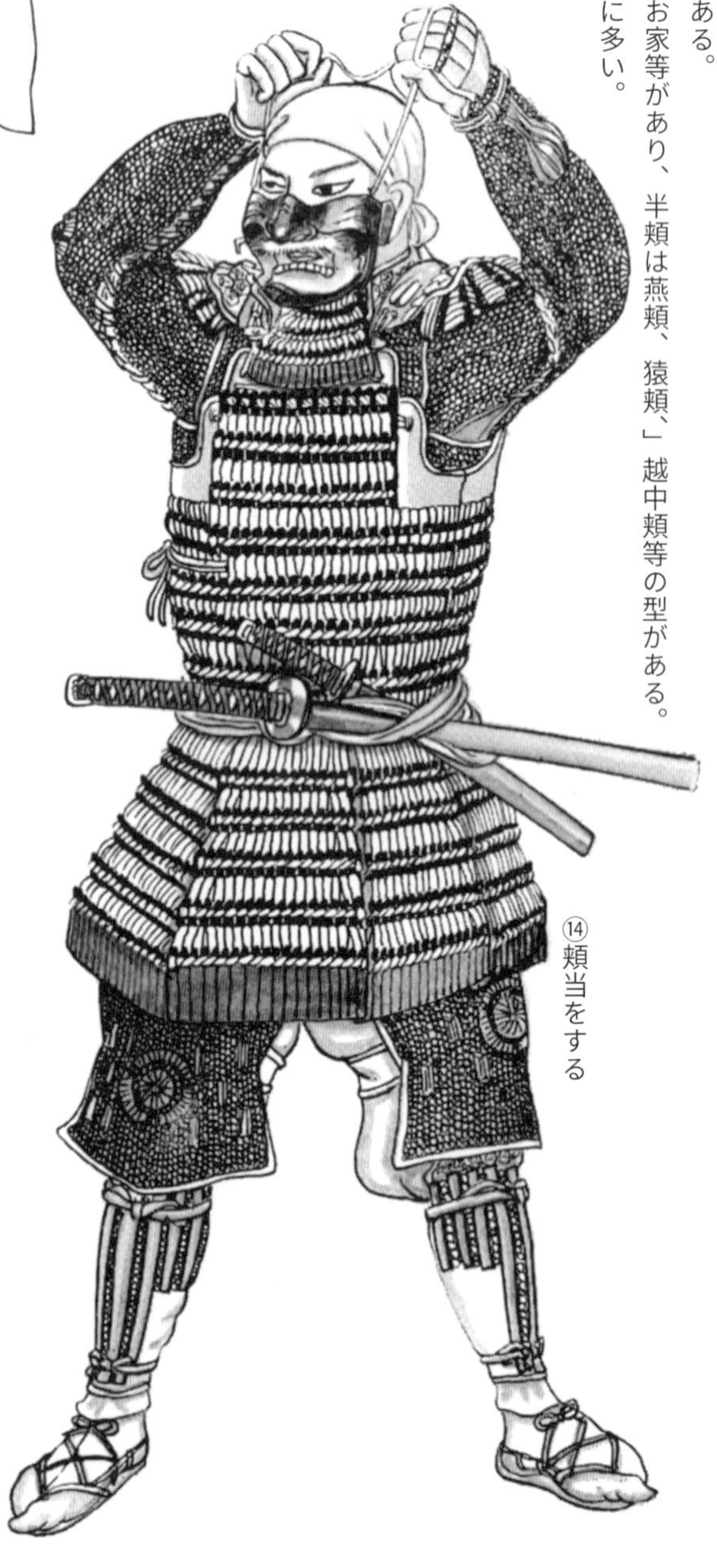

⑭頬当をする

⑮兜をかむり指物をさして槍を持つ

当世具足の着用次第⑥

兜の緒は綰が三個所、四個所、五個所によってその用い方が異なる。兜の緒の締め方は非常に難しく、緩いと兜と面頬がゆるみ、緊縛すると、顎が動かないので発声しにくい。

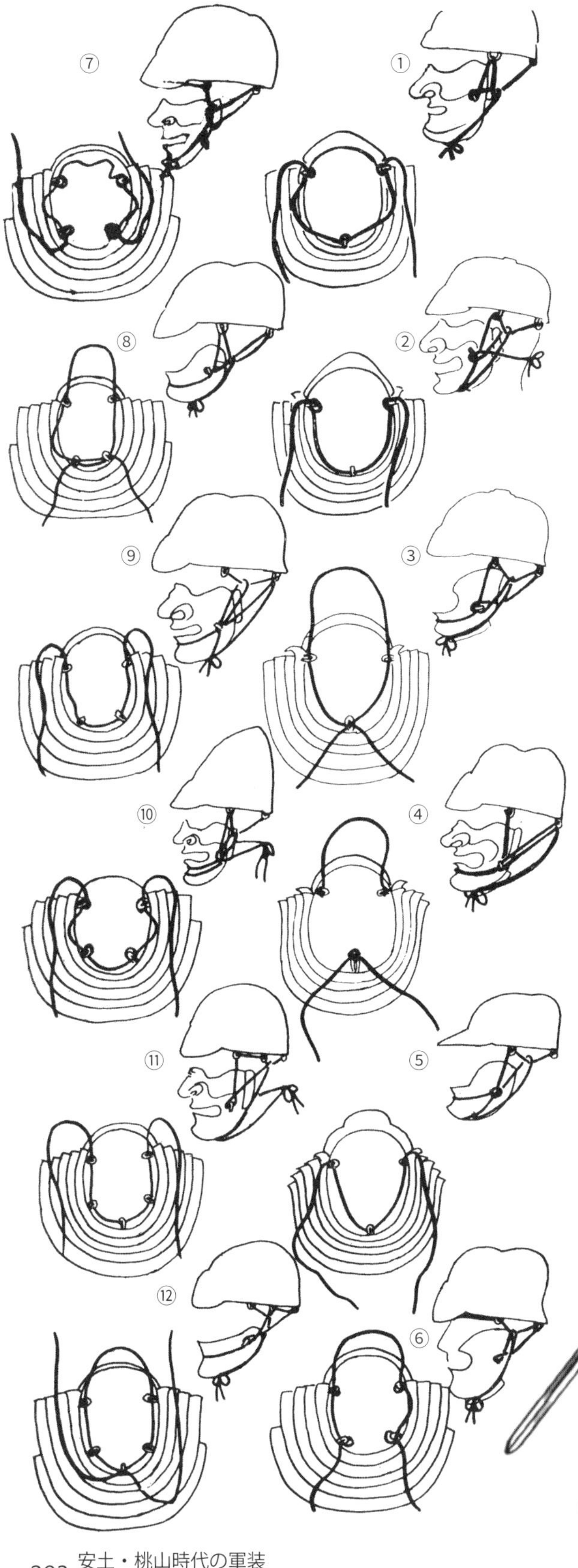

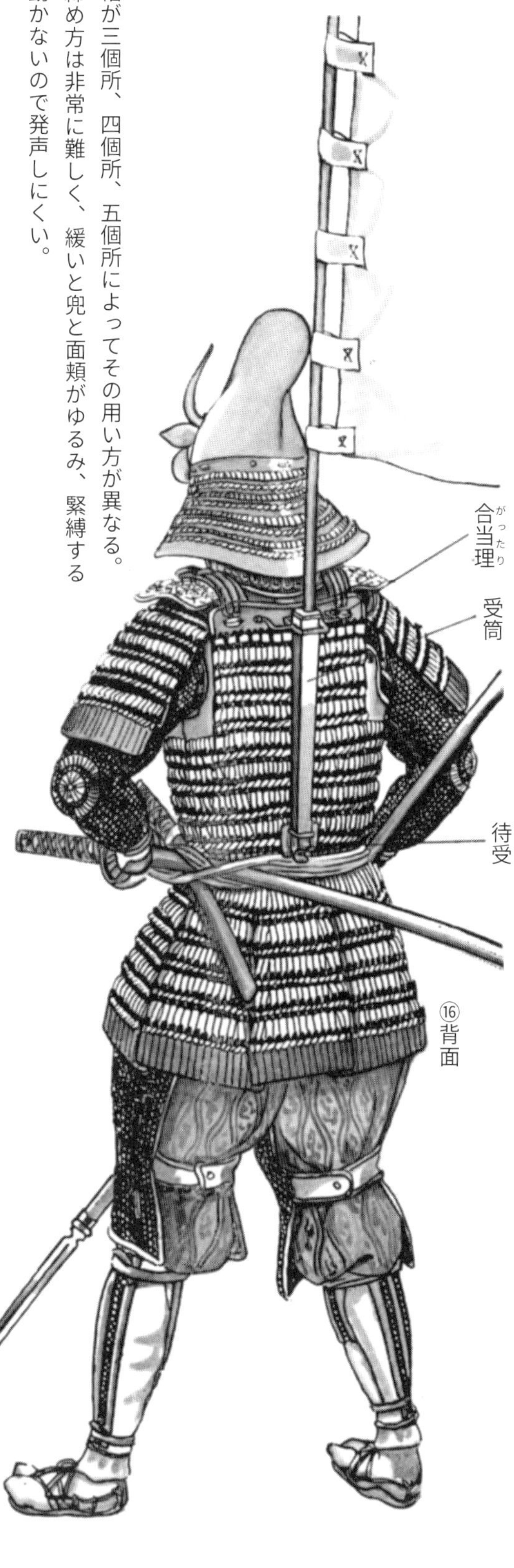

火器

俗に種子島銃といっているが、ムスケット銃の形式である。

江戸時代以前の種子島銃の形式

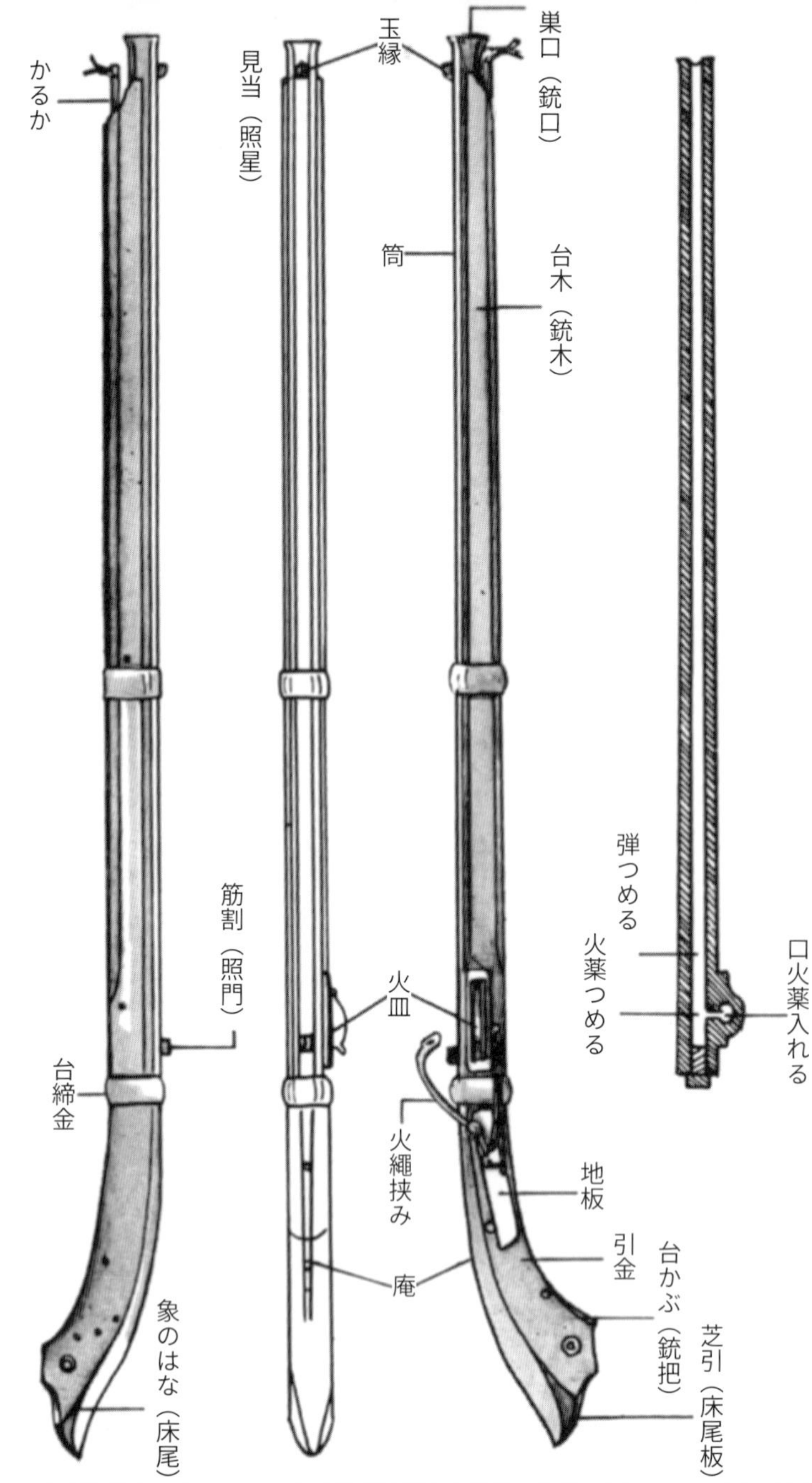

日本に鉄砲が伝来したというのは天文一二（一五四三）年が通説になっている。種子島に伝わったので俗に種子島銃といっているが、ムスケット銃の形式である。

それ以前に中国から原始的手銃が伝えられたことは『塩嚢抄』『蔭涼軒日録』『碧山日録』等に飛砲・火槍の語によって知られるが、詳細は不明である。天文に伝わったムスケット銃は当時の戦国大名の間に驚くべき速さで普及し、堺、滋賀県の国友では鉄砲鍛冶が盛んに製作した。

鉄砲による驚異と効力は戦術の変化を来し、『妙法寺記』によると天文二四年（伝来されたという年から一二年目）には武田晴信は三百挺の鉄砲を有しており、『三河御開国備考』には永禄三（一五六〇）年には今川義元は五百挺の鉄砲をもって織田方を破ったと記している。

さらに天正三（一五七五）年の長篠の戦には織田信長は三千挺の鉄砲を使用している。これらの数字は割引して考えても、各大名が多く

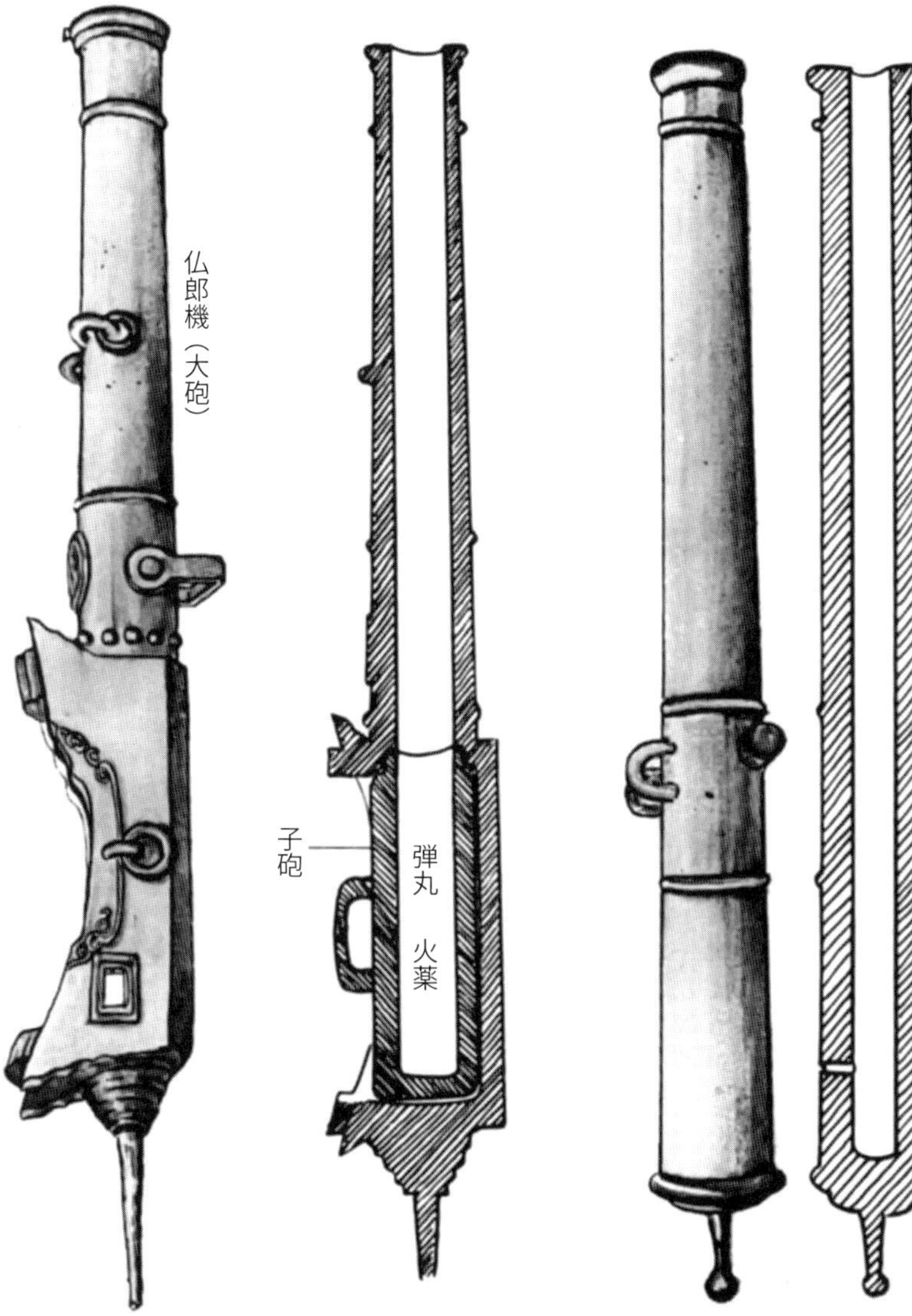

火器

大砲は子砲を有せぬ砲身だけの先込砲が用いられ、
また国友などに命じて国産のものが作られている。

の鉄砲を所有していたことが知られる。このように急速に普及した鉄砲は、足軽同心級の武器として（稀に上級者も用いた）団体戦には欠かせないものとなり、大坂夏の陣には一万石の大名には、鉄砲二十挺を持つことが令されている。

一方大筒も『大友興廃記』によると大友宗麟は国崩という石火矢を用いているが、これは破羅漢《はらかん》または仏郎機《ふらんき》と呼ばれる子砲を持つ鋳銅製後装砲であったらしい。大筒は一貫目玉以上のものをいい大砲とも称したが、鉄砲ほどは流行せず、朝鮮の役には明・鮮の大砲に大いに苦しめられた。家康は大砲にも意をつくして、大坂夏の陣にはその威力を発揮した。

このころの大砲は子砲を有せぬ砲身だけの先込砲が用いられ、また国友などに命じて国産のものが作られている。

これらに用いた火薬は硝石・硫黄・木炭が主成分であったが、硝石は天然の産出がないので、中国・シャム等から輸入され、また弾丸に用いる鉛も中国から輸入された。

槍の種類

弓矢の誉から槍先の功名に転じ、
弓馬の家は槍一筋の家に変わった。

室町時代よりにわかに発達した槍は、安土・桃山時代になって最全盛を来し、武士の戦場の功名は、弓矢の誉から槍先の功名に転じ、弓馬の家は槍一筋の家に変わった。故に武士の表道具は槍であり、江戸時代にはいっても百石以上の武士は必ず槍を立てることが必要とされた。戦場の手柄は一番槍・二番槍で、一番首・二番首はこれについだ。

この時代の槍術は体系化されていたが、戦場の槍の使用法は後世のように突くだけでなく、撲る・薙ぎ倒す等自由に扱かい、また扱かいやすいので、上級の武功の武士はもちろん、駆り集めの足軽組にも槍を持たしめて集団の威力を発揮した。長柄組足軽がこれである。

太刀打のように、肉弾相うたんばかりに接近しないで、相手を刺すことができるので三間柄が好まれたことは『信長記』『太閤記』等によって知られるところで、長い故に長柄ともいった。槍身は数々の実戦の経験と、それぞれの好みによって、多くの形式を生じ、大別すると直身の直槍《すやり》と、横に鎌のごときものをつけた鎌槍とがある。

直槍には平三角・正三角・菱形の断面を持つものと、鵜首造り形式の菊池槍とがあり、短いのは三寸（約九センチ）くらいから長いものは二尺四寸（七四センチ）くらいのものまである。

鎌槍は片鎌と両鎌とがあり、先端が上向・下向・手違上下等がある。

特殊のものとしては鍵槍・月形槍・斧付槍・突槍等がある。

柄は七尺（約二メートル）から二間（六メートル）におよび、樫の木をもってするが、長柄は打柄のものもある。

表面は生地《きじ》のままと、黒漆を塗ったものが多い。朱塗は武功の者が用い、このほか武将は玳瑁《たいまい》柄（村梨地または箔置生漆塗）・青貝柄等を用いた。

槍の種類

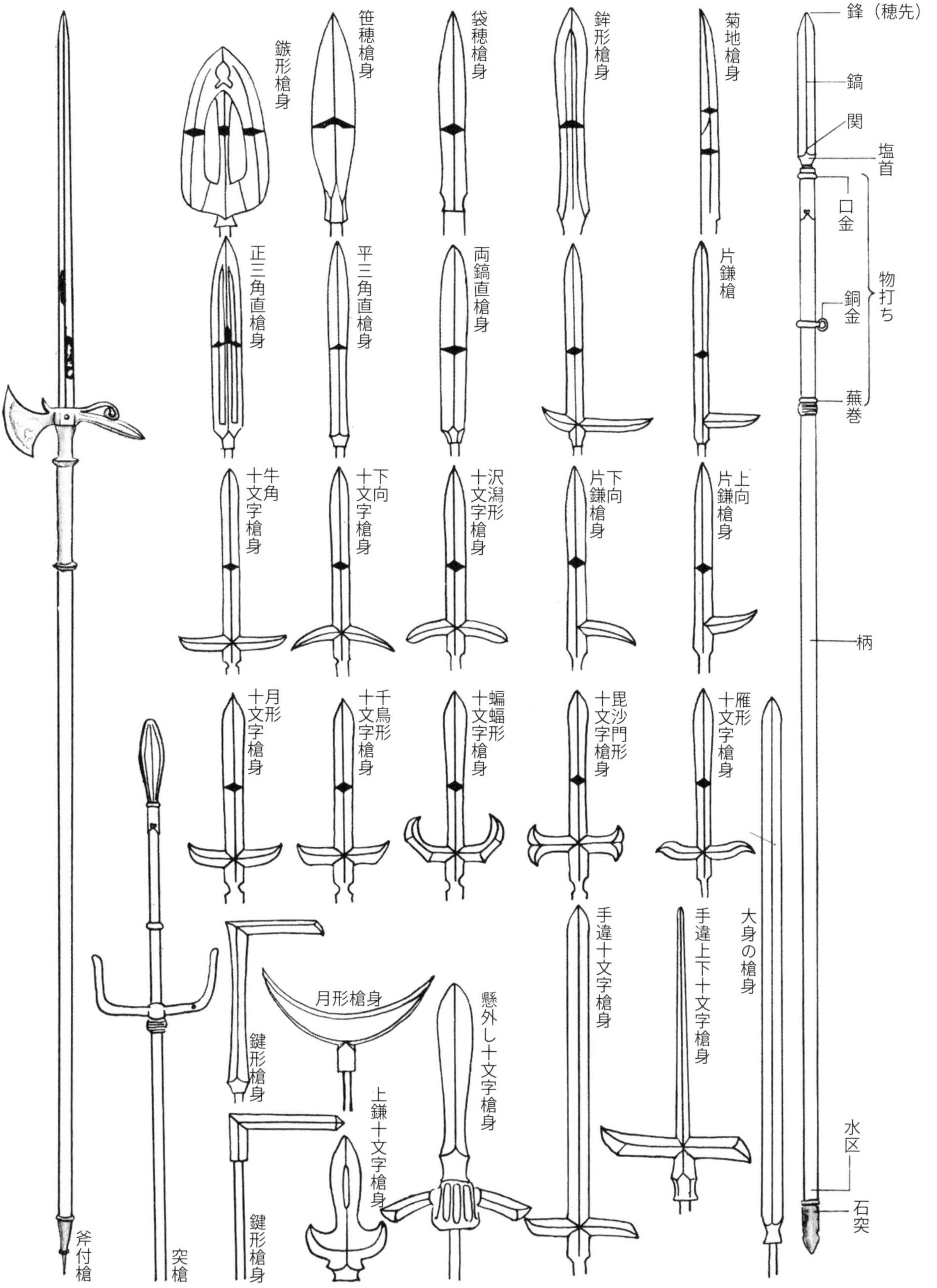
鏃形槍身
笹穂槍身
袋穂槍身
鉾形槍身
菊地槍身
鋒（穂先）
鎬
関
塩首
口金
物打ち
銅金
蕪巻
柄
水区
石突
正三角直槍身
平三角直槍身
両鎬直槍身
片鎌槍
牛角十文字槍身
下向十文字槍身
沢瀉形十文字槍身
下向片鎌槍身
上向片鎌槍身
月形十文字槍身
千鳥形十文字槍身
蝙蝠形十文字槍身
毘沙門形十文字槍身
雁形十文字槍身
大身の槍身
手違十文字槍身
手違上下十文字槍身
鍵形槍身
月形槍身
懸外し十文字槍身
上鎌十文字槍身
鍵形槍身
斧付槍
突槍

この時代の武器で特殊のものとしては、長柄類の発達。琴柱は大きい雁股状のものを先につけた長柄。野太刀は二・五メートルにもおよぶものも。

この時代の武器で特殊のものとしては、長柄類の発達である。水軍の用いるやがらもがらという敵をからめ、また突きまくる武器は、江戸時代にはいると捕物三道具の一つである、突棒として用いられている。

また『室町殿物語』に記されている琴柱《ことじ》は大きい雁股状のものを先につけた長柄で、敵を雁股のところで押えつけ、ひねり倒す武器であるから、『同書』には捻り琴柱ともいっている。中国で用いられていたことは『武備志』にも掲載されているので知られ、長脚鑽という名がある。

江戸時代にはいると捕具の三道具の一つとなり『小畠景憲家譜』には刺股と記され、これが一般通称となった。水軍用の武器には刺突もできる熊手・鈎付三股の鋒・鎌状の棘が三ついた船槍・長柄に小鎌をとりつけた藻外し等がある。

このほか桿棒状の槍身長柄で石突が雁股状のものとなっている櫓落しがある。これは石垣を這い上がってくる敵を石突や、桿棒状の突槍で突落とすためのもので、防禦の場合には部処に数本用意された。長巻は野太刀の柄が長くなったものであり、かなり流行し、上杉の長巻隊は有名である。

野太刀は依然行なわれ『信長記』『太閤記』に記されているが、二・五メートルにもおよぶ刀身のものがあり『洛中洛外図屛風』にもこうした太刀を帯びている武芸者の姿が描かれている。

太刀はだいたい糸巻・革巻の渡り巻きした外装がもっぱら行なわれ、一方漆塗りの打刀大小も流行した。

弓は四方竹の弓となって、その威力を増し、矢を盛る具は箙より空穂が流行し、誇張された形の土俵空穂も用いられた。雑武器としては玄翁・鶴嘴・かけや・鉞等で、これらは城砦破砕の具であるが、ときとしては人馬殺傷にも用いられた。鎌・斧等は設営のものであるが、攻撃武器にも用いたことは『奥羽永慶軍記』等に記されている。

諸武器

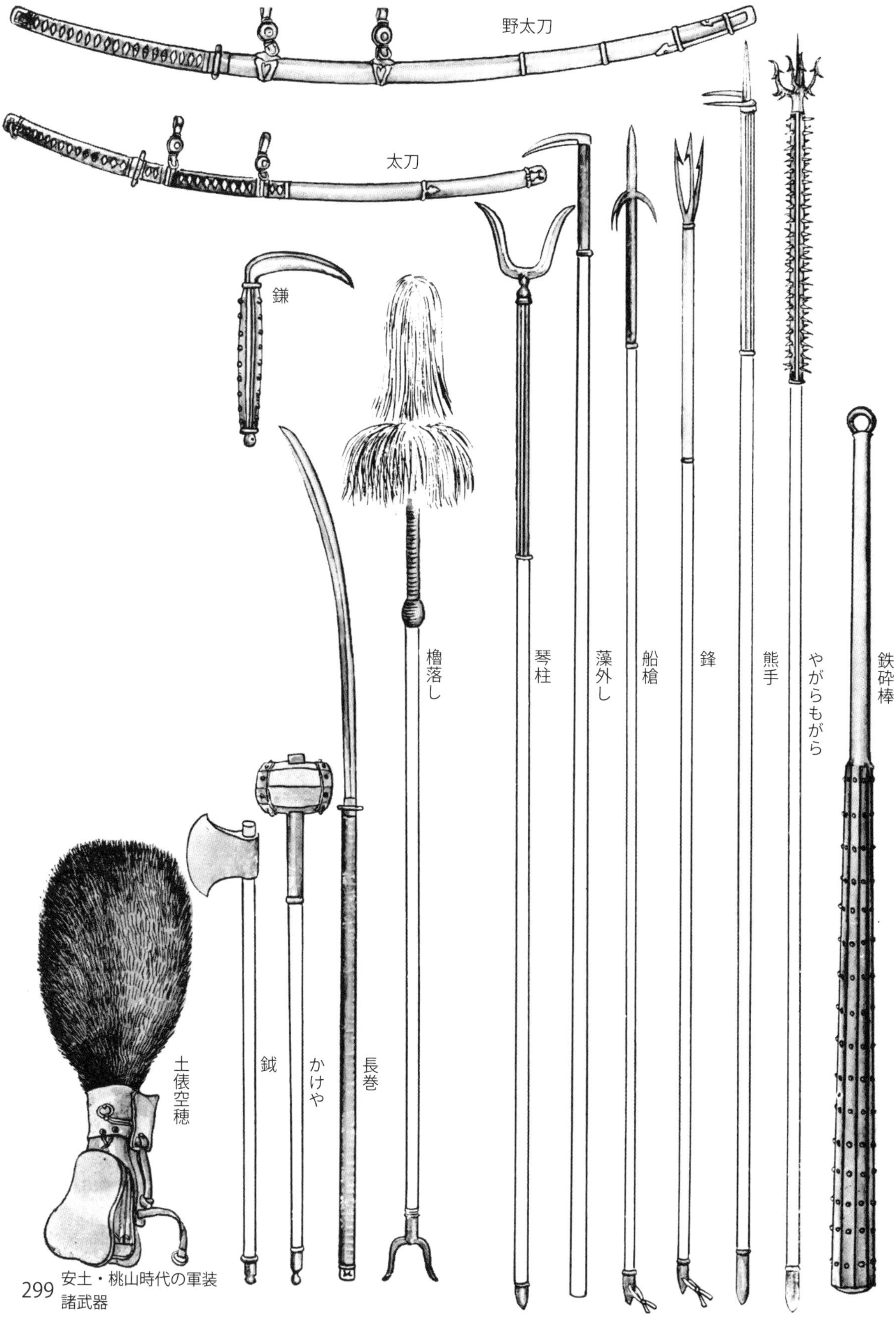

鍛えの良いもの、銃弾刀槍の攻撃をそらしやすいもの、
団体戦にあって衆目をひくものなどに留意され、
斬新奇抜のものが行なわれていった兜。

室町時代末期から具足とともに兜の製作も大いに発達し、鍛えの良いもの、銃弾刀槍の攻撃をそらしやすいもの、団体戦にあって衆目をひくものなどに留意され、斬新奇抜のものが行なわれていった。

鍛えの良いものは轡鍛冶から転じた明珍派、それの分派とされている早乙女派等が歓迎され、六十二間張りの兜が流行した。

このほかに雑賀系・春田系の頭成型・烏帽子型・置手拭型の異国的センスを加味したものや、さらに西欧の兜を用いた南蛮兜や、これに系統を同じくする日本製のものがみられる。また南蛮系の兜は敵の武器を避けるに良く、その上、異形のデザインは衆目を引くために、各自が好みの意匠の形式の兜を用いた。

これらの奇抜の兜は鉄を打出したり、矧ぎ合わせたり、また簡単な兜鉢の上に和紙を張り重ねて、一つの形象を表わした張懸鉢としたものであるが、その種類はすこぶる多い。

『武蔭叢語』に「細川三斎に奉公せし老人牢人（浪人）にて京に有しがその物語に摂州に一ノ谷二ノ谷と云山並んで峙つ一ノ谷の峠を鉄蓋が峯と云、美濃国菩提の城主竹中半兵衛重治が甲（かぶと）は一ノ谷といふ、明智左馬介秀俊が甲は二ノ谷と云但一ノ谷甲に並びたる名物なるにより二ノ谷と云柴田伊賀守勝豊が甲は鉄蓋か峯と云是は一ノ谷より手上也といふ事也総して名物の甲は浦野若狭守が小水牛の甲原隠岐守か十王頭日根野織部が唐冠黒田長政が大水牛福島正則が四股鹿の角本多中書が忠信の甲秀吉公の四日の月蒲生氏郷が鯰尾伏木久内がわり蛤細川三斎の山鳥信玄の諏訪壱徳院殿の角頭巾矢田作十郎が鯉の甲是等は天下に隠なき名物なり。加藤清正の長烏帽子藤堂新七が帽子なども名高き甲なり」とあり、著名武将豪傑は衆目を引く兜を着用している。

兜の種類

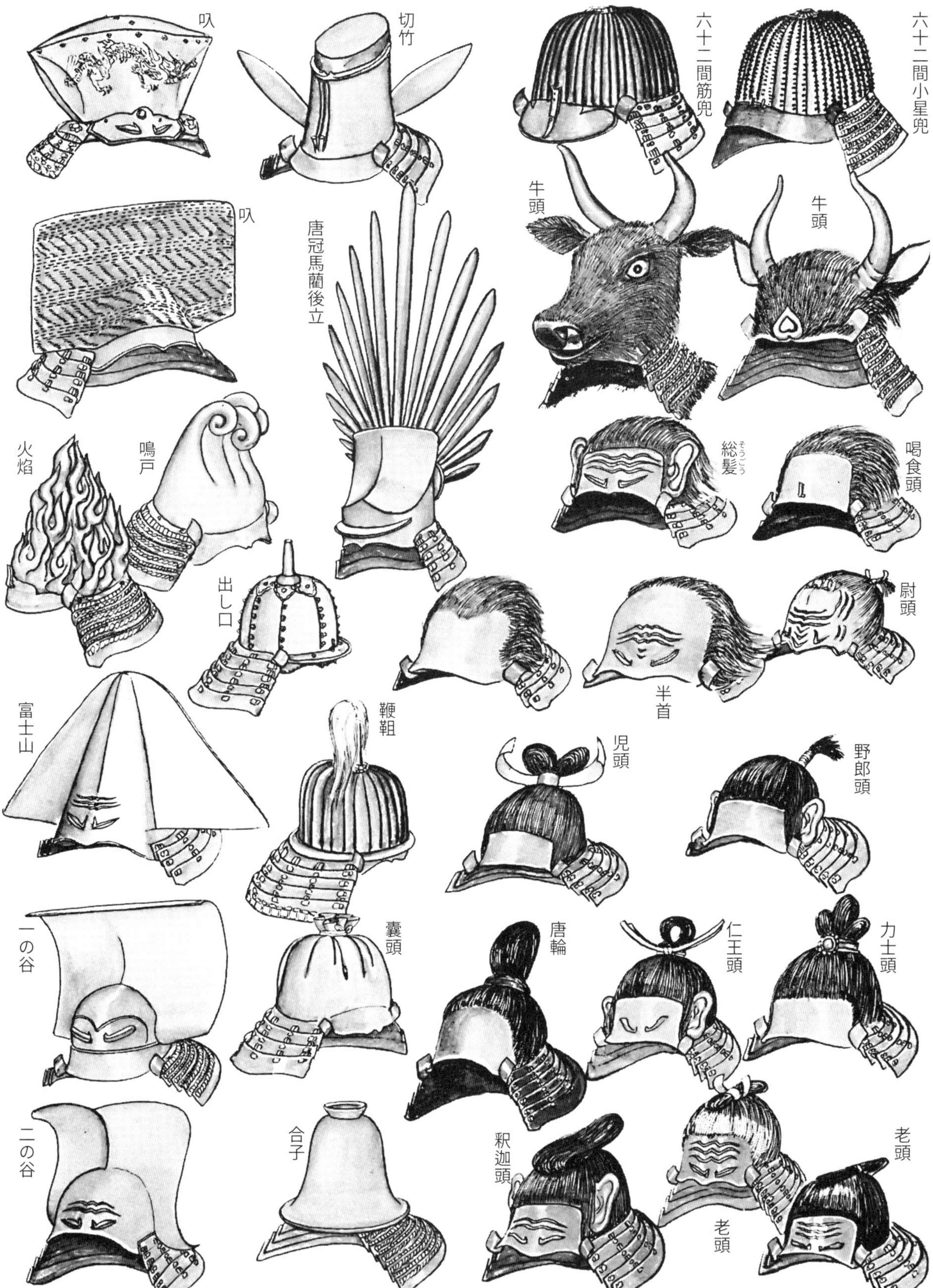
叺
切竹
六十二間筋兜
六十二間小星兜
叺
唐冠馬藺後立
牛頭
牛頭
火焔
鳴戸
総髪《そうごう》
喝食頭
出し口
尉頭
半首
富士山
鞭鞘
児頭
野郎頭
一の谷
嚢頭
唐輪
仁王頭
力士頭
二の谷
合子
釈迦頭
老頭
老頭

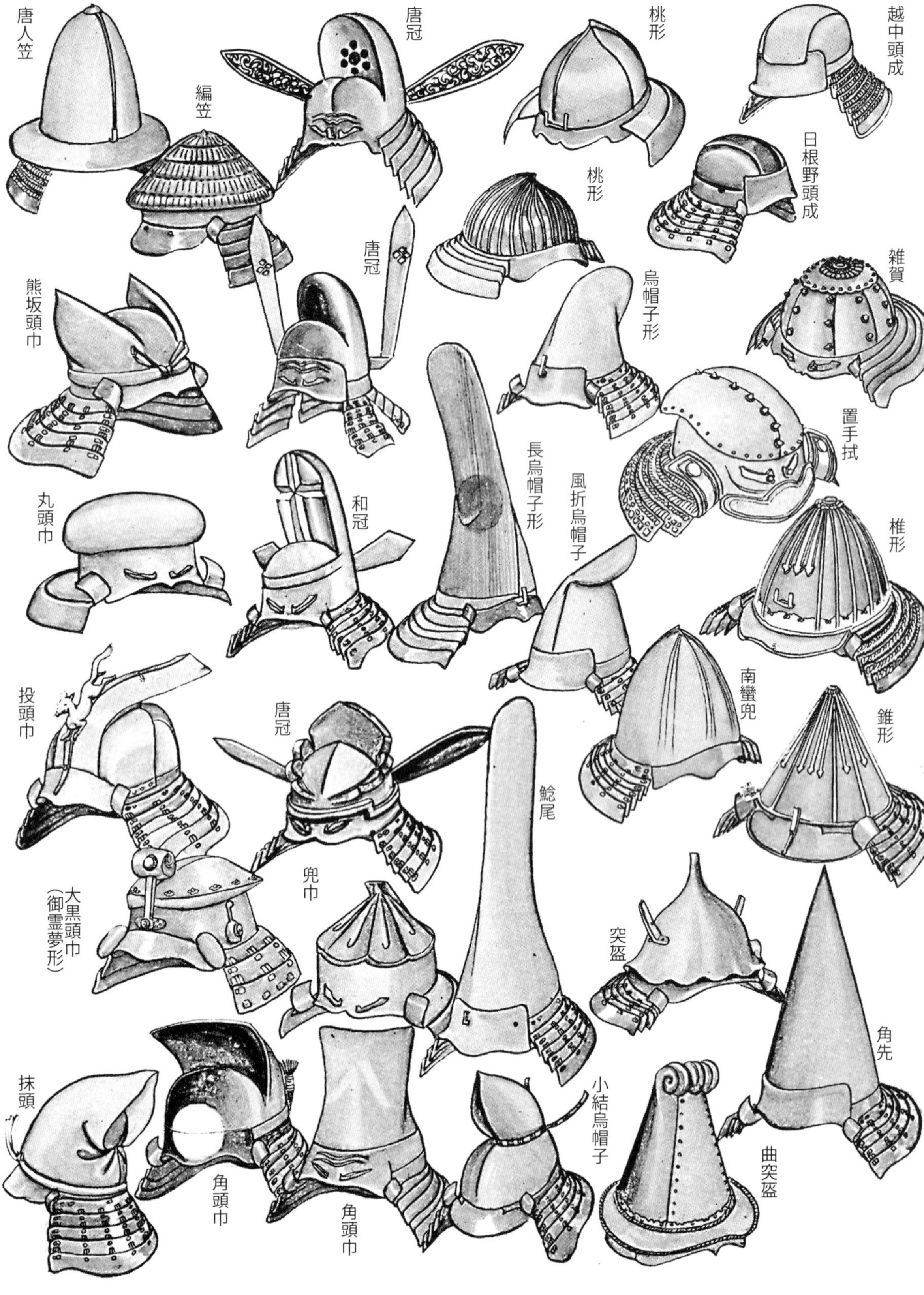
唐人笠
編笠
唐冠
桃形
越中頭成
日根野頭成
桃形
唐冠
熊坂頭巾
烏帽子形
雑賀
置手拭
長烏帽子形
風折烏帽子
丸頭巾
和冠
椎形
投頭巾
唐冠
南蠻兜
錐形
鯰尾
大黒頭巾
(御霊夢形)
兜巾
突盔
角先
抹頭
角頭巾
角頭巾
小結烏帽子
曲突盔

兜の種類

三宝荒神
金剛杵握り出し
鳶嘴
蝶形
栄螺
摩利支尊天
象鼻
鶏尾
帆立貝
貝形
鳥冠
烏天狗
向鹿
蟷螂
鬼
向熊
兎耳
貝肉
貝息
龍
兎耳
鯉形
兎
巻龍
龍尾
蛇
獅子頭
鯱形

馬標

大将のいるところには必ず立てる目印。
馬験・馬印とも書き馬幟ともいう。
安土・桃山時代には流行し、
大将は必ず馬側に馬標を立てるようになった。

馬標とは大将のいるところには必ず立てる目印で、馬験・馬印とも書き馬幟（『甲陽軍鑑』）ともいう。

古くは一軍の表識に旗が用いられたが、軍容を増すために多くの旗を用いるようになったので、主将の存在を示すために馬標が考えられた。『甲陽軍鑑』によると、北条氏康の、臣大導寺が敵の本間近江守を打取って、その指物である金の挑灯を小纏にしたのが始めであると記している。安土・桃山時代には流行し、大将は必ず馬側に馬標を立てるようになった。

遠望が利き威容ある大型のものを大馬標といい、ときには自身の指物代わりにもなるような小型のものを小馬標といっている。大馬標は目立つように飾り立てたので重いから二人、または三人で持ち、小馬標は一人で持つ。大小の馬標は主将の陣所に立てられるが、大将が場所を移動したときには小馬標が付きしたがう。

馬標の意匠はいろいろ異なっていて、一目で誰とわかるようにしたために奇抜なものが多い。織田信長の大四半・金の唐笠、織田信忠の一升枡に切裂付、明智光秀の白紙の四手撓、佐々内蔵助の三ッ菅笠、豊臣秀吉の金の瓢に切裂、柴田勝家の金の御幣、徳川家康の五本骨の扇、徳川秀忠の銀の半月、加藤清正の撓小旗十三本、黒田長政の大吹貫等は有名であり、江戸時代の慶安二年の軍役規定では、千三百石から小馬標が許されるくらいであるからその数はおびただしい。

旗差は古くは豪勇の士が勤めたが、旗数が多くなったので下級者の役となり、旗奉行が所管したので、馬標持もその支配にはいり、旗差と同じく下級者が扱った。

足軽が勤める家もあり、若党中間が持つところもあった。

馬標持は背に太い請筒を負い、右腰に柄立革をつける。

普通は請筒に差して行動し、急ぎのときは柄立革に入れて柄を手で持って走る。

陣中では大将の後に立てる。

馬標

佐竹義宣
大馬標
小馬標
真田幸昌　大馬標
小馬標
織田信長唐傘
織田信忠　金の一升枡
豊臣秀吉
瓢に金の切裂
徳川家康　金の扇
小馬標
黒田長政
岡部内膳正
大馬標
小馬印
小馬標
大馬標
島津義弘
請筒
柄立革
大馬標
加藤清正
小馬標

幟旗は隊旗であるから
それぞれの好みによって染め分けたり、
模様または文字を書いた。

室町時代の享徳、康正（一四五二〜一四五六）ごろに畠山氏の政長と義就が互いに合戦したおり、同族故に同系統の旗では区別できないため政長が長旗に乳をつけて幟旗としたのが乳付旗の始めと伝えられ、『武功雑記』では信長が始めたとも記している。しかし応仁の乱を描いた『真如堂縁起』絵巻には長旗・幟旗二種が表現されているから、乳付旗は室町時代中期ごろすでに用いられていたと見るべきである。

幟とは、上部と左側に数個ずつの乳が付いて、それに旗竿と横手を通して用いるもので、長旗のように悠ようとひらめくのではなく、絶えず旗の形態を保っていられるものである。

この幟旗は陣中に数多く立てて軍容を増したので、多くの旗差しと手替りを要した。

幟旗は二幅が多く長さは一丈（約三メートル）を越えたものが多い。乳の付け方は古くは一定していないが、江戸時代には諸説ができ『軍用記』では横手に五ツ、左に十二を定めている。

幟旗は隊旗であるからそれぞれの好みによって染め分けたり、模様または文字を書いた。

武田信玄の風林火山の旗、南無法性諏訪上下大明神の旗、上杉謙信の懸り乱竜の旗等は有名である。

指物は個人および部隊の識別のためにつけた印で、古くは敵味方区分の腰小旗『平治物語』や袖印『太平記』の類から背に負う母衣の形式が加わって考えられたもので、室町時代末期には既に行なわれていたらしい。

部隊の合印としては同一形式の小旗類が用いられたが、上級武士や豪勇の士は自己を特に識別させるために、他にまぎれぬような形のものを用いたので、その種類は千差万別となり、それの一部より小馬標に発展した。

注目を引かせるため、とはいえあまり重量*があったり、長大のものは働きのさまたげとなった例が多く、また家によっては下卒の合印**用指物を禁じたものもあった。

＊『明良洪範』に「大坂陣の時紀伊頼宣卿の家士矢部虎之助と言う者大力にて長さ二間（約三・六メートル）の指物、三尺余（約一メートル）の大刀、立物は大位牌に一首の歌有り、咲く頃は花の数にも足らざれど散るには洩れぬ矢部虎之助と記したりけり、右の出立に諸人目を驚うかしけれ共、余り重すぎて馬進まざりしかば、兎角人より遅れて、ついに功も無かりしに、尚家中にて武道不案内者との評判に合い心中に恥憤ほり食を断ちて廿日許りの内に自滅せり、誠に惜しき士也」とある。

＊＊『武功雑記』に「足軽は藪林の内も潜り行くものなれば、指物を差させ候事は悪敷と也、細川三斎、堀丹川など被申候事」とある。

旗差物

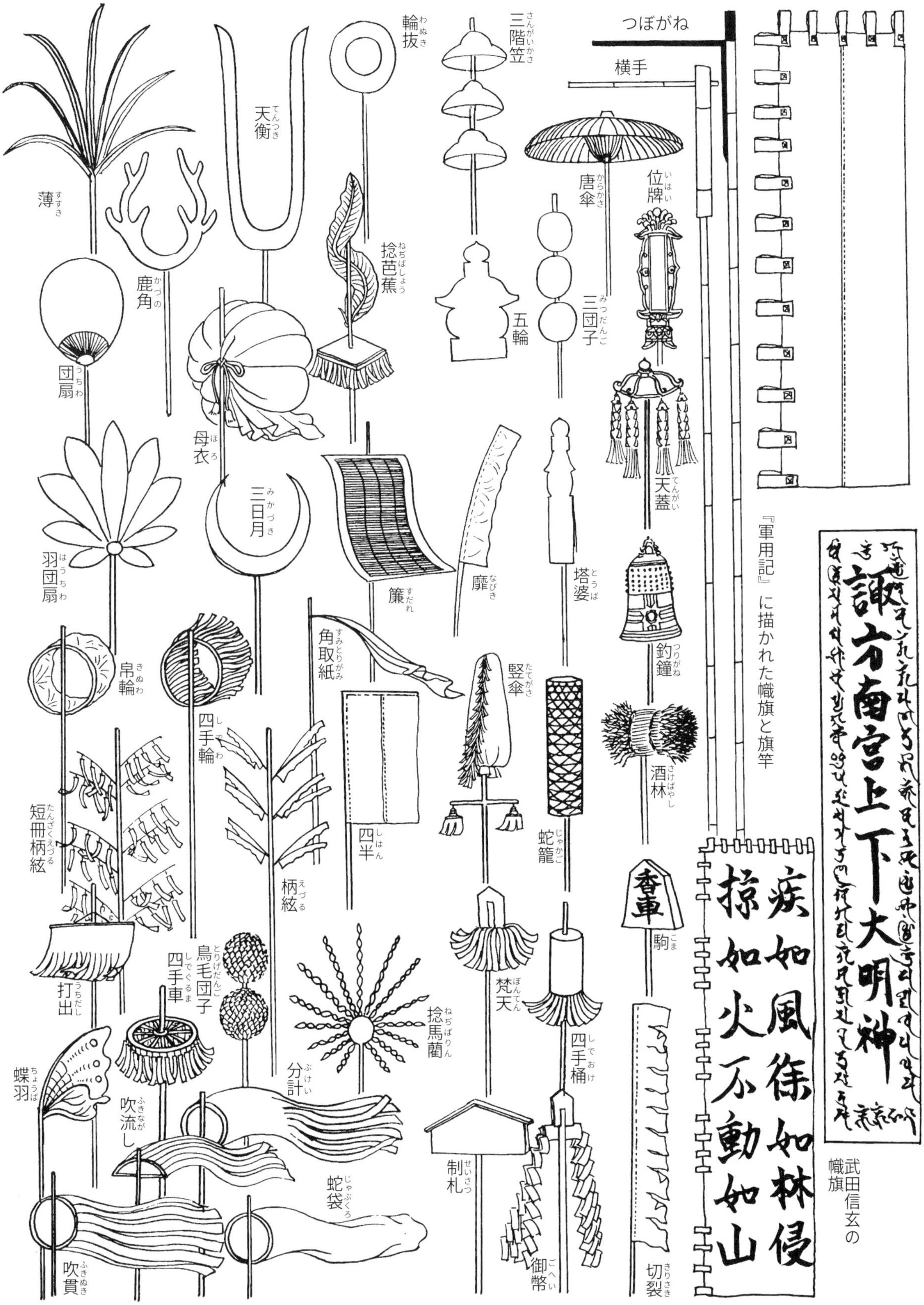

『軍用記』に描かれた幟旗と旗竿

武田信玄の幟旗

指揮合図用具

軍隊を指揮する道具は鞭・軍配・団扇・采・軍扇等。
合図用具としては太鼓・螺・拍子木・鐘・鉦・狼煙等。

この時代の軍隊を指揮する道具は鞭・軍配・団扇・采・軍扇等がある。

軍扇・鞭は古くより用いられ、鞭は乗馬用のものを用いている。

熊柳鞭・籐巻鞭が多く、足利将軍家は紫竹（斑竹）鞭が用いられたといい、上杉謙信は青い葉付の竹を用いて、葉の枯れない内に敵を敗退させたと伝えられている。

軍扇は室町時代ごろから制式化したことは『高忠軍陣聞書』『後松日記』に見られる。骨は勝軍木を黒漆塗りとし親骨にはねこまを透して、上に持つ人の卦を透し彫りとする。骨の数は十二、扇の長さは一尺二寸（約三六センチ）となり、江戸時代の故実書はほとんどこれを採用している。軍配団扇は始めは通常の団扇を用いたのであろうが、その製が弱いので堅固なものとなり、涼を入れる目的が失われて、指揮用専門になったものと思われる。その始まりは室町時代末期ごろからで『二法集』には「軍陣にて座中の団は扇子に準ずべし――馬上にては鞭に準ずべきなり」とあり、『上杉憲実記』『北条五代記』『関八州古戦録』等には下知用具として用いられていることが記されている。

采は鷹を誘導する采《ざい》から思いついた指揮用具であるとの説があり、その製ははなはだよく似ている。

この説から考えると紙の采が一番古いことになるが、徳川家および御三家は犛牛の尾を用い、多くは白・朱塗・金・銀の采を用いている。

金は普通物頭以上が用い、ついで銀が用いられる。朱塗は武田家で重要視したので徳川家でも格が高い。このほか加藤清正は藁采を用いたことが『清正記』に載っている。

合図用具としては太鼓・螺・拍子木・鐘・鉦・狼煙等がある。

太鼓は陣太鼓といって枠付の背負太鼓と、手提げの胴の薄いものとがある。背負太駄は古くは直接背に負ったものらしくその態は『長篠合戦屏風』に描かれているが、滑って抜けやすいのと、背負った者に響くためか枠付、あるいは棒を通して用いるようになった。螺・鐘は古くより用いられているが、この時代ごろから太鼓とともに調子によって進退馳引が行なわれるようになった。

鉦は銅鑼で、征韓の役のときに黒田長政が朝鮮の銅鑼を分捕って用いたのが始まりであるといわれている。拍子木も用いられた例もあり、陣中では夜廻り、緊急の合図に用い、江戸時代の演練にかたどった将軍の鷹狩りには用いられている。臨時のものとしては鉄砲を空に向けてうったりする。

このほか狼烟もある。これは視覚的合図用具で、地形に応じて諸所に配置し烟を高くあげる。

『軍侍用集』に狼糞三分一、松葉四分一、藁六を混合し火薬四分を混ぜる。これに火をつけると空高く烟が上るとある。

また幟・馬標を揺り動かすこともある。

指揮合図用具

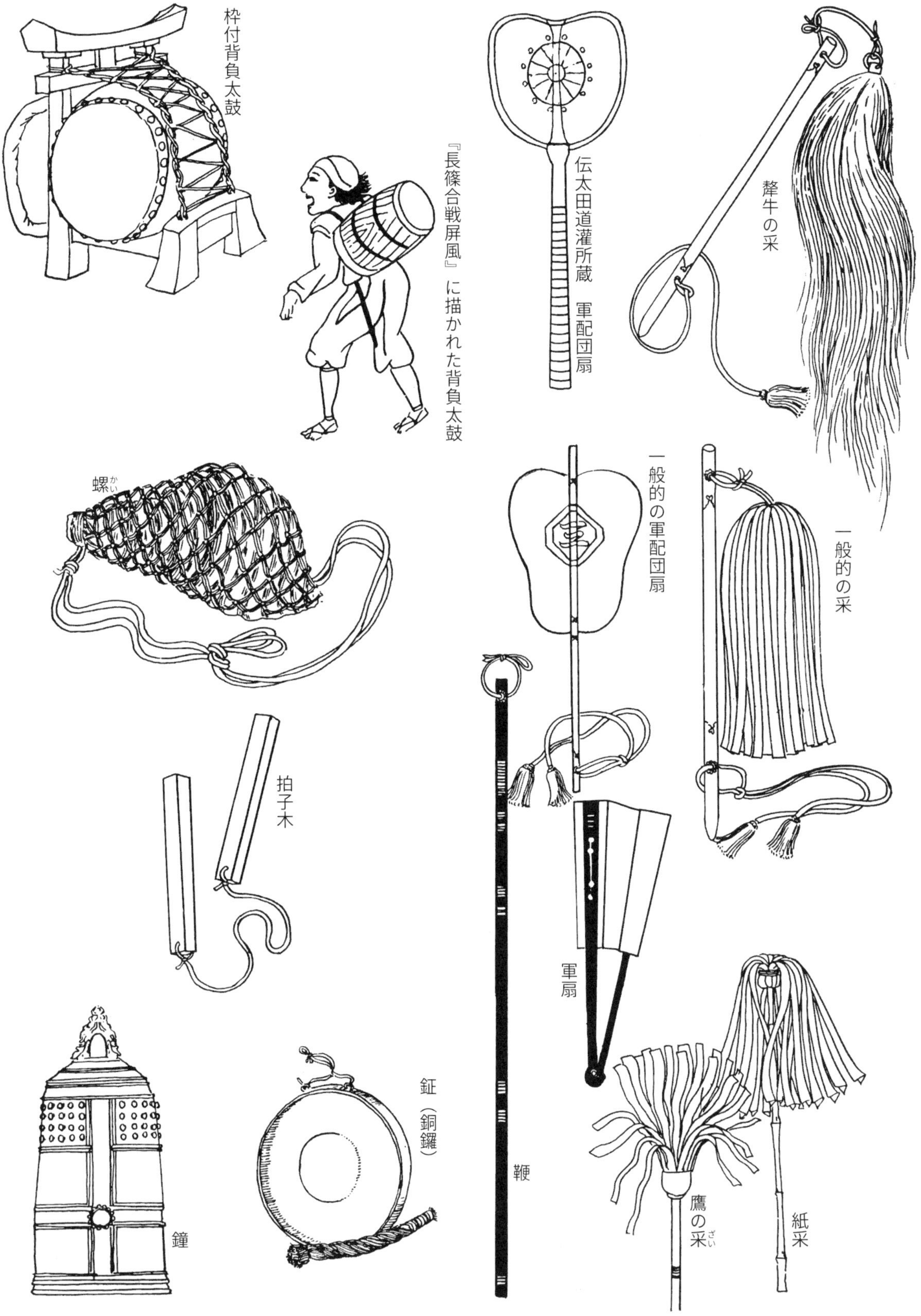

枠付背負太鼓
『長篠合戦屏風』に描かれた背負太鼓
伝太田道灌所蔵　軍配団扇
犛牛の采
螺《かい》
一般的の軍配団扇
一般的の采
拍子木
軍扇
鞭
鐘
鉦（銅鑼）
鷹の采《ざい》
紙采

陣営具は防禦用の楯の部類と、敵を監視または眺望する楼、そして攻撃用の道具等がある。

城砦および陣中で用いる陣営具は防禦用の楯の部類と、敵を監視または眺望する楼、そして攻撃用の道具等がある。

楯は前代から用いられている木製のもので、手楯・掻楯・持楯等があり、鉄砲防禦には鉄楯・竹束がある。竹束は『甲陽軍鑑』『見聞雑録』『関東兵乱記』等に盛んに記されており、仕寄道具・防禦物として重要な役割を果たしている。通常は竹束十数本を束ねたものを、うしという枠につけて用いるが、甲州流では竹を芯にして藁薦で巻いたものを並べた。竹束は縦にも横にも用い、中には銃眼を設けたものもある。車楯は並べた楯に車をつけて進退を便にしたもので、竹束の楯もある。室町時代既に行なわれていたが、桃山時代のものは銃眼がある。

このほか、材木・竹等で柵を作ることもあり、長篠合戦のおりに織・徳連合軍は頑丈な馬防柵を作って精鋭な武田騎馬隊を苦しめている。

敵を防ぐためのもので随時利用するのは樹の枝で、これを地上に植えて敵の進出をさまたげる。逆茂木といって古くから用いられている。しかしこれも敵に引きぬかれる率が多いし焼取られるので、杭を整頓することなく地中に深く打ち込み、さらに縦横に網を張った乱杭も行なわれた。今日の鉄条網と同じであり、敵の攻撃して来そうな水中にも用いられ、これに鈴・鳴子をつけたものもある。虎落《もがり》といって竹の尖ったものを上にして地にたくさん植えたものもあり、箕《ひし》を蒔いて敵の足を棘す法もある。雑草を刈って束とし、敵城砦を火攻めにするおりの焼草としたり、濠や陥し穴の上にまいて敵を陥没させることもした。銃弾防禦と臨時の陣中防禦には俵に土をつめた土俵を積み重ね、川堀を埋めるにも用いた。

敵の城砦や陣を観望するためには組上勢楼・車勢楼・釣勢楼・釣籠を用い、敵の監視や味方の指揮には簡単な小屋組み櫓を用い、高所の敵攻撃のためには長い梯子の雲梯・継梯子・巌石梯子を用いた。

陣中は幕やこれらのもので区画するが、人家・寺院神社の建物も利用し、平原山岳等では陣小屋を作る。

『老人雑話』に「細川越中守陣小屋を取置にし馬二駄に積む事を初む。一間半に五間なり。柱は樫木細く造り石突を入る。上四方は桐油布也」とあり七坪半の天幕式のものも行なわれたが、これらは流行はしていない。

陣中には敷皮・床几・炊事道具・防寒用のものなどがあるが、いたって簡素なもので、江戸時代の机上の考案による備品は蚊帳・蒲団・衣類まであるが、当時はそんなものは人家等のものを利用するくらいで準備はしていない。

陣営具

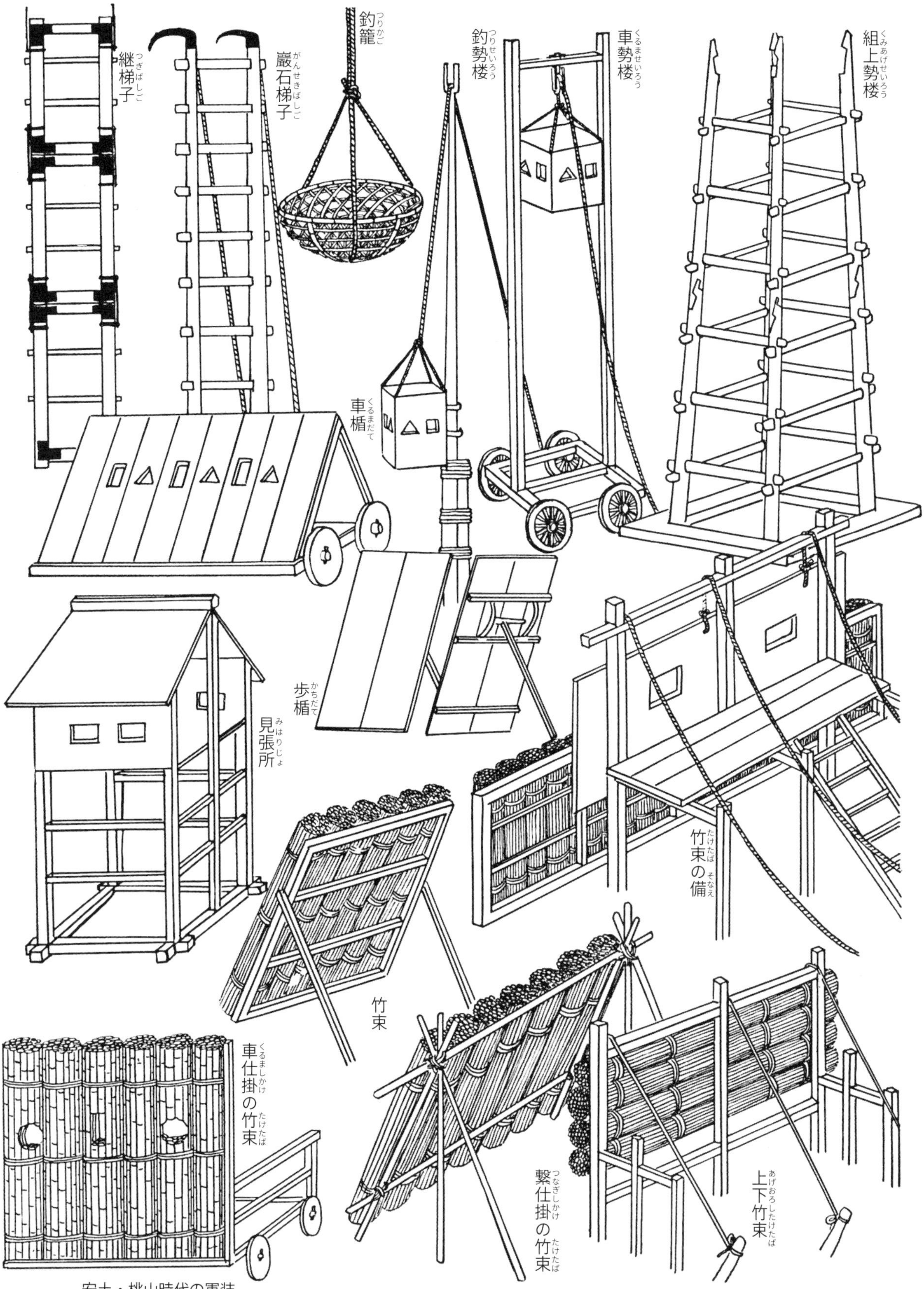

継梯子《つぎばしご》
巖石梯子《がんせきばしご》
釣籠《つりかご》
釣勢楼《つりせいろう》
車勢楼《くるませいろう》
組上勢楼《くみあげせいろう》
車楯《くるまだて》
歩楯《かちだて》
見張所《みはりじょ》
竹束《たけたば》の備《そなえ》
竹束
車仕掛《くるましかけ》の竹束《たけたば》
繋仕掛《つなぎしかけ》の竹束《たけたば》
上下竹束《あげおろしたけたば》

多少変化はあっても装具は、前代だいたい同じである。
面懸は緋・茜・紫・黄・水色・青・萌黄・浅黄等が
用いられ、胸懸・鞦も同様である。

この時代の馬装は多少形式の変化はあっても装具はだいたい同じである。

面懸は緋・茜・紫・黄・水色・青・萌黄・浅黄等が用いられ、胸懸・鞦も同様である。

轡は十文字が多くこのほか紋透しも用いられ、噛《はみ》は前代よりやや細くなっている。

これは制御しやすいからである。

腹帯《はるび》は鈌腹帯が用いられた。麻等を九センチほどの幅にからんで平緒とした先に銅か鉄の鐶状のものを用い、一方に待緒を設けて装着する。

鞍は戦場用には軍陣鞍が用いられ前輪の左側の四緒手には面桶《めんつう》、右側は革袋製の請筒付の馬上筒、中央に鞍胴乱をつける。後輪には鞍飼の糒袋《ほしい》か沓をつけ、左右の四緒手には大豆袋を結んで置く。繋いで休ますときには面懸をゆるめて轡を外し籠頭《おもづら》（鼻皮ともいう）がまさし縄を杭か樹につなぎ、かりばかまを前脚二本にはめる。

陣中では僅細のことで馬が驚いて暴れると部隊中に影響するから、このようにかりばかまをはかせて暴れられないようにするのである。

陣中でゆっくりくつろぐときは馬氈を敷皮代わりとし、泥障も敷物に用いたりする。

馬上筒は小鉄砲ともいい上級武士は心得のために用意するが、種子島式火縄銃であるから、火縄が燃えていない限り急場の役には立たない。

馬甲は馬体防禦のための馬鎧で、二センチ角の煉革を一面に家地に綴じつけたもので、これを頸から胴へかけて覆うものである。

金箔押または金泥を塗ってきらびやかにしてある。この時代ごろから馬面が用いられたことが『黒田家譜』に見えており、鉄面であるが後には煉革で龍顔を象り威嚇的なものとなった。

『奥羽永慶軍記』や『続武家閑談』には鳥毛の馬甲が記されているが、これはおそらく馬甲の上に鳥毛の蓑をかぶせたものであろう。また虎皮・豹皮・熊皮・孔雀尾等も用いているが、これらは馬甲としてより馬を美しくいでたたせるための飾りであろう。

身体不自由で馬にまたがれぬものに馬櫓というものがあり、枠付の箱を馬の背にくくりつける。

これに似たもので、人がかつぐものに籠取（掃除のおりに用いる塵取りに似て三方かこんであるもの）があり、これは輿の種類であり、また江戸時代の山駕籠に似たものも用いた。輿は大谷刑部吉隆、駕籠は徳川家康がともに関ヶ原の合戦に用い、塵取は南北朝ごろから用いられている。

馬櫓
小鉄砲（馬上筒）
左の四緒手には面桶《めんつう》
糒袋《ほしい》
籠頭《おもづら》
大豆袋《まめぶくろ》
手綱
面懸と轡を外した所
かりばかま
泥障《あおり》
鐙
馬鎧着装
馬鎧の上に
鳥毛の覆いをつけた図
馬面
馬鎧
馬半面

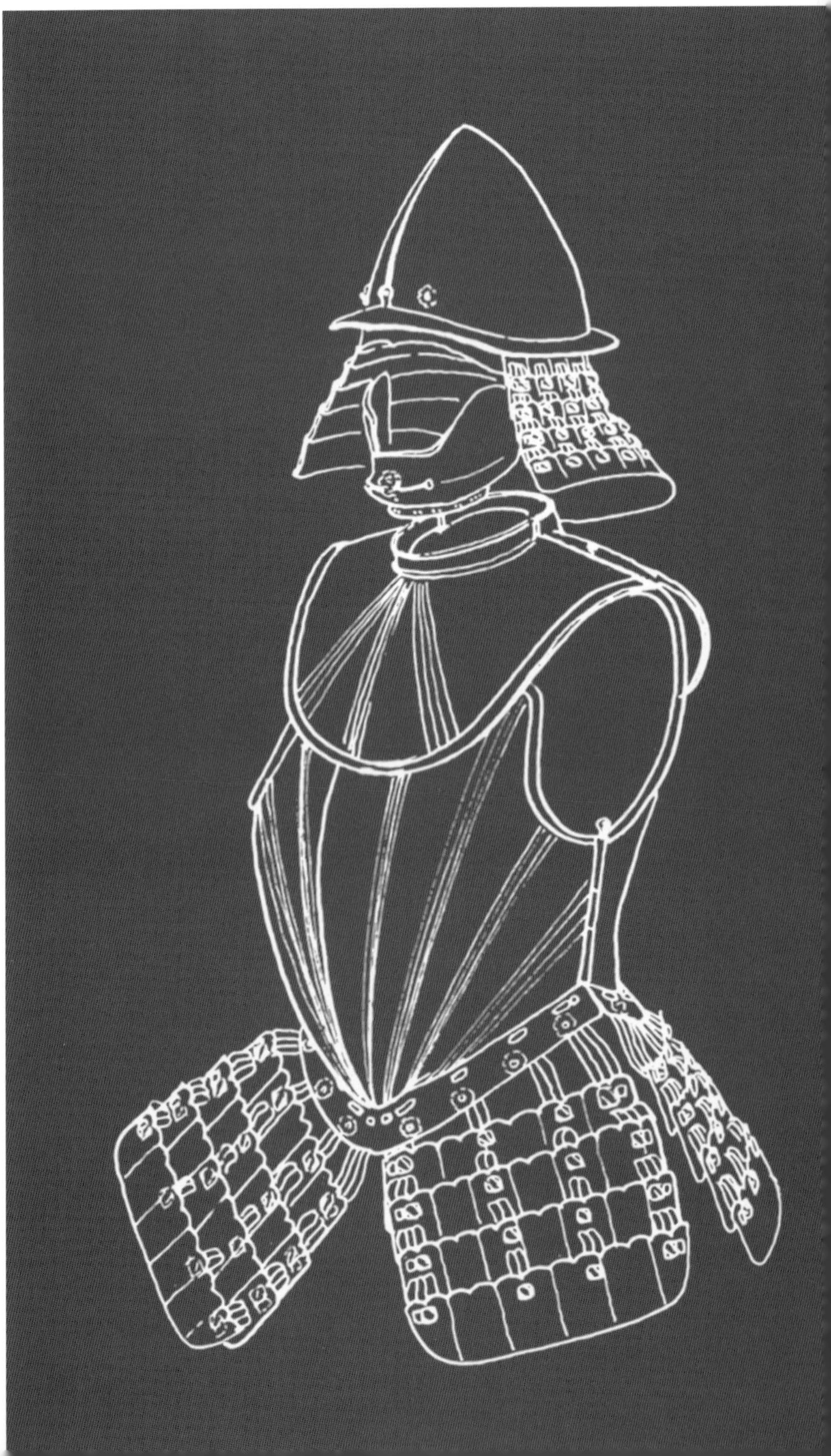

江戸時代の軍装

瑠璃斎胴と軽武装

島原の乱を最後に、幕末にいたるまで
甲冑着用のときはなく、
いたずらに代々の形式を踏襲するのみ。

江戸時代の甲冑および武器武具はだいたい前代と同じである。

ただし寛永一四（一六三七）年の島原の乱を最後に幕末にいたるまで甲冑着用のときはなく、いたずらに代々の形式を踏襲するのみであった。

ただし戦時に備えて各流の軍学者が甲冑改良を机上の考案として試みたので、いくつかの新しい形式がある。

寛永年間に創始されたという瑠璃斎胴はその一例で、瑠璃斎という人の考案になるという胴で胸の一部が取りはずしが利き、懐中の物を出し入れするようになっているものである。

これは一部の好事家に好まれ、桶側胴に適したが、小札毛引胴にも行なわれた。

中には胸の中央に取りはずしのできる面高《おもだか》胴があり、これに神仏を収めたものもある。

ついで軽武装として鎖を家地に包んだ頭巾・帷子・籠手があり、胴は腹当式のものが考えられた。

これは大名が旅行や、寝室の心得としての軽武装で、甲冑ほどの大袈裟なものでなく、かつある程度の防禦にたえるものである。

こうした考案は戦場の経験を知らぬ者の緻密な用意であり、畳具足も前代より多く用いられている。

このほか鎖帷子・鎖頭巾・鎖籠手・鎖臑当も用いられ、上級武士の緊急備品とされたが、幕末においては火砲の発達のため甲冑が不向となったので、これらの軽武装は大いに用いられた。

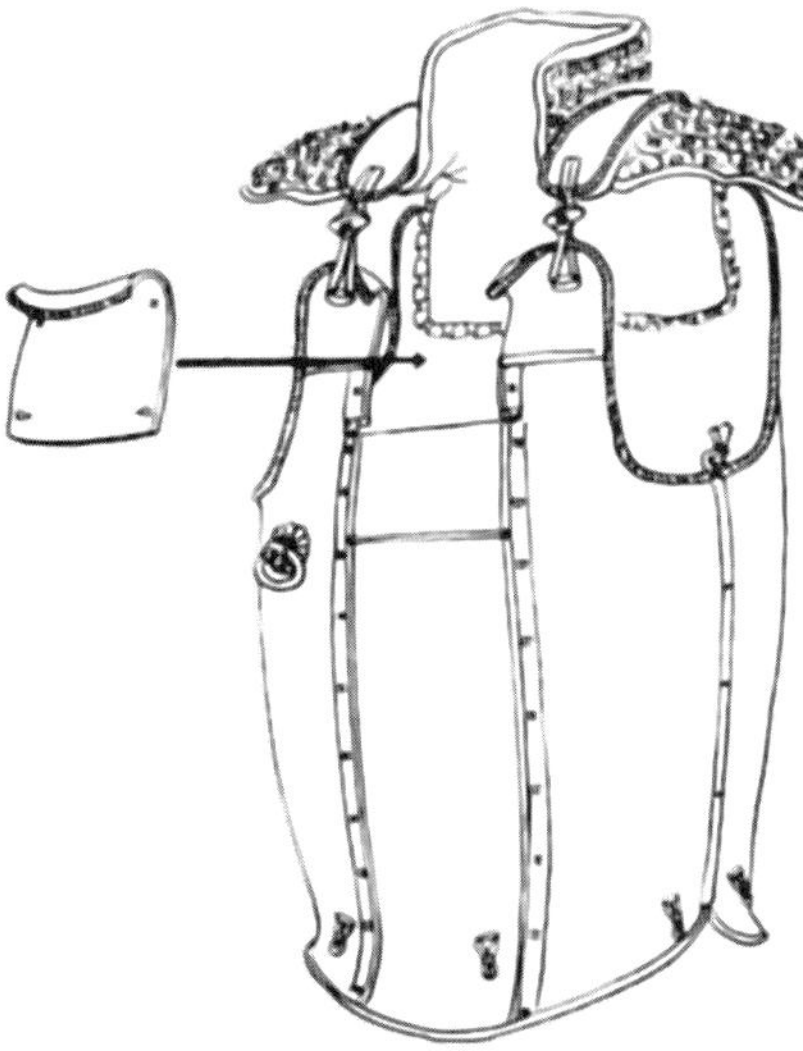

瑠璃斎胴と軽武装

軽武装として
鎖を家地に包んだ頭巾・帷子・籠手があり、
胴は腹当式のものが考えられた。

前引合せ具足

瑠璃斎胴よりもっと便利になった胴は、前引合せ具足。

瑠璃斎胴よりもっと便利な胴は前引合せ具足である。前引合せの形式は遠く古墳時代に胴丸式挂甲に見られ、近世のアイヌの鎧に残されているが、江戸時代の前引合せ具足は、机上の考案から生まれたものである。

すなわち引合せの緒が結びやすく、また懐中の物を出し入れするのに容易で着用の場合も良いが、敵の攻撃を受けた場合を想定すると有利とのみいえない。

古墳時代の挂甲の前引合せ様式が大鎧・胴丸の制に伝わらず、右脇になったまま永く踏襲されたのは左側と前側を敵に向けて戦うため、前の引合せの緒を切られたら良い結果とならないからである。

また前引合せの重なりは刀槍の刃がすべり込みやすく、損傷しやすい。

最上胴式や、桶側胴式の板物である場合には、古代の短甲と同じく前引合せでも堅牢であり、江戸時代のそれのように引合せの重なりが大きければ前面は二重の厚さとなって防禦には良いであろうが、それでも引合せの緒を切られたり、また動作によって引合せの緒が引っかかったりするおそれがある。

泰平時代の考案で着脱に便、懐中物の出し入れに便、暑気のおりに胸に風を入れるに便というためであろうが、胸をくつろげるときには胴先の緒・上帯・太刀の緒というすべての腰の紐をほどかなければ充分に開かれぬから、大した効果はない。

物の出し入れ程度なら瑠璃斎胴で充分であるし、また鼻紙袋を利用すれば良いのである。

胸を開くときは、いずれ余裕のあるときであろうから、具足を脱げば長いのである。

靖国神社所蔵の小札毛引紺糸威のものが一領あり、胸板は穴と鋲によって懸合せ、長側は引合せの緒になっている。

また某家には本伊豫札のものと最上胴式のものとがあるが、いずれも具足としては珍品であるが、机上の考案から生まれたものである。

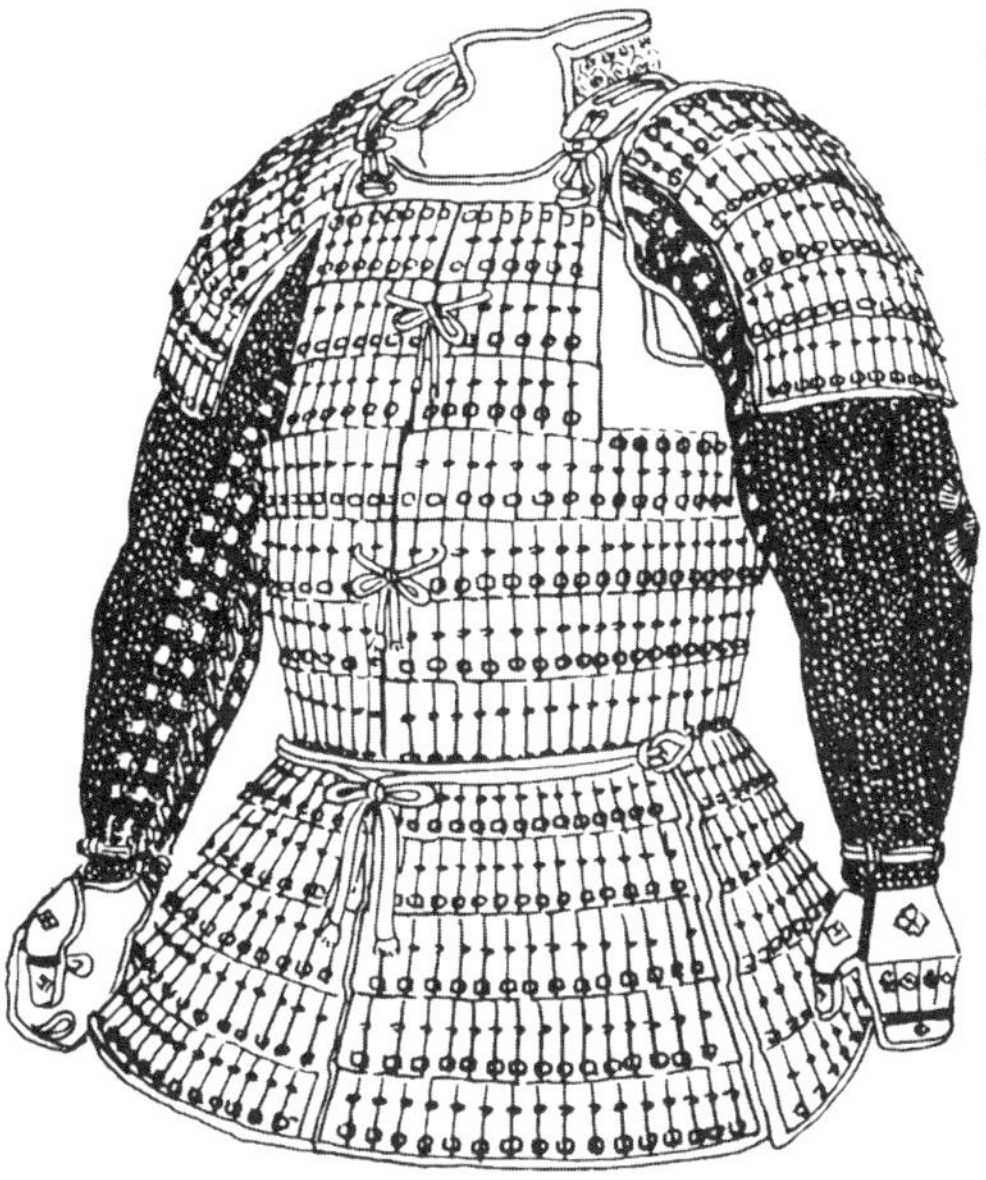
伊豫札前引合せ具足

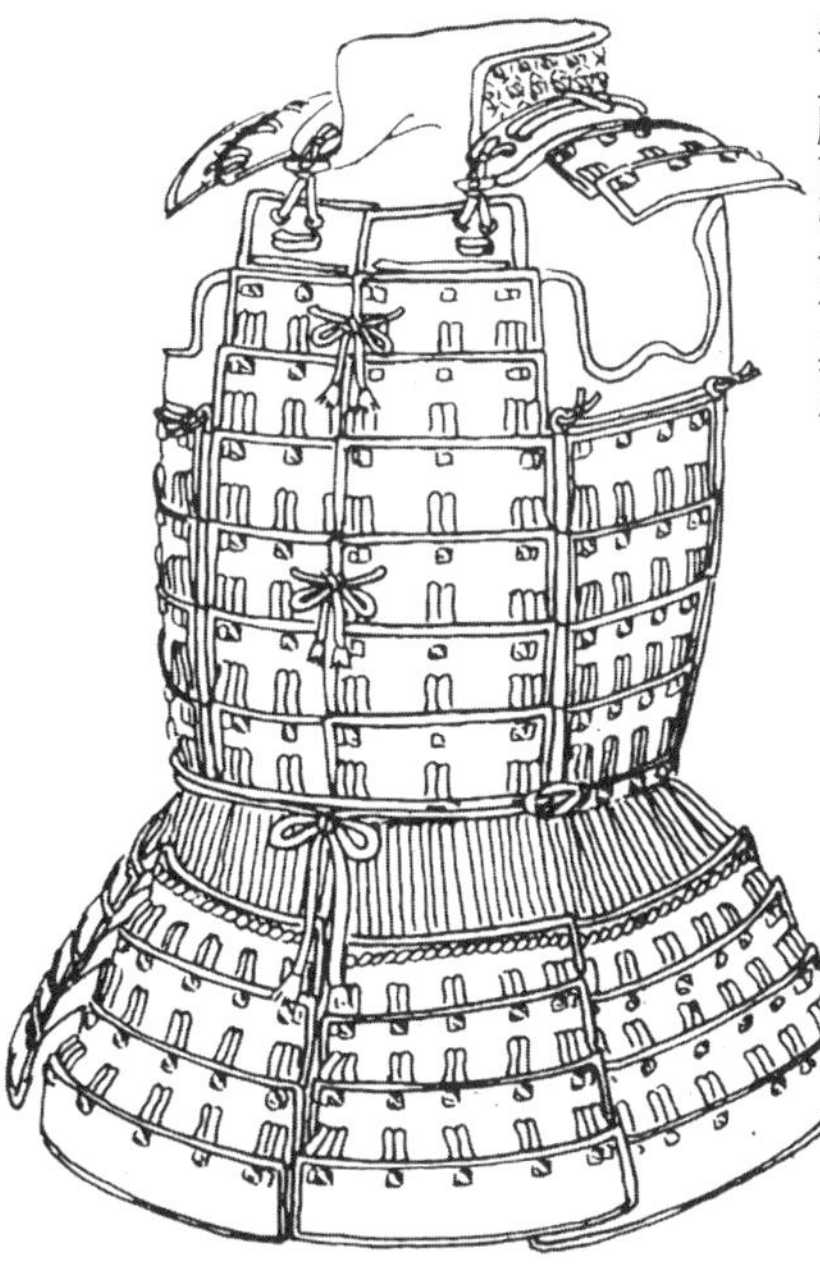
最上胴前引合せ具足

前引合せ具足

合せの緒が結びやすく、
また懐中の物を出し入れするのに容易で着用の場合も良い。
しかし、敵の攻撃を受けた場合を想定すると有利とみえない。

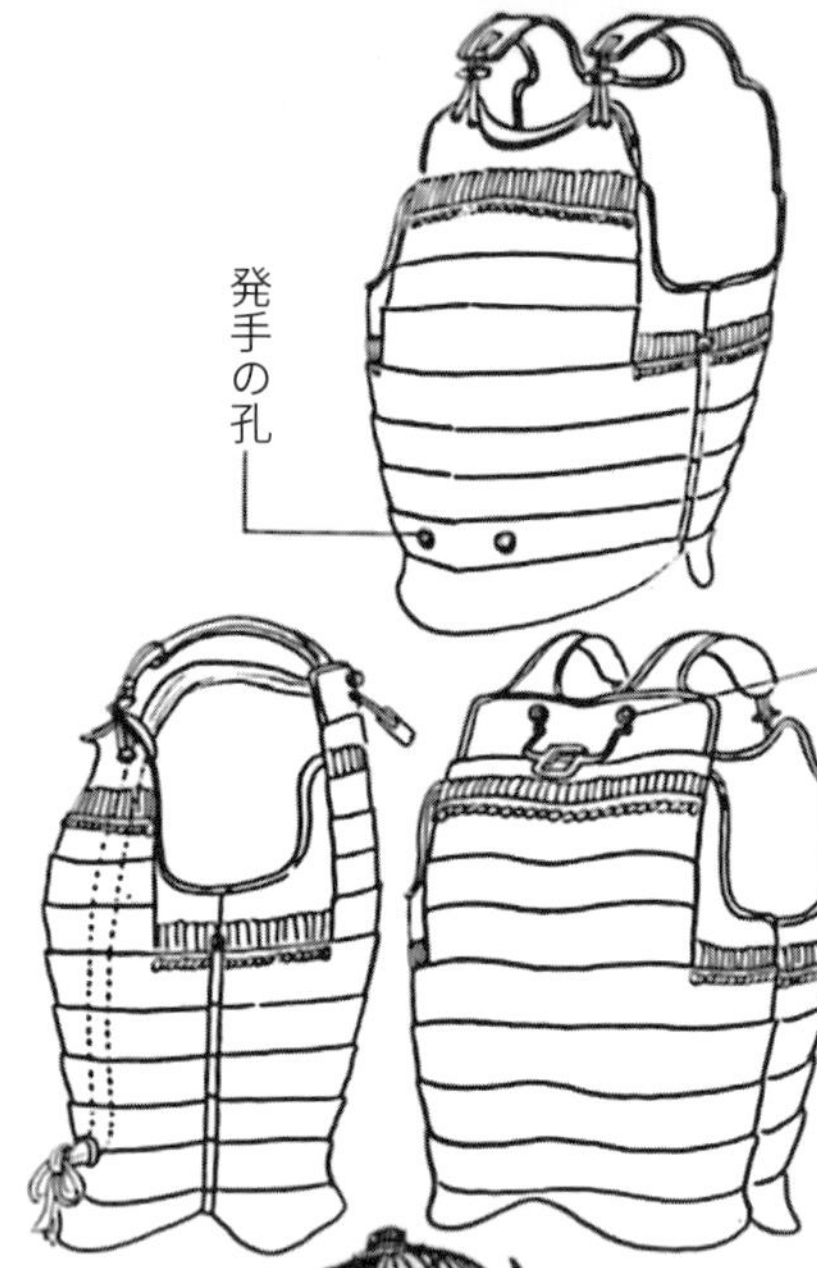

連尺胴と船手具足

奥州胴・甲州胴等は重量があり、
仕寄具足としては適しているが、
着用にたえ難く、肩上で肩を痛めやすい。
そこで考案されたのが連尺胴。

奥州胴・甲州胴等は重量があり、仕寄具足としては適しているが、着用にたえ難く、肩上で肩を痛めやすい。

そこで考案されたのが連尺胴である。連尺とは物を背負う綰の装置をいい、荷・薪等を二条の綰に両腕を通し肩に当てて背負うのであるが、具足は着用するので綰を胴の内側に設けたものである。

背の押付に二孔あって、それに太い紐を通して内側にとり肩上の下に当て、前胴発手の二孔から外に出して結ぶのである。

こうすると肩上で具足の重量を支えずに、連尺の紐で支えるので、いくぶん楽に着用できる。

こうした装置を連尺胴といい、前代には見られぬものである。攻城仕寄の際に矢石の衝撃を受けても肩を傷めないですむ。

鉄製の重い桶側胴にも見られ、中には面高《おもだか》胴もある。

綰は通常、太い麻糸束を革で縫い包んだものを用いるが、それよりは木綿をしごいて孔に通し、肩のところだけ木綿を幅広くする法が着

連尺胴と船手具足

すこぶる軽量な船手具足。
海戦に用い、万一水中におちても
ある程度の浮袋の役をする。

用に楽である。

肩上を浮かすときは発手の二孔から引き出した紐を強く緊めれば良いのである。

次に考案されたのは船手具足というすこぶる軽量のもので、海戦に用い、万一水中におちてもある程度の浮袋の役をすると考えられた。

材質は薄い牛の生革に、麻をきざんで漆で練ったものを厚く塗ったものである。

そして胴は魚鱗重ねとし、水中にはいると鱗が逆立って沈むのを抵抗するように作ったものであるが、果たしてどれほどの効果を表わしたか不明である。重量ある仕寄具足を着るよりは浮上率が良いが、浮袋代わりにするのは難かしいと思われる。

しかし大名等の中には、こうした具足を作って用意したらしく遺物もあるが、畢竟泰平の軍学者流の考案である。

船手具足

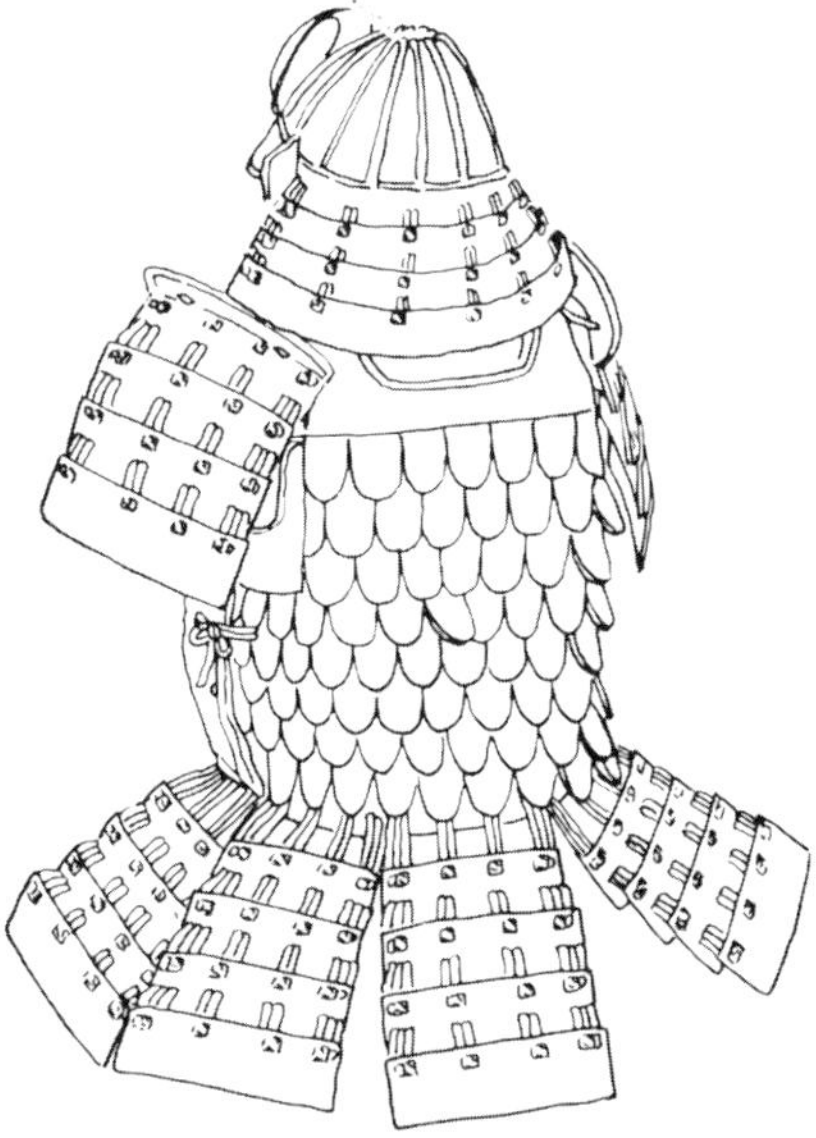

虚飾的なものが多くなった。
家柄を誇るための飾り鎧となって
工芸的には入念の作品に。

江戸時代中期ごろの甲冑は着用の機会のないままに虚飾的なものが多くなった。

すなわち家柄を誇るための飾り鎧となって工芸的には入念の作品ではあるが、非実用的細工と考案のものが多い。

外見を鱗状の鉄または革を綴じつけた魚鱗具足等は天狗具足・根来《ねごろ》具足といっているが、越前明珍吉久が作っている。

また明珍系では鉄打出しの技術を誇り、かなり高く打出し彫りを行なったものが作られ珍重された。

獅子・丸龍・文字・愛染明王・不動などが多く、鍛え地を見せるために銹地のものが多い。

また札を錦・錦唐革等で包んで外見華美に見える具足も作られている。これらは観賞用に意をそそいだものである。

佩楯などもことさら大きく、伊豫札に三間下散をつけた宝憧佩楯、鉄や革を瓦状に撓めて重ねた瓦佩楯、木の葉状の鉄を重ねて綴じつけたもの、馬鎧札を用いたものなど、珍奇のものを用いて目立つようにした。

袖も一段ごとに威したものでなく一枚板とした額袖も見られる。

額袖は覆輪されたり、中央に紋または模様を打出したりするのが常で、形には団扇型・羽箒型・楕円型・額型等があり、菱縫板だけ威し下げにしたものもある。

前代の具足は実用面として奇を好んだが、江戸時代の具足は装飾的に奇を好み、感覚的にもゆきづまったものが多い。

こうしたために再び、前代の大鎧・胴丸・腹巻の形式が見直され、これらの形式が復古調として登場したが、あまりにも当世具足の形式がいき渡っていたために、古制研究が不充分で、当世具足の特徴が残存し、古式にない大鎧・胴丸・腹巻が現われた。

しかし江戸後期になると古式研究も進み、良い作品も現われたが、そのころは西欧の優秀な火砲が輸入され、甲冑は効果の薄いものとなっていた。

魚鱗具足・打出胴具足

武士の戦場の晴着としての既成観念から
着用した江戸時代後期の甲冑
胴丸
陣羽織と腹巻
ぎょうぎょうしい扮装の大鎧

大鎧・胴丸・腹巻

重量ある鎧は、
泰平武士にはたえ難く、
比較的耐久力もあって、軽量な革製の甲冑が歓迎された。

江戸時代中期ごろから後期にかけては復古調がいよいよ盛んとなり古式研究も進んで、大鎧・胴丸・腹巻もようやく優品を生むようになった。しかしこれらの甲冑はいざというときの着用のためでなく、ほとんどが家柄を誇るための材料や装飾・観賞品であったので、具足が多くの部品を皆具したように、りっぱに見せるため多くの部品付のものであった。

後期になって日本の北方がようやく騒がしくなり、安政三（一八五六）年にはアメリカの軍艦四隻の来航あってより日本国内は騒然とし、特に武士階級は国防のために慌てて武器武具の調達整備に狂奔したので、甲冑の需要もにわかに多くなった。

しかし当時は既に銃火器の威力は増していたので、鍛え良く厚い鎧を必要としたが、これらは重量あって泰平武士にはたえ難く、新品の内は比較的耐久力もあって軽量の革製の甲冑が歓迎された。

そのために江戸後期には革甲冑が多く作られている。形式は大鎧・胴丸・腹巻の類のほか当世具足・鎖帷子もあり、本小札・伊豫札・切付小札が多く、板物も見られる。小札毛引威は本小札盛上、切付札盛上、刻み小札のほか平小札も用いられ、伊豫札は佩楯に用いる札のように札頭を一文字としたものも多い。これらの革甲冑は軽いので用いられるほかに、武士は武装には甲冑をつけるという伝統的既成観念があったからで、銃弾にたえられるとは思っていなかった。

故に幕末の戦闘を見るに甲冑をつけているのは上士以上部将大将であり、軽卒は裁付袴に羽織か陣羽織であって、徳川幕府すら撤兵・歩・騎・砲隊はフランス軍服の制を採用した和製軍服であり、二回にわたる長州征伐の甲冑武者や、鳥羽・伏見の戦における見廻組の甲冑着用者は効果ない不自由な甲冑着用をして大敗を喫している。

このように近代戦術と銃火器の発達によって甲冑は全くかえり見られないものとなってしまったが、それでも明治九（一八七六）年の神風連の変には敬神党は甲冑を帯して乱をなして潰滅させられた。

武器

武器はほとんど安土・桃山時代に用いられたものが踏襲された。それでも多少の変遷と新しい武器が登場。

江戸時代に行なわれた武器はほとんど安土・桃山時代に用いられたものが踏襲されたが、それでも多少の変遷と新しい武器もある。

刀剣は剣法の発達によりほとんどが打刀形式となり、長短二様を同時に帯びるので俗に大小といった。

拵は柄は糸か革で巻き、鞘は漆を塗る。また好みによって螺鈿・青貝散らし、蒔絵等もあり、小刀に限っては別の好みのものを用いることもあった。

槍は前代とほぼ同じであるが、槍法の発達によって管槍が考案された。泰平で槍を実用とせず、武士の表道具となったので、それぞれ意匠を凝らした槍鞘をかぶせて持ち歩いた。

弓は弓競技の発達により、木と竹を複雑に貼り合わせた弓胎弓《ひご》が作られ、その力は強くなった。上等の作品の調度掛や百矢台（弓矢台）が室内装飾や行装用に用いられ、行旅や軽い狩には矢籠《しこ》を腰にさした。弓台は弓立・弓掛ともいい、弓二張と矢をそろえて大型の矢籠状のものに収め、行列のおりに用いた。復古調の時代にはいって空穂・箙も作られたが、箙には矢配りの板等をとりつけ、古式と異なるものであった。

華箙・角箙等があり、また端手《はたて》を長く伸して撓めを作り、短冊付の鐶を設けたものを短冊箙・忠度箙といい、平忠度の故事に結びつけた虚飾的なものもある。このほか空穂の下の方の形で箙に似たものを空《うつ》といっているが、江戸時代の考案であり、壷胡簶の下方だけの形のものを式調度懸等といっている。矢には鏃に火薬包を巻いた火矢がある。箆が太く短くして鏃が槍状になっている打根、それよりさらに短い内矢等は手裏剣のように投げる武器である。

手裏剣は軽便な携帯武器であるのでかなり発達し、針形・小柄形・火箸形・槍穂形のほかに車剣形には多くの種類がある。

防御武器兼攻撃武器にもなる十手は大いに発達し、鉄鞭のように長い打払い十手から三〇センチに満たない指揮十手まであり、だいたい四、五〇センチくらいが多く用いられている。材質は木製から真鍮・鉄・鍍金銀・象嵌・漆塗りまである。十手と似たものに鉢割りがあり、これは兜鉢を割る道具と誤称されているが、十手に類した防御武器である。

正木俊光の発明したといわれる玉鎖は万力鎖のことで、鎖と分銅に種類がある。

このほかつぶては、あられのように投げつける。

また捕具としては突棒・さすまた・袖搦み等があり、長柄の鳶口の先端に棘突具をつけたものもある。このほか雑兵器に至っては机上の考案によるものがすこぶる多い。

武器

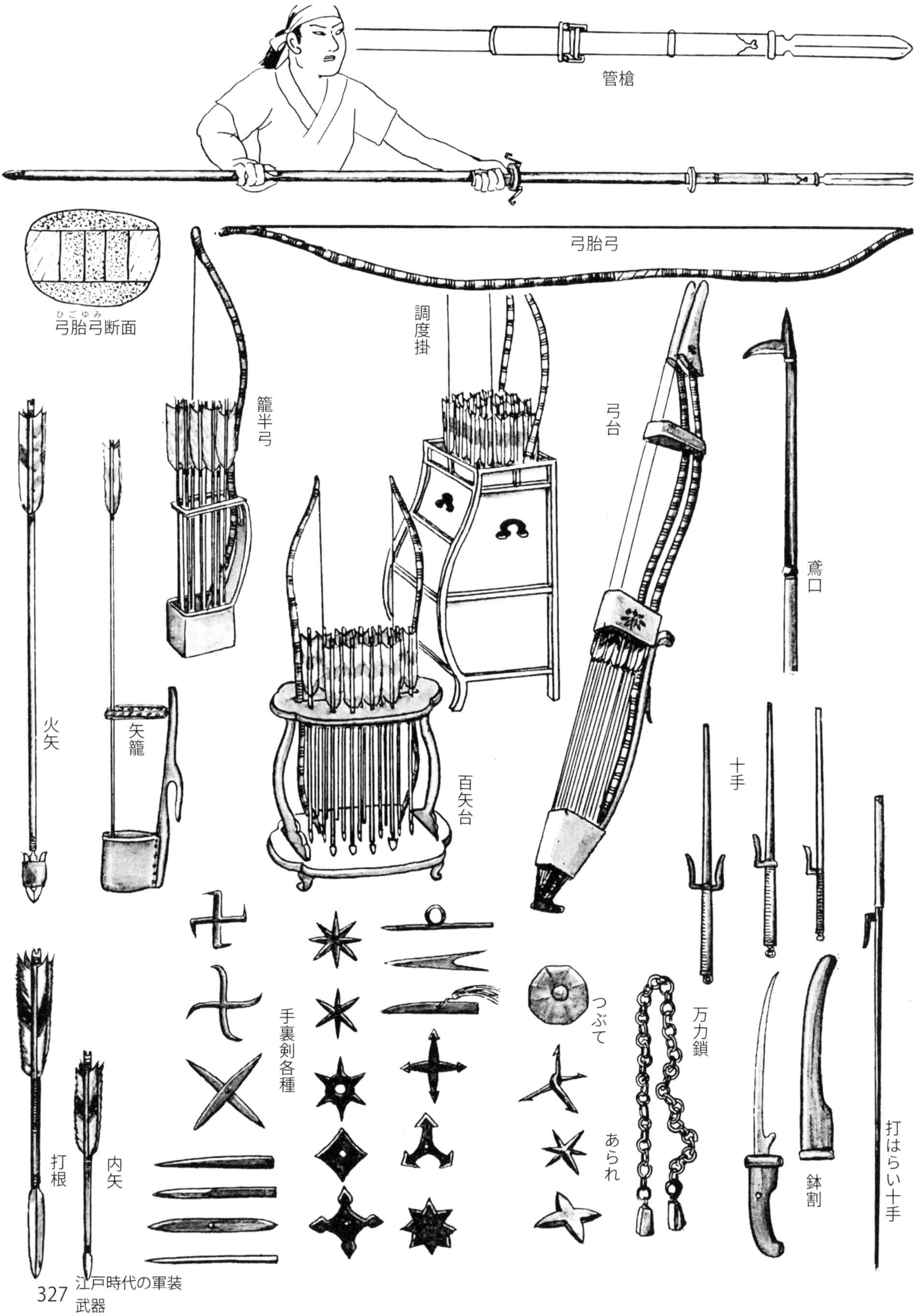

管槍
弓胎弓
弓胎弓《ひごゆみ》断面
調度掛
籠半弓
弓台
鳶口
火矢
矢籠
百矢台
十手
手裏剣各種
つぶて
万力鎖
あられ
打根
内矢
鉢割
打はらい十手

二十連銃・八連銃・五連銃等は一斉に弾丸の飛び出す。三連発銃・単銃身で三段に発射できる銃、三本・六本の銃身が中心の軸をもとに廻転する三連輪廻銃・六連輪廻銃…。

安土・桃山時代に急速に普及した種子島銃も江戸時代にはいると、特に発達したものはない。

これは江戸幕府の銃砲取締りによるものであるが、射撃術は大いに盛んとなり約二百におよぶ砲術諸流が生まれている。

鉄砲の基本は火縄点火式で、国友鍛冶の作った二十連銃・八連銃・五連銃等は引金を引くと一斉に弾丸の飛び出すものであるが、また銃身三段にそれぞれ火皿がある三連発銃・単銃身で三段に発射できる銃、三本・六本の銃身が中心の軸をもとに廻転する三連輪廻銃・六連輪廻銃があり、これの短銃も用いられている。

これらは一発撃って、次の弾丸込めに時間を要する不便をなくするために考えられたものであるが、取扱いはあまり便利とはいえない。

このほかには国友鍛冶の発明した輪入空気銃からヒントを得た気砲、文化一一（一八一四）年に久米栄左衛門が輪燧佩銃と名づけた鋼輪式発火短銃が発明され、天保一一（一八四〇）年には撃発銃が発明されている。

燧石式銃は寛永二〇（一六四三）年に既に輸入されていたが流行しなかった。

しかし江戸時代後期にヤーゲル銃・ゲベール銃の燧石式が輸入されるにおよんで広く用いられ、国友鍛冶もこの式の燧石式銃を盛んに作った。

安政年間には雷管武ゲベール銃がはいると、日本製の雷管銃も作られるようになり、片井京助・佐久間象山等によって洋式の後装銃も作られた。

このほか握りしめて発火させる芥砲《かいほう》・脇差・鉄砲・槍の柄に仕付ける槍間二連銃等がある。棒火矢は日本独特の焼夷弾で『和漢三才図会』に「寛永年中、防州赤石内蔵助始作棒火矢」とあり、二十匁筒から一貫匁筒の大筒を抱え撃ちにするもので、弾丸は樫木で三枚の鉄の羽をつける。

弾頭は鉄や鉛で覆って尖らせ、中に麻屑と火薬を姫糊で練ったものをつめ、羽の間は導火用の溝が切ってある。

この棒火矢を大筒の筒口から挿し込んで発射するのであるが、命中してから棒火矢が発火するのが難かしかった。

この類に大国火矢・宝禄火矢・石火矢等があり、また手で投げる手火矢もある。

また大筒ははなはだ重量があるので、銅管に多くの紙を貼りつけて作った張子筒も稀に作られた。

弾丸は鉛弾であるが火薬と弾丸挿填を均一量と操作を早くするために早合《はやごう》が考えられた。

早合は、一定の筒に玉と火薬をつめて蓋をしたもので、これを銃口に重ねて槊杖《かるか》で押し込めば良いのである。

弾丸の種類は丸玉・割玉・四ツ玉・結切玉・茶筅玉・繋玉・尾引玉・切り玉・水玉・千人殺・散し玉等があった。

火砲

火砲を重要視していたが、
江戸時代を通じて改良が加えつつも、
その進歩ははなはだ遅かった。

朝鮮の役で火砲に悩まされた日本軍は以降火砲を重要視して、江戸時代を通じて改良が加えられているが、その進歩ははなはだ遅かった。

慶長五（一六〇〇）年には国友鍛冶が一貫匁玉、一六年には堺の芝辻理右衛門が一貫五百匁玉の大筒を作り、大坂の陣では徳川軍は四貫匁・五貫匁筒を用いている。

長崎ではポルトガル人の指導による大砲が鋳造され、平戸でも臼砲が鋳造されているがこれらは鉄・真鍮・青銅を用い先込め点火式の置筒であり、井上外記が照準しやすい施風台を作ったがいまだ砲車は用いられてないので、運搬操作に不便なものであった。

その上射程も短く命中率も悪いので広く普及しなかった。火砲は輸入品の南蛮砲と日本製の鋳造砲・木砲とがあり、鋳造砲が大部分で、文政元（一八一八）年に国友藤兵衛が鍛鉄砲を考案したが製作されず、安政元（一八五四）年に肥後の増永三左衛門が始めてこれに成功した。

しかし大部分は幕末に至るまで鋳造砲であった。

寛永一二（一六三五）年に井上外記が二十斤連城銃、正保元（一六四五）年に稲富直賢が五貫匁玉砲、幕末には水戸藩で十貫匁玉砲、鹿児島藩の砲台用として八十斤カノン砲が作られ、次第に巨砲が製作されるようになった。臼砲は攻城用として島原の乱に効用を認められて以来その種も多く、百匁玉の置筒から鹿児島藩製の二九拇の大型まで作られている。

木砲は木をくりぬいて竹たがを隙間なくはめたもので、古くは砲撃用にも用いられたが、通常棒火矢・炮烙玉の発射・狼煙の打揚げ用に用い、臨時の大筒にも作られた。

砲架は安永七（一七七八）年に坂本天山が周発台という俯仰、旋回自由のものを考案し、文政五（一八二二）年には佐藤信渕が如意台を考案し、また行軍炮戦車を記録している。車輪付砲架は高島秋帆、江川坦庵の洋式戦術の普及によって各藩でも採用し、佐賀藩・水戸藩・鹿児島藩・熊本藩ではこれの製造に当たり、弘化元年には幕府は佐賀藩にモルチール、ホウイツスル、ポンド砲を注文し、カノン砲のほかに榴弾砲も用いられた。

弾丸は実弾《すだま》（マスシヘ・コーゲル）という鉄・鉛の丸弾と鉄棍弾・柘榴弾・鉄殻弾・葡萄弾等の種類がある。

小型の火砲として火矢筒がある。

これは攻城用ではなく棒火矢用で、多くは室内の装飾愛玩用であって実戦には用いられなかったらしい。

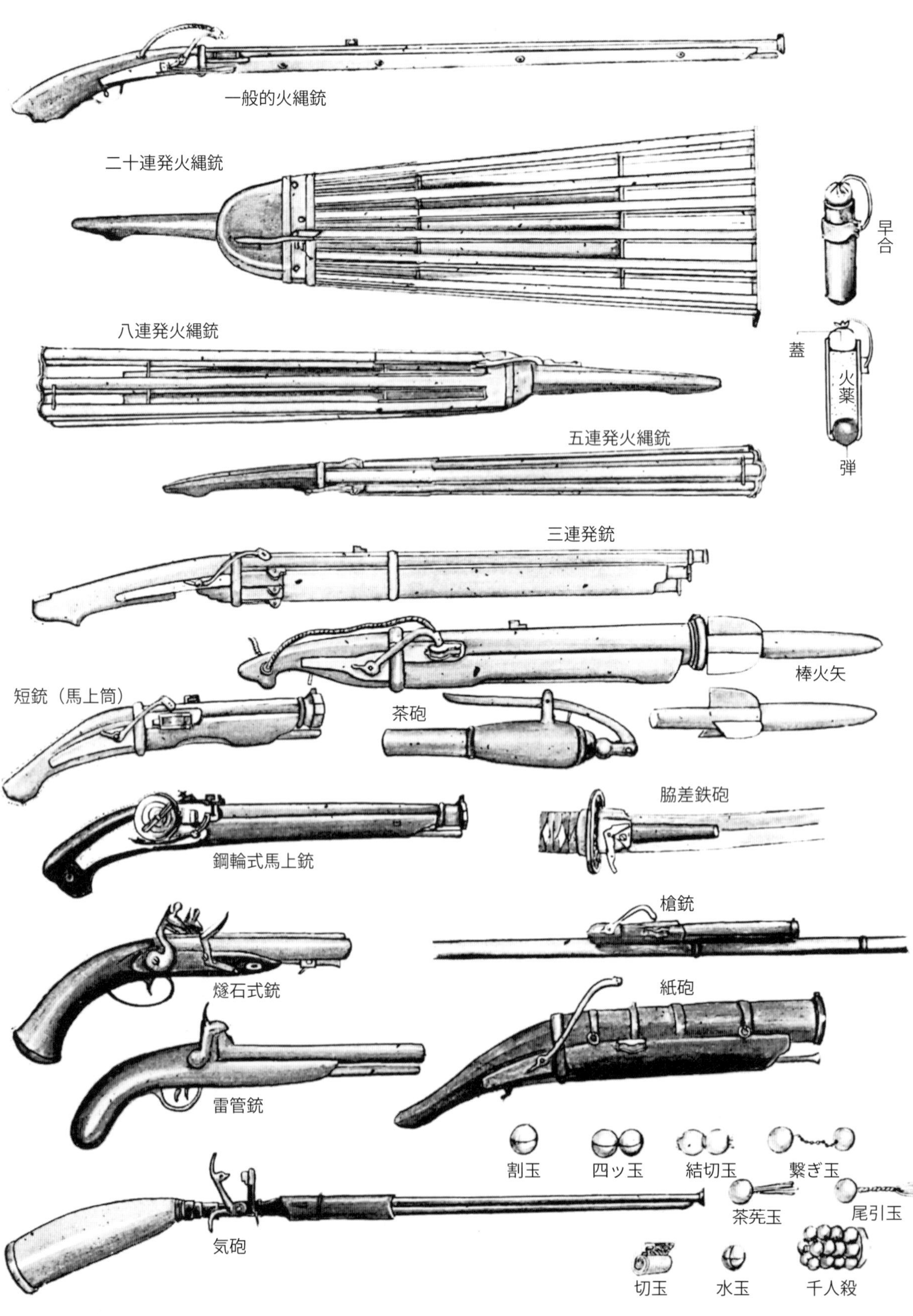
一般的火縄銃
二十連発火縄銃
早合
八連発火縄銃
蓋
火薬
五連発火縄銃
弾
三連発銃
棒火矢
短銃（馬上筒）
茶砲
脇差鉄砲
鋼輪式馬上銃
槍銃
燧石式銃
紙砲
雷管銃
割玉
四ッ玉
結切玉
繋ぎ玉
茶筅玉
尾引玉
気砲
切玉
水玉
千人殺

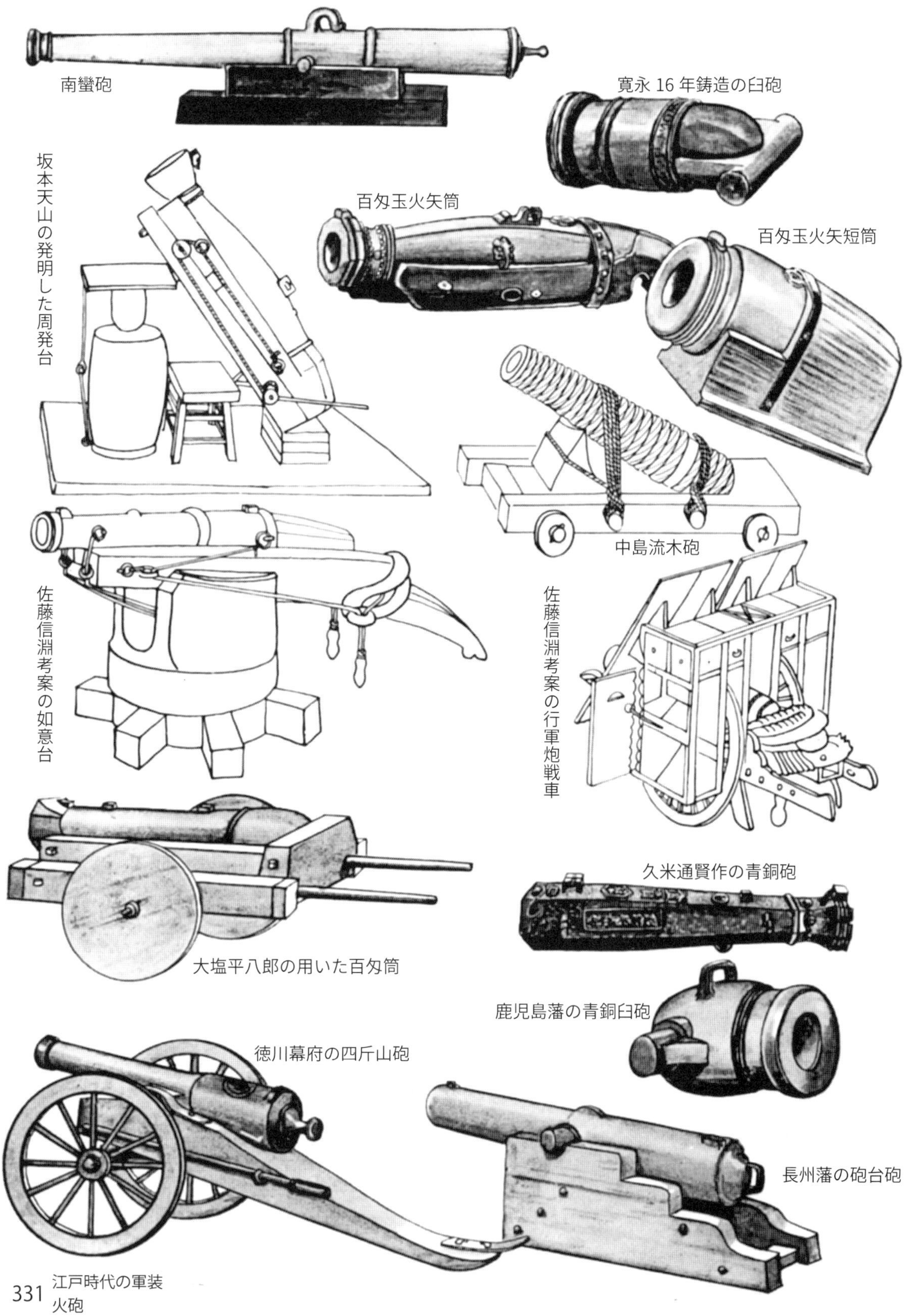
南蠻砲
寛永 16 年鋳造の臼砲
坂本天山の発明した周発台
百匁玉火矢筒
百匁玉火矢短筒
中島流木砲
佐藤信淵考案の如意台
佐藤信淵考案の行軍炮戦車
久米通賢作の青銅砲
大塩平八郎の用いた百匁筒
鹿児島藩の青銅臼砲
徳川幕府の四斤山砲
長州藩の砲台砲

＜＜著者紹介＞＞
笹間良彦（ささま・よしひこ）

1916年、東京に生まれる。文学博士。

日本甲冑武具歴史研究会会長を務め、『図解日本甲冑事典』『甲冑鑑定必携』『江戸幕府役職集成』『足軽の生活』『歓喜天信仰と俗信』『弁財天信仰と俗信』『好色艶語辞典』（以上、雄山閣刊）ほか、著書多数。

緻密な取材、調査からなる文筆とともに、詳細に描かれたイラストは臨場感を伴いながら、写真では再現できない時代を描写することで定評がある。2005年11月逝去。享年89歳。

2018年6月25日　初版発行　《検印省略》

イラストで時代考証《じだいこうしょう》 2　日本軍装図鑑《にほんぐんそうずかん》　上《じょう》

著　者　笹間良彦
発行者　宮田哲男
発行所　株式会社 雄山閣
〒102-0071　東京都千代田区富士見2-6-9
TEL　03-3262-3231 / FAX　03-3262-6938
URL　http: //www.yuzankaku.co.jp
e-mail　info@yuzankaku.co.jp
振　替：00130-5-1685

印刷／製本　株式会社ティーケー出版印刷

Printed in Japan
ISBN978-4-639-02589-4 C3621
N.D.C.201 340p 27cm